防爆电气概论

第2版

张显力　张海鸥　编著

机 械 工 业 出 版 社

本书简要地叙述了与防爆电气理论、防爆电气技术有关的可燃性气体（蒸气）燃烧与爆炸的一般概念；详细地讨论了各种防爆型式电气设备的安全技术措施和安全技术要求、防爆结构设计原则、防爆安全性能试验方法；概略地介绍了复合防爆型电气设备和组合防爆型电气设备（装置）的基本概念、设计原则，以及爆炸性气体环境中电气设备的防爆型式选择和电气安装方法、安全运行和日常维护的技术要点。

本书可供从事防爆电气理论研究和防爆电气技术应用的工程技术人员学习与参考，也可作为高等工业院校有关专业的教学参考书。

图书在版编目（CIP）数据

防爆电气概论/张显力，张海鸥编著．—2 版．—北京：机械工业出版社，2014.12（2025.4 重印）

ISBN 978-7-111-48616-9

Ⅰ.①防…　Ⅱ.①张…②张…　Ⅲ.①防爆电气设备—概论　Ⅳ.①TM

中国版本图书馆 CIP 数据核字（2014）第 271208 号

机械工业出版社（北京市百万庄大街 22 号　邮政编码 100037）
策划编辑：时　静　责任编辑：时　静　张利萍
版式设计：霍永明　责任校对：陈　越
责任印制：刘　媛
涿州市般润文化传播有限公司印刷
2025 年 4 月第 2 版第 4 次印刷
184mm×260mm・25 印张・672 千字
标准书号：ISBN 978-7-111-48616-9
定价：99.00 元

电话服务　　网络服务
客服电话：010-88361066　机　工　官　网：www.cmpbook.com
010-88379833　机　工　官　博：weibo.com/cmp1952
010-68326294　金　书　网：www.golden-book.com
封底无防伪标均为盗版　机工教育服务网：www.cmpedu.com

第2版前言

在本书再版之际，作者在这里试图说明以下几个问题，供读者在阅读本书时参考。

1. 第2版与第1版在结构和内容方面的差异

本书的第2版与第1版，在框架结构上没有大的差异，仅增加第12章（爆炸性气体环境中电气设备的运行与维护），章数由原来的11章变为现在的12章；在具体内容上略有变化，除订正了第1版中的技术瑕疵和印刷讹误外，还增加和补充了一些必要的内容。

（1）增加第12章

爆炸性气体环境中电气设备的安全运行与日常维护依然是爆炸性气体环境中防爆安全的重要保证。它涉及运行人员的操作方法和维护技能，当然还有一些管理层面的问题（这不属于本书的讨论范围）。因而，本书第2版给予简单而原则性的介绍。

至于防爆电气设备的修理，本书不作讨论，尽管它与防爆安全有关。因为防爆电气设备的修理不是必须进行的，有一些可以修复再用，有一些就未必可以进行修理；这是一种两可的事情，这里没有必要进行过多的考究。读者如有需要，可参阅国家标准GB 3836.13《爆炸性气体环境用电气设备　第13部分　爆炸性气体环境用电气设备的检修》和相关文献。

（2）增加一些知识难点的解释和例题

尽管防爆电气技术是一门应用技术学科，但是它却是一个多门学科基本知识的综合体，对于涉此不深的人们来说，仍存在着一些需要解决的问题。因而，根据读者的意见和建议，作者根据长期从事防爆电气理论研究和防爆电气技术应用的体会，以及多年从事“防爆技术”工业现场培训教学的经验，对本书第1版中的一些知识难点给予简单的解释，并在合适的地方配以例题，企图把问题说得明白一些。

（3）增加电气设备防爆结构的部分设计内容

在本书第1版的应用中，有不少读者询问有关电气设备防爆结构的设计问题。根据读者的意见，作者在适当的章节中增加防爆结构的一般设计原则，供人们在实际工作中参考。

这里的所谓“设计”，主要是指电气设备防爆结构的一般设计原则。由于防爆电气设备的性能和结构千差万别，不可能而且也没有必要进行详细的讨论，至于设备基本性能的设计，则是相关专业人员的专业职责。

尽管如此，有一点还是必须指出的：不管情况如何，在设计中防爆安全性能和基本性能出现矛盾时基本性能必须服从防爆安全性能。这是一个原则。

除此之外，本书的第2版与第1版的异同或许还向人们表示，第2版更适用于工程专业人员，而第1版则较适用于非工程专业人员。显然，这里没有一个明确的界限。

2. 有关气体防爆及其他

本书所涉及的内容范围正如书名所说的那样，是讨论“可燃性气体电气防爆”的，没有牵扯到“可燃性粉尘防爆”和“非电气防爆”及一些其他问题。但是，不管是什么样情况的“防爆”，燃烧与爆炸的基本概念是一致的，同样都是“可燃性物质、空气（氧气）和点燃源同时同地存在”才能够导致燃烧与爆炸发生，同样是采取一切必要的技术手段和安全措施来破坏燃烧与爆炸的这些发生条件才能够实现“防爆”。

因此，只要把“可燃性气体电气防爆”很好地理解和掌握了，其他什么样的“防爆”就都可较为容易地理解和掌握了。

（1）可燃性粉尘防爆问题

可燃性粉尘，与可燃性气体相比，在物理特性上，有着十分不同的特征。可燃性粉尘具有可以看得见的形态，是一种固态物质，而可燃性气体则不同，它是一种气态物质，无法以一般视觉觉察到；而且，气体是无孔不入的，而粉尘则不然。

正是根据可燃性粉尘的这些特征，人们在处理可燃性粉尘防爆时常常采用“隔离”的措施，使用具有一定防护等级（IP 保护）的外壳把粉尘和内装的电气元器件隔离开，只要外壳的外部表面温度不大于堆积在它上面的粉尘和周围粉尘云的最小点燃温度，燃烧与爆炸便不可能发生。

在实际的粉尘防爆技术中，人们常常就是采用这种简单而有效的技术手段和安全措施来实现粉尘防爆的，至于其他的过多的解读，则没有实质性意义。

至于粉尘云在外力作用下可能产生的静电积累和静电放电引起的点燃，也是一个十分值得关注的问题。消除静电有多种方法，例如，空间加湿就可以消除粉尘云的静电，如此等等。

（2）非电气防爆问题

非电气防爆是近年来提出的防爆技术。它的本质是可燃性物质的热点燃（危险温度）和如何遏制出现有效热点燃源（危险温度）。在电气防爆中，可燃性物质的点燃源，一般认为是“电气火花（包括静电火花）、电弧和危险温度”。这里的危险温度，就是热点燃源，对于电气防爆和非电气防爆来说，只是产生和表现的方式不同而已。另外，机械火花，对于电气防爆和非电气防爆来说，都是认可的点燃源。

控制热点燃源（无论是热表面、火焰、炽热流体，还是摩擦热、绝热压缩热、化学反应热），只要它的发热温度不能成为危险温度，就不能发生点燃。采取各种必要的技术手段和安全措施就可以控制和隔离这种热点燃源，于是就“防爆”了。

（3）其他点燃源问题

作为可燃性物质的点燃源，除电气火花、电弧和危险温度外，还有一些其他的点燃源，例如，光辐射、冲击波（包括超声波、电磁波）、雷电、太阳磁暴和异常高温等。这些异常的点燃源无时无刻不在威胁着爆炸性环境的安全；一些无名的爆炸皆源于此。因此，人们应该时刻对这些情况予以关注。

（4）特殊环境条件下的防爆问题

本书所讨论的“可燃性气体电气防爆”，是指在大气环境，即大气的温度为 -20 ~ 60℃、压力为 80 ~ 110kPa 和氧气标准含量为 21% 条件下的防爆，而事实上有很多异常环境也需要防爆，例如，高温、高压或（和）富氧环境。

异常环境对可燃性气体的燃烧与爆炸有着不同寻常的影响。有文献指出，异常环境可以导致某些可燃性气体发生“跳级”现象，即从危险性低的级别“跳到”危险性高的级别。这是一个十分值得关注的问题，应该引起研究人员和应用人员足够的注意。

3. 引用标准文献问题

本书第 2 版参考和引用一些现行的国家标准和行业标准的内容和图表（参见“后记”）。所有标准随着时间的推移和技术的进步都会被修订，因此，读者在使用本书时应该随时注意这些标准的最新版本。

由于本书仅仅是讨论防爆电气理论和防爆电气技术的基本概念的，因此，人们在处理防爆电气技术（例如，设计和检验等）问题时应该以有关的现行标准文本为依据。

另外，在本书修订时，作者参阅和采用一些散见于各种技术文献中的著作和论文的论点；在这里，向相关著作和论文的作者致以谢意。

本书由张显力主编，参与本书修订工作的还有张海鸥（第 2 章、第 5 章、第 7 章、第 8 章和第 12 章、全书插图）。

由于作者学术水平有限，书中不妥之处在所难免，诚请读者批评指正。

第1版前言

本书是一本论述防爆电气理论和防爆电气技术的著作；初稿完成于20世纪末叶。由于近年来不管是国内还是国外防爆电气理论和防爆电气技术的研究与发展日臻完备，作者根据自身长期从事这一领域的理论研究和实践经验，将本书的初稿补充完善，予以出版，以期对防爆电气领域的发展有所裨益。

大家知道，在一些工业部门，尤其是在石油化工、钢铁冶炼和煤炭生产等行业，工艺过程中产生了大量的可燃性气体和易燃性液体的蒸气（有2000多种），在工艺设备周围形成了爆炸性气体环境。随着现代大工业的快速发展，生产过程的高度自动化，电气设备和仪器仪表的应用无处不有、无处不在。而电气设备是可燃性气体（蒸气）的点燃源。因此，可燃性气体（蒸气）发生燃烧与爆炸的概率大大地增高。

事实上，在爆炸性气体环境中，由于电气放电而引起的爆炸多次发生，给人类生命和社会财产造成了极大的灾难。

在爆炸性气体环境中使用所谓的防爆电气设备就可以避免由“电气”引起可燃性气体（蒸气）发生燃烧与爆炸。因此，正确地认知、掌握和运用防爆电气理论和防爆电气技术，合理地设计、制造和使用防爆电气设备，是从事这一领域的研究人员和技术人员的重要任务。

为此，本书试图从以下几个方面来讨论一些问题：可燃性气体燃烧与爆炸的一般概念，防爆电气设备综述，隔爆型电气设备，增安型电气设备，正压型电气设备，本质安全型电气设备和电路，浇封型电气设备，油浸型电气设备，充砂型电气设备，“n”型电气设备，复合型电气设备，组合型电气设备（装置）和特殊型电气设备，以及爆炸性气体环境中电气设备的选型和安装。

在爆炸性气体环境中，电气安全是一个安全的系统工程。它不仅包括电气设备的设计、制造和试验，而且还包括电气设备的防爆型式选择和电气系统安装。另外，正确地运行防爆电气设备和严格地管理防爆电气设备，也是极其重要的。所有这些都是保证防爆电气安全不可或缺的重要手段。后者不属于本书的讨论范围。

这里还需指出的是，本书仅仅是对防爆电气理论和防爆电气技术的一般性概述，只是希望让人们了解和掌握这一领域的基本理论和基本技术。然而，人们在设计、制造、试验和安装、使用防爆电气设备时则必须遵照相应的国家标准［GB 3836《爆炸性气体环境用电气设备》（系列标准）］和国际标准［IEC-60079《爆炸性气体环境用电气设备》（系列标准）］。

本书由张显力担任主编，负责全书的内容选择、结构设计和书稿审定。参加本书编著的有：张显力（第1~5章，第8章的8.3节，第9章，第10章的10.1节、10.2节和第11章），杨宝祥（与张显力合作，第6章），张海鸥（第7章，第8章的8.1节、8.2节和全书插图绘制，其中图10.2由蒋建勋绘制），陈文岳（与张显力合作，第10章的10.3节）。

由于作者学术水平有限，书中不妥之处在所难免，诚请读者批评指正。

目　录

第 2 版前言

第 1 版前言

第 1 章　可燃性气体燃烧与爆炸的一般概念 …… 1

1.1　概述 …… 1

1.2　燃烧与爆炸发生的充分必要条件 …… 2

1.3　可燃性气体 …… 5

1.4　点燃源 …… 9

1.4.1　电气放电 …… 9

1.4.2　静电放电 …… 14

1.4.3　碰撞与摩擦 …… 17

1.4.4　固体热表面 …… 21

1.4.5　激光辐射 …… 22

1.5　可燃性气体的分级分组 …… 26

1.5.1　可燃性气体的分级 …… 26

1.5.2　可燃性气体的分组 …… 33

1.5.3　可燃性气体分级分组举例 …… 34

第 2 章　防爆电气设备 …… 37

2.1　概述 …… 37

2.2　防爆电气设备的通用技术要求 …… 37

2.2.1　防爆电气设备运行的环境条件 …… 37

2.2.2　防爆电气设备的分类、分级及分组 …… 39

2.2.3　防爆电气设备的设备保护级别 …… 41

2.2.4　防爆电气设备的制造材料 …… 43

2.2.5　防爆电气设备的通用结构 …… 47

2.2.6　Ex 元件的通用要求 …… 56

2.2.7　防爆标志 …… 58

2.3　防爆电气设备设计与制作的一般原则 …… 59

2.3.1　设计原则 …… 60

2.3.2　制作原则 …… 62

2.4　防爆电气设备的检查与试验 …… 63

2.4.1　机械性能检查与试验 …… 63

2.4.2　电气性能检查与试验 …… 64

2.4.3　外壳的防护性能试验 …… 66

2.4.4　设备的发热试验 …… 66

2.4.5　塑料外壳的有关试验 …… 69

2.4.6　机械火花点燃性能试验 …… 73

2.4.7　电缆引入装置的有关试验 …… 75

第 3 章　隔爆型电气设备 …… 77

3.1　概述 …… 77

3.2　隔爆外壳的隔爆机理 …… 77

3.2.1　耐爆性能 …… 77

3.2.2　隔爆性能 …… 82

3.3　隔爆外壳的典型结构和结构参数 …… 86

3.3.1　间隙式隔爆结构 …… 86

3.3.2　其他形式的隔爆结构 …… 90

3.4　隔爆型电气设备防爆结构的一般设计原则 …… 94

3.4.1　设计方案的确定 …… 94

3.4.2　隔爆外壳的相关计算 …… 97

3.4.3　隔爆外壳上的特殊结构 …… 104

3.4.4　隔爆接合面的防锈处理和外壳内表面的涂覆 …… 108

3.4.5　隔爆型电缆引入装置 …… 108

3.4.6　工程图样标注的特殊性 …… 110

3.4.7　隔爆型旋转电机的最小径向间隙 k 和最大径向间隙 m 计算 …… 110

3.4.8　常用隔爆结构示例 …… 117

3.4.9　几种特殊隔爆结构的分析与思考 …… 125

3.4.10　隔爆型电气设备设计时的禁忌结构 …… 132

3.5　隔爆型电气设备防爆结构的一般制造原则 …… 133

3.6　隔爆安全性能试验 …… 135

3.6.1　隔爆外壳的耐爆性能试验 …… 135

3.6.2　隔爆外壳的隔爆性能试验 …… 137

第 4 章　增安型电气设备 …… 143

4.1　概述 …… 143

4.2　增安型电气设备的通用防爆结构和安全要求 …… 144

4.2.1　外壳防护 …… 144

4.2.2　导线连接 …… 144

4.2.3　极限温度 …… 146

4.2.4　固体绝缘材料 …… 147

4.2.5 绕组 …… 147
4.2.6 电气间隙和爬电距离 …… 148
4.3 增安型电气设备的防爆型式通用试验 … 150
4.3.1 接线端子热试验 …… 150
4.3.2 介电强度试验 …… 151
4.4 增安型交流电动机 …… 152
4.4.1 专用结构和特殊要求 …… 152
4.4.2 堵转温升与 t_E 时间 …… 155
4.4.3 笼型电动机放电火花危险性的评价 …… 162
4.4.4 试验 …… 164
4.5 增安型照明灯具 …… 167
4.5.1 专用结构和特殊要求 …… 167
4.5.2 温度限制 …… 171
4.5.3 增安型发光二极管照明灯具防爆结构的一般设计原则 …… 171
4.5.4 试验 …… 172
4.6 增安型电阻加热器 …… 174
4.6.1 专用结构和特殊要求 …… 174
4.6.2 漏电和温度保护系统 …… 175
4.6.3 防爆型电阻加热器防爆结构的一般设计原则 …… 177
4.6.4 试验 …… 179
第5章 正压型电气设备 …… 181
5.1 概述 …… 181
5.2 正压型电气设备的通用防爆结构和安全要求 …… 182
5.2.1 通用结构和安全要求 …… 182
5.2.2 电气间隙、爬电距离和极限温度 … 183
5.2.3 正压保护系统中自动安全装置的防爆型式 …… 184
5.3 保护性气体和正压保护技术 …… 185
5.3.1 保护性气体 …… 185
5.3.2 正压保护技术 …… 185
5.4 静态正压型电气设备的安全措施和安全要求 …… 186
5.5 非静态正压型电气设备的安全措施和安全要求 …… 186
5.5.1 正压外壳内压力变化状态示意图 … 187
5.5.2 保护系统和保护功能的描述 …… 189
5.5.3 检测最低正压和气体流量 …… 190
5.5.4 检测吹扫时间 …… 191
5.6 内含释放源的正压型电气设备的安全措施和安全要求 …… 192
5.6.1 内置系统及其释放工况 …… 192
5.6.2 内含释放源的正压型电气设备正压保护技术的特殊性 …… 193
5.6.3 内置系统的设计原则 …… 194
5.7 正压型电气设备防爆结构的一般设计原则 …… 196
5.7.1 设备保护级别的评价原则和正压保护系统的控制原则 …… 196
5.7.2 正压型电气设备防爆结构的设计原则 …… 198
5.8 正压型电气设备的防爆型式试验 …… 200
5.8.1 正压型电气设备的通用试验 …… 200
5.8.2 正压型电气设备的吹扫试验和稀释试验导则 …… 201
5.8.3 无内部释放源的正压型电气设备的充气试验和吹扫试验 …… 202
5.8.4 有内部释放源的正压型电气设备的吹扫试验和稀释试验 …… 203
5.8.5 内置系统的试验 …… 204
第6章 本质安全型电气设备与电路 … 206
6.1 概述 …… 206
6.2 本质安全型电气设备的防爆结构和安全要求 …… 207
6.2.1 外部导线连接 …… 207
6.2.2 内部连接导线 …… 211
6.2.3 间距、电气间隙和爬电距离 …… 213
6.2.4 结构上的特殊要求 …… 218
6.3 本质安全电路中的元器件 …… 219
6.3.1 定额（三分之二原则） …… 219
6.3.2 电池及电池组 …… 219
6.3.3 熔断器和半导体器件 …… 222
6.3.4 可靠元器件及其连接 …… 226
6.3.5 二极管安全栅 …… 232
6.3.6 本质安全电路中的模拟电感和模拟电容 …… 239
6.4 本质安全电路的故障评价 …… 241
6.5 本质安全电路的分析与评价 …… 243
6.5.1 分析与评价的基本原则 …… 243
6.5.2 电感性电路安全火花性能的分析与评价 …… 246
6.5.3 电容性电路安全火花性能的分析与评价 …… 248
6.5.4 综合性电路安全火花性能的分析

与评价 …… 250
6.6 本质安全型电气设备防爆结构的一般设计原则 …… 252
6.6.1 设计的一般原则 …… 252
6.6.2 设计示例 …… 254
6.7 本质安全型电气设备的防爆型式试验 … 259
6.7.1 火花点燃试验 …… 259
6.7.2 介电强度试验 …… 263
第7章 浇封型电气设备 …… 264
7.1 概述 …… 264
7.2 浇封型电气设备的通用防爆结构和安全要求 …… 264
7.2.1 浇封化合物 …… 264
7.2.2 防爆结构和安全要求 …… 265
7.2.3 特殊结构和安全要求 …… 268
7.3 故障评价和保护措施 …… 270
7.3.1 故障与可靠部件 …… 270
7.3.2 温度极限和保护装置 …… 271
7.4 浇封型电气设备的防爆型式通用试验 … 273
7.4.1 浇封化合物耐候性试验 …… 273
7.4.2 浇封型电气设备温度测定 …… 274
7.4.3 浇封型电气设备保护装置试验 … 274
7.4.4 介电强度试验 …… 275
7.4.5 其他试验 …… 276
7.5 浇封型蓄电池 …… 276
7.5.1 专用结构和特殊要求 …… 277
7.5.2 试验 …… 278
第8章 油浸型、充砂型和特殊型电气设备 …… 279
8.1 油浸型电气设备 …… 279
8.1.1 概述 …… 279
8.1.2 防爆结构和安全措施 …… 279
8.1.3 试验 …… 281
8.2 充砂型电气设备 …… 281
8.2.1 概述 …… 281
8.2.2 防爆结构和安全措施 …… 281
8.2.3 故障工况 …… 283
8.2.4 试验 …… 285
8.3 特殊型电气设备 …… 286
8.3.1 概述 …… 286
8.3.2 特殊型防爆铅酸蓄电池组 …… 287
第9章 “n”型电气设备 …… 294
9.1 概述 …… 294
9.2 “n”型电气设备的通用防爆结构和安全要求 …… 294
9.2.1 通用结构 …… 295
9.2.2 温度限制 …… 296
9.2.3 电气强度 …… 297
9.3 “n”型电气设备防爆型式通用试验 … 299
9.3.1 外壳综合试验 …… 299
9.3.2 引入电缆夹紧试验 …… 300
9.4 “nA”无火花型旋转电机 …… 300
9.4.1 专用结构和特殊要求 …… 300
9.4.2 气隙火花点燃危险性的评价 …… 302
9.4.3 定子绕组绝缘系统点燃危险性的评价 …… 303
9.4.4 试验 …… 304
9.5 “nA”无火花型照明灯具 …… 305
9.5.1 专用结构和特殊要求 …… 305
9.5.2 试验 …… 309
9.6 “nA”无火花型蓄电池和蓄电池组 … 312
9.6.1 专用结构和特殊要求 …… 313
9.6.2 试验 …… 314
9.7 “nA”无火花型电气单元(或组件) … 314
9.7.1 “nA”型熔断器 …… 314
9.7.2 “nA”型仪器和小功率元器件 … 315
9.7.3 “nA”型插接装置 …… 316
9.7.4 “nA”型电流互感器 …… 316
9.8 “nC”有火花型电气单元(或组件) … 316
9.8.1 “nC”型封闭断路器和非点燃元件 …… 317
9.8.2 “nC”型密封或浇封组件(包括气密组件) …… 318
9.9 “nL”限制能量型电气设备和“nA nL”自保护限制能量型电气设备 …… 321
9.10 “nR”限制呼吸型电气设备 …… 323
第10章 复合防爆型和组合防爆型电气设备 …… 325
10.1 复合防爆型电气设备 …… 325
10.1.1 概述 …… 325
10.1.2 0区用复合防爆型电气设备 …… 325
10.1.3 检查与试验的一般原则 …… 326
10.2 组合防爆型电气设备 …… 327
10.2.1 概述 …… 327
10.2.2 组合防爆型电气设备设计与制作的一般原则 …… 327

10.2.3 检查与试验的一般原则 ………… 330
10.3 组合防爆型电气设备：防爆型工业车辆 ………… 331
10.3.1 概述 ………… 331
10.3.2 防爆结构和安全要求 ………… 331
10.3.3 示例(一)：蓄电池式防爆叉车 … 334
10.3.4 示例(二)：内燃机式防爆叉车 … 335
10.3.5 检查与试验 ………… 337
10.4 组合防爆型电气设备：本质安全型现场总线 ………… 340
10.4.1 概述 ………… 340
10.4.2 本质安全型现场总线的结构和安全要求 ………… 340
10.4.3 检查与试验 ………… 343
第11章 爆炸性气体环境中电气设备的选择与安装 ………… 344
11.1 概述 ………… 344
11.2 爆炸性气体环境中危险区域的划分 ………… 344
11.2.1 危险区域的划分原则和定义 …… 344
11.2.2 危险区域划分的原则方法 ……… 345
11.2.3 危险区域划分示例 ………… 346
11.3 爆炸性气体环境中电气设备的选型 ………… 350
11.4 爆炸性气体环境中电气设备的安装 ………… 353
11.4.1 供电系统和电气保护 ………… 353
11.4.2 电缆敷设 ………… 358
11.4.3 电气设备安装 ………… 363
11.5 爆炸性气体环境中本质安全电气系统的设计和相关参数的核查 ………… 369
11.5.1 本质安全电气系统设计和核查的基本原则 ………… 369
11.5.2 本质安全电气系统电气设计的基本方法 ………… 370
11.5.3 本质安全电气系统相关参数检查与核算的基本方法 ………… 374
第12章 爆炸性气体环境中电气设备的运行和维护 ………… 377
12.1 概述 ………… 377
12.2 防爆电气设备的安全运行 ………… 377
12.2.1 新安装设备的调试 ………… 377
12.2.2 在线设备的运行 ………… 381
12.2.3 特殊类型防爆电气设备的运行 … 383
12.3 防爆电气设备的日常维护 ………… 384
12.3.1 防爆电气设备日常维护和保养的通用要求 ………… 384
12.3.2 防爆电气设备日常维护和保养的专用要求 ………… 385
12.4 爆炸性气体环境中特殊情况的处理 ………… 387
后记 ………… 388
参考文献 ………… 389

第1章　可燃性气体燃烧与爆炸的一般概念

1.1　概述

物质世界是由各种各样不同性质的物质构成的。这一点是众所周知的。

所有这些物质，在通常情况下，按照它们的燃烧性能来分类，可以分为不燃性物质、难燃性物质和可燃性物质。

一般来讲，所谓不燃性物质，是指在一般条件下不能发生燃烧或传播燃烧的物质，例如，钢材、水泥、砂石等；难燃性物质是指这样的物质，它在点燃源作用下仅在点燃源作用区域内发生燃烧，当点燃源消失后就不能继续发生燃烧，也就是说燃烧不能蔓延下去，例如，某些工程塑料；可燃性物质是指可以被点燃源点燃，在点燃源消失后，仍然能够自行继续燃烧的物质，例如，煤、木头、甲烷、氢气等。

可燃性物质，还可以按照这些物质的点燃能量划分为两大类：难以点燃的和容易点燃的。火灾危险性低的，也就是不容易点燃的，点燃能量很高的可燃性物质，被称作难以点燃的物质；容易点燃的物质，可以在一个相当微弱的点燃源极短时间的作用下被点燃，并且燃烧能够很快地传播下去。

对于安全使用电气设备来说，使我们非常感兴趣的是可燃性物质中容易点燃的物质，例如，可燃性气体和易燃性液体。这些可燃性气体和易燃性液体挥发出来的蒸气（统称为可燃性气体）同空气混合后可以形成一种所谓的“爆炸性气体-空气混合物”。如果工业现场中存在这样的爆炸性气体-空气混合物，并且同时同地又存在足够能量的点燃源（例如，电气开关装置），那么，燃烧与爆炸就可能发生。

一般意义上，燃烧与爆炸是一种可燃性物质与氧气发生的氧化反应，反应过程中释放出热、光、压力；但是，燃烧与爆炸又有很大的不同，燃烧时，氧化反应的速度要慢一些，或者说，火焰的传播速度慢，而爆炸时，氧化反应的速度极快，火焰的传播速度极快，同时伴随着高温和高压，极具破坏性。氧化反应速度的快慢，主要与参与氧化反应的可燃性物质的物理-化学性质有关。因而，同样是可燃性物质，一些被点燃以后只能发生所谓的“燃烧”，例如，木头、煤炭等；另一些被点燃以后由燃烧迅速形成爆炸，例如，甲烷、氢气等。

国家标准 GB/T 2900.35《电工术语　爆炸性环境用电气设备》指出，爆炸是一种因氧化反应或其他放热反应而引起的压力和温度骤升的现象。

在现代工业中，大量存在着可燃性气体，大量使用着电气设备、电工仪表，给现代工业生产带来了极大的安全危害。事实上，无论是工厂还是煤矿，都曾经发生过很多爆炸灾难，造成了极大的人员和财产损失。

为了避免这些可燃性气体、易燃性液体和蒸气被生产过程中出现的电气放电火花和危险温度点燃而发生灾难，从20世纪初叶，人们就开始了大量的试验研究，提出了各种各样的防止这种爆炸的技术措施。

我们在这里提出燃烧与爆炸这一命题，无意深究燃烧与爆炸的深邃理论，仅仅是从了解可燃性气体、易燃性液体和蒸气燃烧与爆炸的初始概念出发，从而掌握人们迄今为止已经提出的各种各样的防爆电气技术措施的实质内涵，进一步推动工业防爆电气技术的更大发展。

1.2 燃烧与爆炸发生的充分必要条件

我们已经知道，可燃性物质在空气中的燃烧是一种化学反应变化，即可燃性物质和空气中的氧气在热能的作用下发生氧化反应的现象。在这种反应过程中，释放出来的热能又加热了未反应的混合物，使之进一步进行氧化反应，如此连续地使反应进行下去。爆炸是一种极其迅速的燃烧过程，伴随这一过程出现了强大的压力冲击波和极高的温度。

1. 燃烧与爆炸发生的充分必要条件

根据燃烧与爆炸的基本理论可知，燃烧与爆炸发生的充分必要条件是：

- 存在可燃性物质。
- 存在空气（21%的氧气，79%的氮气及其他惰性气体）。
- 存在点燃源。
- 同时同地存在可燃性物质、空气和点燃源。

燃烧与爆炸发生的充分必要条件是人们预防和避免可燃性气体发生燃烧与爆炸的原始理论依据。

这是一个众所周知的、简单而原始的问题。没有可燃性气体（物质），显然无法发生燃烧与爆炸；没有点燃源，即使存在可燃性气体（物质）和空气，显然也是无法发生燃烧与爆炸的。然而，我们正是在这个极其浅显的问题中找到了预防和防止可燃性气体发生燃烧与爆炸的基本答案，发现了预防和防止现代工业生产中可能出现的可燃性气体燃烧与爆炸的重要途径。

根据燃烧与爆炸发生的充分必要条件，我们在这里提出防爆电气技术的“守候定理”。

守候定理：在大气条件下，假若可燃性物质连续或长期地存在，不管点燃源如何，只要一出现，点燃就可能发生；同样，假若点燃源连续或长期地存在，不管可燃性物质如何，只要一出现，就可能被点燃。

这正像甲（乙）一直在等候乙（甲）一样，只要乙（甲）一出现就会和甲（乙）会面，故曰“守候”。守候定理告诉我们，在思考和处理防爆电气技术问题时，人们不仅要考虑可燃性物质的存在所造成的危险，而且还应该考虑点燃源的存在所造成的危险，尤其是连续或长期存在可能造成的危险。然而，遗憾的是，后一种情况常常被人们所忽视。

守候定理是人们在思考和解决防爆电气技术问题时必须遵守的一个重要原则。

2. 爆炸极限及影响它的主要因素

在工业生产过程中释放出来的可燃性气体，常常逸散在周围环境大气中，同空气混合形成可燃性气体-空气混合物。可燃性气体在空气中的浓度积累到一定值时，一旦遇到足够能量的点燃源，就可能发生燃烧，甚至爆炸。这个浓度的“一定值”，就叫做可燃性气体-空气混合物的爆炸极限（下限）。

爆炸极限定义为，当可燃性气体-空气混合物被点燃时，燃烧火焰在点燃源消失后可以在混合物中自行蔓延下去，此时混合物中可燃性气体含量（以体积百分比或单位容积所含质量计）的范围。火焰能够自行蔓延的最低浓度叫做爆炸极限的下限，简称爆炸下限；可燃性气体的浓度大于某个值时便不能发生燃烧爆炸，这“某个值”被叫做爆炸极限的上限，简称爆炸上限。例如，氢气-空气混合物的爆炸极限是4%～77%（体积比），即爆炸下限为4%，爆炸上限为77%。

燃烧火焰之所以在浓度低于爆炸下限的混合物中不能自行蔓延下去，是因为混合物中可燃性气体的数量太少，在点燃源作用下燃烧的可燃性气体所产生的热量不能够维持在点燃源消失之后燃烧继续进行下去，尽管氧气十分充足。浓度高于爆炸上限的混合物，由于混合物中助燃性物质——氧气太少，无法被点燃源点燃，即使点燃源有足够的点燃能量。

爆炸极限，有时候，也称燃烧极限，不是一个物理量。它只是表征可燃性气体物理-化学性质的一个参数。一种可燃性气体-空气混合物的爆炸极限，不仅与这种可燃性气体-空气混合物的物理-化学性质有关，而且还与混合物的初始压力、初始温度、点燃源的功率、混合物中存在的惰性杂质诸因素有关。

(1) 单一型可燃性气体的爆炸极限

单一型可燃性气体是指某一种可燃性气体。它与空气混合后形成"单质"可燃性气体-空气混合物。这里，我们简要地讨论一下，除可燃性气体的物理-化学性质之外，试验条件对爆炸极限的影响。

1) 混合物初始压力对爆炸极限的影响

在可燃性气体-空气混合物爆炸极限的测试时，混合物的状态，即初始压力，对爆炸极限有着很大的影响。随着初始压力的升高，因混合物种类的不同，初始压力对爆炸极限的影响也是各不相同的。

对于碳氢化合物-空气混合物，通常情况下，随着初始压力的升高，爆炸极限逐渐拓宽。例如，氢气-空气混合物的爆炸极限，在初始压力升高至1MPa以前，是收缩的，再继续提高初始压力，开始逐渐拓宽；甲烷-空气混合物的爆炸极限，随着压力的升高，开始迅速增加，接着基本维持不变（图1.1）；而对于一氧化碳-空气混合物，随着初始压力的升高，爆炸极限稍微有点收缩。

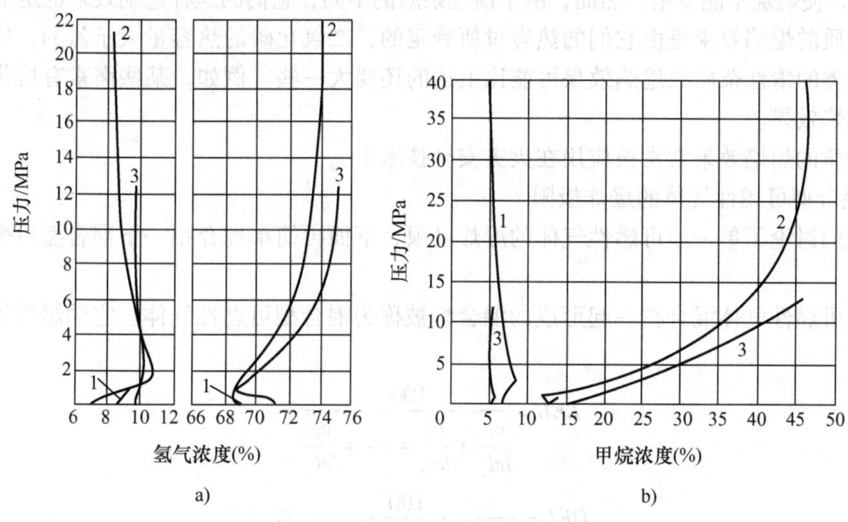

图1.1 初始压力与爆炸极限的关系

a）氢气-空气混合物 b）甲烷-空气混合物

当减小混合物的初始压力低于大气压力至某个极限值（p_0）时，爆炸极限的上限与下限会合并在一起。碳氢化合物，除甲烷外，都明显地有这样一个极限压力p_0。对于碳氢化合物来说，当温度为15~20℃时，这个极限压力为$4\times10^{-3}\sim5\times10^{-3}$MPa。

2) 混合物初始温度对爆炸极限的影响

在测试可燃性气体-空气混合物的爆炸极限时发现，随着可燃性气体-空气混合物初始温度的增高，爆炸极限在拓宽，下限在减小，上限在增加。几种可燃性气体-空气混合物的爆炸极限与初始温度的关系如表1.1所示。

表 1.1 混合物初始温度与爆炸极限

混合物初始温度/℃	爆炸极限(%，体积比)			爆炸极限/(mg/L)
	二硫化碳	丙酮	乙醇	汽油
0	4.2～27.8	4.2～8.0	2.55～11.80	65～150
100	1.25～33.4	3.2～10.0	2.25～12.53	50～203
200	—	3.2～10.0	2.0～12.50	50～203

3）点燃源功率对爆炸极限的影响

在测试可燃性气体-空气混合物的爆炸极限时发现，点燃源的点燃功率同样对爆炸极限有着一定的影响。例如，增加点燃混合物的电气火花的功率，混合物的燃烧浓度范围（爆炸极限）就会拓宽。但是，这个燃烧浓度范围存在一个极限值，一旦达到这个值，不管电气火花点燃功率如何增加，爆炸极限都不会再发生变化。这时，如此功率的火花，通常被称作"饱和火花"。

4）惰性杂质对爆炸极限的影响

在测试可燃性气体-空气混合物的爆炸极限时，令人特别感兴趣的是惰性杂质对混合物爆炸极限的影响。

在测试时发现，如果在混合物中添加不燃性气体或蒸气的话，那么，随着不燃性气体或蒸气数量的增加，可燃性气体-空气混合物的爆炸极限的上、下限会彼此靠近，最终会重合在一起。惰性杂质，例如，二氧化碳（CO_2）、氮（N_2）或氩（Ar），改变了混合物中氧的数量，而且还吸收了初始点燃能量，使燃烧不能发生。然而，由于惰性杂质的不同，它们的这种熄焰效果也是不同的。

惰性杂质的熄焰效果是由它们的热容量所确定的，二氧化碳的热容量大于氮的，氮的大于氩的。其他种类的惰性杂质的熄焰效果可能比上述的还要大一些。例如，某些卤素有机化合物就具有极强的熄焰效果。

惰性杂质的熄焰效果常常被应用在火灾安全技术上。

（2）混合型可燃性气体的爆炸极限

上面我们讨论了单一型可燃性气体的爆炸极限，下面再简单地介绍一下混合型可燃性气体的爆炸极限。

由几种可燃性气体混合在一起形成的混合物被称为混合型可燃性气体。它的爆炸极限可以用下式求得：

$$LEL = \frac{100}{\frac{c_1}{lel_1} + \frac{c_2}{lel_2} + \cdots + \frac{c_n}{lel_n}}\% \tag{1.1}$$

$$UEL = \frac{100}{\frac{c_1}{uel_1} + \frac{c_2}{uel_2} + \cdots + \frac{c_n}{uel_n}}\% \tag{1.2}$$

式中 LEL，UEL——混合型可燃性气体-空气的爆炸下限和爆炸上限（%）；

c_1，c_2，…，c_n——混合型可燃性气体中各成分的浓度，(%)，而且，$c_1 + c_2 + \cdots + c_n = 100\%$；

lel_1，lel_2，…，lel_n——混合型可燃性气体中各成分的爆炸下限（%）；

uel_1，uel_2，…，uel_n——混合型可燃性气体中各成分的爆炸上限（%）。

式（1.1）和式（1.2）告诉我们，混合型可燃性气体的爆炸极限，不仅与混合型可燃性气体中各成分的爆炸极限有关，而且还与混合型可燃性气体中各成分的浓度有关。因而，人们在确定混合型可燃性气体的爆炸极限时不仅要注意各成分的爆炸极限，而且还要特别考虑各成分在混合型可燃性气体中的浓度。这些浓度不同时混合型可燃性气体的爆炸极限就会不同，尽管混合型可燃性气体中各成分相同。

这里举例计算混合型可燃性气体的爆炸极限。

【例1.1】 计算表1.4中环氧树脂热分解时形成的混合型可燃性气体的爆炸极限，并分析一下它的各成分的浓度对混合型可燃性气体爆炸极限的影响。

表1.4指出，1g某种牌号的环氧树脂在热分解时释放出：二氧化碳8.3cm^3、一氧化碳28.2cm^3、甲烷30.2cm^3、乙炔2.9cm^3、乙烯8.8cm^3、丙烯4.1cm^3、乙醛1.9cm^3。计算可知，除二氧化碳以外，可燃性气体的总体积为76.1cm^3；在这种混合型可燃性气体中，各成分所占比例为：一氧化碳37.0%、甲烷39.7%、乙炔3.8%、乙烯11.6%、丙烯5.4%、乙醛2.5%。将这些数据和这些成分的爆炸极限代入式（1.1）和式（1.2）中计算，便可得出这种混合型可燃性气体的爆炸极限为

$$LEL = \{100/[37.0\%/10.9\% + 39.7\%/4.4\% + 3.8\%/2.3\% + 11.6\%/2.3\% + 5.4\%/2.0\% + 2.5\%/4.0\%]\}\% \approx 4.5\%$$

$$UEL = \{100/[37.0\%/74.0\% + 39.7\%/17.0\% + 3.8\%/100\% + 11.6\%/36.0\% + 5.4\%/11.0\% + 2.5\%/60.0\%]\}\% \approx 26.8\%$$

假若我们用另一种牌号的环氧树脂进行试验。这种牌号的环氧树脂热分解释放出的可燃性气体依然是上述的几种，但是它们的体积是不同的，例如，它们的体积在混合型可燃性气体中所占比例为：一氧化碳50.2%、甲烷26.5%、乙炔5.1%、乙烯10.3%、丙烯5.4%、乙醛2.5%。将这些数据和它们的爆炸极限代入式（1.1）和式（1.2）中计算得出这种混合型可燃性气体的爆炸极限却为4.8%~32.2%。

由此可见，混合型可燃性气体中各成分的体积和它们的爆炸极限一样，在影响着它的爆炸极限。这一点应该引起人们的注意。

这里需要特殊指出的是，环氧树脂在热分解时会释放出二氧化碳（表1.4显示，表中所列环氧树脂释放的二氧化碳体积为8.3cm^3）。二氧化碳对爆炸极限会产生一定的影响，随着它的体积的增加，混合型可燃性气体的爆炸极限将会缩小。因而，在上述的计算中去掉二氧化碳的数量，不会对混合型可燃性气体的爆炸极限产生不利的影响。

3. 爆炸性气体-空气混合物

当可燃性气体在同空气混合后形成的混合物中的浓度在爆炸极限以内时，这种混合物被称作爆炸性气体-空气混合物（简称爆炸性气体混合物）。

通常情况下，环境中出现了爆炸性气体混合物，这就意味着，这种环境已经处于一种非常危险的状态。因为，“爆炸性气体混合物”表示了“燃烧与爆炸发生的充分必要条件”中的“存在可燃性物质”和“存在空气（21%的氧气，79%的氮气及其他惰性气体）”两个条件已经“同时同地存在”，倘若此时此地“存在点燃源”具有足够的能量，显然，“燃烧与爆炸”必然发生。

在工业生产过程中或在日常生活的某些领域中，如果形成了爆炸性气体混合物，那将是一种十分严重的事件。因为环境中可能存在的点燃源是各种各样的，稍有不慎，它就会立即点燃这种爆炸性气体混合物，造成灾难。

1.3 可燃性气体

大家知道，无论在工业部门，例如，石油、化工、制药和煤矿开采等生产场所中，还是在日

常生活中，都存在大量的可燃性气体、易燃性液体和蒸气。迄今为止，在现代工业生产中，已经出现了2000多种可燃性气体和易燃性液体及蒸气。

1. 可燃性气体

在煤矿井下，煤层和围岩经常释放出天然气体；煤矿井下生产过程也会积累有害气体。例如，空气中的氧气同煤、岩石、木支架之间发生化学反应所产生的气体，有机物燃烧（例如，打眼放炮时和井下发生火灾时）所产生的气体等。

煤矿井下产生的所有这些有害气体，统称为矿井瓦斯。

矿井瓦斯的主要成分是甲烷（CH_4）及其衍生物、二氧化碳（CO_2）、一氧化碳（CO）、氮气（N_2）及其氧化物。在这些气体中，最具有燃烧危险性的是甲烷（有时候浓度可能高达98%）及其衍生物［乙烷（C_2H_6）、丙烷（C_3H_8）和丁烷（C_4H_{10}）］。此外，矿井瓦斯中还有可能含有数量不多的氢气（H_2）以及其他可燃性气体形成的可燃性气体混合物。

在石油开采中，常常释放出与原油共生、在开采时与原油同时被开采出的油田气；此外，还有专门从纯油气田开采出的气田气。这些统称为“天然气”。事实上，天然气，从广义来讲，就是指自然界中天然生成、存在的一切气体；从狭义来讲，就是指天然蕴藏在地层中的烃类和非烃类气体的混合型气体。

天然气的成分和浓度，由于产地的不同，是不同的。它的主要成分是烷烃类，其中甲烷是主要成分，其次是乙烷、丙烷、丁烷，还有少量的硫化氢（H_2S）、二氧化碳、氮及其他微量的惰性气体。例如，我国东部和西部的天然气，它们的成分相同，但是含量却不同，如表1.2所示。

表1.2　某些天然气的主要成分

气体名称		甲烷	乙烷	丙烷	正丁烷	异丁烷	戊烷	硫化氢	二氧化碳	氮
浓度(%)	西部气体	96.23	1.77	0.30	0.06	0.08	0.13	0.002	0.47	0.97
	东部气体	87.23	4.61	2.21	0.89	0.61	1.95	0	0.62	1.87

天然气是一种典型的混合型可燃性气体。

在石油化学工业中，系统和装置常常处理着大量的各种各样的可燃性气体和易燃性液体。在正常运行条件下，由于工艺操作的需要，有时候，这些可燃性物质会从工艺管道和设备装置中释放出来。当系统和装置发生故障时，不管是人为的操作故障还是系统和装置固有隐患造成的固有故障，可燃性物质的大量释放和泄漏是毫无疑问的。

不管系统和设备装置处于什么运行状态，释放出来的可燃性气体就会笼罩在系统和设备装置的周围；泄漏出来的易燃性液体就会积聚在设备和设备附近的地面上。易燃性液体，尤其是闪点低的易燃性液体，挥发出的可燃性蒸气同样弥散在系统和设备装置的周围。

这些可燃性气体和（或）易燃性液体的蒸气，同空气混合后就可能形成爆炸性气体混合物。

2. 可燃性蒸气

我们在讨论可燃性气体时常常提到易燃性液体的蒸气。对于易燃性液体，它具有燃烧的特征，而对于它的蒸气，它往往具有爆炸的性质。

易燃性液体的蒸发，不仅与它的物理-化学性质有关，而且还与它的环境条件（例如，温度）有关。

大家知道，闪点是评价易燃性液体危险性的一个重要指标，它表征了易燃性液体的物理-化学特性。所谓闪点，就是在某一标准条件下使易燃性液体挥发出一定量的蒸气同空气混合后形成爆炸性蒸气-空气混合物时液体所具有的最低温度。显然，闪点越低，易燃性液体越容易挥发出可燃性蒸气，越具有危险性。

几种易燃性液体的闪点如表 1.3 所示。

环境温度对易燃性液体的蒸发具有明显的影响。这是肯定的。尽管有一些易燃性液体的闪点较高，通常情况下，不容易蒸发，挥发出可燃性气体，但是，随着环境温度的升高，蒸发的作用逐渐增强，挥发出的可燃性蒸气增多。

表 1.3 某些易燃性液体的闪点①

易燃性液体	分子式	闪点/℃	易燃性液体	分子式	闪点/℃
壬烷	$CH_3(CH_2)_7CH_2$	30	苯酚（石碳酸）	C_6H_5OH	75
硝基甲烷	CH_3NO_2	36	苯乙烯	$C_6H_5CH=CH_2$	30
硝基乙烷	$C_2H_5NO_2$	27	苯胺	$C_6H_5NH_2$	75
甲醇	CH_3OH	11	丙酮	$(CH_3)_2CO$	-20
乙醇	CH_3CH_2OH	12	丁酮	$CH_3CH_2COCH_3$	-9
甲酸	HCOOH	42	乙醛	CH_3CHO	-38
煤油	—	38	氯乙烯	$CH_2=CHCl$	-78
水煤气	—	1.2	二乙醚	$(CH_3CH_2)_2O$	-45
苯	C_6H_6	-11	丙烯腈	$CH_2=CHCN$	-5
甲苯	$C_6H_5CH_3$	4	乙腈	CH_3CN	2

① 引自 GB 20936.1—2007《可燃性气体探测用电气设备 第 1 部分：通用要求和试验方法》。

从表 1.3 中可以看出，各种易燃性液体的闪点相差很大；有一些在常温下就可以蒸发成蒸气。闪点低的易燃性液体就具有更大的危险性。

3. 热分解气体

除了工业生产过程中释放出来的可燃性气体和易燃性液体的蒸气外，在电气设备内使用的有机绝缘材料因放电火花或电弧作用分解出来的可燃性气体，同样具有极大的危险性。

在工矿企业中，有时候，在电气设备的外壳内发生一些与周围环境大气无关的可燃性气体爆炸现象。人们分析了这些爆炸，认为这是由于电气设备内使用的有机绝缘材料在设备故障状态下发生热分解从而析出了可燃性气体所造成的。

在电气设备中，塑料材料和其他的聚合材料获得了广泛的应用，既可以作为设备非导电部件的结构材料，又可以作为设备导电部件的绝缘材料。在电气设备的长期运行过程中，空气的高湿度，矿井水的浸蚀，温度的变化以及导电性尘埃的渗入，渐渐地造成绝缘材料的绝缘性能下降，继而发生电气击穿。大功率的电气放电，例如，弧光短路引起的大功率放电，都是有机绝缘材料发生热分解的直接原因。

在国际上，有关的实验室进行了大量试验。例如，人们测试了 1g 树脂热分解时产生的气体成分和数量，如表 1.4 所示。

表 1.4 1g 树脂热分解时产生的气体成分和数量

气体成分	爆炸极限①（%，体积比）		气体数量/cm^3		
	下限（*LEL*）	上限（*UEL*）	聚酰胺树脂	环氧树脂	苯乙烯-聚醚共聚物
二氧化碳	—	—	52.0	8.3	19.0
一氧化碳	10.9	74.0	100	28.2	—
氢气	4.0	77.0	80.6	—	—
甲烷	4.4	17.0	56.3	30.2	16.9
乙炔	2.3	100	—	2.9	—

（续）

气体成分		爆炸极限①(%，体积比)		气体数量/cm^3		
		下限(*LEL*)	上限(*UEL*)	聚酰胺树脂	环氧树脂	苯乙烯-聚醚共聚物
乙烯		2.3	36.0	—	8.8	13.2
丙烯		2.0	11.0	—	4.1	—
1，3-丁二烯		4.4	16.0	—	—	3.2
乙醛		4.0	60.0	—	1.9	—
苯乙烯		1.1	8.0	—	—	21.5
气体总量		—	—	288.9	84.4	73.8
混合型可燃性气体②	聚酰胺树脂	5.6	—	—	—	—
	环氧树脂	4.5	26.8	—	—	—
	苯乙烯-聚醚共聚物	1.8	—	—	—	—

① 引自 GB 20936.1—2007《可燃性气体探测用电气设备　第1部分　通用要求和试验方法》（1，3-丁二烯除外）。

② 使用式（1.1）和式（1.2）计算的混合型可燃性气体-空气混合物的爆炸极限。

从表1.4可以看出，在某些情况下，热分解气体是十分危险的。

【例1.2】 假若在容积为10L的外壳内，因为电弧的灼烧，热分解聚酰胺树脂5g。现确定外壳内是否形成了爆炸性气体环境。

首先，计算此时外壳内混合型可燃性气体的爆炸极限。

从表1.4可知，每热分解1g聚酰胺树脂可以产生288.9cm^3气体。除去二氧化碳的52cm^3后，混合型可燃性气体的体积为236.9cm^3。因而，这种混合型可燃性气体中各成分的浓度分别为：一氧化碳 $c_1 = 42.2\%$，氢气 $c_2 = 34.0\%$，甲烷 $c_3 = 23.8\%$。将这些数据代入式（1.1）和式（1.2）中计算便可得到这种混合型可燃性气体的爆炸极限，即

$$LEL = [100/(42.2\%/10.9\% + 34.0\%/4.0\% + 23.8\%/4.4\%)]\% \approx 5.6\%$$

$$UEL = [100/(42.2\%/74.0\% + 34.0\%/77.0\% + 23.8\%/17.0\%)]\% \approx 42.6\%$$

接着，计算外壳内混合型可燃性气体的浓度。

热分解5g聚酰胺树脂可得到 $236.9cm^3 \times 5 = 1184.5cm^3$ 的混合型可燃性气体。于是，10L外壳内混合型可燃性气体的浓度为

$$c = 1184.5/10000 \approx 11.8\%$$

计算结果表明，在这种情况下，外壳内形成了爆炸性气体环境。

人们对防爆电气设备中常用的十多种有机绝缘材料进行了热分解分析，得到了表1.5中所示可燃性气体的成分和含量。

表1.5　常用有机绝缘材料（20g）在温度为500℃发生热分解时所产生的气体

材料名称	气体发生量/mL	气体的成分及含量(%，体积比)							
		H_2	O_2	N_2	CH_4	CO	C_2H_6	CO_2	C_2H_4
牛皮纸	2552	3.75	5.67	18.56	7.48	27.79	1.27	34.71	0.78
木材	2360	3.73	4.92	18.0	10.54	22.67	0.73	38.70	0.71
乙烯薄膜	1440	19.94	8.51	33.01	18.39	1.40	7.96	6.89	3.90

（续）

材料名称	气体发生量/mL	气体的成分及含量(%，体积比)							
		H_2	O_2	N_2	CH_4	CO	C_2H_6	CO_2	C_2H_4
尼龙酰胺	1365	16.71	8.52	30.91	8.55	6.72	6.70	14.93	6.96
涤纶	4140	1.71	2.50	13.08	1.73	31.22	0.11	47.34	2.31
绝缘漆布	2860	6.86	2.06	10.06	11.95	19.12	4.48	43.15	1.45
硅有机玻璃	618	4.99	11.75	59.61	17.80	1.15	0.49	3.98	0.26
赛璐珞	4090	0.61	3.40	13.78	1.96	29.29	—	47.40	3.50
酚醛塑料	2840	13.28	4.04	15.06	14.08	20.28	1.84	30.44	0.98
丙烯酸树脂	770	11.83	13.12	49.97	3.34	8.00	0.73	11.72	1.29
瓷漆	910	27.78	3.27	10.01	10.77	10.81	4.60	30.29	2.47
漆1（6个月后）①	1900	12.34	3.98	19.92	18.39	13.48	6.33	23.30	2.26
漆2（6个月后）	2190	6.75	4.16	23.97	13.19	16.96	5.55	26.06	3.37
漆3（2个月后）	1800	28.36	4.50	27.24	12.67	6.78	4.86	12.31	2.27
漆4	940	5.82	8.26	44.73	10.40	10.38	4.11	14.24	2.06
漆5	1125	20.22	1.22	6.09	13.85	13.98	3.15	34.25	5.29

① 引用文献中漆的牌号不详，以漆1、漆2、漆3、漆4和漆5代之。

从上述的分析可知，在防爆电气设备中有机绝缘材料热分解时产生的可燃性气体，是一种混合型可燃性气体，同样是十分危险的，无论是研究人员还是设计人员都应该给以足够的关注。

1.4 点燃源

一切能够引起爆炸性气体混合物发生燃烧与爆炸的能量释放源都叫做点燃源。例如，电气放电、高温热体等。在可燃性气体存在的场所中，电气设备就可能成为一种点燃源，例如，电气开关在接通或断开时就会产生电气放电。

在爆炸性气体环境中，电气设备的开关放电是一种十分危险的点燃源。

一般来讲，爆炸性气体混合物的点燃源可以分为以下几类：电气放电、静电放电、碰撞与摩擦、固体热表面、激光辐射等；当然还有一些其他的，这里不再赘述。

1.4.1 电气放电

电气开关放电，简称电气放电，作为爆炸性气体混合物的重要点燃源，主要是指电气装置中的开关元件在开与关时产生的放电。这种放电是在有源网络中发生的，是一种“有源”式放电，具有很大的能量。

有源网络的放电，不仅包括电气装置在正常工作状态下出现的放电，例如，开关元件在闭合或断开瞬间产生的电气火花（小功率时）、电弧（大功率时）、直流电动机在换向时电刷与换向器之间产生的火花，而且还有电气线路中因绝缘破坏出现漏电或短路所引起的放电火花或电弧。这一类的放电对于点燃爆炸性气体混合物具有极大的危险性。

1. 电气放电的一般概念

根据燃烧与爆炸的热理论，电气放电点燃可燃性气体的过程是，在火花间隙处，电气放电把电气能量传递给可燃性气体的分子，使这些分子处于强烈激化和离子化状态。于是，燃烧过程——氧化放热反应开始，这一反应引起火花间隙处可燃性气体的温度激剧增高，使反应继续进行下去。

在球形的初始火焰核中，由于火焰核所产生的热量正比于火焰核的体积（半径的三次方），热辐射和热传导引起的热损失正比于火焰核的表面积（半径的二次方），因此，火焰核表面的温度就反映了火焰核产生的热量与它表面损失的热量之间的平衡状态。

火焰核表面具有足够高的温度，对于燃烧的自行蔓延是比较有利的；在点燃源停止作用以后，它就向周围可燃性气体分子释放出维持反应的必要的能量。为使燃烧自行蔓延开来，火焰核必须有一个相对恒定的温度和保证维持可燃性气体混合物所需这个恒定温度的某个临界半径。所以，尽管每次电气放电都能引起周围爆炸性气体混合物点燃，但是，火花放电后所产生的火焰核并不一定都能发展下去。只有在火焰核具有某个临界体积，热损失得到补偿，保持了必要的高温时，燃烧才能自行蔓延开来。火焰核形成的时间正比于化学反应进行的时间。

最小点燃能量可以计算求得，它是直径 $d=0.08a/u_1$ 的临界火焰核燃烧时所必需的能量（E, J），即

$$E=6.3d^2 \approx 4\times10^{-2}a^2/u_1^2 \tag{1.3}$$

式中 a——热扩散率（m^2/s）；

u_1——火焰传播的法向速度（m/s）。

某些可燃性气体-空气混合物的燃烧特性和最小点燃能量如表 1.6 所示。

表 1.6 某些可燃性气体-空气混合物的燃烧特性

混合物	爆炸极限①（%，体积比）		化学计算浓度（%）	最小点燃能量/mJ	燃烧温度/K
	下限	上限			
甲烷	4.4	17.0	9.5	0.28	2316
乙烷	2.5	15.5	5.6	0.26	2370
丙烷	1.7	10.9	4.0	0.25	2383
丁烷	1.4	9.3	3.1	0.24	2391
戊烷	(1.4)	(7.8)	2.6	0.24	2392
己烷	(1.25)	(6.9)	2.2	0.23	2397
庚烷	(1.0)	(6.0)	2.26	0.22	2399
乙烯	2.3	36.0	6.56	0.1	2557
丙烯	2.0	11.0	4.5	0.25	—
氧化乙烯	(3.0)	(80.0)	7.8	0.062	—
甲苯	1.1	7.6	2.28	—	2484
乙炔	2.3	100	7.75	0.019	2893
氢	4.0	77.0	29.5	0.019	2483
汽油-70	(0.79)	(5.16)	2.9	0.23	—
丙酮	2.5	13.0	5.0	—	—
一氧化碳	10.9	74.0	—	—	—

① 引自 GB 20936.1—2007《可燃性气体探测用电气设备 第1部分 通用要求和试验方法》；( ) 内的数据引自其他参考文献。

在有关燃烧与爆炸的理论著作中所描述的临界火焰核，人们用实验证明，它是存在的。

大量的试验研究指出，如果电气放电的初始能量足以形成临界火焰核的话，那么，放电火花就可以点燃爆炸性气体混合物。就甲烷在空气中的含量为8.5%的混合物来说，火焰核的临界直径为0.1cm，形成时间为140μs。有关著作指出，电极的熄焰作用对点燃能量的数值有着本质的影响。如果电极间的距离小于临界火焰核的直径的话，则点燃所需的能量应该大得多。

电气放电的持续时间及其对点燃特性的影响，是决定点燃过程的又一个因素。

在所进行的最小点燃能量的测定实验中，放电持续时间（放电能量传递给混合物的时间）约为1ms。有关研究指出，在电极没有热损失的情况下，放电持续时间在30ms以内变化，对点燃所需的能量并没有多大的影响。

在体积为临界值的可燃性气体燃烧过程中，热的传导和扩散应该被看作是一个放热时间和放热功率有限的热源。要形成最小的火焰核，点燃源必须具有一定的热功率。因此，随着热功率的增加、放热时间的缩短，形成临界火焰核阶段所需的能量将减小，在极限条件下最小。在这种情况下，火焰的临界体积由于热量向周围空间扩散得相当缓慢而处于准绝热状态。这种状态在相当宽的能量传递时间范围内都能观察到。所以，在电路接通与断开时，当没有熄焰因素存在时，具有不同的持续时间和功率的点燃源，在点燃性能方面可能是等效的，具有同样性质的能量。

2. 火花放电的点燃特性

火花放电是指电感放电和电容放电，主要产生在电感性电路和电容性电路中（在电阻性电路中的放电称为“接触式放电”），是一种电感器或电容器中所储能量的释放放电。

在电感性电路中，电感元件是火花放电的主要渊源，它能以磁场的形式储存能量，并在电路分布电容的电场形成之后，把这些能量发射到放电火花中。根据电路参数和触头断开速度，火花放电可能是一次性击穿，也可能是多次性击穿。已经进行的火花放电点燃特性的研究指出，在电感性电路中，多次性击穿的火花放电是最危险的。

在电容性电路中，由于电路参数和开关条件的不同，可能产生火花放电或弧光放电及触头局部过热。触头局部过热会使触头材料熔化、汽化和飞溅（接触式放电）。所述的放电现象，常常是在电容器充足电、电极间隙击穿的瞬间触头相互接近或直接接触而产生的；同样，在电容器上电压达到火花间隙击穿值的瞬间，触头发生分断或处于静止分断状态也会产生。

火花放电是一种离子流。由于离子碰撞分子，结果产生了新的粒子，因而离子流中发生了离子化作用。

火花放电分三个阶段：

第一阶段，即放电形成阶段。在放电间隙上施加一个足以使放电间隙击穿的电压，放电通道形成。这一阶段的特点是放电电流小，放电间隙上的电压比较稳定。

第二阶段，即低阻放电通道形成阶段。在这一阶段，形成电容放电。此时，放电通道流过的电流很大，放电通道出现的温度很高。这一阶段具有雪崩特性，总的持续时间在几分之一微秒到几微秒之间。

第三阶段，即火花通道破坏阶段。在第二阶段即电容放电之后，放电通道的电阻回升，电极间的电气强度恢复。

在大气压力条件下，产生火花放电的最小电压，当电极距离为6~7μm时，是300V；当电极距离为3~4μm时，是150V。

但是，在技术上评价产生火花放电的最小电压时，往往认为，最小电压等于300V。最小电压与电极间距离的关系可按下式来描述：

$$U = 300 + K_0 d \tag{1.4}$$

式中　U——施加在电极之间的电压（V）；

K_0——常数，$K_0=5000\text{V/mm}$；

d——电极间距离（mm）。

3. 开关放电的点燃特性

开关放电是指开关器件在“开”与“关”时发生的放电。实际的开关式放电，无论放电的持续时间，还是电极上能量损失的数量，都不同于电容的瞬时放电和近似理想条件的断路放电。

然而，放电能量仍起主要作用。点燃能量的数值与电路参数（电压、电流、电感、电容）、爆炸性气体混合物成分、开关条件（断开的速度、触头的材质和形状）、压力和温度等因素有关。

电路参数和放电参数之间的关系具有重要的意义，因为放电的初始形状取决于放电的形式和放电间隙处能量的分布。电路中开关式放电发生在运动的触头间，当触头闭合或分开一定距离时就停止。这种放电，甚至在保持额定断路条件下，也不可能具有再现性。火焰核发展过程的不稳定性和电路散热条件的不稳定性，是这种放电出现不稳定的主要原因。

点燃的不稳定性表现在，在接近点燃极限处，每次点燃后能够重复发生爆炸的电路参数和没有发生爆炸的电路参数之间没有一个明显的界限。此时，电路参数的变化范围相当宽。

所研究的不稳定性是由于孕育火焰核的区域内存在着触头所造成的，这就增加了火焰核过渡到火焰面的过渡过程的或然性。在这种条件下，发生了不同程度的散热，这对激励和维持燃烧反应的活化中心起到了抑制作用，也就是从根本上改变了火焰核的形成条件。

在实际评价电路的安全火花性能时，人们采用一种统计方法。电气放电点燃爆炸性气体混合物的或然性定律是这种统计方法的基础。对于形成火花的不同条件来说，点燃或然率是用发生爆炸的次数与形成火花的总次数之比来表征的，是被断路的电流的幂函数，可以表示为

$$P=AI^n \tag{1.5}$$

对于电容性电路来说，式（1.5）表示为

$$P=BU^m \tag{1.6}$$

式中　A，B，n，m——由试验确定的常数。

在对数坐标中，或然率关系是一条直线。利用这种关系，人们可以把试验所得的数据（电流、电压、能量等）折合成等或然率点燃条件，然后绘制出电路的安全火花曲线，在电路的原始参数改变时就能定量地求出预期的点燃或然率的变化量。使用统计方法来评价电路的安全火花性能很方便，人们用试验装置试验电路时就用这种方法。

对于电阻性电路、电感性电路和电容性电路来说，电路参数与点燃或然率的关系为

$$\begin{aligned}I_2/I_1&=(P_2/P_1)^{\cot\beta}\\U_2/U_1&=(P_2/P_1)^{\cot\beta}\end{aligned} \tag{1.7}$$

式中　P_1，P_2——点燃或然率；

I_1，I_2——断路电流；

U_1，U_2——电容器上的充电电压；

β——或然率特性曲线倾斜角的平均值，等于87°30′。

在确定电路的点燃参数（或然率为10^{-8}，相当于2倍安全系数）时，人们根据有限的试验次数就可以使用这种给定的关系曲线。

为了确定电阻性电路或电感性电路中的点燃电流值，或者，电容性电路中的点燃电压值，用试验方法找出一种参数值的点燃或然率，就可以按式（1.7）计算出或然率为10^{-8}时的未知参数。

【例 1.3】 现对一个电阻性电路进行开关放电点燃试验。试验的断路电流为 100mA，断路次数为 400 次，点燃次数为 4 次。计算在安全系数取 1.5 倍时断路电流应该为多少?

在计算时，人们应该使用式（1.7）。在安全系数取 1.5 倍时，人们可以从图 1.2 中查到此时的点燃或然率约为 $1\times10^{-5.9}$。在 400 次点燃试验中发生 4 次点燃，则试验点燃或然率为 1×10^{-2}。由式（1.7）可知，cot87°30′≈0.044。

将这些数据代入式（1.7）中计算即可得到在安全系数取 1.5 倍时的断路电流为

$$I_2/100=(10^{-5.9}/10^{-2})^{0.044}\text{mA}$$

$$I_2=(10^{-5.9}/10^{-2})^{0.044}\times100\text{mA}$$

$$\approx86\text{mA}$$

这里应该指出的是，本例的计算仅仅是一种理论计算。而在实际的试验时，人们应该考虑很多因素的影响，例如环境条件、放电电极的材质和形状、电源电压等。但是，这种计算对实际试验仍有一定的启示作用。

根据已得到的有一定误差的规律（或然率特性曲线倾斜角是定值，曲线中或然率低的一端允许使用外推法），人们就可以找出点燃或然率与安全系数之间存在的关系（图 1.2），因而，就能确定点燃的边界条件。

在相应于边界点燃或然率 $10^{-8}\sim10^{-6}$ 的电路参数范围内，计算得出的放电能量小于试验确定的最小点燃能量。所以，为了评定电路的安全火花性能，在目前统一采用的试验装置上进行试验时，电路安全火花性能的安全系数应该采用 1.5。

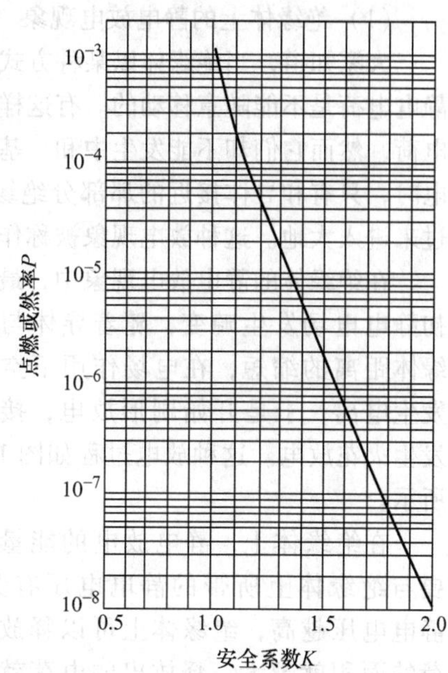

图 1.2 点燃或然率与安全系数的关系

4. 弧光放电的点燃特性

弧光放电通常是指开关器件中触头之间出现的电弧放电。当然，在绝缘击穿发生短路时也会出现弧光放电现象。当电路中发生弧光短路时，放电通道中具有很高的电流密度，并且放电通道中的温度可达 10000～20000℃，比甲烷-空气混合物的点燃温度高出许多倍。所以，弧光放电不管持续时间多长，总是能够点燃一定体积的爆炸性气体混合物。由于火焰核超过了临界体积，它就可能引起爆炸。

在弧光放电通道中，电压降的分布是不均匀的，在阴极和阳极附近，电压发生了突变（阴极压降和阳极压降）。要维持弧光放电，必须有一个最小的电流值和电压值，低于这个值，弧光放电就不可能发生。这个电流和电压的最小值同触头的材质有关。弧光放电的伏安特性是一族双曲线。在电阻性电路中，实现稳定弧光放电的条件是

$$I_h\geqslant I_{min}E/(E-U_{min}) \tag{1.8}$$

式中 I_h——电弧电流；

U_{min} 和 I_{min}——电弧静特性的渐近线值，有关文献指出，对于铜触头，U_{min} 和 I_{min} 的数值分别是 13V 和 0.43A；

E——电弧的电动势。

在电容性电路中，弧光放电发生在电容器上的电压超过电弧燃烧的最小电压，即大于 20V 的情况下，它是一种电弧通道中温度约几千度的高密度的粒子流。

弧光放电，既可以由火花间隙击穿后发生火花放电形成，也可以由电极接触时局部过热引起触头材料熔化形成。

1.4.2 静电放电

我们知道，高阻绝缘体因摩擦、挤压等原因会产生静电电荷。这些电荷随着摩擦、挤压等过程的延续而积累起来，于是，在这些绝缘体上就会出现很高的电压，即静电电压。如果遇到合适的条件，就可能发生静电放电。

就静电放电的能量而言，它的大小与很多因素有关，例如，静电电压、积累的电荷量、绝缘体的形状、放电间隙和绝缘体上的放电面积等。

静电放电是一种“无源”式放电，相对于有源网络的电气放电来说，放电能量要弱一些。然而，静电放电火花能够点燃爆炸性气体-空气混合物。实验指出，球形电极与平面绝缘体之间的静电放电，在静电电压为2500V时，点燃了爆炸性氢气-空气混合物。

1. 静电放电的一般概念

静电放电通常可以分为两种情况：一是在高阻绝缘体上发生的静电放电现象；二是被绝缘的导体因感应发生的静电放电现象。这两种情况的静电放电具有不同的性质。

（1）绝缘体上的静电放电现象

大家知道，当绝缘体以某种方式带上静电电荷时，由于绝缘体所具有的高阻性能，它上面的静电电荷是不能随意移动的。有这样的情况，在一块绝缘平板上同时可以带上正、负两种符号的电荷，然而它们却不能发生中和。基于这种原因，当带电的绝缘体和接地的导体之间发生静电放电时，只有和导体接近的那部分绝缘体上的电荷释放到大地中，其他部分的电荷不会“流动”过来进入大地。这种放电现象被称作局部放电现象。

在绝缘体的静电放电现象中，最普遍的是刷形放电。当接地的导体接近带电的绝缘体时，起初静电电场发生畸变，随着导体与绝缘体距离的缩短，在电场作用下空气发生电离，于是开始刷形放电，接着发生火花放电。这种放电过程如图1.3所示。

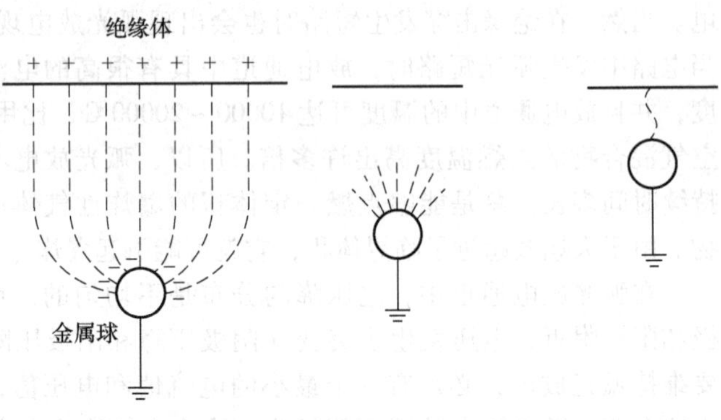

图1.3 刷形放电

在绝缘体上，静电放电的能量主要与绝缘体上所带的静电电压有关。静电电压越高，绝缘体上可以释放电荷的面积就越大，释放出的电荷就越多。人们在实验室中进行了放电能量的测试实验。实验是用半径为5mm的接地金属小球来接近带电的绝缘体进行放电的。实验测得的数据如表1.7所示。

表1.7 静电电压与放电面积、放电能量的关系

序　号	静电电压 V/kV	放电面积 S/cm²	放电能量 Q/J
1	31.6	28.3	0.81×10^{-3}
2	29.4	22.9	0.64×10^{-3}
3	25.2	16.6	0.52×10^{-3}
4	23.4	13.8	0.45×10^{-3}

（续）

序　号	静电电压 V/kV	放电面积 S/cm²	放电能量 Q/J
5	19.0	12.6	0.21×10^{-3}
6	18.0	12.6	0.20×10^{-3}
7	16.8	12.6	0.18×10^{-3}
8	15.0	11.3	0.14×10^{-3}
9	12.2	11.3	0.08

根据表1.7中所列数据，可以绘制出绝缘体上所带的静电电压与放电面积、放电能量的关系曲线，如图1.4所示。

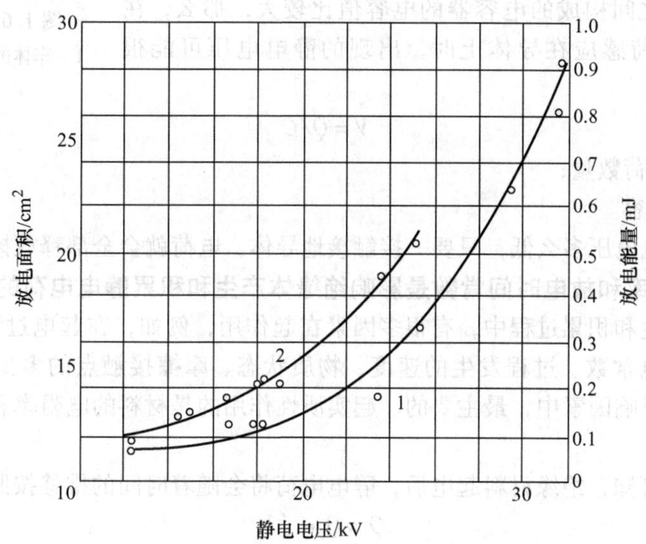

图1.4　静电电压与放电面积、放电能量的关系

1—静电电压与放电面积的关系曲线　2—静电电压与放电能量的关系曲线

从图1.4中可以看出，随着静电电压的增加，绝缘体（绝缘平板）的放电面积、静电火花释放出的能量随之非线性地增加。曲线1和曲线2具有同样的增长趋势。

绝缘体上发生静电放电的条件是，绝缘体上必须积累足够多的电荷，静电电压必须达到一定的水平。

（2）被绝缘的导体上的静电放电现象

根据静电理论可知，被绝缘的导体放置在静电电场中会得到感应电荷（图1.5）。如果这个电场是由绝缘体上的静电电荷引起的，那么，导体上与绝缘体接近的一端会感应相反符号的电荷。感应电荷的数量与电场强度、导体切割磁力线的数量有关。例如，行驶的车轮轮胎上积累的静电电荷形成了一个电场，车辆的金属结构处在这个电场中，因而就会感应符号相反的静电电荷（图1.6）。如果将导体接地的话，则导体上的感应电荷就会泄漏到大地中。

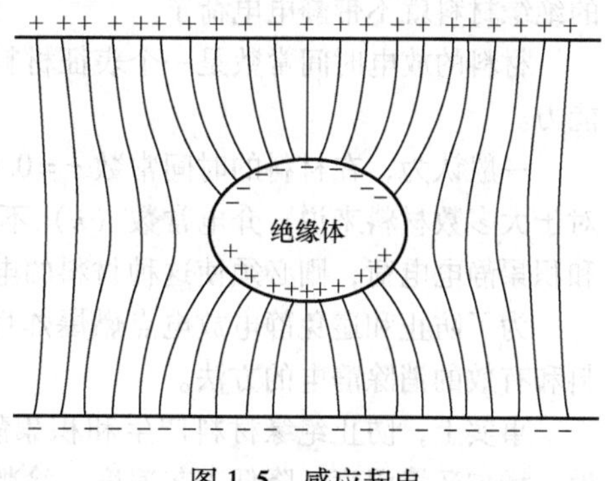

图1.5　感应起电

绝缘导体上感应电荷的放电与绝缘体上静电电荷的放电有着本质的不同。绝缘体上发生静电放电是一种“局部放电”，除放电区域外，其他部分的静电电荷不会“补充”过来。放电电荷的数量与静电电压、接地导体的形状有关。然而，在被绝缘的导体上情况就不同，一旦接触到接地的导体，被绝缘的导体上感应的静电电荷就会全部释放掉。也就是说，不仅与接地导体接近的电荷释放到大地，而且，其他部分的电荷会补充过来，也立即释放掉。由此可见，对于点燃爆炸性气体混合物来说，这种情况比局部放电的情况更具有潜在危险性。

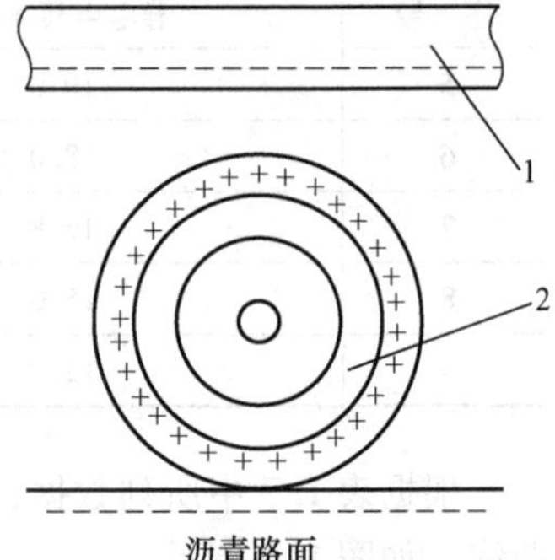

图 1.6　轮胎的静电电场

1—车体的金属结构　2—轮胎

分析可知，被绝缘的导体上静电放电的特点是，在较低的静电电压情况下，可能释放出较多的静电电荷。这是因为，如果被绝缘的导体与大地之间构成的电容器的电容值比较大，那么，在绝缘体上的静电电荷感应在导体上时，出现的静电电压可能很低，即

$$V=Q/C \tag{1.9}$$

式中　Q——静电电荷数量；

C——静电电容。

但是，不管静电电压多么低，只要一接触接地导体，电荷就会全部释放掉。

2. 材料的电阻率和放电时间常数是影响绝缘体产生和积累静电电荷的主要因素

在静电电荷产生和积累过程中，有很多因素在起作用，例如，在起电过程中材料的电阻率、放电时间常数、介电常数、过程发生的速度、物质状态、摩擦接触点的多少以及环境湿度，等等。在所有的这些影响因素中，最主要的、起实质性作用的是材料的电阻率和材料的放电时间常数（$\tau=RC$）。

根据静电理论可知，绝缘材料起电后，静电电荷将会随着时间的推移按照指数规律衰减，即

$$Q=Q_0\mathrm{e}^{-t/\tau} \tag{1.10}$$

式中　Q——绝缘体上静电电荷数量（C）；

Q_0——绝缘体上静电电荷的初始数量（C）；

t——持续时间（s）；

τ——时间常数（s），$\tau=RC=\rho\varepsilon$，其中，ρ 为材料的电阻率（$\Omega\cdot$m），ε 为材料的介电常数，$\varepsilon=\varepsilon_0\varepsilon_r$，$\varepsilon_0$为真空介电常数，$\varepsilon_0=8.85\times10^{-12}$F/m，$\varepsilon_r$为相对介电常数。

从式（1.10）中可以分析得出，如果绝缘材料起电后经历 $t=\tau$ 时间的话，那么，静电电荷就可以衰减到它的初始值的1/e(e≈2.71828)，即约37%。一般情况下，人们便可以认为，此时的绝缘材料就不带静电电荷了。

材料的放电时间常数是一个表征材料静电特性的重要参数。它反映着材料的绝缘性能和带电能力。

一般认为，在材料的时间常数 $\tau=0.01$s 的情况下，这种材料就不容易产生和积累静电电荷。对于大多数材料来说，介电常数（ε）不超过 1×10^{-10}F/m。由此可见，要想使某种材料不产生和积累静电电荷，则必须使这种材料的电阻率不大于 $1\times10^{8}\Omega\cdot$m。

为了防止和避免静电放电点燃爆炸性气体-空气混合物，人们一直在寻求实用的抗静电的材料和有效的消除静电的方法。

事实上，防止绝缘材料产生和积累静电电荷的方法有很多，例如，降低材料的电阻率、接地、增加环境湿度、降低工艺速度、涂敷防静电剂，等等。在这些方法中，只有降低材料的电阻

率才是最为根本的方法，而其他的则是辅助的。

1.4.3 碰撞与摩擦

一些固体在相互之间碰撞与摩擦时会产生一种火花，被称为“机械火花”。

机械火花，这是一个十分生僻的专业术语，被定义为，一种由两个或多个固体发生碰撞或摩擦时，从固体上分离出来的微粒在碰撞或摩擦能量作用下发生燃烧的现象。

机械火花在很多场合也被称作碰撞摩擦火花，是一种非电气放电的，由金属与金属、金属与岩石、岩石与岩石之间发生碰撞或摩擦而产生的火花。已经有很多文献记载，这种火花能够点燃爆炸性气体混合物。

在工业生产实践中，生产机械之间、生产机械与产品之间、生产机械与岩石之间常常发生碰撞和摩擦。在存在爆炸性气体混合物的生产现场，由碰撞和摩擦而产生的机械火花点燃爆炸性气体混合物的可能性是比较大的。事实上，已经多次发生过这样的点燃。

1. 机械火花的一般概念

机械火花点燃爆炸性气体混合物的现象是相当复杂的，很难从理论上作出准确的描述。

但是，从动力学观点出发，在物体发生碰撞和摩擦时总要发生能量的转换：动能转化成热能或其他形式的能。实际上，在碰撞和摩擦时，碰撞部分的变形使其内部的摩擦增加，发生晶格变形，因而，温度升高。碰撞部分晶格的变形越大，温度升高越高。另外，碰撞时常常有一些碰撞体的物质微粒从碰撞体上分离出来。这些微粒本身具有很高的温度和很大的动能，从碰撞体上分离出来时能够发光，并且可以飞出很远。这就是所谓的机械火花。

实质上，在碰撞摩擦（不包括“转子”的连续摩擦）时，碰撞部分的温度并不危险，因为碰撞体的热容量很大，所以，温度不会太高。然而，从碰撞体上飞出的微粒却能发光，这是因为微粒的热容量小，一个不大的能量就能使其温度上升很高，因而，碰撞摩擦火花对于点燃爆炸性气体混合物来说是相当危险的。

在研究碰撞摩擦点燃爆炸性气体混合物这一问题时，主要是研究机械火花的点燃性能。我们已经知道，机械火花的实质就是，从碰撞体上飞出的炽热的微粒从碰撞体上飞出时已获得了足够的热量和一定的速度。在微粒飞行过程中，炽热的微粒同空气中的氧气接触，发生氧化反应，又进一步放出热量，直到微粒燃烧殆尽（机械火花熄灭）。在这个过程中，如果燃烧与爆炸的条件具备，机械火花就能够点燃爆炸性气体混合物。如果飞出的炽热微粒在飞行过程中没有得到充分氧化，在飞行过程中与空气发生热交换损失的热量没有得到补充或增加的话，那么，这种火花就不能够点燃爆炸性气体混合物（即使其他燃烧与爆炸的条件存在）。

2. 影响机械火花点燃爆炸性气体混合物的主要因素

机械火花点燃爆炸性气体混合物的或然性与很多因素有关。它们都影响着机械火花的点燃能力。例如，两种物体碰撞时的碰撞角，混合物中可燃性气体的浓度，碰撞时的碰撞能量，碰撞时的碰撞速度，碰撞体的表面状态（例如是否有锈蚀），碰撞体的材质和硬度，环境的温度和湿度等因素，都不同程度地影响着机械火花的点燃能力。这里就这些因素予以简单的讨论。

（1）碰撞角度的影响

试验研究指出，在自由落体冲击试验时被冲击物平面与冲击方向之间的夹角不同，机械火花点燃爆炸性气体混合物的能力也不同。点燃或然率与碰撞角度的关系如图 1.7 所示。一般认为，当碰撞角为50°左右时，机械火花的点燃或然率最大。

从图 1.7 中可以看出，随着碰撞角的增大或减小，点燃或然率都在减小。这一点可以这样认为，当增大碰撞角时，碰撞就接近“法线式”碰撞，碰撞的动能大部分用于使碰撞体变形，转化成热能，不会产生火花；当碰撞角减小时，碰撞就出现了“滑动式”摩擦，碰撞的动能只有很小一部分消耗在碰撞接触部分。因而，这两种趋势都不太容易从碰撞体上分离出微粒，不太容易形成火花，不太容易发生点燃。在碰撞角为50°左右时，碰撞的有效能量处于最佳值，可以产生激烈的火花，因而，容易发生点燃。

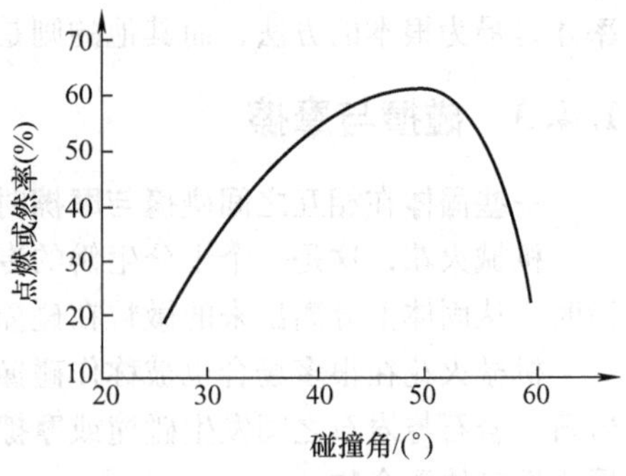

图 1.7　点燃或然率与碰撞角的关系

(2) 混合物浓度的影响

试验研究指出，混合物中可燃性气体的浓度对机械火花的点燃能力有很大的影响。对于机械火花的点燃特性来说，各种混合物都有一个最易点燃的浓度最佳值。有关文献指出，氢气-空气混合物和乙炔-空气混合物的机械火花点燃或然率与其浓度的关系如图 1.8所示。

从图 1.8 中可以看出，机械火花点燃爆炸性气体混合物的最佳浓度都是处于爆炸极限的低浓度侧（乙炔的爆炸极限为 2.3% ~100%，氢气的爆炸极限为 4% ~77%）。这主要是与混合物中氧气的相对含量有关。在低浓度侧氧气的相对含量大，有利于火花微粒的进一步氧化，而此时混合物中可燃性气体的浓度又适于被点燃。随着混合物浓度的增加，氧气的相对含量减小，不利于氧化放热反应进行。对于其他的可燃性气体混合物，机械火花点燃的最佳浓度值，亦有同样的解释。

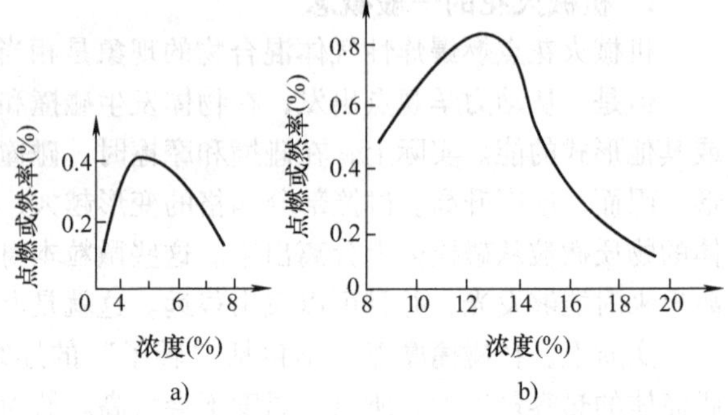

图 1.8　点燃或然率与混合物浓度的关系

a）乙炔　b）氢气

(3) 碰撞能量的影响

在固体的碰撞摩擦中，碰撞能量对点燃爆炸性气体混合物有着很大的影响。在自由落体冲击试验中发现，点燃或然率随碰撞能量的增加而增加。图 1.9 所表示的是，铝镁合金（含镁量为92.6%）与生锈钢板碰撞时，机械火花点燃甲烷-空气混合物（甲烷浓度为 6.4%）的或然率与碰撞能量的关系。

图 1.9 所表示的曲线的试验条件是，碰撞角为 50°，落下重物的质量为 16.3kg，甲烷-空气混合物的浓度为6.4%。对于其他的爆炸性气体混合物，点燃或然率与碰撞能量的关系也是一种呈非线性增长的曲线。碰撞能量对机械火花点燃能力的影响可以这样来理解，碰撞能量大，用于点燃的有效能量就大，于是，点燃或然率就增加。

(4) 碰撞体表面状态的影响

在碰撞摩擦试验中发现，相互碰撞摩擦的表面覆盖有煤尘、铁锈或表面潮湿，对点燃爆炸性气体混合物有不同程度的影响。试验指出，当表面有铁锈时，轻金属与这种钢板碰撞发出的机械火花最容易点燃爆炸性气体混合物。碰撞表面的状态对点燃或然率的影响如图 1.10 所示。

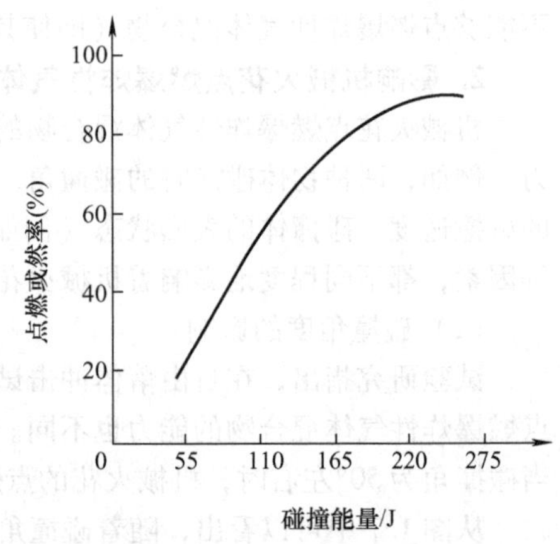

图 1.9　点燃或然率与碰撞能量的关系

从图 1.10 中可以看出，铁锈对点燃能力的提高有很大的影响。在轻合金（铝）同生锈的钢板碰撞时，观察到了明亮的火花闪光。试验指出，在试验条件下，由潮湿的生锈钢板碰撞时机械火花点燃甲烷-空气混合物的或然率为50%，而由干燥的生锈钢板碰撞时的火花点燃或然率为20%。

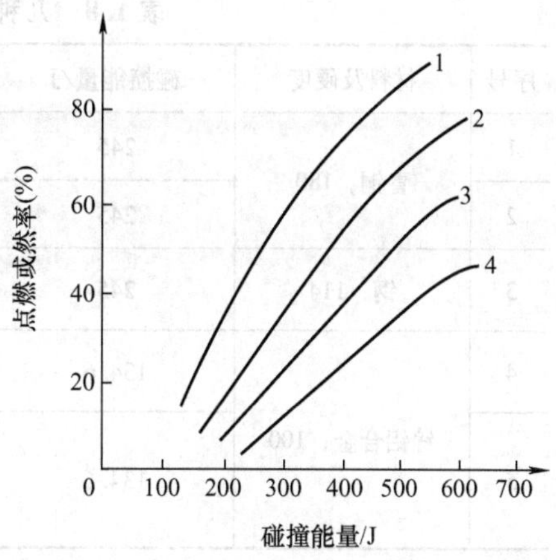

图 1.10　表面状态对点燃或然率的影响

1—潮湿的生锈钢板的情况　2—干燥的生锈钢板的情况　3—钢板上覆盖煤尘的情况　4—钢板上覆盖潮湿煤尘的情况

分析可知，潮湿的铁锈的主要成分是氢氧化铁。氢氧化铁若被加热到500℃以上就会分解成三氧化二铁。在碰撞摩擦时，铁锈就可以被加热到500℃以上。此时，碰撞形成的细微轻金属微粒比铁微粒更活泼，同氢氧化铁的分解生成物发生激烈的反应，并释放出大量的热量，化学反应式为

$$Fe(OH)_3 + 2Al = Al_2O_3 + Fe + 1.5H_2 + 821kJ \quad (1.11)$$

轻合金的微粒甚至在室温条件下也能同铁锈中和混合物中的水分子、空气中的氧分子进行反应，并释放出热量，化学反应式为

$$2Al + 3H_2O = Al_2O_3 + 3H_2 + 1339.3\ kJ \quad (1.12)$$

$$2Al + 1.5O_2 = Al_2O_3 + 1646.6\ kJ \quad (1.13)$$

反应［式（1.11）］一旦开始，还原铁和空气中的氧之间、加热到高温（大约1000℃）的轻合金微粒和铁的氧化物（Fe_2O_3）之间就会相互发生反应，并释放出热量，化学反应式为

$$2Fe + 1.5O_2 = Fe_2O_3 + 817.9\ kJ \quad (1.14)$$

$$2Al + Fe_2O_3 = Al_2O_3 + 2Fe + 829.6\ kJ \quad (1.15)$$

在轻合金同潮湿的生锈钢板碰撞摩擦时发生的上述反应，加剧了火花形成的猛烈性，于是，发生了点燃。

试验指出，将生锈钢板加热到500℃以上，用轻合金碰撞时，即使产生火花，也没有以前那样激烈，结果没有点燃甲烷-空气混合物。这主要是因为，把生锈钢板加热到500℃以上时氢氧化铁已经分解，化学反应式为

$$2Fe(OH)_3 = Fe_2O_3 + 3H_2O \quad (1.16)$$

并且，水分已经蒸发掉。此外，混合物中的水分减少，空气中的氧气减少，这样一来，氧化放热反应就难以进行。

在进行的比较性试验中，混合物中的含氧量很小（1.7%）时，从碰撞点也能观察到火花，但是，比在空气（21%氧）中试验时的火花小得多，而且也不明亮。

从以上的分析可知，潮湿的铁锈中包含的水分和铁锈中的氧分子在碰撞时是一种氧气“发生源”，能够加速火花的氧化反应，使火花变得更加激烈。但是，铁锈不是机械火花的产生因素。

（5）硬度和材质的影响

在碰撞摩擦时，材料的硬度和材质对机械火花的点燃能力也有不同程度的影响。材料的硬度越大，碰撞时越容易分离出炽热的金属微粒，形成火花；硬度小时，碰撞时发生范性变形，吸收碰撞能量，难以分离出金属微粒。

人们分别使用青铜、钢和锌铝合金制成的冲头来进行冲击生锈钢板的试验。试验结果如表 1.8所示。

表 1.8　几种材料的冲头对生锈钢板的碰撞结果

<table>
<tr><th>序号</th><th>材料及硬度</th><th>碰撞能量/J</th><th>浓度（%）</th><th>试验次数</th><th>点燃次数</th><th>备　注</th></tr>
<tr><td>1</td><td rowspan="2">青铜，180</td><td>245</td><td>6～7，CH_4</td><td>5</td><td>4</td><td></td></tr>
<tr><td>2</td><td>245</td><td>17，H_2</td><td>2</td><td>2</td><td></td></tr>
<tr><td>3</td><td>钢，114</td><td>245</td><td>15，H_2</td><td>3</td><td>3</td><td></td></tr>
<tr><td>4</td><td rowspan="2">锌铝合金，100</td><td>134.6</td><td>12～16，H_2</td><td>3</td><td>0</td><td>无火花产生</td></tr>
<tr><td>5</td><td>134.6</td><td>9～13，H_2
26～27，O_2</td><td>6</td><td>0</td><td>无火花产生</td></tr>
</table>

从表 1.8 中可以看出，即使碰撞能量很大，硬度小的锌铝合金也不产生机械火花，因而，没有发生点燃。有试验指出，用洛氏硬度 188 的钢制试样进行试验时，机械火花点燃了甲烷-空气混合物（富氧 25.5%，甲烷 6%）的点燃或然率为 19%，而经淬火（洛氏硬度 770）的同样试样点燃同样的混合物的点燃或然率为 71%。

碰撞体的材质（即化学成分）对点燃或然率的影响也有极大的不同。例如，用碳、锰、镁制成的合金碰撞时从碰撞体上分离的金属微粒会发生激烈的氧化反应，容易点燃爆炸性气体混合物。用硅、镉制成的合金碰撞时从碰撞体上分离的金属微粒表面会形成一层很薄的难熔的氧化膜。这种氧化膜能够防止金属微粒进一步氧化。因此，此时的机械火花难以点燃爆炸性气体混合物。总而言之，碰撞体的化学成分对点燃或然率的影响的实质是，合金的化学成分中某些成分是有利于机械火花的形成和发展（氧化），还是阻碍机械火花的形成和发展。

合金中化学成分对点燃或然率的影响没有一定的规律性。例如，一般认为，在合金中加入微量的铍（Be）能够降低机械火花的点燃能力。

但是，试验指出，这种结论是不完全正确的。用铍铜铸件试样以 565.7J 的能量冲击钢板时点燃 30% 的氢气-空气混合物的或然率为 0（即没有发生点燃，在 20 次试验中没有发生一次点燃），而用铍铝合金铸件试样以 510J 的能量进行同样的试验时，点燃或然率为 30%（即在 20 次试验中有 6 次发生点燃）。对于这种情况，可以这样解释，同样是铍合金，但前者是铜基铍合金，后者是铝基铍合金，铝比铜活泼，所以，即使后者的冲击能量比前者稍小一些，也点燃了爆炸性气体混合物。

以上简单地讨论了影响机械火花点燃能力的几个主要因素。然而，机械火花点燃爆炸性气体混合物的机理是十分复杂的，这些因素对点燃或然率的影响是综合的，不可能单独分开地进行考虑。也有一些情况不符合这些因素的影响规律，例如，在高速冲击时（用步枪子弹冲击被试物时），最容易点燃的碰撞角不是 50°，而是 15°，随着角度的增加点燃或然率将减少。

此外，还必须强调指出，有很多试验表明，试验物体之间的冲击与被冲击顺序，也影响着机械火花的点燃能力。例如，用甲冲击乙产生的机械火花点燃了爆炸性气体混合物，然而，在其他试验条件不变的情况下，用乙冲击甲产生的机械火花未必就能够点燃爆炸性气体混合物。这一点应该引起人们足够的注意。

3. 机械火花点燃爆炸性气体混合物的最易点燃浓度

机械火花点燃爆炸性气体混合物时，同其他点燃源点燃爆炸性气体混合物时一样，同样存在一个最易点燃浓度。试验人员对几种可燃性气体进行了测试，得到了表 1.9 所示结果。

表 1.9　机械火花点燃几种可燃性气体的最易点燃浓度

可燃性气体	最易点燃浓度（%，体积比）	可燃性气体	最易点燃浓度（%，体积比）
甲烷	6.0~7.0	甲苯	8.0
乙炔	4.0~6.0	二硫化碳	2.0
氢	13	戊烷	2.8~2.9
乙烯	6.5	汽油（蒸气）	3
丙酮	15.0		

分析可知，机械火花点燃爆炸性气体-空气混合物的最易点燃浓度，通常情况下，趋近于爆炸极限的下限侧。这是很容易理解的，因为机械火花点燃时需要较多的氧气来氧化从碰撞体上飞出的炽热颗粒，使之继续进行燃烧，直至燃烧殆尽。低浓度（大于爆炸极限下限）的混合物含氧量相对要多一些，支撑了炽热颗粒的氧化反应。

1.4.4　固体热表面

固体热表面点燃可燃性气体-空气混合物，实际上就是所谓的“危险温度”的点燃。危险温度是一种没有被有效地控制、能够点燃某种可燃性气体的温度。它和电气火花、电弧一样，是爆炸性气体混合物的一种点燃源。

根据燃烧与爆炸的热理论可知，可燃性气体-空气混合物被“危险温度”点燃，可以分为两种方式：一种是，可燃性气体-空气混合物被整个地加热到某个温度时发生了燃烧；另一种是，可燃性气体-空气混合物被具有某个温度的“点”点燃源所点燃，然后，燃烧在全部可燃性气体-空气混合物中继续蔓延下去。在测试时，发生可燃性气体燃烧时热表面的温度称为这种可燃性气体的自燃温度。

国际电工委员会（IEC）第 60079-4 号出版物《爆炸性气体环境用电气设备　第 4 部分：点燃温度的测量方法》（英文版）就是用加热炉整个地加热点燃可燃性气体的方法，来测量它的自燃温度的。通常，人们也称这个自燃温度为可燃性气体的“点燃温度”。

固体热表面点燃可燃性气体-空气混合物的温度，比它的“自燃温度（点燃温度）”要高得多。这是因为固体热表面附近可燃性气体浓度特别低。可燃性气体在热能的作用下同固体热表面上的物质发生了初始反应，消耗了一部分。另外，在初始阶段，固体热表面向可燃性气体传递了一部分热能，因而，它的温度也较低。因此，固体热表面必须具有更高的温度才能够点燃它接触到的可燃性气体。

1. 较大热表面的点燃

固体热表面点燃可燃性气体混合物的温度大小，与很多因素有关。除可燃性气体的物理-化学性质外，例如，固体热表面的尺寸、材料、形状以及热表面同可燃性气体接触的时间（或接触的速度）等，都影响着这个点燃温度的大小，但是，没有发现其中的规律性。

有人将尺寸为 108mm × 12.7mm × 1.02mm 的镍条加热后对天然气（甲烷 95.2%，乙烷 3.3%，高碳氢化合物和氮 1.5%）进行了点燃试验。试验发现，随着镍条宽度的减小，也就是散热面积的减小，点燃天然气的点燃温度增加了。同样尺寸、不同材料的其他金属条在不同的温度时点燃了同样浓度的天然气（图 1.11）。

试验发现，固体热表面在接触可燃性气体时有强烈的催化作用。这种作用将导致点燃温度增加。固体热表面接触可燃性气体的时间增长，点燃温度也将升高。

试验还发现，在固体热表面相等的情况下，表面积与体积比最小的物体具有最小的点燃温度。

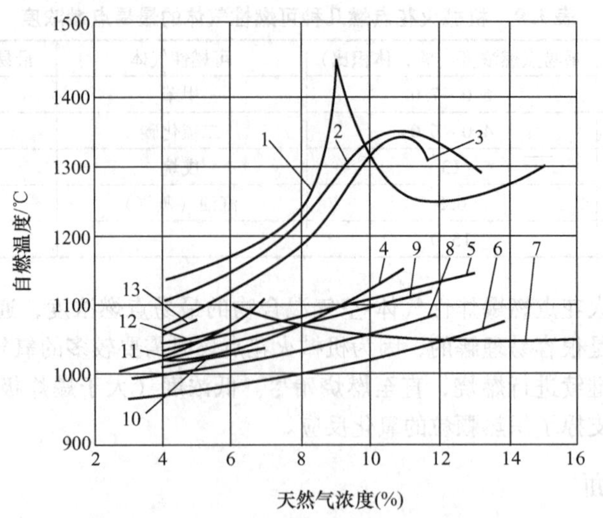

图 1.11 固体热表面的材料与点燃温度

1—白金 2—镍条（覆盖钯） 3—镍条（覆盖白金） 4—铜镍合金 5—钨 6—特种钢 7—钼 8—不锈钢 9—镍 10—钴钢 11—螺纹钢 12—铜 13—金

2. 炽热金属丝的点燃

炽热金属丝点燃爆炸性气体混合物，实质上，常常是指白炽灯丝（钨丝）对可燃性气体的点燃。

人们进行大量的试验研究后发现，白炽灯丝点燃可燃性气体混合物时存在一个最易点燃浓度，如表 1.10 所示。

表 1.10 白炽灯丝点燃几种可燃性气体的最易点燃浓度

可燃性气体	最易点燃浓度(%，体积比)	可燃性气体	最易点燃浓度(%，体积比)
甲烷	5.5 ~ 6.0	乙醚	6 ~ 10
乙炔	3.0 ~ 6.0	汽油	142 (mg/L)
氢	10 ~ 15	二硫化碳	7.5
丙烷-丁烷	2 ~ 4		

白炽灯丝点燃可燃性气体混合物，本质上是一种“火花”点燃，不是“温度”点燃。大家知道，白炽灯丝是在真空状态下被加到很高温度（大约 2000℃）而发光的。因为是真空，所以，灯丝没有被氧化、燃烧。一旦灯泡破碎，高温的灯丝立即被氧化，在空气中形成火花。这样的火花常常点燃了可燃性气体-空气混合物。

大功率的白炽灯丝，在灯泡破碎时可能没有完全被氧化、发光。此时，它的点燃仍然是热表面的点燃。

固体热表面，不管是较大的热表面还是炽热的金属丝，对可燃性气体-空气混合物来说，都是一种“危险温度”点燃源。而且，要点燃可燃性气体-空气混合物，这种点燃源就需要具有比可燃性气体的点燃温度（所谓的自燃温度）更高的温度。

1.4.5 激光辐射

激光辐射是一种新型的可燃性气体点燃源。在大规模的现代工业中，人们有时候使用激光仪器来进行某些测量，因此，可能给爆炸性气体环境的安全带来潜在的危险。

这种激光辐射的辐射源，既可能处在爆炸性气体环境中，也可能处在爆炸性气体环境附近。当处在爆炸性气体环境中时，它直接在这种环境中发出激光光束，辐照这种环境；当处在爆炸性气体环境附近时，它发出的激光光束可能穿越这种环境。不管哪种情况，激光辐射对于爆炸性气体环境来说都是十分危险的。

激光辐射的特点是，传播的光束很窄，但携带的能量高度集中。所以，激光“火花”和电气火花、机械火花一样，具有点燃可燃性气体-空气混合物的能力。

通常情况下，激光辐射可以分为3种形式：脉冲式辐射、连续式辐射和周期式辐射。通常，人们用辐射强度的强弱和辐射能量的大小来评价激光辐射的特性。下面简单地讨论一下激光辐射的点燃特征。

1. 脉冲式激光辐射

脉冲式激光辐射是指周期（脉冲宽度和间隔）不大于1s的辐射。脉冲式激光辐射是一种高度浓缩的光通量。它能够在气体介质中引起光击穿，通过可燃性气体-空气混合物时引起可燃性混合物点燃。尤其是，在激光束前进的通道（空气）中存在悬浮状尘埃时，激光辐射很容易点燃可燃性气体-空气混合物。

试验研究指出，如果煤矿井下大气中存在悬浮状煤尘，或者在激光束前进的通道上遇到像煤块那样的障碍物的话，则激光辐射脉冲只需消耗很小的能量就可以点燃矿井瓦斯，如表1.11所示。

表1.11　甲烷-空气混合物的激光辐射点燃能量

甲烷-空气混合物的状态	点燃能量/J	
	不聚焦时	聚焦时
甲烷-空气混合物（均质）	大于0.52	0.12
甲烷-空气混合物和煤尘	大于0.43	大于0.0094
甲烷-空气混合物和煤块	0.21	0.0023

从表1.11中可以看出，聚焦的激光光束比不聚焦的激光光束更具有点燃能力；不含悬浮状尘埃的可燃性气体-空气混合物比含悬浮状尘埃的可燃性气体-空气混合物需要更大的激光辐射能量才能被点燃。

在脉冲式激光辐射点燃爆炸性气体混合物时，可燃性气体存在一个最易点燃浓度。人们对甲烷-空气混合物的测试得出了如图1.12所示的曲线。

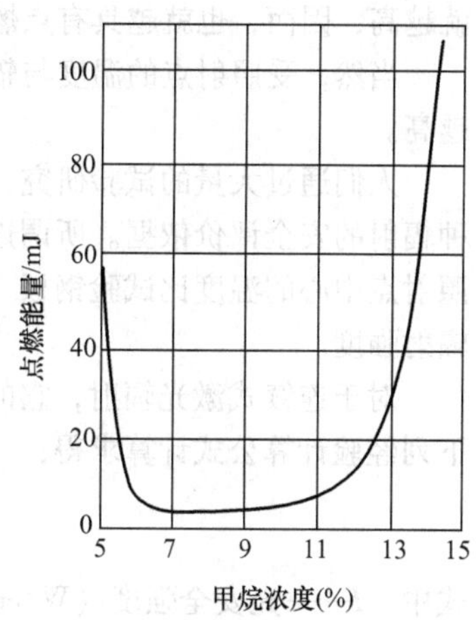

图1.12　激光辐射的点燃能量与甲烷浓度的关系

从图1.12中可以看出，在正常条件下，辐射脉冲照射在煤块上点燃甲烷-空气混合物的点燃能量与甲烷浓度之间存在一定的关系，在浓度为7%的地方，点燃能量有一个不太明显的最小值；在浓度为7%～10%的范围内，曲线是一个近似的水平线。可以说，7%是此时甲烷的最易点燃浓度。

为了评价脉冲式激光辐射的点燃能力，人们提出了“点燃强度”这一概念。所谓脉冲式激光辐射的点燃强度是指，激光光束照射在煤块上引起甲烷-空气混合物发生点燃时点燃或然率为0.5的激光辐射强度。

为了安全起见，人们又提出了脉冲式激光辐射的“光安全强度”，它是点燃强度的五分之一值。光安全强度是脉冲式激光辐射的一个实用的安全指标。

所谓光安全强度，实质上，就是激光光束传输功率的“功率密度”，即光束单位截面积的功率值。

在煤矿井下，脉冲式激光辐射的允许功率可以使用下式计算求得：

$$W = \frac{1}{4} I \pi d^2 \tag{1.17}$$

式中 W——脉冲式激光辐射的允许功率（W）；

I——光安全强度（W/cm^2）；

d——激光光束的最大直径（cm）。

2. 连续式激光辐射

连续式激光辐射是指连续波辐射和（或）周期（脉冲宽度和间隔）大于1s的辐射。连续式激光辐射点燃可燃性气体-空气混合物的点燃机理，不同于脉冲式激光辐射，它不是由于光击穿引起点燃的，而是由于辐射加热了受照射点出现高温引起点燃的，是一种“危险温度”点燃。

试验研究指出，物体上受照射点的温度不仅与激光的辐射能量有关，而且还与受照射点材料的热导率有关。

由功率为1W、直径为0.6cm的激光光束连续地照射在不同材料的盘式试样上测得的温度如表1.12所示。

表1.12 受照射点温度与试样材料热导率

试验材料	直径（D）与厚度（h）/mm	受照射点温度/℃	热导率/[W/(m·K)]
煤	$D=15$，$h=4$	390	0.07
	$D=20$，$h=4$	395	
	$D=50$，$h=30$	395	
页岩	$D=53$，$h=4$	48	0.54
铜	$D=15$，$h=4$	<1	1.42
钢	$D=15$，$h=4$	<1	1.66

从表1.12中可以看出，在同样的辐射条件下，受照射材料的热导率越小，受照射点的温度就越高，因而，也就越具有点燃的危险性。

当然，受照射点的温度与辐射功率大小的关系是不言而喻的，辐射功率越大，受照射点温度越高。

人们通过大量的试验研究，提出了适用于煤矿环境的连续式激光辐射的光安全强度，作为这种辐射的安全评价依据。所谓连续式激光辐射的光安全强度，是指在激光光束长时间作用下，受照射点中心的温度比试验钢板（煤尘覆盖厚度为0.1mm，初始温度为140℃）的温度高1℃时的辐射强度。

对于连续式激光辐射，它的允许功率可以按式（1.17）计算求得；它的光安全强度可以按下列经验计算公式计算求得：

$$I = \frac{0.06}{r} \tag{1.18}$$

式中 I——光安全强度（W/cm^2）；

0.06——常数（W/cm）；

r——激光光束的最小半径（cm）。

通常认为，在煤矿井下，对于连续式激光辐射，允许功率不超过0.15W或光安全强度不超过2W/cm²，是安全的。

在实际应用中，人们应该同时使用上述的两种参数：允许功率或（和）光安全强度，来评价连续式激光辐射的安全性。这两种参数是相互制约的，都与激光光束的直径有关。

当使用允许功率时，按照式（1.17）可知，激光光束的最大直径（d）为

$$d=(4W/I\pi)^{1/2}$$

式中　I——光安全强度，将式（1.18）代入上式，于是

$$d\leqslant W/(0.03\pi) \tag{1.19}$$

式（1.19）表示，当光安全强度一定时，光束直径与允许功率成线性正比例关系。

当使用光安全强度时，由式（1.18）可知，激光光束的最小直径（d）为

$$d\geqslant 0.12/I \tag{1.20}$$

式（1.20）表示，当允许功率一定时，光束直径与光安全强度成线性反比例关系。

分析可知，式（1.19）和式（1.20）是相互关联的，只不过一个是从限定允许功率着手，另一个是从限定光安全强度着手。所以，为了安全起见，在确定实际的光束直径时，人们应该同时按照实际确定的光束直径分别计算允许功率和光安全强度，验证它们不超过相应安全值。

【例1.4】 使用允许功率计算和确定实际的激光光束直径。设激光光束的允许功率为0.15W，光安全强度为2W/cm²。

假若按照允许功率，使用式（1.19）计算，得到光束最大直径为

$$\begin{aligned} d &= 0.15\mathrm{W}/(0.03\mathrm{W/cm}\times\pi) \\ &\approx 1.6\mathrm{cm} \end{aligned}$$

假若确定实际的光束直径为0.5cm，则人们必须使用式（1.18）进行光安全强度验证，即

$$\begin{aligned} I &= (0.06\mathrm{W/cm})/0.25\mathrm{cm} \\ &= 0.24\mathrm{W/cm^2} \end{aligned}$$

计算表明，当激光光束的允许功率为0.15W、实际的光束直径为0.5cm时，经计算可知光安全强度值小于安全值（2 W/cm²），因而，实际的光束直径为0.5cm是可以的。

【例1.5】 使用光安全强度计算和确定实际的激光光束直径。设激光光束的允许功率为0.15W，光安全强度为2W/cm²。

假若按照光安全强度，使用式（1.20）计算，得到光束最小直径为

$$\begin{aligned} d &= 0.12\mathrm{W/cm}/(2\mathrm{W/cm^2}) \\ &= 0.06\mathrm{cm} \end{aligned}$$

假若确定实际的光束直径为1.8cm，则人们必须使用式（1.19）进行允许功率验证，即

$$\begin{aligned} W &= 1.8\mathrm{cm}\times 0.03\mathrm{W/cm}\times\pi \\ &\approx 0.17\mathrm{W} \end{aligned}$$

计算表明，当激光光束的光安全强度为2W/cm²、实际的光束直径为1.8cm时，计算允许功率值大于安全值（0.15W）。于是，人们应该调整光束直径，重新计算验证。

假若将实际的光束直径调整为1.5cm，重新计算得到允许功率为

$$\begin{aligned} W &= 1.5\mathrm{cm}\times 0.03\mathrm{W/cm}\times\pi \\ &\approx 0.14\mathrm{W} \end{aligned}$$

显然，调整后的光束直径是合适的，既满足光安全强度（2W/cm²）要求，又符合允许功率（0.15W）规定，因而，实际的光束直径取1.5cm是可以的。

需要说明的是，在实际应用时，人们应该根据实际环境条件来确定激光光束的直径，只要允

许功率和光安全强度不超过安全值就可以了。

3. 周期式激光辐射

试验研究表明，周期式激光辐射，同时具有脉冲式激光辐射和连续式激光辐射的性质。因而，在评价它的光安全性时，人们应该使用两个参数：脉冲式激光辐射的光安全强度和连续式激光辐射的光安全强度。

1.5 可燃性气体的分级分组

大家已经知道，在大规模的现代工业生产过程中会产生大量的可燃性气体或蒸气，在适当的条件下，就可能发生燃烧和爆炸。

人们进行了大量的试验研究工作，对各种具有代表性的可燃性气体或蒸气进行了试验和分析，按照它们的特性分级分组，以期采用合理的技术措施来防止这些气体或蒸气发生点燃和爆炸。

下面简单叙述一下可燃性气体的分级分组概况。

1.5.1 可燃性气体的分级

可燃性气体的分级没有严格的定义。通常认为，这种分级表示了可燃性气体-空气混合物在某一外壳内发生燃烧爆炸时燃烧生成物通过外壳缝隙的能力，用通过缝隙的间隙值来表示；或者，这种分级表示了可燃性气体-空气混合物被电气火花点燃时所需电流的大小，用点燃所需的电流值来表示。

1. 用间隙表征的分级

当用间隙值来表征“分级”时，分级是用最大试验安全间隙来进行的。所谓最大试验安全间隙（Maximum Experimental Safe Gap，MESG）是指，在标准规定的试验条件下，试验外壳内不同浓度的某种被试可燃性气体-空气混合物被点燃后，燃烧生成物通过宽度为25mm的接合面间隙都不能点燃外壳外部的同种爆炸性气体-空气混合物时外壳空腔耦合部分之间的最大间隙。

最大试验安全间隙的测定试验通常在常温常压（20℃，0.1MPa）条件下进行。在试验时，试验人员采用内腔净容积为20cm^3、半球耦合接合面宽度为25mm的标准球形容器；用电极放电火花来点燃外壳内的可燃性气体-空气混合物。电极放置在外壳的上、下半球的法兰耦合平面上，而且距离法兰内边沿14mm处。

确定最大试验安全间隙的试验装置如图1.13所示。

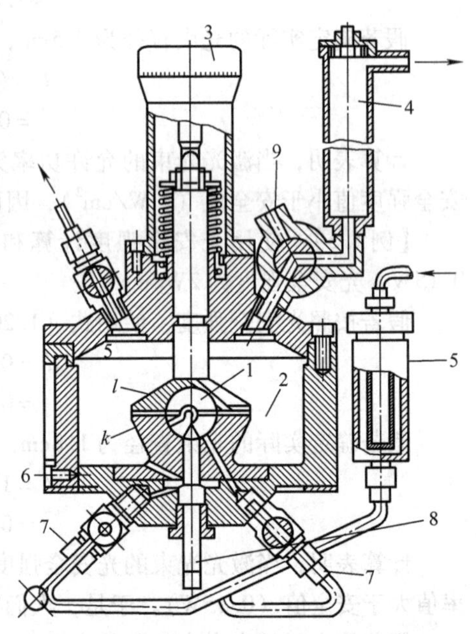

图1.13 确定最大试验安全间隙的试验装置
1、2—内球形小室和外圆柱形容器 3—调整法兰间隙的测微螺旋，上部（l）可动，下部（k）固定 4—点燃前调整压力用泵 5—阻火器 6—观察窗 7—供气阀门 8—火花间隙调整电极 9—三通阀

试验研究指出，可燃性气体的最大试验安全间隙受以下主要因素的影响：试验用混合物中可燃性气体的浓度、试验外壳法兰的宽度、点燃源在试验外壳中的位置、试验用混合物的初始压力以及初始温度等。

（1）单一型可燃性气体

1）混合物中可燃性气体浓度的影响

在确定最大试验安全间隙的试验中，人们经过大量的试验和测试发现，对于每一种可燃性气体，在试验外壳内发生爆炸时爆炸生成物通过外壳间隙的能力是各不相同的，而且，在试验条件下，每一种气体都有一个爆炸生成物最易通过外壳间隙的浓度。

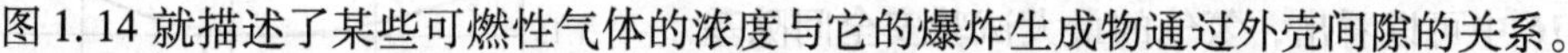

图 1.14 就描述了某些可燃性气体的浓度与它的爆炸生成物通过外壳间隙的关系。

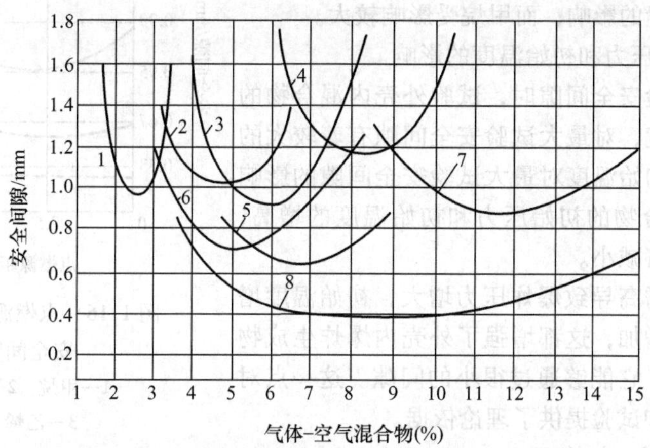

图 1.14　最大试验安全间隙与可燃性气体混合物浓度的关系

1—（正）己烷　2—醋酸乙酯　3—乙烷　4—甲烷

5—乙烯　6—氧化丙烯　7—氧化氢　8—乙炔

从图 1.14 中可以看出，在试验条件下，当可燃性气体的浓度偏离爆炸生成物最易通过外壳间隙的浓度（称之为“最易传爆浓度”）时，爆炸生成物的穿透能力将减小，也就是说，它不可能穿透更小的间隙，只能通过较大的间隙。这一点十分重要，它是我们以后进行有关试验的理论基础。

2）试验外壳法兰宽度的影响

在进行最大试验安全间隙试验时发现，随着试验外壳法兰宽度的减小，最大试验安全间隙同样在减小，直至某个最小值，但不等于零；随着试验外壳法兰宽度的增加，最大试验安全间隙同样在增加，直至混合物的临界熄焰距离。

最大试验安全间隙与法兰宽度的关系如图 1.15 所示。

从图 1.15 中可以看出，在试验外壳法兰宽度小于 10mm 的情况下，随着法兰宽度的增加，最大试验安全间隙增加得很快；当试验外壳法兰宽度大于 30mm 时，随着法兰宽度的增加，最大试验安全间隙增加得比较缓慢，尤其是乙炔和氢气。

3）点燃源位置的影响

在标准试验条件下，点燃源位于球形试验外壳中心时，人们获得了最大试验安全间隙的最小值。然而，当采用 8L 球形试验外壳进行试验时，人们得到了不理想的结果。

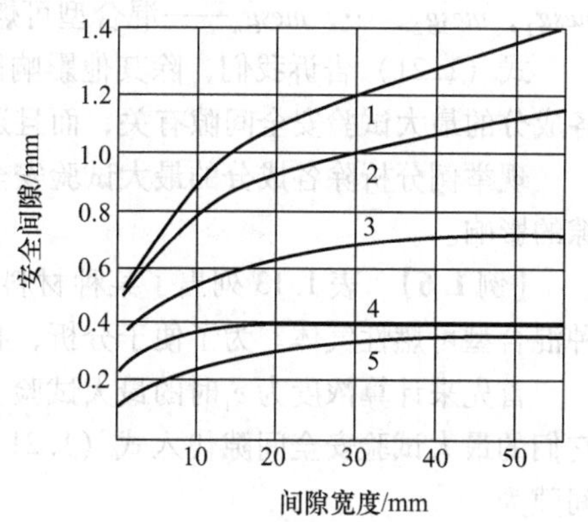

图 1.15　最大试验安全间隙与法兰宽度的关系

1—甲烷　2—（正）乙烷　3—乙烯

4—乙炔　5—氢气

在球形试验外壳内，爆炸性气体混合物的爆炸传播速度是点燃源距间隙距离的函数。随着爆炸传播速度的减小，点燃源位置的作用将加强。这一点是显而易见的。爆炸传播速度的减小，导致了爆炸生成物穿透能力的降低。

几种可燃性气体在试验外壳内被点燃时点燃源的位置与最大试验安全间隙的关系如图 1.16 所示。

从图 1.16 中可以看出，氢气的最大试验安全间隙基本上不受点燃源位置的影响；而甲烷受影响较大。

4）混合物初始压力和初始温度的影响

在测定最大试验安全间隙时，试验外壳内混合物的初始压力和初始温度，对最大试验安全间隙有着较大的影响。初始压力和初始温度对最大试验安全间隙的影响是一致的。随着混合物的初始压力和初始温度的增高，最大试验安全间隙将减小。

因为初始压力增高导致爆炸压力增大，初始温度增高导致分子活化能增加，这都增强了外壳内爆炸生成物的穿透能力，所以，它能够通过很小的间隙。这一点对于以后的外壳设计和试验提供了理论依据。

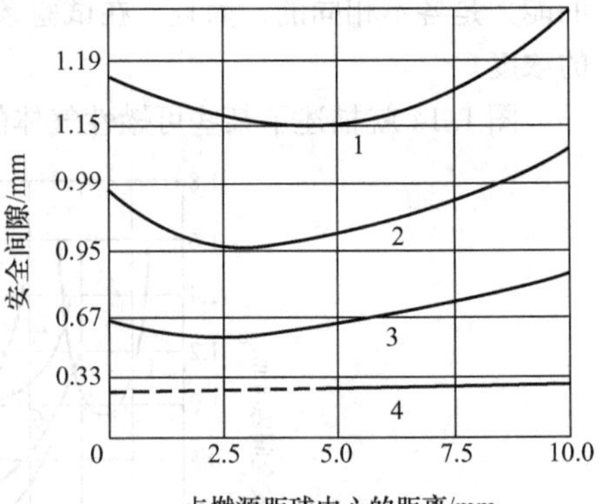

图 1.16　点燃源位置与最大试验安全间隙的关系

1—甲烷　2—（正）乙烷

3—乙烯　4—氢气

（2）混合型可燃性气体

对于混合型可燃性气体来说，在测定最大试验安全间隙时，由于它的成分不是固定的，因此人们只能对某种特定情况进行专门的分析与试验。

在试验时，试验人员应该首先分析混合型可燃性气体的成分及其浓度，然后配制相应成分的混合型可燃性气体-空气混合物进行试验。这是一项较为繁琐的事情。

然而，除此之外，在某些情况下，人们为了确定某种混合型可燃性气体的最大试验安全间隙，也可以使用下式进行计算求得：

$$MESG = \frac{1}{\frac{c_1}{mesg_1} + \frac{c_2}{mesg_2} + \cdots + \frac{c_n}{mesg_n}} \tag{1.21}$$

式中　$MESG$——混合型可燃性气体的最大试验安全间隙（mm）；

c_1，c_2，…，c_n——混合型可燃性气体中各成分的浓度（%），而且，$c_1 + c_2 + \cdots + c_n = 100\%$；

$mesg_1$，$mesg_2$，…，$mesg_n$——混合型可燃性气体中各成分的最大试验安全间隙（mm）。

式（1.21）告诉我们，除其他影响因素外，混合型可燃性气体的最大试验安全间隙不仅与各成分的最大试验安全间隙有关，而且还与各成分的浓度有关。

现举例分析除各成分的最大试验安全间隙外各成分浓度对混合型可燃性气体最大试验安全间隙的影响。

【例 1.6】　表 1.13 列出了某种材料在热分解时产生的各种可燃性气体的相关数据。这是一种混合型可燃性气体。为了便于分析，我们人为地调整了它的成分的浓度。

首先来计算浓度为 c_1 时的最大试验安全间隙。将表 1.13 中对应于浓度 c_1 的各成分的浓度和它们的最大试验安全间隙代入式（1.21）中，计算求得此时混合型可燃性气体的最大试验安全间隙为

$$MESG = 1/[26.5\%/1.14 + 55.2\%/0.84 + 5.4\%/0.91 + 2.5\%/0.92 + 10.3\%/0.65 + 0.1\%/0.37]\,\text{mm} \approx 0.88\text{mm}$$

接着，按照同样的方法来计算浓度 c_2、c_3、c_4对应的最大试验安全间隙。计算值如表 1.13 所示。

表 1.13　某种混合型可燃性气体的最大试验安全间隙

序　号	气体名称		最大试验安全间隙/mm	级　别	浓度（%）			
					c_1	c_2	c_3	c_4
1	甲烷		1.14	ⅡA	26.5	26.5	26.5	90.0
2	一氧化碳		0.84	ⅡA	55.2	5.1	0.01	7.0
3	丙烯		0.91	ⅡA	5.4	5.4	5.4	0.1
4	乙醛		0.92	ⅡA	2.5	2.5	2.5	2.5
5	乙烯		0.65	ⅡB	10.3	10.3	10.3	0.3
6	乙炔		0.37	ⅡC	0.1	50.2	55.2	0.1
7	混合型可燃性气体	浓度 c_1	0.88	ⅡB	—	—	—	—
		浓度 c_2	0.58	ⅡB	—	—	—	—
		浓度 c_3	0.51	ⅡB	—	—	—	—
		浓度 c_4	1.10	ⅡA	—	—	—	—

从表 1.13 中可以看出，在混合型可燃性气体中尽管各成分是一样的，但是各成分的浓度不同时，最大试验安全间隙也是不同的。

计算和分析可知，混合型可燃性气体的最大试验安全间隙值分布在各成分最大试验安全间隙中的最小值与最大值之间且趋向于主要成分的值，甚至会超越它。

这里需要指出的是，在一些存在混合型可燃性气体的环境中常常同时存在一些惰性气体，例如氮气、二氧化碳等。在这种情况下，人们在计算最大试验安全间隙时应该排除这些惰性气体的浓度，仅以可燃性气体的浓度为基础来进行计算。这样做不会对安全产生不利的影响，因为惰性气体具有惰化的特性，减小了可燃性气体的活性。

2. 用电流表征的分级

当用电流值来表征“分级”时，分级是用最小点燃电流比来进行的。所谓最小点燃电流比（Minimum Igniting Current Rate，MICR）是指，用标准规定的试验装置测得的可燃性气体的最小点燃电流与甲烷的最小点燃电流之比。这里，研究人员首先应用规定的试验装置来测得甲烷和其他可燃性气体的最小点燃电流，即能够点燃最易点燃浓度的混合物的最小电流，然后，就可以求得最小点燃电流比了。

国际电工委员会（IEC）第 IEC79-3（1990）号出版物《爆炸性气体环境用电气设备　第 3 部分：本质安全电路用火花试验装置》（英文版）规定了测量最小点燃电流的试验装置。

这种试验装置主要由两个电极、电极驱动系统、配气管道、计数器和试验容器组成（图 1.17）。电极放置在试验容器内，由驱动系统驱动，两个电极的驱动轴的齿轮传动比为 50∶12。两个电极的形式是不相同的，一个是直径为 $\phi=30$mm 的镉盘，其上刻有两道槽，槽的宽和深均为 2mm；另一个是由 4 个直径为 0.2mm 的钨丝组成，分布固定在圆周直径为 $\phi=50$mm 的 4 个极握上。极握与镉盘之间的间距为 10mm；钨丝为直线状，自由长度为 11mm，在极握上装配后与镉盘表面成垂直状态（在不与镉盘接触时）。

试验研究指出，可燃性气体混合物的点燃电流，除受混合物浓度（在最易点燃浓度时点燃电流最小）的影响外，主要受以下物理因素的影响：电极尺寸、电极材料和电极分断（或闭合）速度等。

(1) 电极尺寸的影响

试验指出，随着试验电极直径大小的改变，电极放电点燃爆炸性气体混合物的最小点燃能量也在改变。在本质安全电路中，电极直径大小的减小，主要是指电极接触部分尺寸的减小。由于电极接触部分尺寸的减小，使得电极的散热作用减小（热效应增加），因而，造成最小点燃电流减小。

此外，在试验电极通过大电流（对于大多数可燃性气体混合物来说，大于2A）的情况下，电极接触部分被加热，温度升高，同样导致点燃电流急剧减小。这是因为，大电流在电极上积累的热量使电极具有很高的温度，因而点燃了爆炸性气体混合物。这里有一个附加的“危险温度”在起作用。

(2) 电极材料的影响

在电感性电路中，电极材料对可燃性气体-空气混合物的最小点燃电流有很大的影响。国际上有关实验室对一些常用的材料进行了大量的试验研究，获得一些电极材料与最小点燃电流的对应数据。

在表1.14中，我们列出了直流电压为30V时电感性电路中不同材料电极的点燃电流的有关数据。

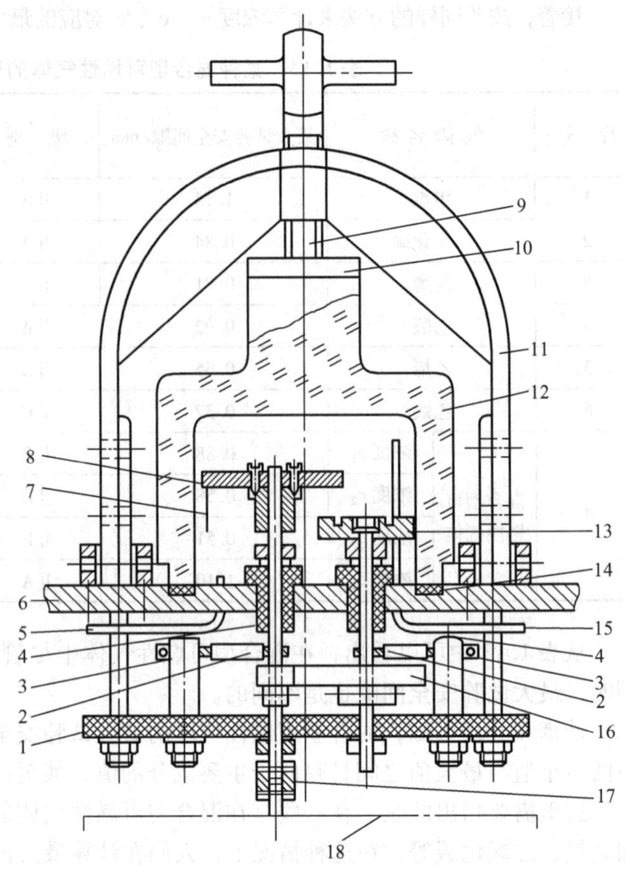

图1.17 火花点燃试验装置

1—绝缘板 2—电极 3—绝缘螺栓 4—绝缘支架 5—出气口 6—底板 7—钨丝 8—极握 9—夹紧螺杆 10—承压板 11—夹钳 12—玻璃罩 13—镉盘电极 14—密封垫 15—进气口 16—驱动齿轮（传动比50∶12） 17—绝缘联轴器 18—驱动电动机（转速80r/min）

表1.14 在电感性电路中不同材料电极的点燃电流

电感/mH	点燃电流/A			
	铜-铜	铜-铝	铜-钢	钨-镉
0.001	0.510	0.384	0.425	0.180
0.100	0.065	0.060	0.0675	0.025
1.000	0.031	0.027	—	0.010
5.000	0.013	0.014	0.014	0.007

人们分析表1.14中所示试验数据后，发现一个很有意义的问题，那就是，电极的材料这样影响着点燃电流：点燃电流与电极材料的沸点有关，沸点越低，越容易点燃。钨-镉电极（镉的沸点为766℃）的点燃电流小于铜-铝电极的，铜-铝电极（铝的沸点为2330℃）的点燃电流小于铜-铜电极（铜的沸点为2582℃）的。正是这一点，人们现今使用的试验装置的电极统一采用了

钨-镉电极。

在电容性电路中，电极材料对电路的点燃电压没有实质性影响。

（3）电极分断（或闭合）速度的影响

试验电极的分断（或闭合）速度对点燃参数（电流或电压）的影响，在电感性电路、电容性电路或电阻性电路中，是各不相同的。

在电感性电路中，随着电极分断速度的增加，点燃电流在减小。这是由于电极的散热作用在减小且分断电极触点处的电压在增加所造成的。

在电容性电路中，电极的分断速度对点燃电流没有太大的作用，电极接近（闭合）的快慢实际上不太影响点燃电流的大小。在既有电感又有电容的混合电路中，电极的分断（或闭合）速度对点燃电流的影响过程是相当复杂的。

在电阻性电路中，随着电极分断速度的增加，点燃电流随之增加。这是因为发生放电的时间在减小。所以，电极分断缓慢，对电阻性电路是相当危险的。

从以上分析可以看出，仅就点燃电流的试验装置对点燃电流大小的影响来看，没有发现什么规律性。因而，为了统一起见，各国在测试最小点燃电流时统一采用国际电工委员会（IEC）提出的试验装置（图 1.17）。

无论是过去还是现在，人们都是使用这样的试验装置来测量各种可燃性气体的最小点燃电流的。

3. 高温、高压和富氧对可燃性气体分级的影响

在前述的不管是用间隙表征的分级还是用电流表征的分级，都是在实验室条件（20℃、0.1MPa）下进行的。事实上，在实际的工业应用中局部区域常常存在高温、高压或（和）富氧的情况。这种特殊条件对可燃性气体的分级同样有着相当严重的影响。

（1）高温的影响

试验研究指出，当增加试验气体混合物的温度时，最小点燃电流在减小，尤其是逐渐接近它的点燃温度时，这种减小变得比较缓慢一些。当温度从 20℃增加到 200℃时，最小点燃电流减小 20%～30%。

试验表明，试验气体混合物温度的增加，同时还导致最大试验安全间隙随之减小。有关文献指出，当温度从 20℃增加到 200℃时，温度引起的最大试验安全间隙减小，对于氢气，约为 18%；已烷，约为 14%；乙烯，约为 12%。

（2）高压的影响

试验研究指出，最小点燃电流会随着试验气体混合物压力的增加而减小。对于氢气、乙烯和丙烷，当试验气体混合物的压力从 1 个大气压力增加到 2 个大气压力时，它们的最小点燃电流分别减小约 55%、约 40% 和约 33%；从 2 个大气压力增加到 4 个大气压力时，分别又进一步减小约 40%、约 50% 和约 40%；对于乙烯和丙烷，从 4 个大气压力增加到 6 个大气压力时，分别又进一步减小约 25% 和约 28%。

最大试验安全间隙同样随着压力的增加而减小。试验指出，当试验气体混合物的压力从 1 个大气压力增加到 2 个大气压力时，最大试验安全间隙分别减小，对于氢气，约 42%；乙烯，约 45%；丙烷，约 42%。

（3）富氧的影响

所谓“富氧”是指环境中氧气含量大于 21% 的那种情况。这里所说的富氧是指可燃性气体-空气混合物中另外包含一定比例的氧气。富氧同样影响着最小点燃电流的大小。

实验指出，在试验气体混合物中富氧含量为 10% 时，最小点燃电流大约减小 33%。

在实验电路的电感为1mH的情况下，高温、高压、富氧对试验气体混合物的影响趋势如图1.18所示。

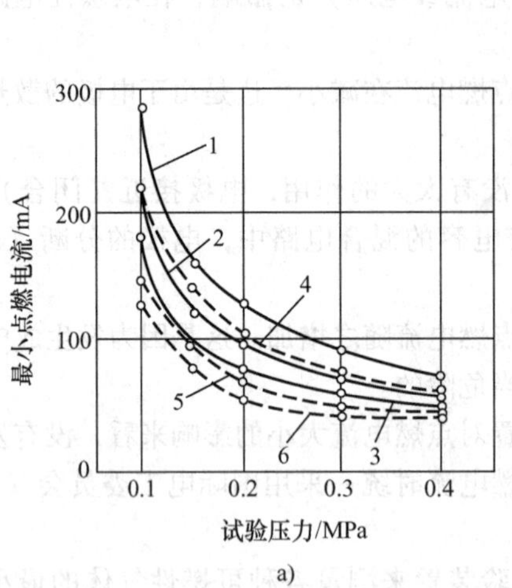

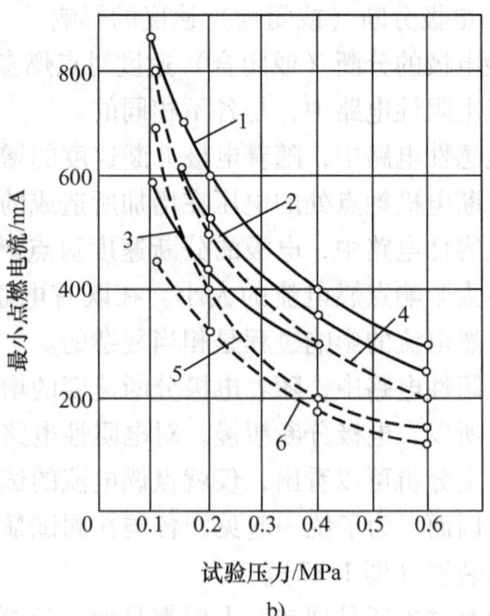

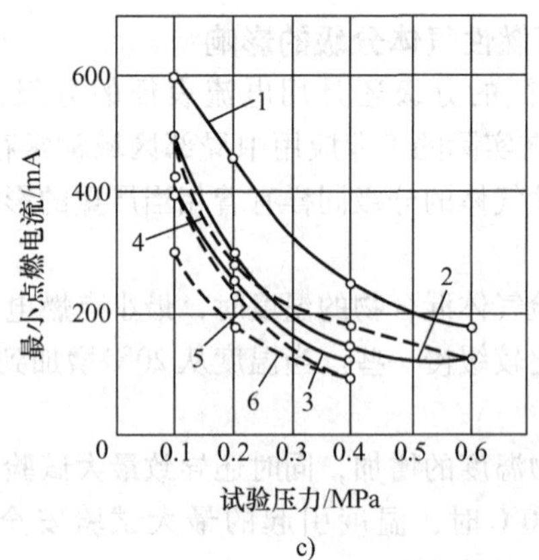

图1.18 高温、高压、富氧对试验气体混合物影响的示例

a）氢气 b）丙烷 c）乙烯

1，2，3—在20℃时的试验曲线 4，5，6—在200℃时的试验曲线

1—在正常条件下的试验曲线 2—在富氧5%条件下的试验曲线

3—在富氧10%条件下的试验曲线

这里讨论的高温、高压或（和）富氧对可燃性气体分级的影响，有时可能是单独的，有时可能是综合的。但是，这些影响都是最小点燃电流和最大试验安全间隙随着温度、压力和氧气含量的增加而减小。这是肯定的。所以人们在处理这类问题时应该根据具体情况做出符合实际的判断和决策。

4. 分级级别

研究人员分析了所获得的这些最大试验安全间隙（*MESG*）和最小点燃电流比（*MICR*）的大量试验数据，把可燃性气体或易燃性液体的蒸气分为三级：ⅡA级、ⅡB级和ⅡC级。

可燃性气体或易燃性液体的蒸气的分级级别如表1.15所示。

表 1.15　按最大试验安全间隙和最小点燃电流比对可燃性气体的分级级别①

级　别	最大试验安全间隙（*MESG*）/mm	最小点燃电流比（*MICR*）
ⅡA	*MESG*＞0.9	*MICR*＞0.8
ⅡB	0.9≥*MESG*≥0.5	0.8≥*MICR*≥0.45
ⅡC	0.5＞*MESG*	0.45＞*MICR*

① 引自 GB 3836.1—2000《爆炸性气体环境用电气设备　第 1 部分：通用要求》。

在实际进行分级时，如果试验数据符合表 1.16 规定的情况，大多数可燃性气体和蒸气只测定最大试验安全间隙或最小点燃电流比就可以了。

表 1.16　按最大试验安全间隙和最小点燃电流比对可燃性气体的分级①

级　别	试验安全间隙（*MESG*）/mm	最小点燃电流比（*MICR*）
ⅡA	*MESG*＞0.9	*MICR*＞0.9
ⅡB	0.9≥*MESG*≥0.55	0.8≥*MICR*≥0.5
ⅡC	0.5＞*MESG*	0.45＞*MICR*

① 同表 1.15。

在实际进行分级时，如果测得的最小点燃电流比在 0.9≥*MICR*＞0.8、0.5＞*MICR*≥0.45 范围内或最大试验安全间隙在 0.55mm＞*MESG*≥0.5mm 范围内的话，那么，研究人员对于这些可燃性气体或蒸气，不仅要测定最大试验安全间隙，而且还要测定最小点燃电流比。这样综合起来才能最后确定它的级别。

因为在这个范围的可燃性气体或蒸气处在分级的“分水岭”处，仅仅依靠一种分级方法还不能够完全确定它的“位置”，还必须用另一种方法来加以确认。

从上述可知，用最大试验安全间隙对可燃性气体进行的分级和用最小点燃电流比对可燃性气体进行的分级，在安全方面，具有同样的安全水平。这是由可燃性气体或蒸气的基本物理-化学性质所决定的。

1.5.2　可燃性气体的分组

可燃性气体的分组是按照它的最小点燃温度进行的。我们知道，每一种可燃性气体都有一个最小的点燃温度。但是，点燃温度的测定与很多因素有关，为了得到较为合理的温度数据，国际电工委员会（IEC）第 79-4（1975）号出版物《爆炸性气体环境用电气设备　第 4 部分：点燃温度的测量方法》（英文版）统一规定了测量可燃性气体点燃温度的测试装置。

1. 测试装置

这种测试装置是一个由试验烧瓶、加热电热丝、保温材料和热电偶测温系统等主要部分构成的加热炉（图 1.19）。

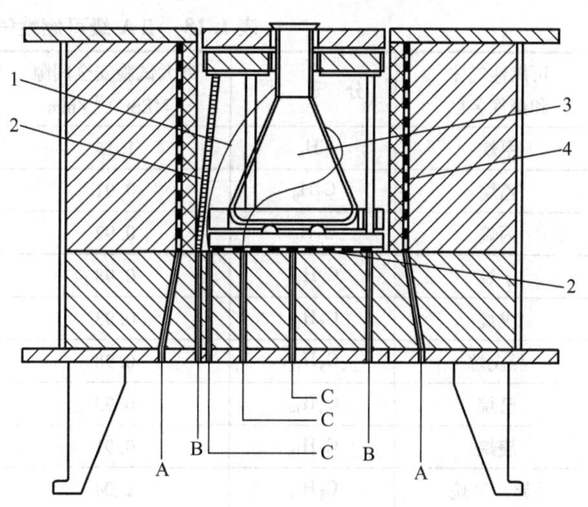

图 1.19　点燃温度测试装置

1—热电偶　2—辅助加热电热丝　3—试验烧瓶　4—主加热电热丝

A—主加热电热丝电源　B—辅助加热电热丝电源

C—热电偶引出线

在这个测试装置中，试验烧瓶是一个容积为200mL的锥形硼硅玻璃瓶；它的周围镶衬耐火隔热材料；隔热材料外均匀地缠绕着功率为1200kW的主加热电热丝；在试验烧瓶的颈部和底部分别安装功率为300W的辅助加热电热丝。在试验烧瓶颈部辅助加热电热丝下方25mm和50mm的烧瓶表面上以及烧瓶底部中心处，分别设置一支温度传感器（热电偶），用以测量试验烧瓶的温度。

国际上，有关实验室使用这种试验装置，对大量的可燃性气体或蒸气进行了测量，得出了这些气体的最小点燃温度（简称“点燃温度”）。

2. 温度组别

人们分析了这些数据，根据点燃温度的大小，把可燃性气体或蒸气划分为6组：T1组、T2组、T3组、T4组、T5组和T6组。这些组别的温度范围如表1.17所示。

表1.17 可燃性气体或蒸气的温度组别与温度范围

温度组别	温度范围 t/℃	温度组别	温度范围 t/℃
T1	$t \geq 450$	T4	$200 > t \geq 135$
T2	$450 > t \geq 300$	T5	$135 > t \geq 100$
T3	$300 > t \geq 200$	T6	$100 > t \geq 85$

1.5.3 可燃性气体分级分组举例

根据上述的可燃性气体或蒸气的分级分组原则，人们把工业生产过程中经常出现的一部分具有代表性的可燃性气体或易燃性液体的蒸气进行了具体的分级分组。目前已经进行分级分组的可燃性气体或蒸气近300种，这里列出其中的一部分，是比较常用的，供人们参考。

1. ⅡA级可燃性气体和蒸气示例

ⅡA级可燃性气体和蒸气部分示例的有关数据如表1.18所示。

ⅡA级可燃性气体的代表性气体是丙烷（C_3H_8）。

表1.18 ⅡA级可燃性气体和蒸气示例

可燃性气体和蒸气名称	分子式	最大试验安全间隙(MESG)①/mm	最小点燃电流(MIC)②/mA	点燃温度③/℃	温度组别③
甲烷	CH_4	1.14	85	537	T1
乙烷	C_2H_6	0.91	70	515	T1
丙烷	C_3H_8	0.92	70	470	T1
丁烷	C_4H_{10}	0.98	80	430	T2
戊烷	C_5H_{12}	0.93	73	—	T3
异戊烷	C_5H_{12}	0.98	—	—	—
己烷	C_6H_{14}	0.93	75	215	T3
庚烷	C_7H_{16}	0.91	75	—	T3
（异）辛烷	C_8H_{18}	1.04	—	—	—
（正）辛烷	C_8H_{18}	0.94	—	206	T3
壬烷	C_9H_{20}	—	—	205	T3
癸烷	$C_{10}H_{22}$	[1.02]④ (1.05)⑤	—	201	T3

(续)

可燃性气体和蒸气名称	分子式	最大试验安全间隙(MESG)[1]/mm	最小点燃电流(MIC)[2]/mA	点燃温度[3]/℃	温度组别[3]
环己酮	$C_6H_{10}O$	0.95 (0.98)	—	419	T2
丙酮	C_3H_6O	[1.02] (1.01)	—	535	T1
丁酮	C_4H_8O	0.92 (0.84)	—	404	T2
醋酸甲酯	$C_3H_6O_2$	[0.99]	—	—	T1
醋酸乙酯	$C_4H_8O_2$	0.99	—	460	T2[6]
醋酸丙酯	$C_5H_{10}O_2$	[1.04]	—	—	T2
醋酸丁酯	$C_6H_{12}O_2$	[1.02]	—	—	T2
醋酸戊酯	$C_7H_{14}O_2$	[0.99]	—	—	T2
环己烷	C_6H_{12}	[0.94]	—	—	T3
氯乙烯	C_2H_3Cl	0.99 (0.96)	—	415	T2
甲醇	CH_3OH	0.92	70	386	T2
乙醇	C_2H_5OH	0.89 (0.91)	75	363	T2
二氯乙烯	$C_2H_2Cl_2$	3.91	—	440	T2
三氟甲苯	$C_6H_5CF_3$	1.40	—	—	T1
异丁醇	$C_4H_{10}O$	[0.96]	—	—	—
丁醇	$C_4H_{10}O$	[0.94]	—	359	T2
戊醇	$C_5H_{11}OH$	[0.99]	—	—	T3[6]
亚硝酸乙酯	C_2H_5ONO	[0.96]	—		T6[6]
氨	NH_3	[3.17] (3.18)	—	630	T1
正氯丁烷	C_4H_9Cl	1.06	—	—	T3
丙烯	C_3H_6	0.91	—	455	T1
乙腈	C_2H_3N	1.50	—	523	T1
二丙醚	$C_6H_{14}O$	0.94	—	—	—
1,2-二氯乙烷	$C_2H_4Cl_2$	1.80 (1.82)	—	438	T2
甲基异丁基酮	$C_6H_{12}O$	0.98	—	—	—
异丁烯酸甲酯	$C_5H_8O_2$	0.95	—	—	—
己醇	$C_6H_{13}OH$	0.94	—	—	T3
异丙醇	C_3H_7OH	0.99	—		
醋酸乙烯酯	$C_4H_6O_2$	0.94	—		

① 引自 GB 3836.11—2008《爆炸性环境 第11部分：由隔爆外壳“d”保护的设备 最大试验安全间隙测定方法》。

② 引自 IEC79-20：1996《爆炸性气体环境用电气设备 第20部分：用于电气设备的可燃性气体和蒸气数据》（英文版）。

③ 引自 IEC79-4：1975《爆炸性气体环境用电气设备 第4部分：点燃温度测定方法》（英文版）。

④ 方括号内的数据不是用标准规定的试验装置，而是用英国规定的8L球形外壳试验装置测得的。

⑤ 圆括号内的数据引自 IEC79-20：1996《爆炸性气体环境用电气设备 第20部分：用于电气设备的可燃性气体和蒸气数据》（英文版）。

⑥ 引自 GB 3836.1—2000《爆炸性气体环境用电气设备 第1部分：通用要求》。

2. ⅡB 级可燃性气体和蒸气示例

ⅡB 级可燃性气体和蒸气部分示例的有关数据如表 1.19 所示。

ⅡB 级可燃性气体的代表性气体是乙烯（C_2H_4）。

表 1.19　ⅡB 级可燃性气体和蒸气示例

可燃性气体和蒸气名称	分子式	最大试验安全间隙（MESG）①/mm	最小点燃电流（MIC）②/mA	点燃温度③/℃	温度组别③
1，3－丁二烯	C_4H_6	0.79	65	430	T2
乙烯	C_2H_4	0.65	45	425	T2
乙醚	$C_4H_{10}O$	0.87	75	160	T4
环氧乙烷	C_2H_4O	0.59	40	435	T2
环氧丙烷	C_3H_6O	0.70	—	—	T2
城市煤气	—	[0.53]④	—	—	T1
二恶烷	$C_4H_8O_2$	0.70	—	379	T2
二丁醚	$C_8H_{18}O$	0.86	—	—	T4
二甲醚	C_2H_6O	0.84	—	240	T3
丙烯腈	$CH_2=CHCN$	0.87	—	480	T1
丙烯酸甲酯	$C_4H_6O_2$	0.85	—	—	T2
2－羟基醋酸丁酯	$C_6H_{12}O_3$	0.88	—	—	—
丙烯酸乙酯	$C_5H_8O_2$	0.86	—	350	T2
氰化氢	HCN	0.80	—	538	T1

①～④ 同表 1.18。

3. ⅡC 级可燃性气体和蒸气示例

ⅡC 级可燃性气体和蒸气部分示例的有关数据如表 1.20 所示。

ⅡC 级可燃性气体的代表性气体是氢气（H_2）和乙炔（C_2H_2）。

表 1.20　ⅡC 级可燃性气体和蒸气示例

可燃性气体和蒸气名称	分子式	最大试验安全间隙（MESG）①/mm	最小点燃电流（MIC）②/mA	点燃温度③/℃	温度组别③
氢	H_2	0.29（0.28）⑤	21	560	T1
乙炔	C_2H_2	0.37	24	305⑦	T2
二硫化碳	CS_2	0.34	—	95⑦	T5
二乙基二氯硅烷	$(C_2H_5)_2SiCl_2$	0.45	—	—	—

①，②，③，⑤ 同表 1.18。

⑦ 引自 GB 20936.1—2007《可燃性气体探测用电气设备　第 1 部分：通用要求和试验方法》。

可燃性气体分级分组举例，仅仅是现代工业中产生的大量的可燃性气体和易燃性液体的蒸气中的很小一部分，读者如有兴趣或需要，请自行查阅国际电工委员会（IEC）的相关出版物和有关资料文献。

第 2 章　防爆电气设备

2.1　概述

在我们了解了可燃性气体燃烧与爆炸的充分必要条件以后，为了保证石油、化工、煤炭矿山生产过程的安全，人们必须消除这些生产工艺过程中因电气开关、静电积累、固体碰撞摩擦而产生的各式各样的“火花”和危险温度，破坏引起可燃性气体混合物的点燃条件，从而避免因此发生的可燃性气体燃烧，甚至爆炸。

就电气设备而言，在存在可燃性气体的环境中，人们应该安装和使用所谓的“防爆电气设备”。

防爆电气设备，是指结构和性能上采取一定的技术措施，从而不会引起周围爆炸性气体环境发生点燃爆炸的电气设备。

这种电气设备不同于一般用途的工业和民用电气设备。从设备整体结构上讲，防爆电气设备应该具有一个适当防护等级（IP）的外壳，以便保证内装的电气元器件、导线不遭受外界可能遇到的伤害，另外，还应该设置一些与外部电源和（或）用电器相连接的电缆接口单元，从而实现自身的相应功能；从设备整体性能上讲，防爆电气设备应该具有良好的基本的电气性能和机械性能，此外，还应该具有可靠的特殊的防爆安全性能。这样，防爆电气设备就可以安全地运行在爆炸性气体环境中。

防爆电气设备，根据所采用的技术措施的不同和使用的场所范围的不同，可以分为（8+1）种类型，即（8+1）种防爆型式：隔爆型“d”、增安型“e”、正压型“p”、本质安全型“i”、油浸型“o”、充砂型“q”、浇封型“m”、“n”型和特殊型“s”；根据所采用的技术措施的可靠程度，对于每一种防爆型式，根据需要，又分为 3 个设备保护级别（EPL）：a 级、b 级和 c 级。这（8+1）种防爆型式的电气设备，可以涵盖工业企业内爆炸性气体环境中使用的全部电气设备，能保证这些环境场所不会因电气设备引起点燃爆炸而威胁人类生命和社会财产的安全。

各种防爆型式的防爆电气设备的不同和区别，将在后续章节中陆续地予以阐述。下面将讨论一下防爆电气设备的一些共性问题，即，通用的安全技术要求和相应的安全技术措施。

2.2　防爆电气设备的通用技术要求

2.2.1　防爆电气设备运行的环境条件

1. 大气环境条件

防爆电气设备，原则上，是运行在大气环境条件下的电气设备。

通常情况下，防爆电气设备所适用的大气环境条件是：

- 大气压力在 0.08～0.11MPa 范围内。
- 空气中氧的标准含量为 21%，其他的惰性气体（例如氮等）的含量为 79%。
- 大气温度在 −20～60℃ 范围内。

我们知道，大气环境条件是电气设备安全运行的必要因素。例如，就大气压力而言，如果大气压力比较低，也就是说空气比较稀薄的话，则电气设备的散热条件就会变差。因而，低气压对电气设备的安全运行是不利的。所以，人们在设计电气设备时都要规定它运行地域的大气条件，例如，大气压力不小于0.08MPa或者海拔不大于2000m。

电气设备适应的大气温度对电气设备的安全运行同样是十分重要的。假若电气设备运行的大气温度与它的设计条件不相符合，电气设备的散热条件也会发生变化，直接影响着电气设备的使用效率。

通常情况下，在电气设备的设计环境（大气压力、介质温度）与大气环境不一致时，人们就必须对电气设备，尤其是大功率设备的相关参数进行适当的修正，以保证设备能够安全地运行。

例如，对于电动机来说，通常情况下，设计的运行环境温度为40℃，海拔为1000m（相当于大气压力约为90.7kPa）。假若电动机的实际运行环境条件不符合设计条件，那么运行人员必须对它的输出功率进行适当的修正。电动机的实际允许输出功率（P）为

$$P = mnP_0 \tag{2.1}$$

式中　m——温度修正系数，参见表2.1；

n——大气压力（海拔）修正系数，参见表2.2；

P_0——设计的额定功率。

表2.1　电动机实际允许输出功率与环境介质温度的关系

环境介质温度/℃	25	30	35	40	45	50	55
温度修正系数 m	1.12	1.08	1.04	1.00	0.95	0.90	0.85

表2.2　电动机实际允许输出功率与大气压力（海拔）的关系

海拔/m	1000	1500	2000	2500	3000	3500	4000	4500
大气压力/kPa（约）	90.7	—	80.0	—	70.7	—	61.3	—
大气压力修正系数 n	1.00	0.95	0.90	0.85	0.70	0.75	0.72	0.70

此外，还应该指出的是，我们所研究的防爆电气设备是运行在氧气的标准含量为21%的空气环境中，而不是其他的，例如，富氧或贫氧的环境中。这一点也很重要。

这样的“大气环境条件”还暗示人们，在设计和运行防爆电气设备时，无论是基本性能还是防爆安全性能都应该留有适当的裕度，因为除大气压力外温度的变化范围太大。

2. 运行环境温度

大家已经知道，电气设备的运行环境条件对于安全使用电气设备是十分重要的。运行环境温度是电气设备在使用环境中安全运行的另一个重要因素，但凡电气设备都必须规定它的运行环境温度。

所谓运行环境温度或使用环境温度，是指在设计时设计人员对电气设备规定的允许运行的环境（介质）温度。运行环境温度是电气设备各项性能指标导出的基本依据。对于防爆电气设备来说，国家标准GB 3836.1《爆炸性环境　第1部分：设备　通用要求》规定，它的运行环境温度为-20～40℃。

在某些特殊情况下，如果防爆电气设备的运行环境温度超出了规定的温度范围，那么设备制造商就应该如实地将这个温度范围标记在产品铭牌上，而且还应该在这种产品的相关使用说明资料，例如使用说明书中，给以明确表述。

大家知道，设计人员在设计某个产品的一些性能指标时要考虑这个产品的实际运行环境条件，其中包括环境温度。当这个产品的实际运行环境与设计使用环境不一致的话，产品就不会充分实现它的性能指标，严重时可能会遭到破坏。就防爆电气设备而言，如果运行环境温度超出规定的温度范围，这就有可能影响某些防爆型式的防爆安全性能。

3. 非正常大气环境条件

前面讨论了大气环境和运行环境温度及其对电气设备的安全运行可能带来的某些不利影响，这里再简单地介绍一下非正常大气环境条件的一些情况。

所谓“非正常大气环境条件”是指高温、高压和富氧的环境条件。这样的环境条件对电气设备，尤其是防爆电气设备的安全运行肯定是不利的；不仅仅是它的基本性能，更为严重的是它的防爆安全性能将会受到威胁。第1章已经讨论了高温、高压和富氧对最小点燃电流和最大试验安全间隙的影响。

实验研究指出，随着温度增高、压力加大和混合物中氧气含量增加，可燃性气体的最小点燃电流和最大试验安全间隙会随之减小，因而这里就存在一个问题：按照正常大气环境条件设计的防爆电气设备在这种环境中运行时就可能出现极大的危险。有文献显示，试验气体混合物温度的增加将导致某些可燃性气体从低的危险级别“跳级”到更高一级的危险级别，例如，甲烷，在50～100℃时为ⅡA级，在150℃时“跳级”到ⅡB级；苯，在100～150℃时“跳到”ⅡB级，等等。

事实上，在现代大工业现场，这种高温、高压和富氧环境确确实实是存在的，例如，化工工艺的可燃性物料处理设备内就可能存在高温和（或）高压，以及可能的富氧环境。所以，人们在处理实际问题时应该认真考虑这种“跳级”现象及应该采取相应的对策。

2.2.2 防爆电气设备的分类、分级及分组

1. 分类和分级

防爆电气设备，根据使用环境场所的不同，原则上，可以分为两大类：Ⅰ类电气设备和Ⅱ类电气设备。

Ⅰ类电气设备，是指适于煤矿井下和地面上处理煤的环境中使用的电气设备。这类防爆电气设备实质上是指适用于甲烷和煤尘同时存在的场所的电气设备。

大家知道，在煤矿井下，生产环境十分恶劣，不仅存在可燃性气体——甲烷，可燃性粉尘——煤尘，而且还存在滴水、潮湿、霉菌等不利因素。这些都给电气设备的设计、制造和使用提出了更高的要求。因此，Ⅰ类防爆电气设备应该具有的安全技术要求和安全技术措施，在某些方面，比Ⅱ类防爆电气设备要更加严格一些。

Ⅱ类电气设备，是指除煤矿以外的其他爆炸性气体环境中使用的电气设备，实际上就是运行在地面上（包括可燃性气体环境和可燃性粉尘环境）的电气设备。这类防爆电气设备，根据防爆型式的不同，又可以分为3个防爆级别：ⅡA级、ⅡB级和ⅡC级。这种分级，通常只适用于隔爆型“d”和本质安全型“i”；对于其他的某些防爆型式，如有必要，按照试验确定，也可以分为ⅡA级、ⅡB级和ⅡC级。

在第1章中，已经简单地讨论了可燃性气体根据最大试验安全间隙和最小点燃电流比进行分级的原则，并且还介绍了大量的可燃性气体的分级情况，这些都给我们对电气设备进行分级提供了依据。

这里所说的电气设备的分级，实质上，是指Ⅱ类电气设备的分级（Ⅰ类电气设备不分级）。Ⅱ类电气设备的分级和可燃性气体的分级（ⅡA级、ⅡB级和ⅡC级）是相对应的，是一致的。

这里需要指出的是，对于使用于煤矿的电气设备，即Ⅰ类电气设备，当使用环境中除甲烷外还含有其他成分的可燃性气体的话，则这类电气设备不仅要满足Ⅰ类防爆电气设备的全部要求，而且还应该满足Ⅱ类防爆电气设备的相关规定。

2. 分组和表面温度

（1）分组

在第1章中，人们把可燃性气体按照它们的点燃温度进行了分组，即分为T1组、T2组、T3组、T4组、T5组和T6组（各组的温度范围参见表1.17）。对于防爆电气设备来说，按照它们的最高表面温度，同样也分为6个温度组别，与可燃性气体的温度组别一一对应。

防爆电气设备的温度分组原则是，电气设备所产生的最高表面温度不得点燃所处环境中的可燃性气体，也就是说，最高表面温度不得高于可燃性气体的点燃温度。于是，就可以得出防爆电气设备的温度组别与最高表面温度的对应关系，如表2.3所示。

显然，从表1.17和表2.3可以看出，同是一个温度组别，对于可燃性气体，它表示的是点燃温度的下限值；对于防爆电气设备，它表示的是最高表面温度的上限值，即一个在“下”，一个在“上”，性质完全不同。

表2.3　温度组别与最高表面温度

温度组别	最高表面温度 t/℃	温度组别	最高表面温度 t/℃
T1	$300<t\leqslant450$	T4	$100<t\leqslant135$
T2	$200<t\leqslant300$	T5	$85<t\leqslant100$
T3	$135<t\leqslant200$	T6	$t\leqslant85$

所谓最高表面温度，是指防爆电气设备在正常工作条件下和认可的最不利条件下运行时，它的表面或某一部分可能达到的，并且有可能点燃周围爆炸性气体-空气混合物的最高温度。由于防爆型式的不同，最高表面温度，可能是电气设备外壳外表面的温度，例如隔爆型电气设备那样；也可能是电气设备外壳外表面的温度和内部某个元器件表面的温度中较高的那个温度，例如增安型电气设备、正压型电气设备那样。

这里需要指出的是，对于Ⅰ类防爆电气设备，最高表面温度不得超过：

① 当电气设备外壳表面有煤尘堆积覆盖时，150℃。

② 当电气设备外壳表面没有堆积煤尘，或通过适当的措施（例如，防护隔离措施或随时清扫处理）防止煤尘堆积时，450℃。

在电气设备外壳表面上可能堆积煤尘时，电气设备的表面温度有可能很容易地造成“点燃燃烧”危险。在这种情况下，主要危险是危险温度对堆积的煤尘的点燃，而不是对甲烷的点燃。堆积的煤尘一旦被点燃便会发生燃烧以及后续的爆炸。

国家标准GB 12476.2—2006《可燃性粉尘环境用电气设备　第1部分：用外壳和限制表面温度保护的电气设备 第2节：电气设备的选择、安装和维护》指出，电气设备的最高表面温度不应当超过粉尘覆盖层厚度为5mm时测得的最低点燃温度减去75K的那个温度值，即

$$T_{\mathrm{MAX}}=T_{5\mathrm{mm}}-75 \tag{2.2}$$

式中　$T_{5\mathrm{mm}}$——粉尘覆盖层厚度为5mm时测得的最小点燃温度（℃）；

75——常数（K）。

有关资料显示，当煤尘的覆盖层厚度为5mm时，试验测得的煤尘的最小点燃温度为225℃。由此可见，上述的150℃是符合相关规定的，是煤矿用电气设备表面温度的一个安全值。

在电气设备外壳表面上不可能堆积煤尘时，电气设备的表面温度有可能造成“点燃爆炸”危险。此时的主要危险是危险温度对甲烷的点燃。甲烷一旦被危险温度或电气火花点燃便会立即发生爆炸。爆炸冲击波将激扬起堆积的煤尘，形成粉尘云，继而发生二次爆炸。这是一种很可怕的事件。

一般认为甲烷的点燃温度是537℃。

显然，这里提出的在电气设备表面没有堆积粉尘条件下它的最高表面温度不应该超过450℃，包含较大的安全裕度。

（2）小元器件的表面温度

在某些防爆型式的电气设备中，有一些表面积不大的电气元器件的最高表面温度允许适当地大于相应的温度组别的温度值。在第1章中，我们已经知道了固体热表面的点燃机理，因而适当地提高这些电气元器件最高表面温度的值，不会造成点燃危险。

通常认为，当这个电气元器件的总表面积不大于1000mm²时，如果它的最高表面温度小于实测的可燃性气体的点燃温度50K（对于T1组、T2组、T3组电气设备）或25K（对于T4组、T5组、T6组和Ⅰ类电气设备），则它的表面温度允许超过这个防爆电气设备所标志的温度组别的温度值。

另外，对于一些小体积的元器件，例如，晶体管或电阻，当它们满足以下任一要求时，它的允许最高表面温度可以超过相应温度组别的温度值：

① 经过试验后，这个小元器件不能点燃相应的可燃性气体-空气混合物，而且，高温也不会产生损害防爆型式的变形和损坏。

② 对于Ⅰ类和T4组电气设备，小元器件符合表2.4的规定。

③ 对于T5组电气设备，当小元器件的表面积小于1000mm²时，它的最高表面温度不超过150℃。

表2.4 在环境温度为40℃时对Ⅰ类和Ⅱ类T4组小元件的评定①

表面积② S/mm²	评定指标	数值	
		Ⅰ类	Ⅱ类T4组
$S<20$	表面温度 t/℃	$t\leqslant950$	$t\leqslant275$
$S\geqslant20$	功率损耗 P/W	$P\leqslant3.3$③	$P\leqslant1.3$③
$20<S\leqslant1000$	表面温度 t/℃	—	$t\leqslant200$

注：本表中Ⅰ类的数据仅适用于甲烷。

① 引自GB 3836.1《爆炸性环境 第1部分：设备 通用要求》。

② 表面积不包括相应引线的表面积。

③ 当环境温度为60℃时，对于Ⅰ类，$P\leqslant3.15$W，对于Ⅱ类，$P\leqslant1.2$W；当环境温度为80℃时，对于Ⅰ类，$P\leqslant3.0$W，对于Ⅱ类，$P\leqslant1.0$W。

这里需要指出的是，对于像电位器那样的小元器件，表面温度不是指电位器外表面的温度，而是指电阻元件的表面温度。因为这些元器件的外壳不能够阻止可燃性气体接触发热小元器件，所以小元器件的发热温度可能会点燃这些可燃性气体。这一点，试验人员在测试时应该给以特殊注意。

2.2.3 防爆电气设备的设备保护级别

1. 设备保护级别的基本概念及其分级

（1）基本概念

对于防爆电气设备而言，每一种防爆型式都具有自己的安全技术措施和安全技术要求。在正常运行工况下和认可的异常条件下，这些措施和要求应该能够保证电气设备不能成为可燃性气体的点燃源。但是，假若电气设备在环境条件的影响下或者设备自身存在着没有被发现的设计缺陷和制作瑕疵而在运行时发生了故障，那么这些措施和要求还能保持防爆安全性能吗？这就是这些措施和要求的可靠程度是否能满足设备在相应运行条件下的防爆安全性能的要求。

于是，人们提出了设备保护级别的概念。

所谓设备保护级别（Equipment Protection Level，EPL）是一种使用可能发生的各类故障和预期采用的预防措施来评价某种防爆型式的设备所具有的防爆安全性能可靠程度的方法。

在使用故障概念来评价防爆电气设备的防爆安全性能可靠程度时，人们将故障定义为防爆电气设备（或元器件）出现不能实现预期的防爆安全性能的状态。而且，故障又被分为预期故障和罕见故障。所谓预期故障是指设备在正常运行状态下出现的损坏或失效；罕见故障是指已知设备要发生的两个独立故障在单独发生时不能够造成点燃，而在同时发生时就会造成点燃，这是一种罕见的故障类型。

人们根据设备可能发生故障的情况对设备采取一些附加保护措施，以使某种防爆形式的设备具有相应的可靠程度。

（2）设备保护级别的分级和标志方法

设备保护级别分为 3 个级别：a 级、b 级和 c 级。一般认为：

① a 级保护级别应该保证设备在正常运行状态下、出现预期故障和罕见故障情况下仍然能够保持防爆安全性能。

② b 级保护级别应该保证设备在正常运行状态下和出现预期故障情况下仍然能够保持防爆安全性能。

③ c 级保护级别应该保证设备在正常运行状态下和规定的异常情况下能够保持防爆安全性能。

通常情况下，一种防爆型式的设备保护级别应该分为 3 个级别。但是，有时候，某种防爆型式也允许使用 2 个级别或 1 个级别。

原则上，设备保护级别有两种标志方法：

一种是，按照防爆型式标志，即防爆型式符号和设备保护级别符号连写在一起就构成了这种防爆型式的保护级别。例如，本质安全型设备的保护级别表示为：ia、ib 或 ic。

另一种是，按照设备类型标志，即设备类型符号和设备保护级别符号连写在一起就构成了这种类型设备的保护级别。例如，Ⅰ类设备，即矿用设备，标志为 Ma 或 Mb（M 系 mine 的缩写）；Ⅱ类设备，即工厂用设备（气体），标志为 Ga，或 Gb，或 Gc（G 系 gas 的缩写）。在实际应用时，这两种标志方法有时候一起使用，例如，Exmb Ⅱ Gb，Exic Ⅱ CT5 Gc，Exdia Ⅱ BT5 Gb（参见第 2.2.7 节）。

2. 设备保护级别要求的保护措施

为了防止某种防爆型式的电气设备在出现故障时成为周围可燃性气体的点燃源，必须对它采取适当的提高可靠程度的保护措施。根据设备保护级别的不同，一般认为：

① 对于保护级别为 a 级的设备，应该至少设置两个独立的保护措施。在设备运行过程中，两个独立的保护措施既能够在正常运行状态下和出现预期故障条件下又能够在出现罕见故障条件下保证设备不可能成为可燃性气体的点燃源。

两个独立的保护措施的作用在逻辑关系上应该是“或”的关系，即一个保护措施失效后第二个保护措施仍然起保护作用。概率论告诉我们，假若第一个保护措施的故障概率为 10^{-m}，第二个保护措施的故障概率为 10^{-n}，那么，两个独立的保护措施的故障概率就是 $10^{-(m+n)}$。尽管设备出现罕见故障的概率极小，但是，只要这些保护措施的故障概率足够小，两个独立的保护措施就可以有效地防止预期故障和罕见故障造成的不利影响。于是，“两个独立的保护措施”就可以有效地防止 a 级设备成为可燃性气体的点燃源。

② 对于保护级别为 b 级的设备，应该至少设置一个保护措施。这个保护措施在设备正常运行状态下和出现预期故障情况下能够保证设备不可能成为可燃性气体的点燃源。

③ 对于保护级别为 c 级的设备，一般不需要另加保护措施。c 级设备在正常运行时不可能成为可燃性气体的点燃源。但是，对于一些特殊情况，人们还是附加一个保护措施。

3. 设备保护级别和防爆级别

防爆电气设备的设备保护级别和防爆级别是两种完全不同的概念，然而，在实际应用中，人们常常将二者混淆在一起。

正像前述的那样，设备保护级别是一种评价防爆电气设备所具有的防爆技术措施和防爆安全要求可靠程度的方法；而防爆级别则是一种使用“间隙”和“电流”对可燃性气体“危险程度”分级（ⅡA 级、ⅡB 级和ⅡC 级）的方法，防爆电气设备与之对应也进行这样的分级。当使用设备保护级别来评价某种防爆型式某一防爆级别的可靠程度时，就会出现 3 个设备保护级别。例如，对于本质安全型防爆型式来说，防爆级别有 3 级（ⅡA 级、ⅡB 级和ⅡC 级），而设备保护级别对于每一个防爆级别同样有 3 级（a 级、b 级和 c 级），这样，可能的组合有 9 种，通常表示为 ExiaⅡA、ExibⅡA 和 ExicⅡA，ExiaⅡB、ExibⅡB 和 ExicⅡB，ExiaⅡC、ExibⅡC 和 ExicⅡC。

此外，有一些防爆型式没有防爆级别，这种防爆型式则只有设备保护级别。例如，浇封型防爆型式就是这样，通常表示为 Exma、Exmb 和 Exmc。

在实际应用中，假若工业现场为长时间存在氢气的爆炸性危险场所（0 区），则此时要求的本质安全型设备应该是设备保护级别为 ia 级，防爆级别为ⅡC 级，即 ExiaⅡC；假若工业现场同样存在氢气，但它不是经常出现而是偶尔出现的（1 区），则使用 ib 级、ⅡC 级（ExibⅡC）本质安全型设备即可满足要求，当然，也可以使用 ExiaⅡC 级的设备，如此等等。

2.2.4 防爆电气设备的制造材料

防爆电气设备的制造材料，和普通用途的电气设备的没有什么不同，例如钢、铸铁、铜及铜合金、铝及铝合金、工程塑料、粘合剂等，但是，在材料的材质上却有一些特殊要求。这里就材质上有特殊要求的材料给以简单的讨论。

1. 金属材料

对于金属材料来说，除机械性能外，主要是从它的机械火花点燃爆炸性气体-空气混合物的性能来考虑的。试验指出，金属材料的材质对机械火花的点燃性能有很大的影响。为了保证外壳材料不会发生机械火花的点燃现象，必须对外壳材料中所含的相关元素加以限制。

因此，国家标准 GB 3836.1《爆炸性环境　第 1 部分：设备　通用要求》规定：

① 制造煤矿使用的Ⅰ类防爆电气设备时，设备外壳的材料中铝、镁、钛和锆的总含量不允许超过 15%（按质量百分比计），并且钛、镁和锆的总含量不允许超过 7.5%。

② 制造工厂使用的Ⅱ类防爆电气设备时，设备外壳的材料中相关元素含量：对于使用于 0 区的设备，铝、镁、钛和锆的总含量不允许超过 10%（按质量百分比计），而且，镁、钛和锆的总含量不允许超过 7.5%；对于使用于 1 区的设备，镁和钛的总含量不允许超过 7.5%；对于使用于 2 区的设备，除风扇、风扇罩和挡风板应该符合 1 区设备的要求以外，其他无特殊要求。

这样的规定同时还表明，对于Ⅰ类防爆电气设备和Ⅱ类 0 区用防爆电气设备，原则上，它们的外壳不得使用铝合金材料制造。

目前，在现代工业设计中，人们有时候使用铝合金作为结构材料。就防爆电气设备而言，如果使用铝合金，则推荐使用牌号为ZL103、ZL104的铸铝，因为它们的材质中钛和镁的含量符合相应的要求。

除此之外，对于一些特殊应用场合，人们还可以用试验的方法来确定金属材料的机械火花点燃性能。只要通过试验，所试材料也是可以使用的。

2. 工程塑料

大家知道，工程塑料是一种应用十分广泛的工程结构材料，不仅因为它具有很好的机械性能，而且它还具有良好的电气绝缘性能。在这里，我们很关心的，不仅是它的机械性能和电气性能，更重要的是它的热稳定性和抗静电性能。

（1）热稳定性

塑料材料应该具有很好的热稳定性。对于防爆电气设备外壳使用的塑料材料，它的最热点的温度，在规定的试验条件下，至少比对应于耐热特性曲线上20000h点的温度指数（TI）低20K。

对于某种塑料材料，在不同的温度条件下，它都有一个对应的使用寿命，温度越高使用寿命越短。这种关系可以用图2.1所示的曲线予以简单地表示。

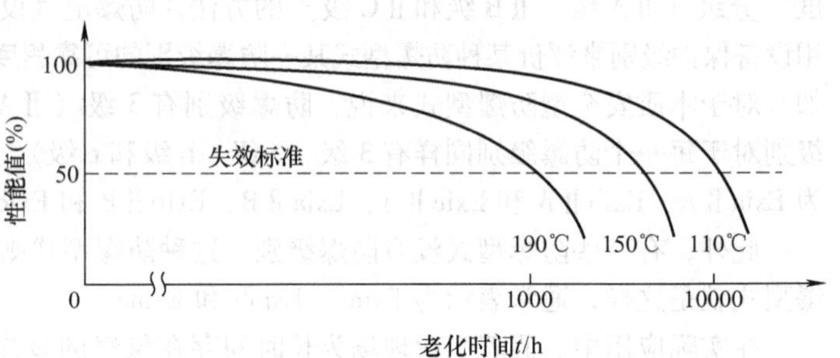

图2.1　塑料材料的寿命-温度曲线示意图

人们为了使用的方便，统一规定把某一塑料材料使用20000h时发生失效的那个温度作为评价塑料材料性能的一个重要指标。这样的规定使塑料材料的耐热性有了可比性。

（2）抗静电性能

塑料材料应该具有很好的抗静电性能。也就是说，要采取一些措施防止塑料材料产生和积累静电电荷，避免因此而引起一些麻烦。

塑料材料所具有的良好的电气绝缘性能表明，它是一种很好的静电电荷载体。在一定的条件下，塑料部件会产生静电电荷，并积累起来。在第1章中，我们已经讨论了静电电荷是爆炸性气体-空气混合物的一种点燃源。对于防爆电气设备来说，这一点是相当重要的。

因此，人们对塑料材料的抗静电性能做了很多规定和要求。在塑料材料中添加一些适当的导电性添加剂，便会降低这些材料的体积电阻率和表面电阻率。经过改性的塑料材料制成的塑料部件在规定的试验条件下进行抗静电性能测试时，若测得的表面绝缘电阻值不超过1GΩ，就可以认为这种材料能够防止产生和积累静电电荷。

分析可知，材料的电阻率不大于$1\times10^{8}\Omega\cdot m$，就可以防止产生和积累静电电荷（参见第1章）。于是，在实际试验中，当规定试验条件是两电极之间的距离为10mm时，测得的绝缘材料表面绝缘电阻值不超过1GΩ，对于防止产生和积累静电电荷来说，应该是安全可靠的。

就防爆电气技术而言，除改变绝缘材料的材质外，人们还可以通过限制防爆电气设备塑料外壳（或部件）的外露表面面积来防止静电点燃。通过静电放电点燃爆炸性气体-空气混合物的多次试验，人们提出了限制塑料外壳或部件的最大面积，如表2.5所示；限制塑料长条形部件的直径或宽度以及金属表面塑料覆盖层的厚度，如表2.6所示。

表 2.5　塑料外壳或部件的最大面积①

设备类别和级别		最大面积 S/mm²		
Ⅰ类		10000		
Ⅱ类	危险区域	0 区	1 区	2 区
	ⅡA 级	5000	10000	10000
	ⅡB 级	2500	10000	10000
	ⅡC 级	400	2000	2000

① 引自 GB 3836.1《爆炸性环境　第 1 部分：设备　通用要求》。

表 2.6　特殊塑料部件的最大限制尺寸①

设备类别和级别		长条形部件的直径或宽度/mm			金属表面塑料覆盖层厚度/mm		
Ⅰ类		30			2		
Ⅱ类	危险区域	0 区	1 区	2 区	0 区	1 区	2 区
	ⅡA 级	3	30	30	2	2	2
	ⅡB 级	3	30	30	2	2	2
	ⅡC 级	1	20	20	0.2	0.2	0.2

① 同表 2.5。

除了限制外壳或部件的表面积符合表 2.5 和表 2.6 的规定之外，有时候，还可以根据需要，使用检查这些材料表面的摩擦起电效果和设备组合结构的电容量大小的方法来确定塑料外壳的抗静电性能。这样，即便是外壳产生了些微静电电荷，只要不超过规定值，也是不可能发生静电放电点燃的。

除上述的热稳定性和抗静电性能之外，用来制造防爆电气设备外壳（或部件）的塑料材料，还应该具有较好的阻燃性能，而且，还应该能够经受耐热试验、耐寒试验、光老化试验等相关试验。

3. 电工材料

在电气设备中使用的所谓电工材料，是指用于维持电气传输的材料，而不是电气设备的结构材料。电工材料分为导电材料和绝缘材料。

在电气设备中，导电材料主要是指设备所用的电缆（芯线）、接线端子、触头以及电气连接件等导电部件的材料，因此，这样的材料必须具有很好的导电性能和机械性能；绝缘材料主要是指用来制作电气绝缘零件以及电线电缆，例如，接线板、绝缘套管、电缆芯线绝缘层和绝缘护套等的材料，因此，这样的材料必须具有很好的绝缘性能和机械性能。

对于防爆电气设备来说，不管是导电材料还是绝缘材料，都应该具有很好的耐腐蚀性，因为防爆电气设备使用环境中存在着大量的酸、碱类具有强腐蚀性的气体和液体等腐蚀介质。

一部分常用的导电材料和绝缘材料的耐腐蚀性如表 2.7 和表 2.8 所示。

表 2.7　某些金属材料的耐腐蚀性

材料	硝酸	氨	苯胺	乙炔	氯化钾	硫酸	溴	过氧化氢	亚硫酸酐	硫化氢	盐酸	一氧化碳	醋酸	氢氟酸	氯	丙酮	原油
铝	○	×	×	□	×	○	—	□	□	□	×	□	□	×	×	□	□
铝青铜	—	—	—	—	□	○	—	—	□	□	○	—	—	—	□	□	□
锡青铜	×	—	×	×	—	○	—	—	—	—	○	—	○	—	—	□	□

（续）

材料	硝酸	氨	苯胺	乙炔	氯化钾	硫酸	溴	过氧化氢	亚硫酸酐	硫化氢	盐酸	一氧化碳	醋酸	氢氟酸	氯	丙酮	原油
锡锌青铜	×	—	—	—	—	○	—	—	—	—	○	—	○	—	—	—	—
镉	×	×	—	—	□	—	—	—	—	—	—	—	—	—	□	—	—
黄铜	×	—	×	—	○	○	×	—	—	○	—	—	—	—	—	□	×
紫铜	×	—	×	×	○	○	×	×	□	○	○	×	○	—	×	□	×
锌白铜	—	×	—	—	—	○	—	—	—	—	○	—	□	—	□	□	—
镍	○	○	—	□	□	○	□	○	—	○	○	×	—	—	○	□	—
锡	○	□	—	□	—	—	×	□	□	□	○	○	○	○	×	□	□
银	—	□	—	×	○	○	×	—	—	—	○	□	□	□	□	—	—
锌	—	—	—	—	□	—	×	□	×	□	×	□	—	—	×	—	—
铅	—	□	□	□	□	□	—	—	□	□	○	—	○	○	□	□	□

注：“□”——稳定；“○”——中等稳定；“×”——不稳定；“—”——空缺。

表 2.8　某些绝缘材料的耐腐蚀性

绝缘材料	硝酸	氨	苯胺	乙炔	溴	过氧化氢	氯化镁	海水	硫酸	硫化氢	盐酸	氢氟酸	丙酮	苯	原油
过氯乙烯树脂清漆	○	—	×	×	—	—	—	—	□	—	□	—	×	×	—
聚氯乙烯塑料	□	□	×	×	○	—	□	□	□	○	□	□	×	×	—
胶纸板	—	—	—	—	—	—	—	—	—	—	□	—	—	□	—
聚氯乙烯	○	○	×	—	□	—	□	—	○	—	□	□	×	×	—
聚乙烯	○	□	—	□	×	—	—	—	□	—	□	□	□	□	—
聚苯乙烯	□	○	—	○	—	—	□	—	□	—	□	□	○	×	—
胶木布板	□	—	—	×	—	—	□	□	□	—	□	—	×	□	—
橡胶（软）	□	○	×	□	×	—	□	—	□	○	□	□	□	×	×
橡胶（硬）	□	□	—	□	×	—	□	—	□	□	□	□	□	□	—
玻璃	□	□	□	□	□	—	□	□	□	□	□	×	□	□	□
陶瓷	□	□	—	□	□	—	□	—	□	□	□	×	□	□	□
棉制品	×	○	—	—	○	×	—	○	×	—	—	—	□	—	—

注：同表 2.7。

除此之外，对于绝缘材料，还应该具有很好的耐电弧性能。

大家知道，在电气设备中，开关触点的接通或断开，不同电位导体之间的短路，都有可能产生电弧。电弧具有很强的能量，有时候会对绝缘材料产生破坏性的灼烧，使绝缘材料发生分解、炭化，并释放出相当数量的可燃性气体混合物（参见第 1 章）。尤其是在隔爆型电气设备外壳中如果出现这种情况，那将可能造成隔爆外壳丧失隔爆性能的严重后果。

目前，具有耐电弧性能的绝缘材料很多，4220 就是广泛使用于防爆电气设备中的绝缘材料之一。

4. 粘结剂

在防爆电气设备中使用的粘结剂，应该具有很强的粘结力和很好的耐候性，还应该具有很好的热稳定性。国家标准 GB 3836.1《爆炸性环境　第 1 部分：设备　通用要求》对粘结材料的热稳定性做出专门规定，粘结材料的极限温度超过防爆电气设备在正常运行条件下运行时所能达到的最高温度 20K，便认为这种粘结材料的热稳定性满足要求。

2.2.5 防爆电气设备的通用结构

防爆电气设备的结构，由于防爆型式的不同，是各不相同的。但是，从总体上看，它们有着一些共同的结构形式。在设计、制造防爆电气设备时，人们可以根据需要采用这些结构来完成某种防爆型式的电气设备整体结构的设计与制造。

1. 外壳及相关零部件

各种不同防爆型式的防爆电气设备都有着各自的外壳结构和形式。

这些外壳除了满足设备的基本机械性能外，还应该满足防爆型式的需要。例如，隔爆型电气设备的外壳，它应该防止内部的爆炸传到外部；增安型电气设备的外壳，它应该防止外物（例如固体异物、水）对外壳内部电气元器件的侵蚀；正压型电气设备的外壳，它应该防止内部压力的泄漏，而且还能够承受内部压力的作用；等等。但是，这些不同防爆型式的外壳还应该符合以下一些共同要求。

（1）防护等级

对不同防爆型式的防爆电气设备来说，外壳的防护要求是各不相同的。所谓防护要求或防护等级，是指外壳防止外物落入内部和防止水浸入内部的能力。外壳具有相应的防护等级对保持防爆电气设备的防爆安全性能是十分重要的。

国家标准 GB 4208《外壳防护等级（IP 代码）》规定，外壳的防护等级用 IP 代码表示；IP 代码由代码字母 IP（International Protection）和后续的两位数字以及附加字母组成（附加字母有时可以省略）。数字的第 1 位表示防外物等级，数字的第 2 位表示防水等级。例如，外壳的防外物等级为 5 级，防水等级为 4 级，防护等级可以写为 IP54。GB 4208 将外壳的防外物等级分为 6 个级别，防水等级分为 8 个级别，如表 2.9 和表 2.10 所示。

表 2.9　外壳防外物等级和固体异物特征①

防护等级	固体异物特征	
	简要说明	含　义
0	无防护	—
1	防止直径不小于 50mm 的固体异物	直径为 50mm 的球形试指不得完全进入外壳内
2	防止直径不小于 12.5mm 的固体异物	直径为 12.5mm 的球形试指不得完全进入外壳内
3	防止直径不小于 2.5mm 的固体异物	直径为 2.5mm 的球形试指不得完全进入外壳内
4	防止直径不小于 1.0mm 的固体异物	直径为 1.0mm 的球形试指不得完全进入外壳内
5	防尘	不能完全防止粉尘进入，但是，进入的粉尘量不得影响电气设备的正常运行，不得影响安全
6	尘密	完全没有粉尘进入

① 引自 GB 4208《外壳防护等级（IP 代码）》。

表 2.10　外壳防水等级和进水特征①

防护等级	进水特征	
	简要说明	含　义
0	无防护	—
1	防止垂直方向的滴水	垂直方向的滴水对电气设备应该不产生有害的影响
2	防止外壳在与垂直方向成15°范围内倾斜时垂直方向的滴水	当外壳各垂直面在与垂直方向成15°范围内倾斜时，垂直方向的滴水应该对电气设备不产生有害的影响
3	防淋水	当外壳各垂直面在与垂直方向成60°范围内遭受淋水时，淋水应该对电气设备不产生有害的影响
4	防溅水	向外壳各个方向溅水时，溅水应该对电气设备不产生有害的影响
5	防喷水	向外壳各个方向喷水时，喷水应该对电气设备不产生有害的影响
6	防强烈喷水	向外壳各个方向强烈喷水时，强烈喷水应该对电气设备不产生有害的影响
7	防短时间浸水	当外壳浸入规定压力的水中经规定时间后，外壳内的进水量不至于达到有害的程度
8	防持续潜水	按制造商和用户双方同意的条件，将外壳持续潜入水中后，外壳内的进水量不至于达到有害的程度

① 同表2.9。

各种不同防爆型式的外壳，都应该具有一定的防护能力。例如，在某些情况下，内部安装裸露带电部件的外壳的防护等级不应该低于IP54，内部安装绝缘带电部件的外壳的防护等级不应该低于IP44，等等。当然，由于防爆型式的不同，防护等级可能高一些，也可能低一些。

另外，从防护等级不难看出，防爆电气设备的外壳在一定程度上保护了设备内部的电气元器件，也就是说，内部的元器件应该“接受”这种保护，所以，在这里必须指出的是，不管什么防爆型式、什么防护等级的电气设备，它内部的电气元器件，不管是裸露的还是绝缘的，都不得穿透外壳暴露在外壳外面，防止外壳丧失防护等级保护功能（防爆安全性能）。这一点很重要。

（2）盖子或门的开启时间

有一些防爆电气设备的盖子或门的开启快慢，可能会对它的防爆安全性能造成不利的影响。如果设备内部包容有电容器或（和）电热元件，即使在断电的情况下，也可能出现麻烦。因为，假若盖子或门开启的时间很短，这些电容器还具有很高的电压，电热元件还具有很高的温度，一旦接触爆炸性气体-空气混合物，就有可能发生点燃爆炸。

因此，国家标准GB 3836.1《爆炸性环境　第1部分：设备　通用要求》规定，当防爆电气设备外壳内部安装电容器时，从切断设备的电源到开启盖子或门之间的时间间隔不应该小于某个规定时间值。这个时间值可以按照下述的剩余能量从下列式子计算求得

$$u = U_0 e^{-t/\tau} \tag{2.3}$$

$$q = 1/2Cu^2 \tag{2.4}$$

将式（2.4）代入式（2.3）中整理后即为

$$t = \tau \cdot \ln[U_0 (2q/C)^{-1/2}] \tag{2.5}$$

式中　u——充电电容器放电时的瞬时电压（V）（图2.2）；

U_0——充电电容器的初始电压（V）；

t——某一放电时间（s）；

τ——放电电路的时间常数（s）；

q——放电过程中某一时刻电容器的剩余能量（J）；

C——电容器的电容值（F）。

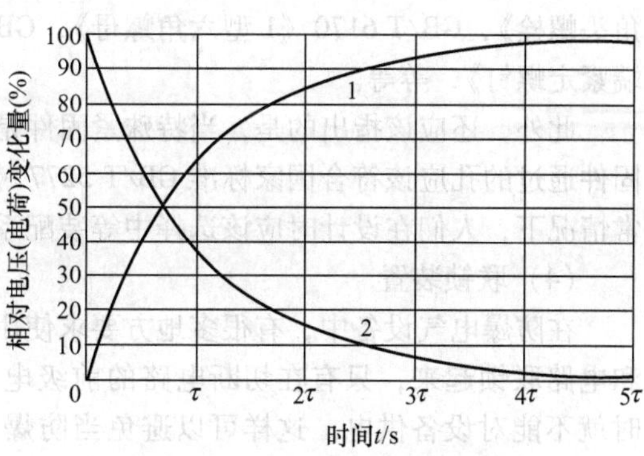

图 2.2　电容器放电时的瞬时电压

1—充电时　2—放电时

当防爆电气设备内部安装电容器的充电电压大于200V时，开启盖子或门时电容器的剩余能量不应该超过：

- 对于Ⅰ类和ⅡA级电气设备：0.2mJ。
- 对于ⅡB级电气设备：0.06mJ。
- 对于ⅡC级电气设备：0.02mJ。

如果内装电容器的充电电压小于200V，开启盖子或门时电容器的剩余能量可以是上述值的两倍。

【例2.1】 有一台防爆标志为ExdI Mb的煤矿用隔爆型电气控制装置，额定电压为660V，内装电容器的电容值为47μF，放电回路的折算电阻值为100kΩ。计算从切断电源到允许打开盖子的间隔时间。

对于Ⅰ类设备，我们已经知道，打开盖子时电容器的剩余能量q不得超过0.2mJ。计算可知，时间常数$\tau = RC = 4.7\text{s}$。根据题意将这些数据代入式（2.5）中计算即得到，从切断电源开始到允许打开盖子之间至少应该间隔的时间为

$$t = 4.7 \times \ln\{660 \times [2 \times 0.0002/(47 \times 10^{-6})]^{-1/2}\}\text{s}$$
$$\approx 26\text{s}$$

当防爆电气设备内部安装电热元器件时，从切断电源到盖子或门开启的间隔时间一定要大于电热元器件温度降至设备温度组别规定的那个温度以下所需的时间。由于电热元器件的散热比较慢，这个时间可能很长。

这个时间，通常，应该通过试验求得，而且，试验时外壳依然处于关闭状态。

通常情况下，当测得防爆电气设备外壳表面温度接近它的温度组别的温度值时，人们就应该测量外壳内部电热元器件的最高表面温度，进而确定这个间隔时间。例如，有一些设备内部安装大功率的元器件，或者，有一些元器件为了散热把设备外壳作为散热片而紧贴设备外壳安装，就可能造成外壳外表面温度接近温度组别温度值的情况。凡此种种，温度测量是十分必要的。

从切断电源到盖子或门开启的间隔时间应该用警告标志在防爆电气设备的明显部位给以标示，告诫人们必须在这个间隔时间以后才允许开启盖子或门，否则可能会发生点燃事故。

（3）紧固件

在防爆电气设备中，用来紧固外壳盖子的紧固件（在机械制造方面也称为“标准件”）应该使用所谓的“特殊紧固件”。

这些紧固件在正常的使用状态下只能用工具才能解除其功能。这样的要求，主要是防止非正常的人为因素使其松开或拆除，从而保证某一防爆型式的防爆安全性能不会因此而失效。

特殊紧固件应该满足以下要求：

① 螺距符合行业标准JB/T 7192《商品紧固件的普通螺纹选用系列》的要求。

② 公差配合符合国家标准GB/T 9145《商品紧固件的中等精度 普通螺纹极限尺寸》中规定的6g/6H。作为特殊紧固件的螺栓或螺母，都应该符合相应的国家标准，例如，GB/T 5782《六

角头螺栓》，GB/T 6170《1 型六角螺母》，GB/T 70《内六角圆柱头螺钉》，GB/T 77《内六角平端紧定螺钉》，等等。

此外，还应该指出的是，当特殊紧固件是用来紧固防爆电气设备的盖子和壳体时，盖子上紧固件通过的孔应该符合国家标准 GB/T 5277《紧固件 螺栓和螺钉通孔》规定的尺寸和公差。通常情况下，人们在设计时应该选择中等装配系列。

（4）联锁装置

在防爆电气设备中，有很多地方要求使用所谓的“联锁装置”，例如，电气设备的盖子或门和电路联锁起来，只有在切断电路的前级电源后才允许打开盖子或门，当盖子或门没有闭合时就不能对设备供电。这样可以避免当防爆电气设备打开时可能造成的电气点燃或人员触电事故。

这样的联锁装置，可以是机械式联锁，也可以是电气式联锁。

在某些特殊情况下，在切断电源后外壳内仍有带电部件时，人们也可以用一个防护等级不低于 IP20 的护罩将其保护起来，并在护罩上标有“内有带电部件，严禁触及！”的警告标志。但是，这种情况不适于隔爆型电气设备。

（5）绝缘套管

绝缘套管是一种使电气导体（例如导电螺栓）通过防爆电气设备金属壳体的绝缘元件（在某些情况下也称为接线板）。因此，绝缘导管应该具有良好的绝缘性能是不言而喻的，而且还应该具有足够的机械强度。在结构上，它应该被牢固地固定在外壳壳体上，而且，在导电螺栓连接导线或拆除导线时不会发生转动。

（6）警告标志

在防爆电气设备上，设计人员常常使用警告标志告诫人们，在爆炸性危险场所中人们应该如何安全地操作设备，或者，可以做什么，不准做什么。因此，警告标志的警告语句应该清晰明了、准确无误。例如，“严禁带电打开！”和“必须用湿布揩拭！”等。

为了保证警告标志长期有效，警告牌应该用不容易锈蚀的材料制作，例如，黄铜、青铜、不锈钢等；警告语句的字迹应该在它的使用期限内不会失效。

2. 旋转部件

在防爆电气设备内，如果有旋转零部件的话，那么，旋转零部件与它周围的零部件之间应该保持一定的间隙；旋转零部件的制造材料不应该产生和积累静电电荷。这样就可以避免因为机械火花和（或）静电放电点燃周围的爆炸性气体-空气混合物。

国家标准 GB 3836.1《爆炸性环境 第 1 部分：设备 通用要求》规定，对于旋转零部件，例如，旋转电机的通风系统，在设备的正常工作状态下，外风扇和风扇罩等相关零部件之间的间隙（距离）不应该小于外风扇最大外径的 1/100，而且，最小也不得小于 1mm。如果旋转电机的外风扇使用轻合金（例如，铝合金）材料制作的话，那么，这种材料中钛、镁和（或）锆的含量应该符合相关的要求，而且，这种风扇仅限用于 1 区和 2 区（参见第 2.2.4 节）；如果旋转电机的外风扇使用塑料材料制作的话，那么，这种材料的使用温度应该比风扇的额定运行温度高出 20K，风扇的表面绝缘电阻不应该大于 1GΩ（当风扇的旋转线速度小于 50m/s 时可以不受此限）。

因为，旋转零部件在旋转时，在金属材料的情况下，同邻近部件碰撞将会产生机械火花；在高阻材料的情况下，同空气发生摩擦将会产生和积累静电电荷。不管是机械火花还是静电火花，在合适的条件下，都能够点燃爆炸性气体-空气混合物。

所以，除旋转电机外，其他旋转机械的旋转零部件，同样应该符合上述的要求。

此外，有一些旋转零部件还应该设置防护网，防止固体异物进入风筒内，例如，扇风机。固体异物落入风筒内有可能被风扇叶搅起碰撞风筒，从而产生机械火花。防护网的网孔尺寸可以参照防护等级（IP）来确定：进风端，至少为IP20；出风端，至少为IP10。

3. 电缆引入装置

前面已经指出，防爆电气设备的电源引入或电气输出应该通过电缆引入装置在设备的接线空腔（接线盒）内进行连接。防爆电气设备的接线空腔，在传统意义上，被称为接线盒，在防爆安全方面，是设备制造商与设备使用者的安全“分界线”。显然，防爆电气设备这一部分的结构是相当重要的。

（1）压紧螺母式（或压盘式）电缆引入装置

防爆电气设备的电缆引入装置的典型结构如图2.3所示。这里所示的是一种被称为压紧螺母式的引入装置，是由压紧螺母、自制垫圈、密封圈和连通节组成的。

在这种引入装置中，密封圈是一个很重要的零件，由硫化橡胶制成。大家知道，橡胶材料是一种压缩变形材料，在外力作用下，它的形状会改变，但体积不变。因此，密封圈在压紧螺母的作用下发生变形而密封了密封圈与联通节、电缆之间的缝隙，从而可以防止可燃性气体进入电气设备的接线空腔内或设备外壳内。

还有一种和图2.3所示的压紧螺母式电缆引入装置稍有不同的电缆引入装置，被称为压盘式电缆引入装置（图2.4）。这种电缆引入装置与压紧螺母式电缆引入装置的不同，仅在于作用于密封圈的压紧方式，即依靠紧固螺钉将压盘压下来施力于密封圈，从而达到密封效果。

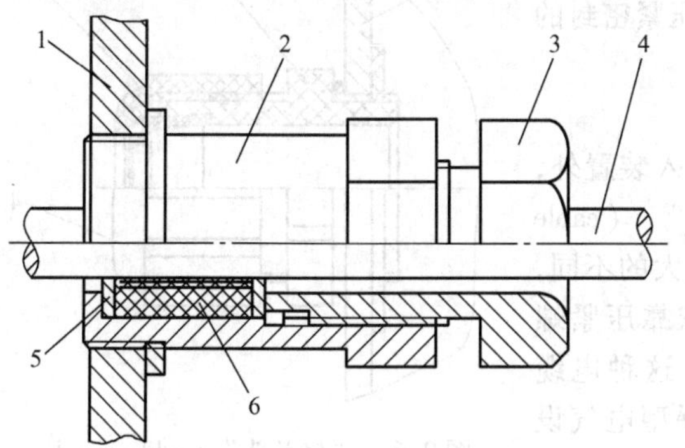

图2.3 压紧螺母式电缆引入装置

1—设备外壳壳体 2—连通节 3—压紧螺母 4—引入或引出电缆 5—自制垫圈 6—密封圈

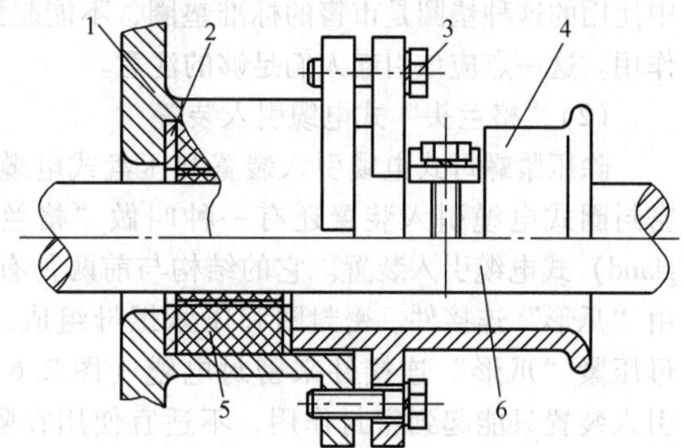

图2.4 压盘式电缆引入装置

1—设备外壳壳体 2—自制垫圈 3—紧固螺钉 4—压盘 5—密封圈 6—引入或引出电缆

上述的这两种电缆引入装置，统称为密封圈式电缆引入装置。对于这类电缆引入装置，无论在设计、制造上还是安装、使用上，都应该注意两点：一是密封圈的材料和尺寸；二是自制垫圈。

1）密封圈的材料和尺寸

密封圈的制造材料，目前，大都采用硫化橡胶。

橡胶试样的硬度不应该大于电缆护套材料的硬度，一般在邵氏硬度45～55度。硬度太大时密封圈在压紧时将可能伤害电缆的绝缘。

此外，密封圈的硫化橡胶试样还应该承受老化试验。在规定的试验条件下，试验结束时硬度变化不得超过试验前的20%。

密封圈的尺寸分为轴向尺寸和径向尺寸。

轴向尺寸由于防爆型式不同有不同要求，有些防爆型式仅要求压紧密封即可，而有些防爆型式则有严格的规定。对于径向尺寸，要注意密封圈的内径和引入电缆的外径的配合。电缆外径是一个公差变化很大的尺寸，同一种电缆同一个标称外径，市售产品的外径公差存在着较大的差异。因而，人们很难将密封圈的内径设计在一个合适的公差范围内。于是，这里的密封就可能出现问题，而且，在电缆安装时也常常出现麻烦。

为此，人们采用在密封圈上环切同心环的办法来弥补电缆外径公差不稳定的不足。传统的橡胶密封圈图例如图 2.5 所示。

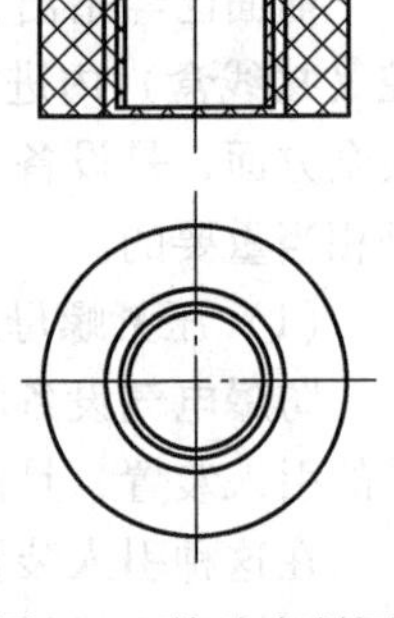

图 2.5　橡胶密封圈

2）自制垫圈

在这类电缆引入装置中使用的垫圈，这里特别强调的是，应该使用所谓的“自制垫圈”。在安装的状态下，垫圈在压力作用下迫使密封圈变形，密封相关部位，这就要求垫圈的直径（内径和外径）能够实现这种密封效果。假若内径太大外径太小，在压力作用下，密封圈变形的体积就起不到密封作用。自制垫圈的恰当的设计就可以保证预期的密封效果。

通常情况下，人们在设计自制垫圈时可以参考采用国家标准 GB/T 1804—2000《一般公差 未注公差的线性和角度尺寸的公差》规定的粗糙 c 级的尺寸和公差来确定自制垫圈和连通节的配合。自制垫圈的厚度不应该小于 2mm。

这里应该指出的是，在防爆检验时，不少防爆电气设备中使用的这种垫圈是市售的标准垫圈，不能起到压紧密封的作用。这一点应该引起人们足够的注意。

（2）“格兰头”式电缆引入装置

除压紧螺母式电缆引入装置和压盘式电缆引入装置外，密封圈式电缆引入装置还有一种叫做“格兰头”（cable gland）式电缆引入装置。它的结构与前两种有较大的不同，由“爪形”连接件、密封圈和压紧螺母组成，依靠压紧螺母压紧“爪形”连接件来密封电缆（图 2.6）。这种电缆引入装置只能起到密封作用，不适宜使用在隔爆型电气设备上。

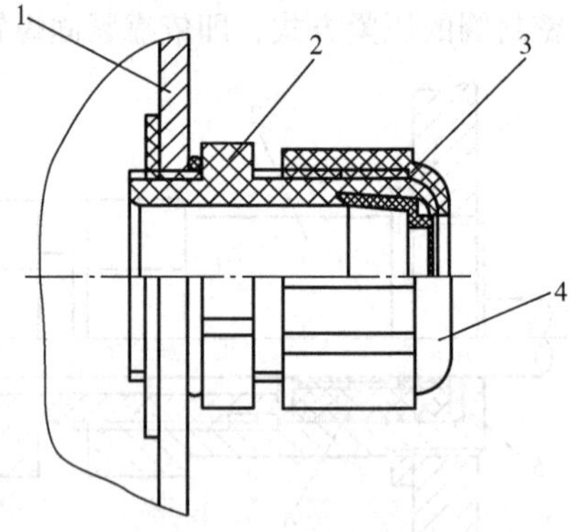

图 2.6　“格兰头”（cable gland）式电缆引入装置

1—设备外壳壳体　2—“爪形”连接件　3—密封圈　4—压紧螺母

电缆引入装置，除上述的密封圈式以外，还有一类：浇封式电缆引入装置。这一类型的电缆引入装置，通常情况下，使用于隔爆型防爆型式中，待后续章节叙述。

除此之外，电缆引入装置的压紧部分（压紧螺母或压盘），在钢管布线时，应该能够与所连接的钢管相连接。

4. 电气间隙和爬电距离

当外部电缆通过电缆引入装置进入电气设备后，通常情况下，在电气设备的接线盒内进行接线，当然，也可以在设备的主空腔内同相应的接线端子进行连接。

不管是什么情况，电缆连接后必须保证不同电位的接线端子之间有足够的电气间隙和爬电距离。电气间隙是指不同电位的带电导体之间在空气中的最短距离；爬电距离是指不同电位的带电导体之间沿绝缘材料表面上的最短路径。它们都与不同电位的带电导体之间的电压、环境污染程度有关，而且后者还与绝缘材料的相比电痕化指数（或材料级别）有关。

在防爆电气设备（“n”型防爆电气设备除外）中，电气连接后电气间隙和爬电距离应该符合表 2.11 中规定的要求值。

表 2.11 电气间隙和爬电距离①

工作电压②/V	最小爬电距离/mm			最小电气间隙/mm
	绝缘材料的材料级别			
	Ⅰ	Ⅱ	Ⅲa	
10	1.6	1.6	1.6	1.6
12.5	1.6	1.6	1.6	1.6
16	1.6	1.6	1.6	1.6
20	1.6	1.6	1.6	1.6
25	1.7	1.7	1.7	1.7
32	1.8	1.8	1.8	1.8
40	1.9	2.4	3.0	1.9
50	2.1	2.6	3.4	2.1
63	2.1	2.6	3.4	2.1
80	2.2	2.8	3.6	2.2
100	2.4	3.0	3.8	2.4
125	2.5	3.2	4.0	2.5
160	3.2	4.0	5.0	3.2
200	4.0	5.0	6.3	4.0
250	5.0	6.3	8.0	5.0
320	6.3	8.0	10.0	6.0
400	8.0	10.0	12.5	6.0
500	10.0	12.5	16.0	8.0
630	12	16	20	10
800	16	20	25	12
1000	20	25	32	14
1250	22	26	32	18
1600	23	27	32	20
2000	25	28	32	23
2500	32	36	40	29
3200	40	45	50	36
4000	50	56	63	44
5000	63	71	80	50
6300	80	90	100	60
8000	100	110	125	80
10000	125	140	160	100

注：表中数据是在 3 级污染条件下测量的。

GB/T 16935.1—2000《低压系统内设备的绝缘配合　第 1 部分：原理、要求和试验》规定，为了计算电气间隙和爬电距离，微观环境的污染等级分为 4 级：

1 级污染：无污染或仅有干燥的、非导电性污染，这种污染没有任何影响。

2 级污染：一般仅有非导电性污染，然而必须预期到凝露会偶尔发生短暂的导电性污染。

3 级污染：有导电性污染或由于预期的凝露使干燥的非导电性污染变为导电性污染。

4 级污染：存在持久的导电性污染，例如，由于导电性尘埃或雨雪引起的污染。

① 引自 GB 3836.3《爆炸性环境　第 3 部分：由增安型“e”保护的设备》。

② 实际的工作电压可以超过表中规定值的 10%。

这里需要指出的是，对于电气设备与外部电路连接来说，表 2.11 中所示的最小值至少为 3mm。也就是说，在表 2.11 中，此时，不管电压大小，只要是小于 3 的值，都应该为 3。

5. 接地和（或）等电位联结

正像普通用途的工业和民用电气设备那样，防爆电气设备的金属外壳必须接地，而且，必要时还应该进行等电位联结。大家知道，电气设备的接地和（或）等电位联结是为了防止电气设备的绝缘性能一旦失效可能造成的漏电事故及后续危险。

就防爆电气设备而言，接地和（或）等电位联结，对于保证它的防爆安全性能，是相当重要的。它除了可以防止人身触电事故外，更重要的是能够防止漏电和（或）“杂散电流”可能产生的电气放电火花点燃爆炸性气体-空气混合物。

防爆电气设备的接地和（或）等电位联结，同普通用途的工业和民用电气设备的接地和（或）等电位联结相比，有着较大的不同。这种接地必须是二重式的，即同一台电气设备必须同时设置内接地端子和外接地端子，二者之间还必须保持同电位，而且，内、外接地端子必须分别与接地系统连接。这样就保证了接地和（或）等电位联结的可靠性。

电气设备的接地和（或）等电位联结，应该保证电气设备的主要金属结构件（例如机座）同大地处于同一电位，所以，内接地应该设置在接线空腔（接线盒或主空腔）内，外接地应该设置在设备的主要壳体上。

除此之外，还有一些特殊结构，例如，当电气设备的金属外壳被非金属部件分隔，阻断了接地的连续性时，除被分割的各部分必须有外接地或等电位联结外，人们还必须对这种情况采取特殊的结构措施来保证它的内接地的连续性和有效性，也就是说被分割的各部分的金属外壳都应该同时有效地接地；或者，当电气设备是非金属外壳且它的内部电气元器件或电路需要功能性接地时，人们除了利用电源的保护性接地线（TN-S 系统）进行内部接地外，还可以采用通过贯穿外壳壁的连接方法实施内部接地。对于这样的一些特殊情况，人们应该用试验来验证这样的接地结构的可靠性（参见第 2.4.5 节）。

接地和（或）等电位联结的导体必须有一个最小的截面积 S 。当电路中主电路（单相）导体的截面积 S_0 不大于 16mm^2 时，这个截面积 S 应该不小于 S_0；当 $16\text{mm}^2 < S_0 \leqslant 35\text{mm}^2$ 时，$S = 16\text{mm}^2$；当 $S_0 > 35\text{mm}^2$ 时，$S \geqslant 0.5S_0$。对于主电路（单相）导体的截面积 S_0 很小的情况，这个最小截面积也不应该小于 4mm^2。

每一个接地和（或）等电位联结装置都应该保证接地和（或）等电位联结导线与接地端子连接可靠，因而，应该有防止导线松动的措施，而且还应该防止锈蚀造成的不利影响。

这里还应该指出的是，对于移动式电气设备，如果是由电网供电，则可以不进行外接地，但是应该使用有接地芯线的电缆进行内接地；如果是由蓄电池组供电而且正极或负极不与“地”相连，则可以不进行接地。除此之外，还有一种电气设备采取了双重绝缘（或加强绝缘）措施，也可以不进行接地。

6. 某些类型的电气设备防爆结构的通用要求

在爆炸性危险场所中使用着各种类型的电气设备，例如，旋转电机、开关装置、插接装置等。不管它们的防爆型式如何，每一类型都有着一些本类型的共同的结构要求。

（1）旋转电机类

在旋转电机中，轴驱动的外风扇应该安装风扇罩。

风扇罩不视为旋转电机的外壳，但是，风扇罩的通风孔应该具有如下的防护等级（参见国家标准 GB/T 4942.1《旋转电机整体结构的防护等级（IP 代码）—分级》）：

- 进风端，至少为 IP20；

• 出风端，至少为 IP10。

对于立式旋转电机，必须设置防护措施，以防止垂直落下的异物进入通风孔中。

对于Ⅰ类旋转电机，若通风孔的结构和位置能够防止 12.5mm 的固体异物垂直落入电机的旋转部件上，则防护等级可以采用 IP10。

风扇罩的这些防护措施，主要是为防止较大的固体异物落入其内可能被风扇搅起发生碰撞而产生机械火花。

不管是什么防爆型式的旋转电机，尤其是大型的旋转电机，设计人员都必须在电机上采取等电位联结措施，防止杂散磁场在电机外壳中形成环流。环流在适当条件下可能会产生断续的放电火花。

旋转电机的等电位联结应该关于转轴轴线对称地布置。等电位联结的导体应该有足够的截面积和可靠的结构，保证环流能够顺利地通入大地（通过接地导体）。

（2）开关装置类

开关装置，包括隔离开关，应该能够切断全部电极（包括相线、中性线和保护性接地线）。触头式开关的触头不允许浸在易燃性液体介质中；否则，触头在断开时产生的电弧会分解这些易燃性液体并引起爆炸。

隔离开关不允许在带负载的工况下分断，必须与负载断路器有电气的或机械的联锁。联锁应该可靠地保证不得在负载断路器未断开时分断隔离开关。

隔离开关在带负载的工况下分断时产生的电弧将会伤害其他的部件。这是不允许的。

（3）插接装置类

在插接装置中，插头与插座应该用电气的或机械的方法联锁起来，保证在触点带电时插头与插座不能分断，在插头与插座分断时触点不能带电。当然，设计人员也可以在插头与插座采用特殊紧固件连接的情况下使用警告标志来替代这种联锁：“严禁带电分断！”。

当额定电压不大于 250V（交流）或 60V（直流）、额定电流不大于 10A 时，插接装置符合以下全部要求时也可以不设联锁：

• 插座接电源。
• 插头与插座分断前有足够的灭弧延迟时间。
• 插头、插座在灭弧期间符合隔爆型“d”的要求（参见第 3 章）。
• 插头与插座分断后带电的插座具有适当的防爆型式保护。

不管在什么情况下，插接装置的插座应该接电源，插头在未插入插座时不得带电。这样可以减小一些附加危险。

（4）照明灯具类

在照明灯具中，光源不允许使用游离金属钠灯泡，即低压钠灯泡，可以使用高压钠灯泡。

光源应该用透明罩保护起来。

透明罩应该用金属保护网保护起来。金属保护网的网孔面积不应该大于 $2500mm^2$。

照明灯具应该设置联锁机构，保证在灯具开启时灯座内的所有电极不得带电，或者，设置警告标志：“严禁带电打开！”。大家知道，在灯具的运行过程中，人们常常需要更换失效的灯泡（灯管），设置联锁机构和警告标志就可以实现“不带电操作”，避免出现附加危险。

（5）蓄电池和蓄电池组类

在防爆电气设备内部安装蓄电池时，设计人员应该采用单体蓄电池串联的方式进行组合，而且，单体蓄电池应该具有同样的电化学系统、相同的容量和工作制（小时率）。

在蓄电池组中，即使是具有同样的电化学系统、相同的容量和工作制（小时率）的单体蓄电池也不要并联使用。因为由于单体蓄电池的制造质量的差异，在实际运行过程中，某个（些）单体可能过放电，从而在蓄电池组中会出现其他蓄电池对它（们）反向充电现象，这是不能容忍的。

在蓄电池组中，严禁二次电池和原电池混合组合。二次电池是一种可以再充电、多次使用的电池。原电池不允许再充电。所以，二者不能组合在一起使用。

设计人员应该采取可靠的预防措施，防止蓄电池中的电解液（电解质）泄漏对设备防爆安全性能和电气元器件造成不利的影响。

部分原电池和二次蓄电池（单体）的相关参数如表2.12和表2.13所示。

表2.12　原电池示例①

序号	电化学系统			标称电压/V	开路峰值电压/V
	正　极	电　解　质	负极		
1	二氧化锰	氯化铵，氯化锌	锌	1.5	1.73
2	氧气	氯化铵，氯化锌	锌	1.4	1.55
3	氟化碳	有机电解质	锂	3	3.7
4	二氧化锰	有机电解质	锂	3	3.7
5	亚硫酰氯（$SOCl_2$）	无水无机化合物	锂	3.6	3.9
6	二硫化铁（FeS_2）	有机电解质	锂	1.5	1.83
7	氧化铜（II）（CuO_2）	有机电解质	锂	1.5	2.3
8	二氧化锰	碱性金属氢氧化物	锌	1.5	1.65
9	氧气	碱性金属氢氧化物	锌	1.4	1.68
10	氧化银（Ag_2O）	碱性金属氢氧化物	锌	1.55	1.63
11	氧化银（AgO，Ag_2O）	碱性金属氢氧化物	锌	1.55	1.87
12	二氧化硫	无水有机盐	锂	3.0	3.0

① 引自GB 3836.1《爆炸性环境　第1部分：设备　通用要求》。

表2.13　二次蓄电池（单体）示例①

序号	电化学系统		标称电压/V	开路峰值电压/V
	类　型	电　解　质		
1	铅-酸（湿式）	硫酸（SG1.25）	2.2	2.67
2	铅-酸（干式）	硫酸（SG1.25）	2.2	2.35
3	镍-铬	氢氧化钾（SG1.3）	1.2	1.55
4	镍-铁	氢氧化钾（SG1.3）	—	1.6
5	氢氧化镍金属	氢氧化钾	1.2	1.5

① 同表2.12。

2.2.6　Ex元件的通用要求

在防爆电气设备中常常安装一些特殊的、通用的元件和（或）组件。它们不符合相关防爆型式的全部要求，仅仅符合其中的一部分规定。人们可以成批地制造这种元件和（或）组件，在需要的时候，将它组装在需要安装这种元件或组件的防爆电气设备上，与防爆电气设备组成一体使用在爆炸性气体环境中。

这种元件和（或）组件，被称为 Ex 元件。

1. Ex 元件的定义

国家标准 GB 3836.1《爆炸性环境　第 1 部分：设备　通用要求》指出：

Ex 元件是这样一种元件和（或）组件，它不能单独使用、只能与其他电气设备或系统组合在一起才允许使用在爆炸性气体环境中，而且，还需要经过单独的试验认证和（或）附加的试验认证。

2. 结构与安装

Ex 元件，既有结构简单的，也有结构复杂的。它们可以是：

- 空的外壳，例如，隔爆型电气设备的隔爆外壳，正压型电气设备的正压外壳。
- 结构和（或）性能部分地符合不同防爆型式的元件和（或）组件。

Ex 元件的安装，根据结构特征和使用功能的各异，分为以下 3 种情况：

（1）安装在外壳内

完全安装在防爆电气设备的外壳内部。例如，增安型的接线端子、电流表、加热器或显示器，隔爆型的开关元件或恒温器，本质安全型的电源，等等。

在实际应用中，设计人员把专用的隔爆小室（内装开关触点）安装在增安型照明灯具的灯座中，解除了增安型灯具中不能有火花触点的困扰；把关联设备安全栅放置在隔爆型电气设备的隔爆外壳内，解决了安全栅不能直接使用在爆炸性气体环境中的困难。如此使用 Ex 元件的范例，在防爆电气设备的设计中常常被采用。

（2）安装在外壳外

完全安装在防爆电气设备的外壳外部。例如，本质安全型的传感器，等等。

设计人员把 Ex 元件放置在防爆电气设备的外壳外部，在实际使用中，有很多的应用实例。本质安全型温度传感器就是实例之一。

（3）跨外壳壁安装

一部分安装在防爆电气设备的外壳内部，一部分安装在防爆电气设备的外壳外部。例如，隔爆型的按钮开关、限位开关或指示灯，增安型的电流表，本质安全型的指示器，等等。

隔爆型指示灯，作为 Ex 元件常常安装在隔爆型电气控制箱上。它的光显示部分作为隔爆外壳的一部分，它的接线部分在设备的隔爆外壳内。安装结构符合隔爆型防爆型式的相应要求。这种安装就属于“一部分在内，一部分在外”的安装方式。除此之外，还有很多这样的应用实例。

3. 试验与标志

Ex 元件的试验分为两部分：

- Ex 元件本身应该承受相应防爆型式要求的部分试验。
- Ex 元件组装在防爆电气设备上以后需要进行一些附加试验。

这些附加试验是，当完全安装在防爆电气设备外壳内部时，试验人员应该检验 Ex 元件安装后相关部位的表面温度、电气间隙和爬电距离；当完全安装在防爆电气设备外壳外部时，试验人员应该检验 Ex 元件与防爆电气设备的电气连接是否可靠和相互之间的能量传输是否得到限制；当“一部分在内，一部分在外”安装时，试验人员应该检验 Ex 元件与防爆电气设备外壳交接面的结构是否符合相应防爆型式的相关要求，必要时，还应该进行相应部位的防护性能（IPXX）试验。

Ex 元件，尽管不能作为一个单独的防爆单元使用于爆炸性气体环境中，但是可以作为一个单独的防爆组件在市场上出售，因而还必须具有一定的标志，向使用者提供必要的使用信息。

设计人员应该在 Ex 元件的明显部位至少标示如下内容：

制造商名称或注册商标；

表示“防爆”的符号“Ex”；

防爆型式符号；

设备类别和（或）防爆级别符号；

防爆检验证书编号，而且在编号后缀加符号“U”。

2.2.7 防爆标志

1. 防爆标志的作用

防爆电气设备同普通用途的工业和民用电气设备相比，必须设置一个必要标示的标志，即表示这个电气设备是防爆类型的标志。它被称为“防爆标志”。

防爆标志应该标示在每一个防爆电气设备的明显部位和它的铭牌上。它向人们提供这样的信息，被标志的电气设备是防爆电气设备，可以使用在什么样的可燃性气体环境中，什么样的危险区域中。显然，它很重要。

2. 防爆标志的组成及示例

防爆标志是由表示“防爆”的英文字头“Ex（Explosition-protect）”、防爆型式（也可以包括设备保护级别）符号、设备类别符号、防爆级别符号、温度组别符号（或温度）和（或）设备保护级别符号按顺序排列组成的。

前面已经介绍了防爆型式（d、e、i、p、o、q、m、n、s）、设备的分类（Ⅰ类、Ⅱ类）分级（ⅡA级、ⅡB级、ⅡC级）、温度组别（T1组、T2组、T3组、T4组、T5组、T6组）和设备保护级别符号（Ga级、Gb级、Gc级；Ma级、Mb级）的表示符号。下面用这些符号举例说明不同防爆型式电气设备的防爆标志的组成。

（1）单一防爆型电气设备的标示方法

当防爆电气设备仅仅具有一种防爆型式时，它就只标示一种防爆型式的防爆标志。例如：

对于使用在煤矿井下的隔爆型电气设备（即Ⅰ类），防爆标志为ExdⅠ（150℃）Mb（习惯上，150℃常常被省略）。

对于使用在除煤矿井下以外的ⅡB级、T4组防爆电气设备（即Ⅱ类），隔爆型的防爆标志为ExdⅡBT4 Gb；增安型的防爆标志为ExeⅡT4 Gb或ExeⅡBT4 Gb；本质安全型的防爆标志为ExiaⅡBT4或ExibⅡBT4；正压型的防爆标志为ExpbⅡT4或ExpcⅡT4，等等。

（2）复合防爆型电气设备的标示方法

当电气设备由多种防爆型式的单元组成复合防爆型防爆电气设备时，它应该标示由所有防爆型式的符号组成的防爆标志。

因为这种复合防爆型又分为包容性复合防爆型和非包容性复合防爆型（参见第10章），所以这种复合防爆型防爆标志的标识方法也是不同的。

1）包容性复合防爆型

当电气设备采用包容性复合防爆型时，这种复合防爆型是用一种防爆型式将另一种防爆型式完全包容起来，起着双重保护的作用。因此，防爆标志应该包含两种防爆型式的符号，而且这两种符号中间用符号“+”相连。

例如，“ib”级本质安全电路放置在隔爆外壳“d”内，适用于存在ⅡB级T5组可燃性气体的0区环境中，它的防爆标志为Exd+ibⅡBT5 Ga。

符号“+”表示，这两种防爆型式是一种“或”的逻辑关系。也就是说，两种防爆型式将各自单独起作用，假若其中一种失效后另一种仍然能够继续保持整个设备的防爆安全性能。

在这种复合防爆型中，两种防爆型式的设备保护级别都应该是 b 级的，这样复合后的设备保护级别就是 a 级的。

2）非包容性复合防爆型

当电气设备采用非包容性复合防爆型时，这种复合防爆型是一种防爆型式和另一种防爆型式“并行且各自单独”地起保护作用。因此，防爆标志应该包含所有防爆型式的符号，而且这些符号按照字母顺序连续地排列。

例如，对于ⅡA 级、T3 组防爆电气设备（即Ⅱ类），当主体部分为隔爆型，接线盒为增安型时，防爆标志为 ExdeⅡAT3 Gb；当主体部分为正压型（pb 级），接线盒为增安型时，防爆标志为 ExepbⅡAT3 Gb。

这种“按照字母顺序连续地排列”，实质上是一种“与”的逻辑关系，即表示字母之间用“·”相连（这个“·”符号在实际应用中允许被省略）。它表明，只有各种防爆型式同时起作用才能够保持设备的防爆安全性能，其中任何一种失效后整个设备就失去了防爆安全性能。

在这种复合防爆型中，两种防爆型式的设备保护级别可以相同也可以不同，这样复合后的设备保护级别必须按照其中低的那个级别来确定。

（3）组合防爆型电气设备（装置）的标示方法

当防爆电气设备（装置）包含多个不同防爆型式的防爆电气单元时，它应该在每个单元上标志这个单元的防爆标志，此外，还应该在整体设备（装置）的明显部位上标志总的防爆标志。

组合防爆型电气设备（装置）总的防爆标志，也是按相应防爆电气单元的防爆型式符号（字母）的顺序排列，依然是一种“与”的逻辑关系。例如，由防爆型式分别为“d”、“e”、“ia”、“ma”的多个防爆电气单元组成的ⅡB 级、T4 组组合防爆型电气设备（装置）总的防爆标志应该标志为 ExdeiamaⅡBT4 Gb。

在组合防爆型电气设备（装置）中，电气单元的防爆型式可以有多种，设备保护级别也可以有多种，它们可以相同也可以不同，但是，总的设备保护级别必须按照其中低的那个级别来确定。

（4）特殊的标示方法

除上述情况外，还有一些特殊的标志方法。

对于Ⅱ类电气设备，人们可以标志它的温度组别，也可以标志它的最高表面温度，或者二者都标出。例如，最高表面温度为 125℃的增安型设备，防爆标志可以为 ExeⅡT4 Gb，也可以为 ExeⅡ（125℃）Gb 或者 ExeⅡ125℃（T4）Gb。

对于既可以适用于煤矿井下也可以适用于除煤矿井下以外其他场所的电气设备，应该同时标示出两种类型的标志。例如，Ⅰ类/ⅡB 级 T3 组隔爆型电气设备，防爆标志应该为 ExdⅠ/ⅡBT3 Mb/Gb。

对于ⅡC 级 ib 级 T5 组的关联设备，防爆标志应该为 Exd［ib］ⅡCT5 Gb（放置在隔爆外壳中）或［Exib］ⅡC Gb（无其他防爆型式保护时）。

上述的防爆标志组成方法的举例，只是提供一种参考。由于防爆电气设备繁杂多样，所以人们应该按照防爆标志的基本组成原则来进行适当的组合，以处理具体的事例。

2.3 防爆电气设备设计与制作的一般原则

我们在这里将简单地讨论一下设计、制作人员在防爆电气设备设计与制作时应该遵守的一般原则。这些原则对于所有防爆型式的电气设备都是适用的，只是各种防爆型式的电气设备在具体的产品设计与制作时有着各自独特的功能属性和结构特征而已。

2.3.1 设计原则

在防爆电气设备设计时，设计人员应该根据技术任务书来设计和绘制产品的施工图样，其中包括电气原理图、电气接线图、机械结构图等；此外还应该编制产品的技术文件，例如，产品技术条件（如果没有国家标准或行业标准的话）、产品使用维护说明书以及有关的工艺文件等。这些对所有防爆型式的电气设备都是必须具有的技术资料。

1. 技术文件的编制

大家知道，产品的技术条件是产品设计人员和试验人员设计和试验产品各项性能指标的重要依据，产品的使用维护说明书是产品使用者正确安装、使用和维护产品的重要依据。因而，设计人员应该认真编制这些技术文件。

对于防爆电气设备来说，设计人员在编制技术文件时，除应该符合普通电气设备的要求外，还应该注意以下与防爆安全性能有关的特殊内容。

（1）技术条件

在技术条件中编制人员通常应该指出下述主要内容：

① 产品在防爆结构和防爆安全性能方面应该采用的现行国家标准和（或）行业标准。

② 产品预期使用的环境中可能存在的可燃性气体或蒸气的防爆级别和温度组别以及危险场所的区域。

③ 产品能够额定工作的环境条件（必须指出的内容）：

- 大气压力范围：0.08 ~ 0.11MPa。
- 空气中氧气的标准含量为21%。
- 大气环境温度范围：-20 ~ 60℃；运行环境温度：-20 ~ 40℃。
- 其他内容。

④ 在最高表面温度仅进行型式试验不进行出厂试验测试时，所测得的温度值不应该超过产品温度组别温度值减去温度裕量之值。

⑤ 凡属以下情况之一者，必须报送国家指定的防爆电气产品检验机构进行防爆安全性能审查和试验：

- 未取得“防爆合格证”的产品。
- 已取得“防爆合格证”的产品，其他制造商生产时。
- 已取得“防爆合格证”的产品，当局部更改涉及防爆安全性能时（制造商应该将有关部分的图样、文件和说明报送原检验机构重新审查）。
- 检验机构需要对已取得“防爆合格证”的产品复查时。
- “防爆合格证”有效期期满时。

⑥ 在产品的明显部位标记“防爆标志”。

⑦ 产品的铭牌和标志牌应该使用黄铜或不锈钢制成，其字迹不得在产品整个使用过程中失效。

⑧ 产品铭牌的内容应该至少包括以下项目：产品名称，型号规格，额定电压、额定电流或额定功率，标准编号，防爆标志，防爆合格证编号，出厂日期（或出厂编号），制造商名称（或商标）等主要项目。

⑨ 产品标志牌的内容应该简单明了，准确无误（具体内容参照相关标准的要求，例如，“严禁带电打开!”）。

（2）使用维护说明书

在使用维护说明书中编制人员应该说明以下主要内容：

① 产品在防爆结构和防爆安全性能方面已经采用的国家标准和（或）行业标准。

② 产品允许使用的环境中可能存在的可燃性气体或蒸气的防爆级别和温度组别以及危险场所的区域。

③ 产品能够额定工作的环境条件（必须指出的内容）：

- 大气压力范围：0.08～0.11MPa。
- 空气中氧气的标准含量为21%。
- 大气环境温度范围：－20～60℃；运行环境温度：－20～40℃。
- 其他内容。

④ 产品的结构尤其是防爆结构（应该绘制结构图）。

⑤ 电路原理图和接线图及其相关说明。

⑥ 安装、使用和维护方法（参见第11章和第12章）。

⑦ 安全注意事项，例如，不使用的电缆引入装置，必须按照设备出厂时的要求予以封堵；一切维修和保养作业必须在切断前级电源的情况下进行，等等。

⑧ 易损件（例如，橡胶密封圈）更换方法，等等。

2. 施工图样的设计与绘制

（1）标准依据

在设计与绘制施工图样时，设计人员应该遵守相应的国家标准和（或）行业标准，例如机械制图标准、电气制图标准、有关的材料标准等；在产品的防爆结构和安全性能方面，应该遵守现行的国家防爆标准GB 3836《爆炸性环境》（系列）和（或）行业防爆标准的相应规定。

当没有相应的国家防爆标准时，设计人员可以采用国际电工委员会（IEC）出版物第IEC60079号《爆炸性环境》（系列）的相应部分。

（2）方案设计

在防爆电气设备设计时，相关人员应该首先确定即将设计的设备的设计方案。此时人们应该注意：

① 了解和掌握设备预期使用的环境，包括爆炸性危险场所的区域、存在可燃性气体的种类。

② 确定设备的防爆型式、防爆级别、温度组别和设备保护级别。

③ 确定设备的外壳防护等级。

④ 确定设备所用的结构材料和电工材料。

⑤ 确定设备电气引入和电气输出的电缆引入装置的位置和数量。有一些设备只有电气（电源）引入而没有电气输出，例如灯具；有一些设备既有电气引入又有电气输出，例如电气控制设备。对于后一种情况，人们还应该知道，控制是“本地”控制还是“远程”控制；或者，既有“本地”控制还有“远程”控制。所有这些情况都涉及电缆引入装置的位置和数量。

⑥ 确定设备的接地（双重接地）和等电位联结。

（3）工程图样标注

在方案设计完成以后，设计人员便可以进行产品的结构设计并绘制施工图样。对于防爆电气设备工程图样的绘制一般有以下特殊要求。

1）总装配图

在图样的“技术要求”中指出本产品应该符合某技术条件（标准编号和名称）的要求，有缺陷、瑕疵的零部件不得装配，电气间隙的保证值等。

在图样的“标题栏”中指出总装配图中假若采用其他防爆单元时这些防爆单元的供应商、型号、防爆合格证编号。

在图样的图面中表示出防爆标志、铭牌（和标志牌、使用说明牌）、防爆结构的剖面图及相关的参数值（多处同样防爆结构允许只表示一处）。

2）零件图

在图样的“技术要求”中指出未注公差尺寸的极限偏差应该符合国家标准 GB/T 1804—2000《一般公差 未注公差的线性和角度尺寸的公差》规定的中等等级；铸件和焊接件的时效处理。

在图样的“标题栏”中指出材料名称及材质（或代号）。

在图样的图面中标示出有公差要求的尺寸的公差值。

上述的这些方面是人们在设计时必须考虑的，只有这样才能设计、制造出符合实际应用的防爆电气设备。

除了上述与防爆安全性能有关的设计要点外，设计人员还应该遵循普通电工产品的设计原则和设计要求。

3. 技术文件和施工图样的送审

制造商新试制的防爆电气设备的技术文件和施工图样，应该经过国家指定的防爆电气产品检验机构审查认可。这是至关重要的。

在送审技术文件和施工图样时，制造商应该向防爆电气产品检验机构提供一式两份的图样和文件；防爆电气产品检验机构审查合格后，加盖审查检验章，一份退还制造商存档，一份检验机构存档。

2.3.2 制作原则

在防爆电气设备制作时，工艺人员应该按照已被防爆电气产品检验机构审查合格的技术文件和施工图样编制工艺文件，制作人员应该完全熟悉审查合格的技术文件、施工图样和工艺文件。

1. 严格按照审查合格的施工图样进行制作

严格按照审查合格的施工图样进行制作，这一点是必须遵守的工艺纪律。

制作人员不得做以下事项：

① 随意更改与防爆结构有关的尺寸。

② 随意变更与防爆安全性能有关的结构和电路参数。

③ 随意变更设计所采用的材料的材质。

在制作时，如果发现施工图样上某些尺寸和（或）结构无法实施而需要更改时，制作人员应该会同工艺人员、设计人员提出新的尺寸和（或）结构，重新向原防爆电气产品检验机构提出审查。

2. 严格按照审查合格的技术文件进行试验

新研制的防爆电气设备样机，在试制完成后，应该承受技术条件中规定的出厂试验和型式试验（包括出厂试验和各项基本性能试验）。

型式试验完成后，试验人员应该提出完整的试验报告。

制造商应该按照防爆电气产品检验机构的要求向它提供某些报告或全部报告。

3. 试制产品样机的送检

新试制的防爆电气设备样机应该送防爆电气产品检验机构经受防爆检验。

当试验样品经检验合格后，防爆电气产品检验机构向制造商颁发被试产品和代表产品的“防爆合格证书”。

4. 产品质量保证

当新试制的防爆电气设备样品通过防爆电气产品检验机构检验合格后，制造商便可以进行小批量试生产、批量生产。

小批量试生产、批量生产的所有产品的质量应该由制造商和它的质量检验部门负责。

2.4 防爆电气设备的检查与试验

在防爆电气设备制造完成以后，根据防爆型式的不同，它应该承受下面的一项或多项试验，以证明它是否符合设计要求和相关防爆标准的规定。这些试验，有一些可以在设备制造厂进行，有一些应该在防爆电气产品检验机构进行。

2.4.1 机械性能检查与试验

机械性能检查与试验，主要是检验设备与防爆安全性能有关的机械性能。这些检验包括机械检查、冲击试验、跌落试验和扭转试验。

1. 机械检查

机械检查对所有防爆型式的电气设备都是必须进行的项目；主要是检查电气设备与防爆安全性能有关的部分结构、技术要求、尺寸是否符合施工图样、产品技术文件和相应的防爆型式专用标准的要求。

所有的检查结果都应该有详细的记录；而且这些记录都必须存放在这个设备（产品）的技术档案中。

2. 冲击试验

冲击试验主要是检验防爆电气设备的下列部件的抗冲击能力：透明件及保护网，保护罩（例如旋转电机的风扇罩），塑料外壳和外壳的塑料部件，轻合金外壳或铸造金属外壳，壁厚小于3mm（对于Ⅰ类设备）或1mm（对于Ⅱ类设备）的金属外壳，电缆引入装置等。

在进行冲击试验时，人们应该采用重物自由落体的方法，使重物沿着试验样品表面的法线方向冲击试验样品。自由落体重物的质量为1kg。冲击头为钢制的，并经过淬火处理；头部为半球形，球形的直径为25mm。自由落体的高度根据冲击能量的大小由下式计算求得

$$h = E/mg \qquad (2.6)$$

式中 h——自由落体高度（m）；

E——冲击能量（J）（参见表2.14）；

m——自由落体重物的质量（kg）；

g——重力加速度（m/s^2）（通常采用 $g = 9.8 \approx 10$）。

表2.14 冲击类型与冲击能量①

<table>
<tr><td>冲击类型</td><td colspan="4">冲击能量 E/J</td></tr>
<tr><td>设备类别</td><td colspan="2">Ⅰ类设备</td><td colspan="2">Ⅱ类设备</td></tr>
<tr><td>机械危险程度</td><td>高</td><td>低</td><td>高</td><td>低</td></tr>
<tr><td>外壳及与外壳有关的部件（透明件除外）
保护网、保护罩、风扇罩和电缆引入装置</td><td>20</td><td colspan="2">7</td><td>4</td></tr>
<tr><td>透明件（无保护网保护的）</td><td>7</td><td colspan="2">4</td><td>2</td></tr>
<tr><td>透明件（有保护网保护的，但网孔为625～2500mm²）</td><td>4</td><td colspan="2">2</td><td>1</td></tr>
</table>

① 自 GB 3836.1《爆炸性环境 第1部分：设备 通用要求》。

通常情况下，试验应该在环境温度为（20±5）℃的环境中进行。但是，对于塑料外壳和外壳的塑料部件，试验应该分别在最高工作温度 T_{max} +10K（最多 15K）和最低工作温度 T_{min} -5K（最多 10K）的环境中进行（最高工作温度和最低工作温度的测量参见第 2.4.4 节）。

经过冲击试验的外壳、零部件，如果没有出现影响使用功能上的变化，那么就认为它通过了试验。这些外壳、零部件的表面有一些轻微的损伤，涂覆层脱落，以及散热片的轻微破坏，都可以认为是没有影响使用功能的损坏。

这里需要强调指出的是，通常情况下，冲击试验应该在装配完好的电气设备上进行。但是，有一些零部件，例如玻璃透明件，只能在样品上进行，而且，试验后的零部件即使没有发生损坏也不准再使用在防爆电气设备上。

3. 跌落试验

对于携带式防爆电气设备，设备应该承受跌落试验，以证实它的结构的可靠性。

这是一项很简单的试验：试验通常在环境温度为（20±5）℃的环境中进行；试验样品从 1m 高的地方自由落体跌落在水平的混凝土平面上。如果被试样品没有出现影响使用功能上的变化，那么就可以认为它通过了试验。

但是，对于塑料外壳和外壳的塑料部件，试验的环境温度为最低工作温度 T_{min} -5K（最多 10K）。

4. 扭转试验

对于防爆电气设备中设置的绝缘套管，它应该在装配状态下承受扭转试验。前面已经介绍了绝缘套管在装配时不得发生转动，以保证接线可靠。显然，它在装配时会受到一个力矩的作用。

在进行扭转试验时，试验人员应该使用力矩扳手对装配状态的导电螺栓施加一个力矩（表 2.15），导电螺栓和绝缘套管都不应该发生转动，甚至破坏。

表 2.15 绝缘套管扭转试验施加力矩①

导电螺栓规格	试验力矩/N·m	导电螺栓规格	试验力矩/N·m
M4	2.0	M12	25.0
M5	3.2	M16	50.0
M6	5.0	M20	85.0
M8	10.0	M24	130.0
M10	16.0		

① 引自 GB 3836.1《爆炸性环境 第 1 部分：设备 通用要求》。

2.4.2 电气性能检查与试验

电气性能检查与试验主要是检测电气设备与防爆安全性能有关的机械结构、绝缘电阻和试验它的绝缘电气强度。检查和试验，当专用防爆型式有规定时，按照专用规定进行；当专用防爆型式无规定时，按照这里讨论的要求和方法进行或参考其他文献进行。

1. 电气检查

电气检查主要是检查电气设备与防爆安全性能有关的机械结构，例如，设备内采用绝缘零部件的材料、电气零部件（裸露的或绝缘的）的安装、内部导线或电缆的固定、电气间隙和爬电距离、导电触点不得位于接合面的附近、外壳内表面耐电弧瓷漆的涂覆、接线触点的锁紧、电缆引入环节和内、外接地端子的完整性，等等。

所有这些检查都必须有完整的记录，并存入被检查设备的技术档案中。

2. 绝缘电阻测定

绝缘电阻测定主要是通过测量设备导电零件与外壳（金属）之间的电阻来评定它的绝缘性能。

这样的测量通常采用兆欧表（俗称摇表）进行。这是一种简单而有效的方法。兆欧表通常有5种电压等级：250V、500V、1000V、2500V和5000V，一般地讲，对于低压电器设备，常常使用500V或1000V级的。

在测量时，人们应该将电气上独立的所有导体进行这种测量。一台设备的所有测量数据都不得小于规定值（通常认为，低压电器的绝缘电阻不得小于0.5MΩ），便被认为这台设备的绝缘符合要求。

这里需要特殊指出的是，严禁在设备带电的情况下使用兆欧表进行任何测量。

此外，绝缘电阻测定也可以使用其他等效的方法进行。

3. 电气强度试验

电气强度试验即绝缘介电强度试验，主要是检验防爆电气设备所用绝缘材料承受暂态过电压的能力。

（1）介电强度试验的试验条件

介电强度试验的试验环境应该是大气温度在 -20 ~ 40℃、大气压力在80 ~ 110kPa范围内，污染等级为3级。

被试防爆电气设备，通常情况下，应该是一台完整的设备。

当电气设备的外壳由金属制成时，人们可以直接按设备的安装方式将它安装在金属基座的试验台上；当电气设备的外壳由非金属制成时，则人们应该用金属箔将设备外部表面包覆后，按它的安装方式安装在金属基座的试验台上。试验台金属基座应该可靠接地。

（2）介电强度试验

试验电压应该是正弦波交流电压，频率为45 ~ 55Hz或55 ~ 65Hz。

试验用电源可以采用输出电压可调的高压变压器。变压器容量应该保证当输出电压调整所需值且将输出端短路时输出电流不得小于200mA。

介电强度试验分为型式试验的介电强度试验和例行试验的介电强度试验两类。

在进行型式试验介电强度试验时，试验电压应该施加在所有带电部件与试验台金属基座之间。试验电压如表2.16所示，允差为±5%，历时5s。

表2.16　介电强度试验时试验电压①

额定电压 U_N/V	交流试验电压（有效值）/V	直流试验电压/V
$U_N \leqslant 60$	1000	1415
$60 < U_N \leqslant 300$	1500	2120
$300 < U_N \leqslant 690$	1890	2670
$690 < U_N \leqslant 800$	2000	2830
$800 < U_N \leqslant 1000$	2200	3110
$1000 < U_N \leqslant 1500$	—	3820

① 引自GB/T 14046.1—2006《低压开关设备和控制设备　第1部分：总则》。

在进行例行试验介电强度试验时，试验电压同样是应该施加在所有带电部件与试验台金属基座之间。试验电压为$2U_N$，但是至少为1000V（有效值），历时1s。U_N为设备的额定电压，单位为V。

(3) 试验合格判据

在试验期间，被试点不得发生闪络或击穿。

2.4.3 外壳的防护性能试验

防爆电气设备的外壳，根据防爆型式的不同，应该进行相应的防护性能（防护等级）试验。除旋转电机外，所有防爆电气设备的防护性能试验都应该按照国家标准 GB/T 4208《外壳防护等级（IP 代码）》的规定进行。

在试验时，不管电气设备处于什么状态，试验人员都应该按照第一种类型外壳（即在设备正常工作状态下，设备外壳内的气压低于周围环境的大气压力，例如，因为热循环效应造成的所谓“负压”状态）的要求进行。

在试验时，试验样品不允许接电。

在防外物和防水试验结束之后，试验人员应该检查试验样品外壳内外物和水的浸入状态和程度；接着，还应该进行试验样品的介电强度试验（在试指处于最不利的条件下）。

在进行介电强度试验时，施加在被检查回路上的试验电压（有效值）为

$$U=(2U_N+1000)\times(100\pm10)\% \tag{2.7}$$

式中 U——试验电压（交流）有效值（V）；

U_N——电气设备的额定电压（V）。

试验电压的施加时间为 10 ~ 12s。

在试验过程中不应该发生闪络，甚至击穿。

对于旋转电机，外壳的防护性能试验应该按照国家标准 GB/T 4942.1《旋转电机整体结构的防护等级（IP 代码）——分级》的要求进行。

这里需要指出的是，假若专用防爆型式中有各自的专门试验标准，外壳的防护性能试验应该以专用防爆型式标准中规定的要求为依据。

2.4.4 设备的发热试验

防爆电气设备的发热试验，主要是指测量电气设备在规定试验条件下各部分的发热温度，以及对一些玻璃透明件进行玻璃的热剧变试验，小元件因自身发热可能引起点燃的点燃试验。

1. 表面温度测量

表面温度测量分为最高表面温度测量和工作温度测量两种。

(1) 最高表面温度测量

在测量最高表面温度时，施加于设备上的试验电压应该为额定电压的 90% ~110%。

在测量时设备的状态应该处于它正常工作时的状态。

如果设备有多种工作状态，那么，考虑到不同工作状态会形成不同的散热条件，应该对每一个工作状态都进行测试。

(2) 工作温度测量

这里所说的工作温度是指防爆电气设备在额定工作状态下所能达到的温度。因而，在测量时，设备应该处于额定运行状态。

工作温度分为最高工作温度和最低工作温度。测量时，人们应该在最高环境温度下测量设备各个部位的温度，以测得的最大值为最高工作温度；在最低环境温度下测量设备各个部位的温度，以测得的最小值为最低工作温度。

值得注意的是，不管是测量最高表面温度还是测量工作温度，试验人员都应该考虑试验样品

预期使用环境中可能存在的热源或冷源对设备温度的不利影响。

（3）数据的获取和处理

测量用的测温计可以是点温计，也可以是红外测温计，或者是其他等效的测量器具，例如，热电偶。

不管是测量最高表面温度还是测量工作温度，试验人员都应该在试验样品上选择多处测量点进行测量。当测温计显示温度变化不超过2K/h时，便认为试验样品达到了温度稳定状态。此时测得的数据为有效数据。

此外，为了获得某一环境温度条件下的温度值，测量时所测得的有效数据还应该进行修正。人们可以根据试验内容的不同，选取这些测量值中的最大者或最小者，按照下式修正后，作为最高表面温度或工作温度：

$$T = t - T_0 + T_1 \tag{2.8}$$

式中 T——修正后的温度值（℃）；

t——实际测量的温度值（℃）；

T_0——测量时的环境温度（℃）；

T_1——设备预期运行（使用）的环境温度（℃）（当采用标准环境温度时，最高环境温度为40℃）。

值得注意的是，式（2.8）没有考虑环境温度引起的散热作用。

按式（2.8）修正后的最高表面温度值，假若设备批量生产时进行例行（出厂）试验，则不应该超过设备温度组别规定的温度值或标志的温度值；假若设备仅进行型式试验，则不应该超过设备温度组别规定的温度值或标志的温度值减去一个温度裕量的值（这个裕量，对于T1组、T2组，为10K，对于T3组、T4组、T5组和T6组，为5K）。

【例2.2】 有一台隔爆型三相异步电动机，防爆标志为Exd ⅡBT4 Gb；额定电压为380V。电动机的温度试验，仅进行型式试验，不进行批量生产时例行（出厂）试验。在型式试验时，试验室的环境温度为25℃。电动机预期运行的环境温度不做特殊规定。试确定电动机的最高表面温度。

在测定最高表面温度时，试验人员在额定负载下对电动机施加110%额定电压的试验电压：

$$\begin{aligned} U_E &= 380\text{V} \times 1.1 \\ &= 418\text{V} \end{aligned}$$

在温度稳定后实际测得的最高表面温度为112℃。

按式（2.8）进行修正后，这个温度为

$$\begin{aligned} T &= 112℃ - 25℃ + 40℃ \\ &= 127℃ \end{aligned}$$

由于批量生产时不进行例行（出厂）试验，所以电动机的最高表面温度确定为

$$\begin{aligned} T &= 127℃ + 5℃ \\ &= 132℃ \end{aligned}$$

经过修正后的电动机的最高表面温度（132℃）小于T4组的温度值（135℃），试验合格。

除此之外，这里还应该指出的是，对于设备的额定电压是在某一个范围内的任意数值的情况，在测量最高表面温度时，人们应该以最低电压的90%值和最高电压的110%值为试验条件；在测量最高工作温度和最低工作温度时，人们应该分别以最低电压值和最高电压值为试验条件。

2. 热剧变试验

在防爆电气设备中使用的石英玻璃透明部件，例如，灯具的透明罩，构成防爆电气设备外壳

的观察窗，应该承受热剧变试验。

在试验时，这些设备应该处于额定工作状态。试验人员应该在设备的发热温度稳定后测量它的最高工作温度，然后，用温度为（10±5）℃、直径为1mm的水流来喷射这些被试透明件。

喷射时透明件不应该发生破裂或损坏。

3. 小元件点燃试验

在某些防爆型式的电气设备中，小元件的表面温度可能会超过相应温度组别的温度值，但是，经过点燃试验未出现点燃的话，也是允许的。

（1）试验气体混合物及其浓度

小元件点燃试验应该在设备安装状态下或者在能够模拟实际安装状态的条件下，在下述的可燃性气体-空气混合物中进行。

对于Ⅰ类设备，试验气体混合物为6.2%～6.8%（体积比）的甲烷-空气混合物。

对于Ⅱ类T4组设备，试验气体混合物可以使用下列两种方法中的任一种获取：

- 直接使用浓度为22.5%～23.5%（体积比）的气态二乙醚-空气混合物。
- 使用小剂量的液态二乙醚蒸发获得。

当使用液态的二乙醚（闪点为－45℃）蒸发获得气态的二乙醚时，试验人员可以使用下式求得液态二乙醚的剂量：

$$V=\frac{1}{232}aV_0 \tag{2.9}$$

式中 V——当试验外壳的净容积为V_0时预期获得浓度为a的气态二乙醚所需的液态二乙醚的剂量（L）；

1/232——常数，在温度为20℃、大气压力为101.325kPa的条件下一定的量（1mol）的液态二乙醚体积与同样的量（1mol）的气态二乙醚体积之比；

a——预期的气态二乙醚的浓度（体积比）（%）；

V_0——试验外壳的净容积（L）。

【例2.3】 人们预期在净容积为2L的试验外壳内获得浓度为24%的气态二乙醚-空气混合物。试计算此时所需液态二乙醚的剂量。

按照式（2.9）计算即可得到

$$\begin{aligned} V &= 1/232\times0.24\times2\text{L} \\ &= 0.0021\text{L} \end{aligned}$$

计算结果表示，在试验室环境条件下只要在试验外壳（V_0）内注入约2.1mL的液态二乙醚就可以获得浓度为24%的气态二乙醚-空气混合物。

这里需要指出的是，试验人员在使用式（2.9）时不应该选择气态二乙醚爆炸极限下限或接近下限的浓度值作为计算值。这是因为，在人们实际操作时可能存在一些因素，例如量具器壁表面的吸附作用，影响着液态二乙醚的实际使用体积值。

对于除T4组外其他温度组别的设备，采用什么样的混合物，由防爆电气产品检验机构确定。通常情况下，试验人员应该采用相应温度组别中点燃温度较低、点燃能量较小的具有代表性的气体作为这一温度组别的试验气体；试验气体混合物的浓度应该是最易点燃的浓度。

（2）试验和合格判定

在试验时，小元件应该处于额定的正常工作条件下或者防爆型式专用标准中规定的异常条件下。试验应该持续进行直到被试元件和它周围的部件达到热平衡为止，或者被试元件温度稳定为止。

在试验时，试验人员应该保证被试元件同试验气体混合物充分接触；当采用模拟实际安装状态进行试验时，应该注意被试元件周围的气流和散热效应对试验结果可能造成的不利影响。

当被试元件在试验过程中损坏而引起温度下降时，试验人员应该重新用另外5个同样的元件再各进行一次试验。

在试验时，试验人员可以采用提高试验环境温度的方法来施加安全系数。环境温度的变化将导致散热效果也发生变化。提高试验环境的温度使散热条件变差，所测热体的温度自然就增加，相当于对试验施加了一定的安全系数。通常情况下，对于防爆电气设备，安全系数采用1.5。

在试验期间，如果出现“冷”焰，便可以认为是发生了点燃。如果没有点燃，试验人员可以采用其他方法进行点燃，以证明试验气体混合物的存在。

2.4.5 塑料外壳的有关试验

塑料外壳和外壳的塑料部件应该承受以下相关的试验，以便考核这些外壳和（或）部件的抗老化性能和抗静电性能。

塑料外壳和外壳的塑料部件，按照不同情况，分别需要进行的试验包括：耐热耐寒试验、耐化学试剂试验、光老化试验、表面绝缘电阻测量、摩擦起电试验、电容测试试验和接地连续性试验等。下面简单地介绍一下这些试验。

1. 耐热耐寒试验

在进行耐热耐寒试验时，试验人员应该将塑料外壳和（或）外壳的塑料部件放置在下列环境中一段时间后，进行冲击试验和（或）跌落试验以及其他相关试验，最后，根据防爆型式的需要再进行有关的爆炸试验。

（1）耐热试验

当电气设备的最高工作温度不高于75℃时，试验样品应该在相对湿度为（90±5)%、温度比设备的最高工作温度高（20±2）K（但是最低为80℃）的环境中连续地放置4个星期。

当电气设备的最高工作温度高于75℃时，试验样品应该在相对湿度为（90±5)%、温度为(95±2)℃的环境中连续地放置2个星期，接着，在温度比设备的最高工作温度高（20±2)K的环境中再继续地放置2个星期。

（2）耐寒试验

在进行耐寒试验时，试验样品应该在温度比设备的最低工作温度低5K（最多低10K）的环境中连续地放置24h。

经过耐热耐寒试验的试验样品应该承受冲击试验和（或）跌落试验。

试验后，试验样品不应该损坏和出现影响使用性能的永久性变形。

这里需要指出的是，在进行耐热耐寒试验之前，试验人员应该确定被试设备的最高工作温度和最低工作温度（最高工作温度和最低工作温度的测量参见第2.4.4节）。

2. 耐化学试剂试验（油浸试验）

耐化学试剂试验，仅适用于Ⅰ类电气设备的塑料外壳和（或）外壳的塑料部件。

在试验时，试验人员应该将4个试验样品分成两组分别放入以下试剂中：

- 油和润滑脂；
- 矿用液压油。

在试验样品放入试剂前，试验样品应该严格密封，以防止试剂在试验时进入试验样品内。两个试验样品放置在温度为（50±2)℃、符合国家标准GB/T 1690《硫化橡胶耐液体试验方法》中规定的No.2油中（24±2）h；另外两个试验样品放置在温度为（50±2)℃、含水35%（体积比）的矿用液压油中（24±2）h。

油浸试验结束后，试验人员从油中取出试验样品，并仔细揩净样品上的油迹，然后，放置在试验室环境条件下24h。

在存放时间结束时，试验样品应该根据需要，承受冲击试验和（或）跌落试验、相关的其他试验。

3. 光老化试验

假若电气设备使用在无防光照的条件下，塑料外壳和（或）外壳的塑料部件应该进行防紫外线光照的光老化试验。

（1）预备试验

在试验时，试验人员应该首先将6根标准尺寸为(80±2)mm×(10±0.2)mm×(4±0.2)mm的试验样品按照国家标准GB/T 1043.1《硬质塑料简支梁冲击试验方法》的规定进行冲击弯曲强度试验，并计算所得试验数据的算术平均值及离差。

假若离差大于5%的话，那么试验样品不合格，试验不再进行下去。反之，试验人员再用6根新的同样样品接着进行以下的光照试验。

（2）光照试验

光照试验应该按照国家标准GB/T 16422.2《塑料试验室光源曝露试验方法　第2部分：氙弧灯》的规定进行。

在试验时，试验人员应该将6根标准尺寸为(80±2)mm×(10±0.2)mm×(4±0.2)mm的试验样品放置在曝光试验箱内。试验箱内安装氙灯和模拟太阳光滤光系统。试验在黑体温度为(55±3)℃或（65±3)℃的条件下曝光1000～1025h。

经过光照的试验样品，按照国家标准GB/T 1043《硬质塑料简支梁冲击试验方法》的规定承受冲击弯曲强度试验。

试验结果应该为，向光照面冲击的冲击弯曲强度应该为光照前的50%以上；对于试验前由于不发生断裂就不能测试冲击弯曲强度的材料，试验后，试样不允许断裂3根以上。否则，被试样品不合格。

通常认为，玻璃和陶瓷材料不会因光照而产生不利的光老化现象，因此不必进行这一试验。

4. 表面绝缘电阻测量

前面已经介绍过，塑料外壳和（或）外壳的塑料部件的表面电阻不超过1GΩ，便认为这种材料具有抗静电性能。这里将讨论的试验就是测量塑料材料的这种性能的方法之一。

表面绝缘电阻的测量可以直接在防爆电气设备塑料零件上进行，也可以在制造防爆电气设备零件材料的试验样品上进行。

试验样品应该有一个足够大面积的平面。

在试验时，试验人员应该首先用蒸馏水将试验样品清洗干净，然后，用异丙基乙醇清洗一次，再用蒸馏水清洗一次，干燥。经过这样处理以后，用导电漆在试验样品平面上按图2.7所示画出两条平行的电极。

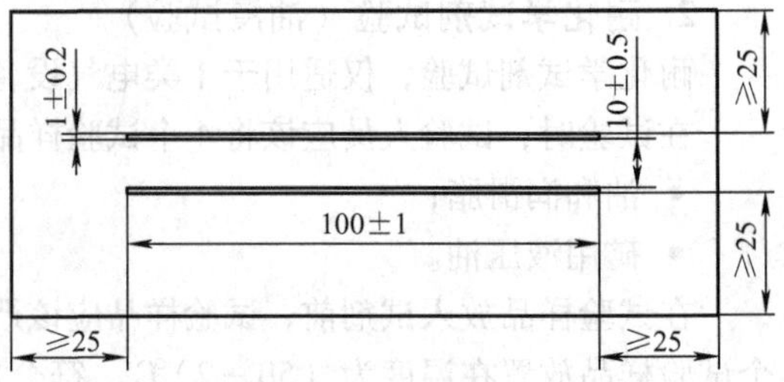

图2.7　表面绝缘电阻测试示意图

制备好的试验样品应该在温度为（23±2)℃、相对湿度为（50±5)%的环境中放置24h。

在试验时，在两个电极之间施加直流电压(500±10)V，历时1min。直流电压应该尽可能地稳定，例如，可以使用蓄电池组供电。同时，试验人员应该测量两个电极之间的电流，并以所测得的最小电流值为试验的有效值。

根据欧姆定律，绝缘电阻值由下式计算求得：

$$R = U/I \tag{2.10}$$

式中 R——绝缘电阻（Ω）；

U——两个电极之间施加的直流电压（V）；

I——流过两个电极之间的最小电流（A）。

按照式（2.10）计算得到的电阻值不得大于10^9Ω。否则，试验样品不合格。

5. 摩擦起电试验

塑料外壳和（或）外壳的塑料部件，除应该进行表面绝缘电阻的测试外，根据需要，还应该进行摩擦起电试验。

试验样品应该采用和塑料外壳或外壳的塑料部件同样材料的、面积为22500mm²的平板圆形试样。试验证明，平板圆形试样的面积为22500mm²，可以出现静电电荷分布密度的最佳值。

试验环境条件应该是温度为（23±2）℃、相对湿度不大于30%。试验证明，在这样的环境条件下，静电电荷的泄放程度最低。

（1）试验样品制备

在起电试验前，试验人员应该将试验样品用异丙基乙醇清洗，用蒸馏水漂洗，然后，放置在温度不大于50℃的干燥箱中进行干燥。

干燥后的试验样品还应该在温度为（23±2）℃、相对湿度不大于30%的试验室中存放24h。

（2）起电试验

试验人员可以分别采用以下2种方法使经过上述处理的试验样品带电：

① 用纯尼龙织物（或纯棉织物）摩擦试验样品。

② 用高压静电"喷涂"试验样品。

摩擦起电方法如图2.8所示。

在图2.8中所示的摩擦起电情况下，用擦拭物（纯尼龙织物或纯棉织物）在试验样品表面来回摩擦10次，被视为1次试验。

"喷涂"起电方法如图2.9所示。

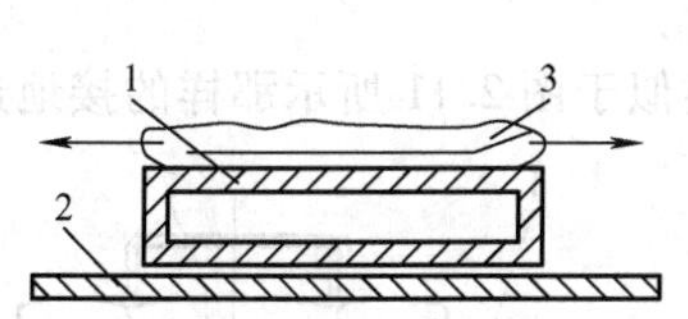

图2.8 摩擦起电

1—试验样品 2—参照物（聚四氟乙烯平板）

3—纯尼龙织物（或纯棉织物）

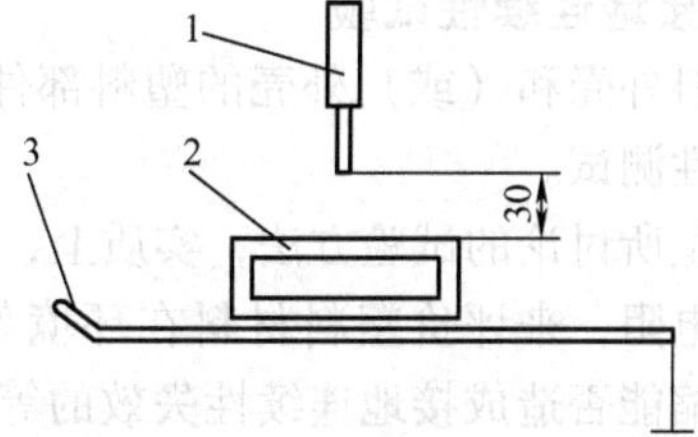

图2.9 "喷涂"起电

1—高压电极（至少为30kV的直流电源）

2—试验样品 3—导电板（接地）

在图2.9中所示的"喷涂"起电情况下，高压电极对试验样品至少"喷涂"30s（也不必超过1min），被视为1次试验。

（3）电荷收集

在试验样品起电后，人们可以使用金属小球（半径为10~15mm）接触起电表面并通过电容器对地放电的方法收集静电电荷（图2.10）。

试验人员应该使用下式计算所测得的静电电荷量：

$$Q = CU \tag{2.11}$$

式中 Q——收集到的静电电荷（C）；

C——电容器的电容值（F）；

U——静电电压计测得的电容器上的电压值（V）。

（4）合格判据

不管是采用哪种方法起电，试验都应该进行10次。

当参照物的静电（转移）电荷大于60nC时，每次试验得到的计算静电电荷量都不大于以下值就可以表明试验样品符合要求：

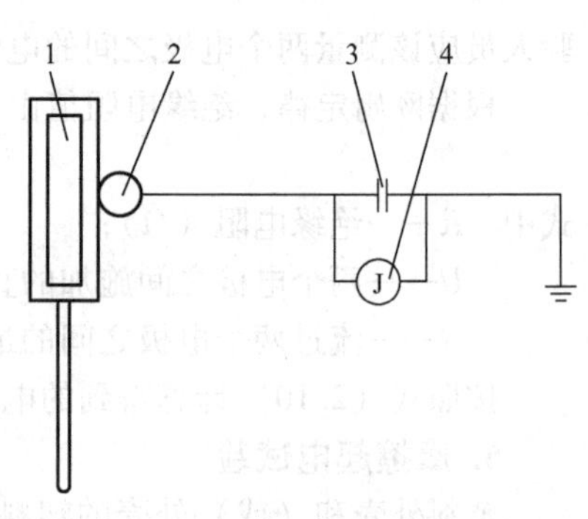

图2.10 电荷收集

1—试验样品 2—金属小球 3—电容器 4—静电电压计（量限为0～10V）

- 对于Ⅰ类和ⅡA级设备，60nC。
- 对于ⅡB级设备，30nC。
- 对于ⅡC级设备，10nC。

6. 电容测试试验

塑料外壳和（或）外壳的塑料部件，根据需要，应该进行电容值的测试。

在试验前，试验样品应该放置在温度为（20±2）℃、相对湿度为30%～50%的试验箱内进行预处理，至少1h。

接着，试验人员将预处理过的试验样品放置在一块尺寸合适的接地金属板上，用电容测试仪测量试验样品外露金属零件与金属板之间的电容。电容测试仪的量限应该为0～200pF，精度不低于±5%。测量连线应该尽可能短，无论如何不要超过1m。

假若试验样品没有外露的金属部件时，试验人员可以在认为能够测得到最大电容值的位置插入一个金属螺钉作为测试点。

这样测得的最大电容值不应该超过以下数值：

- 对于Ⅰ类和ⅡA级设备，50pF。
- 对于ⅡB级设备，15pF。
- 对于ⅡC级设备，5pF。

7. 接地连续性试验

塑料外壳和（或）外壳的塑料部件，在电气设备具有特殊的接地结构状态下，应该进行接地连续性测试。

这里所讨论的试验方法，实质上，是一种通过测量类似于图2.11所示那样的接地连接结构的接触电阻，来评价塑料材料在环境条件影响下可能发生的收缩能否造成接地连续性失效的等效方法。

试验装置如图2.11所示。

在图2.11中，接地金属板上有一个直径为22～23mm的通孔；黄铜试棒为一个标称尺寸为M20×1.5－6g的螺柱，长度至少保证在装配后每一端都留有一全扣的螺纹。黄铜试棒和螺母（厚度为3mm，6H）的材质为$CuZn_{39}Pb_3$或$CuZn_{38}Pb_4$。

当试验样品在装配状态时，黄铜试棒不应该与接地金属板的通孔接触；在螺母上施加的力矩为10N·m（误差为±10%）。

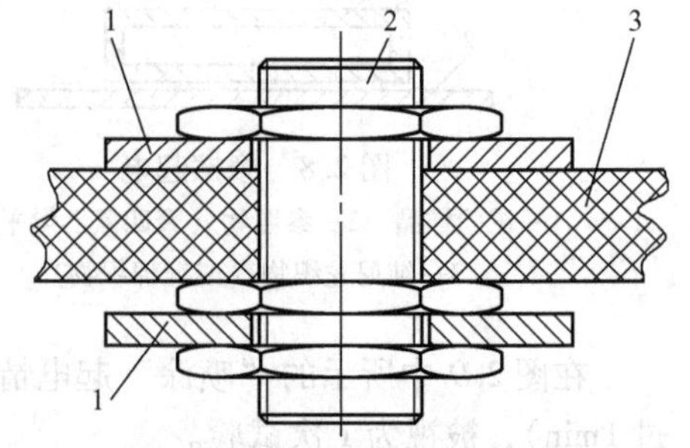

图2.11 接地连续性试验

1—接地金属板 2—黄铜试棒 3—试验外壳壳壁（塑料）

在试验时，试验人员应该首先将组装完好的试验样品进行耐热试验，然后在温度为80℃的干燥箱中放置14d。

经过预处理之后，在接地金属板与接地金属板之间施加一个恒定直流电流（10～20A范围内的某一值），并检测它们之间的电压。

根据欧姆定律，计算求得两接地金属板之间的电阻。这个电阻值不应该大于$5\times10^{-3}\Omega$。

当两接地金属板之间的接触电阻值不大于$5\times10^{-3}\Omega$时，用于制造外壳或外壳部件的塑料材料在环境条件影响下的收缩性能是令人满意的，能够保证这种特殊的接地系统电气连接的可靠性。

2.4.6 机械火花点燃性能试验

1. 试验导则

在进行固体材料的机械火花点燃爆炸性气体-空气混合物的试验时，试验人员都必须遵循这样的原则：

不管是下列的任何试验，试验都必须尽可能地模拟材料的实际应用工况进行。实际应用工况包括：机械火花是碰撞产生的、摩擦产生的还是二者混合产生的，材料的材质、硬度、形状、表面状态，可能的碰撞（摩擦）角度、速度、能量，碰撞（摩擦）和被碰撞（摩擦）的顺序，等等。

由于机械火花点燃爆炸性气体-空气混合物的再现性不令人满意，因而，试验人员应该根据实际应用工况有针对性地选择下述的自由落体试验法、旋转摩擦试验法还是高速冲击试验法中的一项或者几项。

由于机械火花点燃爆炸性气体-空气混合物的或然率不如电气火花点燃时那样高，而且随机性大、再现性小，因而，试验人员可以根据实际应用工况对试验施加1.0～1.5倍的安全系数。

2. 试验用气体混合物

根据机械火花点燃爆炸性气体-空气混合物的机理，在进行机械火花点燃试验时，试验人员可以采用以下的爆炸性气体-空气混合物。

（1）在进行容易氧化的材料试验时

- 对于Ⅰ类和ⅡA级设备，甲烷，5.5%～6.5%（体积比）。
- 对于ⅡB级和ⅡC级设备，氢气，10%～13%（体积比）。

（2）在进行难以氧化的材料和铝-生锈钢试验时

- 对于Ⅰ类和ⅡA级设备，甲烷，6.5%～7.5%（体积比）。
- 对于ⅡB级和ⅡC级设备，氢气，17%～20%（体积比）。

3. 试验方法与合格判据

（1）自由落体试验法

在进行自由落体试验时，试验人员应该在落下重物试验台（图2.12）上模拟机械火花的产生过程。

试验人员应该根据实际情况确定落下重物的质量、重物落下的高度以及其他的指标。

重物落下高度是这项试验的重要参数；它涉及碰撞发生瞬间落下重物与被碰撞物之间的相对位移速度。试验人员可以将估计的实际落下高度施加1.5倍安全系数的高度作为试验时重物落下高度。

在试验时，试验人员可以调节被冲击试验板的角度来获取产生激烈火花的状态，通常情况下，冲击角$\alpha=45°\sim55°$；调节被冲击试验板的位置，使每一次碰撞都落在新的点上。

落下重物的材料、被冲击试验板的材料应该尽可能地和实际情况相一致。

对于容易氧化的材料进行试验时，10 次试验没有发生 1 次点燃，或者，在混合物中富氧 (25 ±0.5)% 的情况下，32 次试验只发生不超过 8 次点燃，便可以认为被试材料的机械火花是安全的。

对于难以氧化的材料进行试验时，在对落下高度施加 1.5 倍安全系数的情况下，32 次试验没有发生 1 次点燃，便可以认为被试材料的机械火花是安全的。

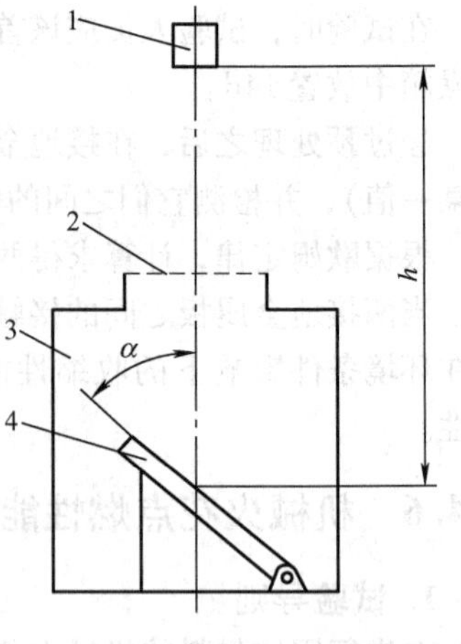

图 2.12　自由落体试验装置示意图
1—落下重物　2—纸膜
3—爆炸试验罐　4—可以调节角度的试验板
α—冲击角　h—重物落下高度

(2) 旋转摩擦试验法

旋转摩擦试验分为以下两种方法。这两种方法都是模拟实际生产过程中可能发生的碰撞摩擦工况。

1) 快速交替式碰撞摩擦

在进行快速交替式碰撞摩擦时，试验装置的旋转部分应该能够不连续地安装上被试材料的试验样品（图 2.13），摩擦板上安装的是另一种试验材料。

在进行这种试验时，试验次数是由旋转部分安装试样的多少确定的。

2) 连续间断式摩擦

在进行连续间断式摩擦时，试验装置的旋转部分应该能够连续地安装上被试材料的试验样品（图 2.14），摩擦板上安装的是另一种试验材料。

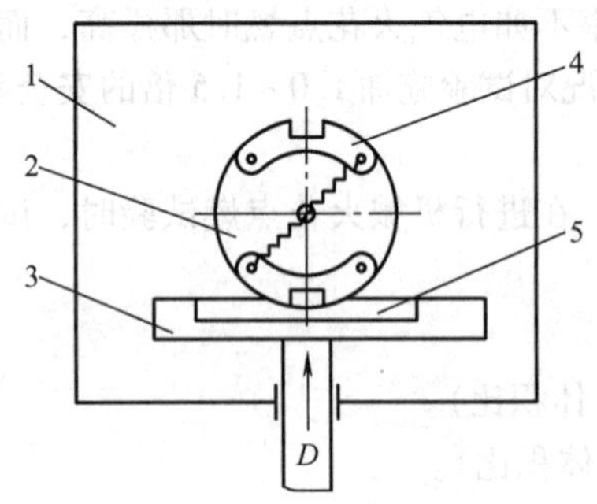

图 2.13　快速交替式碰撞摩擦试验装置示意图
1—爆炸试验罐　2—安装被试样品的旋转部分
3—摩擦板　4—试样 1　5—试样 2
D—摩擦板垂直进给方向

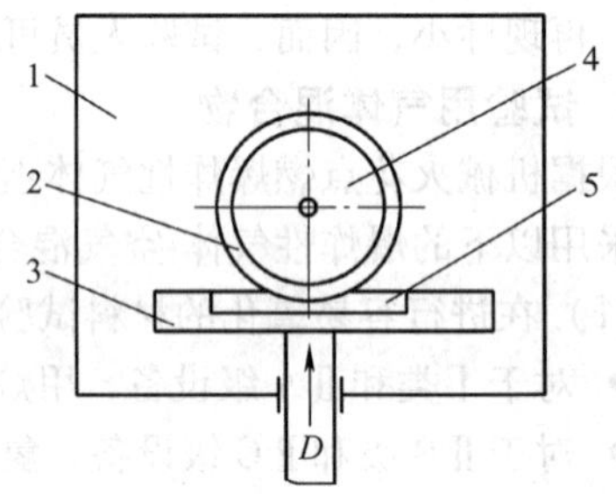

图 2.14　连续间断式摩擦试验装置示意图
1—爆炸试验罐　2—试样 1　3—摩擦板
4—安装被试样品的旋转部分　5—试样 2
D—摩擦板垂直进给方向

在进行这种试验时，通常认为，试验样品相对滑动 0.5m 被认为是 1 次试验。而且，每两次试验之间应该间隔 10s。

在试验时，试验人员应该根据实际可能发生的旋转速度，施加 1.5 倍的安全系数，作为试验时旋转部分的旋转速度。

试样之间的接触压力应该以能够产生激烈的机械火花时的压力为最佳接触压力。试验人员应该预先调整这个压力。

对于容易氧化的材料进行试验时，1600 次试验没有发生 1 次点燃，或者，在混合物中富氧 (25 ±0.5)% 的情况下，32 次试验只发生不超过 8 次点燃，便可以认为被试材料的机械火花是安全的。

对于难以氧化的材料进行试验时，1600 次试验没有发生 1 次点燃，便可以认为被试材料的机械火花是安全的。

(3) 高速冲击试验法

高速冲击试验仅仅是供试验人员参考的一种试验方法，用以考核高速飞行的物体撞击时可能引起的点燃。

在试验时，试验人员应该使用试验材料制成弹丸，用步枪或类似装置发射，高速撞击试验板（另一种试验材料）。

在 40 次试验中没有发生 1 次点燃，便可以认为被试材料符合要求。

4. 试验室声明

由于机械火花点燃爆炸性气体-空气混合物试验结果的不稳定性和使用环境的不确定性，因而，实验室在签发试验报告时应该声明，本次试验合格的材料仅适于委托试验方提供的材料使用环境中使用。

2.4.7 电缆引入装置的有关试验

我们已经知道，电缆引入装置是防爆电气设备的一个十分重要的组成部分。对于不同防爆型式的防爆电气设备，所采用的电缆引入装置的结构和尺寸有一些不同，但是，基本形式是一样的。因而，除了某些防爆型式的特殊试验外，所有电缆引入装置都应该进行以下的试验。

1. 电缆夹紧试验

电缆在通过电缆引入装置时应该被牢固地固定在合适的位置上，这样既可以保证此处的密封性，又可以防止电缆被外力拔脱或扭转。

对于密封圈式引入装置，依靠挤压弹性密封圈使弹性材料变形来固定和密封电缆；对于浇封式引入装置，依靠浇封剂固化产生的紧固力来固定和密封电缆。但是，不管是采用密封圈式引入装置，还是采用浇封式引入装置，都应该进行电缆的夹紧试验。

(1) 密封圈式引入装置

在试验时，如果是圆形电缆使用的密封圈，则密封圈应该套在一个直径和密封圈内径相适合的清洁、干燥、抛光的低碳钢制成的圆形芯棒上；如果是非圆形电缆使用的密封圈，则密封圈应该套在一段清洁、干燥、尺寸和密封圈尺寸相一致的电缆上。

然后，试验人员将它们分别放置在电缆引入装置的连通节内，接着，按要求调整好引入装置中各零件的位置，拧紧压紧螺母（对压紧螺母式引入装置）或紧固压盘螺钉（对压盘式引入装置）。

将准备好的试验样品安置在拉力试验机上，对芯棒或电缆施加以下拉力（N）：

对于圆形电缆，20 倍芯棒或电缆直径（以 mm 为单位）的拉力值。

对于非圆形电缆，6 倍电缆周长（以 mm 为单位）的拉力值。

在试验环境温度为（20 ± 5）℃的条件下，对试验样品施加拉力 6h，如果芯棒或电缆在拉力机上的位移量不大于 6mm，则认为引入装置符合相应的要求。

这里需要指出的是，对于铠装电缆，如果将铠装带予以压紧，那么，对电缆施加以下拉力（N）：

对于Ⅰ类防爆电气设备，80 倍电缆直径（以 mm 为单位）的拉力值。

对于Ⅱ类防爆电气设备，20 倍电缆直径（以 mm 为单位）的拉力值。

在试验环境温度为（20 ± 5）℃的条件下，对试验样品施加拉力（120 ± 10）s，铠装电缆的铠装部位不应该发生位移。

(2) 浇封式引入装置

在试验时，试验人员应该将电缆的芯线按照制造商的要求安放在引入装置的连通节内，然后，用制造商提供的浇封填料将电缆芯线浇封密实，待浇封填料固化后即可进行试验。

试验的要求和合格判据同上述一样。

2. 弹性密封圈材料老化试验

在通常情况下，弹性密封圈是用硫化橡胶制成的。大家知道，硫化橡胶在气候条件作用下会发生老化，原有的弹性变形会逐渐消失，因而失去密封作用。在电缆引入装置中弹性密封圈失去密封作用就会影响防爆电气设备的防爆安全性能。

在制造密封圈的橡胶材料中添加适当的抗老化剂就可以改善密封圈的抗老化性能。

弹性密封圈材料的老化试验就是检验弹性密封圈的抗老化性能的方法之一。

在试验时，试验人员应该，首先把材料的试验样品放置在温度为 (100±5)℃的高温试验箱内 168h，然后放置在环境温度下 24h，接着放置在温度为 (-20±2)℃的低温试验箱内 48h，最后放置在环境温度下 24h。

经过高温-环温-低温-环温处理之后即可测量试验样品的硬度（邵氏硬度）。如果测得的试验样品硬度的变化量不超过试验前所测硬度的 20%，那么即可认为所试材料符合要求，可以用来制造防爆电气设备电缆引入装置的弹性密封圈。

这里需要指出的是，当电缆引入装置的使用温度高于引入装置部位温度 70℃或电缆芯线分支部位温度 80℃时，老化试验时高温试验箱的温度应该比最高工作温度高出 20K；如果电缆引入装置的使用温度低于 -20℃的话，那么老化试验时低温试验箱的温度应该为最低工作温度 $T\pm2$℃。

除上述的老化试验方法外，人们还可以采用其他的方法进行试验来评价弹性密封圈的抗老化性能。

第3章　隔爆型电气设备

3.1 概述

隔爆型电气设备，用符号“d”表示，是一种专门防爆型式的电气设备。它十分广泛地应用于存在各种各样的可燃性气体-空气混合物的爆炸性危险场所中。

这种防爆型式的电气设备的防爆安全性能，主要是指望一种被称作“隔爆外壳”的外壳来保证的。

所谓“隔爆外壳”是指这样一种外壳，它允许进入内部的爆炸性气体-空气混合物在外壳内发生燃烧爆炸，但是不允许爆炸生成物将外壳爆破，或者，从外壳内部通过通往外壳外部的任何通道窜到外壳外部，点燃周围的爆炸性气体-空气混合物。电气设备具有这样的外壳，只要它外部表面的最高温度不超过相应的温度组别的温度值，就不会成为周围的爆炸性气体-空气混合物的点燃源。

这就是隔爆型电气设备的防爆原理。

根据这样的防爆原理，大家应该知道，隔爆型电气设备的外壳必须具有足够的机械强度，能够承受外壳内部发生爆炸时产生的爆炸压力，不会发生严重的变形或损坏；隔爆型电气设备的外壳各零部件之间的缝隙，即从外壳内部到外部的各种通道，必须具有合适的机械尺寸，能够降低外壳内部爆炸生成物窜出外壳时所携带的能量，甚至阻止爆炸生成物窜出外壳。这样，就可以避免设备周围的爆炸性气体-空气混合物发生点燃。

隔爆型电气设备的防爆级别分为3级：ⅡA级、ⅡB级和ⅡC级；设备保护级别，根据需要，也可以分为3级：a级、b级和c级，在实际应用时常常表示为：对于Ⅰ类设备，Ma级和Mb级，或者，对于Ⅱ类设备，Ga级、Gb级和Gc级。

隔爆型电气设备是一种十分经典的防爆电气设备。几十年来，人们在研制和应用防爆电气设备时首先就是采用隔爆型防爆结构。这种防爆型式的电气设备，防爆安全性能可靠，而且，制造技术成熟，使用寿命也比较长。但是，由于隔爆结构的原因，这种电气设备的自身重量比较大，笨重。

下面将以设备保护级别为b级（Gb级或Mb级）的隔爆型电气设备为例来讨论这种防爆型式的隔爆机理、典型结构和结构参数、设备设计与制造的一些共性问题，以及相关的防爆型式试验。

3.2 隔爆外壳的隔爆机理

这一节将讨论隔爆外壳的基本隔爆机理，即隔爆外壳应该具有的两个属性：耐爆性能和隔爆性能。

3.2.1 耐爆性能

隔爆外壳应该具有耐爆性能，是指隔爆外壳应该能够承受内部爆炸性气体-空气混合物发生爆炸时产生的爆炸压力作用而不损坏，也就是说，应该具有足够的机械强度。

根据燃烧与爆炸的热理论可知，爆炸性气体-空气混合物在密闭容器内点燃爆炸时要产生高温和高压。绝热压缩定律指出，爆炸性气体-空气混合物发生爆炸时产生的温度和压力随着火焰从点燃源向器壁的传播而减小。在爆炸过程中，点燃源处的温度最高，火焰面（即火焰表面）的温度最低。

1. 可燃性气体的爆炸压力

爆炸性气体-空气混合物在发生爆炸时产生高压是可燃性气体的一个极其重要的特性。在密闭容器中发生爆炸时，在绝热情况下，爆炸压力可以用下式表示：

$$P = P_0 \frac{T}{T_0} \frac{m}{n} \tag{3.1}$$

式中 P——爆炸压力（MPa）；

P_0——初始压力（MPa）；

T——可燃性气体的燃烧温度（K）；

T_0——爆炸性气体-空气混合物的初始温度，即 $273 + t_0$（K）；

t_0——初始温度（℃）；

m——爆炸后爆炸生成物的分子总数；

n——爆炸前爆炸性气体-空气混合物的分子总数。

在化学计算浓度条件下，燃烧（爆炸）反应进行得很充分，产生的热量最大，爆炸生成物实质上主要是不参与反应的氮（N_2），以及水（H_2O）、二氧化碳（CO_2）、有关元素的氧化物等。此时，爆炸产生的压力最大。混合物中可燃性气体的浓度低于或高于化学计算浓度，爆炸压力都会减小。由于各种可燃性气体-空气混合物的化学计算浓度不同，燃烧温度不同，所以，在一定条件下爆炸压力也是不同的。

通常，式（3.1）被称为爆炸压力计算公式。

这里以乙炔为例，使用式（3.1）来计算它的爆炸压力。

【例3.1】 计算以常温常压（即20℃、101.325kPa）为标准环境条件。通常情况下，空气中氧气与氮气的比例约为1∶3.7，也就是说，在空气中只要有一个氧气分子就会同时有3.7个氮气分子。大家知道，乙炔在空气中发生爆炸时的化学反应式为

$$2C_2H_2 + 5O_2 = 4CO_2 + 2H_2O$$

由此可知，在这个反应中有5个氧气分子参与了反应。因而，在其中同时有18.5个氮气分子也参与了“反应”的全过程。于是，爆炸发生前参与反应的分子总数 $n = 25.5$，爆炸发生后爆炸生成物的分子总数 $m = 24.5$。乙炔的燃烧温度 $T = 2893\text{K}$。将这些相关数据代入式（3.1）计算得到乙炔的爆炸压力为

$$\begin{aligned} P &= 0.101325 \times [2893/(273+20)] \times (24.5/25.5)\,\text{MPa} \\ &\approx 0.96\,\text{MPa} \end{aligned}$$

依照同样的方法，通过理论计算可以获得在标准环境条件下发生爆炸时甲烷的爆炸压力为 $P \approx 0.80\text{MPa}$，丙烷的 $P \approx 0.85\text{MPa}$，乙烯的 $P \approx 0.88\text{MPa}$，氢气的 $P \approx 0.73\text{MPa}$。

这里需要指出的是，在这种计算中，我们忽略了空气中其他惰性气体的作用。计算可知，这种忽略在误差容许的范围内。

实际上，计算和试验表明，对于大多数可燃性气体-空气混合物来说，如果混合物的初始压力、初始温度为正常的大气环境条件的话，那么，爆炸压力通常不超过1.0MPa。例如，大量的试验测试表明，氢气（H_2）在试验室环境、浓度为32%的条件下发生爆炸时测得的爆炸压力约

为 0.73MPa。

从式（3.1）中可以看出，爆炸性气体-空气混合物在一定形状的外壳内发生点燃爆炸时产生的爆炸压力，不仅与参与反应的可燃性气体的燃烧温度、爆炸前后的分子总数有关，而且还与混合物的初始压力、初始温度有关。燃烧温度和分子总数是由可燃性气体的固有特性决定的，而初始压力和初始温度是随环境条件变化的。

下面讨论一下混合物的初始压力和初始温度对爆炸压力的影响。

（1）初始压力对爆炸压力的影响

混合物的初始压力对爆炸压力的影响是很大的。由式（3.1）可知，随着初始压力的增加，爆炸压力呈线性地增加。

这里以氢气为例（对于其他可燃性气体，请读者自行计算），按照式（3.1）进行理论计算，得到表 3.1 所示数据（初始温度按环境温度 20℃计，即 293K）。

表 3.1　氢气-空气混合物的初始压力与爆炸压力的关系

初始压力 P_0/MPa	0.05	0.06	0.07	0.08	0.09	0.10	0.20	0.30	0.40	0.50
爆炸压力 P/MPa	0.36	0.43	0.50	0.58	0.65	0.72	1.44	2.16	2.88	3.60

注：表中的初始压力为绝对压力。

实际试验证实了这一点。人们在 4L 的标准球形外壳内充满浓度为 32% 的氢气-空气混合物，以不同的压力值（相对压力，即压力表表压）对混合物进行预压，然后点燃爆炸。试验结果如图 3.1 所示。

从图 3.1 中可以看出，当没有对试验气体混合物进行预压（$p_1=0$），即混合物处于大气压力条件下时，试验测得的爆炸压力约为 $p_0=0.73$MPa。

这里需要指出的是，对于氢气，上述的爆炸压力的理论计算值和试验测试值均为 0.73MPa，这是一种巧合。理论计算值和试验测试值有着不一样的概念。

从图 3.1 中可以得到解析方程

$$P=p_0+Kp_1 \tag{3.2}$$

式中　P——在不同的预压压力条件下实际测得的爆炸压力（MPa）；

p_0——当混合物处于试验室大气条件下测得的爆炸压力（MPa）；

K——系数；

p_1——预压压力（MPa）。

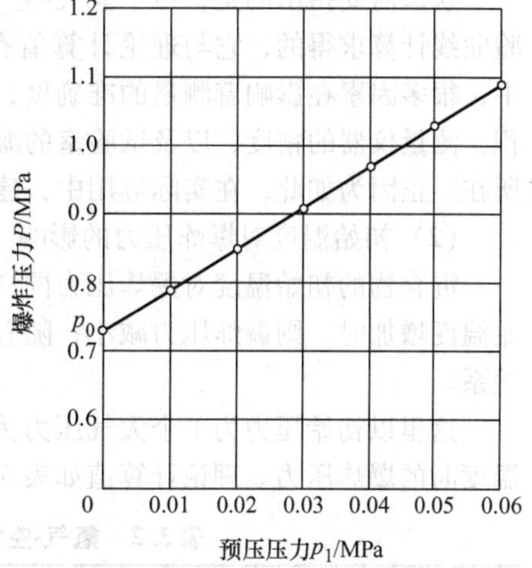

图 3.1　预压压力与爆炸压力的关系

对于氢气-空气混合物来说，按照图 3.1 所示的试验曲线计算可知，式（3.2）中的系数 $K\approx6$。对于每一种可燃性气体-空气混合物，系数 K 都有一个对应值。

通常，式（3.2）被称为预压压力计算公式。

理论分析与计算指出，对于各种可燃性气体-空气混合物来说，它们在大气环境条件下发生爆炸时所产生的爆炸压力，既符合式（3.1），也满足式（3.2）；只是在式（3.2）中 K 值是不同的。例如，在采用其他参数为常温常压下的计算值时，计算可知，K 的理论值为：对于甲烷-空气混合物，$K\approx7.8$；丙烷-空气混合物，$K\approx8.5$；乙烯-空气混合物，$K\approx8.7$；乙炔-空气混合物，$K\approx9.5$；氢气-空气混合物，$K\approx7.2$。

在实际应用中，可以按照式（3.2）获得任意预压压力下的任何碳氢化合物的爆炸性气体-空气混合物的爆炸压力。

【例3.2】 这里仍然以氢气为例来计算混合物在环境温度（20℃）条件下预压压力为 $p_1 = 0.05\text{MPa}$ 时的爆炸压力。p_0、K 取试验数据，即 $p_0 = 0.73\text{MPa}$，$K = 6$。将这些数据代入式（3.2）计算即可得出此时氢气的爆炸压力为

$$
\begin{aligned}
P &= 0.73\text{MPa} + 6 \times 0.05\text{MPa} \\
&= 1.03\text{MPa}
\end{aligned}
$$

从图3.1可以看出，计算数据与试验数据具有令人满意的拟合性。

这里的计算结果也可以通过式（3.1）和式（3.2）用纯理论计算的方法予以验证。所谓纯理论计算是指计算采用的数据都是理论值，不考虑实际试验时得到的试验数据。

当使用式（3.1）计算时，令 $P_0 = (0.101 + p_1) = (0.101 + 0.05)\text{MPa}$。将它代入式（3.1）计算便得到此时的爆炸压力 $P \approx 1.09\text{MPa}$。

当使用式（3.2）计算时，令 $p_0 = 0.73\text{MPa}$，$K = 7.2$，$p_1 = 0.05\text{MPa}$。将这些数据代入式（3.2）计算便得到此时的爆炸压力 $P = 1.09\text{MPa}$。

从这些计算结果可以看出，式（3.1）和式（3.2）在理论上是一致的，而且理论计算值（1.09MPa）和试验计算值（1.03MPa）基本上也是一致的。二者之差是由系数 K 引起的，与试验条件有关。大量的理论计算表明，这里的结论是正确的。

在隔爆外壳的耐爆性能试验时，为了得到预期的试验爆炸压力，人们可以使用式（3.2）来计算所需的预压压力值。只是在这种计算中人们必须找出相应的 p_0 和 K 值。

这里需要指出的是，对于氢气-空气混合物来说，在式（3.2）中，$K \approx 6$ 是从图3.1中的试验曲线计算求得的，它与理论计算值有一个差。这一点是很容易理解的。在实际的实验室试验中，很多因素在影响着测量的准确度，例如，试验气体的纯度和浓度，试验外壳的形状和净容积，测量仪器的精度，以及试验室的海拔和环境温度，等等。这就是试验值不同于理论值的原因所在。正因为如此，在实际应用中，建议采用试验曲线给出的相应值。

（2）初始温度对爆炸压力的影响

混合物的初始温度对爆炸压力同样具有明显的影响作用。由式（3.1）可知，当混合物的初始温度增加时，则爆炸压力减小；随着初始温度的减小，爆炸压力随之增加。这是一种反比例关系。

这里以初始压力为1个大气压力为计算条件，同样以氢气-空气混合物为例来计算不同初始温度时的爆炸压力。理论计算值如表3.2所示。

表3.2 氢气-空气混合物的初始温度与爆炸压力的关系

初始温度 t_0/℃	30	20	10	0	-10	-20	-30	-40	-50	-60
爆炸压力 P/MPa	0.71	0.73	0.76	0.78	0.81	0.85	0.88	0.92	0.96	1.01

各种可燃性气体-空气混合物在发生爆炸时都具有这种性质，只是数值不同而已。这就告诉人们，假若所设计、制造的隔爆型电气设备预期使用在寒冷的低温环境中，那么，它的隔爆外壳就必须具有更高的机械强度（和较小的结构间隙）。

上述的这些理论计算数据和实际试验数据是十分有用的，是进行隔爆型电气设备隔爆结构设计和型式试验的基本理论依据。

（3）影响爆炸压力的其他因素

在实际应用中，除了上述可燃性气体的物理-化学性质和混合物的初始压力、初始温度对爆

炸压力产生的影响外，外壳的大小、形状和点燃源的位置、强度对爆炸压力也具有很大的影响。

1）外壳大小、形状的影响

试验研究指出，爆炸性气体-空气混合物在密闭外壳中发生爆炸时，在其他试验条件相同的情况下，爆炸压力随外壳净容积的增加而略有增加，而且这种关系是非线性的。试验指出，在净容积为0.5L的球形外壳内发生爆炸时产生的爆炸压力，仅比在净容积为116L的球形外壳内发生爆炸时产生的爆炸压力小十分之一个大气压力。

此外，试验发现，外壳的形状对爆炸压力有一定的影响。当同一种混合物在同样大小容积、不同形状的外壳内发生爆炸时，测得的爆炸压力是不同的。

外壳形状对爆炸压力的影响是这样的，球形外壳中产生的爆炸压力大于正方体外壳的，正方体外壳中产生的爆炸压力大于圆筒体外壳的，圆筒体外壳中产生的爆炸压力大于长方体外壳的。这种现象可以用燃烧爆炸的热理论做出解释。这是因为，在同样大小容积的情况下，球形外壳的内表面积小于正方体外壳的，正方体外壳的内表面积小于圆筒体外壳的，圆筒体外壳的内表面积小于长方体外壳的，所以，当发生爆炸时爆炸产生的热量在球形外壳内壁上损耗的最少，而在长方体外壳内壁上损耗的最多。因而，爆炸压力就不同。

2）点燃源位置、功率大小的影响

试验研究指出，点燃源的位置和功率大小对爆炸压力有一定的影响。

试验指出，在球形外壳的情况下，点燃源位于球形中心时产生的爆炸压力最大，点燃源离开中心越远，爆炸压力越小。

试验还指出，点燃源的功率对爆炸压力的影响很大。例如，在发生弧光短路（这时点燃源发出的能量相当大）的情况下，在容积为0.4L的球形外壳（间隙0.1mm）中，点燃甲烷-空气混合物时得到了1.3MPa的爆炸压力；在其他试验条件相同的情况下，用放电火花点燃时爆炸压力则小得多。

从上述可知，隔爆外壳必须具备足够的机械强度，才能承受内部发生爆炸时产生的爆炸压力的冲击作用。否则，隔爆外壳的破损将导致外壳周围爆炸性气体-空气混合物的点燃爆炸。由于隔爆外壳的结构和强度设计不合理，在正常的耐爆性能试验中，外壳被破坏的例子比比皆是。

2. 绝缘材料热分解可能造成的危险

除了上述情况之外，还有一点也必须引起人们的注意，那就是，在隔爆外壳中，由于电弧的作用，使电气设备内的电气绝缘部件发生热分解，产生大量的气体（例如，氢气、甲烷、一氧化碳等）；它们积聚在设备的外壳内，形成一种积聚压力。试验指出，在某种条件下，这个压力竟达2MPa。

绝缘部件热分解时产生的气体的积聚压力可以用下式计算求得

$$P = P_0 + CAt_0/V \tag{3.3}$$

式中 P——积聚压力（MPa）；

P_0——外壳内气体被加热时产生的压力（MPa）；

C——1kW·s电弧能量分解出来的气体体积，通常为4～6cm^3；

A——电弧功率（kW）；

t_0——电弧的持续时间（s）；

V——外壳的净容积（cm^3）。

在这种情况下，除积聚压力对外壳的作用外，如果在电气设备的隔爆外壳内可燃性气体混合物达到爆炸极限时发生点燃爆炸的话，那么，在积聚压力［即式（3.2）中的预压压力 p_1］的作用下这个爆炸压力将是十分大的，对外壳极具破坏作用。

除此之外，电气绝缘材料的热分解所产生的各种可燃性气体，还会改变隔爆外壳内爆炸性气体-空气混合物的成分，从而也改变着这种混合型可燃性气体的爆炸性质，当然也影响着隔爆外壳的隔爆性能。

由此可见，由电弧作用而使绝缘材料发生热分解产生的气体在隔爆外壳内的积聚，有时候是十分危险的。在隔爆外壳设计时，人们必须给以应有的注意。

3.2.2 隔爆性能

隔爆型电气设备的隔爆外壳通常由壳体和壳盖组成；壳体和壳盖的衔接部位是一种所谓的“法兰”结构，在防爆电气专业中，被称为“隔爆接合面”。这里用一个标准的球形隔爆外壳进行描述，如图 3.2 所示。

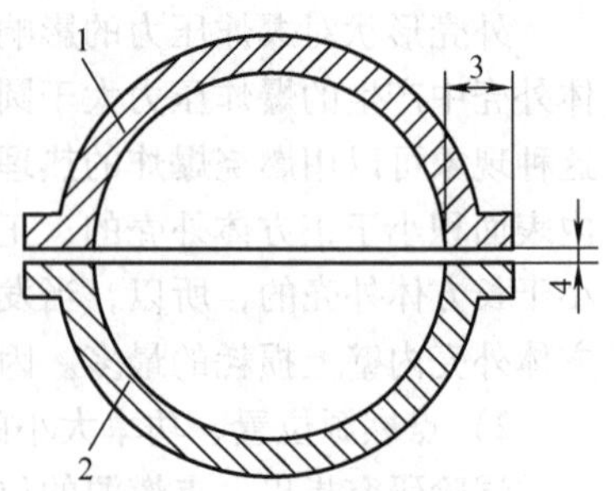

图 3.2 隔爆外壳

1—隔爆外壳的上半球 2—隔爆外壳的下半球 3—法兰（隔爆接合面） 4—隔爆间隙，上下半球之间的缝隙

隔爆外壳的隔爆性能主要是由隔爆接合面来实现的。隔爆外壳内发生爆炸后，爆炸生成物企图通过外壳的隔爆接合面缝隙窜出外壳来点燃外壳周围的爆炸性气体-空气混合物。然而，接合面的缝隙阻止了爆炸火焰，降低了爆炸生成物的能量。这个就是所谓的“缝隙隔爆原理”。

1. 火焰在狭窄缝隙中的传播

为了说明隔爆外壳中爆炸火焰在狭窄缝隙中的传播过程，这里建立一个火焰传播模型，如图 3.3 所示。

在火焰传播模型图中，爆炸性气体-空气混合物相对于火焰通道壁是静止的，而火焰以很大的速度在通道中心向爆炸性气体-空气混合物传播。火焰在通道中心传播时通道壁的熄焰效果最小。此时，可以认为爆炸性气体-空气混合物是以某一速度（通常认为是火焰传播速度）进入火焰面的。爆炸生成物的热膨胀形成了相对于通道壁的气体流。由于通道壁的器壁粘阻作用，接近通道壁的气体流速减小。于是，火焰面就形成了一种凸向爆炸性气体-空气混合物的凸形面。由于通道壁的散热作用，在通道壁附近，化学反应速度降低，完成化学反应的时间增长，而在通道中心区反应进行得很快。这样一来，火焰面就成为一个很长的凸形面。

从图 3.3 中可以看出，无论是气体流，还是火焰面后面的一段通道壁，都有同样的温度 T_u。最大燃烧速度 S_{umax} 对应于等温线的拐点处。在图 3.3 中，$T_{1\min}$ 是火焰边沿的温度，$T_{b\max}$ 是混合物燃烧的最终温度。如果进一步缩小通道的直径，则爆炸生成物在通道壁上的热损失就增加，火焰面就更加凸出。当直径缩小到某一个值时，火焰就不能通过通道了。此时，通道的这个直径被称为熄焰直径。

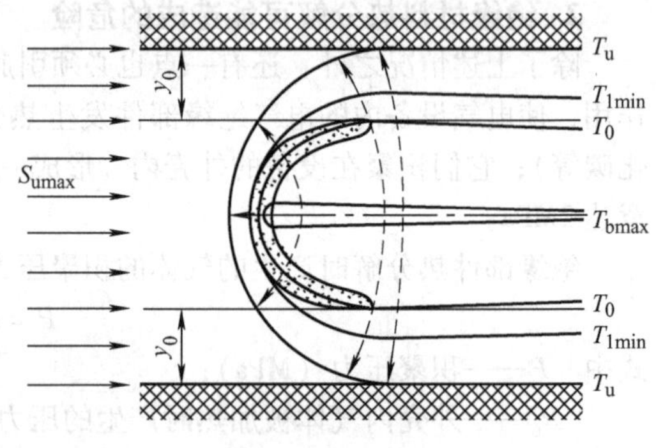

图 3.3 火焰传播模型

2. 爆炸生成物在狭窄缝隙中的冷却

为了说明狭窄缝隙对爆炸生成物（主要是指燃烧火焰形成的炽热气体流）的冷却作用，人们进行了一系列的试验研究。

在试验时，人们使用钢质法兰的球形外壳，法兰的宽度为 25mm。外壳内充满 9.5% 的甲烷-空气混合物，点燃源位于法兰间隙平面上距法兰内边沿 20mm 处，测温传感器安装在正对法兰间隙的进口处和出口处（图 3.4）。

试验结果得到了炽热气体流的温度与时间的关系曲线，如图 3.5 所示。根据这条曲线，就可以求得爆炸产生的最高温度和爆炸过程持续的时间以及爆炸过程中气体流的平均温度。

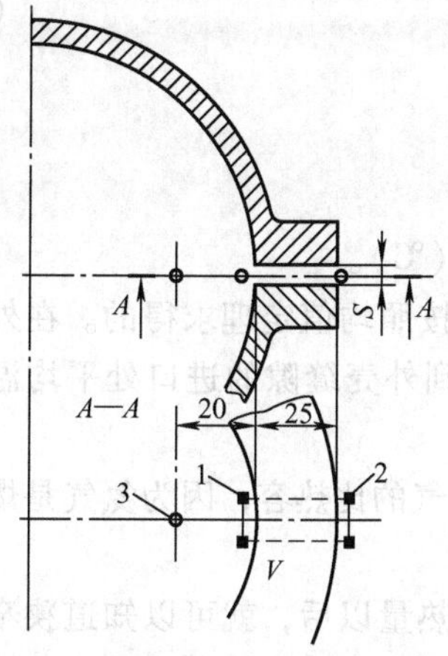

图 3.4 试验外壳与温度测定

1、2—温度传感器 3—点燃源

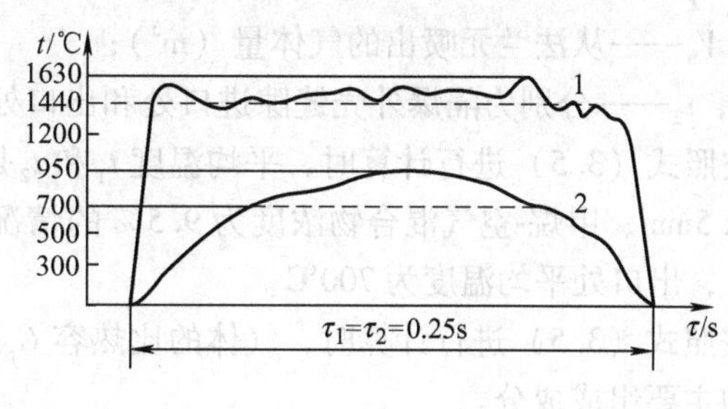

图 3.5 炽热气体流的温度与持续时间的关系曲线

1—缝隙进口处的温度 2—缝隙出口处的温度

首先，我们来确定爆炸性气体-空气混合物发生爆炸时产生的热量。

为了计算简便起见，把外壳法兰周长分为若干个小的单元 dp（图 3.6）。从正对点燃源处法兰元 dp 中喷出的炽热气体流，可以认为是一个平行平面气体流。在它的横截面上具有同样的温度、速度和压力。

在发生爆炸时，由于所取法兰元 dp 正对点燃源，所以从法兰元 dp 上喷出的炽热气体流要比其他地方喷出的多。另外，在发生爆炸时外壳内全部容积都形成了炽热气体，从外壳中喷出，所以，从法兰元 dp 处喷出的气体总量为

$$V_h = \frac{V}{P}dp \tag{3.4}$$

式中 V_h——从法兰元 dp 喷出的炽热气体的体积（折合到标准状态下）（m^3）；

V——外壳的净容积（即爆炸前混合物的体积）（m^3）；

P——法兰的周长（m）；

dp——法兰元的长度（m）。

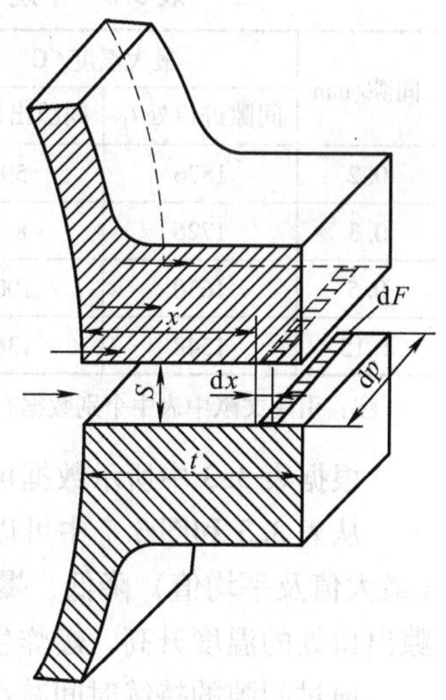

图 3.6 法兰元

在试验时，使用的球形外壳的容积为 4.8L。从而，我们可以知道，$V = 4.8 \times 10^{-3}\,m^3$，$P = 0.195\pi m = 0.612m$，并假定 $dp = 1cm = 0.01m$。将这些数值代入式（3.4）中，计算便可以得到

$$V_h = 7.83 \times 10^{-5} m^3$$

在试验时，使用的混合物是浓度为 9.5% 的甲烷-空气混合物（甲烷的单位放热量为 892.6kJ/gmol），则体积为 V_h 的甲烷-空气混合物点燃后所释放的热量（Q_1）为

$$Q_1 = 0.095 \times 892.6/22.4 \times 1000 V_h = 3786 V_h$$

或

$$Q_1 = 3786 \times 7.83 \times 10^{-5} MJ = 296.4kJ$$

接着，我们将计算炽热气体流（体积为 V_h）在通过法兰元 d*p* 时总的热量损失。

为此，可以使用下面的热力学公式求得总的热损失量（Q_2）：

$$Q_2 = C_p V_h (t_1 - t_2) \tag{3.5}$$

式中 Q_2——总的热损失量（kJ）；

C_p——在常温常压下气体的比热容［kJ/(kg · K)］；

V_h——从法兰元喷出的气体量（m^3）；

t_1，t_2——分别为隔爆外壳缝隙进口处和出口处的平均温度（℃）。

按照式（3.5）进行计算时，平均温度 t_1 和 t_2 是根据图 3.5 按照均值定理求得的。在外壳缝隙为 0.5mm、甲烷-空气混合物浓度为 9.5% 的情况下，计算得到外壳缝隙的进口处平均温度为 1440℃，出口处平均温度为 700℃。

按照式（3.5）进行计算时，气体的比热容 C_p 通常认为是空气的比热容，因为氮气是爆炸生成物的主要组成成分。

在知道了通过法兰元 d*p* 的爆炸生成物产生的热量和损失的热量以后，就可以知道狭窄缝隙对爆炸生成物的冷却程度。

法兰间隙（狭窄缝隙）对爆炸生成物的冷却程度可以用下式表示：

$$\eta = Q_2/Q_1 \tag{3.6}$$

在试验条件下，$\eta = 2.64 \times 10^{-4} C_p (t_1 - t_2)$。

根据试验数据进行分析计算，得到了浓度为 9.5% 的甲烷-空气混合物在各种不同间隙条件下的热损失比（即冷却程度），如表 3.3 所示。

表 3.3 甲烷-空气混合物（9.5%）爆炸生成物通过各种间隙时的数据

间隙/mm	最大温度/℃		持续时间/s	温度平均值/℃		热损失比 η(%)	法兰元 dp 上热损失总量/J
	间隙进口处 t_1	间隙出口处 t_2		间隙进口处 t_1	间隙出口处 t_2		
0.2	1876	596	0.29	1662	355	58.2	153.7
0.3	1726	812	0.18	1526	525	44.6	117.7
0.5	1630	1002	0.15	1440	786	29.6	78.3
1.15	1548	1365	0.10	1366	1078	13.2	34.7

注：引用文献中表中个别数据有误，采用时未予修正。

根据表 3.3 中所示数据可以描绘出热损失比与外壳间隙的关系曲线如图 3.7 所示。

从表 3.3 和图 3.7 中可以看出，在同样实验条件下，随着外壳间隙的增加，外壳内的温度（最大值及平均值）降低，爆炸生成物通过间隙的持续时间减小；随着外壳间隙的增加，外壳间隙出口处的温度升高，爆炸生成物在间隙中的热损失减小。这些结论是一致的。

通过间隙的持续时间减小，说明爆炸生成物与间隙壁（接合面）接触时间少，法兰对爆炸生成物的冷却效果差，因而，间隙出口处的温度就高。

从图 3.7 中还可以看出，间隙对爆炸生成物的冷却效果与间隙的大小不是一种线性关系，随着间隙的减小，冷却效果明显增大；随着间隙的增大，冷却效果明显减小。

除了上述情况外，人们还研究了炽热气体流通过法兰间隙过程中温度的降低情况。研究结果如图 3.8 所示。

从图 3.8 中分析可知，当爆炸生成物通过 25mm、0.2mm 的间隙时，在最初的 5mm 路程内温度降低了约 60%，而剩余的 20mm 路程仅仅降低了 40%。

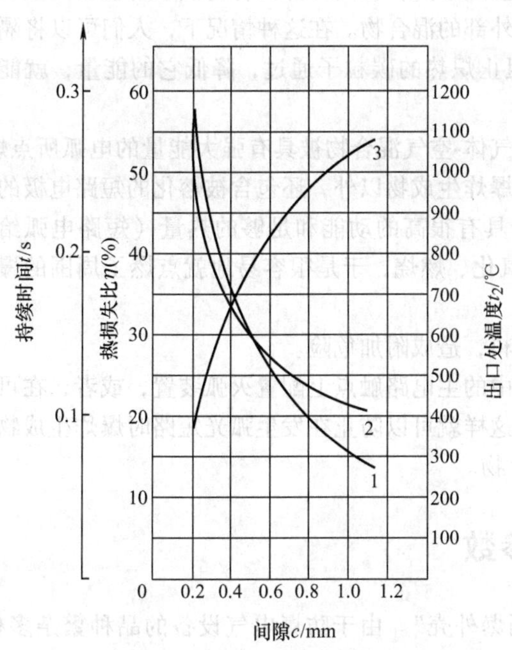

图 3.7 法兰的冷却效果

1—热损失比与间隙的关系 2—炽热气体流喷出时间与间隙的关系 3—间隙出口处的温度与间隙的关系

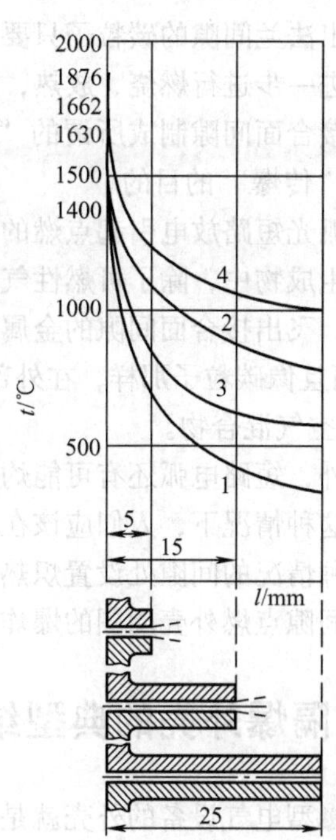

图 3.8 炽热气体流在间隙中的冷却

1、2—间隙为 0.2mm 3、4—间隙为 0.5mm

从图 3.8 中还可以看出，在实验条件下，在间隙宽度大于 25mm 以后，温度随间隙宽度的增加而减小的曲线趋于平缓。这表明，间隙宽度没有必要增加很大，为确定间隙极限宽度奠定了理论基础。

3. 间隙熄焰准则和外部点燃

从前面的叙述可知，热损失比 Q_2/Q_1 对火焰在间隙中的熄灭有着本质的影响。研究人员根据大量的试验资料从理论上分析指出，要想熄灭化学计算浓度的饱和烃-空气混合物的火焰，则必须从火焰中夺去 23% 的热量，而要想熄灭接近爆炸极限下限的浓度不高的混合物的火焰，则必须从火焰中夺去 8.3% 的热量。这被称为间隙熄焰准则。

人们为了证实这个准则，对化学计算浓度的甲烷-空气混合物（9.5%）进行了爆炸试验。试验确实证实，要想熄灭火焰就必须从火焰中夺去 23% 的热量；对于 5% 的这种混合物，至少要夺去 8.3% 的热量。间隙熄焰准则是正确的。

如果爆炸生成物通过间隙而没有被充分冷却的话，那么，它就会窜出间隙点燃隔爆外壳周围的爆炸性气体-空气混合物。这一现象被称为“传爆”。

隔爆外壳内的爆炸生成物，窜出隔爆外壳的间隙，点燃外部爆炸性气体-空气混合物的情况可以分为两种：由电气放电火花引起的点燃和由弧光短路放电引起的点燃。

在电气放电火花引起点燃的情况下，由于点燃功率小，爆炸性气体-空气混合物发生点燃后的爆炸生成物是火焰和炽热气体流；对于某些碳氢化合物（例如，乙炔）来说，爆炸生成物中还可能包含有炽热的碳粒子。

在这种情况下，对于前者，只要隔爆外壳的间隙足够小就可以防止“传爆”。然而，对于后者，平面式法兰接合面间隙往往不能够阻止碳粒子飞出法兰间隙，于是发生“传爆”。这是因为，飞出法兰间隙的碳粒子只要本身所具有的能量足够大，在同外部混合物接触时就会发生氧化反应，进一步进行燃烧、放热，于是，就点燃了外部的混合物。在这种情况下，人们可以将隔爆外壳的接合面间隙制成所谓的“曲路”结构，阻止炽热的碳粒子通过，降低它的能量，就能达到防止“传爆”的目的。

在弧光短路放电引起点燃的情况下，爆炸性气体-空气混合物被具有强大能量的电弧所点燃。在爆炸生成物中，除了可燃性气体燃烧后产生的爆炸生成物以外，还包含被熔化的短路电极的金属微粒。飞出接合面间隙的金属微粒，不仅本身具有很高的动能和足够的热量（短路电弧给与的），而且像碳粒子那样，在外部混合物中发生氧化、燃烧，于是很容易地就点燃了周围的爆炸性气体-空气混合物。

此外，短路电弧还有可能灼烧附近的绝缘材料，造成附加危险。

在这种情况下，人们应该在隔爆型电气设备中的主电路触点上配置灭弧装置，或者，在可能出现这种情况的间隙处设置炽热颗粒隔离挡板。这样就可以防止在发生弧光短路时爆炸生成物窜出隔爆间隙点燃外壳周围的爆炸性气体-空气混合物。

3.3 隔爆外壳的典型结构和结构参数

隔爆型电气设备的外壳就是上述的所谓“隔爆外壳”。由于防爆电气设备的品种繁杂多样，例如，各式各样的控制电器、电动机、照明灯具等，因而，隔爆型电气设备的隔爆外壳也是各种各样的。这里将介绍一下各种典型结构形式的隔爆外壳的隔爆结构及相应的结构参数。

3.3.1 间隙式隔爆结构

在隔爆型电气设备中，应用最广泛的隔爆结构形式，应该是间隙式隔爆结构。这是一种由组成隔爆外壳的各零件之间相互耦合形成的间隙，如图 3.2 所示。

从上述大家已经知道，这种间隙能够防止隔爆外壳内的爆炸生成物窜出外壳，点燃它周围的爆炸性气体-空气混合物，也就是说，具有“隔离爆炸”的作用。

在这种间隙式隔爆结构中，从广义上讲，相互耦合形成间隙的部件表面被称为“隔爆接合面”，有时也简称“接合面”；相互耦合部件之间的缝隙被称为“隔爆间隙”，有时也简称“间隙”。人们常常用以下三个参数来表征这种隔爆结构：

- 隔爆接合面宽度；
- 隔爆间隙；
- 隔爆接合面的表面粗糙度。

1. 隔爆接合面宽度

隔爆接合面宽度是指从隔爆外壳内部通过隔爆间隙到隔爆外壳外部的最短通道长度，通常用符号 L 表示，如图 3.9 所示。

除此之外，还有一种特殊的情况，在隔爆接合面上有螺栓（螺钉）孔时，此处的隔爆接合面宽度则是从隔爆外壳内部或外部经过部分隔爆间隙到螺栓（螺钉）孔边沿的最短通道长度，通常用符号 L_1 表示，如图 3.9 所示。

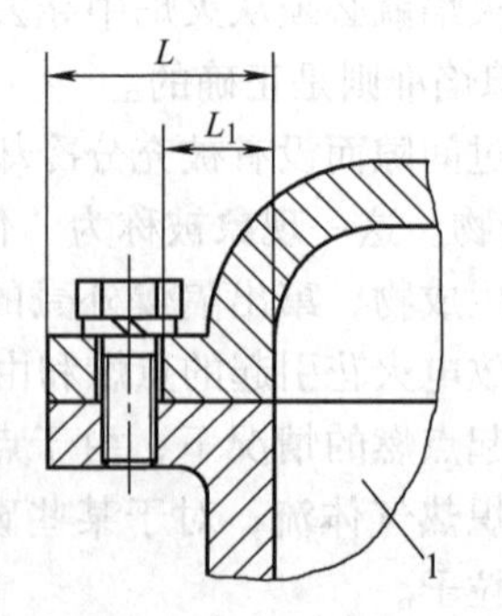

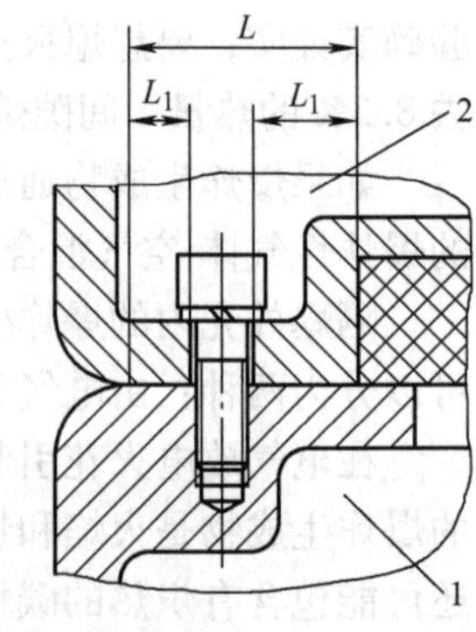

图 3.9 L，L_1 定义

1—主空腔 2—另一空腔

图 3.9 还告诉我们，当隔爆型电气设备由两

个空腔构成时，有时候会出现两个 L_1。

国家标准 GB 3836.2《爆炸性环境　第 2 部分：由隔爆外壳“d”保护的设备》规定：

① 当 $L<12.5\text{mm}$ 时，$L_1\geqslant 6\text{mm}$。

② 当 $12.5\text{mm}\leqslant L<25\text{mm}$ 时，$L_1\geqslant 8\text{mm}$。

③ 当 $L\geqslant 25\text{mm}$ 时，$L_1\geqslant 9\text{mm}$。

这样的规定，之所以 L_1 可以小于 L，是因为在外壳内发生爆炸时螺栓（螺钉）紧固处法兰变形（包括螺栓变形）引起的间隙瞬间增大量最小，瞬间增大的间隙依然能够阻止爆炸生成物窜出外壳。早年间，国外有关实验室使用图 3.10 所示实验装置测试表明，外壳内发生爆炸时在连接法兰的两个螺栓（螺钉）之间中部部位间隙瞬间增大量最大。爆炸过程结束后，弹性变形使一切恢复正常。所以允许 L_1 小于 L。

隔爆接合面宽度（L，L_1），在平面式连接（图 3.9）和圆筒式连接（图 3.11）时，是很容易确定大小的；而在止口式连接（图 3.12，平面-圆筒式连接）时，却要视不同情况而确定。

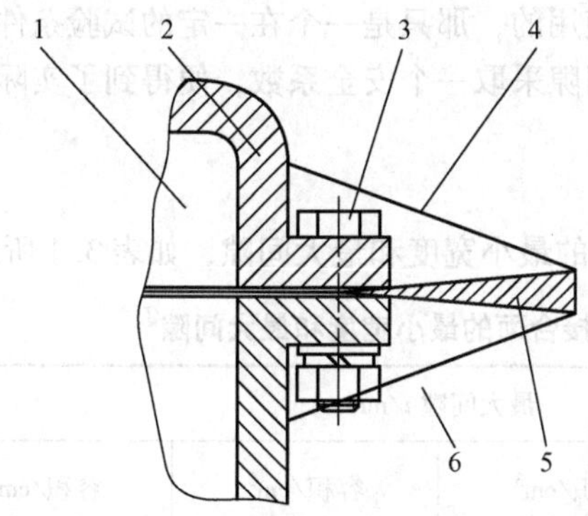

图 3.10　间隙测试装置示意图

1—外壳内部　2—外壳壳壁（包括法兰）　3—紧固螺栓　4—拉力弹簧　5—契形试块　6—外壳外部

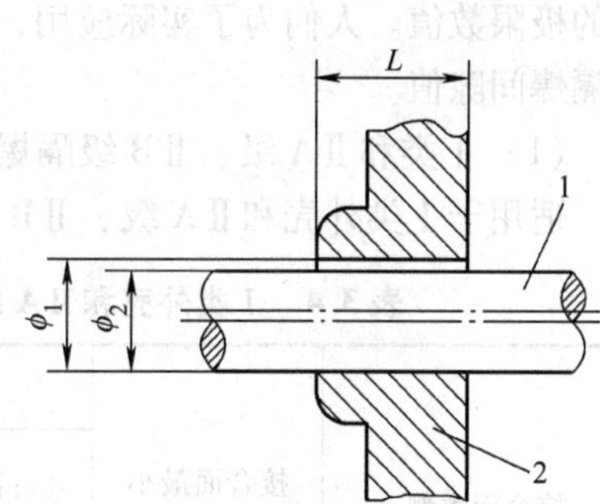

图 3.11　圆筒式隔爆接合面（示意图）

1—转轴　2—隔爆外壳壳壁

国家标准 GB 3836.2《爆炸性环境　第 2 部分：由隔爆外壳“d”保护的设备》规定，对于止口式隔爆接合面，当止口部分圆柱的倒角 $f\leqslant 1\text{mm}$，并且圆筒部分的直径差（即隔爆间隙）Δ：

- 对于Ⅰ类和ⅡA 级，$\Delta\leqslant 0.20\text{mm}$；
- 对于ⅡB 级，$\Delta\leqslant 0.15\text{mm}$；
- 对于ⅡC 级，$\Delta\leqslant 0.10\text{mm}$ 时，隔爆接合面宽度是平面部分宽度和圆筒部分宽度的和，即 $L=A+b$，$L_1=a+b$（图 3.12）；如果不能满足上述条件，则隔爆接合面宽度只能是止口式接合面的平面部分宽度。

这里还需说明的是，对于ⅡC 级止口式隔爆接合面，还必须要求 $A\geqslant 6\text{mm}$，$b\geqslant 0.5L$。

对于止口式隔爆接合面提出的这些要求，主要是考虑倒角部分形成的小的圆环形空腔不能对隔爆性能产生不利的影响。倒角 $f\leqslant 1\text{mm}$ 和直径差 Δ 符合相应数值，被认为是不能产生这种不利影响的。

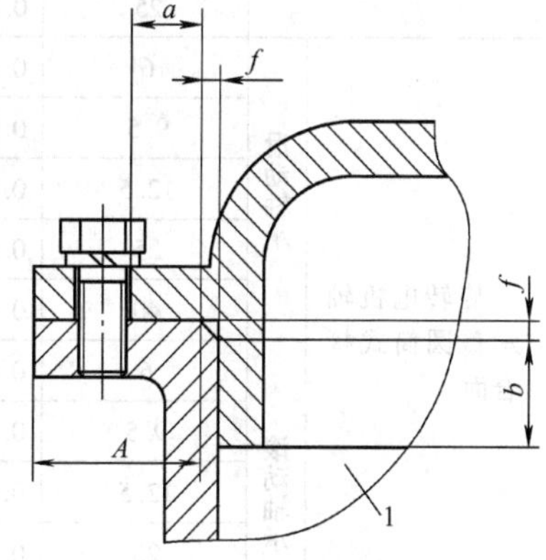

图 3.12　止口式隔爆接合面

1—内部空腔

2. 隔爆间隙

隔爆接合面的间隙，即隔爆间隙，通常用符号“i”表示，对于平面式连接，是耦合的两平面之间的缝隙，理论上 $i=0$；对于圆筒式连接，是耦合的两圆柱面之间的直径差，理论上 $i=\phi_1-\phi_2$，如图 3.11 所示。

3. 隔爆接合面的表面粗糙度

一般地讲，对隔爆接合面的表面粗糙度要求并不很高，$R_a=6.3$ 就可以满足要求。

但是，对于转轴或操纵杆，表面粗糙度应该为 $R_a=3.2$ 或者 $R_a=1.6$。表面粗糙度也不是越小越好，太光滑的表面不利于阻止爆炸生成物的传播。

4. 间隙式隔爆结构的主要参数

从第 1 章和第 2 章中大家已经知道，隔爆型电气设备应该按照最大试验安全间隙进行分级，以便更合理地适应各式各样的可燃性气体环境的需要。人们根据试验数据和实践经验，对于Ⅰ类隔爆型电气设备，确定一个防爆级别：dⅠ；对于Ⅱ类隔爆型电气设备，分为三个防爆级别：dⅡA 级、dⅡB 级、dⅡC 级。

我们知道，最大试验安全间隙在实际上是不能够使用的，那只是一个在一定的试验条件下得到的极限数值。人们为了实际应用，对最大试验安全间隙采取一个安全系数，便得到了实际应用的隔爆间隙值。

（1）Ⅰ类和ⅡA 级、ⅡB 级隔爆外壳

适用于Ⅰ类外壳和ⅡA 级、ⅡB 级外壳隔爆接合面的最小宽度和最大间隙，如表 3.4 所示。

表 3.4 Ⅰ类外壳和ⅡA 级、ⅡB 级外壳隔爆接合面的最小宽度和最大间隙①

接合面类型		接合面最小宽度 L/mm	最大间隙 i/mm											
			容积/cm³ $V\leqslant100$			容积/cm³ $100<V\leqslant500$			容积/cm³ $500<V\leqslant2000$			容积/cm³ $V>2000$		
			Ⅰ	ⅡA	ⅡB	Ⅰ	ⅡA	ⅡB	Ⅰ	ⅡA	ⅡB	Ⅰ	ⅡA	ⅡB
平面式、圆筒式或止口式接合面		6	0.30	0.30	0.20	—	—	—	—	—	—	—	—	—
		9.5	0.35	0.30	0.20	0.35	0.30	0.20	0.08	0.08	0.08	—	—	—
		12.5	0.40	0.30	0.20	0.40	0.30	0.20	0.40	0.30	0.20	0.40	0.20	0.15
		25	0.50	0.40	0.20	0.50	0.40	0.20	0.50	0.40	0.20	0.50	0.40	0.20
旋转电机轴承盖圆筒式接合面	滑动轴承	6	0.30	0.30	0.20	—	—	—	—	—	—	—	—	—
		9.5	0.35	0.30	0.20	0.35	0.30	0.20	—	—	—	—	—	—
		12.5	0.40	0.35	0.25	0.40	0.30	0.20	0.40	0.30	0.20	0.40	0.20	—
		25	0.50	0.40	0.30	0.50	0.40	0.25	0.50	0.40	0.25	0.50	0.40	0.20
		40	0.60	0.50	0.40	0.60	0.50	0.30	0.60	0.50	0.30	0.60	0.50	0.25
	滚动轴承	6	0.45	0.45	0.30	—	—	—	—	—	—	—	—	—
		9.5	0.50	0.45	0.35	0.50	0.40	0.25	—	—	—	—	—	—
		12.5	0.60	0.50	0.40	0.60	0.45	0.30	0.60	0.45	0.30	0.60	0.30	0.20
		25	0.75	0.60	0.45	0.75	0.60	0.40	0.75	0.60	0.40	0.75	0.60	0.30
		40	0.80	0.75	0.60	0.80	0.75	0.45	0.80	0.75	0.45	0.80	0.75	0.40

① 引自 GB 3836.2《爆炸性环境 第 2 部分：由隔爆外壳“d”保护的设备》。

（2）ⅡC 级隔爆外壳

适用于ⅡC 级外壳隔爆接合面的最小宽度和最大间隙，如表 3.5 所示。

表 3.5　ⅡC 级外壳隔爆接合面的最小宽度和最大间隙①

接合面类型		接合面最小宽度 L/mm	最大间隙 i/mm			
			容积/cm³ $V \leqslant 100$	容积/cm³ $100 < V \leqslant 500$	容积/cm³ $500 < V \leqslant 2000$	容积/cm³ $V > 2000$
平面式接合面②		6	0.10	—	—	—
		9.5	0.10	0.10	—	—
		15.8	0.10	0.10	0.04	—
		25	0.10	0.10	0.04	0.04
止口式接合面（图 3.12）	$A \geqslant 6$mm，$b \geqslant 0.5L$，$L = A + b$，$f \leqslant 1$mm	12.5	0.15	0.15	0.15	—
		25	0.18③	0.18③	0.18③	0.18③
		40	0.20④	0.20④	0.20④	0.20④
圆筒式接合面，止口式接合面（图 3.12）		6	0.10	—	—	—
		9.5	0.10	0.10	—	—
		12.5	0.15	0.15	0.15	—
		25	0.15	0.15	0.15	0.15
		40	0.20	0.20	0.20	0.20
旋转电机轴承盖圆筒式接合面（滚动轴承）		6	0.15	—	—	—
		9.5	0.15	0.15	—	—
		12.5	0.25	0.25	0.25	—
		25	0.25	0.25	0.25	0.25
		40	0.30	0.30	0.30	0.30

① 引自 GB 3836.2《爆炸性环境　第 2 部分：由隔爆外壳“d”保护的设备》。

② 法兰式接合面一般不允许使用在乙炔-空气混合物的情况，但是，如果隔爆外壳的容积不大于 500cm³、接合面宽度不小于 9.5mm、间隙不大于 0.04mm 的话，法兰式接合面也可以使用在乙炔-空气混合物的情况。

③ 如果 f 小于 0.5mm 的话，圆筒部分的最大间隙可以增加到 0.2mm。

④ 如果 f 小于 0.5mm 的话，圆筒部分的最大间隙可以增加到 0.25mm。

（3）操纵杆或小转轴

在操纵杆或小转轴的情况下，圆筒式隔爆结构的参数（最小宽度和最大间隙）应该符合表 3.4 和表 3.5 的规定。但是，如果操纵杆或小转轴的直径大于表 3.4 和表 3.5 中规定的接合面的最小宽度，那么，此时接合面的宽度应该不小于操纵杆或小转轴的直径，但也不必大于 25mm。

（4）旋转电机

对于旋转电机，当转轴通过隔爆外壳壳壁的时候，那里应该设置隔爆型轴承盖。在确定带有油封槽的轴承盖的隔爆接合面宽度时，接合面宽度不应该包括油封槽的宽度，而且也不应该被油封槽分开。

轴承盖的隔爆接合面宽度（不包括油封槽宽度在内）应该符合表 3.4 和表 3.5 中规定的要求。但是，在滑动轴承的情况下，隔爆型轴承盖的接合面宽度，当转轴直径不大于 25mm 时，不应该小于转轴的直径，当转轴直径大于 25mm 时，不应该小于 25mm（对于ⅡC 级旋转电机，不允许使用滑动轴承）。

轴承盖和转轴配合的直径差（即隔爆间隙）不应该大于表3.4和表3.5中的规定值。

除上述规定外，转轴与轴承盖配合的最小径向间隙 k（图3.13）也是一个很重的参数。

不管是Ⅰ类隔爆型电机，还是ⅡA级和ⅡB级隔爆型电机，抑或ⅡC级隔爆型电机，这个 k 值都不应该小于0.05mm。

在滚动轴承的情况下，转轴与轴承盖配合的最大径向间隙 m 不应该大于表3.4和表3.5中规定的转轴与轴承盖之间允许的最大间隙的2/3值。

在滑动轴承的情况下，轴承盖与转轴配合的隔爆接合面应该用无火花材料（例如，铅黄铜）覆盖，覆盖层厚度至少等于 k 值。

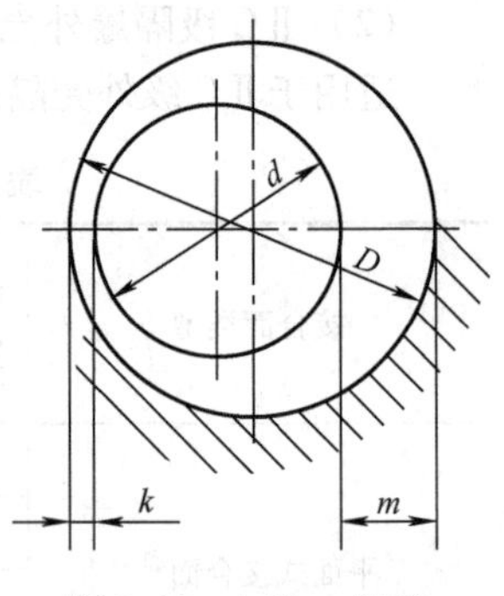

图3.13　k 和 m 定义

3.3.2　其他形式的隔爆结构

除了上述的间隙式隔爆结构外，由于结构或功能的需要，在隔爆型电气设备中还采用一些比较独特的隔爆结构，这里将予以简要的介绍。

1. 螺纹式隔爆结构

螺纹式隔爆结构（图3.14）是一种连接十分方便的结构，因而，常常被人们采用。对于这种隔爆结构，当螺纹为圆柱形时，通常用4个参数来表征：螺距、配合精度、最少啮合扣数和最小轴向啮合长度；当螺纹为锥形时，通常用3个参数来表征：螺距、耦合面上螺纹扣数和啮合扣数。具体参数和参数值如表3.6和表3.7所示。

表3.6　螺纹式隔爆结构参数（圆柱形螺纹）①

接合面参数		参　数　值
螺距 P/mm		$P \geqslant 0.7$②
配合精度		中级③
最少啮合扣数 K		$K \geqslant 5$
外壳容积 V/cm^3 为右值时最小轴向啮合长度 L/mm	$V \leqslant 100$	$L \geqslant 5$
	$V > 100$	$L \geqslant 8$

① 引自GB 3836.2《爆炸性环境　第2部分：由隔爆外壳“d”保护的设备》。

② 当螺距超过2mm时，应该采取一些特殊的结构措施，例如，采用多条螺纹啮合，以保证通过隔爆外壳的隔爆性能试验。

③（圆柱形）螺纹式接合面，如果在螺纹形式和配合精度上不符合相应的标准螺纹要求，只要能够通过相应的隔爆性能试验，也是允许使用的。

表3.7　螺纹式隔爆结构参数（锥形螺纹）①

接合面参数	参　数　值
螺距 P/mm	$P \geqslant 0.9$
耦合面上螺纹扣数 K	$K \geqslant 5$②
啮合扣数 K_e	K_e③

① 引自GB 3836.2《爆炸性环境　第2部分：由隔爆外壳“d”保护的设备》。

② 内螺纹和外螺纹应该具有相同的标称尺寸、锥角和螺纹形式，并且是用扳手拧紧密封的配合结构。

③ 符合本表要求的螺纹至少应该有3.5扣的有效啮合扣数。

此外，螺纹式隔爆结构必须配置防松措施，预防螺纹在设备运行过程中发生松动。例如，对于需要打开的情况，可以使用紧定螺钉固定，而且被紧定螺钉分开的部分不得相加计算；对于不需要打开的情况，可以在螺纹结合部位“冲点”或“点焊”封固，或采用其他等效的措施止动。

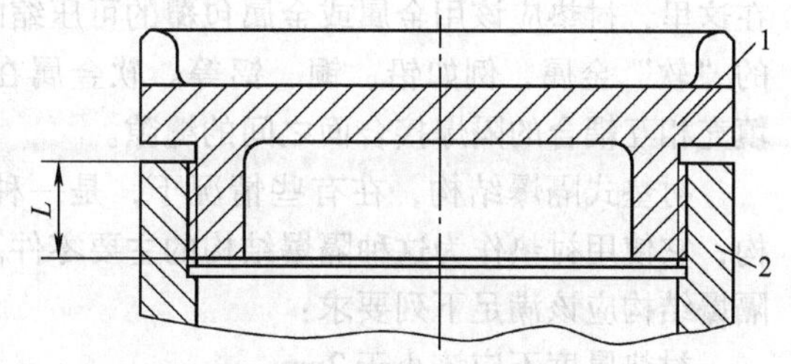

图 3.14　螺纹式隔爆结构

1—盖子　2—隔爆外壳壳壁

2. 锯齿式隔爆结构

锯齿式隔爆结构（图 3.15）是一种相互耦合的两零件的表面上具有“锯齿”的结构形式，类似于螺纹式隔爆结构。这种隔爆结构的参数不必符合表 3.6 和表 3.7 的数值规定，但是，应该符合以下要求：

- 至少具有完整的 5 扣啮合锯齿；
- 螺距等于或大于 1.25mm；
- 牙形角等于 60° ±5°。

3. 胶粘式隔爆结构

胶粘式隔爆结构（图 3.16）是一种特殊的隔爆结构。有时候，电气设备外壳零部件之间的接合并不是很规整的，但是又必须进行隔爆结构的处理，于是，人们就用胶粘剂将不规整的间隙或缝隙粘结起来。

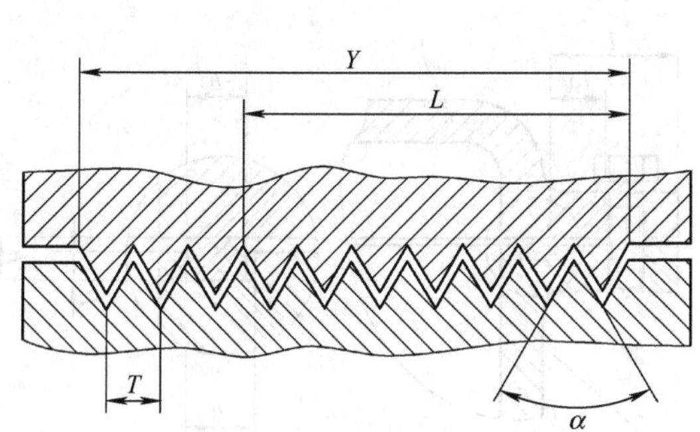

图 3.15　锯齿式隔爆结构

（$Y \geqslant 5$ 扣　$T \geqslant 1.25$mm　$\alpha = 60°$　L（试验长度）$= Y/1.5$）

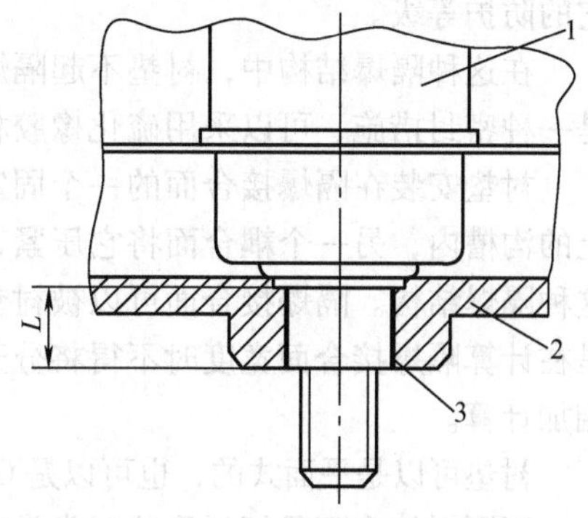

图 3.16　胶粘式隔爆结构

1—内装器件　2—隔爆外壳壳壁　3—胶粘剂

当隔爆型电气设备外壳的容积 V 在下列范围时，胶粘式接合面的最小胶粘宽度（L）不应该小于：

- $V \leqslant 10\text{cm}^3$，3mm；
- $10\text{cm}^3 < V \leqslant 100\text{cm}^3$，6mm；
- $V > 100\text{cm}^3$，10mm。

在这种结构中使用的胶粘剂应该具有较好的粘接力和抗老化性能，而且，胶粘剂固化后不得龟裂，出现裂纹。

此外，胶粘式隔爆结构的机械强度不得仅仅依靠胶粘剂的强度来实现，还必须有相应的其他措施来保证。

4. 衬垫式隔爆结构

衬垫式隔爆结构（图 3.17），也称为密封式隔爆结构，是一种用衬垫进行密封的隔爆结构。

在这里，衬垫应该用金属或金属包覆的可压缩的不燃性材料制成。所使用的金属应该是一种所谓的“软”金属，例如铅、铜、铝等。软金属在外力的作用下可以填充相互耦合的隔爆接合面之间的缝隙。

衬垫式隔爆结构，在有些情况下，是一种可供选择的隔爆结构；它使用衬垫作为这种隔爆结构的主要零件。通常情况下，这种隔爆结构应该满足下列要求：

衬垫厚度不应该小于2mm。

接合面宽度（L）不应该小于：

① 当外壳容积不大于$100cm^3$时，6mm。

② 当外壳容积大于$100cm^3$时，9.5mm。

有时候，衬垫的接合面宽度也可以不小于平面式隔爆接合面宽度（L，L_1）。

此外，在这种隔爆结构中，衬垫应该被牢固地固定在一个耦合面上。

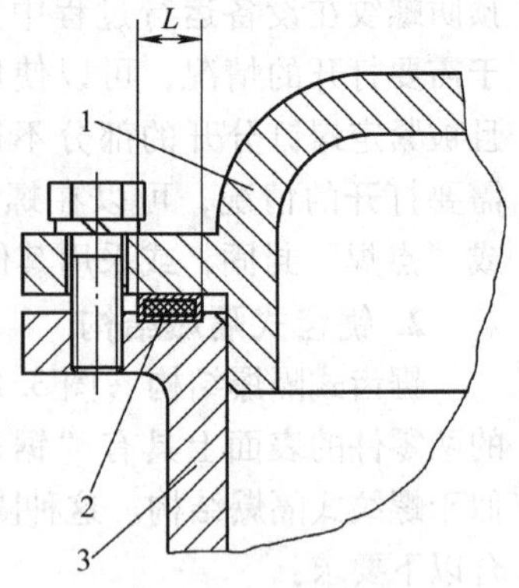

图3.17　衬垫式隔爆结构
1—盖子　2—隔爆式密封衬垫
3—隔爆外壳壳壁

5. 防护式隔爆结构

防护式隔爆结构（图3.18）是一种能够保持隔爆外壳具有一定防护等级（IP）的隔爆结构。有时候，隔爆型电气设备需要具有较高的防外物的能力，防止固体异物（例如各种粉尘）和水（例如湿气）进入设备内，妨害设备的正常运行，于是，人们在隔爆接合面上配置衬垫，以提高它的防护等级。

在这种隔爆结构中，衬垫不起隔爆作用，只是一种密封措施，可以采用硫化橡胶材料制成。

衬垫安装在隔爆接合面的一个固定的耦合面上的沟槽内，另一个耦合面将它压紧，便构成了这种隔爆结构。隔爆接合面可以被衬垫分开，但是在计算隔爆接合面宽度时不得将分开的两部分相加计算。

衬垫可以是平面式的，也可以是O形圈式的。

当隔爆接合面是矩形形状时常常采用平面式衬垫。在计算沟槽深度（H）和衬垫厚度（h）时，可以使用下列公式：

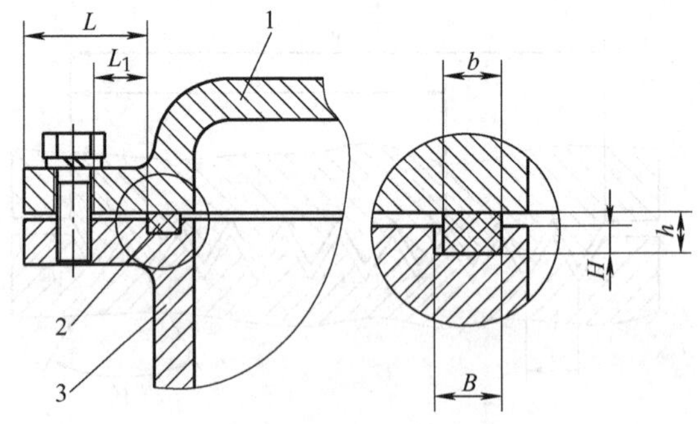

图3.18　防护式隔爆结构
1—盖子　2—防护式密封衬垫　3—隔爆外壳壳壁

$$B = 1/\alpha \cdot b$$
$$H = \alpha h \tag{3.7}$$

式中　B——沟槽宽度（mm）；

b——衬垫宽度（mm）；

α——衬垫宽度与沟槽宽度之比，通常取0.9～0.8。

当隔爆接合面是圆环形形状时通常情况下采用O形圈式衬垫。在确定沟槽尺寸［即宽度（B）和深度（H）］时，可以使用下列公式：

$$B = d$$
$$H = 0.8d \tag{3.8}$$

式中　d——O形圈密封条的直径（即线径）（mm）。

在式（3.7）和式（3.8）中，表面上没有看到间隙对相关数值的影响，但是事实上间隙已经包含在内。因为，在公式推导过程中，考虑到硫化橡胶衬垫适当地高出沟槽平面，在耦合平面的压缩下发生变形，填充了沟槽的相等的空隙空间，于是，此时间隙趋近于0。由此可见，高出沟槽平面的衬垫部分起到密封作用，压缩后趋近于0的间隙起到隔爆作用。

6. 阻火元件式隔爆结构

阻火元件式隔爆结构，一般情况下，是由阻火元件和支持件组成的，而且，它们之间也保持着隔爆性能。将这样的隔爆结构安装在隔爆型电气设备的外壳上，就构成了隔爆外壳的一部分。当然，有时候用隔爆外壳的壳壁作为阻火元件的支持件也是允许的，将阻火元件镶嵌在隔爆外壳的壳壁上就构成了这里所说的阻火元件式隔爆结构。

按照阻火元件结构的不同，阻火元件式隔爆结构分为金属格网式隔爆结构、金属微孔式隔爆结构，等等。在这里，我们仅以这两种隔爆结构为代表予以简要的讨论。

(1) 阻火元件结构

1) 金属格网式隔爆结构

金属格网式隔爆结构（图3.19）是一种用金属网叠加起来防止爆炸生成物窜出隔爆外壳的隔爆结构。这种隔爆结构的阻火元件就是叠加起来的金属网。通常情况下，金属网应该用铜合金[对于乙炔环境，铜的含量不应该超过60%（按质量计）]或不锈钢制成。

设计人员应该选择合适的金属网目数和确定叠加的金属网层数。

在金属网的目数确定之后，阻火元件中金属网的叠加层数为1.5倍试验确定的最小不传爆层数。

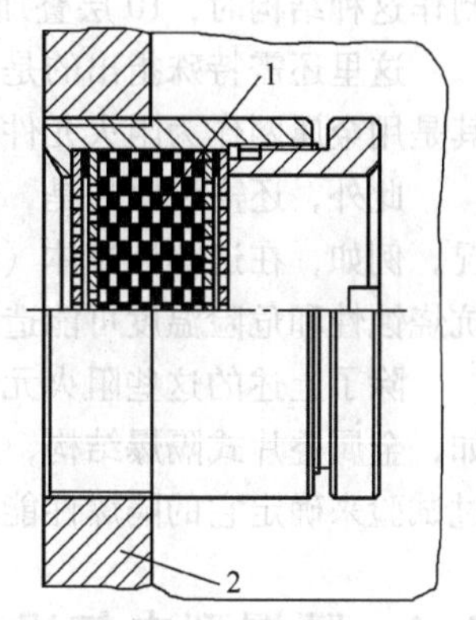

图3.19 金属格网式隔爆结构

1—阻火格网 2—隔爆外壳壳壁

2) 金属微孔式隔爆结构

金属微孔式隔爆结构（图3.20），按照形成“微孔”工艺的不同，又可分为烧结金属式的和金属泡沫式的。这种隔爆结构的阻火元件就是具有一定厚度的“微孔金属”板。

这样的“微孔金属”板内部有很多“气泡”。这些气泡相互之间是连通的，形成了流体能够通过的通道。在条件合适的情况下，它能够阻止爆炸生成物通过。“微孔金属”板可以用铜合金制成，也可以用不锈钢制成。

(2) 阻火元件参数

阻火元件式隔爆结构没有标准规定的参数值。不管什么样的阻火元件，所有参数都必须通过一定数量的试验来确定。

在试验时，试验人员应该将被试隔爆结构安装在一个容积为8L的球形试验外壳上。点燃源安装在球形试验外壳的中心。

试验在试验室环境条件下进行。

试验人员应该首先将这样的试验装置安放在爆炸试验罐中，然后对试验装置和试验罐充入试验气体混合物。按照被试阻火元件式隔爆结构的类别和防爆级别，试验气体混合物的种类和最易传爆浓度（体积比）分别采用：

① 对于Ⅰ类设备，甲烷，8.2%。

② 对于ⅡA级设备，丙烷，4.2%。

③ 对于ⅡB级设备，乙烯，6.5%。

④ 对于ⅡC级设备，氢，27%；乙炔，8.5%。

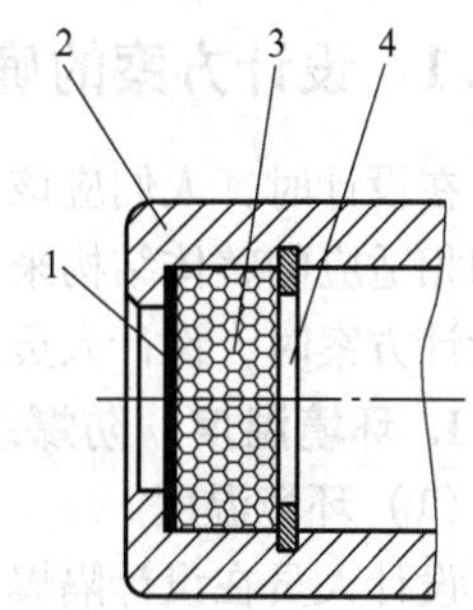

图3.20 金属微孔式隔爆结构

1—金属垫圈 2—隔爆外壳壳壁

3—微孔金属元件 4—孔用弹簧挡圈

对于每一种试验样品（格网目数，层数，金属丝直径；密度，最大通气孔直径，通孔率，厚度），试验人员应该进行50次点燃试验。假若在50次试验中至少发生一次“传爆”点燃，但是“传爆”点燃次数不超过25次，则可以认为试验样品的层数（金属格网式阻火元件）或厚度（金属微孔式阻火元件）为临界不传爆层数或临界不传爆厚度。

接着，用临界不传爆层数或临界不传爆厚度的1.1倍值再进行上述的50次试验，若不发生传爆，则此层数或厚度被定义为最小不传爆层数或最小不传爆厚度。否则，试验人员应该继续增加层数或厚度进行试验直至被试层数或厚度不发生传爆为止。

最小不传爆层数或最小不传爆厚度的1.5倍值即是阻火元件式隔爆结构的实际结构值。

理论计算和试验研究告诉我们，“50次点燃试验中至少发生一次外部点燃，但是外部点燃次数不超过25次”这种评价原则，对于确定阻火元件式隔爆结构的最小不传爆层数或最小不传爆厚度，是很可靠的，而且也是很实用的。我们在早年间的试验研究中采用40目的不锈钢钢丝网制作这种结构时，10层叠加起来就可以通过ⅡB级试验。

这里还需特殊指出的是，阻火元件还必须具有很好的耐热性，要经受住爆炸火焰的烧蚀，尤其是用金属网作为阻火元件时。

此外，还需说明的是，这里所讨论的阻火元件只适用于非连续性气流的情况。至于其他情况，例如，在连续性流体（包括气体、液体）情况下，除隔爆性能外，主要是考虑阻火元件的抗烧蚀性和危险温度可能造成的危险。

除了上述的这些阻火元件式隔爆结构外，还有一些其他的结构可用于隔爆型电气设备上，例如，金属叠片式隔爆结构，金属波纹板式隔爆结构，钢珠式隔爆结构，等等。这些结构都必须通过试验来确定它的隔爆性能。

3.4 隔爆型电气设备防爆结构的一般设计原则

在第2章中，我们已经介绍了适用于所有防爆电气设备防爆结构的通用要求，对于隔爆型电气设备来说，它还有着自身的特点，因而，人们在设计这种电气设备时除应该遵循防爆电气设备的通用设计要求（参见第2.3节）外，还应该符合下面讨论的专门要求。

由于隔爆型电气设备的类型庞杂，品种繁多，例如，隔爆型电气控制箱，隔爆型磁力起动器，隔爆型电动机，隔爆型照明灯具，等等，各类设备有着各自的使用功能和结构特征，所以，我们不可能而且也没有必要介绍一些详尽的设计方法。

因而，在这里仅就隔爆型电气设备的一般设计原则予以简要的讨论。

3.4.1 设计方案的确定

在设计时，人们应该从即将设计的隔爆型电气设备预期使用的环境条件、允许采用的制作材料和相适应的整体结构来确定设备保护级别、防爆级别、温度组别及相关的标准参数范围。在确定设计方案时，设计人员应该关注下列内容。

1. 环境温度、防爆级别和温度组别的确定

(1) 环境温度

设计人员在设计隔爆型电气设备时应该了解所设计的电气设备的使用环境温度。在第2章中，我们已经知道，防爆电气设备的运行环境温度为-20~40℃，这是人们在设计防爆电气设备时应该遵循的温度基准。

除此之外，对隔爆型电气设备来说，还有一个适用的大气温度也是很重要的。

国家标准 GB 3836.2—2000《爆炸性气体环境用电气设备 第 2 部分：隔爆型“d”》规定，隔爆型电气设备适用的爆炸性气体环境的大气温度为 -20 ~ 60℃。当隔爆型电气设备适用的大气温度超出这个温度范围时，大气温度对隔爆型电气设备的防爆安全性能将造成威胁。

从第 3.2 节中我们已经知道，隔爆外壳内发生爆炸性气体-空气混合物爆炸时产生的爆炸压力与爆炸性气体-空气混合物的初始温度成反比关系［参见式（3.1）］，即随初始温度的减小而增加。当初始温度比规定值低得多时不仅爆炸压力增加，而且材料也会变脆，显然，倘若此时还按正常情况进行设计时外壳可能会遭到破坏。因而，设计人员在设计外壳壁厚和法兰时应该考虑采用更大的安全系数。此外，低温还会造成气体分子密度增加，爆炸压力增大，爆炸生成物的穿透能力增强，因而，设计人员在设计、选择隔爆间隙时还应该考虑使用较小的间隙值。

从分子动力学观点出发，高温将会增加分子的活化能，使分子变得更加活泼。在高温情况下发生爆炸时，爆炸生成物会通过更小的缝隙窜出隔爆外壳。如果隔爆型电气设备适用的大气温度高于 60℃，人们在设计隔爆间隙时应该采用更小的间隙值。

因此，设计人员在设计隔爆型电气设备时除应该注意运行环境温度外，还必须考虑设备预期适应的大气环境条件可能造成的不利影响。

（2）防爆级别和温度组别

除环境温度外，防爆级别和温度组别依然是隔爆型电气设备设计的重要条件。

在隔爆型电气设备设计时，设计人员应该根据设备预期使用场所中可能存在的可燃性气体种类以及环境的气候条件来考虑采取的防爆级别（Ⅰ类、ⅡA 级、ⅡB 级或ⅡC 级）和温度组别（T1 组、T2 组、T3 组、T4 组、T5 组或 T6 组）。这样设计出的设备才具有良好的适应性，当然，更具有可靠的防爆安全性能。

有时候，设计人员往往根据事先的市场调查来确定哪种防爆级别、哪种温度组别的哪类设备应用最多最广泛，然后确定设计什么样的设备，采用什么样的防爆级别和温度组别，以此来适应市场的需要。当然，根据使用者的要求来确定设备的防爆级别和温度组别是一种最为简便的办法。

2. 材料选择的特殊性

在第 2 章中，我们已经讨论了使用于防爆电气设备中的各种材料。这些材料同样可以使用在隔爆型电气设备中。

但是，对于煤矿中使用的Ⅰ类电气设备，考虑到煤矿的特殊运行环境，国家标准 GB 3836.2《爆炸性环境 第 2 部分：由隔爆外壳“d”保护的设备》明确规定：

在采掘工作面上使用的电气设备，例如，安装在采煤机、装岩机、运输机等机械上的电气设备，隔爆外壳应该采用钢板或铸钢制成。

隔爆型电动机的机座应该采用钢板或铸钢制作，其他零部件可以采用牌号不低于 HT250 的灰铸铁制作。

在装配以后外力冲击不到的外壳，以及内容积不大于 2000cm^3 的外壳，可以采用牌号不低于 HT250 的灰铸铁制作。

在非采掘工作面上使用的电气设备，隔爆外壳可以采用牌号不低于 HT250 的灰铸铁制作。

不管是使用在采掘工作面还是使用在非采掘工作面的隔爆型电气设备，只要它的内容积不大于 2000cm^3，隔爆外壳也可以使用非金属材料制成。

在Ⅰ类电气设备中，原则上，不可以使用铝合金材料制作外壳及其部件，但是，在实际应用中，对于携带式、手持式设备，只要铝合金材料通过机械火花点燃试验，也允许使用。

另外，在内部安装断路器、接触器或隔离开关等可能产生电弧的开关电器的隔爆外壳中，所用绝缘材料的级别不应该低于Ⅱ级［绝缘材料的相比电痕化指数（CTI）不应该低于 CTI400M］。

上述的这些特殊规定，是设计人员在设计煤矿用，即Ⅰ类隔爆型电气设备时所必须考虑的。

除此之外，这里还需特殊指出的是，不管Ⅰ类隔爆型电气设备还是Ⅱ类隔爆型电气设备，它的隔爆外壳都不得使用锌和含锌量大于80%的锌合金制作，因为这种金属十分活泼，尤其是在潮湿环境中，机械强度会很快降低。

3. 隔爆外壳设计方案的确定

（1）总体结构设计

总体结构设计主要是指电气原理图的设计和电气元器件的选择、预计隔爆外壳的形状和尺寸、外壳内电气元器件的排列和布置、电缆引入装置的数量和位置以及设备的安装方式。

在设计隔爆型电气设备时，设计人员应该首先根据即将设计的电气设备的功能，设计电气原理图，选择电气元器件，然后将这些元器件进行适当的排列和布置。

电气原理图的设计原则是，隔爆型控制设备的隔爆外壳内原则上不得设置隔离开关或电源开关；隔离开关或电源开关应该设置在它的前一级的电路中。这符合“严禁带电打开！”的要求。在隔爆外壳内设置电源开关，常常会造成人们误判，以为“拉掉”隔离开关或电源开关后外壳内就不会带电。其实，在“拉掉”开关后，开关的一次侧仍然带电。已经多次发现，在工业实际应用中，常常因此而造成重大事故。

电气元器件的排列和布置原则是，功率发热器件尽可能地贴近外壳壳壁布置，以便于散热；主电路开关、接触器尽可能地布置在外壳的中部，而且触头不应该在隔爆接合面的平面上，以防止电弧可能灼烧外壳壳壁和电弧引起“传爆”。

当隔爆外壳内装电气元器件适当地排列和布置以后，设计人员就可以确定外壳的形状和内部的尺寸。

外壳形状和内部尺寸的确定原则是，外壳形状应该尽可能简单，可以采用长方体（或圆筒体），外壳的长边与短边之比约为3∶2；内部尺寸是元器件布置的实体尺寸和实体尺寸与外壳壳壁之间的间距之和（这里推荐，在中小型外壳情况下，这个间距不应该小于15mm）。

在隔爆外壳的形状和尺寸确定以后，设计人员应该根据电路的原理图和设备的功能来确定是否需要设置接线空腔（接线盒），以及选择电缆和设置电缆引入装置。

设置接线空腔（接线盒）的原则是，当设备内部存在开关和高温器件时，假若使用密封圈式电缆引入装置引入电缆，则设备必须设置接线空腔（即所谓“间接引入”），假若设备不设置接线空腔（接线盒），则引入装置必须是浇封式电缆引入装置（即所谓“直接引入”）；当设备内部不存在开关和高温器件时，既可以采用密封圈式电缆引入装置又可以采用浇封式电缆引入装置将电缆直接引入设备内。

选择电缆和设置电缆引入装置的原则是，电缆的绝缘应该致密，例如，橡套电缆等，载流量一般不大于额定载流量的2/3；一次侧设置独立的电缆引入装置（电源输入），二次侧，根据功能需要，可能不设置或设置一个或多个电缆引入装置（功能输出）；在设备可能垂直安装时，电缆引入装置最好布置在设备的下方。

这里需要说明的是，如果安装时采用钢管布线的方式，那么，设计人员也可以选择合适的电线（除选择电缆外）进入隔爆型电气设备内，但是，此时的电缆引入装置应该使用浇封式电缆引入装置。另外，有一些设备不需要二次出线，例如，隔爆型三相异步电动机，当然就没有必要设置二次出线的电缆引入装置。

隔爆型电气设备的安装必须牢固可靠，不得在设备运行过程中发生松动、位移等不正常现象。通常的安装方式有落地式、壁挂式、吸顶式。因此，设计人员在考虑安装方式时应该遵循的原则是，螺栓固定时不允许只使用一个螺栓，而且必须有防止松动的措施；用其他方式固定时也必须具有同样的效果。

（2）隔爆结构设计

隔爆结构设计主要是指确定隔爆接合面的结构形式和选择隔爆接合面的隔爆参数。

当总体结构基本确定之后，人们可以选择可能采取的隔爆结构形式和相应的隔爆接合面参数。

当隔爆外壳是长方体形状时，隔爆结构应该是法兰式结构；当隔爆外壳是圆筒体形状时，隔爆结构可以是法兰式结构，也可以是止口式结构，还可以是螺纹式结构。至于其他形式的隔爆结构，人们可以根据隔爆型电气设备的功能进行不同的选择。

此外，当采用法兰式结构时，还应该确定是采用外法兰还是采用内法兰。

当隔爆接合面的结构形式确定之后，人们应该估算隔爆外壳的内容积。

隔爆参数的选择原则是，按照隔爆外壳内容积的大小和已经确定的防爆级别，从表3.4、表3.5中选取合适的隔爆接合面宽度和隔爆间隙的标准值；从表3.6、表3.7中选取合适的螺纹隔爆接合面的标准值。至于其他形式的隔爆结构（例如胶粘式结构、密封式结构，等等）的相关参数以及法兰式隔爆接合面的表面粗糙度，人们可以参考第3.3节的相关内容。

这里应该指出的是，在确定ⅡC级隔爆型电气设备的隔爆结构时人们应该慎重考虑（参见第3.4.9节）。

3.4.2 隔爆外壳的相关计算

在隔爆型电气设备设计时，设计人员可以按照下面所介绍的公式对隔爆外壳的壁厚以及相关部位进行一些简单的理论计算，作为设计隔爆外壳的理论依据。

1. 外壳壁厚计算

在通常情况下，隔爆外壳大多采用长方体或圆筒体。理论计算主要是计算这些外壳的壳壁厚度、法兰连接时法兰的厚度以及选择紧固螺栓（螺钉）的数量和大小。下面分别予以讨论。

（1）长方体隔爆外壳壁厚计算

在计算长方体外壳薄壁结构壁厚时，可以使用下列公式：

$$\delta \geqslant b\sqrt{\frac{kCp}{\sigma_T}} \tag{3.9}$$

式中 δ——平面薄板的计算厚度（cm）；

b——矩形薄板短边的长度（cm）；

k——安全系数（对于隔爆型电气设备，k取1.5）；

C——应力系数，参见表3.8；

p——设计压力（MPa）（特殊情况除外，对于隔爆型电气设备，Ⅰ类和ⅡA级：1.0MPa，ⅡB级：1.5 MPa，ⅡC级：2.0 MPa）；

σ_T——薄板材料的屈服极限（MPa）。

表3.8 应力系数

a①$/b$	1.0	1.1	1.2	1.3	1.4	1.5	1.6	∞
C	0.1374	0.1602	0.1812	0.1968	0.2100	0.2208	0.2208	0.2208

① a——矩形薄板长边的长度（cm）。

这里举例说明这些计算。

【例3.3】 现计算某一空腔内部尺寸为1000mm×670mm×350mm的隔爆型电气控制设备（ⅡA级）隔爆外壳的壁厚。隔爆外壳采用钢板（Q235-A）焊接结构。

按照式（3.9）分别计算背板、顶板和侧板的壁厚。

- 背板（1000mm×670mm）壳壁的壁厚（δ_1）：

查表3.8求得C：$a/b=1000/670\approx1.5$，$C=0.2208$；另外，令$p=1$ MPa，$\sigma_T=240$ MPa，$k=1.5$。然后，将这些数值代入式（3.9），计算得到

$$\delta_1=670\times[(1.5\times0.2208\times1)/240]^{1/2}\text{mm}$$
$$\approx2.45\text{cm}$$

- 顶板（670mm×350mm）壳壁的壁厚（δ_2）：

查表3.8求得C：$a/b=670/350\approx1.9$，$C=0.2208$；另外，令$p=1$ MPa，$\sigma_T=240$ MPa，$k=1.5$。然后，将这些数值代入式（3.9），计算得到$\delta_2\approx1.21$cm。

- 侧板（1000mm×350mm）壳壁的壁厚（δ_3）：

查表3.8求得C：$a/b=1000/350\approx2.9$，$C=0.2208$；另外，令$p=1$ MPa，$\sigma_T=240$ MPa，$k=1.5$。然后，将这些数值代入式（3.9），计算得到$\delta_3\approx1.30$cm。

从上述的理论计算可以看出，背板厚度应该选取$\delta=25$mm，顶板和侧板的厚度应该选取$\delta=13$mm。但是，一个箱体具有不同的壁厚，显然不能令人满意。为改变这种情况，人们可以在背板上设置加强筋，以减小背板的厚度。

- 背板尺寸的调整：

当采用“+”字形加强筋来减小背板的厚度时，背板被分割成4小块。每一小块的尺寸为500mm×335mm。

计算可知，此时背板的计算厚度$\delta_4\approx1.16$cm。这个数值和顶板、侧板的厚度可以协调一致。

根据上述的理论计算和实际的设计经验，我们建议这个隔爆外壳壳壁的设计厚度可以选取$\delta=15$mm。

按照上述计算结果，我们在计算机上模拟了在隔爆外壳内部发生爆炸时这个外壳的受力情况。分析可知，设计人员使用上述的计算方法基本上可以满足设计要求。

（2）圆筒体隔爆外壳壁厚计算

1）圆筒壁厚计算

在计算圆筒体隔爆外壳的圆筒壁厚时，可以使用下列公式：

$$\delta\geqslant\frac{pD_i}{2[\sigma]^t\phi-p}\tag{3.10}$$

式中　δ——圆筒薄壁的计算厚度（cm）；

p——设计压力（MPa）（特殊情况除外，对于隔爆型电气设备，Ⅰ类和ⅡA级：1.0MPa，ⅡB级：1.5MPa，ⅡC级：2.0MPa）；

D_i——圆筒薄壁的内径（cm）；

$[\sigma]^t$——设计温度下圆筒材料的许用应力（MPa）；

ϕ——焊缝系数，参见表3.9。

表3.9　焊缝系数（ϕ）

焊缝种类		探伤范围		
		100%无损探伤	局部无损探伤	不作无损探伤
双面对接焊		1.0	0.9	0.7
单面对接焊	焊缝全长有垫板	0.9	0.8	0.65
	焊缝全长无垫板	0.75	0.7	0.6

现举例说明如下。

【例3.4】 试计算内径为300mm的钢质结构（Q235-A）圆筒体隔爆外壳（ⅡA级）的圆筒壁厚。

我们假定，设计压力 $p=1\text{MPa}$，钢板采用单面对接焊且焊缝无垫板，并且不作无损探伤检查，焊缝系数 ϕ 取0.6。查材料手册得到，材料（Q235-A）的许用应力 $[\sigma]^{t}=111.8\text{MPa}$。

将这些数据代入式（3.10）中，计算求得圆筒体隔爆外壳的圆筒薄壁的计算厚度为

$$\delta = 1\times 30/(2\times 111.8\times 0.6-1)\text{cm}$$
$$\approx 0.23\text{cm}$$

在实际结构中，我们可以将这个圆筒体隔爆外壳的圆筒薄壁的设计厚度（δ）确定为3mm。

2）端盖壁厚计算

对于圆筒体隔爆外壳来说，它的端盖大概可以归类为3种形式：半球形封头-圆筒-法兰型，半椭圆截面形封头-圆筒-法兰型和平面型（图3.21）。

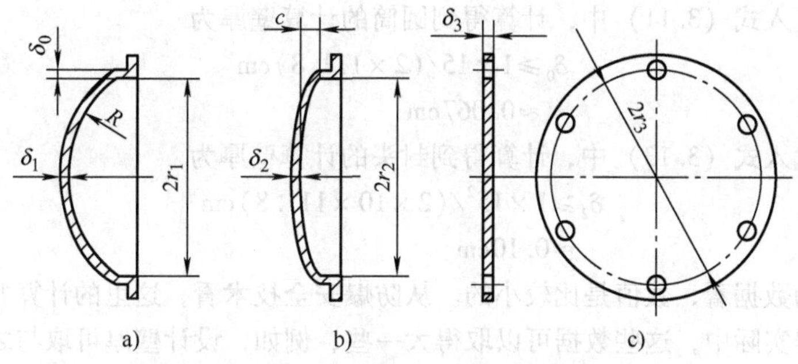

图3.21 圆筒体隔爆外壳端盖结构示意图

a）半球形封头-圆筒-法兰型端盖 b）半椭圆截面形封头-圆筒-法兰型端盖 c）平面型端盖

① 对于半球形封头-圆筒-法兰型端盖

圆筒部分的壁厚（δ_0）为

$$\delta_0 \geqslant \frac{pR}{2[\sigma]} \tag{3.11}$$

封头部分的壁厚（δ_1）为

$$\delta_1 \geqslant \sqrt[3]{\frac{0.28p^2 r_1 R^2}{[\sigma]^2}} \tag{3.12}$$

这里需要指出的是，半球形封头与圆筒之间的连接可以设置半径为5～10mm的过渡圆角，这样可以有效地减小弯曲力矩和应力。在下述的半椭圆截面形封头-圆筒-法兰型端盖上也应该采用这种圆角进行过渡。

② 对于半椭圆截面形封头-圆筒-法兰型端盖

圆筒部分的壁厚（δ_0）可以按照式（3.11）进行计算，但是，式中的 R 应该由 r_2 替代。

封头部分的壁厚（δ_2）为

$$\delta_2 \geqslant \frac{pr_2^2}{2c[\sigma]} \tag{3.13}$$

③ 对于平面型端盖

圆形平板的壁厚（δ_3）为

$$\delta_3 \geqslant \sqrt{\frac{pr_3^2}{[\sigma]}} \tag{3.14}$$

在式（3.11）~式（3.14）中：

p——设计压力（MPa）（特殊情况除外，对于隔爆型电气设备，Ⅰ类和ⅡA级：1.0MPa，ⅡB级：1.5MPa，ⅡC级：2.0MPa）；

R——封头的球半径（cm）；

r_1——半球形封头-圆筒-法兰型端盖圆筒部分的半径（cm）；

r_2——半椭圆截面形封头-圆筒-法兰型端盖椭圆的长轴半径（cm）；

r_3——平面型端盖圆形平板的半径（cm）；

c——半椭圆截面形封头-圆筒-法兰型端盖封头的高度，即椭圆的短轴半径（cm）；

$[\sigma]$——材料的许用应力（MPa）。

下面举例计算半椭圆截面形封头-圆筒-法兰型端盖的圆筒壁厚和封头壁厚。

【例3.5】 假设半椭圆截面形封头的长轴半径为150mm，短轴半径为100mm；钢质（Q235-A）结构，材料的许用应力 $[\sigma]=111.8$ MPa。

将这些数据代入式（3.11）中，计算得到圆筒的计算壁厚为

$$\delta_0 \geqslant 1\times15/(2\times111.8)\text{cm}$$
$$\approx 0.067\text{cm}$$

将这些数据代入式（3.13）中，计算得到封头的计算壁厚为

$$\delta_2 \geqslant 1\times15^2/(2\times10\times111.8)\text{cm}$$
$$\approx 0.10\text{cm}$$

从计算得到的数据看，数值是比较小的。从防爆安全技术看，这里的计算并没有施加安全系数，因而，在工程实际中，这些数据可以取得大一些，例如，设计壁厚可取与之配合的圆筒体隔爆外壳的圆筒设计壁厚数值。

（3）外壳法兰厚度计算

在计算矩形外壳法兰的厚度时，可以使用下列公式：

$$\delta \geqslant a\sqrt[3]{\frac{\alpha kpa}{E(0.6i-B)\phi}} \tag{3.15}$$

式中 δ——法兰的计算厚度（cm）；

a——法兰上两个相邻的紧固螺栓（螺钉）之间的间距（cm）；

α——扰度系数，参见表3.10；

p——设计压力（MPa）（特殊情况除外，对于隔爆型电气设备，Ⅰ类和ⅡA级：1.0MPa，ⅡB级：1.5 MPa，ⅡC级：2.0 MPa）；

k——安全系数（对于隔爆型电气设备，k 取1.5）；

E——所用材料的弹性模量（MPa）；

i——隔爆间隙（参见表3.4和表3.5）（cm）；

B——平面度（cm）；

ϕ——焊缝系数，见表3.9。

表3.10 扰度系数

a/b①	1	1.5	2	2.5	3	4	5	6	∞
α	0.240	(0.155)	0.166	0.168	0.168	0.168	0.168	0.168	0.168

① b——隔爆接合面宽度（即法兰宽度）（cm）。

【例3.6】 现在以矩形钢质（Q235-A）法兰为例，试计算法兰的厚度。

假设：法兰上两个相邻的紧固螺栓（螺钉）之间的间距 $a=10\text{cm}$，设计压力 $p=1\text{MPa}$，隔爆接合面宽度（即法兰宽度）$b=2.5\text{cm}$，隔爆间隙 $i=0.02\text{cm}$，安全系数 $k=1.5$，平面度 $B=0.0004\text{cm}$，扰度系数 $\alpha=0.168$（当 $a/b=4$ 时，参见表 3.10），$\phi=0.6$；查材料手册得出材料的弹性模量 $E=2\times10^5\text{MPa}$。将这些数据代入式（3.15）中得出，法兰的计算厚度为

$$\delta=10\times\{(0.168\times1.5\times1\times10)/[2\times10^5(0.6\times0.02-0.0004)\times0.6]\}^{1/3}\text{cm}$$
$$\approx1.22\text{cm}$$

此时，矩形法兰的设计厚度可以取 15mm。

当计算圆筒体外壳的圆环形法兰时，设计人员仍然可以使用式（3.15）进行工作，只是在计算完成后，对计算结果乘以 1.2～1.3 倍的系数就可以了。

这里需要特殊指出的是：

① 上述计算的法兰厚度仅仅是经加工后应该保证的必要的厚度，毛坯件的厚度应该由工艺人员予以考虑；除此之外，隔爆外壳壳体法兰的厚度还应该根据不同材料考虑螺钉的拧入深度（推荐：紧固螺纹拧入深度可以采用，对于钢及青铜，1 倍螺纹直径；对于铸铁，1.25 倍螺纹直径；对于铝，2 倍螺纹直径）。

② 法兰上两个相邻的紧固螺栓（螺钉）之间的间距，通常情况下，取 100～110mm 是较为合理的。在相同条件下，间距太小时所用螺栓（螺钉）太多，间距太大时所用螺栓（螺钉）少了，但是螺栓直径大了，隔爆接合面宽度将可能增大。

③ 在式（3.10）～式（3.14）中没有施加安全系数。对于隔爆型电气设备，如果需要，允许将计算结果施加 1.5 倍的安全系数。

综上所述，这里所介绍的隔爆外壳计算方法，仅仅是向人们提供一种参考。“法无定法”。在绝大多数情况下，设计人员应该根据实际经验对计算结果进行适当的修正，当然，也可以在计算机上采用受力图像模拟分析的方法进行适当的调整。通常，对一些大型的隔爆外壳，人们应该进行这样的计算，而对一些小型的隔爆外壳，就未必一定要进行计算了。

2. 紧固螺栓（螺钉）的选择和隔爆接合面宽度的确定

在隔爆接合面上，紧固螺栓（螺钉）的数量和直径与隔爆接合面的宽度是相互影响的。因此，人们在设计时应该，首先预选紧固螺栓（螺钉），然后确定隔爆接合面宽度。

（1）紧固螺栓（螺钉）的选择

在隔爆型电气设备中，当使用螺栓（螺钉）来紧固盖子和壳体时，人们在选择紧固螺栓（螺钉）时必须考虑诸多因素，例如，紧固螺栓（螺钉）的性能等级，隔爆接合面的宽度参数（L，L_1），紧固螺栓（螺钉）之间的间距，隔爆外壳盖子的受力面积，等等。

首先，设计人员应该确定预选螺栓（螺钉）的数量，然后，按照下式计算每个螺栓（螺钉）所承受的拉力，即

$$F=\frac{pm}{n} \tag{3.16}$$

式中 F——每个螺栓（螺钉）所承受的拉力（N）；

p——设计压力（Pa）（特殊情况除外，对于隔爆型电气设备，Ⅰ类和ⅡA 级：1.0MPa，ⅡB 级：1.5MPa，ⅡC 级：2.0MPa）；

m——受力面积（m^2）；

n——紧固螺栓（螺钉）的数量。

接着，人们可以根据螺栓（螺钉）受力大小按照表 3.11（或 GB 3098.1《紧固件机械性能　螺栓、螺钉和螺柱》）选取螺栓（螺钉）直径。

然而，在这种选择中，人们很难找到一个螺栓（螺钉）的保证载荷数值刚好与受力数据相吻合，因此也就难以选出一个合适的螺栓（螺钉）直径。在这种情况下，人们应该选择相应较大的直径而不是较小的。

表 3.11 螺栓（螺钉）（4.8 级）的保证载荷① （单位：N）

螺栓（螺钉）直径		M3	M4	M5	M6	M8	M10	M12	M14
牙型	粗牙	1590	2770	4490	6350	11500	18300	26600	36300
	细牙	—	—	—	—	12400	20400	19400	29200

① 引自 GB 3098.1《紧固件机械性能 螺栓、螺钉和螺柱》。

这样选择的螺栓（螺钉）直径是否合适，还应该通过计算 L、L_1 的值是否符合相应的规定值来决定。如果不合适，就应该进一步调整，重新计算。

（2）隔爆接合面宽度的确定

设计人员在确定外法兰的隔爆接合面宽度（L，L_1）时可以使用如下公式：

$$\begin{aligned} L &\geqslant L_1 + \phi + k \\ L_1 &\geqslant \delta + k_0 \end{aligned} \quad (3.17)$$

式中 ϕ——螺栓（螺钉）通过盖子的光孔直径（按 GB/T 5277《紧固件 螺栓和螺钉通孔》，中等装配系列）(mm)；

k——螺孔周围金属的厚度（mm）（k 应该不小于螺孔直径的三分之一值，且至少等于 3mm）；

δ——外壳壁厚（mm）；

k_0——螺孔距外壳壁外侧表面的距离（mm）。

设计人员在确定内法兰的隔爆接合面宽度（L、L_1）时可以使用如下公式：

$$L \geqslant \delta + \phi + L_1 \quad (3.18)$$

式中各参数的意义同式（3.17）；L_1 可以采用标准规定数值，但是，当 $k > L_1$ 时，则 L_1 取 k。

这里需要说明的是，在确定内法兰的隔爆接合面宽度时，壳体的法兰上螺钉的不透孔可以紧靠隔爆外壳壳壁，但是不得钻在壳壁上（图 3.22b）。

下面举例来说明螺栓（螺钉）直径的选择和隔爆接合面宽度（外法兰时）的确定。

【例 3.7】 这里以例 3.3 所示隔爆外壳尺寸为例，在采用外法兰和螺钉紧固的情况下，选择紧固螺钉的直径（4.8 级）、确定螺孔之间的间距和隔爆接合面的宽度（L、L_1）。

假设隔爆外壳为ⅡA 级，则设计压力 $p = 1\text{MPa}$；又假设螺孔之间的间距约为 100mm，则螺钉数量应该为 34 个。于是，将这些数据代入式（3.16）中计算，便得到每个螺钉承受的拉力为

$$\begin{aligned} F &= (10^6 \times 0.67)/34\text{N} \\ &\approx 19706\text{N} \end{aligned}$$

查表 3.11 可知，对于粗牙螺纹，此数值大于 18300N（M10）而小于 26600N（M12），所以，只能选取 M12 的螺钉。

在确定螺孔之间的间距时，人们应该考虑到外壳的壁厚（15mm）、螺孔边沿距外壳壁外侧表面的距离（在螺钉紧固时，推荐值为 2～5mm，在螺栓装配时，按螺母尺寸计）和 M12 螺钉的通孔直径取 13.5mm（中等装配）。计算可知，对于隔爆外壳的短边，这个间距可选取 103mm；对于隔爆外壳的长边，这个间距可选取 105mm。

当然，人们可以适当地调整相关尺寸，使这个间距均采取 105mm。

在确定隔爆接合面的宽度（L）时，人们除考虑上述要求外还应该考虑螺孔周围金属厚度不得小于螺孔直径的三分之一值（此处至少为3mm）。将这些有关数据代入式（3.17）中计算可知，隔爆接合面宽度（L）为

$$L \geqslant (15+4+13+4)\text{mm}$$
$$=36\text{mm}$$

这里，隔爆接合面的宽度（L）至少应该取36mm。

至于隔爆接合面的另一个值（L_1）显然是符合要求的。国家标准GB 3836.2《爆炸性环境　第2部分：由隔爆外壳“d”保护的设备》规定，当L等于或大于25mm时，L_1应该等于或大于9mm。这里的$L_1=19$mm。

上述的螺栓选择和隔爆接合面宽度确定的计算方法不是唯一的，读者根据自己的经验亦可使用其他的方法进行设计和计算。

这里需要说明的是，按照式（3.17）计算得到的数值是螺孔处的隔爆接合面宽度（L），也就是以螺孔圆心为圆心、$(1/2\phi+k)$为半径的圆弧半径、$1/2\phi$和L_1的累加值（图3.22）。除此之外其他部分的隔爆接合面宽度（L），可以采用这个数值，也可以采用稍大于标准数据的数值。

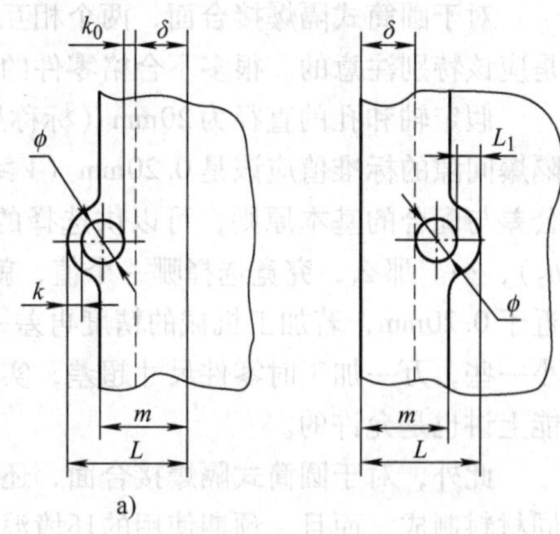

图3.22　隔爆接合面宽度计算示意图

a）外法兰时　b）内法兰时

m—标准规定数据

ϕ—螺栓（螺钉）通过盖子的光孔直径

除此之外，人们在最后确定隔爆接合面宽度（L、L_1）时还应该根据加工工艺水平适当地加大这些尺寸。

3. 隔爆结构实际参数值的选择

在隔爆型电气设备的外壳设计中，选择隔爆接合面的实际结构参数值是一项十分重要的工作。前面已经介绍了如何确定隔爆接合面宽度和隔爆间隙的标准值的基本原则。这里仅就间隙式隔爆结构的实际结构参数值的选择方法予以简要的讨论。

大家已经知道，隔爆参数已经在有关的国家标准（GB 3836.2）中给出了明确的规定。然而，国家标准中规定的这些值（简称“标准值”）是一个极限值，不可逾越的值，超过它就会被认为不合格。因而，设计人员在设计时选择的实际产品结构值（简称“结构值”）不应该超过标准值。那么，结构值究竟选择多少，是一个颇费心思的问题。

在通常情况下，设计人员应该了解和熟悉所设计产品的加工工艺，例如铸造水平、焊接能力、机加工水平、机床精度等。这样才能够保证实现设计产品的性能。设计隔爆型电气设备也是这样。

对于法兰式隔爆结构，在确定了隔爆外壳的容积、所选用的螺栓（螺钉）的尺寸以后，就可以根据表3.4和表3.5中给出的标准值来选择隔爆接合面宽度的结构值（L_C和L_{C1}）和隔爆间隙的结构值（i_C）。

（1）隔爆接合面宽度

在通常情况下，设计人员会把隔爆接合面宽度的结构值选得比标准值大一些，例如，如果隔爆接合面宽度的标准值是25mm，则选用的结构值可能是26mm或27mm，甚至还要大一些。这取决于铸造水平（对于铸件）和机加工水平。如果你刚好选择25mm，加工时稍出差错就会造成加工的零件不合格。如果选择26mm，成品的不合格率就会降低许多。

除此之外，隔爆外壳的盖子上通过螺栓（螺钉）的通孔直径（通常选用“中等装配”）还

会对 L、L_1造成不利的影响。

(2) 隔爆间隙

在隔爆间隙的选择上也是这样。法兰式接合面，即平面式配合，在理论上，应该是没有间隙的，即隔爆间隙等于0。但是，事实上并不是这样。大家知道，平面有一个平面度，尤其是在线性尺寸大的情况下，这个平面的平面度是不可以忽略的。这样，在两个相互耦合的平面之间就出现了间隙。这一点也与机加工的能力有关。

对于圆筒式隔爆接合面，两个相互耦合的圆柱形的直径差即是隔爆间隙。这个间隙在设计时是应该特别注意的。很多不合格零件的毛病就出在这里。

假定轴和孔的直径为20mm（标称尺寸），隔爆接合面宽度的标准值选择25mm，按照表3.4，隔爆间隙的标准值应该是0.20mm（$V \geqslant 2000cm^3$，ⅡB级）。然而，在实际设计结构值时，根据公差与配合的基本原则，可以供选择的间隙值有0.104（H_9/h_9），0.169（H_9/d_9），0.054（H_8/h_7），…。那么，究竟选择哪一个值，就要根据机加工的能力来确定。假若结构值选择大了，接近于0.20mm，若加工机械的精度再差一点，稍一超差，加工的零件就会报废。假若结构值选择小一些，万一加工时零件尺寸超差，实际间隙值可能不会超过间隙的标准值，这样从防爆安全性能上讲也是允许的。

此外，对于圆筒式隔爆接合面，还有一点应该引起人们的注意。那就是，假若耦合零件由不同材料制成，而且，预期使用的环境温度有较大变化时，则人们应该关注，不同材料的温度膨胀系数在变化的温度作用下可能导致隔爆间隙也发生变化。此时，人们在确定间隙值时应该根据具体情况选择合适的结构值。

(3) 表面粗糙度

除隔爆接合面宽度和隔爆间隙外，隔爆参数中的另一个参数是隔爆接合面的平均粗糙度。前面已经讨论过，通常情况下，它的值为 $R_a = 6.3$，在轴的表面上允许 $R_a = 3.2$ 或 $R_a = 1.6$。

人们应该注意到，隔爆接合面的粗糙度并不是越小越好。有很多试验已经证明，光滑的“镜面”不能够阻止隔爆外壳内爆炸生成物向外壳外部传播；爆炸生成物却能很顺利地通过隔爆间隙。当然，表面粗糙度也不要太大；过分粗糙的表面相互耦合起来会形成很多小的“空腔”，里面充满了可燃性气体，有助于火焰的传播。

4. 隔爆外壳打开时间的确定

当隔爆型电气设备内部包含大容量的电容器时，从切断前级电源起到允许打开它的盖子（或门）的时间间隔应该按照式（2.5）计算，并且还应该将计算得到的时间值标记在设备的外壳上。

当隔爆型电气设备内部包含发热元器件时，人们应该实际测量从切断前级电源起到发热元器件温度降至允许值时才允许打开盖子（或门）的时间间隔，并将其标记在设备的外壳上。

这样就可能防止电容器所存储的能量或发热元器件的温度，在打开盖子（或门）时，点燃设备周围的爆炸性气体-空气混合物。

上述的分析仅仅提供一种考虑问题的方法，究竟如何做才能够做得更合理一些，只能从设计实践中逐渐地积累经验。

3.4.3 隔爆外壳上的特殊结构

隔爆外壳上的特殊结构，主要是指隔爆外壳上的螺孔、不透螺孔、工艺孔、保护螺栓（螺钉）头的护圈或沉孔，以及由不同材质材料构成的隔爆结构。通常情况下，这些看上去并不被人们十分重视的结构，对于隔爆型电气设备来说，却是相当重要的。

1. 螺孔

在隔爆型电气设备上，人们常常使用螺栓（螺钉）来紧固隔爆外壳的盖子和壳体，以及外壳的其他部件。在这种情况下，螺孔（包括盖子上的光孔）周围（包括螺孔底部）的金属厚度（k）不应该小于螺孔直径的1/3，而且至少为3mm（图3.23）。

隔爆外壳上的螺孔分为透孔和不透孔。

当隔爆外壳的盖子和壳体是使用所谓的“外法兰”来连接的，则螺孔可以是透孔，如图3.23a所示。

当隔爆外壳的盖子和壳体是使用所谓的“内法兰”来连接的，则螺孔应该是不透孔，如图3.23b所示。

在这种情况下，除螺孔周围的金属厚度符合相应的要求外，螺孔的孔深在盖子和壳体完整组装后还必须留有至少两个弹簧垫圈（而不是弹簧垫圈+平垫圈）厚度的螺纹余量。这是为了保证在工程现场临时维修时因丢失垫圈后还能够可靠地拧紧螺钉而提出的一种临时的安全措施。

此外，由于安装内部电气元器件的需要，必须在外壳壁上设置固定螺钉的螺孔（图3.24）。这也是一种不透孔。此时，螺孔的底部金属厚度也应该符合上述要求。

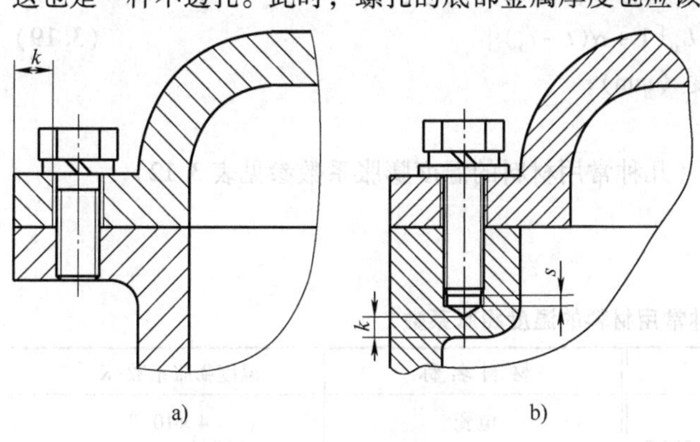

图3.23　螺钉（螺栓）透孔和螺钉不透孔

a）螺钉（螺栓）透孔　b）螺钉不透孔

s—至少为2个弹簧垫圈厚度

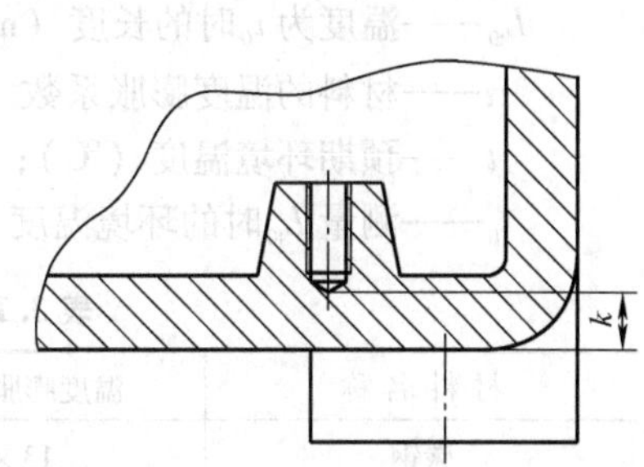

图3.24　隔爆外壳内不透螺孔

2. 工艺孔

在加工隔爆外壳时，如果因为加工工艺的需要而钻透了隔爆外壳壳壁的话，这样的所谓“工艺孔”在隔爆型电气设备制作完成时必须予以封堵。封堵可以采用隔爆螺纹结构，而且，还应该永久地固定在隔爆外壳上。

当然，人们也可以采用其他的有效方法。但是，当使用焊接方法封堵时，人们应该十分小心，保证这种焊接能够通过水压试验。

3. 护圈或沉孔

对于Ⅰ类隔爆型电气设备，当使用螺栓（螺钉）来紧固盖子和壳体时，人们必须在盖子上设置护圈或沉孔来保护螺栓（螺钉）头，如图3.25所示。这样就可以防止煤矿井下的矸石和煤块以及不规范的操作损坏螺栓（螺钉）头。

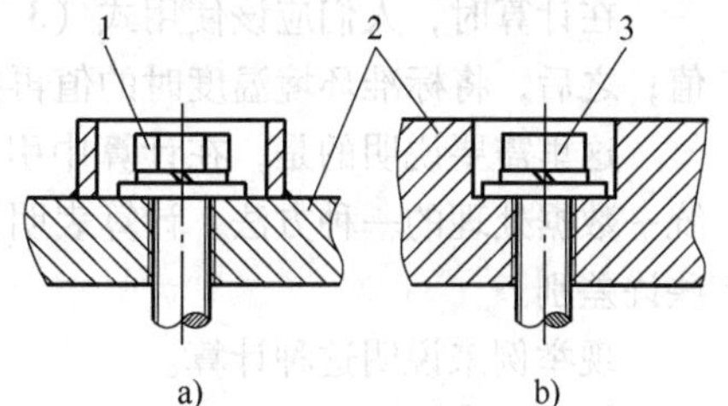

图3.25　护圈和沉孔

a）护圈　b）沉孔

1—六角头螺钉　2—盖子　3—内六方螺钉

在实际结构设计时，护圈可以铸造在盖子上（对于铸件），也可以焊接在盖子上（对于焊接件）。

不管哪种情况下，护圈的厚度都不要小于3mm；内径应该满足套筒扳手［对于六角头螺栓（螺钉）头］的尺寸或内六方螺栓（螺钉）头的外径；高度，在装配完整状态下，至少高出螺栓（螺钉）头顶面2mm。

至于沉孔，尺寸要求和护圈的一样，只是不考虑沉孔周围的壁厚。

这里需要指出的是，假若采用沉孔结构，人们必须加厚盖子的壁厚或者局部加厚盖子的壁厚；当采用护圈结构时，就不会出现这种情况。至于采用护圈还是沉孔，设计人员应该根据具体情况来确定。

4. 由不同材料构成的隔爆结构

在隔爆型电气设备中，常常有一些由不同材料构成的隔爆结构。例如，钢与铝合金，铸铁与塑料，铝合金与玻璃，等等，它们相互配合起来可以构成隔爆接合面。

由于不同材料的温度膨胀系数不同，在不同的温度条件下，它们构成的隔爆接合面的间隙大小就可能发生改变，就可能影响设备的隔爆性能。例如，圆筒式隔爆结构，止口式隔爆结构的圆筒部分，就可能因此而出现麻烦。因此，设计人员和试验人员必须计算在使用环境温度变化大的情况下这种结构的隔爆间隙。

人们可以使用下述公式计算隔爆结构中耦合零件的有关尺寸：

$$L_t = L_{t0}[1 + \alpha(t - t_0)] \tag{3.19}$$

式中 L_t——在预期环境温度为 t 时的长度（mm）；

L_{t0}——温度为 t_0 时的长度（mm）；

α——材料的温度膨胀系数（K^{-1}）（几种常用材料的温度膨胀系数参见表3.12）；

t——预期环境温度（℃）；

t_0——测量 L_{t0} 时的环境温度（℃）。

表3.12 几种常用材料的温度膨胀系数①

材料名称	温度膨胀系数/K^{-1}	材料名称	温度膨胀系数/K^{-1}
碳钢	13×10^{-6}	电瓷	4×10^{-6}
铸铁	12×10^{-6}	石英玻璃	0.5×10^{-6}
不锈钢	19×10^{-6}		
黄铜	21×10^{-6}	PP①	10×10^{-4}
铝合金	25×10^{-6}	ABS	13×10^{-4}

注：1. 表中数据为散见于相关文献中的数据，仅供参考。

2. 材料的温度膨胀系数与温度数值大小有关。某一温度膨胀系数是某一温度范围内的平均值。

① 如果需要，塑料材料的温度膨胀系数可参照 GB/T 1036—2008《塑料 −30～30℃线膨胀系数的测定 石英膨胀计法》进行测量得出。

在计算时，人们应该使用式（3.19），首先将相关的数据换算到标准环境温度（20℃）时的值；之后，将标准环境温度时的值再换算到预期环境温度时的值。

这里需要说明的是，在计算中引入“计算标准环境温度（20℃）时的值”作为基准，是为统一数据处理的一种方法。计算表明，直接从实验室环境温度计算，在某些情况下，可能会产生些许差别。

现举例来说明这种计算。

【例3.8】 现有一台隔爆型电气控制箱（Exd Ⅱ AT4 Gb），由钢板（Q235-A）焊接而成，且使用绝缘套管（外径的标称尺寸 $\Phi=30$mm）将导电螺栓贯通内部的隔板（参见图3.40）；预期使用在 −30℃的环境中。试计算在 −30℃时此处的间隙值。

从表3.12查到温度膨胀系数，钢板（Q235-A）：$13\times10^{-6}K^{-1}$；绝缘套管（ABS）：$13\times10^{-4}K^{-1}$。

首先，将在实验室环境条件下（假设温度为25℃）的数值换算到标准环境温度（20℃）时的值（即第1次换算）。

• 装配绝缘套管的隔板上通孔内径的第1次换算值：

假若通孔内径的尺寸为$\Phi=30^{+0.1}$mm，将相关数据代入式（3.19）中便得到

$$L'_{t(20)}=30.1\times[1+13\times10^{-6}\times(20-25)]\text{mm}$$
$$\approx30.098\text{mm}$$

• 绝缘套管外径的第1次换算值：

假若绝缘套管外径的尺寸为$\Phi=30_{-0.1}$mm，将相关数据代入式（3.19）中便得到

$$L''_{t(20)}=29.9\times[1+13\times10^{-4}\times(20-25)]\text{mm}$$
$$\approx29.706\text{mm}$$

• 标准环境温度（20℃）时的间隙值：

$$i_{(20)}=L'_{t(20)}-L''_{t(20)}$$
$$=30.098\text{mm}-29.706\text{mm}$$
$$=0.392\text{mm}$$

接着，将换算到标准环境温度（20℃）时的值再换算到预期环境温度（-30℃）时的值（即第2次换算）。

• 装配绝缘套管的隔板上通孔内径的第2次换算值：

将第1次换算值代入式（3.19）中便得到

$$L'_{t(-30)}=30.098\times[1+13\times10^{-6}\times(-30-20)]\text{mm}$$
$$\approx30.078\text{mm}$$

• 绝缘套管外径的第2次换算值：

将第1次换算值代入式（3.19）中便得到

$$L''_{t(-30)}=29.706\times[1+13\times10^{-4}\times(-30-20)]\text{mm}$$
$$\approx27.775\text{mm}$$

• 预期环境温度（-30℃）时的间隙值：

$$i_{(-30)}=L'_{t(-30)}-L''_{t(-30)}$$
$$=(30.078-27.775)\text{mm}$$
$$=2.303\text{mm}$$

计算结果表明，在实验室环境条件下（温度为25℃），这里的间隙值为0.2mm，换算到标准环境温度（20℃）时增加到0.392mm，再换算到预期环境温度（-30℃）时就增加到2.303mm。显然，在这种钢和塑料配合的结构中，间隙随着温度的降低在增加。

对于由不同材料构成隔爆结构时，这样的计算很有必要。如果耦合零件的温度膨胀系数相差较大，在圆筒式隔爆结构时就可能出现两种情况：

• 若轴的材料的温度膨胀系数大于孔的，当温度降低时，隔爆间隙值便会增大。

• 若孔的材料的温度膨胀系数大于轴的，当温度升高时，隔爆间隙值便会增大。

这样的结论提示人们，在条件允许的情况下，当预期环境温度的波动趋于增大时，应该选用轴的材料的温度膨胀系数大于孔的配合；当预期环境温度的波动趋于减小时，应该选用孔的材料的温度膨胀系数大于轴的配合。这样就有可能减小温度波动对间隙造成的不利影响。

3.4.4 隔爆接合面的防锈处理和外壳内表面的涂覆

在隔爆型电气设备设计时，隔爆接合面的防锈处理也是一个必须考虑的问题。大家知道，在防爆电气设备的使用环境中存在着大量的可燃性气体和（或）易燃性液体，甚至各种酸雾以及空气中的湿气、温度的变化，这些因素都能使金属的隔爆接合面发生锈蚀。隔爆接合面的锈蚀将给防爆电气设备的使用安全性能带来极大的威胁。

防止隔爆接合面锈蚀的方法有多种，目前比较常用的有磷化处理和涂敷204-1型防锈油。

在这里必须指出的是，这种防锈处理不得采用传统意义上的方法，例如涂覆黄油等。试验表明，黄油等油脂有助燃作用，而且容易固化，固化后的固态物垫起了隔爆接合面的间隙。204-1型防锈油则没有这些弊病，有利于保证电气设备的隔爆性能。

此外，隔爆外壳内表面的涂敷也很重要。国外有报道，由于隔爆外壳内部产生的电弧烧穿了隔爆外壳壳壁，因而造成了严重的危险。为了防止电弧的灼烧，人们应该在隔爆外壳内表面上涂敷耐电弧瓷漆。

3.4.5 隔爆型电缆引入装置

隔爆型电气设备的电缆引入有两种方式，即直接引入方式和间接引入方式。所谓直接引入方式是指外部的电缆通过外壳壳壁直接进入设备内与相应的接线端子相连接，而间接引入方式则是指外部的电缆通过外壳壳壁进入接线盒，与接线盒内的接线端子相连接，然后通过接线盒与设备主空腔之间的间隔（隔爆结构）进入主空腔内，再与相应的接线端子相连接。

在设计隔爆型电缆引入装置时，设计人员应该首先分析一下所设计的隔爆型电气设备内是否存在点燃源（例如，开关触点产生的放电火花，高温的热表面），如果没有，电缆进入外壳时可以采用密封圈式电缆引入装置；如果有，电缆进入外壳时不允许采用密封圈式电缆引入装置，应该采用浇封式电缆引入装置。在这种情况下，电缆可以通过引入装置“直接”进入隔爆外壳（主空腔）内，即为直接引入方式。

在隔爆型电气设备内存在点燃源时，人们仍然希望使用密封圈式电缆引入装置，那就应该在电气设备上设置一个专门的接线空腔，即接线盒。此时，电缆通过引入装置、接线盒和间隔“间接”进入隔爆外壳（主空腔）内，即为间接式引入方式。

对于煤矿井下使用的隔爆型电气设备，如果设备在正常运行时不会产生放电火花、电弧和（或）危险温度，而且额定功率不大于250W、电流不大于5A，那么，人们就可以采用密封圈式电缆引入装置直接将电缆引入电气设备内。

1. 密封圈式电缆引入装置

密封圈式电缆引入装置是一种只允许引入电缆的引入装置。在设计时，设计人员应该遵守在第2章中的有关要求，此外，还应该遵照这里介绍的相关参数。国家标准GB 3836.2《爆炸性环境 第2部分：由隔爆外壳“d”保护的设备》规定：

如果电缆引入装置中使用的密封圈具有同一个外径，但是内径尺寸有多个的话，那么，它的轴向长度（在非压缩状态）：

① 当圆形电缆的直径不大于20mm，非圆形电缆截面周长不大于60mm时，最小为20mm。

② 当圆形电缆的直径大于20mm，非圆形电缆截面周长大于60mm时，最小为25mm。

电缆引入装置在隔爆外壳上的固定方式有多种方式，例如，引入装置和隔爆外壳制成一体式结构（图3.26），也可以用螺纹式隔爆结构固定在隔爆外壳上（图3.27），等等。

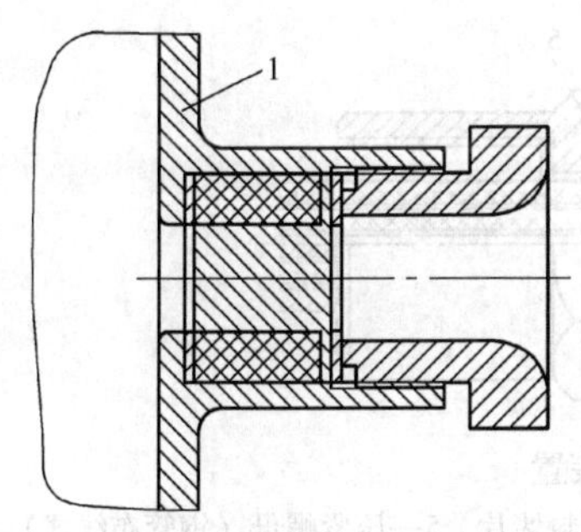

图 3.26　密封圈式电缆引入装置（一体式结构）

1—隔爆外壳壳壁

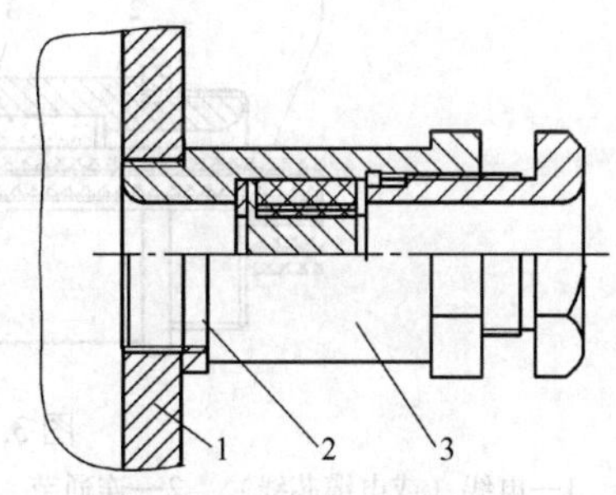

图 3.27　密封圈式电缆引入装置（螺纹式结构）

1—隔爆外壳壳壁　2—锁紧螺母　3—电缆引入装置

除一体式结构外，其他的与隔爆外壳组装在一起的固定方式，例如螺纹式结构、圆筒式结构，都应该按照相应的隔爆结构要求进行安装与固定。

此外，对于螺纹式结构的固定方式，即用螺纹式隔爆结构将引入装置固定在外壳上，固定螺纹应该符合表 3.6 的规定，而且，螺纹部分的轴向长度至少为 8mm，有效的啮合扣数至少为 6 扣。在这种情况下，如果固定螺纹部分有退刀槽，则在引入装置安装时此处应该配置一个不会丢失的、不可压缩的垫圈，以保证安装后螺纹的啮合长度。

至于压紧密封圈的压紧方式，不管是压紧螺母式压紧方式还是压盘式压紧方式（参见第 2 章），安装压紧以后，压紧螺母或压盘与配合部分（例如连通节）之间应该保持大约 5mm 的间距。在压紧时保持这个间距，就可以表明压紧螺母或压盘处于压紧状态。

由于密封圈式电缆引入装置结构简单，易于安装和拆卸，所以，人们常常采用这种结构的电缆引入装置。

这里还需特别指出的是，隔爆型电缆引入装置不适用于将多根电线引入隔爆型电气设备内，因为压紧环节无法将这些电线压紧，潜在着不小的危险性。这一点在工程设计时应该引起人们足够的注意。

2. 浇封式电缆引入装置

浇封式电缆引入装置是一种既可以引入电缆又可以引入电线的引入装置。在设计时，设计人员应该遵照如下要求（在装配状态下）：

- 引入装置中浇封剂的轴向长度不应该小于 20mm；
- 在浇封剂的横截面上至少有 20% 的横截面被浇封剂填充；
- 浇封剂应该完全填充引入装置中所有的空间，而且电缆芯线（电线）彼此之间都应该被浇封剂包围。

在这种结构中，被浇封的应该是电缆的芯线或电线，不应该浇封电缆（包括护套）。因为电缆带有护套，浇封后芯线之间可能存在缝隙，尤其那些绝缘不致密的电缆，形成了爆炸生成物“传爆”的通道。

浇封式电缆引入装置可以设置一个压盖，以防止在浇注浇封剂时填料溢出；此外，这个压盖还应该设计成便于在钢管布线时与钢管相连接的结构（尤其是在引入电线的情况下），连接螺纹应该为管螺纹，或者，在电缆布线时能够压紧电缆的结构。

常用的浇封式电缆引入装置如图 3.28 所示。

这种结构常常是在施工时预先将电缆浇封后再进行安装的，所以，浇封式电缆引入装置在隔爆外壳上的安装大多采用螺纹式隔爆结构（当然，也可以采用圆筒式结构），便于施工安装。

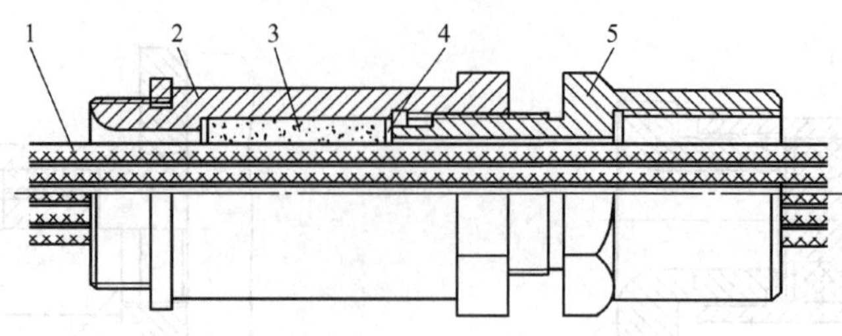

图 3.28　浇封式电缆引入装置

1—电线（或电缆芯线）　2—连通节　3——浇封剂　4—浇封剂封堵片　5—压紧螺母（钢管布线式）

3.4.6　工程图样标注的特殊性

在隔爆型电气设备设计时，除应该遵循防爆电气设备设计时要求的一般原则（参见第 2.3.1 节）外，设计人员还应该在工程图样绘制时注意以下与“隔爆”有关的特殊要求。

1. 在总装图上

设计人员应该：

① 在图样的“技术要求”中指出，所设计产品应该符合的技术条件（标准编号和名称）；隔爆接合面上有气孔、砂眼、划痕等缺陷的零件不得装配。

② 在图样上每一个隔爆接合面的配合部位作出剖视，并标注出标准规定的隔爆接合面宽度（L, L_1）的最小值、隔爆间隙（i）的最大值和表面粗糙度（R_a）的要求值。

2. 在零件图上

设计人员应该：

① 在图样的“技术要求”中指出，未注公差尺寸的极限偏差按国家标准 GB/T 1804—2000《一般公差　未注公差的线性和角度尺寸的公差》规定的中等等级执行。

对于铸造件或焊接件，这种零件的毛坯件应该进行时效处理；精加工件应该进行水压试验。

② 在图样中规定零件的材质。

③ 在图样中规定“隔爆”零件尺寸的公差，而且，与耦合零件的公差之差不得超过总装图中标志的隔爆间隙的最大值。

④ 在图样中以文字说明的形式指出隔爆接合面（例如，“隔爆接合面!”），并在隔爆接合面上标志粗糙度（例如，以图示符号方式表示 $R_a=6.3$ 或 $R_a=3.2$）。

⑤ 对于矩形零件，按照机械制图标准的要求，在图样中标注关于中心线对称的尺寸，不得标注其他“非法”尺寸。

这里需要说明的是，标注关于中心线对称的尺寸可以避免加工时产生误差积累，保证隔爆接合面宽度（L, L_1）尺寸满足设计要求。这一点在工程实践中是十分重要的。

3.4.7　隔爆型旋转电机的最小径向间隙 k 和最大径向间隙 m 计算

大家已经知道，隔爆型旋转电机轴与轴孔配合的最小径向间隙 k 至少应该大于 0.05mm，最大径向间隙 m 不得大于标准规定的最大间隙值的三分之二（在滚动轴承的情况下）。这样的规定主要是防止在最不利的情况下轴与轴孔发生摩擦或者间隙过大，从而造成点燃危险。

因此，在结构设计时，设计人员应该计算这个 k、m 值，并向防爆电气产品检验机构提供计算结果；在防爆检验时，检验人员应该复核这个 k、m 值，确认制造商提供的数值符合要求。

隔爆型旋转电机轴与轴孔配合的最小径向间隙 k、最大径向间隙 m 的计算，实际上就是一种尺寸链的计算。

1. 尺寸链的一般概念

最小径向间隙 k、最大径向间隙 m 的计算属于尺寸链计算，这里简单地讨论一下与此有关的尺寸链的基本概念。

（1）有关的术语

这里介绍几个与计算最小径向间隙 k、最大径向间隙 m 有关的尺寸链术语：

- 尺寸链——在机器装配或零件加工过程中由相互连接的一系列尺寸形成的封闭尺寸组。
- 环——组成尺寸链的每一个尺寸。
- 封闭环——在机器装配或零件加工过程中最后形成的尺寸链中的一环。
- 组成环——尺寸链中对封闭环有影响的所有环，即这些环中任一环的变动必然会影响封闭环的变动。在其他条件一定的情况下，若某一环的增加会引起封闭环的增加，减小会引起封闭环的减小，则这一环被定义为“增环”；若某一环的增加会引起封闭环的减小，减小会引起封闭环的增加，则这一环被定义为“减环”。
- 派生尺寸链——一个尺寸链的封闭环是另一个尺寸链的组成环的尺寸链。
- 传递系数——各个组成环分别对封闭环产生影响程度大小的系数，用符号 ζ_i 表示。对于增环，ζ_i 为正值；对于减环，ζ_i 为负值。
- 平均偏差——实际偏差的平均值，用符号 X_i 表示（图 3.29）。
- 中间偏差——上极限偏差与下极限偏差的平均值，用符号 Δ_i 表示（图 3.29）。
- 相对分布系数——表征尺寸分布曲线分散性的系数，用符号 k_i 表示（图 3.29）。
- 相对不对称系数——表征尺寸分布曲线不对称程度的系数，用符号 e_i 表示（图 3.29）。
- 统计公差——按照封闭环和组成环统计特性计算的封闭环和组成环的公差，这里简称为“公差”，用符号 T_i 表示（图 3.29）。

这里应该指出的是，在上述各个表示符号中的下脚标 i 表示环的序号：封闭环用 0 表示，例如，封闭环的中间偏差表示为 Δ_0；组成环用 1，2，3…表示，例如，第 1 组成环的中间偏差表示为 Δ_1，等等。

从图 3.29 可以看出，公称尺寸（L）、上、下极限尺寸（L_{max}、L_{min}）、中间偏差（Δ）、上极限偏差（ES）、下极限偏差（EI）和公差（T）等尺寸之间存在的相关关系。

（2）尺寸链的计算

尺寸链的计算，主要是计算封闭环与组成环的公称尺寸、公差及极限尺寸之间的关系。这样的计算分为正计算、反计算和中间计算。所谓正计算，就是已知各个组成环的相关参数来计算封闭环的相关参数，实际上，就是一种校核计算；反计算，就是已知封闭环的相关参数来计算（分配）各个组成环的相关参数，实际上，就是一种设计计算；中间计算，就是已知封闭环和部分组成环的相关参数来计算另一部分组成环的相关参数，具有正计算和反计算的一些特征。

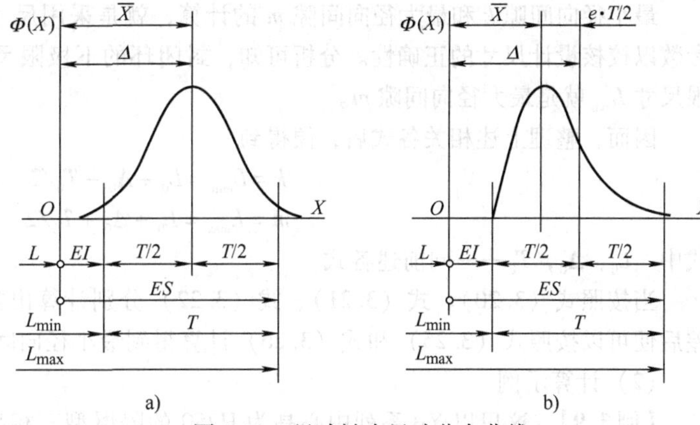

图 3.29 尺寸链中尺寸分布曲线

a）正态分布 b）瑞利分布

在讨论最小径向间隙 k、最大径向间隙 m 的计算时，我们采用尺寸链的正计算，即校核计算。这里将使用以下公式。

- 封闭环公称尺寸计算公式：

$$L_0 = \sum_{i=1}^{m} \zeta_i L_i \tag{3.20}$$

式中 ζ_i——某一组成环的传递系数，对于增环，ζ_i为正值，对于减环，ζ_i为负值；

L_i——某一组成环的公称尺寸。

- 封闭环中间偏差计算公式：

$$\Delta_0 = \sum_{i=1}^{m} \zeta_i \left(\Delta_i + e_i \frac{T_i}{2} \right) \tag{3.21}$$

式中 ζ_i——同式（3.20）；

Δ_i——某一组成环的中间偏差；

e_i——某一组成环的相对不对称系数，对于正态分布，$e_i = 0$；

T_i——某一组成环的公差。

- 封闭环公差计算公式：

$$T_0 = \sqrt{\sum_{i=1}^{m} \zeta_i^2 k_i^2 T_i^2} \tag{3.22}$$

式中 ζ_i，T_i——同式（3.20）、式（3.21）；

k_i——相对分布系数。

- 封闭环极限偏差（上极限偏差记作 ES_0，下极限偏差记作 EI_0）计算公式：

$$\begin{aligned} ES_0 &= \Delta_0 + T_0/2 \\ EI_0 &= \Delta_0 - T_0/2 \end{aligned} \tag{3.23}$$

式中 Δ_0，T_0——同式（3.21）、式（3.22）。

- 封闭环极限尺寸（上极限尺寸记作 $L_{\max}$，下极限尺寸记作 $L_{\min}$）计算公式：

$$\begin{aligned} L_{\max} &= L_0 + ES_0 \\ L_{\min} &= L_0 + EI_0 \end{aligned} \tag{3.24}$$

式中 L_0，ES_0，EI_0——同式（3.20）、式（3.23）。

2. 最小径向间隙 k 和最大径向间隙 m 的计算

（1）计算公式

最小径向间隙 k 和最大径向间隙 m 的计算，就是采用尺寸链的正计算来计算封闭环的各个参数以校核设计尺寸的正确性。分析可知，封闭环的下极限尺寸 $L_{\min}$ 就是最小径向间隙 k，上极限尺寸 $L_{\max}$ 就是最大径向间隙 m。

因而，整理上述相关各式后，便得到

$$k = L_{\min} = L_0 + \Delta_0 - T_0/2 \tag{3.25}$$

$$m = L_{\max} = L_0 + \Delta_0 + T_0/2 \tag{3.26}$$

式中 L_0，Δ_0，T_0——同前述各式。

当按照式（3.20）、式（3.21）、式（3.22）分别计算出封闭环的公称尺寸、中间偏差和公差后便可以按照式（3.25）和式（3.26）计算得到最小径向间隙 k 和最大径向间隙 m。

（2）计算示例

【例 3.9】 这里以 YB 系列中心高为 H250 的隔爆型三相异步电动机为例，通过分析它的轴贯通部分尺寸链的组成，来求解隔爆型旋转电机的最小径向间隙 k 和最大径向间隙 m。

1）建立尺寸链

在隔爆型旋转电机中，影响最小径向间隙 k 和最大径向间隙 m 的因素很多，轴贯通部分（图3.30）就有以下主要因素：

- 轴承内盖上轴孔内径（半径）的偏心，记作 A_1。
- 轴上轴承内盖凸台外径（半径）的偏心，记作 A_2。
- 轴承室内径与轴承内盖上止口外径的装配间隙引起的偏心，记作 B_1。
- 轴承室内径与轴承外径的装配间隙引起的偏心，记作 B_2。
- 轴承径向游隙引起的偏心，记作 B_3。
- 轴承内盖上轴孔对止口的径向全跳动引起的偏心，记作 B_4。
- 轴上轴承内盖凸台外径对两端轴承内盖凸台中心连线的径向全跳动引起的偏心，记作 B_5。

从尺寸链分析的角度看，这些因素就是尺寸链的环，构成了尺寸链。根据上述这些主要因素，可以画出尺寸链图，如图3.31所示。

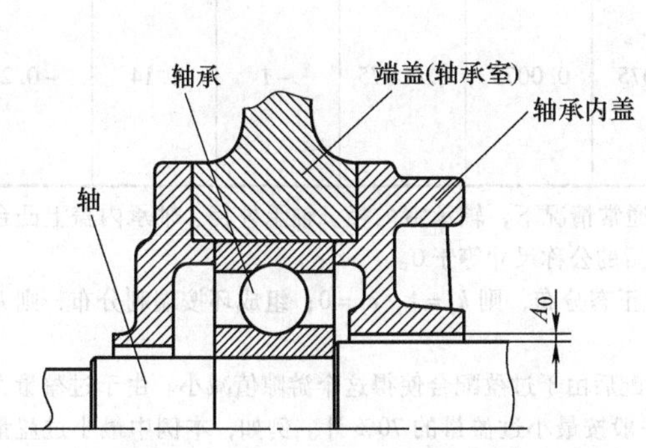

图3.30　H250 YB系列隔爆型三相异步电动机轴贯通部分示意图

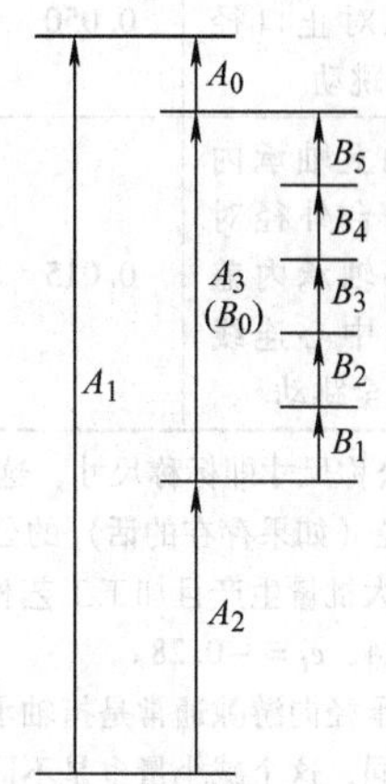

图3.31　轴贯通部分的尺寸链图

在图3.31中，A_0为封闭环；A_1、A_2、A_3（B_0）为组成环，其中，A_3即派生尺寸链 B 的封闭环 B_0。

分析可知，在组成环中，A_1为增环，即，在其他条件不变的情况下，随着A_1的增加，封闭环A_0也增加，随着A_1的减小，封闭环A_0也减小；其他各环均为减环，即，在其他条件不变的情况下，随着某一环的增加，封闭环A_0则减小，随着某一环的减小，封闭环A_0则增加。

2）各组成环参数数值的确定

对于YB系列中心高为H250的隔爆型三相异步电动机，轴贯通部分的设计数据和组成环数据如表3.13所示。

表3.13　轴贯通部分设计数据和组成环数据

组成环	轴贯通部分/mm		偏心 r_i /mm	公称尺寸 L_i/mm	极限偏差 $EI_i \sim ES_i$ /mm	公差 T_i/mm	中间偏差 Δ_i/mm	传递系数 ζ_i	相对分布系数 k_i	相对不对称系数 e_i
A_1	轴承内盖上轴孔内径	$80^{+0.046}_{0}$	$40^{+0.023}_{0}$	40	0 ~ 0.023	0.023	0.0115	1	1.14①	−0.28①
A_2	轴上轴承内盖凸台外径	$79.7^{0}_{-0.054}$	$39.85^{0}_{-0.027}$	39.85	0 ~ 0.027	0.027	0.0135	−1	1.14	−0.28

（续）

组成环	轴贯通部分/mm		偏心 r_i /mm	公称尺寸 L_i/mm	极限偏差 $EI_i \sim ES_i$ /mm	公差 T_i/mm	中间偏差 Δ_i/mm	传递系数 ζ_i	相对分布系数 k_i	相对不对称系数 e_i
B_1	轴承室内径	$150^{+0.040}_{0}$	$0^{+0.047}_{0}$	0	0 ~ 0.047	0.047	0.0235	−1	1.14	−0.28
	轴承内盖上止口外径	$150^{-0.014}_{-0.054}$								
B_2	轴承室内径	$150^{+0.040}_{0}$	$0^{+0.029}_{0}$	0	0 ~ 0.029	0.029	0.0145	−1	1.14	−0.28
	轴承外径	$150^{0}_{-0.018}$								
B_3	轴承径向游隙	0.030	$0^{+0.0143}_{0}$②	0	0 ~ 0.0143	0.0143	0.00715	−1	1.14	−0.28
B_4	轴承内盖上轴孔对止口径向全跳动	0.050	$0^{+0.025}_{0}$	0	0 ~ 0.025	0.025	0.0125	−1	1.14	−0.28
B_5	轴上轴承内盖凸台外径对两端轴承内盖凸台中心连线径向全跳动	0.015	$0^{+0.0075}_{0}$	0	0.0075	0.0075	0.00375	−1	1.14	−0.28

注：公称尺寸即标称尺寸，这里是指偏心后的标称尺寸。通常情况下，轴承室内径、轴承外径、轴承内盖上凸台外径（如果存在的话）的公称尺寸是相等的，所以偏心后的公称尺寸等于0。

① 在大批量生产且加工工艺相对稳定的情况下，封闭环按正态分布，则 $k_i=1$，$e_i=0$；组成环按瑞利分布，则 $k_i=1.14$，$e_i=-0.28$。

② 轴承径向游隙通常是指轴承处于自由状态时的数值。装配后由于过盈配合使得这个游隙值减小。由于过盈量大小不同，这个减小量也是不同的。装配后游隙的减小量一般按最小过盈量的70%计。例如，本例中最小过盈量为0.002，按70%计算，游隙减小为0.0286，故偏心为0.0143。

3）最小径向间隙 k 和最大径向间隙 m 计算

按照尺寸链的计算方法，首先，计算派生尺寸链（B）封闭环 B_0（A_3）的公称尺寸、中间偏差和公差。将表3.13中相关数据代入式（3.20）、式（3.21）、式（3.22）中计算即可得到

- 公称尺寸 $L_{0.B}=0\text{mm}$。
- 中间偏差 $\Delta_{0.B}=-0.044\text{mm}$。
- 公差 $T_{0.B}=0.072\text{mm}$。

接着，计算公称尺寸链（A）封闭环的公称尺寸、中间偏差和公差。将派生尺寸链（B）封闭环的上述计算结果和表3.13中相关数据代入式（3.20）、式（3.21）、式（3.22）中计算即可得到

- 公称尺寸 $L_0=40\text{mm}-39.85\text{mm}$
  $=0.15\text{mm}$。
- 中间偏差 $\Delta_0=0.053\text{mm}$。
- 公差 $T_0=0.091\text{mm}$。

最后，按照式（3.25）和式（3.26）计算公称尺寸链（A）封闭环的下极限尺寸 $L_{\min}$ 和上极限尺寸 $L_{\max}$，即最小径向间隙 k 和最大径向间隙 m：

$$
\begin{aligned}
k &= 0.15\text{mm}+0.053\text{mm}-1/2\times0.091\text{mm}\\
&=0.1575\text{mm}\\
&\approx0.16\text{mm}
\end{aligned}
$$

$$
\begin{aligned}
m &= 0.15\text{mm} + 0.053\text{mm} + 1/2 \times 0.091\text{mm} \\
&= 0.2485\text{mm} \\
&\approx 0.25\text{mm}
\end{aligned}
$$

（3）讨论

① 在计算示例中提出的最小径向间隙 k 和最大径向间隙 m 的计算（校核）方法，是按照 YB 系列中心高为 H160 ~ H280 的隔爆型三相异步电动机轴贯通部分的已有设计结构，通过尺寸链的计算方法提出来的，具有一定局限性和某些通用性。对于其他的隔爆型旋转电机，由于轴贯通部分的结构不同，计算所使用的参数可能有所不同，但是，分析和计算方法以及一些系数的选择（例如传递系数、相对分布系数和相对不对称系数），应该是通用的。人们可以参照这里的思考方法，运用尺寸链的计算原则提出适于相应结构的计算参数，完成这种计算。

② 在计算示例中提出的最小径向间隙 k 和最大径向间隙 m 的计算（校核）方法，是将设计数据转化为尺寸链计算时所需的参数进行的（称为“转换法”）。下面提出直接采用设计数据进行这种计算的计算方法（称为“直接法”）。

现将表 3.13 转化为表 3.14，就可以直接采用设计数据进行这种计算。

表 3.14　轴贯通部分设计参数和组成环参数

组成环	轴贯通部分/mm		偏心 r_i /mm	公称尺寸 L_i/mm	极限偏差 $EI_i \sim ES_i$ /mm	公差 T_i/mm	中间偏差 Δ_i/mm	传递系数 ζ_i	相对分布系数 k_i	相对不对称系数 e_i
A_1	轴承（内）盖上轴孔内径	$D_1{}^{+\alpha_1}_{0}$	$1/2D_1{}^{1/2\alpha_1}$	$1/2D_1$	$0 \sim 1/2\alpha_1$	$1/2\alpha_1$	$1/4\alpha_1$	+1	1.14①	−0.28①
A_2	轴上轴承（内）盖凸台外径	$d_1{}^{0}_{-\beta_1}$	$1/2d_1{}^{1/2\beta_1}$	$1/2d_1$	$0 \sim 1/2\beta_1$	$1/2\beta_1$	$1/4\beta_1$	−1	1.14	−0.28
B_1	轴承室内径	$D_2{}^{+\alpha_2}_{0}$	$1/2 \times (D_2 - d_2)^{1/2(\alpha_2+\beta_2)}$	$1/2 \times (D_2 - d_2)$	$0 \sim 1/2 \times (\alpha_2 + \beta_2)$	$1/2 \times (\alpha_2 + \beta_2)$	$1/4 \times (\alpha_2 + \beta_2)$	−1	1.14	−0.28
	轴承（内）盖上止口外径	$d_2{}^{0}_{-\beta_2}$								
B_2	轴承室内径	$D_2{}^{+\alpha_2}_{0}$	$1/2 \times (D_2 - d_2)^{1/2(\alpha_2+\beta_3)}$	$1/2 \times (D_2 - d_2)$	$0 \sim 1/2 \times (\alpha_2 + \beta_3)$	$1/2 \times (\alpha_2 + \beta_3)$	$1/4 \times (\alpha_2 + \beta_3)$	−1	1.14	−0.28
	轴承外径	$d_2{}^{0}_{-\beta_3}$								
B_3	轴承径向游隙	w	$0^{+1/2(w-0.7g)}_{0}$②	0	$0 \sim 1/2 \times (w - 0.7g)$	$1/2 \times (w - 0.7g)$	$1/4 \times (w - 0.7g)$	−1	1.14	−0.28
B_4	轴承内盖上轴孔对止口径向全跳动	v	$0^{+1/2v}_{0}$	0	$0 \sim 1/2v$	$1/2v$	$1/4v$	−1	1.14	−0.28
B_5	轴上轴承（内）盖凸台外径对两端轴承（内）盖凸台中心连线径向全跳动	u	$0^{+1/2u}_{0}$	0	$0 \sim 1/2u$	$1/2u$	$1/4u$	−1	1.14	−0.28

注：国家标准 GB/T 5847—2004《尺寸链　计算方法》指出，偏心或径向跳动趋于瑞利分布，因而，$k = 1.14$，$e = -0.28$。

①，②同表 3.13。

按照表3.14将式（3.20）、式（3.21）和式（3.22）转化为直接使用设计数据进行公称尺寸、中间偏差和公差计算的计算式。

首先，计算派生尺寸链（B）封闭环（B_0）的公称尺寸、中间偏差和公差。

- 公称尺寸为

$$L_{0.B}=0 \tag{3.27}$$

- 中间偏差为

$$\Delta_{0.B}=-0.18(2\alpha_2+\beta_2+\beta_3+w+v+u-0.7g) \tag{3.28}$$

- 公差为

$$T_{0.B}=0.57\sqrt{(\alpha_2+\beta_2)^2+(\alpha_2+\beta_3)^2+(w-0.7g)^2+w^2+v^2+u^2} \tag{3.29}$$

然后，将式（3.27）、式（3.28）、式（3.29）作为公称尺寸链（A）的组成环的数据，计算公称尺寸链（A）封闭环（A_0）的公称尺寸、中间偏差和公差。

- 公称尺寸为

$$L_0=1/2(D_1-d_1) \tag{3.30}$$

- 中间偏差为

$$\Delta_0=0.18(\alpha_1+2\alpha_2-\beta_1+\beta_2+\beta_3+w+v+u-0.7g)+X \tag{3.31}$$

其中，$X=0.0798\sqrt{(\alpha_2+\beta_2)^2+(\alpha_2+\beta_3)^2+(w-0.7g)^2+w^2+v^2+u^2}$

- 公差为

$$T_0=0.57\sqrt{\alpha_1^2+\beta_1^2+1.2996(\alpha_2+\beta_2)^2+(\alpha_2+\beta_3)^2+(w-0.7g)^2+v^2+u^2} \tag{3.32}$$

这里需要指出的是，上述各式中符号的含义参见表3.14。式中的α_1，α_2，β_1，β_2，β_3均为绝对值（mm）；g为轴与轴承装配的最小过盈量（mm）。

这样，人们就可以将式（3.30）、式（3.31）和式（3.32）的计算结果代入式（3.25）和式（3.26）中直接求得最小径向间隙k和最大径向间隙m。

事实上，使用上述讨论的两种计算方法（转换法和直接法）计算得到的结果是完全一致的，因为计算方法的实质是一样的，只是表现的形式不同而已。

③ 在使用直接法进行计算时，由于各种电机轴贯通部分的结构不同，人们可以将式（3.31）和式（3.32）中的参数去掉（或增添）几个，然后，再按照式（3.30）和这些式子进行这种“直接”计算。

例如，中心高为H80的YB系列隔爆型三相异步电动机（图3.32）。轴贯通部分的已有设计尺寸为：轴承盖上轴孔内径$D_1=\phi20^{+0.035}_{0}$，轴上轴承盖凸台外径$d_1=\phi19.75^{0}_{-0.015}$，轴承室内径$D_2=\phi47^{+0.025}_{0}$，轴承外径$d_2=\phi47^{0}_{-0.011}$，轴承径向游隙$w=0.020$，轴上轴承盖凸台外径对两端轴承盖凸台中心连线径向全跳动$u=0.010$。

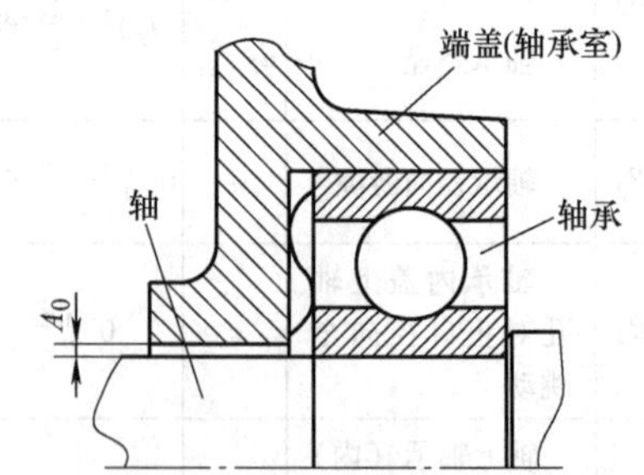

图3.32　H80 YB系列隔爆型三相异步电动机轴贯通部分结构示意图

由于这种电动机没有轴承内盖，所以就没有轴承室内径与轴承内盖上止口外径的配合、轴承内盖上轴孔对止口径向全跳动。于是，可以在式（3.31）和式（3.32）中除去相关参数后计算中间偏差和公差。

将有关尺寸参数代入这些式子后计算得到它的公称尺寸$L_0=0.125$mm，中间偏差$\Delta_0=0.0186$mm，公差$T_0=0.035$mm。

最后，将所得到的L_0、Δ_0、T_0代入式（3.25）、式（3.26）中计算即可得到H80 YB系列隔

爆型三相异步电动机的最小径向间隙 k 和最大径向间隙 m。即

$k = 0.126\text{mm}$，$m = 0.161\text{mm}$。

总之，从上述计算可以看出，最小径向间隙 k 和最大径向间隙 m 的计算是较为复杂的，但是，从防爆安全性能上看，却是十分必要的，应该引起人们的注意。

3.4.8　常用隔爆结构示例

在讨论了隔爆型电气设备隔爆结构的一般设计原则之后，下面将介绍一些常用的隔爆结构，供设计人员在设计时参考。

1. 小转轴用隔爆结构

在隔爆型电气设备中，小转轴是依靠手动从隔爆外壳外部对隔爆外壳内部进行主令控制的驱动机构。它的运动方向是围绕轴心转动的。通常，根据用途特点，小转轴不作轴向运动，而且，它围绕轴心转动的角度也不大。因此，小转轴的隔爆结构和结构参数与普通的隔爆结构和结构参数没有什么差别。

在实际应用中，小转轴的隔爆结构有各种各样的形式。这里介绍一种适用于方向开关、行程开关或隔离开关的小转轴，如图 3.33 所示。

在小转轴的隔爆结构中值得提出的是轴套，也就是所谓的“衬套”。在这种结构中设置衬套的目的是，防止在正常使用过程中因为磨损使隔爆间隙增大，从而降低此处的隔爆性能；当隔爆间隙增大到不能允许的程度时，人们可以及时地将衬套予以更换。

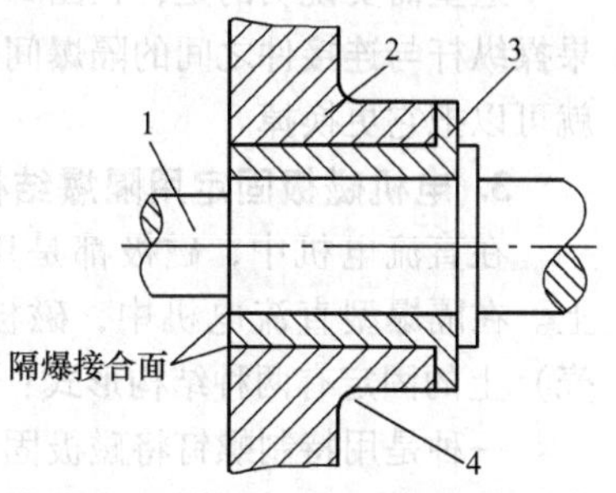

图 3.33　小转轴用隔爆结构

1—转轴　2—隔爆外壳壳壁　3—轴套　4—隔爆外壳内部

衬套应该采用耐磨损的材料（例如黄铜）制成，而且，还应该有一个止推的凸台。衬套与隔爆外壳壳壁之间采用过盈配合公差，而与小转轴之间的隔爆接合面宽度和隔爆间隙应该符合表 3.4 和表 3.5 中规定的数据。小转轴与衬套配合部分表面的粗糙度不应该低于 $R_a = 3.2$。

这里需要指出的是，当通过相应的水压试验时，衬套与壳壁的过盈配合可以不按照隔爆结构进行评价；否则，此处的结构参数应该符合表 3.4 和表 3.5 中的规定值。

衬套的安装具有方向性，那就是必须从隔爆外壳的内部向外部压入，止推凸台位于隔爆外壳的内侧。这样就可以防止内部的爆炸压力把衬套“冲出”外壳壳壁。

2. 操纵杆用隔爆结构

在隔爆型电气设备中，操纵杆是一种在它的轴向运动的、用来从隔爆外壳外部操纵隔爆外壳内部的有关零部件（例如开关、按钮部件或其他功能环节等）的驱动机构。一般地讲，操纵杆的运动方向在它的轴向，因此，对它的要求是，要保证在运动方向上轴与轴孔的配合具有隔爆性能，也就是说，此处的隔爆接合面宽度和间隙都应该符合表 3.4 和表 3.5 的相应要求，而且，操纵杆的隔爆接合面宽度应该根据运动的伸缩量（即操纵杆的行程）适当加长，表面的粗糙度不应该低于 $R_a = 3.2$。

根据用途的不同，操纵杆组成的驱动机构可以分为能够自动复位的和不能够自动复位的两种，但是，隔爆结构是相同的。

自动复位式操纵杆驱动机构如图 3.34 和图 3.35 所示。

图 3.35 所示结构可以用来对触摸式开关进行控制。设计时，如果选择一个合适的压簧，触

摸操纵杆就可以像直接触摸触摸式开关那样达到控制目的。

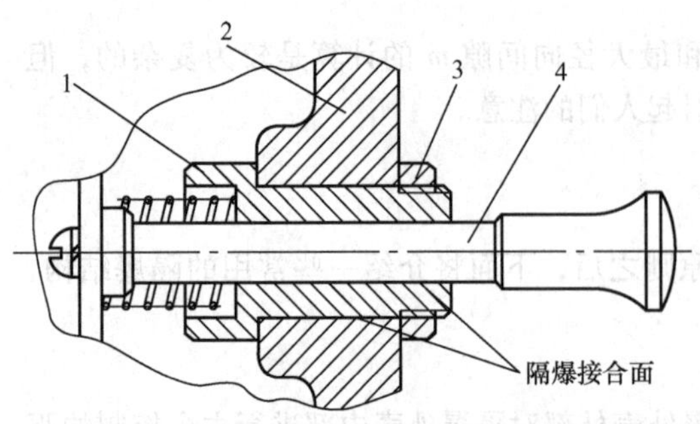

图 3.34 自动复位式操纵杆（1）用隔爆结构

1—连接件（轴套） 2—隔爆外壳壳壁
3—锁紧螺母 4—操纵杆

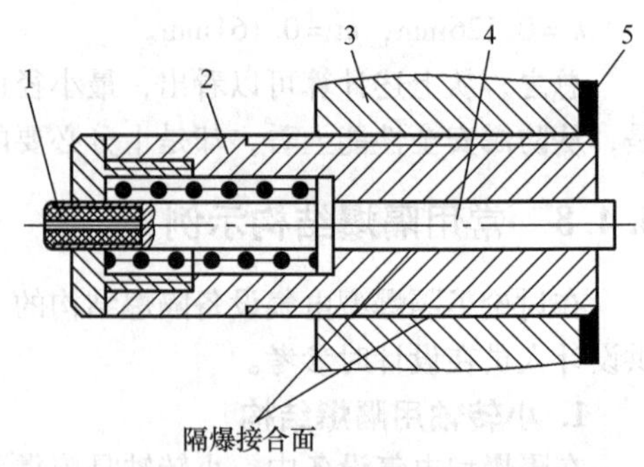

图 3.35 自动复位式操纵杆（2）用隔爆结构

1—橡皮触点 2—连接件（轴套）
3—隔爆外壳壳壁 4—操纵杆 5—面板

非自动复位式操纵杆驱动机构如图 3.36 所示。

这里需要说明的是，在图 3.34、图 3.35 和图 3.36 中，所说的连接件还具有衬套的作用。如果操纵杆与连接件之间的隔爆间隙增大的话，人们就可以把它更换掉。

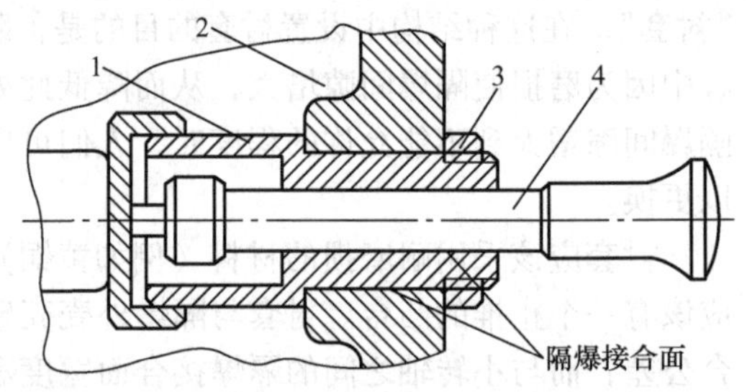

图 3.36 非自动复位式操纵杆用隔爆结构

1—连接件（轴套） 2—隔爆外壳壳壁
3—锁紧螺母 4—操纵杆

3. 电机磁极固定用隔爆结构

在直流电机中，磁极都是用螺钉固定在机座上。在隔爆型直流电机中，磁极在机座（隔爆外壳）上的固定有两种结构形式：

一种是用特制螺钉将磁极固定在机座上，特制螺钉与机座之间采用圆筒式隔爆结构（图 3.37）。

另一种是用普通螺钉将磁极固定在机座上，磁极铁心与机座之间采用隔爆接合面（部分圆筒式隔爆结构）配合（图 3.38）。

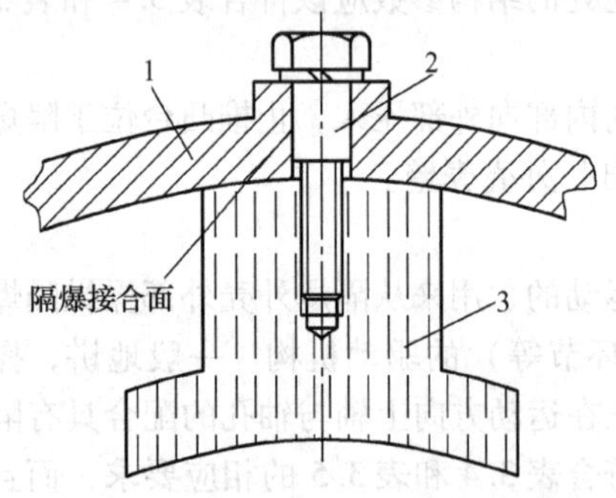

图 3.37 磁极固定（1）用隔爆结构

1—机座 2—特制隔爆螺钉 3—主极铁心

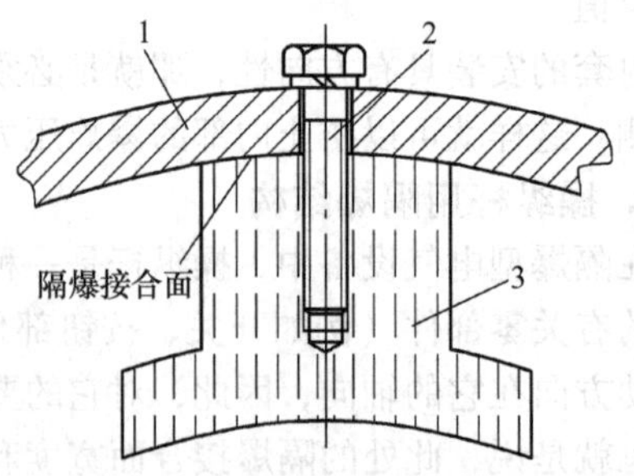

图 3.38 磁极固定（2）用隔爆结构

1—机座 2—普通螺钉 3—主极铁心

这两种磁极固定的隔爆结构，都应该符合表 3.4 和表 3.5 中规定的隔爆参数值。

但是需要指出的是，对于第 2 种固定方式，磁极铁心与外壳之间的隔爆间隙按圆筒式隔爆结构的间隙计算，隔爆接合面宽度应该是磁极铁心的四周边沿与固定螺钉孔周边之间的距离。

4. 贯通内部隔板用隔爆结构

在隔爆型电气设备内部有时候需要设置一些隔板，把隔爆外壳分隔成几个单独的隔爆单元。此时，隔爆单元之间的电气连接就应该使用隔爆结构进行。例如，外部引入隔爆型电气设备的电缆，在接线空腔（接线盒）内连接后，再通过绝缘套管（隔爆结构）穿过接线空腔和主空腔之间的隔板进入主空腔；另一种情况是像图 3.52 那样的不合理结构，空腔与空腔之间的连接没有通过隔爆结构进行。对于后一种情况，如果连通孔①、②采用隔爆结构的话，试验时就不会发生隔爆外壳被破坏的那种情况。

贯通内部隔板用隔爆结构有各种各样的形式，大概可以分为：单一式结构和复合式结构以及浇封式（或密封圈式）结构。

（1）单一式贯通隔爆结构

单一式贯通隔爆结构，顾名思义，就是通过一个导体的结构。对于这种贯通隔爆结构，按照隔爆接合面的形式又可分为平面结构、圆筒结构和端子套结构。

对于平面结构（图 3.39），隔爆结构有两处：一是绝缘套管与隔板的配合，隔爆接合面由绝缘套管的平面部分与隔板的平面部分构成；二是绝缘套管与导电螺栓的配合，隔爆接合面由绝缘套管的通孔内径与导电螺栓的直径构成。

这种单一式贯通隔爆结构不必要求加厚隔板的厚度。绝缘套管与隔板配合的隔爆接合面宽度在隔板的平面上就可以得以满足。

对于圆筒结构（图 3.40），隔爆结构也有两处：一是绝缘套管与隔板的配合，隔爆接合面由绝缘套管的外径与隔板的通孔构成；二是绝缘套管与导电螺栓的配合，隔爆接合面由绝缘套管的通孔内径与导电螺栓的直径构成。

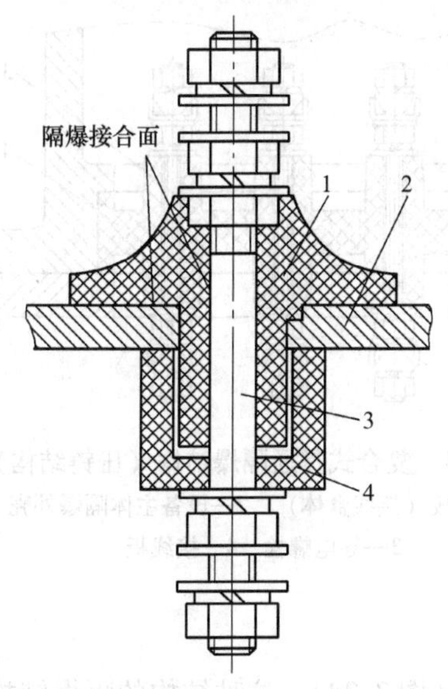

图 3.39　单一式贯通隔爆结构（平面结构）
1—绝缘套管　2—隔板　3—导电螺栓　4—压帽

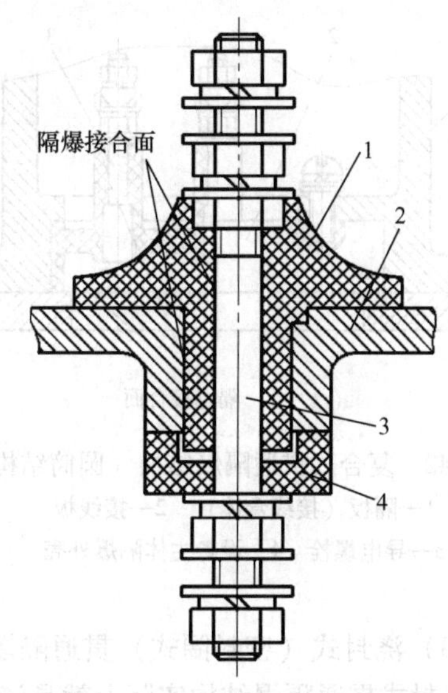

图 3.40　单一式贯通隔爆结构（圆筒结构）
1—绝缘套管　2—隔板　3—导电螺栓　4—压帽

这种单一式贯通隔爆结构必须要求加厚隔板的厚度或者局部加厚隔板的厚度。绝缘套管与隔板配合的隔爆接合面宽度只能在加厚的隔板通孔上得以满足。

在这种单一式贯通隔爆结构中，不管是平面结构还是圆筒结构，都必须防止绝缘套管在接线时发生扭转。

对于端子套结构（图 3. 41），它是一种由端子套和导电螺栓构成的组件，通过隔爆螺纹安装在隔爆外壳内的隔板上。因此，隔爆结构有两处：一是端子套与隔板之间的螺纹式配合；二是端子套自身的导电螺栓与套管之间的圆筒式配合。

这种结构的特点是安装简单，但是，同样要求隔板要具有一定的厚度，以满足螺纹式隔爆结构的要求。

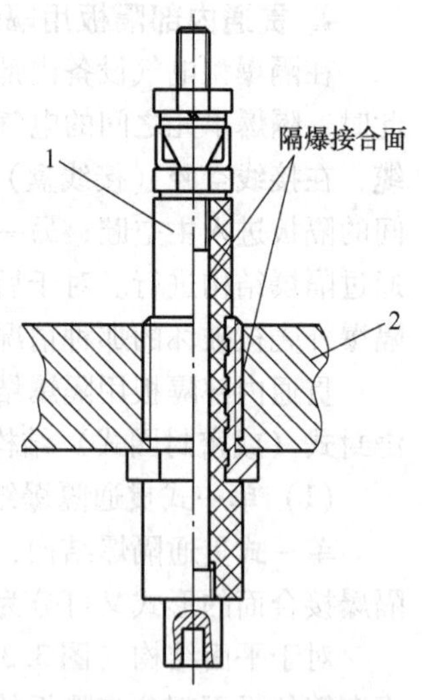

图 3. 41　单一式贯通隔爆结构（端子套结构）
1—端子套　2—隔板

（2）复合式贯通隔爆结构

复合式贯通隔爆结构是相对于单一式贯通隔爆结构而言的，就是在接线板上通过多个导体的结构。这种结构可以分为圆筒结构和压铸结构。

对于圆筒结构（图 3. 42），隔爆结构有两种：第一种是接线板外圆柱与隔板（接线盒体）之间的圆筒式配合，一处；第二种是接线板通孔与导电螺栓的圆筒式配合，多处。

除此之外，隔板（接线盒体）与设备主体隔爆外壳之间是一种平面式隔爆结构。

对于压铸结构（图 3. 43），隔爆结构仅有一处，即接线板与隔板（接线盒体）之间的圆筒式配合。由于导电螺栓是压铸在接线板内的，所以导电螺栓和接线板之间没有间隙。这种形式的接线板应该进行水压试验，用以检查导电螺栓与接线板之间的密封状态。

除此之外，隔板（接线盒体）与设备主体隔爆外壳之间是一种平面式隔爆结构。

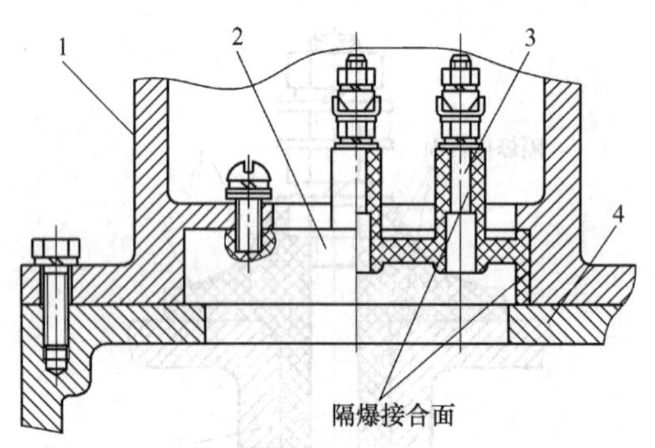

图 3. 42　复合式贯通隔爆结构（圆筒结构）
1—隔板（接线盒体）　2—接线板
3—导电螺栓　4—设备主体隔爆外壳

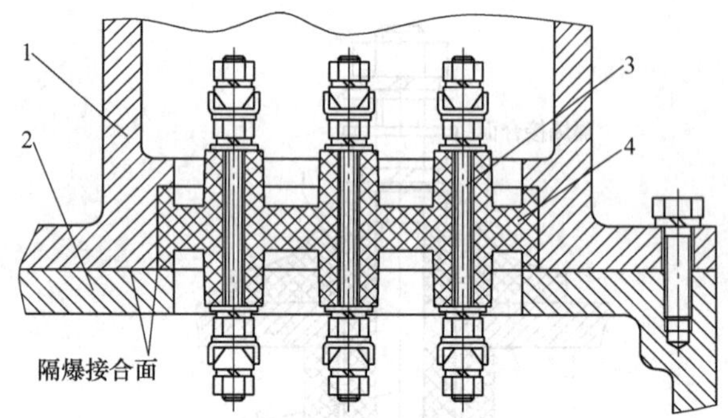

图 3. 43　复合式贯通隔爆结构（压铸结构）
1—隔板（接线盒体）　2—设备主体隔爆外壳
3—导电螺栓　4—接线板

（3）浇封式（密封圈式）贯通隔爆结构

浇封式贯通隔爆结构实际上就是浇封式电缆引入装置（图 3. 28）。这种结构的隔爆结构，除浇封部分外，仅有一处，即浇封单元与隔板的螺纹式隔爆结构。这种结构实质上就是浇封式电缆引入装置在隔板上的安装结构。

在有多根导线通过隔板时，人们就可以采用这种浇封式隔爆结构将导线或电缆从一个空腔引入另一个空腔。

密封圈式贯通隔爆结构实际上就是密封圈式电缆引入装置（图 3. 26 或图 3. 27）；它在隔板上安装常常采用螺纹式隔爆结构。通常情况下，不宜采用这种结构。

这里应该特别值得注意的是，假若在特殊情况下使用这种结构时，除与隔板配合的隔爆结构、密封圈的尺寸外，电缆芯线之间必须使用胶粘剂进行密封，因为这里的电缆长度很短，稍有不慎可能会通过电缆芯线之间的缝隙发生“传爆”。这一点必须引起设计人员、制作人员和检验人员的足够注意。

在上述所有贯通隔板的隔爆结构中，除上述的隔爆参数外，还有两个很重要的参数，即爬电距离和电气间隙，值得设计人员在设计时予以重视。不管是绝缘套管还是接线板，不同电位的导体与导体之间、导体与外壳之间，在绝缘体（绝缘套管或接线板）表面和空气中的最近距离（间隙）都必须符合表2.11的要求和规定。有时候，人们可以采用在绝缘体表面增加凸筋的方法来增加这个距离（间隙）。

5. 观察窗用隔爆结构（即密封式隔爆结构）

在隔爆型电气设备中，有时候需要从外壳外部在不打开外壳的情况下观察外壳内部的工作状态，这就需要设置一个所谓的“观察窗”（图3.44）。

在这种隔爆结构中，透明件应该用钢化玻璃制成；透明件与连接件（或外壳壳壁）之间用金属衬垫密封，或直接用粘结剂密封。当使用金属衬垫时，金属应该是所谓的“软”金属，例如铜、铅、铝；衬垫的厚度不应该小于2mm。

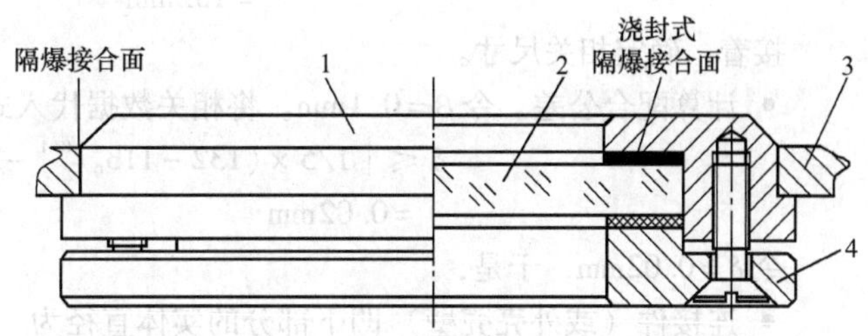

图3.44 观察窗用隔爆结构

1—连接件（或外壳壳壁） 2—透明件
3—隔爆外壳壳壁 4—压板

人们在设计观察窗时应该关注透明件与连接件（或外壳壳壁）之间的配合尺寸，以便保证在装配状态下平面部分的隔爆接合面宽度（即密封垫圈的嵌入宽度）符合有关要求。

（1）连接件（或外壳壳壁）凹下部分与透明件配合公差的计算

人们应该计算连接件（或外壳壳壁）凹下部分与透明件配合处的公差。

对于圆形观察窗，配合公差（绝对值）计算公式为

$$\delta \leqslant \left| 1/5 \times (\Phi - \phi^{+\beta}_{0} - 2\alpha) \right| \tag{3.33}$$

式中 δ——配合公差（绝对值）（mm）；

Φ——连接件（或外壳壳壁）凹下部分与透明件配合处的标称直径（mm）；

$\phi^{+\beta}_{0}$——密封垫圈的内圆直径（mm）；

α——平面部分的隔爆接合面宽度，即密封垫圈的嵌入宽度（mm）（例如，当外壳容积不大于100cm^{3}时，α不小于6mm；当外壳容积大于100cm^{3}时，α不小于9.5mm）。

对于矩形观察窗，配合公差（绝对值）计算公式由式（3.33）改写为

$$\begin{aligned} \delta &\leqslant \left| 1/5 \times (L_1 - l_1{}^{+\beta}_{0} - 2\alpha) \right| \\ \delta &\leqslant \left| 1/5 \times (L_2 - l_2{}^{+\beta}_{0} - 2\alpha) \right| \end{aligned} \tag{3.34}$$

式中 δ——配合公差（绝对值）（mm）；

L_1，L_2——矩形观察窗连接件（或外壳壳壁）凹下部分与透明件配合处的长边和短边的标称长度（mm）；

$l_1{}^{+\beta}_{0}$，$l_2{}^{+\beta}_{0}$——矩形密封垫圈的长边和短边的内侧长度（mm）；

α——同式（3.33）。

按照计算得到的配合公差设计和加工相关零件时，不管在任何装配状态下，隔爆接合面的宽

度都能得到满足。

（2）透明件的厚度

一般情况下，当透明件的线性尺寸不大于50mm时，透明件的厚度不应该小于隔爆外壳的壁厚；当透明件的线性尺寸大于50mm时，透明件的厚度不应该小于1.25～1.5倍隔爆外壳的壁厚。当然，人们也可以使用计算方法来确定这个厚度。

【例3.10】 现在内容积大于$100cm^3$的隔爆外壳上设置一个圆形观察窗。窗口面积约$100cm^2$（也可以直接设圆形观察窗的窗口直径），透明件采用钢化玻璃，密封衬垫采用纯铜。试计算相关尺寸。

首先，确定透明件的外径，即连接件（或外壳壳壁）凹下部分的内径。

按照面积计算公式计算得到窗口直径（即密封垫圈内径）$\phi \approx 113mm$。

由于隔爆外壳内容积大于$100cm^3$，所以令$\alpha = 9.5mm$，于是，透明件外径为

$$\begin{aligned}\Phi &= 113mm + 9.5 \times 2mm \\ &= 132mm\end{aligned}$$

接着，确定相关尺寸。

- 计算配合公差。令$\beta = 0.1mm$。将相关数据代入式（3.33）计算得到

$$\begin{aligned}\delta &\leqslant | 1/5 \times (132 - 113_{0}^{+0.1} - 2 \times 9.5) | mm \\ &= 0.02mm\end{aligned}$$

令$\delta = 0.02mm$，于是，

- 连接件（或外壳壳壁）凹下部分的实体直径为

$$\begin{aligned}\Phi_{01} &= \Phi_{0}^{+0.02} \\ &= 132_{0}^{+0.02} mm\end{aligned}$$

- 透明件的实体直径为

$$\begin{aligned}\Phi_{02} &= \Phi_{-0.02}^{0} \\ &= 132_{-0.02}^{0} mm\end{aligned}$$

- 密封垫圈的内圆直径为

$$\phi_{0}^{+\beta} = 113_{0}^{+0.1} mm$$

最后，确定透明件和密封垫圈的厚度。

由于观察窗窗口直径$\Phi_0 \approx 113mm > 50mm$，所以透明件的厚度取1.25～1.5倍隔爆外壳的壁厚，或者，计算求得。

通常情况下，密封垫圈的厚度取2mm。

当然，人们也可以不用衬垫密封而用粘结剂将透明件粘结在连接件内进行密封。

在隔爆型电气设备中，观察窗应该从隔爆外壳内部向外安装，并且要牢固固定。安装可以采用螺纹式隔爆结构、圆筒式隔爆结构，也可以采用其他形式的不破坏外壳隔爆性能的结构。

6. 照明灯具透明罩用隔爆结构

在隔爆型照明灯具中，透明罩与灯体之间应该采用衬垫密封的密封式隔爆结构（图3.45）。这种衬垫，既起到密封作用，又作为隔爆结构，应该使用“软”金属或石棉橡胶材料制成。衬垫的厚度一般情况下不应该小于2mm，接合面宽度应该符合表3.4和表3.5规定的相应数据。

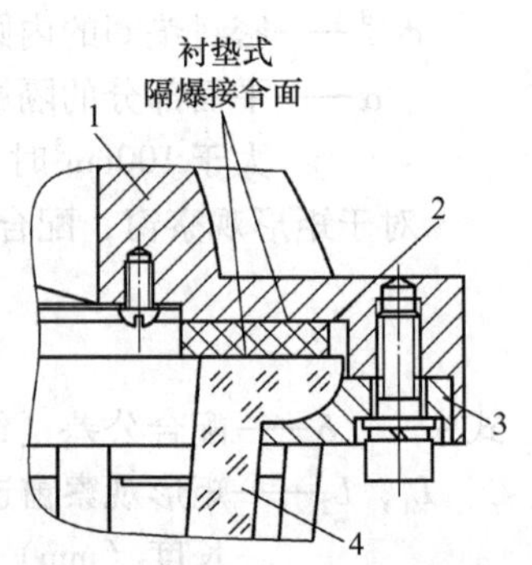

图3.45 透明罩用隔爆结构

1—灯体 2—密封衬垫 3—压板 4—透明罩

安装时人们应该将衬垫用粘结剂粘结在灯体上。这样可以防止在更换灯泡时衬垫脱落，避免在应用现场出现不必要的麻烦。

7. 小型开关贯通外壳壳壁用隔爆结构

在隔爆型电气设备中使用着各种各样的小型开关，由于这些开关的结构各不相同，所以，在隔爆外壳外部通过传动轴来控制开关的机构也自然各不相同。现在以 LAY3-11 型开关为例进行简单的说明。

这种开关的传动杆是一种绕轴心转动的机构（图 3.46）。实际上，它就是小转轴用隔爆结构的一种具体应用。

在这种结构中，隔爆结构有两处：一是连接件与隔爆外壳壳壁之间的圆筒式配合；二是连接件与转轴之间的圆筒式配合。

8. 按钮贯通外壳壳壁用隔爆结构

在隔爆型电气设备中使用的按钮，必须通过传动杆来驱动按钮的执行机构。工作时传动杆只作轴向运动，实际上它是操纵杆用隔爆结构的一种具体应用（图 3.47）。传动杆上隔爆接合面宽度不应该小于表 3.4 和表 3.5 中的规定值和传动杆的行程之和。

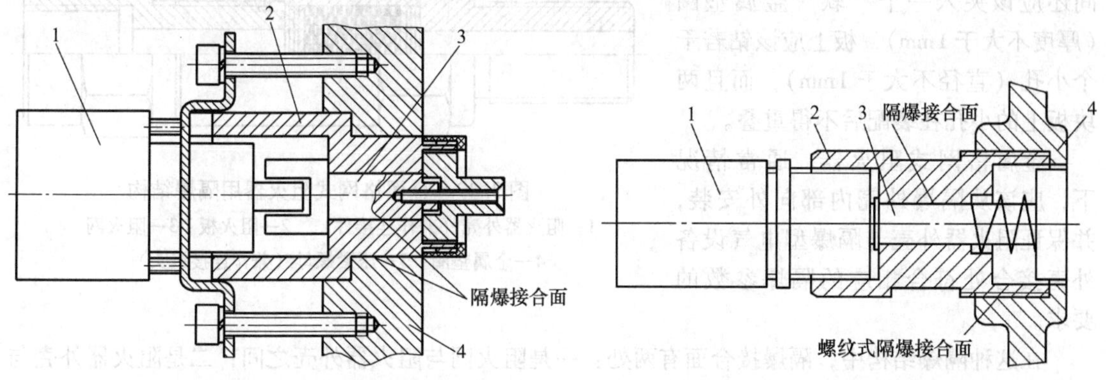

图 3.46 小型开关贯通隔爆外壳壳壁用隔爆结构
1—开关 2—连接件（轴套）
3—转轴 4—隔爆外壳壳壁

图 3.47 按钮贯通隔爆外壳壳壁用隔爆结构
1—按钮 2—连接件（轴套）
3—操纵杆 4—隔爆外壳壳壁

在这种结构中，隔爆结构有两处：一是连接件与隔爆外壳壳壁之间的螺纹式配合；二是连接件与传动杆之间的圆筒式配合。

9. 指示灯贯通外壳壳壁用隔爆结构

在隔爆型电气设备中使用的指示灯（信号灯），应该采用观察窗隔爆结构，它是观察窗用隔爆结构的一种具体应用（图 3.48）。

在这种结构中，隔爆结构仅有一处，即透明件与隔爆外壳壳壁之间的浇封式隔爆结构。

10. 阻火器用隔爆结构

阻火器用隔爆结构是阻火元件式隔爆结构的实际应用结构。它是一种既可以防止隔爆外壳内部的爆炸火焰（爆炸生成物）传播到隔爆外壳外部，又可以向隔爆外壳内（外）部通风透气、输送液体、传递声响的特殊结构。

有时候，电气设备的隔爆外壳需要通风透气、输送液体、传递声响，而且又必须保持防爆安全性能，在隔爆型电气设备的外壳上设置这种阻火元件式隔爆结构，就可以实现这些功能。

阻火器安装在隔爆外壳上作为隔爆外壳的一部分，无论是自身的结构或者是在隔爆外壳上安装的结构，都应该符合隔爆外壳的要求。

（1）金属格网式阻火器

金属格网式阻火器由阻火网、阻火板和外壳组成（图 3.49）。阻火网的主要作用是防止火焰通过阻火器；阻火板则是为防止爆炸火焰烧蚀阻火网而配置的。阻火网可以使用不锈钢丝网或黄铜丝网，但是，如果是用于乙炔环境，则不允许使用黄铜丝网。

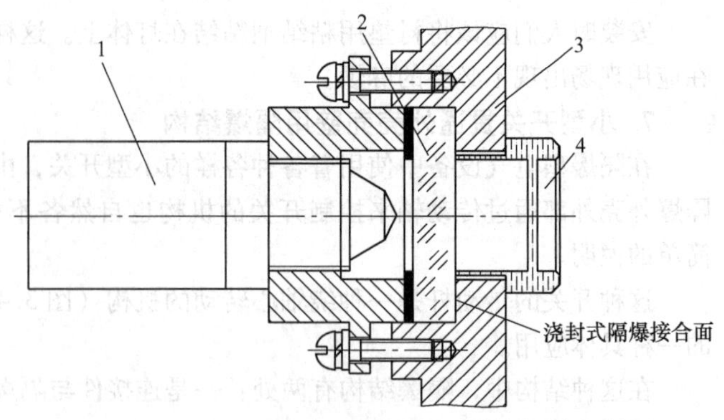

图 3.48　指示灯贯通隔爆外壳壳壁用隔爆结构

1—指示灯　2—透明件　3—隔爆外壳壳壁　4—色帽

在阻火器入口配置阻火板时，无论是设计人员还是制造人员，都应该注意，阻火板应该有两块，两块板之间还应该夹入一个“软”金属垫圈（厚度不大于 1mm），板上应该钻若干个小孔（直径不大于 1mm），而且两块板上的小孔在装配后不得重叠。

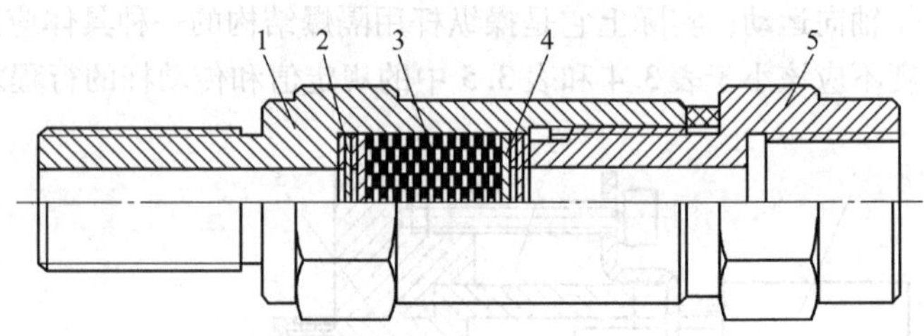

图 3.49　金属格网式阻火器用隔爆结构

1—阻火器外壳（兼作连接件）　2—阻火板　3—阻火网　4—金属垫圈　5—压紧螺母（兼作连接接头）

金属格网式阻火器，通常情况下，应该从隔爆外壳内部向外安装，并保证阻火器外壳与隔爆型电气设备外壳接合处符合相应的隔爆参数的要求。

在这种隔爆结构中，隔爆接合面有两处：一是阻火网与阻火器外壳之间；二是阻火器外壳与隔爆外壳之间。

这种金属格网式阻火器尤其适用于传递声响，当然也可以用于输送液体和气体。

（2）粉末冶金式阻火器

粉末冶金式阻火器由粉末冶金材料制成的呼吸帽（阻火元件）和安装接头组成，如图 3.50 所示。这是金属微孔式隔爆结构的一种典型应用。

在这种阻火器中，呼吸帽与安装接头之间的结合应该采用隔爆结构（过盈配合）；安装接头应该具有螺纹式隔爆结构，以便与设备的隔爆外壳连接。

这种阻火器安装在隔爆型电气设备的外壳上时应该采用适当的机械保护措施给以保护，以防止外物对它造成伤害。

在实际应用时，这种用于隔爆外壳透气的金属微孔式隔爆结构的“微孔金属”阻火元件必须用憎水剂，例如甲基硅油，进行憎水处理，以防止微孔被气流可能携带的水汽堵塞，影响使用效果。当然，还应该防止空气中的尘埃堵塞它的微孔。

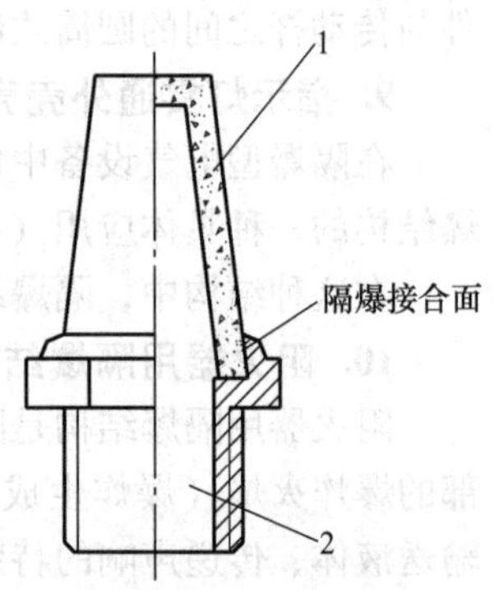

图 3.50　粉末冶金式阻火器用隔爆结构

1—呼吸帽　2—安装接头

这种粉末冶金式阻火器常常用于气体探测装置。由于呼吸帽是一种微孔式透气结构，适用于微呼吸作用，所以当气体探测器的传感器置于这种阻火器的内部时，传感器就能够感知周围的环境气体。

因为这种结构的阻火器的阻火元件内有很多相互连通的“气泡”，它的孔壁的吸附阻滞作用太大，不利于流体的流动和声音的传递，所以这种阻火器不宜用于输送液体和大流量气体以及传递声响。

(3) 金属叠片式阻火器

金属叠片式阻火器由一组相互之间保持一定间隙的金属板和与之连接在一起的金属外壳组成，如图3.51所示。

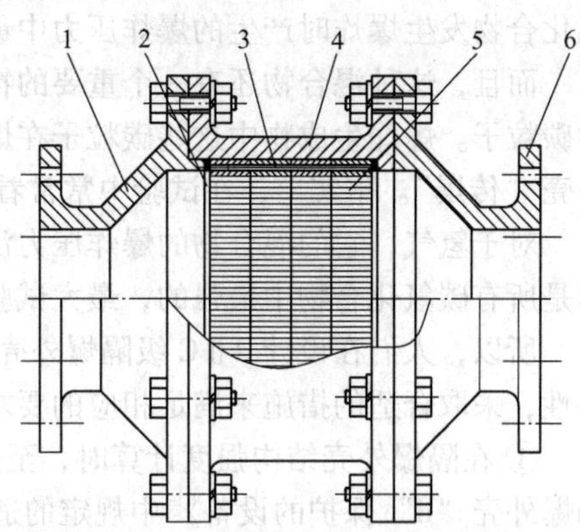

图3.51 金属叠片式阻火器用隔爆结构

1—管道连接法兰（1） 2—金属垫圈 3—定位销 4—阻火器外壳 5—阻火元件（金属叠片） 6—管道连接法兰（2）

金属叠片式阻火器常常安装在与隔爆型（电气）设备相连的流体输送管道中，与流体输送管道一起构成隔爆型（电气）设备的一部分。这种阻火器主要用于连续的大流量的气体或液体输送，因而，它的结构不仅要符合隔爆性能的要求，而且还要满足流体输送流量的要求。

所以，人们在设计和制作这种阻火器时必须确定：

① 隔爆结构参数：叠片之间的间隙一般不应该大于0.5mm，叠片长度（在流体流动方向上）不应该小于50mm（按照防爆级别可适当地加长，以试验为准，并且还应该考虑1.5倍安全系数），叠片厚度不应该小于1mm。

② 叠片宽度和叠片数量：叠片式阻火器的流体通过能力必须等于输送管道的通过能力，也就是说，叠片之间的间隙截面积的总和不应该小于输送管道的横截面积，而且至少是它的1.25倍值。据此人们就可以计算出所需的（不同）叠片宽度和所需的叠片数量。

③ 叠片形状和表面粗糙度：为减小叠片对流体的器壁吸附阻滞作用，叠片迎流体端应该制成流线型，叠片的表面应该尽可能地光滑。

④ 材料：叠片式阻火器的金属叠片和阻火器外壳，应该能够承受所通过液体或气体的长期侵蚀作用。

这里需要指出的是，在叠片间隙、叠片宽度和叠片片数确定之后，人们应该以试验来确定叠片长度。试验应该按第3.3.2节中“6. 阻火元件式隔爆结构”所述方法进行，只是在试验时要调整叠片长度，以获得最小不传爆长度。在图3.51中表示的阻火元件由几个叠片单元叠加在一起，就是调整叠片长度的一种方法。

在这一节中介绍的常用隔爆结构示例，仅仅是向人们提供一些处理这类隔爆结构的思维方式，并不是教人们不折不扣地应用这些示例。

3.4.9 几种特殊隔爆结构的分析与思考

在工程上，有时候，有一些特殊的情况要求人们给出答案，因而，人们只能按照有关的基本原则和相应的实际情况来解决一些问题，以满足这些特殊情况的需求。防爆电气设备的设计与制造也是如此。这一节将简单地讨论几种特殊的隔爆结构，供人们在设计和试验时参考。

1. 标志为dⅡC级隔爆型电气设备隔爆外壳的特征分析

大家已经知道，国家标准GB 3836.2《爆炸性环境 第2部分：由隔爆外壳“d”保护的设备》对dⅡC级隔爆型电气设备隔爆外壳的结构形式没有具体的要求，仅仅规定了用于乙炔爆炸性环境、外壳内容积不大于500cm³的隔爆外壳（$i \leqslant 0.04$mm，$L \geqslant 9.5$mm）可以采用平面式隔爆结构。那么，除此之外，dⅡC级隔爆外壳应该采用何种结构形式，在设计人员心中便产生了疑虑。

大家应该知道，ⅡC级的代表性气体是乙炔和氢气，这是两种非常“活泼”的气体。

对于乙炔，它与空气形成的爆炸性气体-空气混合物在发生爆炸时产生的爆炸压力是所有碳氢化合物发生爆炸时产生的爆炸压力中最大的，按照式（3.1）计算可以达到0.96MPa。

而且，这种混合物还有一个重要的特性，那就是，在它不完全燃烧时爆炸生成物中包含大量的碳粒子。爆炸生成物中这些碳粒子在爆炸传播过程中遇到空气将会继续燃烧，很容易造成隔爆外壳“传爆”。事实上，在试验中常常看到这种情况。

对于氢气，它的混合物的爆炸压力没有乙炔的那样大，但是它的爆炸生成物穿透缝隙的能力却是所有碳氢化合物中最强的，最大试验安全间隙（*MESG*）只有0.28mm。

所以，人们在设计dⅡC级隔爆外壳结构时必须综合考虑乙炔和氢气这两种气体的物理-化学特性，采取合适的措施来满足相应的要求。因而，设计人员应该：

① 在隔爆外壳结构强度计算时，至少采用国家标准GB 3836.2《爆炸性环境　第2部分：由隔爆外壳“d”保护的设备》中规定的适用于ⅡC级的静压试验的压力值，以满足乙炔的最大爆炸压力。

② 在隔爆外壳隔爆间隙设计时，采用国家标准GB 3836.2《爆炸性环境　第2部分：由隔爆外壳“d”保护的设备》中规定的ⅡC级隔爆结构间隙值，而且，在外壳容积较大的情况下还必须采用止口式隔爆结构，以满足氢气的安全间隙值和防止乙炔发生爆炸时产生的碳粒子飞出隔爆外壳。止口式隔爆结构改变着爆炸生成物的运动方向，降低了爆炸生成物的能量。

这里应该指出的是，假若某一dⅡC级隔爆型电气设备预期仅使用在氢气（或者，除乙炔外的）环境中，那么，它的隔爆外壳就可以采用平面式隔爆结构，因为它的爆炸生成物中没有“危险”的碳粒子，只要外壳的结构强度和隔爆间隙符合ⅡC级的要求就可以了。

2. 标志为“dⅡB + H_2”级隔爆型电气设备隔爆结构的设计要点

在实际的工业应用中，有时候要求某种隔爆型电气设备既要适用于某一防爆级别（Ⅰ类、ⅡA级、ⅡB级或ⅡC级）的需要又要满足某种特定气体的要求，于是，人们就必须设计、制造出一种特殊的隔爆型电气设备。例如，“dⅡB + H_2”级隔爆型电气设备；这是一种既满足“ⅡB”又满足“H_2”要求的隔爆型电气设备。

对这种情况，设计人员应该首先了解、掌握隔爆外壳的基本属性，以及ⅡB级可燃性气体和H_2（氢气）的特征，然后才能够设计出符合“dⅡB + H_2”要求的隔爆结构。

（1）隔爆外壳的耐爆性能（机械强度）

这种特殊要求的隔爆外壳的耐爆性能，主要取决于它所适用的某一防爆级别的代表性气体的爆炸压力和某种特定气体的爆炸压力。在确定隔爆外壳强度设计方案时，设计人员应该比较这两种气体的爆炸压力，以压力大的那种气体的相关数据作为确定设计方案的参考依据（机械强度的计算）。

对于“dⅡB + H_2”这种情况，我们按照式（3.1）来计算ⅡB级代表性气体乙烯（C_2H_4）和特定气体氢气（H_2）的爆炸压力。大家已经知道，乙烯的燃烧温度为2557K，氢气的燃烧温度为2483K；初始温度为20℃；初始压力为一个标准大气压力（0.101325MPa）。于是便得到，乙烯的爆炸压力约为0.88MPa，氢气的爆炸压力约为0.73MPa。乙烯的爆炸压力大于氢气的爆炸压力。

显然，人们在确定隔爆外壳强度设计方案时应该以乙烯的相关数据为参考依据。

所以，在“dⅡB + H_2”级隔爆外壳施工设计时，设计人员应该采用ⅡB级的相关压力值进行计算，确保“dⅡB + H_2”级隔爆型电气设备能够承受ⅡB 级的“外壳过压试验”。

（2）隔爆外壳的隔爆性能（隔爆间隙）

隔爆型电气设备的隔爆性能，主要取决于它的隔爆外壳所具有的隔爆间隙。因而，在确定这种特殊要求的隔爆外壳间隙设计方案时，设计人员应该比较某一防爆级别的代表性气体的最大试验安全间隙与特定气体的最大试验安全间隙的大小，据此来确定是使用某一防爆级别的参数还是特定气体的参数。

对于“dⅡB + H_2”这种情况，国家标准 GB 3836.11《爆炸性环境　第 11 部分：由隔爆外壳“d”保护的设备 最大试验安全间隙测定方法》告诉我们，乙烯的最大试验安全间隙为 0.65mm，氢气的最大试验安全间隙为 0.28mm。

显然，人们在确定隔爆外壳间隙设计方案时应该以氢气的相关数据为参考依据。

所以，在“dⅡB + H_2”级隔爆外壳施工设计时，设计人员应该采用ⅡC 级（氢气属于ⅡC 级气体）的标准参数（间隙值）来作为“dⅡB + H_2”级隔爆型电气设备的间隙选择值。

从上述分析可知，在处理这种类型的隔爆型电气设备的隔爆结构时，人们应该综合分析相应防爆级别的代表性气体和某一特定气体的特征，然后才能在实际设计时确定所采用的标准数据。例如，“dⅡA + CO”也是这样。

与此同时，上述的分析还告诉人们，单独符合氢气的要求并不能表示就符合ⅡB 级的要求。

这里需要特殊指出的是，这种结论与仅仅通过氢气（H_2）单一气体隔爆性能试验的“dⅡC 级”设备可以应用于“ⅡB 级或ⅡA 级”环境的提法并不矛盾。因为，仅仅通过氢气（H_2）单一气体隔爆性能试验的“dⅡC 级”设备必须通过“dⅡC 级”的耐爆性能试验，具有足够的机械强度；而“dⅡB + H_2”级隔爆型电气设备的耐爆性能试验是通过“dⅡB 级”考核的。二者之间存在着较大的差别（乙炔的爆炸压力大于乙烯、丙烷、甲烷的）。

3. 隔爆·本质安全型电气设备防爆结构的设计特点

在爆炸性气体环境中常常使用一些传感元件来检测现场的有关参量，这些检测到的数据又通过设置在现场的隔爆型电气设备被传递到控制中心进行数据处理。由于检测单元（传感元件）是弱电系统，人们常常把它设计成本质安全型单元，于是，隔爆型电气设备就被制成所谓的“隔爆兼本质安全型”的非包容性复合型防爆型式（参见第 10 章）。

对于这样的复合型防爆型式，设计人员在电路和隔爆外壳设计时必须考虑本质安全电路与非本质安全电路的隔离。

（1）电气隔离

在电气设备隔爆外壳内的本质安全电路与非本质安全电路应该在电气上有隔离措施，防止非本质安全电路对本质安全电路造成不利的影响，将其所携带的危险能量传递到危险场所。

在隔爆外壳内设置所谓的安全栅就是这样的隔离措施。通常情况下，例如，使用齐纳安全栅就能够保护隔爆外壳外部的本质安全型信号传感元件（参见第 6 章）。

（2）机械隔离

除本质安全电路与非本质安全电路的电气隔离外，它们之间的机械隔离同样很重要。

在隔爆外壳内，本质安全电路导线与非本质安全电路导线不允许混合在一起，否则，非本质安全电路可能对本质安全电路造成不利的影响；本质安全接线端子与非本质安全接线端子不能排列得很近，它们之间至少应该保持 50mm 的间距（参见第 6 章）。

在隔爆外壳内，这样的机械隔离不允许使用隔板进行，不管是接地的金属隔板还是非金属的绝缘隔板。假若在隔爆外壳内使用隔板，就给产生爆炸压力重叠现象创造了可能条件，这是不能允许的。对于接线端子的隔离，在条件允许的情况下，可以用“间距不小于 50mm”来实现；在条件不允许的情况下，可以采用不同的（隔爆）空腔将接线端子分隔开来。

总之，对于这种非包容性的“隔爆兼本质安全型”复合型防爆型式的电气设备，“隔爆”与“本质安全”在逻辑关系上是一种“与”的关系，“隔爆”与“本质安全”一起共同保证这种设备的防爆安全性能。因而，设计人员和检测人员应该既要考虑“隔爆问题”又要顾及“本质安全问题”。否则，这种设备在实际运行过程中将可能会出现可以预计的不利后果。

4. 隔爆型电动机用“长脖子”接线盒防爆结构的分析

在隔爆型局部扇风机中使用一种隔爆型电动机，它的接线盒和电动机主体之间有一段距离。这种电动机的主体安装在扇风机的风筒内部轴向中心，而接线盒则安装在风筒外部，因而，它必须有一个“长脖子”来连接接线盒和电动机主体。

对于这种特殊结构，设计人员通常采用管状结构，管子的一端与电动机机座连接，另一端与接线盒连接，供电电缆从接线盒穿过“长脖子”进入电动机。

就防爆型式而言，这种“长脖子”结构可以制成隔爆型防爆结构，也可以制成增安型防爆结构。

当“长脖子”结构制成隔爆型防爆结构时，“长脖子”管子的两端与电动机机座、接线盒之间的连接必须采用隔爆结构，而且，管子内部与电动机主空腔、接线盒空腔之间还必须采用适当的隔爆结构隔离开来。这是因为，“长脖子”管子的内径相对于它的长度是较小的，就形成了一个狭长的空腔（通道）；假若不采取隔离措施，将电动机主空腔和接线盒空腔直接连接起来，这是一种典型的可能产生爆炸压力重叠现象的结构。对于隔爆型防爆结构来说，避免产生爆炸压力重叠现象的结构是十分重要的。

当“长脖子”结构制成增安型防爆结构时，设计人员可以将接线盒设计成增安型防爆结构，连同“长脖子”管子一起，安装在电动机的机座上。但是，这种结构的接线盒“长脖子”管子与电动机的连接处必须采用隔爆结构，以保证隔爆型电动机具有完整的隔爆性能。

事实上，在实际的工作中，人们常常忽略了这种防爆结构的特殊性。

5. 隔爆/防尘型电气设备防爆结构的设计特点

这是一种“气体/粉尘”混合防爆型电气设备，既可以用于可燃性气体环境中，也可以用于可燃性粉尘环境中，还可以用于同时存在可燃性气体和可燃性粉尘的环境中。然而，可燃性气体和可燃性粉尘却具有一些不同的物理-化学特性，因而，人们在处理这种电气设备的防爆结构时应该给以特殊的注意。

就可燃性气体而言，隔爆型电气设备是利用“隔爆外壳”来实现防爆的。设计人员可以按照防爆级别（Ⅰ类、ⅡA 级、ⅡB 级和ⅡC 级）和温度组别（T1 ~ T6 组）的相关数值进行设计。

对于可燃性粉尘来说，由于粉尘所具有的“体积”特征，它不像气体那样无孔不入，因而，适用于可燃性粉尘环境的防爆型电气设备就可以采用所谓的“防尘外壳”，把电气元器件包围起来，阻隔可燃性粉尘接触电气元器件。只要防尘外壳的外部表面温度不大于可燃性粉尘的点燃温度，这样就可以实现“粉尘防爆”。

因而，隔爆/防尘型电气设备的外壳应该具有“隔离”作用，对于可燃性气体，就是具有隔爆性能，应该符合隔爆接合面的相关参数；对可燃性粉尘，就是具有密封性能，应该符合密封接合面的相关参数（或者，使用密封衬垫来实现）。

事实上，隔爆型电气设备的隔爆外壳，在一定程度上，就具有防尘外壳这样的特征。

例如，当外壳接合面的间隙既符合气体的隔爆间隙又满足粉尘的密封间隙时，这种外壳就可以实现气体/粉尘防爆了。

显然，在实际工程设计时，除按照密封接合面要求外，在隔爆接合面上设置密封衬垫也可以达到这种隔离作用。但是值得注意的是，这样的密封衬垫不能被视作隔爆结构，而且被衬垫隔开的隔爆接合面不允许相加计算，衬垫也不得使隔爆间隙增大。对于平面式隔爆接合面，如果设置衬垫进行隔离密封的话，则设计人员在确定衬垫厚度时应该考虑到，既能够起到密封作用又能够起到隔爆作用（参见第3.3.2节）。

在外壳的结构强度方面，只要满足隔爆外壳的要求，就一定也能满足防尘外壳的要求。

隔爆/防尘型电气设备外壳的外部表面温度的限制应该兼顾可燃性气体的温度组别的温度和可燃性粉尘的最小点燃温度，取二者之中较小的值。

从隔爆外壳具有防尘外壳特征的分析可以看出，反之，无论从结构间隙还是从结构强度看，毫无疑问，防尘外壳绝不可以替代隔爆外壳。这是一个不用讨论的问题。

这里需要特殊指出的是，在同一台隔爆/防尘型电气设备上，人们应该同时标志出“气体”的防爆标志和“粉尘”的防爆标志。

6. 隔爆型电气设备增加引入电缆数量的措施

隔爆型电气设备的电缆引入必须采用一种所谓的“隔爆型电缆引入装置”。有时候，这种电缆引入装置是一种密封圈式的，电缆穿过密封圈、由压紧装置在连接件中将密封圈压紧达到密封隔爆作用（参见第3.4.5节）。

在实际应用中，人们一旦确定了进入隔爆外壳的电缆数量和相关参数（电缆外径和芯线数量）之后，引入装置的数量、型式和结构便被确定。假若由于功能的改变，需要在现有的隔爆外壳上增加引入电缆的数量，于是人们将会遇到麻烦。

在这里介绍一种对现有的隔爆外壳增加引入电缆数量的方法。

大家知道，隔爆型电气设备之间的电气连接，通常情况下，是依靠电缆进行的。假若某一隔爆型电气控制装置由于功能改变需要增加引入（引出）电缆的数量，则人们可以根据具体情况在原有引入装置数量不变的情况下增加一个单独的隔爆型接线盒进行分线就可以了。控制装置的引出电缆进入这个接线盒内，在接线盒内分线后，由接线盒的引出电缆直接连接到另外的隔爆型电气设备上。

值得注意的是，新增加的接线盒必须具有和主体设备一样的防爆级别。此外，有时候主体设备与接线盒之间的电缆可能需要增加芯线的数量。

例如，有一台磁力起动器，原来只能进行“本地”控制，现在需要同时能够进行“远程”控制。于是，人们就可以选择增加接线盒进行分线的方法，将原有的单一控制改变为既可以进行“本地”控制又可以进行“远程”控制。

显然，用增加接线盒来增加隔爆型电气设备引入电缆数量的方法是一种可供选择的简单方法。当然，还有一些其他的方法，这里不再赘述。

7. 标志为“d Ⅰ/Ⅱ”类隔爆型电气设备设计时的注意事项

在煤矿井下和地面上处理煤的区域内，有时候，除存在甲烷和煤尘以外还可能存在其他的可燃性气体。在这种情况下，隔爆型电气设备既应该符合Ⅰ类设备的要求还应该符合Ⅱ类设备的要求。

在实际工程设计时，人们依然应该根据隔爆外壳的基本属性进行工作。

（1）隔爆外壳的结构强度设计

分析和计算可知，甲烷的爆炸压力小于其他级别（ⅡA级、ⅡB级和ⅡC级）的可燃性气体的爆炸压力。因而，“d Ⅰ/Ⅱ”类隔爆型电气设备的隔爆外壳必须能够承受更高的压力，而不是仅仅承受甲烷的爆炸压力。

设计人员在设计这种隔爆外壳时可以采用国家标准GB 3836.2《爆炸性环境　第2部分：由

隔爆外壳“d”保护的设备》中规定的适用于Ⅱ类隔爆型电气设备静压试验压力作为设计的参考压力进行强度计算。

（2）隔爆外壳的隔爆间隙设计

国家标准 GB 3836.2《爆炸性环境　第 2 部分：由隔爆外壳“d”保护的设备》告诉我们，Ⅱ类设备的隔爆间隙值都小于Ⅰ类的。因而，人们在设计“dⅠ/Ⅱ”类隔爆型电气设备的隔爆间隙时必须按照Ⅱ类设备的防爆级别（ⅡA 级、ⅡB 级或ⅡC 级）来选择间隙值的大小。这样的间隙值满足了Ⅱ类设备的要求，当然也就满足Ⅰ类设备的要求。

（3）温度组别的确定

大家已经知道，Ⅱ类电气设备划分为六个温度组别，每一个组别都有一个对应的不可逾越的温度值，例如，T2 组设备的最高表面温度为 300℃。然而，Ⅰ类电气设备却只有一个温度规定值，那就是设备的最高表面温度不得超过 150℃（在设备外壳上堆积煤尘的情况下；或者，在设备外壳上不堆积煤尘的情况下，这个温度值允许不超过 450℃）。

由此可知，“dⅠ/Ⅱ”类隔爆型电气设备的温度组别应该由这些温度（组别）中最低的那个温度来确定。例如，煤矿井下存在二硫化碳气体。资料显示，二硫化碳属于 T5 组（点燃温度不低于 100℃）可燃性气体。在这种情况下，人们只能将适用于这种环境的设备确定为 T5 组（最高表面温度不得超过 100℃），尽管 dⅠ类隔爆型电气设备的最高表面温度可以不超过 150℃。

（4）“dⅠ/Ⅱ”类隔爆外壳结构的特殊性

对于“dⅠ/Ⅱ”类隔爆型电气设备隔爆外壳的设计，人们应该遵照上述的要求，此外，还应该满足Ⅰ类设备的特殊要求。

“dⅠ”类隔爆外壳的特殊性包括：

① 当外壳盖子与壳体之间采用螺栓（螺钉）紧固时应该采用特殊紧固件，而且应该设置护圈或沉孔来保护螺栓（螺钉）头；当外壳盖子与壳体之间采用螺纹连接时，应该设置防止盖子松动的措施。

② 当隔爆型电气设备内包含大容量的电容器时，设计人员在计算隔爆外壳盖子或门打开时间时应该采用电容器剩余能量较小的值作为计算值，即采用Ⅱ类的相关数值而不是Ⅰ类的数值。

③ 对于经常需要打开盖子或门的隔爆型电气设备，应该采取措施，保证在实际运行过程中人们能够直接或间接地检查平面式接合面的隔爆间隙。

④ 隔爆型电气设备接线盒外壳的内表面应该涂覆耐电弧瓷漆。

⑤ 隔爆型电气设备应该设置联锁装置，保证在带电的情况下不能打开，在盖子或门没有完全闭合时不能对设备供电；或者，设置警告标牌：“严禁带电打开!”。

（5）“dⅠ/Ⅱ”类隔爆外壳材料的特殊性

对于“dⅠ/Ⅱ”类隔爆型电气设备，所有用于制作的材料都必须考虑到Ⅰ类设备的特殊要求。

这些特殊要求如下：

① 用于制作隔爆外壳的金属材料，应该采用钢板、铸钢或铸铁，原则上，不得使用铝合金（经过机械火花点燃试验合格的，允许用来制作小型的手持式或移动式设备的外壳）。

② 用于制作隔爆外壳的非金属材料，必须具有抗静电性能、阻燃性能、耐湿热性能以及某些设备的耐光照性能。

③ 在隔爆外壳内使用的绝缘材料必须具有较高的耐电弧性能，相比电痕化指数（CTI）不应该小于 CTI400M（即绝缘材料的材料级别为Ⅱ级或Ⅰ级）。

8. 混合型可燃性气体用隔爆型电气设备的设计思考

在实际应用中，可能有几种可燃性气体同时存在的危险场所。对于这种混合型可燃性气体环境，设计人员在设计隔爆型电气设备时，首先应该分析混合型可燃性气体中各成分的物理-化学特征，并确定它们的数量，然后根据隔爆外壳的基本属性来选择合适的防爆级别、温度组别及有关参数。

（1）防爆级别的确定

在混合型可燃性气体中，各成分（可燃性气体）可能是同处于一个防爆级别，也可能不是同处于一个防爆级别。因而，人们在设计时应该认真分析各成分的有关数据来确定隔爆外壳的设计方案。

如果分析得知某种混合型可燃性气体中各成分同处于一个防爆级别，则人们就可以按照这个级别的要求进行工作。

例如，对于天然气这种混合型可燃性气体来说，文献显示，它的主要成分及各成分的最大试验安全间隙（*MESG*）为：甲烷——1.14mm，乙烷——0.91mm，丙烷——0.92mm，正丁烷——0.98mm，异丁烷——0.98mm，戊烷——0.93mm。从可燃性气体分级数据表（表1.15）中可知，这些成分均属于ⅡA级。因而，人们就可以按照ⅡA级隔爆参数来设计适用于这种天然气环境的隔爆型电气设备隔爆外壳的结构强度和隔爆间隙。

如果分析得知某种混合型可燃性气体中各成分不是同处于一个防爆级别，则设计人员可以首先按照式（1.21）计算混合型可燃性气体的最大试验安全间隙，并按照表1.15查找出这种混合型可燃性气体的分级，然后再根据这个分级进行工作。

（2）温度组别的确定

至于混合型可燃性气体用隔爆型电气设备的温度组别，人们应该按照混合型可燃性气体中浓度在它的爆炸极限下限以上、点燃温度最小的那种成分的温度组别为依据来进行评估。

上述这些，就是设计适用于混合型可燃性气体这种类型的隔爆型电气设备的基本原则。

下面举例说明混合型可燃性气体的防爆级别和温度组别的确定方法。

【例3.11】 某种混合型可燃性气体的相关数据如表3.15所示。试确定这种混合型可燃性气体的防爆级别和温度组别。

表3.15 某种混合型可燃性气体的相关数据

序号	气体名称	最大试验安全间隙/mm	防爆级别	点燃温度/℃	温度组别	爆炸极限（%）	浓度（%）
1	甲烷	1.14	ⅡA	537	T1	4.4～17.0	12
2	丙烷	0.92	ⅡA	470	T1	1.7～10.9	1
3	乙烯	0.65	ⅡB	423	T2	2.3～36.0	7
4	乙炔	0.37	ⅡC	305	T2	2.3～100	5
5	氢气	0.28	ⅡC	560	T1	4.0～77.0	75

注：表中数据引自国家标准GB 20936.1《可燃性气体探测用电气设备 第1部分：通用要求和试验方法》。

首先，将表中相关数据代入式（1.21）中，计算即可得到这种混合型可燃性气体的最大试验安全间隙：

$$MESG = 1/(0.12/1.14 + 0.01/0.92 + 0.07/0.65 + 0.05/0.37 + 0.75/0.28)\text{mm} = 0.33\text{mm}$$

查表1.15可知，这种混合型可燃性气体的最大试验安全间隙小于0.5mm，应该属于ⅡC级气体。

接着，从表3.15中可知，这种混合型可燃性气体中除丙烷外其他成分的浓度都在爆炸极限下限以上，因而，只能选择点燃温度小的乙炔的温度组别（305℃，T2）作为这种混合型可燃性气体的温度组别，即T2组。

应该指出的是，这里所讨论的虽然是混合型可燃性气体环境中使用的隔爆型电气设备的设计问题，但是，它依然是适用于这种环境的防爆电气设备的选型思路。

3.4.10 隔爆型电气设备设计时的禁忌结构

人们在设计隔爆外壳时应该尽可能地避免复杂的结构，可以采用长方体或圆柱体结构，而且，外壳内部也不要用一些带有小孔（不符合隔爆参数要求）的隔板隔离分开。因为复杂的结构可能会在内部发生爆炸时造成爆炸压力重叠现象，也就是说，在隔爆外壳内部的某个部位有时候会产生比标准条件下的爆炸压力高出几倍的压力。如果在隔爆外壳内部产生爆炸压力重叠现象，那么，按照正常条件设计的隔爆外壳就有可能被破坏。

我们在试验中已经多次看到十分严重的爆炸压力重叠现象。

1. 试验：爆炸压力重叠的严重后果

（1）某台隔爆型配电箱的结构和试验结果

在试验隔爆型户外照明配电箱时，隔爆外壳内出现了爆炸压力重叠现象，造成配电箱的盖子被炸飞，紧固螺钉被拔出，箱体发生严重变形的后果。

这里的试验样品是一个“T”形结构，而且，主空腔被带有小孔的隔板分隔成3个小空腔（图3.52）。试验在实验室环境条件下进行。点燃源的位置如图3.52所示。

试验已经证明，这种结构是一个十分不合理的结构：一，结构形状不合理；二，又被隔板分隔成小空腔。在设计时，这种结构是可以避免的，把连通孔①、②设计成隔爆结构就可以了。然而，遗憾的是设计人员忽略了这一点。

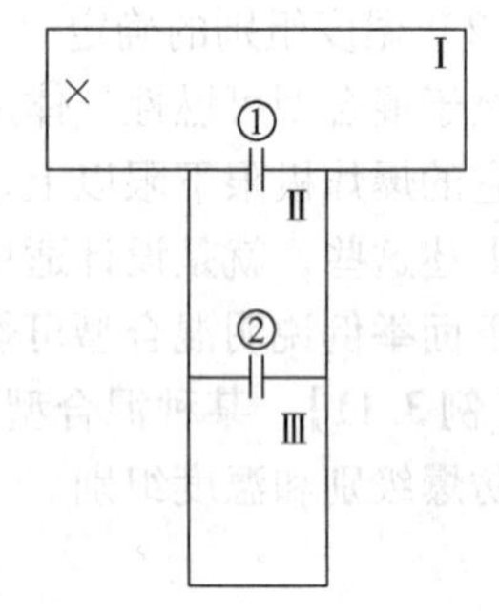

图3.52 试验的隔爆型配电箱示意图
×—点燃源位置 ①、②— 连通孔
Ⅰ、Ⅱ、Ⅲ—被隔板分隔成的小空腔

（2）某台隔爆型电动机的结构和试验结果

在有一些情况下，设计人员已经选择了很规整的外壳形状，但是，由于外壳内部元器件的形状与布置无法改变，于是，就构成了可能形成爆炸压力重叠的结构。例如，隔爆型三相异步电动机。

电动机外壳（定子）是圆筒形的，但是，内装的转子却是无法改变形状的圆柱体，转子和定子之间的气隙把前、后端盖与转子之间的空腔连接起来，于是，就形成了可能产生爆炸压力重叠的结构，在条件合适的情况下就会产生爆炸压力重叠现象。

试验发现，在电动机的一端点火引爆试验气体混合物，在电动机的另一端测得了2.48MPa的爆炸压力。显然，在电动机内部发生爆炸时出现了爆炸压力重叠现象。

实际的试验告诉我们，隔爆型电动机内部出现爆炸压力重叠现象具有极大的破坏性。

在一次隔爆型三相异步电动机爆炸压力测定试验中，电动机的轴伸端端盖被炸飞，固定端盖和机座的16个M16的螺钉全部被拔出，机座上螺孔的螺纹全部损坏。飞出的端盖在试验堡垒的墙壁上撞击出一个深深的很规整的圆形痕迹。

分析可知，“深深的很规整的圆形痕迹”表明，试验样品的制作工艺水平是无可挑剔的。显然，这个严峻现实只能说明，试验时试验样品内出现了爆炸压力重叠现象。

被试电动机的机座和端盖都是由铸铁铸造而成的。显然，设计人员在设计时没有考虑到爆炸压力重叠现象，没有按照更高的压力来计算相应的机械强度。所以，试验给人们留下一个没有预期的耐人寻味的结局。

由此可见，爆炸压力重叠现象是隔爆外壳可能遭到破坏的一个潜在的危险。

这里需要指出的是，大量的试验表明，并不是每一种型号的隔爆型电动机都能够产生爆炸压力重叠现象，但是，产生的概率是相当大的，尤其是大型电动机。这应该引起人们足够的注意。

2. 分析：爆炸压力重叠的实质

爆炸压力重叠的实质，实际上是被一次爆炸时产生的爆炸压力压缩的另一空腔中的爆炸性气体-空气混合物被二次点燃时产生的压力积累（也可能是多次压缩多次点燃）。

我们知道，爆炸压力波具有声波的传播速度（340m/s），而火焰的燃烧速度则比较慢。如果以小孔相连的两空腔中有一个空腔内发生爆炸的话，那么，当火焰在一次爆炸压力波（$dp/dt \neq 0$）作用时间内到达另一空腔时，被压缩的另一空腔中的爆炸性气体-空气混合物立即被点燃，于是，就产生了比一次爆炸压力更大的爆炸压力［参见式（3.1）和式（3.2）］。

3. 对策：避免复杂结构或增加结构强度

实际的设计实践和试验经验告诉我们，设计人员在设计隔爆外壳时应该尽可能地避免一些复杂的结构。

通常情况下，隔爆外壳应该采用长方体结构或圆柱体结构，而且，长方体的宽度与长度之比、圆柱体的直径与长度之比应该约等于2/3；如果隔爆外壳需要用隔板分隔开时，则分隔出的小空腔的形状亦应该符合这一要求，而且小空腔与小空腔之间应该以隔爆结构相连通。

在某些情况下，人们无法避免一些复杂的结构时，唯一的途径就是增加隔爆外壳的结构强度。例如，对于隔爆型电动机，设计人员就应该增加电动机隔爆外壳的机械强度［它包括外壳的材质、壁厚，螺栓（螺钉）的数量、直径、啮合口数、配合等级，等等］，以抵抗爆炸压力重叠现象可能造成的威胁。

3.5 隔爆型电气设备防爆结构的一般制造原则

在制造方面，隔爆型电气设备与一般用途的工业和民用电气设备相比有不少特殊的地方，应该引起设计人员和制造人员必要的注意。由于隔爆型电气设备的结构千差万别，所以我们不可能详细地，而仅仅是原则地进行一些适当的讨论。

1. 严格地按照施工图样加工

隔爆型电气设备的施工图样，尤其是与防爆安全性能有关的部分，必须经过防爆电气产品检验机构按照现行的国家标准 GB 3836.2《爆炸性环境　第2部分：由隔爆外壳“d”保护的设备》审查通过。审查合格的施工图样和相关的技术文件，不经过防爆电气产品检验机构的同意，不得随意更改。

在制造过程中，制造人员必须按照防爆电气产品检验机构审查合格的图样和技术文件进行施工。如果施工时发现设计图样存在不尽合理的地方，制造人员认为有必要进行修改时，必须会同设计人员、工艺人员协商一致，然后进行局部修改。在这种情况下，制造商应该将涉及产品的防爆结构和尺寸以及材料提交原防爆电气产品检验机构重新审查，并取得同意。

2. 制造时不得随意更改材料和改变隔爆外壳的结构

在制造过程中，制造人员必须按照施工图样规定的材料制作隔爆型电气设备的各个零部件。任何人员不得改变隔爆外壳所用的材料，不得改变隔爆外壳的结构，不得减小隔爆外壳的壁厚。

在市场销售中已经发现，有一些制造商，在批量制造对外销售的产品（试制样品已经经过防爆检验合格）时，却更换了材料，用铸铝代替原设计的铸铁；还有一些制造商，为了降低材料成本，在批量制造的产品中减少隔爆外壳的壁厚。这些都是十分危险的做法。前面已经讨论了隔爆外壳的耐爆性能，它是由外壳的机械强度来保证的。若隔爆外壳的材料强度和外壳厚度减小了，就意味着隔爆外壳可能会被内部的爆炸压力所破坏。因此，这样的隔爆型电气设备使用在可燃性气体环境中，就可能成为使用现场潜在的爆炸危险源。

3. 制造时应该注意一些特殊尺寸的加工

在隔爆外壳上有一些特殊结构和特殊尺寸，例如，外壳的紧固螺栓（螺钉）孔，外壳壳壁上的不透孔，法兰连接时法兰上的对称尺寸等，都是应该特别注意的。

对于紧固螺钉用不透孔（螺孔），若加工深度超过图样标注尺寸，就有可能造成壁厚不符合图样要求，或者壳壁被钻穿；若加工深度小于图样标注尺寸，就有可能使外壳盖子紧固不紧，造成此处的隔爆间隙增大，或者，螺孔底部螺纹裕量小于两个弹簧垫圈的厚度。

对于电气元器件安装底板用不透孔，若加工深度超过图样标注尺寸，很有可能减小外壳壁厚，甚至外壳被钻穿。

对于法兰上的对称尺寸，不管是方形法兰还是圆形法兰，所有尺寸都必须关于中线（或中心）对称。若加工时没有注意到这种对称，就会出现一边的隔爆接合面宽度（L，L_1）增加，而另一边的则减小。严重时，隔爆接合面宽度（L，L_1）不符合图样标注尺寸，所加工的零件就不合格了。

4. 制造时应该注意铸件和焊接件可能出现的缺陷

隔爆型电气设备的外壳常常采用铸件或焊接件制成。然而，在制作过程中，这些零件时常可能出现的缺陷，往往不被人们注意。事实上，在防爆安全性能检验时，这些缺陷却造成了很大的麻烦。

在铸件上可能存在的缺陷主要表现在铸件的厚度（壁厚）不均匀。尤其是面积大的铸件，即使是同一个标称尺寸的壁厚，铸件各部分的实际厚度却往往差别很大。正因为如此，在进行爆炸试验时铸件破裂损坏的现象屡屡出现。例如，在试验时，一台大型电动机的接线盒（HT250）被破坏，检查发现，碎片的一边厚度仅仅3mm，而另一边却有14mm。这是一个十分严重的缺陷。

此外，在实际作业时人们不能严格按照铸件设计材质进行施工，而采用一些其他材质的材料。例如，对于铸铝铸件，有一些人使用市场回收的废铝来制作隔爆外壳。在试验时，这样的外壳常常被破坏，破碎铸件的断面上出现像“大米夹生饭”那样的金相结构。

对于钢板焊接件，尤其是一些壁板面积较大的焊接件，人们经常使用所谓的“加强筋”来增加它的强度，从而减小它的壁厚。机械设计告诉我们，加强筋必须和壁板连续地焊接在一起，这样才能够有效地增强壁板的强度。

然而，在实际应用中，有一些人却采用“点焊”的方法来进行这种焊接。显然，这样的焊接不会完全使加强筋起到应有的作用。在防爆安全性能检验时经常会看到这种情况。这是钢板焊接件的一个不小的缺陷，应该引起人们的注意。

5. 装配时不得安装有缺陷的零部件

在装配时，制造人员不得将隔爆接合面上有伤痕（例如划痕、气孔、砂眼和裂纹等）的零件安装在隔爆型电气设备上。

此外，铸造零件、焊接零件，除应该进行时效处理外，还应该在精加工以后进行水压试验（通常情况下，试验压力为：对于Ⅰ类设备，1.0MPa；对于ⅡA级、ⅡB级设备，1.5 MPa；对于ⅡC级设备，2.0 MPa，历时10~12s），试验合格的零件才允许安装在隔爆型电气设备上。

总之，在隔爆型电气设备制作方面，人们既应该遵守普通电气设备的制作原则又应该注意一些特殊问题。这些特殊问题，对于普通电气设备来说往往不能构成严重威胁，然而，对于隔爆型电气设备而言却是十分危险的。因此，人们必须给予足够的关注。

3.6 隔爆安全性能试验

在隔爆型电气设备样机试制完成以后，必须进行隔爆安全性能试验，以验证所设计、制造的设备是否具有可靠的隔爆安全性能。试验主要分为隔爆外壳的耐爆性能试验和隔爆性能试验。下面分别予以简要的讨论。

3.6.1 隔爆外壳的耐爆性能试验

隔爆外壳的耐爆性能试验的目的是用试验来考核隔爆外壳的耐爆炸（机械）强度。

隔爆外壳的耐爆性能试验又分为最大爆炸压力测定和外壳过压试验。

1. 最大爆炸压力测定

测定最大爆炸压力的目的是测定隔爆型电气设备在设计状态下外壳内发生爆炸时可能出现的最大爆炸压力。

在试验时，试验样品应该符合制造商提供的已被防爆电气产品检验机构审查合格的图样和技术文件，所有用于密封的衬垫都必须按规定安装完好。隔爆外壳内安装的电气元器件允许用代替物予以替代。

试验人员应该根据外壳的形状和结构，在外壳内安装多个高压火花塞和测压元件，以便测到外壳内可能产生的最高爆炸压力（在后续的试验中被称为“参考压力”）。

为了得到平滑的压力曲线，试验人员可以在测量爆炸压力的电路中插入一个低通滤波器[5kHz×(100±10)%，3dB 点]，将可能出现的谐波滤除。

(1) 对于预期用于环境温度不低于 -20℃情况下的设备的爆炸压力测定

当隔爆型电气设备使用在环境温度不低于 -20℃、一个大气压力的环境条件下时，最大爆炸压力测定时使用的试验气体混合物（浓度为体积比）和试验次数如下：

- 对于Ⅰ类设备，甲烷，(9.8±0.5)%，试验 3 次。
- 对于ⅡA 级设备，丙烷，(4.6±0.3)%，试验 3 次。
- 对于ⅡB 级设备，乙烯，(8.0±0.5)%，试验 3 次。
- 对于ⅡC 级设备，乙炔，(14±1)%，试验 3 次；氢气，(31±1)%，试验 3 次。

试验人员在实验室环境条件下将上述试验气体混合物充入试验样品中，分别用外壳内不同位置安装的火花塞点燃引爆。

试验测得的最大爆炸压力值作为后续试验的参考压力。

(2) 对于预期用于环境温度低于 -20℃情况下的设备的爆炸压力测定

当隔爆型电气设备使用在环境温度低于 -20℃、一个大气压力的环境条件下时，最大爆炸压力测定通常应该在相应的低温（-20℃以下）条件下进行。

然而，有时候，低温条件往往难以实现。此时，试验人员可以根据设备的结构采用如下任一种方法进行这种测定。

1) 预压法

对于所有设备，人们应该采用上述的试验气体混合物，在实验室环境条件下进行测定。但是，试验时，人们必须对这些混合物进行预压，即预先提高试验气体混合物的初始压力。试验气

体混合物的初始压力（预压压力值，压力表表压）应该为

$$P=\left(\frac{293}{273+T_{\text{a. min}}}-1\right)\times 101.325 \tag{3.35}$$

式中 P——初始压力（kPa）；

$T_{\text{a. min}}$——环境温度（℃）；

101.325——1 个大气压力（kPa）。

试验应该进行 3 次。

试验测得的最大爆炸压力值作为后续试验的参考压力。

2）系数法

对于净容积不大于 10L、结构简单的设备（旋转电机除外），试验时，人们仍然采用上述的试验气体混合物在实验室环境条件下进行测定。试验应该进行 3 次。

但是，测得的最大爆炸压力必须乘以表 3.16 中所示的温度修正系数后才能作为后续试验的参考压力。

表 3.16　适用于低温条件的温度修正系数①

最低环境温度 $T_{\text{a. min}}$/℃	温度修正系数
$T_{\text{a. min}} \leqslant -20$	1.16（1.00②）
$T_{\text{a. min}} \leqslant -30$	1.21
$T_{\text{a. min}} \leqslant -40$	1.26
$T_{\text{a. min}} \leqslant -50$	1.31
$T_{\text{a. min}} \leqslant -60$	1.38

① 引自 GB 3836.2《爆炸性环境　第 2 部分：由隔爆外壳“d”保护的设备》。

② 通常认为，在常温常压（20℃、101.325kPa）条件下试验时，所得的数据是“标准状态”的数据。对于防爆电气设备，它所适用的标准环境条件是 -20 ~ 60℃、0.08 ~ 0.11MPa，所以，此时所得的试验数据允许不予修正。

（3）旋转电机的爆炸压力测定

对于隔爆型旋转电机，最大爆炸压力应该在旋转状态下和静止状态下交替地进行测定。试验时的环境条件和使用的试验气体混合物依然是上述的环境条件和试验气体混合物。

在试验时，试验人员应该在电机的一端端盖内侧安装一只火花塞和一只压力传感器，在另一端端盖内侧同样也安装一只火花塞和一只压力传感器。人们首先在电机的一端点燃内部的试验气体混合物，同时在两端测量爆炸压力；然后，在电机的另一端点燃，重复进行。

试验应该在被试电机的两端各点燃 3 次测压 3 次。人们应该以所测得的最大爆炸压力作为后续试验的参考压力。

大量的试验数据显示，在旋转状态下和静止状态下测得的爆炸压力是不同的。旋转状态下的爆炸压力大于静止状态下的。这是因为在电机旋转时内风扇引起的高速气流提高了内部的初始压力，所以爆炸压力就会增高。

试验数据还显示，试验时不管电机是处于旋转状态下还是处于静止状态下，在非点燃端测得的爆炸压力，有时候，要大于点燃端的。这就是爆炸压力重叠现象。

2. 外壳过压试验

进行隔爆外壳过压试验的目的是以 1.5 倍的参考压力（最大爆炸压力）的压力值来考核外壳的耐爆性能。

过压试验可以用下列两种方法中的任一种进行，即静态过压试验或动态过压试验。这两种试验方法是等效的。

(1) 静态过压试验

隔爆外壳的静态过压试验通常采用水压试验方法进行。

在试验时，被试设备的整备状态和测定最大爆炸压力时的一样。试验压力应该为所测得的参考压力（最大爆炸压力）的 1.5 倍值，但是，至少为 0.35MPa。

假若静态过压试验时不采用最大爆炸压力值来进行试验，人们也可以用下列压力进行静态过压试验：

- 当外壳容积 $V \leqslant 10cm^3$ 时，对于Ⅰ类、ⅡA 级、ⅡB 级和ⅡC 级设备，1MPa。
- 当外壳容积 $V > 10cm^3$ 时，对于Ⅰ类设备，1MPa；对于ⅡA 级和ⅡB 级设备，1.5MPa；对于ⅡC 级设备，2MPa。

此时，施加压力的时间至少为 10s，但是，也不必超过 60s。

静态过压试验只进行一次。

在进行出厂试验时，人们依然可以使用上述压力值对设备进行逐台试验。如果制造商不愿意在设备出厂时逐台进行过压试验的话，那么，这个试验压力应该为所测得的最大爆炸压力（参考压力）的 4 倍值。

(2) 动态过压试验

隔爆外壳的动态过压试验通常采用爆炸试验方法进行。

在试验时，被试设备的整备状态和测定最大爆炸压力时的基本一样，只是不再测定压力。

在试验时，试验气体混合物和测定最大爆炸压力时的一样。但是，试验人员应该对试验气体混合物进行预压（参见第 3.2.1 节），以便在发生爆炸时产生一个压力为参考压力（最大爆炸压力）1.5 倍值的爆炸压力。

为此，试验人员应该按照式（3.2）（即预压压力计算公式）进行计算，得出对试验气体混合物进行预压的预压压力值（p_1）。

这里仍然以氢气为例来计算对试验气体混合物施加的预压压力值。

【例 3.12】 假定对某一隔爆型电气设备进行最大爆炸压力测量时得到最大爆炸压力（P_{max}）为 0.55MPa（即参考压力），那么，式（3.2）中的 P 即为 1.5 倍的参考压力，$P = P_{max} \times 1.5 = 0.825\text{MPa}$。令 $p_0 = 0.73\text{MPa}$，$K = 6$。将这些相关数据代入式（3.2）中计算，于是便得到对试验气体混合物应该施加的预压压力值为

$$
\begin{aligned}
p_1 &= (P - p_0)/K \\
&= (0.825 - 0.73)/6\text{MPa} \\
&\approx 0.016\text{MPa}
\end{aligned}
$$

同样，对于其他可燃性气体-空气混合物，人们依然可以使用式（3.2）来计算预压压力值，只是式中的 p_0、K 值不同而已。

动态过压试验，对于Ⅰ类、ⅡA 级和ⅡB 级设备仅进行 1 次，而对于ⅡC 级设备，分别使用每一种试验气体（氢气和乙炔）各进行 3 次。

综上所述，在隔爆型电气设备（隔爆外壳）的耐爆性能试验过程中，如果外壳没有出现永久性变形，也没有发生影响隔爆性能的破坏和接合面间隙的永久性增大的话，则试验人员应该认为试验样品符合设计要求，通过试验。

3.6.2 隔爆外壳的隔爆性能试验

隔爆外壳的隔爆性能试验（不传爆试验）的目的是用试验来验证隔爆外壳（隔爆型电气设备）的不传爆安全性能。

在试验时，试验样品的整备状态应该符合设计的全部要求，但是，不符合隔爆结构要求的衬垫应该被拆除。

隔爆性能试验通常在实验室环境条件下进行。

试验人员应该将试验样品放置在爆炸试验罐内，并在试验样品内和爆炸试验罐内同时充入相同浓度的同一种试验气体混合物；用低能点燃源点燃试验样品内的爆炸性气体-空气混合物；观察试验样品内的爆炸是否能够通过间隙点燃爆炸试验罐内的爆炸性气体-空气混合物。

1. Ⅰ类、ⅡA级和ⅡB级隔爆型电气设备的隔爆性能试验

Ⅰ类、ⅡA级和ⅡB级隔爆型电气设备的隔爆性能试验依照不同的结构情况可以按照下列任一种方法进行。

（1）当试验间隙符合 $0.9i_C \leqslant i_E \leqslant i_C$ 时

在试验时，试验人员应该将隔爆外壳的所有隔爆间隙调整到一个所谓的试验间隙（i_E）值，即

$$0.9i_C \leqslant i_E \leqslant i_C \tag{3.36}$$

式中　i_E——试验间隙（mm）；

i_C——图样上标注的结构间隙（mm）。

试验气体混合物的种类和浓度（体积比）如下：

- 对于Ⅰ类设备，［甲烷（58 ± 1）%/氢气（42 ± 1）%］- 空气混合物，（12.5 ± 0.5）%。在这种混合物中，甲烷和氢气混合后再同空气混合。
- 对于ⅡA级设备，氢气-空气混合物，（55 ± 0.5）%。
- 对于ⅡB级设备，氢气-空气混合物，（37 ± 0.5）%。

这里需要指出的是，“图样上标注的结构间隙”是指使用相互耦合零件的零件图上标注的结构间隙公差偏差值计算得到的间隙（i_C）。

（2）当试验间隙不符合 $0.9i_C \leqslant i_E \leqslant i_C$ 时

当制造商提供的试验样品的间隙不符合试验间隙的要求，也就是说，不符合式（3.36）时，试验人员可以使用下列任一种等效的方法进行试验。

1）方法一

当试验间隙（i_E）小于结构间隙（i_C）的90%时，用改变氢气-空气混合物浓度的方法进行试验。

试验气体混合物的浓度如下：

① 对于Ⅰ类设备，$0.9i_C > i_E \geqslant 0.75i_C$，氢气，（55 ± 0.5）%。

$0.75i_C > i_E \geqslant 0.6i_C$，氢气，（50 ± 0.5）%。

② 对于ⅡA级设备，$0.9i_C > i_E \geqslant 0.75i_C$，氢气，（50 ± 0.5）%。

$0.75i_C > i_E \geqslant 0.6i_C$，氢气，（45 ± 0.5）%。

③ 对于ⅡB级设备，$0.9i_C > i_E \geqslant 0.75i_C$，氢气，（28 ± 1）%。

$0.75i_C > i_E \geqslant 0.6i_C$，氢气，（28 ± 1）%（在0.04MPa条件下）。

2）方法二

当试验间隙（i_E）小于结构间隙（i_C）的90%时，用对正常的试验气体混合物进行预压的方法进行试验。

预压的压力值（压力表表压）为

$$P = [(i_C/i_E) \times 0.9 - 1] \times 101.325 \tag{3.37}$$

式中　P——试验气体混合物的预压压力（kPa）；

i_C——图样上标注的结构间隙（mm）；

i_E——试验间隙（mm）；

101.325——1个大气压力（kPa）。

【例3.13】 假若试验样品的图样上标注的结构间隙 $i_C = 0.19\text{mm}$（$< i_T = 0.20\text{mm}$），试验间隙 $i_E = 0.16\text{mm}$，则 $i_E / i_C = 0.16/0.19 \approx 0.84 < 0.9$。于是，试验时人们应该对试验气体混合物（氢气）进行预压，按照式（3.37）计算即可得到预压压力值为

$$P = [(0.19/0.16) \times 0.9 - 1] \times 101.325\text{kPa}$$
$$\approx 7\text{kPa}$$

（3）特殊情况

当制造商提供的试验样品在正常的隔爆性能试验中可能会遭到损坏时，试验人员可以使用增大间隙的方法进行试验。因为增大隔爆外壳的间隙可以更多地泄放外壳内的爆炸压力，所以就避免了外壳的破坏。

在增大间隙时，人们可以将设备的结构间隙乘以如下系数，便可以得到试验间隙：

① 对于ⅡA级设备，1.42。

② 对于ⅡB级设备，1.85。

在进行试验时，试验气体混合物应该采用（其中仍包含一定的安全裕度）：

① 对于ⅡA级设备，丙烷-空气混合物，$(4.2 \pm 0.1)\%$。

② 对于ⅡB级设备，乙烯-空气混合物，$(6.5 \pm 0.5)\%$。

增大后的试验间隙依然能够保证设备的隔爆性能。这个增大系数即代表性气体的最大试验安全间隙与试验气体混合物的最大试验安全间隙之比，对于ⅡA级设备，就是丙烷与试验气体混合物［氢气 $(55 \pm 1)\%$］的最大试验安全间隙之比，即 $0.92:0.65 = 1.42$；对于ⅡB级设备，就是乙烯与试验气体混合物［氢气 $(37 \pm 1)\%$］的最大试验安全间隙之比，即 $0.65:0.35 = 1.85$。由此可知，增大后的试验间隙（即结构间隙与增大系数之积）有可能不小于代表性气体的最大试验安全间隙。在这种情况下，能够通过隔爆性能试验，显然，它仍然是安全的。

Ⅰ类、ⅡA级和ⅡB级隔爆型电气设备的隔爆性能试验应该各进行5次。如果5次试验均没有引起爆炸试验罐内的试验气体混合物点燃，便可以认为被试的隔爆型电气设备隔爆性能合格。

2. ⅡC级隔爆型电气设备的隔爆性能试验

ⅡC级隔爆型电气设备的隔爆性能试验可以使用以下两种等效的方法中的任一种方法进行：增大间隙法和预压法。

（1）增大间隙法

在增大间隙法试验时，除螺纹式隔爆结构外，试验人员应该将所有的隔爆间隙按下式进行增大：

$$1.35 i_C \leqslant i_E \leqslant 1.5 i_C \tag{3.38}$$

式中 i_E——试验间隙，对于法兰式接合面，最小值为0.1mm；

i_C——图样上标注的结构间隙（mm）。

在大气环境条件下，试验人员应该同时向试验样品内和爆炸试验罐内充入下列任一种试验气体混合物（浓度为体积比）：

① 氢气-空气混合物，$(27.5 \pm 1.5)\%$。

② 乙炔-空气混合物，$(7.5 \pm 1)\%$。

对于每一种试验气体混合物分别试验5次。

如果隔爆型电气设备仅使用于氢气或乙炔环境的话，那么，试验仅使用相应的试验气体混合

物进行5次就可以了（在耐爆性能试验符合要求的情况下）。

（2）预压法

在预压法试验时，试验间隙应该符合下式的要求：

$$0.9i_C \leqslant i_E \leqslant i_C \tag{3.39}$$

式中 i_E——试验间隙（mm）；

i_C——图样上标注的结构间隙（mm）。

试验人员应该在1.5倍大气压力的压力值［即试验气体混合物的预压压力（压力表表压）约为0.05MPa］条件下，同时向试验样品内和爆炸试验罐内充入下列任一种试验气体混合物（浓度为体积比）：

① 氢气-空气混合物，(27.5±1.5)%。

② 乙炔-空气混合物，(7.5±1)%。

对于每一种试验气体混合物分别试验5次。

如果隔爆型电气设备仅使用于氢气或乙炔环境的话，那么，试验仅使用相应的试验气体混合物进行5次就可以了（在耐爆性能试验符合要求的情况下）。

当试验样品的试验间隙不能符合式（3.39）的要求时，试验人员可以采用下式确定的预压压力值（kPa，压力表表压）对试验气体混合物预压后进行试验：

$$P = [(i_C/i_E) \times 1.35 - 1] \times 101.325 \tag{3.40}$$

式中 i_E——试验间隙（mm）；

i_C——图样上标注的结构间隙（mm）。

试验气体混合物仍然是上述混合物，依然是试验5次。

3. 隔爆性能试验时的一些特殊问题

（1）当电气设备预期使用环境温度大于60℃时，隔爆性能试验的试验条件

对于预期使用在环境温度大于60℃环境中的隔爆型电气设备，隔爆性能试验应该在下列任一条件下进行：

① 试验环境温度不小于规定的最高环境温度。

② 在试验室环境条件下，对试验气体混合物进行预压。预压系数如表3.17中所示的规定值。

③ 在试验室环境条件下，增大试验的间隙值。间隙增大系数如表3.17中所示的规定值。

表3.17 不同温度条件下试验气体混合物的预压系数和试验间隙的增大系数①

环境温度/℃	系数②			
	Ⅰ类 $CH_4/H_2$③，12.5%	ⅡA级 H_2，55%	ⅡB级 H_2，37%	ⅡC级 H_2，27.5%；C_2H_2，7.5%
60	1.00	1.00	1.00	1.00
70	1.06	1.05	1.04	1.11
80	1.07	1.06	1.05	1.13
90	1.08	1.07	1.06	1.15
100	1.09	1.08	1.06	1.16
110	1.10	1.09	1.07	1.18
120	1.11	1.10	1.08	1.20
125	1.12	1.11	1.09	1.22

① 引自GB 3836.2《爆炸性环境 第2部分：由隔爆外壳“d”保护的设备》。

② 这些系数是对应温度大于60℃时的温度折算值。所有试验都应该按照相应试验的试验要求进行。

③ CH_4/H_2表示CH_4为(58±1)%，H_2为(42±1)%，是甲烷和氢气的混合型可燃性气体。

分析可知，当隔爆型电气设备的结构间隙一定时，它的运行环境温度越高，“传爆”的可能性越大。因此，必须使用较为严格的试验条件进行考核。

“预压”和“增大间隙”就是这样的考核方法。预压可以提高爆炸压力，增强爆炸生成物的穿透能力；增大间隙显然可以增大缝隙的传爆能力。在这样的试验条件下，试验样品能够通过试验，它就可以安全地运行在相应的高温环境中。

另外，从这样的试验中，设计人员应该得到启示，在设计预期使用于高温环境下的隔爆型电气设备时，应该采用较小的结构间隙，而不是逼近标准间隙的较大的间隙值。

(2) 当隔爆结构为螺纹式结构时，试验结构尺寸的调整

在进行隔爆型电气设备的隔爆性能试验时，对于螺纹式隔爆结构，试验人员应该按照表3.18所示，将螺纹式隔爆接合面的轴向长度适当地缩小。

表3.18　在隔爆性能试验时螺纹式隔爆接合面轴向长度的减小量①

螺纹式隔爆接合面型式	在下列情况下的减小量			
	Ⅰ类、ⅡA级和ⅡB级		ⅡC级	
	规定间隙或预压时	加大间隙时	预 压 时	加大间隙时
圆筒形，中等或更高精度配合	不减小	不减小	不减小	不减小
圆筒形，粗糙配合	1/3	1/2	1/3	1/2
锥形	不减小	不减小	不减小	不减小

① 引自GB 3836.2《爆炸性环境　第2部分：由隔爆外壳“d”保护的设备》。

(3) 当隔爆结构为止口式结构时，试验结构尺寸的调整

在进行隔爆型电气设备的隔爆性能试验时，对于止口式隔爆结构，如果接合面的宽度（L）只有圆筒部分构成，试验人员应该将接合面平面部分的间隙适当地加大：

① 对于Ⅰ类和ⅡA级设备，间隙可以增大到1mm。

② 对于ⅡB级设备，间隙可以增大到0.5mm。

③ 对于ⅡC级设备，间隙可以增大到0.3mm。

(4) 当隔爆结构是由不同材料制成时，隔爆性能试验的试验条件调整

当隔爆型电气设备外壳上使用不同材料制成的零件构成隔爆结构时，由于耦合零件的材料具有不同的温度膨胀系数，所以当温度变化时它们之间的配合间隙就会发生变化。这直接影响着这里的隔爆性能。因而，人们必须用试验来考核这种结构。

在隔爆性能试验时，人们可以采用增大试验间隙法或提高初始压力法。

1) 增大试验间隙法

在试验室环境条件下，用增大的试验间隙进行试验。

试验间隙值应该调整为

$$0.9i_{c,max} \leqslant i_E \leqslant i_{c,max} \tag{3.41}$$

式中　i_E——试验间隙；

$i_{c,max}$——计算间隙值［即在标准环境温度（20℃）时的最大结构间隙与在规定的最高（预期）环境温度 $T_{a,max}$ 时的间隙增量之和（参见例3.8）］。

2) 提高初始压力法

在试验室环境和试验气体混合物预压的条件下，用最大的结构间隙进行试验。

初始压力即预压压力值（kPa，压力表表压）应该为

$$P = [(i_{c,max}/i_E) \times 0.9 - 1] \times 101.325 \tag{3.42}$$

式中 $i_{c,max}$——计算间隙值［同式（3.41）］；

i_E——试验间隙，即在标准环境温度（20℃）条件下最大的结构间隙。

（5）当隔爆型电气设备外壳上安装阻火元件式隔爆结构时的特殊要求

对于隔爆外壳上安装阻火元件式隔爆结构的隔爆型电气设备，在进行隔爆性能试验时，通常情况下，试验人员依然应该采用适于普通隔爆结构的Ⅰ类、ⅡA级和ⅡB级隔爆型电气设备的试验方法，但是，对于ⅡC级隔爆型电气设备，试验方法则有一些不同。

当ⅡC级隔爆型电气设备外壳上安装诸如金属格网式隔爆结构或金属微孔式隔爆结构时，隔爆性能试验应该在下列条件下进行：

① 点燃源设置在距离阻火元件表面10～15mm处。

② 试验气体混合物及其浓度（体积比，在大气条件下）为

- 氢气-空气混合物，（40±1）%。
- 乙炔-空气混合物，（10±1）%［富氧，氧气浓度为（24±1）%］。

③ 试验应该分别进行5次，以均不发生外部点燃为合格。

这里需要指出的是，假若隔爆型电气设备外壳上安装多个阻火元件式隔爆结构的话，那么，试验人员应该在每一个这样的隔爆结构处各点燃5次，以检验它们的隔爆性能。

（6）当隔爆型电气设备上具有塑料材料构成隔爆接合面的隔爆结构时的特殊要求

当隔爆型电气设备中隔爆结构由塑料材料构成（例如塑料外壳、绝缘套管、端子套等）时，试验人员应该对这些部分进行“火焰烧蚀试验”。

在试验之前，试验人员应该将平面式隔爆接合面和止口式隔爆接合面的平面部分的间隙调整在0.1～0.15mm的范围内。

在试验时，人们应该按照“最大爆炸压力测定”时的要求进行试验，只是试验次数不同，对于Ⅰ类、ⅡA级和ⅡB级设备，试验应该进行50次；对于ⅡC级设备，试验应该分别使用氢气-空气混合物和乙炔-空气混合物各进行25次。然后，试验样品再承受隔爆性能试验。如果隔爆性能试验通过，则试验样品合格。

这里需要说明的是，如果隔爆型电气设备的内容积不大于50cm^{3}且所用材料又通过了国家标准GB/T 5169.16—2008《电工电子产品着火危险试验　第16部分：试验火焰50W水平与垂直火焰试验方法》规定的试验，则这样的设备可以不承受此项试验。

除此之外，对于另外一些特殊隔爆结构，例如，浇封式隔爆结构以及由塑料材料制成的隔爆外壳等，除了进行上述的耐爆性能试验和隔爆性能试验以外，还应该进行一些其他的补充试验。这些补充试验，请读者参看中国的有关现行国家标准（GB 3836.1，GB 3836.2）和国际电工委员会（IEC）的有关出版物（IEC 60079-0，IEC 60079-1），这里不再赘述。

第 4 章　增安型电气设备

4.1　概述

增安型电气设备，是一种专门防爆型式的防爆电气设备，用符号“e”表示。它是工业企业中存在可燃性气体场所里使用十分广泛的一种防爆电气设备。

通常认为，当供电的额定电压不超过 11kV（交流有效值或直流值）时，在正常运行条件下和（或）认可的异常条件下不会产生火花、电弧和（或）危险温度的电气设备，才允许设计和制造成增安型电气设备。显然，不符合这些条件的电气设备是不允许制成增安型防爆型式的。

在上述的限定条件下，增安型电气设备，不是像隔爆型电气设备中使用的所谓“隔爆外壳”那样进行“防爆”，而是根据燃烧与爆炸的充分必要条件（参见第 1 章），对电气设备的各个部分采用机械的和（或）电气的增强措施，进一步提高它们的安全可靠程度，从而避免它们产生火花、电弧和（或）危险温度的可能性，也就是说，对电气设备采取和提出一些结构措施和安全要求使它不可能成为可燃性气体的点燃源。

这就是增安型电气设备的防爆原理。

根据增安型电气设备的防爆原理，大家应该知道，设计人员必须对电气设备的机械结构、外壳防护、电气绝缘、导线连接、电气间隙和爬电距离以及极限温升等方面提出必要而充分的特殊要求，以保证增安型电气设备具有可靠的防爆安全性能。

这种防爆型式，一般情况下，不划分防爆级别。如果需要，人们可以通过试验来确定某一类型的电气设备所需的防爆级别，例如，高压或大容量的增安型异步电动机就是这样，通过试验也可以划分为ⅡA 级、ⅡB 级或ⅡC 级。

但是，增安型防爆型式应该具有相应的设备保护级别，例如 b 级或 c 级；在实际应用时，也可以表示为 Gb 级或 Gc 级。

一般来讲，这种防爆型式适用于以下类型的电气设备：

- 交流电机类（包括旋转电机、变压器以及电磁铁等）。
- 灯具类（包括灯具用电感镇流器）。
- 电阻加热器类。
- 蓄电池类。
- 接（分）线盒（箱）类。
- 仪用电流互感器和非仪用电流互感器类。

至于除此之外其他的电气设备欲制成这种增安型防爆型式时，设计人员和制作人员除应该遵守增安型防爆型式的通用要求外，还必须考虑提出一些附加的特殊的技术措施和安全要求。

这些附加的技术措施和安全要求，原则上，应该包括以下内容：

- 在安装条件下所用电气元器件的使用参数不得超过它的标称额定值的 2/3。
- 发热元器件不得产生超过极限温度的危险温度，不得对它周围的电路单元（结构、参数、绝缘）产生不利的影响。
- 电阻元件应该是薄膜型或线绕型的电阻器。

- 电感元件应该具有防止在电路断开瞬间产生反电动势的措施。
- 电容元件应该是固体绝缘介质的电容器，不得采用电解电容器、钽电容器。
- 开关元件用隔爆外壳保护起来，等等。

下面仅以设备保护级别为 b 级（Gb 级）的增安型电气设备为例来简要地讨论一下这种防爆型式的技术措施和安全要求，部分类型设备防爆结构的一般设计原则，以及有关的试验方法。

4.2 增安型电气设备的通用防爆结构和安全要求

增安型电气设备应该符合第 2 章中对防爆电气设备提出的一般要求。除此之外，根据增安型电气设备的基本特征，在这里，我们再提出一些和这种防爆型式相适应的特殊要求。

4.2.1 外壳防护

增安型电气设备应该具有一个适当结构形式的外壳，这是不言而喻的。外壳除了用来组装电气元器件以外，还应该具有防止外物（例如固体异物、潮气和水等）侵入和接触内装的电气元器件的功能。

众所周知，在电气设备运行过程中，由于环境条件的原因，设备可能会受到一些不利的影响。例如，在煤矿井下和露天场所，一些固体异物有可能落入电气设备内，雨水、滴水、潮气有可能进入电气设备外壳内。固体异物，尤其是一些导电性物质，落入外壳内就会造成不同电位的带电部件之间发生短路，形成短路放电火花；雨水、滴水、潮气进入外壳内就会引起绝缘材料的绝缘性能下降，发生绝缘击穿，漏电，形成漏电放电火花。这些都是十分危险的事情。采用合理的外壳防护就可以防止这种危险。

通常认为，增安型电气设备外壳防止外物侵入的防护等级：

- 当外壳内安装裸露的带电部件时，至少为 IP54。
- 当外壳内安装绝缘的带电部件时，至少为 IP44。

如果增安型电气设备设置排放孔或通风孔的话，那么，此时的排放孔或通风孔的防护等级：

- 对于Ⅰ类设备，至少为 IP54（内装裸露的带电部件时）或至少为 IP44（内装绝缘的带电部件时）。
- 对于Ⅱ类设备，可以不低于 IP44（不管内装裸露的带电部件时，还是内装绝缘的带电部件时）。

如果增安型电气设备内部包含本质安全电路或系统，本质安全电路和非本质安全电路应该分开布置。非本质安全电路部分应该设置在一个单独的防护等级至少为 IP30 的空腔里，而且还应该设置警告标志："严禁带电打开!"。

有关防护等级的具体要求，请参见第 2 章的表 2.9 和表 2.10。

符合防护要求的外壳被称为"增安外壳"。增安外壳对于增安型电气设备来说是十分重要的，它能够保护内装电气元器件免受外界侵扰，保证电路绝缘性能不易发生失效。

4.2.2 导线连接

在增安型电气设备中，导线（导体）连接可以分为外部电缆进入增安外壳内的连接（简称外部电气连接）和增安外壳内部各电气元器件之间的电气连接（简称内部电气连接）。不管是外部电气连接还是内部电气连接，原则上，都应该使用铜芯电缆（导线），因为铜芯电缆的机械强度高，而且芯线的电阻率也小，导电性能好。

在进行外部电气连接时，外部电缆应该通过电缆引入装置进入增安外壳内。电缆芯线在外壳内与连接件（接线端子）进行电气连接；连接件的横截面积应该足以保证安全地通过电气设备的额定电流。

在进行内部电气连接时，所有连接导线的布置和排列都必须避开高温部件、运动部件。假若连接导线比较长，还必须在适当的地方予以固定。此外，内部连接导线不得有中间接头。

所有连接导线与接线端子（例如导电螺栓）的连接必须牢固可靠，不得在电气设备运行过程中发生松动，甚至导线从连接处脱出。为此，人们可以采用以下的连接方法。

1. 螺栓-螺母式压紧连接

当采用螺栓-螺母式压紧连接时，导线的芯线应该通过接线头（“O”形接线头，不得使用“U”形接线头）套在接线端子上，用螺母压紧。芯线与接线头应该采用冷压压合连接。当然，芯线也可以盘圈打结后经搪锡并压平处理，与“O”形接线头具有同样的效果。

在螺栓-螺母式压紧连接时，导电螺栓（接线端子）必须是铜质的，这是毫无疑问的。同时，螺母和垫圈也必须是铜质的，尤其是在通过大电流的情况下。此外，这种连接还必须具有防止螺母松动的防松措施（例如，采用钢质螺母压紧铜质螺母，或其他的等效措施），而且，在连接导线时导电螺栓不得发生转动。

在实际工业应用中常常发现，在螺栓-螺母式压紧连接时，人们仅仅采用钢质垫圈（平垫、弹簧垫圈）和钢质螺母进行压紧。这种情况导致连接处的接触电阻增大，在通过电流，尤其是大电流时，此处的发热很厉害，出现了“危险温度”，烧坏了相邻的绝缘。这种情况多次发生，是十分危险的事件。

2. 压板式压紧连接

当采用压板式压紧连接时，人们可以采用图 4.1 所示的结构。这种结构主要用于电流较大的情况。在这种压板式压紧连接结构中，用于压紧压板的螺钉或螺栓必须配置弹簧垫圈；它是一种十分重要的防止松动的措施。

而且，在这种连接中，当电缆芯线是圆形时，与芯线接触的相关零件应该具有适当的弧度，例如，图 4.1 中的压板、电缆芯线和载流导体。适当的弧度可以使相关零件与电缆芯线保持足够的接触面积，减小接触电阻，降低接触温度。

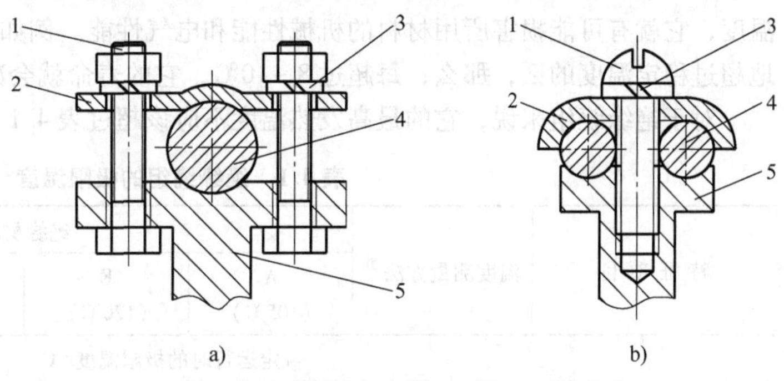

图 4.1　压板式压紧连接示意图

a）螺栓式接线端子　b）螺钉式接线端子

1—螺栓（螺钉）　2—压板　3—防松措施（弹簧垫圈）

4—电缆芯线　5—载流导体

3. 其他方式连接

在增安型电气设备内，除采用上述的导线连接方式外，人们还可以采取诸如插接式连接、焊接式连接这样的等效连接方式进行导线连接。

① 当采用插接式插接连接时，这样的插接件必须具有锁紧机构。插接连接，例如，插头-插座式的插接连接，常常用于设备内部导线的连接。它的锁紧机构保证了插接连接不会在设备运行过程中发生松动和脱出。

② 当采用插入式插入连接时，人们可以使用具有有效放松措施的端子排。当导体插入端子排时，端子排必须具有防止导体拔出的止动措施。

在这种连接中，绝对不允许使用没有有效防松措施的端子排。例如，某些端子排，仅仅指望挤压芯线的紧定螺钉作为放松措施，不能视为有效的防松措施，不得用于这种连接。因为，在环境因素的作用下，紧定螺钉与绝缘件的配合将可能出现麻烦，不能够保证这种连接始终保持可靠。

③ 当采用焊接式连接时，人们可以使用锡焊方法。这种方法一般适用于设备内部导线的连接。必要时，在焊点处导线应该予以固定，避免焊接点承受不必要的拉力。

在使用这种方法连接时，最重要的是防止焊点“虚焊”。虚焊不仅给电路运行造成麻烦，而且还可能在长时间带电情况下产生不能容忍的高温。

除此之外，人们也可以采用其他等效的连接方法，但是，连接必须可靠。

所有这些要求都是为了保证连接处具有一个可靠的电气接触。倘若接触电阻大的话，连接处的温度就会升高，连接处有可能成为一个“危险温度”点燃源；万一连接发生了松动，甚至导线从连接处脱出，连接处就有可能产生电气放电火花。这些都是绝对不能容忍的。

4.2.3 极限温度

在增安型电气设备中，可能与可燃性气体-空气混合物接触的零部件的最高发热温度，是决定电气设备防爆安全性能的一个重要因素。载流零部件，尤其是一些功率元件，例如绕组、电热元件，是电气设备的发热源。

最高发热温度不应该超过增安型电气设备的极限温度。

所谓极限温度，是指防爆电气设备的最高允许温度，它是电气设备温度组别确定的温度和所用材料达到热稳定时的稳定温度中较低的那个温度。极限温度是保证增安型电气设备防爆安全性能的一个“门槛”。假若最高发热温度超过了极限温度，也就是说，超过了电气设备温度组别的规定温度值，它就有可能点燃相应的爆炸性气体-空气混合物；超过了电气设备所用材料的稳定温度，它就有可能损害所用材料的机械性能和电气性能。例如，对于绝缘绕组，假若温度长时间地超过稳定温度的话，那么，每超过8～10℃，它的寿命就会减少一半。

对于绝缘绕组来说，它的最高发热温度不应该超过表4.1中的规定值。

表4.1 绝缘绕组的极限温度①

特征项目	温度测量方法②	绝缘材料的耐热等级③				
		A（105℃）	E（120℃）	B（130℃）	F（155℃）	H（180℃）
额定运行时的极限温度/℃						
单层绝缘绕组	电阻法或温度计法	95	110	120	130	155
其他绝缘绕组	电阻法	90	105	110	130	155
	温度计法	80	95	100	115	135
堵转时的极限温度/℃						
t_E时间④终了时的极限温度	电阻法	160	175	185	210	235

① 引自GB 3836.3《爆炸性环境 第3部分：由增安型“e”保护的设备》。

② 只有在不可能用电阻法测量时才允许用温度计法进行测量。

③ 按照GB/T 11021《电气绝缘的耐热性评价和分级》的规定，当绝缘材料的耐热等级高于H级时，极限温度暂按H级考核。

④ t_E时间，请参见第4.4节。

对于带电导体来说，它的最高发热温度，不应该降低材料的机械强度，不应该使材料发生的变形超过材料许用应力允许的变形，不应该损坏相邻的绝缘材料。例如，对于增安型三相异步电动机来说，转子的发热温度不能使定子绕组的绝缘遭到损坏。

在增安型电气设备设计时，为了防止电气设备的某些部件的温度超过极限温度，设计人员除应该考虑电气元器件的电热性能外，还应该考虑增设适当的温度保护装置。

4.2.4 固体绝缘材料

在增安型电气设备中使用的固体绝缘材料，按照相比电痕化指数（CTI）可以分为Ⅰ、Ⅱ和Ⅲa 三级，如表 4.2 所示。

表 4.2 绝缘材料的材料级别和耐起痕性①

材料级别	相比电痕化指数（CTI）
Ⅰ	CTI≥600
Ⅱ	400≤CTI<600
Ⅲa	175≤CTI<400

① 引自 GB 3836.3《爆炸性环境 第3部分：由增安型“e”保护的设备》。

按照固体绝缘材料的相比电痕化指数，人们根据国家标准 GB/T 4207《固体绝缘材料在潮湿条件下相比漏电起痕指数和耐漏电起痕指数的测量方法》的规定对常用的一些绝缘材料进行了分级，如表 4.3 所示。

表 4.3 常用绝缘材料按相比电痕化指数进行的分级①

材料级别	绝缘材料
Ⅰ	上釉陶瓷，云母，玻璃
Ⅱ	三聚氰胺石棉耐弧塑料，硅有机石棉耐弧塑料，不饱和聚酯团料
Ⅲa	聚四氟乙烯塑料，三聚氰胺玻璃纤维塑料，表面用耐弧瓷漆处理的环氧玻璃布板

① 引自 GB 3836.3—2000《爆炸性气体环境用电气设备 第3部分：增安型“e”》。

除上述的材料分级外，绝缘材料还应该满足运行时的温度要求。当增安型电气设备在额定运行状态下和认可的异常条件下运行时，它的最高工作温度不应该对绝缘材料的机械性能和电气性能产生不利的影响。因而，绝缘材料的稳定温度必须比电气设备的最高工作温度至少高出 20K，最低也不应该低于 80℃。

设计人员在设计时可以根据电气设备的工作电压和其他的相关要求选用上述的绝缘材料。如果上述的材料满足不了设计要求，人们也可以选用另外的材料，按照标准试验方法（GB/T 4207）进行试验来确定材料级别。

这里还需指出的是，所谓固体绝缘材料，就是指在运行状态时呈固体状态的绝缘材料。有一些材料，在供货时呈液态，而在使用后凝固成固态，也被视为固体绝缘材料，例如，绝缘清漆就是这样。

4.2.5 绕组

在增安型电气设备中，有一部分设备内装绕组，例如，增安型电动机，增安型变压器，增安型电磁铁，增安型荧光灯用镇流器，等等。在这种情况下，绕组无论在机械强度上还是在电气强度上都应该比普通绕组具有更高的要求。

一般地讲，绕制绕组的绝缘导线至少应该包覆两层绝缘，而且，导线的标称直径不应该小于0.25mm。

对于绕制绕组的漆包线，我们建议采用国家标准GB/T 6109.2《漆包圆绕组线　第2部分：155级改性聚酯漆包圆铜线》、GB/T 6109.5《漆包圆绕组线　第5部分：温度指数180聚酯亚胺漆包圆铜线》、GB/T 6109.6《漆包圆绕组线　第6部分：温度指数220聚酰亚胺漆包铜圆线》，或者，GB/T 6109.20《漆包圆绕组线　第20部分：温度指数220聚酰胺酰亚胺复合聚酯或聚酯亚胺漆包铜圆线》规定的2级和3级漆包圆铜线。

除此之外，人们也可以采用这些标准规定的1级漆包圆铜线，但是必须按照这些标准中第13章和第14章的规定通过相应的试验。

绕组应该在包扎之后用适当的浸渍剂进行浸渍处理，以提高它的绝缘性能。

浸渍处理应该按照浸渍剂制造商规定的浸渍工艺方法，采用沉浸法、滴注法或真空浸渍法（VPI）进行，尽可能地把绕组导线之间的孔隙全部填充密实，导线之间粘结牢固。假若使用的浸渍剂中含有其他的溶剂，则浸渍和烘干应该进行两次，使浸渍剂中的溶剂挥发殆尽。

通常认为，使用涂刷或喷洒的方法对绕组进行绝缘处理，不是一种可靠的浸渍处理。这一点在工程中应该予以充分的注意。

除此之外，对于高压绕组，人们还应该对浸渍处理后的绕组涂覆防电晕漆，防止电晕可能引起的附加危险。

在增安型电气设备中使用的绕组，不管是电动机的绕组还是电磁铁的绕组拟或是其他什么设备的绕组，通常情况下，都应该配置温度保护装置，防止这些绕组在正常运行过程中或认可的异常状态下产生的温度超过极限温度。

假若绕组在连续过载（例如，电动机转子堵转）的情况下，它的温度不会超过极限温度，或者，绕组就不会发生过载（例如，荧光灯用镇流器），这些绕组可以不必配置温度保护装置。

当增安型电气设备配置温度保护装置时，这种保护装置可以设置在设备的内部，也可以设置在设备的外部。但是不管怎样，保护装置都应该具有相应的防爆型式，而且，还应该和被保护设备一起进行考核。

4.2.6　电气间隙和爬电距离

在增安型电气设备中，电气间隙和爬电距离是保证增安型电气设备电气性能和安全性能的一项极其重要的指标。在第2章中已经知道，所谓电气间隙，是指不同电位的带电导体之间在空气中的最短距离，与工作电压的有效值有关；所谓爬电距离，是指不同电位的带电导体之间在绝缘材料表面上的最短路径，不仅与工作电压的有效值有关，而且还与绝缘材料的耐起痕指数等级、表面污染程度有关。有关不同电压等级和不同材料等级的电气间隙和爬电距离，参见第2章表2.11中的相应规定值。

在增安型电气设备设计时，在必要的时候，设计人员可以在绝缘零件上设置凸筋或凹槽，以增加电气间隙和爬电距离。绝缘部件上有效的凸筋和凹槽应该符合：

- 凸筋的高度至少为2.5mm，厚度应该与材料的机械强度相适应，至少为1mm。
- 凹槽的深度和宽度都不应该小于2.5mm。

当两个以上的绝缘零件用符合要求的粘结剂粘结在一起时，这样的粘结体被认为是一个绝缘零件。

为了设计与计算的方便，下面列举了多种形状的绝缘零件的电气间隙和爬电距离的示例，供人们参考。计算电气间隙和爬电距离的示意图如图4.2～图4.12所示。

除了图4.2～图4.12所示图例外，人们也可以使用其他等效的结构，只是在采用其他结构时应该遵循上述的基本原则。

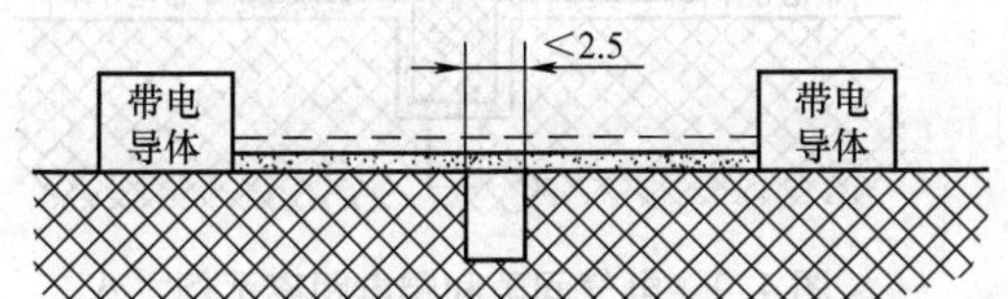

图4.2 电气间隙和爬电距离示例之一

说明：若两带电导体之间绝缘表面上有宽度小于2.5mm的凹槽（深度不予计较），电气间隙和爬电距离为两带电导体之间的空间最短距离和绝缘表面最短路径。

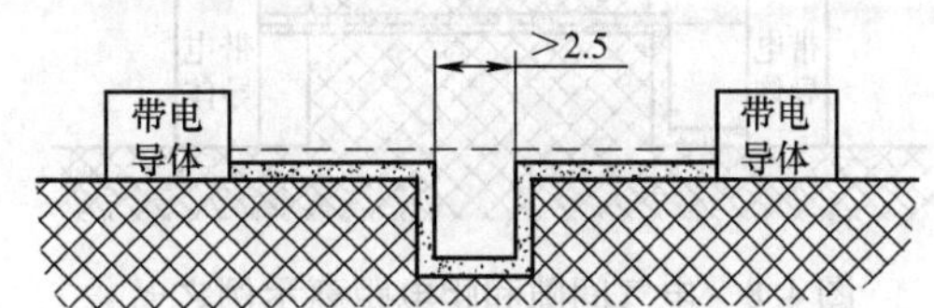

图4.3 电气间隙和爬电距离示例之二

说明：若两带电导体之间绝缘表面上有宽度大于2.5mm的凹槽（深度不予计较），电气间隙为两带电导体之间的空间最短距离，爬电距离为沿绝缘体（包括凹槽）表面的最短路径。

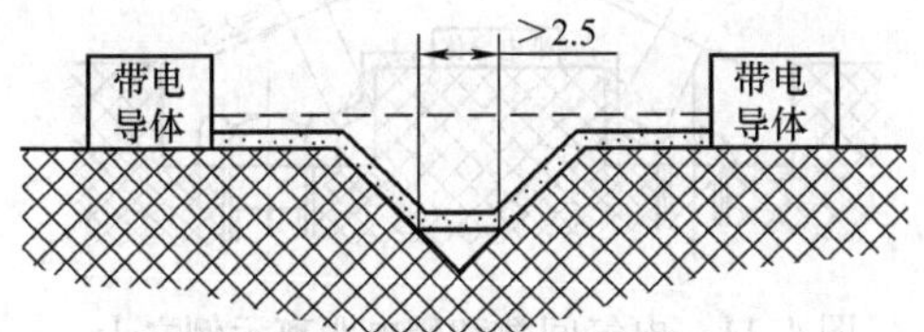

图4.4 电气间隙和爬电距离示例之三

说明：若两带电导体之间绝缘表面上有宽度大于2.5mm的V形凹槽，电气间隙为两带电导体之间的空间最短距离，爬电距离为沿绝缘体（包括凹槽，但凹槽底部在2.5mm处计算）表面的最短路径。

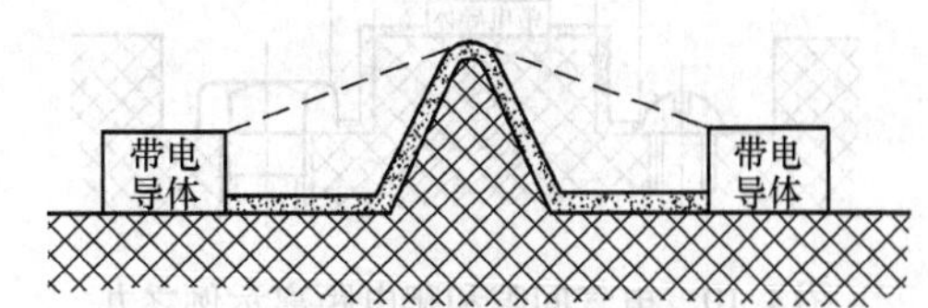

图4.5 电气间隙和爬电距离示例之四

说明：若两带电导体之间绝缘表面上有倒V形凸筋，电气间隙为两带电导体之间跨越凸筋顶部的空间最短距离，爬电距离为沿绝缘体（包括倒V形凸筋）表面轮廓线的最短路径。

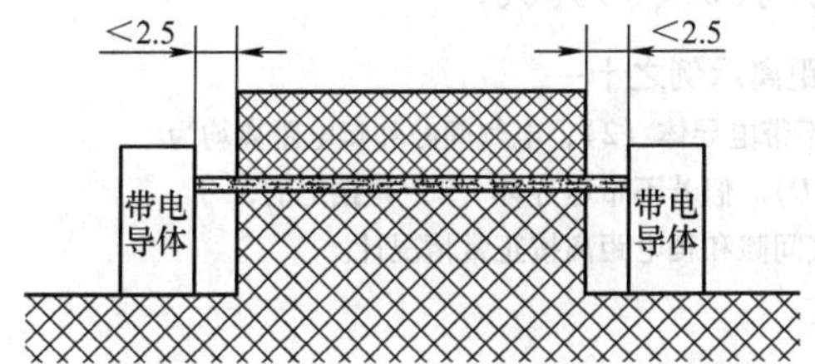

图4.6 电气间隙和爬电距离示例之五

说明：若两带电导体之间绝缘表面上有未粘结的绝缘接合件，两边有宽度小于2.5mm的凹槽，电气间隙和爬电距离为两带电导体之间（通过未粘结的缝隙）的最短距离。

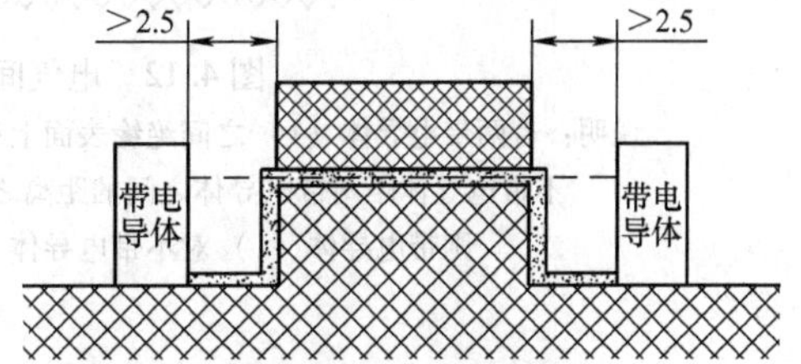

图4.7 电气间隙和爬电距离示例之六

说明：若两带电导体之间绝缘表面上有未粘结的绝缘接合件，两边有宽度大于2.5mm的凹槽，电气间隙为两带电导体之间（通过未粘结的缝隙）的空间最短距离，爬电距离为两带电导体之间（通过未粘结的缝隙）沿绝缘表面凹槽轮廓线的最短路径。

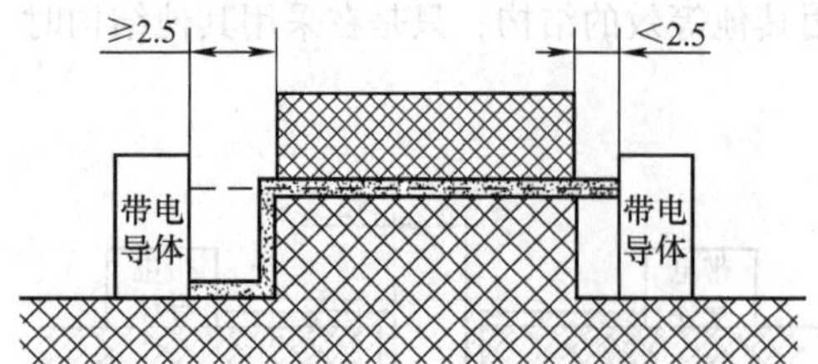

图 4.8　电气间隙和爬电距离示例之七

说明：若两带电导体之间绝缘表面上有未粘结的绝缘接合件，一边有宽度大于 2.5mm 的凹槽，另一边有宽度小于 2.5mm 的凹槽，电气间隙为两带电导体之间（通过未粘结的缝隙）的空间最短距离，爬电距离为两带电导体之间（通过未粘结的缝隙）沿宽度大于 2.5mm 的绝缘表面凹槽轮廓线的最短路径（不计宽度小于 2.5mm 的凹槽）。

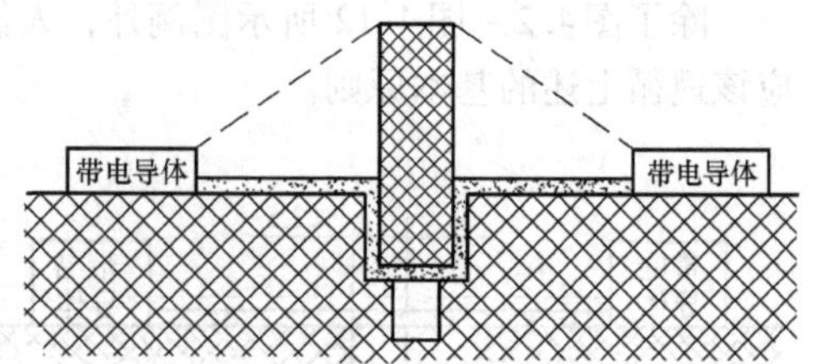

图 4.9　电气间隙和爬电距离示例之八

说明：若两带电导体之间绝缘表面上插入绝缘体的有未粘结的绝缘接合件，电气间隙为两带电导体之间跨越绝缘接合件顶部的折线空间最短距离，爬电距离为两带电导体之间沿绝缘接合件表面的最短路径。

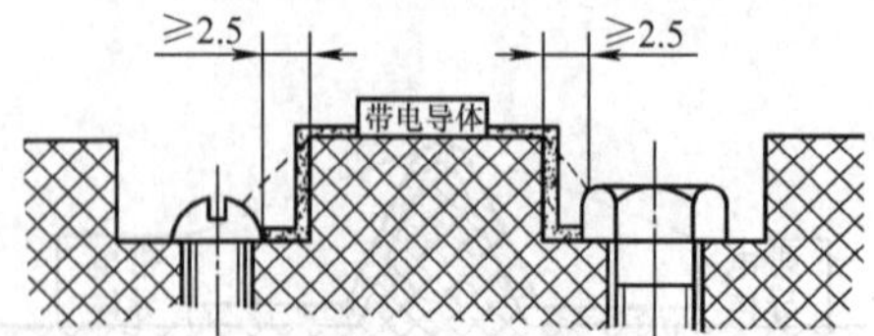

图 4.10　电气间隙和爬电距离示例之九

说明：若螺钉头与凹窝壁之间的间距大于 2.5mm，计算爬电距离时应该计入这个距离，但应注意六角头螺钉的六角头位置。

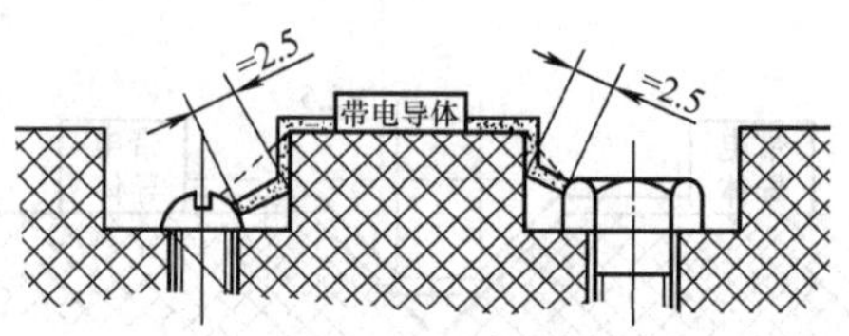

图 4.11　电气间隙和爬电距离示例之十

说明：若螺钉头与凹窝壁之间的间距小于 2.5mm，计算爬电距离时不应该计入这个距离，但应注意六角头螺钉的六角头位置。

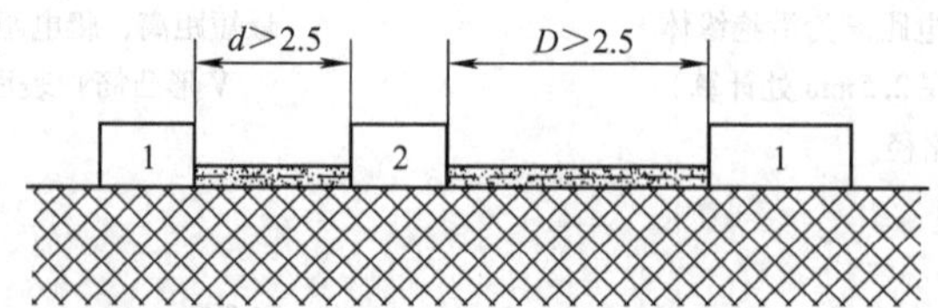

图 4.12　电气间隙和爬电距离示例之十一

说明：若两带电导体（1）之间绝缘表面上有未接地的不带电导体（2），电气间隙和爬电距离均为不带电导体距两带电导体之间的距离之和（即 $d+D$）。假若不带电导体（2）是接地的，则带电导体（1）对不带电导体（2）的电气间隙和爬电距离按正常情况计。

4.3　增安型电气设备的防爆型式通用试验

增安型电气设备，除按需要承受在第 2 章中规定的相关试验外，还应该承受下面所述的增安型防爆型式的防爆型式通用试验：**接线端子热试验和介电强度试验**。

4.3.1　接线端子热试验

1. 发热温度测定

增安型电气设备的接线端子，尤其是通过大电流的接线端子，例如，低压大功率的电动机，必须进行发热温度测定。发热温度测定主要是测定接线端子在装配状态下通过相应的大电流时的发热温度。

在试验时，试验人员应该将接线端子按设计要求在接线空腔内装配完整，并盖好接线空腔的盖子；然后，对接线端子通以1.5倍额定电流的试验电流。

温度测定允许使用热电偶进行。在温度稳定后测得的温度值经过修正［参见式（2.8）］后作为评价的依据。

修正后的温度不得超过设备温度组别的温度值和绝缘材料的稳定温度值，即设备的极限温度值。

这里需要指出的是，当设备不是逐台试验时，温度组别的温度值应该减去温度裕量（参见例2.2）。这个裕量，对于T1组和T2组设备，为10K；对于T3组、T4组、T5组和T6组设备，为5K。

2. 绝缘材料耐热试验

在增安型电气设备中，与外部电缆（或电线）连接的接线端子和接线板在正常使用的装配状态下（包括一段电缆）应该一起承受耐热试验。

在进行耐热试验时，如果设备的最高工作温度不高于75℃，则接线端子和接线板应该放置在相对湿度为（90±5)%、温度比最高工作温度高（20±2)K（最低为80℃）的环境中，连续保持4星期；如果设备的最高工作温度高于75℃，则接线端子和接线板应该放置在相对湿度为(90±5)%、温度为（95±2)℃的环境中，连续保持2星期，接着，在相对湿度为（90±5)%、温度比最高工作温度高（20±2)K的环境中，再连续保持2星期。

在耐热试验之后，被试样品在试验室的标准环境温度（20℃±5K）下停放48h。然后，试验人员对电缆（或电线）施加表4.4中所示的拉力，历时1min。

表4.4 导线拔脱试验拉力值①

导线截面积/mm^2	拉力/N	导线截面积/mm^2	拉力/N
0.5	30	10	90
0.75	30	16	100
1.0	35	25	135
1.5	40	35	190
2.5	50	50	285
4	60	70	285
6	80	95	351

① 引自GB 3836.3《爆炸性环境　第3部分：由增安型“e”保护的设备》。

试验结束后，接线端子不应该同接线板分离或出现明显的变形；电缆（或电线）的芯线不应该从连接处拔脱或分离。

4.3.2 介电强度试验

增安型电气设备应该承受介电强度试验，以验证它各部分的绝缘性能。

在介电强度试验时，对试验样品施加的试验电压如下：

① 对于供电电压不超过90V（峰值），或者，内部电压不超过90V（峰值）的设备，试验电压为500V（有效值），公差为0～5%。

② 对于供电电压超过90V（峰值），或者，内部电压超过90V（峰值）的设备，试验电压为$(2U+1000)$ V（有效值）或1500V（有效值），取二者之中较大值，公差为0～5%。这里，U为设备的工作电压。

在介电强度试验中，试验人员可以用直流电压来替代规定的交流试验电压。对于绝缘绕组，直流试验电压应该为交流电压（有效值）的170%；对于其他情况下的绝缘系统，直流试验电压应该为交流电压的140%。

试验电压至少施加1min。在试验过程中不应该发生闪络或短路。

假若某些产品有专门的规定，则介电强度试验应该按照产品的专用标准规定进行。

4.4 增安型交流电动机

增安型交流电动机是一种石油、化工、矿山等企业中使用十分广泛的电动机。这种防爆型式的电动机相对于隔爆型电动机具有重量轻的优点，而且也没有像隔爆型电动机那样的隔爆接合面，维护方便。按照增安型电气设备的防爆原理，它除应该符合增安型电气设备的通用要求外，还应该符合以下的专门要求。

对于大容量和（或）高压增安型交流电动机，如果有必要，根据试验，可以分为3个防爆级别：ⅡA级、ⅡB级和ⅡC级。

4.4.1 专用结构和特殊要求

1. 定子与转子

对于增安型电动机的定子来说，主要是定子绕组的结构和绝缘处理。

当额定电压为200V及以上时，各相的散嵌绕组之间应该有附加的相间绝缘（涂刷清漆不能被看做是一种有效的绝缘措施）。

当额定电压为1000V以下时，绕组的浸漆应该采用浸渍法、滴注法或真空压力浸渍法（VPI）进行绝缘处理；或者，在电动机上使用额定电压1000V以上的绕组。

当额定电压等于或大于1000V时，绕组应该采用模绕法线圈来制作，并且采用真空压力浸渍法进行绝缘处理。除此之外，还应该对绕组进行防电晕处理。

经过这样绝缘处理的绕组还应该进行介电强度试验，以检验这种绝缘处理和防电晕措施的有效性。

对于增安型电动机的转子来说，笼型转子的导条和槽必须配合紧密，例如，采用压力铸铝方法，或者采用附加槽衬、槽楔及其他胀紧方法，都可以达到目的。这样就可以防止电动机起动时导条在槽内振颤而在导条和转子铁心之间产生电气放电火花。

如果笼型转子的导条和端环不是压铸在一起，那么，导条和端环应该采用硬钎焊或熔焊的方法进行连接。

在电动机起动过程中，笼型转子的表面温度不应该超过电动机的极限温度，最高也不要超过300℃。通常情况下，转子笼型导条是由铸铝制成的，铸铝的工作温度因铸铝的成分不同而各异。例如，牌号为ZL201的铸铝，它的工作温度最高为300℃，是目前各种铸铝材料中工作温度较高的一种。此外，长时间的过高的表面温度还会降低邻近的定子绕组绝缘材料的寿命，对定子绕组产生不利影响。

还应该注意的是，在电动机失速工况下，转子上有些处于漏磁通路径中的部分，例如，保持环、平衡环、定心环等部件的温度，可能超过导条的温度。这一点也应该引起人们的注意。

2. 接线端子和电气连接

接线端子是电动机电源引入的部件，常常由导电螺栓、压紧螺母以及垫圈组成，当然，也可以由导电导体和相应的压紧环节组成（参见第4.2.2节）。对于增安型电动机来说，接线端子和外部电源的电气连接是相当重要的，即使在电动机发生堵转时，在t_E时间内，连接部位的温度也不得超过它的极限温度。

因此，接线端子和外部电源连接部位的接触电阻应该尽可能的小，尤其对于低压大功率的电动机，即使一个小的接触电阻也可能产生高的温度。显然，减小这个接触电阻是至关重要的。

事实上，在实际的工业应用中，已经发生了多次因连接部位温度过高而烧毁绝缘部件的严重事故。对于增安型电动机来说，这是绝对不能容忍的。

3. 最小径向单边气隙

旋转电机在定子和转子之间存在着一定的间隙（气隙）。如果这一间隙值在设计时选择得不合理，例如过小，再加上相关部位加工、装配带来的积累误差，电机运行起来可能会出现所谓的“扫膛”现象。“扫膛”现象对任何旋转机械来说，都是不允许的，对于增安型旋转机械，更会造成极大的危险。

因此，对于增安型电动机来说，提出了最小径向单边气隙的要求。所谓最小径向单边气隙，是指增安型电动机在静止状态下定子铁心与转子在径向出现的单边气隙最小值。这个值，除与电动机的结构有关，还与所选用轴承的种类有关。

增安型电动机定子和转子之间的最小径向单边气隙，在电动机静止时，不应该小于下式的计算值，即

$$k = [0.15 + \frac{D-50}{780}(0.25 + \frac{0.75n}{1000})]rb \tag{4.1}$$

其中

$$r = \frac{l}{1.75 \times D} \tag{4.2}$$

式中　k—— 最小径向单边气隙（mm）；

D——转子直径（mm），最小值取75mm，最大值取750mm；

n——最大额定转速（r/min），最小值取1000r/min；

l——转子铁心长度（mm）；

b——系数，滚动轴承时取1.0，滑动轴承时取1.5。

【例4.1】 这里按照式（4.1），对使用滚动轴承的2极增安型三相异步电动机进行示例计算：电源频率为50Hz；转子直径为60mm，取最小值75mm；铁心长度为80mm；n取最大值为3000r/min；b取1.0；$r = 80/(1.75 \times 60) \approx 0.76$，取1.0。将这些数值代入式(4.1)中计算求得

$$k = [0.15 + \frac{75-50}{780}(0.25 + \frac{0.75 \times 3000}{1000})] \times 1.0 \times 1.0\text{mm}$$

$$\approx 0.23\text{mm}$$

在计算了最小径向单边气隙以后，对于大型增安型电动机，人们还应该设置测隙孔，定期检测气隙的大小。

测隙孔应该设置在电动机的两个端盖上。每一个端盖应该有3个这样的孔。这些孔要均匀地分布在直径和气隙所处直径相等的圆周上。测隙孔在不测隙时应该用螺塞封堵，防止外物进入电动机内部造成附加危险。

4. 电位均衡

在大型电动机中，特别在起动时，杂散磁场可能会在电动机外壳中产生较大的感应电流流动。要避免这种电流的间歇性中断可能形成的放电火花，是十分重要的。因而，人们必须对这样的电动机，尤其是外壳由多段壳体组成的电动机，进行等电位联结。

设计人员应该根据电动机的结构和额定值来确定等电位联结导体的截面积和结构形式。等电位联结导体，应该具有至少相导体的截面积，应该与电动机转轴轴线平行且对称地配置。并且，

这样的配置和安装还要保证杂散磁场引起的电流经过这些连接流动。

此外，等电位联结要牢固可靠，在电动机的整个运行过程中不应该发生松动和被腐蚀。这样，在电动机充分可靠接地的情况下，杂散磁场引起的这种电流就会流入大地。

在电动机某些部位设置的绝缘能够阻断这种电流流动时，也可以不专门设置等电位联结。

5. 外壳防护等级的特殊规定

当增安型电动机使用在清洁的室内，而且又由经过专门培训的人员操作和管理时，它的外壳防止固体异物和水进入其内的防护等级，除接线盒内和裸露带电部件的外壳以外，可以为：

- Ⅰ类设备，IP23；
- Ⅱ类设备，IP20。

在这种情况下，设计人员应该在电动机的明显部位标志出警告标志：“本电动机只允许使用在干净清洁的室内!”。

对于立式电动机，安装人员应该在电动机的上方设置必要的防护措施，防止固体异物和水通过通风孔落入外壳内。

6. 温度保护与 t_E 时间

在增安型电动机中，设计人员应该设置温度保护装置，以防止电动机在正常运行过程中或认可的异常情况下出现超过极限温度的危险温度。

温度保护装置应该采用反时限延时过载保护方法，不仅能够随时监视电动机的运行电流，而且还能够当电动机发生堵转时在 t_E 时间（标准规定，保护装置的 t_E 时间整定值为 5s）内切断电动机的电源。此外，设计人员还应该给出保护装置过载继电器或脱扣机构的延时时间与起动电流比（I_A/I_N）关系的电流-时间特性曲线，如图 4.13 所示。

温度保护装置的这种电流-时间特性曲线应该指出，电动机在环境温度为 20℃、起动电流比为 3～8（无论如何起动电流比不得大于 10）的情况下从冷态起动开始的延时时间。

通常情况下，连续运行的电动机应该采用反时限延时过载保护装置；起动困难或起动频繁的电动机可以采用其他合适的保护装置。不管是什么样的保护装置，都必须防止电动机在相应的运行状态下可能出现的超过极限温度的危险温度。

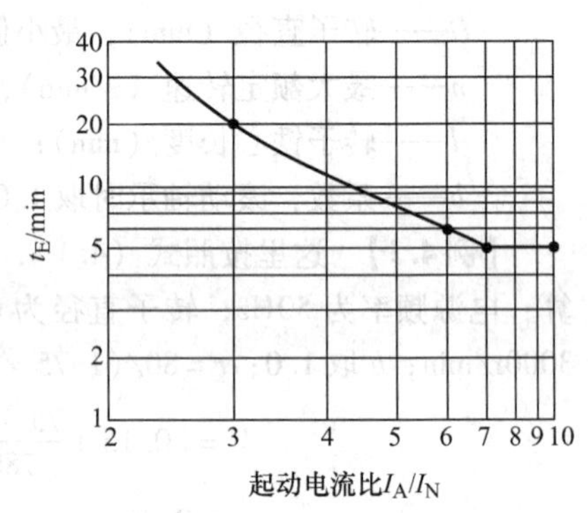

图 4.13　电动机 t_E 与起动电流比（I_A/I_N）的关系曲线示意图

增安型电动机固有的 t_E 时间应该被标志在电动机的铭牌上和写入它的有关技术文件中，以便使用者选择合适的保护装置。

7. 单相交流异步电动机特殊防爆技术措施的思考

对于单相交流异步电动机，有一种叫做“电容分相电动机”，在它的辅助绕组（起动绕组）中串联了一只电容器。这只电容器，在电容值选择合适的情况下，既可以使电动机成功起动，又可以改善电动机功率因数，还可以提高电动机过载能力。

对于这种电动机，假若“起动电容器”与电动机集成在一起时，人们要想把它制成增安型电动机，除应该符合上述的通用技术要求外，还必须附加一些特殊技术措施。

这些特殊防爆技术措施如下：

① 电容器必须是固体绝缘介质的，例如，纸介质的、云母介质的，不允许使用如电解电容器、钽电容器之类的电容器。

② 两只电容器串联起来使用。每一只电容器的额定电压至少为电路中工作电压的1.5倍值。而且，串联电容器组还应该浇封在一起。

③ 不允许使用电容器的金属外壳作为电极。

④ 电容器必须承受和电动机同样要求的介电强度试验。

除此之外，这样的电动机同样应该设置温度保护装置，防止过载时温度超过极限温度。

4.4.2 堵转温升与t_E时间

为了防止增安型电动机可能接触到可燃性气体-空气混合物的任何部位出现危险温度而点燃这些混合物，必须分析电动机的发热温度分布状态，找出它的最高发热点，限制它的最高发热温度不超过极限温度值。

增安型电动机的发热温度，尤其是在转子堵转时的发热温度，是评价增安型电动机防爆安全性能的一个极其重要的指标。

1. 增安型电动机定子、转子的发热温度分布状态

(1) 正常运行时的热状态

根据电机基本理论可知，交流电动机在把电能转换为机械能的过程中损失了一定数量的能量（电能）。损失的这部分能量中，大部分转换为热量，使电动机发热。

交流异步电动机的能量转换示意图如图4.14所示。

在图4.14中，P_1表示电动机从电网吸收的电能；P_{Cu1}表示定子绕组中的损耗（即所谓的铜耗）；P_{Fe1}表示定子铁心中的损耗（即所谓的铁耗）；P_D表示电动机内部的电磁功率；P_{Cu2}表示转子绕组（鼠笼）中的损耗；P_J表示电动机的机械损耗；P_F表示电动机的附加损耗；以及P_2表示电动机输出的机械功率。

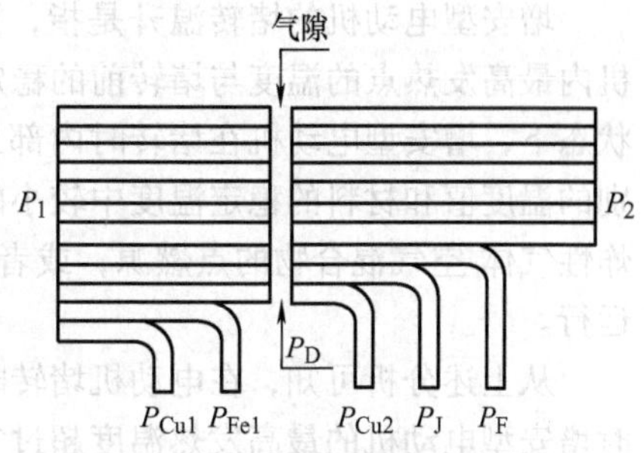

图4.14 交流异步电动机的能量转换示意图

在上述电动机将电能转换为机械能的过程中，除机械损耗和附加损耗外，其余的损耗能量都转换为热能，使电动机各部分发热，温度升高。

在通常情况下，当交流电动机处于正常工作状态时，由于转子的转动，则电动机内部的介质温度是均匀的。

从上述的能量损失分析可知，定子绕组是定子侧的主要发热元件。对于中小型异步电动机来说，定子绕组的平均温升要高于定子其他部分的温升，而定子绕组端部的温升要高于定子绕组槽内部分的温升。这是因为，尽管定子绕组中电流密度相同，热效应相同，但是，定子绕组槽内部分与定子铁心是"紧密"配合的，热量通过"传导"方式经过槽绝缘传到定子铁心中，损失较大；而定子绕组端部处于电动机内部介质中，热量通过"对流"方式及"辐射"方式散发，损失较小。

在转子方面，主要损耗是转子绕组（鼠笼）的电阻损耗和附加损耗中的一部分损耗。

大量的测量指出，在异步电动机正常工作时，转子的温升高于定子的平均温升，最高发热点在转子导条的轴向中部。这是因为，转子被定子和端盖包围（处于准绝热状态），失去了良好的散热条件所造成的。

一般地讲，电动机各部位的温升可以通过计算粗略地求得。但是，大量的试验研究和数学计算表明，电动机发热过程的物理模型是相当复杂的，要想用计算的方法来精确地描述电动机的热状态实际上是不可能的。

(2)“堵转”时的热状态

当交流电动机处于“堵转”的非正常工作状态时，电动机内部的能量转换过程和正常工作状态时相比发生了较大的变化。所谓“堵转”，就是在电动机通电的状态下用机械方法将电动机的转子卡住，不让其转动。

在这种情况下，电动机虽然从电网中吸取 P_1 的电能，但是没有有功输出，即 $P_2=0$，也就是说，原来的有功输出 P_2 全部转变为损耗。此时的电动机没有机械损耗，从电网吸取的功率 P_1 全部消耗在定子、转子的绕组中和铁心中，使电动机发热；实际上，它相当于一台静止的变压器处于短路状态下。

根据交流电动机的基本理论可知，“堵转”时，电动机处于起动的初始状态，起动电流很大，因而，无论在定子绕组中还是在转子绕组（鼠笼）中，损耗都将增加。除此之外，由于此时的转差率 $s=1$，转子电流的频率和定子电流的频率相等，所以，在转子中又增加了一项铁心损耗（铁心损耗包括涡流损耗和磁滞损耗；它们均与频率有正比的关系）。铁耗和铜耗一样，均使电动机发热。于是，堵转时交流电动机的温升将会急剧地增加。

大量的试验研究指出，堵转时电动机的温度分布与正常时的分布相似。另外，双笼电动机转子的温升与定子的温升之差比单笼的要大得多，这是由于趋肤效应引起的。

2. 增安型电动机的堵转温升、t_E时间及其理论计算

(1) 堵转温升和 t_E 时间的基本概念

增安型电动机的堵转温升是指，当长时间正常（额定）运行的电动机突然被堵转后，电动机内最高发热点的温度与堵转前的稳定温度之差。不管在正常运行状态下还是在认可的异常运行状态下，增安型电动机在堵转时内部最高发热点的温度都不得超过电动机的极限温度（温度组别的温度值和材料的稳定温度中较小的那个温度），否则，它就可能成为点燃相应温度组别的爆炸性气体-空气混合物的点燃源，或者，可能造成电动机内的有关材料失效，使电动机无法正常运行。

从上述分析可知，在电动机堵转时，它的堵转温升会增加得很快，增加得很多。为了防止此时增安型电动机的最高发热温度超过它所允许的极限温度，我们将寻求一种自动保护措施，使增安型电动机在最高发热温度到达极限温度之前切断电源。于是，我们引入了“t_E时间”的概念。

t_E时间是指，在最高环境温度条件下，达到额定运行最终稳定温度后的交流绕组从开始通过起动电流（即堵转电流）时起，温度由最终稳定温度上升到极限温度时为止的时间段。t_E时间的图示定义如图 4.15 所示。

在图 4.15 中，OA 表示最高环境温度；OB 表示额定运行的最终稳定温度；OC 表示增安型电动机所对应的极限温度；BC 表示堵转温升；1 表示增安型电动机长时间额定运行时的温度曲线；2 表示增安型电动机在额定运行时被堵转的温度曲线；t_E 表示增安型电动机堵转后温度由最终稳定温度上升到极限温度所需的时间，也就是它的固有 t_E 时间。

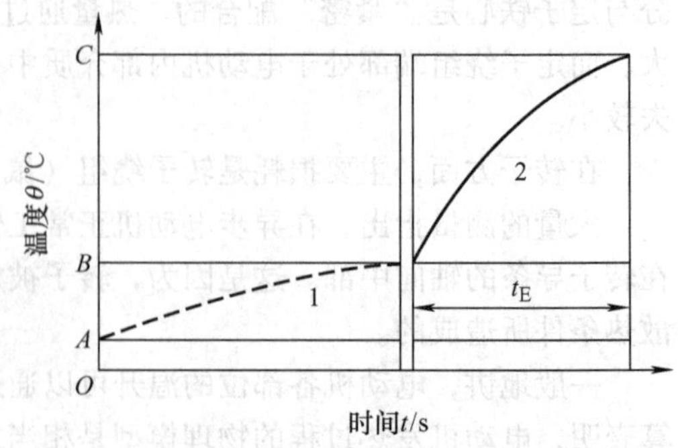

图 4.15 确定 t_E 时间的示意图

当增安型电动机的固有 t_E 时间大于电动机所用自动保护装置整定的 t_E 时间（通常为5s）时，电动机便得到了有效的保护。因而，人们总是希望电动机的固有 t_E 时间长一些。

(2) 堵转温升和 t_E 时间的理论计算

增安型电动机的堵转温升和 t_E 时间，原则上应该用试验方法来确定，但是，对于功率较大（例如，超过160kW）的电动机，可以用计算方法求得。有时候，额定功率大于75kW的电动机进行堵转试验有困难时，人们也用计算方法来求得堵转温升和t_E时间。

现在假定，在堵转时，增安型电动机的定子和转子处在准绝热状态下。于是，根据热体发热理论可知，在绝热状态下，均质热体的温升等于热体具有的热量与热体的热容量之比，即

$$\theta = \frac{Q}{C_0} \tag{4.3}$$

式中 θ——温升；

Q——热体所具有的热量；

C_0——热体的热容量。

或者，式（4.3）表示为

$$\theta = \frac{Q}{cm} \tag{4.4}$$

式中 c——热体的比热容；

m——热体的质量。

1）定子堵转温升θ_1和t_{E1}时间的理论计算

这里仅以电动机定子绕组的热效应进行计算。假定用n_1表示电动机的相数，I_1表示电动机的起动电流，R_1表示电动机定子绕组的电阻，则定子绕组在t时间内发出的热量为

$$Q_1 = n_1 I_1^2 R_1 t A_1 \tag{4.5}$$

式中 Q_1——定子绕组在t时间内发出的热量（Cal）；

A_1——热功当量（Cal/J）。

这里应该指出的是，当热量的国际单位采用J时，在一些公式中的热功当量A可以略去。

现将式（4.5）代入式（4.4），可得

$$\theta_1 = \frac{n_1 I_1^2 R_1 A_1 t}{c_1 m_1} \tag{4.6}$$

式中 θ_1——定子绕组的堵转温升（K）；

c_1——定子绕组导电材料的比热容［Cal/（kg·K）］；

m_1——定子绕组导电材料的质量（kg）。

如果令$I_1 = S_1 j_1$，$R_1 = \rho_1 \dfrac{L_1}{S_1}$，$m_1 = n_1 \gamma_1 L_1 S_1$，则式（4.6）可以改写为

$$\theta_1 = \frac{\rho_1 A_1}{c_1 \gamma_1} j_1^2 t \tag{4.7}$$

如果令$\alpha = \dfrac{\rho_1 A_1}{c_1 \gamma_1}$，则式（4.7）即为

$$\theta_1 = \alpha j_1^2 t \tag{4.8}$$

式中，当定子绕组为铜导线时，$\alpha = 0.0065\mathrm{K/[(A/mm^2)^2 \cdot s]}$，当定子绕组为铝导线时，$\alpha = 0.016\mathrm{K/[(A/mm^2)^2 \cdot s]}$；$j_1$——电动机起动时的电流密度（$\mathrm{A/mm^2}$）。

式（4.8）即为定子绕组的堵转温升θ_1的理论计算公式。

当把增安型电动机的极限温度限定以后，定子绕组在转子堵转时的堵转温升就确定了，于是，定子绕组的堵转时间也就确定了。从式（4.8）中可以得到定子的t_{E1}时间为

$$t_{E1} = \frac{\theta_1}{\alpha j_1^2} \tag{4.9}$$

式中　θ_1——定子绕组的堵转温升（即极限温升）。

式（4.9）即为定子绕组的 t_{E1} 时间理论计算公式。

2）转子堵转温升 θ_2 和 t_{E2} 时间的理论计算

假定用 M_q 表示电动机的起动转矩，M_e 表示电动机的额定转矩，P_e 表示电动机的额定功率。当增安型电动机堵转时，将有一个等效的功率 $p=M_q/M_e\cdot P_e$ 使电动机转子发热（在这种情况下，没有机械功输出）。此时，被堵转的转子在堵转时间内发出的热量 Q_2 为

$$Q_2=\frac{M_q}{M_e}P_e tA_2 \tag{4.10}$$

当增安型电动机处于堵转状态时，转子鼠笼中电流的频率和定子绕组中电流的频率相同，因此，在转子导条中将会出现“趋肤效应”（正常运行的异步电动机转子导条中不会出现这种效应，因为那时转子鼠笼中电流的频率仅有1～3Hz）。趋肤效应会引起转子导条更严重的发热。于是，在式（4.10）中引入趋肤效应系数 k_j，则

$$Q_2=\frac{M_q}{M_e}P_e tA_2k_j \tag{4.11}$$

现在，将式（4.11）代入式（4.4）中，于是，就得到转子鼠笼的堵转温升 θ_2 为

$$\theta_2=\frac{\frac{M_q}{M_e}P_e tA_2k_j}{c_2m_2} \tag{4.12}$$

式中　A_2——热功当量（Cal/J）；

c_2——转子鼠笼导条材料的比热容［Cal/（kg·K）］；

m_2——转子鼠笼的质量（kg）。

如果令 $C=\frac{c_2}{A_2}$，则式（4.12）可改写为

$$\theta_2=\frac{M_qP_ek_j}{M_em_2C}t \tag{4.13}$$

式中，当转子鼠笼的材料为铝时，$C=0.92$kWs/(kg·K)；为铜时，$C=0.42$kWs/(kg·K)；为黄铜时，$C=0.38$kWs/(kg·K)；趋肤效应系数 k_j 可根据导条折合高度在电机设计手册的有关曲线中查到。

式（4.13）即为转子鼠笼的堵转温升 θ_2 的理论计算公式。

正像定子绕组的情况一样，当限定了增安型电动机的极限温升以后，从式（4.13）中就可以求出转子鼠笼的堵转 t_{E2} 时间为

$$t_{E2}=\frac{\theta_2Cm_2}{\frac{M_q}{M_e}P_ek_j} \tag{4.14}$$

式中　θ_2——转子鼠笼的堵转温升（即极限温升）。

式（4.14）即为转子鼠笼的 t_{E2} 时间理论计算公式。

3）增安型电动机堵转温升 θ 和 t_E 时间的推荐计算公式

根据热体发热理论可知，当热体处于非绝热状态时，热体既发热又散热。这时，热体的发热方程为

$$Q\mathrm{d}t-s\lambda\tau\mathrm{d}\tau=mc\mathrm{d}\tau \tag{4.15}$$

式中　Q——热体在单位时间内发出的单位热量；

$\mathrm{d}t$——时间元；

s——热体的散热面积；

τ——热体表面的温升；

λ——表面传热系数；

$d\tau$——温升元；

m——热体的质量；

c——热体的比热容。

由式（4.15）可知，由于散热作用，热体的温升将比绝热状态时的温升要小。

对于增安型电动机来说，考虑到散热作用，定子绕组、转子绕组的温升也将减小，因此，为了比较接近实际地计算转子堵转时的堵转温升和 t_E 时间，在式（4.8）、式（4.9）、式（4.13）和式（4.14）中分别引入计算表面传热系数 b_1 和 b_2。于是，就得到

① 定子侧

- 堵转温升 θ_1 推荐计算公式为

$$\theta_1 = \alpha j_1^2 b_1 t \tag{4.16}$$

- t_{E1} 时间推荐计算公式为

$$t_{E1} = \frac{\theta_1}{\alpha j_1^2 b_1} \tag{4.17}$$

② 转子侧

- 堵转温升 θ_2 推荐计算公式为

$$\theta_2 = \frac{M_q P_e k_j b_2}{M_e m_2 C} t \tag{4.18}$$

- t_{E2} 时间推荐计算公式为

$$t_{E2} = \frac{\theta_2 C m_2}{\frac{M_q}{M_e} P_e k_j b_2} \tag{4.19}$$

在上述公式中，计算表面传热系数可以近似地取：$b_1 = 0.85$；$b_2 = 0.75$。

3. 堵转温升和 t_E 时间计算公式的讨论

上述的理论推导已经给出了增安型电动机在堵转时定子的堵转温升 θ_1 和 t_{E1} 时间、转子的堵转温升 θ_2 和 t_{E2} 时间的推荐计算公式。这里将简单地讨论一下这些公式之间的关联性和它们的实用性。

（1）极限温度和堵转温升

为了确定堵转温升，必须寻找与此有关的极限温度。为此，在这里重复极限温度的定义：它是防爆电气设备或部件的最高允许温度，等于设备温度组别的温度和材料允许的稳定温度二者之较小值。根据这个定义，人们即可决定设备的相应的极限温度。

大家知道，防爆电气设备的温度组别有 6 组（T1 组、T2 组、T3 组、T4 组、T5 组和 T6 组），增安型电动机所用绝缘材料的耐热等级有 5 级（A 级、E 级、B 级、F 级和 H 级）。于是，人们在决定极限温度时就可能有 30 种供使用的“温度组别-耐热等级”组合；当然，这些组合中较为实用的也仅仅只有几种。此外，绝缘材料，除耐热等级外，还有额定运行时的极限温度和 t_E 时间终了时的极限温度之分。

根据上述分析，我们来举例说明增安型电动机的有关极限温度的确定方法。

① 假若选择 T2-F 组合，人们在决定额定运行的极限温度时应该考虑 T2 组（300℃）和 F 级（130℃）二者温度值之较小值，极限温度可取 130℃；人们在决定 t_E 时间终了时的极限温度时亦

应该考虑 T2 组（300℃）和 F 级（210℃）二者温度值之较小值，极限温度可取 210℃。

② 假若选择 T3-F 组合，人们在决定额定运行的极限温度时应该考虑 T3 组（200℃）和 F 级（130℃）二者温度值之较小值，极限温度可取 130℃；人们在决定 t_E 时间终了时的极限温度时亦应该考虑 T3 组（200℃）和 F 级（210℃）二者温度值之较小值，极限温度可取 200℃。

以此类推便可以得到其他组合的相关数据。

当确定了有关的极限温度之后，就可以得到相应的堵转温升；找到了堵转温升就可以确定 t_E 时间。

图 4.15 告诉我们，增安型电动机的堵转温升是 t_E 时间终了时的极限温度（OC）减去额定运行时的最终稳定温度（OB）（小于额定运行时的极限温度）之差（BC）。显然，只要找到了 t_E 时间终了时的极限温度和额定运行时的最终稳定温度，在理论上，就可以得到相应的堵转温升。当然，额定运行时的最终稳定温度必须小于额定运行时的极限温度；这个温度值是人们根据电动机的相关参数和结构，人为确定的温度值。例如，在实际工程设计时，人们常常采用所谓的“F 级绝缘 B 级考核”方法来决定最终稳定温度，以此来提高增安型电动机运行时的可靠性能。

通常情况下，增安型电动机转子的极限温度，即使在起动条件下，也不应该超过 300℃（铸铝鼠笼），和（或）不应该降低材料的机械强度，和（或）不应该损坏相邻绝缘部件的绝缘性能。因而，上述的分析同样适用于“定子”和“转子”。

(2) 定子的堵转温升 θ_1 和 t_{E1} 时间

从式（4.16）和式（4.17）可以看出，它们是两个相互依存的式子，一个是另一个的逆运算。在堵转时，式中的 t 和 t_{E1} 实际上是一个值。t_{E1} 与 θ_1 成正比，与 j_1 的二次方成反比。

人们在使用式（4.17）计算 t_{E1} 时间时可以按照上述的分析人为地假定 θ_1 和 j_1。此处的 j_1 是额定电流密度与起动电流倍数之积。

假若人们使用式（4.16）来计算堵转温升 θ_1，就必须设定时间 t。此时，θ_1 仅与绕组中通过的起动电流密度（j_1）有关。在这种情况下，设定的时间 t，事实上，就是 t_{E1} 时间。因而，式（4.17）就没有使用价值。

(3) 转子的堵转温升 θ_2 和 t_{E2} 时间

在计算转子的堵转温升 θ_2 和 t_{E2} 时间时，式（4.18）、式（4.19）和式（4.16）、式（4.17）具有类似的特征。t_{E2} 与堵转温升 θ_2、转子鼠笼质量 m_2 成正比，与堵转转矩倍数 M_q/M_e、额定功率 P_e 和趋肤效应系数 k_j 成反比。

现在的问题是要想得到转子的堵转温升就必须找出在额定运行时转子的最终稳定温度。事实上，转子的这个“最终稳定温度”的求得是较为困难的。因而，人们常常使用经验数据进行评估。

实际的设计经验和大量的试验数据指出，电动机在额定运行时转子的稳定温升为 1.3～1.5 倍定子绕组的稳定温升。于是，就可以得到电动机在额定运行时转子的最终稳定温度（T_{2e}）：

$$T_{2e}=k_0\times(T_1-40-t_0)+40+t_0 \tag{4.20}$$

式中　T_1——额定运行时定子绕组的最终稳定温度（℃）；

t_0——温度裕度（K）（对于 T1 组、T2 组，$t_0=10$，对于其余组别，$t_0=5$）；

k_0——系数，根据散热条件可选取 1.3～1.5。

在确定了电动机在额定运行时转子的最终稳定温度（小于极限温度）以后，堵转温升就可以得到了。至于按式（4.18）进行的堵转温升的理论计算和式（4.16）一样，则没有实质性意义。

(4) 上述分析中相关参数的关联性

在讨论定子的堵转温升 θ_1 和 t_{E1} 时间时已经知道，堵转温升 θ_1 与 j_1 的二次方成正比，也就是说，与电流 I_1 的二次方成正比［式（4.6）］。大家知道，$I_1=S_1j_1$。假若此时导体截面积 S_1 一定，那么通过它的电流 I_1（电流密度 j_1）也将被限定在某一特定值以下（至于 j_1 取多少，将受制于散热条件）。于是，堵转温升 θ_1 仅仅与时间 t 有关。但是，t 也不能无限大，必须根据定子绕组绝缘材料在堵转条件下的极限温度来确定。

所以，在式（4.17）的计算中，t_{E1} 时间受制于 θ_1 和 j_1，实质上，是受制于 S_1 的。一旦定子绕组的导体线径确定以后，电流密度的选择是受控的，显然，温升也是一定的。

同样，在讨论转子的堵转温升 θ_2 和 t_{E2} 时间时已经知道，θ_2 与电动机的额定功率 P_e 成正比［式（4.13）］，也就是说，在电压一定的情况下，与额定电流成正比。于是，P_e 越大，θ_2 就越大。θ_2 还与起动（堵转）转矩成正比，随起动（堵转）转矩增加而增大。显然，θ_2 越大，转子达到极限温度的时间就越短。此外，θ_2 与电动机的转子鼠笼的质量（m_2）成反比；质量大，热容量就大，转子达到极限温度的时间就越长。

除以上的电气参数分析之外，电动机的机械参数，例如，定、转子结构（包括铁心长短、槽型、槽满率、气隙等），电能-机械能转换过程中的各种损耗（包括铜耗、铁耗等），通风散热结构，同样影响着增安型电动机的堵转温升 θ 和 t_E 时间。

需要说明的是，这里的讨论仅仅是提供一个思考问题的方法，至于如何调整好增安型电动机的各个电气参数和机械参数，那是电动机设计的基本问题，这里无需多述。

下面举例说明 t_E 时间的计算。

【例 4.2】 试计算 YA2-280-4 型增安型三相异步电动机的 t_E 时间。

已知数据：额定功率 $P_e=70\text{kW}$，4 极，绝缘材料耐热等级为 F 级，温度组别为 T3 组；设计电流密度 $j=3.8\text{A/mm}^2$，铸铝鼠笼质量 $m_2=8.25\text{kg}$。从行业标准 JB/T 9595—1999《YA 系列增安型三相异步电动机　技术条件（机座号 80～280）》得知，电动机的堵转转矩与额定转矩之比为 1.9，堵转电流与额定电流之比为 7。电动机的定子为单层绕组，转子为单笼型。

现在分别来计算电动机的定子 t_{E1} 时间和转子 t_{E2} 时间。

① 定子 t_{E1} 时间计算

按照上述的分析，电动机额定运行时定子绕组的最终稳定温度取 100℃（小于定子绕组的极限温度 130℃），t_E 时间终了时的极限温度取 200℃，于是，电动机的堵转温升为 100K。将有关数据代入式（4.17）中便得

$$t_{E1}=100/[0.0065\times(3.8\times7)^2\times0.85]\text{s}\\\approx25.6\text{s}$$

② 转子 t_{E2} 时间计算

在计算转子 t_{E2} 时间时，电动机额定运行时定子绕组的最终稳定温度同样是 100℃，并采用式（4.20）计算出转子的最终稳定温度为

$$T_{2e}=1.3\times(100-40-5)℃+40℃+5℃\\=116.5℃$$

将有关数据代入式（4.19）中便得（令 $k_j=1$）

$$t_{E2}=(200-116.5)\times0.92\times8.25/(1.9\times70\times0.75)\text{s}\\\approx6.4\text{s}$$

计算结果表明，转子 t_{E2} 时间远小于定子 t_{E1} 时间。因而，在确定 YA2-280-4 型增安型三相异步电动机的固有 t_E 时间时，人们只能选择 $t_E=6.4\text{s}$。

实际经验告诉我们，热计算问题是一个相当麻烦的事情，要想得到一个准确的结果几乎是不

可能的。在增安型电动机定子绕组和转子绕组堵转温升和 t_E时间计算的理论公式中引入计算表面传热系数（b_1、b_2）和趋肤效应系数（k_j），使得理论计算的数值向实际的数值逼近一步。但是，因为计算表面传热系数（b_1、b_2）和趋肤效应系数（k_j）与多种因素有关，即使使用式（4.16）、式（4.17）、式（4.18）和式（4.19）进行计算，所得到的数值仍与实际的数值有不小的差别。因此，计算仅仅是一种参考，要想得到较为可靠的数据，除了计算外，还要通过结构相似的试验样机进行验证加以补充。

在计算增安型电动机的 t_E时间时，设计人员应该对电动机的定子和转子分别计算。大量的计算已经表明，转子的 t_E时间比定子的小得多。人们常常取二者之中较小的那个 t_E时间值作为电动机的固有 t_E时间。

4.4.3 笼型电动机放电火花危险性的评价

对于大容量和（或）高压笼型电动机，大量的试验表明，在起动时和在异常运行状态下它的定子与转子之间的气隙中可能产生放电火花，并且相关部位（例如，定子绕组的绝缘系统）还会出现电晕放电火花。这些都给电动机在爆炸性危险场所中安全运行带来极大的威胁，直接影响着增安型电动机的防爆安全性能。

因而，当增安型电动机制造完成后，检验人员应该根据电动机的结构和参数确定各部分有可能造成点燃危险的评价指数（因素），然后，以此指数来评价电动机的放电火花危险性。

1. 电动机气隙放电火花可能发生点燃危险的评价指数

对于新试制的大容量的电动机，气隙放电火花可能发生点燃危险的评价指数如表 4.5 所示。如果按照表 4.5 计算得出评价指数大于 6 的话，则根据守候定理，电动机应该承受笼型转子的相应试验（参见第 4.4.4 节“3. 大容量电动机：笼型转子的结构试验”）（试验样机）；或者，在电动机设计时，设计人员应该采取一些特殊的保护措施，保证在起动时电动机外壳内没有可燃性气体，例如，在电动机即将起动时用新鲜空气或惰性气体对外壳内进行吹扫，还可以在外壳内安装可燃性气体检测装置，检测外壳内可燃性气体的存在状态。

表 4.5 电动机气隙放电火花点燃危险性评价指数①

特征项目	相关参数	危险指数
笼型转子结构	非绝缘式铜条型笼型转子	3
	开口槽式铸铝型笼型转子，每极功率不小于 200kW	2
	开口槽式铸铝型笼型转子，每极功率小于 200kW	1
	闭口槽式铸铝型笼型转子	0
	绝缘式铜条型笼型转子	0
极数	2 极	2
	4～8 极	1
	多于 8 极	0
额定输出功率	每极输出大于 500kW	2
	每极输出在 200～500kW	1
	每极输出不大于 200kW	0
转子中径向冷却通道	有通道，铁心端部装压长度小于 200mm②	2
	有通道，铁心端部装压长度不小于 200mm②	1
	无通道	0

（续）

特征项目	相关参数	危险指数
定子或转子斜槽	有斜槽，每极功率大于 200kW	2
	有斜槽，每极功率不大于 200kW	0
	无斜槽	0
转子突出部分	不符合注③规定[③]	2
	符合注③规定[③]	0
温度组别	T2（200℃ < t ≤ 300℃）	2
	T3（135℃ < t ≤ 200℃）	1
	T4，T5，T6（t ≤ 135℃）	0

① 引自 GB 3836.3《爆炸性环境　第3部分：由增安型“e”保护的设备》。

② 试验验证表明，在邻近铁心端部的通道内出现了火花。

③ 转子突出部分应该设计成能消除断续接触的结构，而且运行温度在温度组别范围内。如果符合这个规定，评价指数为0，否则为2。

假若采取适当的技术手段，例如减压起动，把电动机的起动电流限制在不超过3倍的额定电流值，那么，检测人员可以不对电动机进行点燃危险性评价。但是，人们必须在这种电动机的技术文件中指出，电动机必须采用减压起动，而且，起动电流不得超过3倍的额定电流值。

2. 电动机定子绕组绝缘系统可能发生点燃危险的评价指数

对于额定电压在1kV及以上的电动机，它的定子绕组绝缘系统可能发生点燃危险的评价指数如表4.6所示。

通常情况下，不管点燃危险评价指数如何，这样的电动机，根据守候定理，都应该承受高压电动机定子绕组的相应试验（参见第4.4.4节“2. 高压电动机：定子绕组的绝缘性能试验”）（试验样机），并且还应该配置防凝露空间加热器，以便驱散电动机外壳内可能存在的湿气和凝露，保证电动机绝缘性能处于安全的运行状态。

表4.6　电动机定子绕组绝缘系统点燃危险性评价指数[①]

特征项目	相关参数	危险指数
额定电压	大于6.6～11kV	4
	大于3.3～6.6kV	2
	大于1～3.3kV	0
运行时平均起动频度	每小时大于1次	3
	每天大于1次	2
	每周大于1次	1
	每周小于1次	0
两次检查维护之间的时间间隔[②]	大于10年	3
	大于5～10年	2
	大于2～5年	1
	小于2年	0

（续）

特征项目	相关参数	危险指数
外壳防护等级	低于 IP44③	3
	IP44，IP54	2
	IP55	1
	高于 IP55	0
运行环境条件	污染严重且非常潮湿④	4
	沿海地区室外	3
	其他地区室外	2
	干净的室外	1
	干净和干燥的室外	0

① 引自 GB3836.3《爆炸性环境　第3部分：由增安型"e"保护的设备》。

② 参见 GB3836.16—2006《爆炸性气体环境用电气设备　第16部分：电气装置的检查和维护（煤矿除外）》。在进行评价时，人们可以根据产品技术文件的规定进行。

③ 只有在清洁的环境中由经过专门培训的检修人员进行维护。

④"污染严重且非常潮湿"的场所，主要包括存在积水的环境或近海区域的露天甲板等场所。

如果按照表4.6计算得出评价指数大于6的话，电动机还应该设置一些特殊的附加保护措施。例如，在起动时，用新鲜的空气或惰性气体对电动机进行吹扫，保证电动机外壳内不存在可燃性气体。

这里需要特殊指出的是，当按照表4.6计算得出评价指数不大于6时，人们可以不对电动机设置特殊的附加保护措施。显然，在电动机刚刚投入运行的情况下，绝缘系统是可以保证不会发生放电点燃的。然而，当电动机运行"很长"一段时间后，老化的绝缘系统（包括防电晕处理措施）有可能发生放电点燃。实时监测和加强维护是防止出现这种危险性的唯一方法。

4.4.4　试验

增安型电动机在试制完成以后，除应该承受增安型防爆电气设备的防爆型式通用试验外，按照需要还应该进行以下的专门试验。

1. 笼型转子堵转试验

增安型电动机笼型转子的堵转试验，主要是用来确定电动机的起动电流比 I_A/I_N 和 t_E 时间。

对于额定功率不超过75kW的增安型电动机，人们应该通过试验的方法来确定它的起动电流比 I_A/I_N 和 t_E 时间；对于额定功率在75～160kW之间的增安型电动机，如果试验站不能进行试验，允许制造商和试验站协商，采用计算方法予以确定，但是应该用结构和性能基本一致的电动机的试验数据进行比较和修正。

电动机定子和转子在额定运行时的温度应该按照国家标准 GB 755《旋转电机 定额和性能》的规定进行测定。但是，测量温升应该在表4.7所示的断电后一段时间内完成。

表4.7　电动机断电后测量温度的时间范围①

额定功率 P/kW	断电后时间 t/s
$P \leqslant 50$	$t \leqslant 30$
$50 < P \leqslant 200$	$t \leqslant 90$
$200 < P$	$t \leqslant 120$

① 引自 GB 3836.3—2000《爆炸性气体环境用电气设备　第3部分：增安型"e"》。

电动机定子和转子在堵转情况下的温度测定，应该用在环境温度条件下对电动机施加额定频率、额定电压的方法进行。

通电后5s测得的定子电流为最初起动电流 I_A。

对于定子绕组，采用电阻法测量（计算）平均温升 θ_1。

对于转子导条和端环，采用热电偶法测量温升 θ_2。测量时，考虑到温升速率，试验人员应该选用时间常数较小的测量仪表。测量结果应该以各次测量测得的最高值为温升的有效值。

在测量温升的同时，试验人员应该用自动记录装置扫描温升上升的波形，以此来确定被试电动机的 t_E时间。

值得注意的是，在低于额定电压下进行电动机堵转试验时，假若电动机磁路没有出现饱和效应，则测得的电流值应该按照电流与电压的线性关系换算到额定电压下的起动电流值，测得的温升应该按照温升与电压的二次方关系换算到额定状态下的堵转温升；假若电动机磁路出现了饱和效应，则这些换算应该进行适当的修正。

2. 高压电动机：定子绕组的绝缘性能试验

增安型电动机的定子绕组，尤其是高压电动机（额定电压等于或大于1kV）的定子绕组，应该进行绝缘性能试验。这项试验主要是检验绕组绝缘的制作质量和防电晕措施的有效性。

在试验时，试验样品可以是一个完整的定子，也可以是一个绕组装入机座的定子，或者是一台电动机，或者是一个带有部分绕组的定子，还可以是一组线圈。但是，不管使用什么样的试验样品，它们都应该能够代表整个完整的定子。

不管是完整的定子还是代表性的样品，试验时，电气连接都应该与标准的定子连接排列方式一样。特别应该注意的是，各电缆之间以及电缆与邻近的导体之间的间距必须足够大，而且，所有的裸露导体都必须可靠地接地。

绝缘性能试验应该分别按以下两种方式进行。

（1）有效值电压试验

定子绕组的绝缘系统和连接电缆应该放置在浓度为（21±0.5）%（体积比）的氢气-空气混合物（ⅡC级），或（7.8±1）%（体积比）的乙烯-空气混合物（ⅡB级），或（5.25±0.5）%（体积比）的丙烷-空气混合物（ⅡA级）中。在每一相与地之间施加试验电压，其他未试相应该可靠地接地。试验电压为1.5倍额定线电压有效值的数值，历时3min。试验电压的上升速率不大于0.5kV/s。

试验不应该引起试验气体混合物点燃爆炸。

（2）峰值相电压试验

定子绕组的绝缘系统和连接电缆应该放置在上述试验气体混合物中。在相与相之间、相与地之间施加试验电压，其他未试相应该可靠地接地。试验电压为3倍峰值相电压，容差为±3%，电压上升时间在0.2～0.5μs之间，半值时间至少为20μs，一般不超过30μs（图4.16）。每一项试验均应该进行10次。

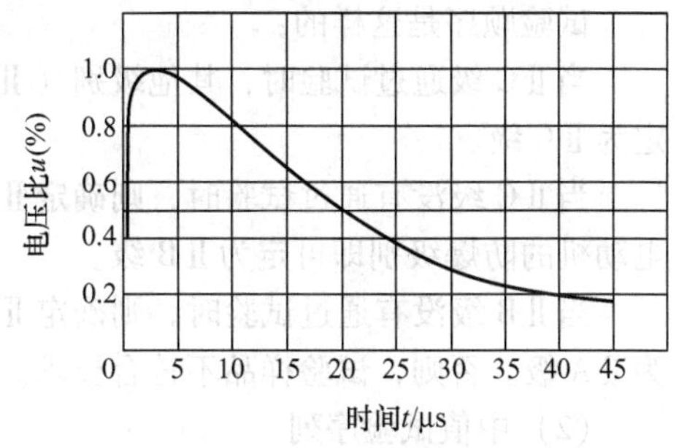

图4.16　试验电压波形示意图

在试验期间，试验气体混合物不应该发生点燃爆炸。

试验已经证明，由于绕组的绝缘处理和防电晕措施存在某些不完善因素，万伏级的绝缘绕组在试验电压上升到大约7kV的时候，爆炸性氢气-空气混合物发生了点燃爆炸。

3. 大容量电动机：笼型转子的结构试验

增安型电动机笼型转子的结构试验主要是考核相应结构的可靠性和气隙放电火花的危险性。

在试验时，试验样机应该是已经装配完整的电动机，也就是说，电动机装有定子和转子。

结构试验应该分别按以下两种方式进行。

（1）“老化过程”试验

笼型转子应该承受“老化过程”的考核。试验时，转子被堵转，施加于电动机的试验电压不应该小于额定电压的50%。鼠笼的最高温度应该在最高设计温度和70℃以下值之间波动。试验至少进行5次。

（2）爆炸试验

在“老化过程”试验以后，电动机应该放置在浓度为（21±0.5）%（体积比）的氢气-空气混合物（ⅡC级），或（7.8±1）%（体积比）的乙烯-空气混合物（ⅡB级），或（5.25±0.5）%（体积比）的丙烷-空气混合物（ⅡA级）中；施加于被试电动机的试验电压不应该小于额定电压的90%。电动机在空载状态下起动10次，或者，电动机被堵转10次。每次试验的持续时间至少为1s。

在试验期间，试验气体混合物不应该发生点燃爆炸。

4. 增安型电动机防爆级别的评定方法

在增安型电动机设计时，人们要想确定它的防爆级别（ⅡA级、ⅡB级和ⅡC级）是一件困难的事。

实际上，增安型电动机的防爆级别是由“爆炸试验”来确定的。而且，这种试验又分为两类：气隙放电火花点燃试验（参见上述“3. 大容量电动机：笼型转子的结构试验”）和定子绝缘系统点燃试验（参见上述“2. 高压电动机：定子绕组的绝缘性能试验”）。显然，为了确保电动机不发生点燃，人们应该以这两类试验分别确定的防爆级别中最低的那个级别作为被试电动机的防爆级别。

这是确定增安型电动机防爆级别的基本原则。

现在的问题是如何确定每一类试验得到的防爆级别。

爆炸试验按照防爆级别（ⅡA级、ⅡB级、ⅡC级）的不同可以分为两种试验序列：极值试验序列和中值试验序列。这两种试验序列应该进行的试验组数是不同的。人们可以选择任意序列进行试验。现在分别予以讨论。

（1）极值试验序列

极值试验序列是从优先确定ⅡC级开始试验的。

这一序列至少进行一组试验，最多不超过三组。

试验顺序是这样的：

当ⅡC级通过试验时，其他级别（ⅡA级、ⅡB级）也就通过。于是电动机的防爆级别即可定为ⅡC级。

当ⅡC级没有通过试验时，则确定ⅡB级；当ⅡB级通过试验时，则ⅡA级也就通过。此时，电动机的防爆级别即可定为ⅡB级。

当ⅡB级没有通过试验时，则确定ⅡA级；当ⅡA级通过试验时，则电动机的防爆级别被定为ⅡA级。否则，试验样品不符合要求。

（2）中值试验序列

中值试验序列是从优先确定ⅡB级开始试验的。

这一序列必须进行两组试验。

试验顺序是这样的：

当ⅡB级通过试验时，ⅡA级就可以通过，然而，还应该确定ⅡC级。当ⅡC级通过试验时，则电动机的防爆级别即可定为ⅡC级，否则，定为ⅡB级。

当ⅡB级没有通过试验时，还应该确定ⅡA级。当ⅡA级通过试验时，则电动机的防爆级别即可定为ⅡA级，否则，试验样品不符合要求。

不管是极值试验序列还是中值试验序列，均以最后一组试验结果作为试验样品的防爆级别。

这里需要指出的是，设计人员在增安型电动机设计时应该尽可能地采用合理结构，以规避进行相关的爆炸试验和设置相应的辅助保护措施。但是，高压增安型电动机的“高压电动机：定子绕组的绝缘性能试验”是必须进行的。

4.5 增安型照明灯具

增安型照明灯具在工业企业的爆炸性危险场所中使用比较广泛。由于灯具使用的光源不同，所以，这种灯具有着各种不同的种类，例如增安型白炽灯、增安型高压汞灯、增安型荧光灯和增安型发光二极管（LED）灯等。

增安型照明灯具，除应该符合防爆电气设备和增安型电气设备的基本要求外，还应该符合以下的专门要求。

4.5.1 专用结构和特殊要求

就增安型照明灯具而言，它的增安型防爆结构和其他的增安型电气设备相比，有着一些独特的结构，例如，灯具必须配置一个透光性好的透明罩对光源进行保护；还应该设置一个具有一定抗冲击能力的保护网对透明罩进行保护，等等。这样的结构主要是为了防止外物对光源造成机械损伤和损坏，防止水和潮气进入灯具内造成光源失效。在这里就增安型照明灯具一些特殊的情况，予以简单的讨论。

1. 光源

增安型照明灯具所使用的光源应该是以下几种：

①一般用处的钨丝灯（例如白炽灯泡、高压汞灯泡）。

② 管形荧光灯［例如单插脚荧光灯管（Fa6）、双插脚荧光灯管（G5 和 G13）］。

③ 发光二极管（LED）。

这里需要指出的是，增安型照明灯具不允许使用含有游离金属钠的低压钠灯泡作为光源。这种灯泡一旦破碎，灯泡内的游离金属钠就可能引起周围环境中的可燃性气体发生燃烧爆炸。

2. 灯体与透明罩

增安型照明灯具必须有一个安装光源的灯体。灯体可以用金属材料制成，也可以用塑料材料制成。考虑到光源，尤其是钨丝灯，是一个发热体，通常情况下，灯体由金属材料制作，并设置散热筋，便于光源释放的热量散发出去；对于荧光灯，由于光源是“冷光”，灯体可以使用塑料材料制作。

透明罩与灯体配合在一起便构成了灯具的外壳。这是一种增安外壳，所以，在灯体和透明罩之间应该设置一个密封垫圈，使灯具至少保持 IP54 以上的防护等级，防止尘埃、水和湿气进入灯具外壳内。

由于光源发出的光要通过透明罩射向四周空间，所以，透明罩的透光性一定要好，光通过透明罩的损失率应该尽可能地减小。因此，透明罩通常用石英玻璃（经过钢化处理）制成，也可以用透光性能好的塑料（例如聚碳酸酯）制作。

这里需要指出的是，当采用塑料材料制作灯体和（或）透明罩时，这样的材料不应该产生和积累静电电荷，而且，还应该具有较好的耐光照性。

3. 电气间隙和爬电距离

在增安型照明灯具中，除螺口式灯座和灯头外，电气间隙和爬电距离都应该符合第2章表2.11中相应的规定值。

但是，在使用电压来确定电气间隙和爬电距离时，人们应该特别注意，在需要高压脉冲电压触发和启动的灯具中，例如双插脚荧光灯中，用来确定电气间隙和爬电距离的电压应该是灯具中启动器或触发器产生的脉冲电压峰值除以$\sqrt{2}$所得的值。而且，灯具内部的连接导线的绝缘应该承受这个电压的耐电压试验（历时1min）。

4. 联锁与警告

不管是增安型白炽灯具还是增安型荧光灯具拟或增安型发光二极管灯具，都应该设置电气联锁装置，保证在只有断开前级电源后才能打开增安型灯具的外壳；不完全闭合外壳时就不能对灯具供电。

除此之外，在灯具上还应该设置警告标志："严禁带电打开！"。

这样的"电气联锁"和"警告"，可以保证人们在灯具不带电的情况下进行维护和更换灯泡（灯管），避免可能的附加危险。

5. 保护网

为了防止外物对灯具透明罩发生冲撞造成损害，设计人员应该在增安型照明灯具的透明罩外面设置一个保护网。根据灯具的外形尺寸大小，保护网可以使用不同粗细的圆钢条焊接制成。网孔的面积不应该大于$2500mm^2$。

如果灯具没有设置这种保护网的话，则灯具的透明罩在进行冲击试验时应该承受机械危险程度高的冲击能量，例如，对于Ⅰ类设备，这个冲击能量为7J；对于Ⅱ类设备，这个冲击能量为4J（参见表2.14）。

6. 光源为白炽灯泡的照明灯具

（1）灯泡与透明罩之间的间距

在增安型白炽灯具内，灯泡与透明罩之间应该保持足够的间距。光源的功率越大，这个间距也越大。通常情况下，这个间距不应该小于表4.8中所示数据。

表4.8 灯泡与透明罩之间的间距①

灯泡功率 P/W	间距/mm
$P \leqslant 60$	3
$60 < P \leqslant 100$	5
$100 < P \leqslant 200$	10
$200 < P \leqslant 500$	20
$500 < P$	30

①引自GB 3836.3《爆炸性环境　第3部分：由增安型"e"保护的设备》。

（2）螺口式灯座和灯头

在增安型螺口式白炽灯具内，当灯头旋入灯座时，二者的电气接触应该在灯座中的一个隔爆小室内进行。这样就可以防止触点放电火花引起外部点燃。

这个隔爆小室应该符合隔爆型电气设备的要求，Ⅱ类灯具的防爆级别不应该低于ⅡC级（参见第3章，当然，也就适用于ⅡB级和ⅡA级）。

国家标准GB 1444《防爆灯具专用螺口式灯座》规定了这种灯座的要求。具有隔爆小室的螺口式灯座如图4.17所示。

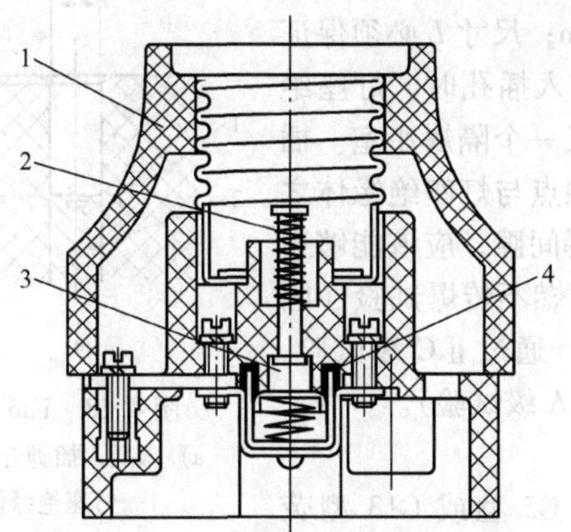

图4.17　专用螺口式灯座

1—绝缘护套　2—中心触头　3—隔爆小室　4—浇封化合物（粘结剂）

螺口式灯头的电气间隙和爬电距离不应该小于表4.9中所示数值。所用的绝缘材料的材料级别应该为Ⅰ级（参见表4.2和表4.3）。

表4.9　螺口式灯头的电气间隙和爬电距离①

工作电压 U/V	电气间隙和爬电距离/mm
$U \leq 60$	2
$60 < U \leq 250$	3

① 自GB 3836.3《爆炸性环境　第3部分：由增安型“e”保护的设备》。

此外，螺口式灯头旋入灯座后应该能够防止灯头松脱，而且在旋出灯座的过程中触点分离时灯头与灯座至少还有2扣全螺纹的啮合。这样就可以防止触点分离瞬间隔爆小室内可能发生点燃而造成伤害事故。

（3）卡口式灯座和灯头

在增安型卡口式白炽灯具内，当灯头插入灯座时，灯头和灯座就构成了一个外壳。这是一个隔爆外壳，它应该能够承受Ⅰ类或ⅡC级隔爆型电气设备的内部点燃不传爆试验（隔爆性能试验）（参见第3章，当然，也就通过了ⅡB级和ⅡA级试验）。

对于圆柱形灯头，当灯头插入灯座接触触点或灯头拔出灯座断开触点时，灯头与灯座之间的隔爆接合面宽度至少为10mm。

（4）灯头和灯座的接触压力

为了保证灯具内灯头与灯座能够保持良好的机械连接而不松动，保持良好的电气接触而不出现过热，灯头触点应该通过一个压缩弹簧与灯座的触点接触，对于螺口式灯头-灯座，弹簧压力至少为15N；对于卡口式灯头-灯座，弹簧压力至少为10N。

7. 光源为荧光灯管的照明灯具

（1）灯管与透明罩之间的间距

在增安型荧光灯具内，灯管与透明罩之间的间距分两种情况：

① 灯管与非管形透明罩之间，间距至少为5mm。

② 灯管与管形透明罩之间，间距至少为2mm。

（2）单插脚荧光灯

单插脚荧光灯主要是指 Fa6 型荧光灯。这种荧光灯的灯座示意图如图 4.18 所示。

在图 4.18 中，灯座的插孔直径 D 的最大值为6.08mm，最小值为6.03mm；尺寸 L 必须保证的最小值为10mm。当插脚插入插孔时，灯座绝缘体、活动触点和插脚就形成一个隔爆小室。插脚与灯座绝缘体之间、活动触点与灯座绝缘体之间的间隙应该符合相应的隔爆间隙，应该能够通过Ⅰ类，或者，ⅡC 级内部点燃不传爆试验（隔爆性能试验）（参见第 3 章，通过ⅡC 级试验，当然，也就通过了ⅡB 级和ⅡA 级试验）。

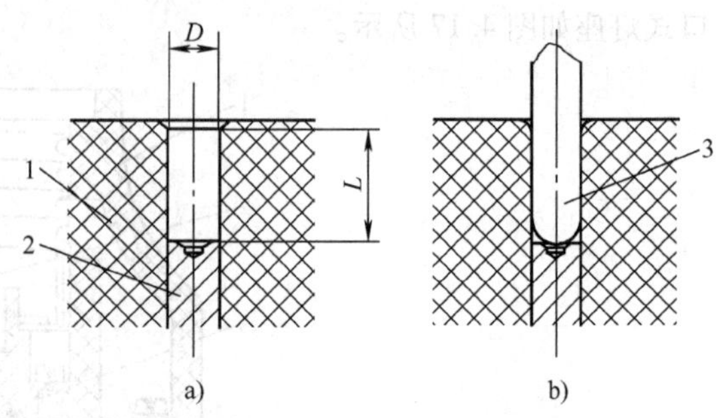

图 4.18　Fa6 型单插脚荧光灯灯座示意图

a）未插入插脚灯座　b）插脚插入插孔（灯座）

1—灯座绝缘体　2—活动触点　3—插脚

（3）双插脚荧光灯

双插脚荧光灯主要是指 G5 型或 G13 型荧光灯。

双插脚荧光灯灯座的插孔直径 D 的最大值为3.5mm，最小值为3.2mm，孔深（即插脚接触插座导电片的长度）至少为5mm。灯头上插脚应该用黄铜制成，表面粗糙度不应该低于 $R_a = 0.8\mu m$。

在增安型双插脚荧光灯具内，荧光灯管的每一端灯头的两个插脚都应该在灯座内并联连接，而且，每一个插脚的插接件都能够承载通过灯具的全部电流。

有关荧光灯的结构及结构尺寸等详细规定，请参见国家标准 GB/T 19148.2—2008《灯座的型式和尺寸　第2部分：插脚式灯座》和 GB/T 1483.2—2008《灯头、灯座检验量规　第2部分：插脚式灯头、灯座的量规》。

8. 光源为发光二极管（LED）的照明灯具

发光二极管作为照明灯具的光源，常常是一组同样的二极管排列在一起实现的。二极管是一种直流低压器件，工作电压很低，工作电流相对较大。因而，在实际应用时，发光二极管作为光源的照明灯具，根据电源类型，通常分为两种型式：交-直电源型和直-直电源型。

（1）交-直电源型发光二极管（LED）照明灯具

这种类型的发光二极管灯具是由交流电源间接供电的。交流电源经过变压器变压、整流、滤波、稳压，变换成低压直流电源，供给发光二极管，使二极管发光。这种电源的交-直变换部分是和光源部分集成在一起使用在爆炸性气体环境中。

我们已经知道，发光二极管的工作电压很低，只有几伏。通常，交流电源的电压为220V，显然，交流电源对发光二极管造成的威胁是可想而知的。这就要求交-直变换电源必须可靠，尤其是交流电源不得对光源（LED）造成不利影响。

因而，交-直变换电源必须满足以下要求：

① 变压器应该是一种一次侧和二次侧之间具有电气隔离措施的结构。这种电气隔离，可以是双重接地的金属箔或绝缘线圈，也可以是绝缘隔板。当采用金属箔或绝缘线圈作为隔离措施时，它应该能够通过预期故障短路电流。

变压器的绕组及绝缘处理应该符合相应要求（参见第 4.2.5 节）。

② 当采用分立元器件时，电气元器件的使用参数不得超过它的额定值的三分之二。电容器应该采用固体绝缘介质的，而且，两只串联在一起使用。

③ 当采用集成器件时，集成器件的输出端应该单独设置限压限流保护措施。

这里需要指出的是，有时候，人们常常不使用电源变压器进行降压，直接将交流电源（通常按 U_m =250V 计）进行整流处理，再经过 DC-DC 转换后供给光源。在这种情况下，在交-直变换电路中使用的电气元器件应该是所谓的“高压”器件。而且，直流输出端应该设置“安全栅”进行电气隔离，防止高压窜到发光二极管造成二极管失效，并引发后续事故。

(2) 直-直电源型发光二极管（LED）照明灯具

这种类型的发光二极管灯具是由直流电源（DC-DC 转换）直接供电的。

在这种情况下，电源输出端必须单独设置限压限流保护措施，防止直流电源电压波动超过允许范围或 DC-DC 转换器件出现异常，从而造成光源失效，尽管这种转换器件本身已经具有限压限流环节。

(3) 光源（发光二极管）的焊接

发光二极管作为光源的照明灯具没有像其他灯具那样的所谓的“灯头”和“灯座”，二极管的管脚直接被焊接在印制电路板或类似结构件的电路上。一组同样的二极管排列整齐地被焊接在同一块印制电路板或类似结构件上，便形成了灯具的光源。

这种焊接可以是“锡焊”，也可以是“钎焊”。不管什么“焊”，焊接必须牢固可靠。

当在印制电路板上采用锡焊时，焊接不得有“虚焊”现象，而且，焊接后的印制电路板还应该用清漆涂敷两遍。

这里需要强调指出的是，对于温度组别为 T1 组、T2 组和 T3 组、大功率的增安型发光二极管照明灯具，二极管管脚不得使用锡焊焊在印制电路板上。因为锡铅焊料的熔点一般不大于 200℃。

4.5.2 温度限制

在增安型照明灯具中，灯泡，尤其是钨丝灯泡，是一个发热的热源。所以，人们很难将这种防爆型式的灯具做成温度组别较低（例如 T6 和 T5）的照明装置。由于灯具采用的光源不同，所以，这种灯具的极限温度可能由以下一种或几种温度来决定：

① 温度组别确定的温度，例如 T3 组，灯具的极限温度不得超过 200℃。

② 灯具内灯泡的最高表面温度低于在最不利的条件下灯泡破碎时点燃灯具内可燃性气体-空气混合物的最低温度（试验求得）50K，这时灯具内灯泡的表面温度可以超过温度组别的温度。

③ 灯头与玻壳焊接部分的极限温度不得超过 195℃。

④ 甚至在灯管（灯泡）老化的情况下，镇流器的温度也不得超过它的极限温度（参见表4.1）。

当灯具中灯管即将寿命终止时，由于一个阴极损坏或电子发射不足而引起电弧电流在连续半周期内经常不一致而形成整流效应，这就是灯管的老化现象。这种现象常常导致镇流器出现过高的危险温度。

显然，增安型照明灯具的极限温度应该是上述所指出的几种温度值中的最小值。

4.5.3 增安型发光二极管照明灯具防爆结构的一般设计原则

增安型发光二极管照明灯具，基本上是由三部分组成的：电源、光源和外壳。

这里将简单地讨论一下使用于爆炸性气体环境中 1 区的增安型发光二极管照明灯具防爆结构（Gb 级）的一般设计原则。

1. 电源

增安型发光二极管照明灯具的电源，通常情况下，是由市电（交流，按 250V 计）经过变压、整流、稳压得到的直流电源；常常和光源集成在一起。

从防爆安全性能来说，电源一定要可靠，防止交流侧电压窜到二次侧，对发光部分造成不利的影响。

根据增安型防爆型式的对不产生火花和危险温度的部件采取“增强安全措施，提高安全性能”的原则要求，人们在设计电源时应该注意以下要求：

① 电源变压器：一次侧与二次侧应该用接地金属箔或绝缘板进行隔离。

② 电气元器件：在电路中的使用参数值不得超过元器件额定值的2/3。

③ 电容器：电容器应该采用固体绝缘介质的，不得使用电解电容器和钽电容器；两只串联在一起作为可靠电容器组件，而且，每一只必须符合“2/3”要求和介电强度试验。

④ 电阻器：电阻器应该是薄膜型的或线绕型的，而且，必须符合“2/3”要求。

⑤ 输出：电源输出端必须设置限压限流环节（也适用于DC-DC转换电路）。

由上述电气元器件组成的交-直变换电源电路，可以被浇封在一起，但是，人们应该注意浇封后的散热情况。

2. 光源

增安型发光二极管照明灯具的光源自然是发光二极管（LED）。由于它的低压特性，发光二极管可以先串联后并联地组成一个发光单元，然后，由几个这样的发光单元再并联组成光源。这样就可以防止由于某只二极管发生故障而造成整个光源失效。

光源应该配置反光器。

3. 外壳

增安型发光二极管照明灯具的外壳是容纳电源和光源的，由透明罩和灯体组成。因此，灯具外壳必须：

① 具有至少为IP54的防护等级。

② 设置散热环节，尤其是大功率的光源。

4.5.4 试验

当增安型照明灯具试制完成以后，试验人员应该对灯具的样品进行在第2章中提出的相关试验，此外还应该进行介电强度试验（此项试验为出厂试验）和下面的专门试验。

1. 螺口式灯头-灯座的机械试验

E14（E13）型、E27（E26）型和E40（E39）型的螺口式灯头-灯座应该进行这一项试验。

在试验时，试验人员应该用表4.10中所示的力矩将灯头旋入灯座中；然后，将试验灯头反向旋出15°，接着，再将灯头完全旋出灯座。此时，这个旋出力矩不应该小于表4.10中所示的力矩值。

表4.10　螺口式灯头-灯座的旋入和旋出力矩①

灯头型号	旋入力矩/N·m	旋出力矩/N·m
E14/E13	1.0±0.1	0.3
E27/E26	1.5±0.1	0.5
E40/E39	3.0±0.1	1.0

① 引自GB 3836.3《爆炸性环境　第3部分：由增安型“e”保护的设备》。

2. 管形荧光灯具的发热试验

（1）温度试验

1）整流效应试验

在试验时，试验人员应该在灯具的电路中串联一只二极管，并对灯具施加110%额定电压的试验电压。当灯具的温度稳定时，测得的最高温度不应该超过相应的温度组别的温度值。

在灯具电路中串联二极管的情况下，对灯具施加额定电压，此时镇流器的极限温度不应该超过表 4.1 中“其他绝缘绕组，温度计法”所示的温度值。

2）失效灯管试验

在试验时，试验人员应该将一只失效的灯管安装在灯具中，并对这样的灯具施加 110% 额定电压的试验电压。当灯具的温度稳定时，测得的最高温度不应该超过相应的温度组别的温度值，而且，此时镇流器的极限温度不应该超过表 4.1 中“其他绝缘绕组，温度计法”所示的温度值。

（2）阴极耗散功率测定

对于由电子镇流器启动的荧光灯具，试验人员还应该测定灯具在不对称脉冲电压作用下和不对称功率作用下荧光灯管的阴极耗散功率。当荧光灯管为 T8 型、T10 型和 T12 型时，这个耗散功率不应该大于 10W。

有关阴极耗散功率测定的具体方法和步骤，请读者自行参阅国家标准 GB 3836.3《爆炸性环境　第 3 部分：由增安型“e”保护的设备》。

3. 双插脚荧光灯具的试验

除上述的试验外，双插脚荧光灯具还应该承受以下试验。

（1）双插脚荧光灯具灯头与灯座结合部位的抗二氧化硫试验

试验应该按照国家标准 GB/T 2423.19《电工电子产品基本环境试验规程　试验 Kc：接触点和连接件的二氧化硫试验方法》的规定进行。试验应该进行 21d。试验结束时测得的触点接触处的接触电阻不应该超过试验前测量值的 50%。

（2）双插脚荧光灯具的振动试验

灯具应该按照国家标准 GB/T 2423.10《电工电子产品环境试验　第 2 部分：试验方法　试验 Fc 和导则：振动（正弦）》的规定进行振动耐久试验。

在试验时，试验人员应该按标准固定方式将被试灯具固定在振动试验台上。振动频率范围为 1～100Hz，其中，在 1～9Hz 频段，振幅为 1.5mm，在 9～100Hz 频段，加速度为 0.5g。

试验周期为每分钟 1 个倍频程。试验应该在每个相互垂直的面上进行 20 个周期。

振动试验后，试验人员应该按照图 4.19 所示的电路连接对灯具进行通电试验。

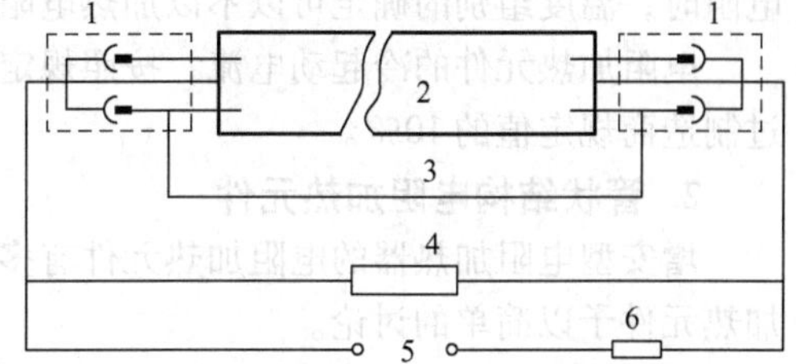

图 4.19　双插脚荧光灯通电试验示意图

1—灯座　2—双插脚荧光灯管　3—连接导线　4—示波器　5—24V 直流电源　6—电阻

增安型荧光灯具在振动试验后不应该出现影响使用的变形和损伤；通电试验时不应该出现时断时续的闪光。

4. 发光二极管灯具的温度试验

发光二极管灯具的温度试验应该在交流电源电压为 250V 或直流电源电压为最大波动值条件下进行。当最大波动电压无法获得时，试验人员可以采用 1.1 倍的直流电源电压为试验电压。

试验人员应该在灯具通电后连续地检测灯具的各个部位的温度，尤其是二极管管脚焊接点和发光部位的温度。

在温度稳定后测得的温度最大值不得超过温度组别的温度值。

实际试验指出，大功率的发光二极管灯具的发热温度可能是很高的，有时候，竟高达 275℃之多。这种高温，除与发光二极管的功率有关外，制作质量常常是主要的影响因素。

4.6 增安型电阻加热器

增安型电阻加热器主要用来在爆炸性危险场所中加热气体、液体甚至颗粒状固体等介质，应用比较广泛。

增安型电阻加热器通常是由电阻加热元件、必要的电气/温度保护措施和电气连接单元组成的。它的防爆结构，除应该符合增安型电气设备的一般要求外，还应该符合下面的专用要求。

4.6.1 专用结构和特殊要求

1. 结构和安全要求

增安型电阻加热器必须配置电源引入装置（接线盒或控制箱）、绝缘监测和温度控制保护装置；并且，它们应该由适当的防爆型式进行保护。保护装置可以和电阻加热元件集成在一起，也可以单独设置。

增安型电阻加热器使用的加热电阻（元件），应该具有正温度系数（PTC）。

电阻加热元件中加热电阻的绝缘层应该使用致密的绝缘材料制成，以保证能够阻止加热电阻接触它周围的可燃性气体。

在电阻加热元件绝缘层外还应该配置导电覆盖层。导电覆盖层应该遍布整个绝缘层，而且，它至少覆盖绝缘层的70%以上。此外，导电覆盖层的电阻值不应该大于同样长度的电阻加热元件所具有的加热电阻值。

在确定温度组别时，通常认为加热器的绝缘层不能够阻挡可燃性气体接触加热电阻，也就是说，人们应该以加热电阻的表面温度为考虑依据。当然，在能够确认可燃性气体不可能接触加热电阻时，温度组别的确定可以不以加热电阻的表面温度为考虑依据。

电阻加热元件的冷起动电流，按照规定的试验方法试验时，在通电10s后任意时刻不应该超过制造商规定值的10%。

2. 管状结构电阻加热元件

增安型电阻加热器的电阻加热元件有多种结构形式。这里仅以人们经常使用的管状结构电阻加热元件予以简单的讨论。

所谓管状结构电阻加热元件是指，电阻加热元件是一个管状结构的加热元件（图4.20、图4.21）；加热用的电阻丝具有正温度系数，放置在一个圆形金属管内；电阻丝和金属管之间填充耐热、导热和绝缘的填充材料（例如，结晶氧化镁粉）；管子的端部用带有接线端子的绝缘件（通常为上釉陶瓷件）封堵起来。由于加热器用途的不同，电阻加热元件的金属圆管可以用碳钢、不锈钢制成，也可以用黄铜制成。

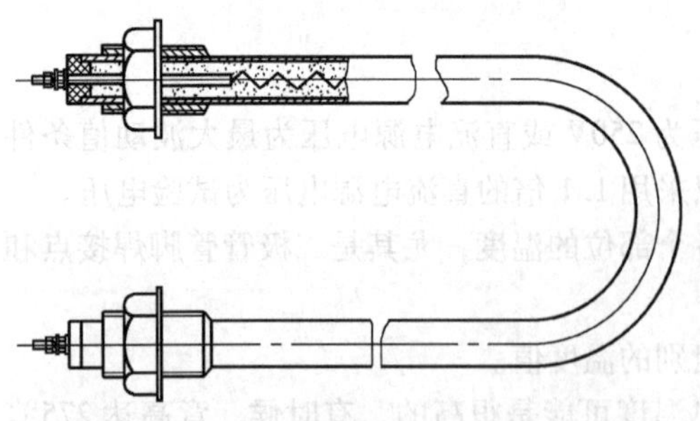
图4.20 普通式管状结构电阻加热元件

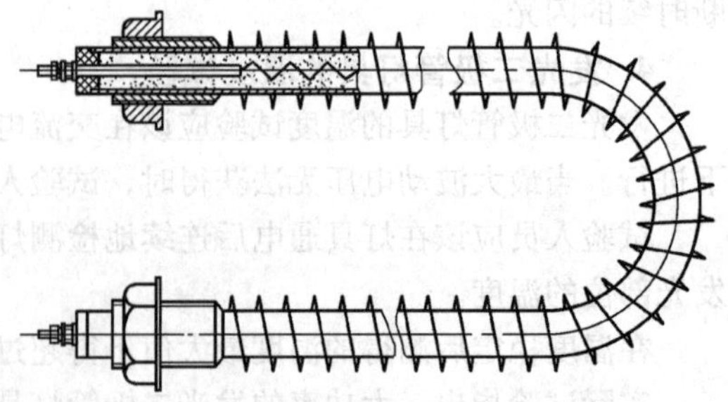
图4.21 翅片式管状结构电阻加热元件

管状结构电阻加热元件端部的结构是这种加热元件的关键部位。绝缘件和金属管之间、绝缘件和接线端子之间必须密封，防止水和其他介质（包括可燃性气体）进入加热元件内。此外，这里不应该发热，可以用导线将电阻丝和接线端子连接起来（导线截面积不得小于1mm^2，长度视电阻丝功率大小而定）。

为了更好地散热，设计人员往往在加热元件外面配置专门形式的散热筋。这种形式的加热元件被称为翅片式管状结构电阻加热元件，常常用于加热气体的场合。

除了管状结构电阻加热元件（加热器）外，还有一些其他形状的电阻加热元件（加热器），这里不再一一赘述。

4.6.2 漏电和温度保护系统

对于增安型电阻加热器来说，除电阻加热元件自身结构外，还应该配置一种或几种保护系统，以防止发生漏电和出现危险温度。

1. 漏电保护系统

增安型电阻加热器的漏电，一可能引起人身触电，二可能产生漏电放电火花。根据电阻加热器供电的电源类型，人们可以采用不同的漏电保护方式。

（1）对于TN系统和TT系统

在这两种供电系统中，建议采用额定漏电电流不大于300mA的漏电电流保护器对增安型电阻加热器进行实时保护；而且，建议优先采用额定漏电电流为30mA的保护器。

额定漏电电流为30mA的保护器的动作响应时间短，通常断开时间不大于5s；当在5倍额定漏电电流时，动作响应时间不大于0.15s。

（2）对于IT系统

在这种供电系统中，建议采用绝缘监测装置对增安型电阻加热器进行实时监测和保护。这种装置可以在绝缘电阻小于50Ω/V（对额定电压而言）时断开加热器的电源。

关于TN系统、TT系统和IT系统，请参见国家标准GB 14050《系统接地的型式和安全技术要求》和本书第11章。

2. 温度保护系统

温度保护，对于增安型电阻加热器来说，是一个十分重要的安全措施。要想使热体不出现危险温度，不管是从具体结构上还是从检测控制上，都必须采取适当的、有效的保护措施。

这里简单地介绍一些温度保护措施。

（1）稳态结构式温度保护系统

增安型电阻加热器可以采用“稳态结构”来避免出现危险温度。

所谓稳态结构，就是通过设计计算和限定使用条件而且还不使用其他的限温保护措施的方法，使电阻加热元件（加热器）的温度即使在最不利的使用条件下也不会超过极限温度的一种结构。

在实际应用中，尤其是对于一些要求大功率加热的场合，为了不使加热器出现过高温度，设计人员应该将“大功率”分解使用，分解成“较小功率”单元，这样，电阻加热元件的温度就会降下来，而总的加热功率不变。

在这种结构中，当热能和温度计算之后，重要的当属使用条件的限制。可以这样讲，这种结构的电阻加热器，是一种专门设计使用在规定条件下的加热装置。如果使用条件变化了，也就是散热条件变化了，加热器的温度也将随之发生变化。这一点很重要。

（2）自限特性式温度保护系统

增安型电阻加热器还可以采用“自限特性”来避免出现危险温度。

由电工理论可知，对于具有正温度系数的电阻来说，在绝热状态下，当施加在它两端的电压一定时，电阻所耗散的电功率与它的表面温度成反比关系，可以按下式来描述：

$$P=\frac{U^2}{R_1[1+\alpha(t_2-t_1)]} \tag{4.21}$$

式中 P——电阻耗散的电功率（W）；

U——施加在电阻两端的电压（定值）（V）；

R_1——在温度为 t_1 时的电阻值（Ω）；

α——电阻温度系数（1/K），取 0.00393；

t_1，t_2——电阻的表面温度值（℃）。

由式（4.21）可知，在电压一定的情况下，电阻表面的温度升高时，它的耗散功率将会减小。

【例 4.3】 假设有一支正温度系数的电阻器，在 20℃时的电阻值为 1Ω。当施加在它两端的电压为 220V（交流有效值）时，试计算在周围温度分别为 20℃和 60℃时它的耗散功率（不考虑散热条件）。

可以使用式（4.21）进行计算。

在周围温度为 20℃时的耗散功率为

$$\begin{aligned}P_{20}&=220^2/\{1\times[1+0.00393\times(20-20)]\}\text{W}\\&=220\text{W}\end{aligned}$$

在周围温度为 60℃时的耗散功率为

$$\begin{aligned}P_{60}&=220^2/\{1\times[1+0.00393\times(60-20)]\}\text{W}\\&\approx190\text{W}\end{aligned}$$

上述计算表明，在电压一定的条件下，正温度系数的电阻的耗散功率，随着它周围的温度升高而减小。这里的计算表明，在其他条件不变的情况下，温度从 20℃升高到 60℃，耗散功率居然减小 30W。功率减小自然就会使温度不再上升。

所谓自限特性，就是指电阻（PTC）的上述这种特性。在额定电压条件下，电阻加热元件的输出功率，随着它周围的温度上升而减小，一直减小到加热器周围的温度（即加热器的温度）不再上升为止。

电阻加热器的这种特性可以对温度起到一定的自保护作用。

但是，在实际应用中，有很多因素在影响电阻加热器的温度，所以，人们还是要设置适当的实时温度检测系统。

温度检测系统通常可以采用比例控制方式进行控制；对于控制精度要求较高的场合，也可以采用比例-积分-微分（PID）控制方式进行控制。这种控制方式的一个显著优点是，在温度实时调整过程中超调量比较小。

（3）温度监控式温度保护系统

增安型电阻加热器，除采用上述的两种温度保护系统外，还可以采用一些其他的保护措施，直接或间接地切断电阻加热元件或电阻加热器的电源。

这些保护措施可以使用下列参数作为检测项目来限制加热器的温度：

① 检测电阻加热元件的温度或它周围的环境温度。

② 检测电阻加热元件周围的环境温度和多个其他参数。

③ 检测除温度外的多个其他参数。

这里所说的“多个其他参数”通常是指需要加热器加热的气体、液体或粉体的物位、流量，加热器所消耗的电流或耗电量等。人们可以综合利用这些参数来限制加热器的温度，在必要时自动地切断电源。

综上所述，这里必须强调指出，在实际工业应用中，增安型电阻加热器必须配置可靠的漏电保护装置和温度保护装置。因为它是一种高温发热体，在有效的温度控制条件下，这个高温发热体就不会产生危险温度，否则，产生危险温度是不可避免的。这一点非常重要，人们应该给以足够的注意。

4.6.3 防爆型电阻加热器防爆结构的一般设计原则

电阻加热器是一种电阻加热装置。显然，对于爆炸性气体环境，它是一种“危险温度”点燃源。因而，在这种环境中使用的电阻加热器应该是防爆型的。在工业应用中，人们常常采用增安型电阻加热器和隔爆型电阻加热器。在这里，将以增安型电阻加热器为代表简单地讨论一下这两种防爆型式电阻加热器防爆结构的基本设计原则。

1. 增安型电阻加热器的定义和组成

这里再一次强调增安型电阻加热器的定义。

国家标准 GB 3836.3《爆炸性环境　第 3 部分：由增安型“e”保护的设备》指出，增安型电阻加热器是一种由一支或几支电阻加热元件、接线盒（或控制箱）和必要的保护控制单元（电气和温度）组成的电阻加热装置。

显然，增安型电阻加热器的主要组成单元是电阻加热元件、接线盒（或控制箱）和保护控制单元。

因而，人们在设计、制作、试验、安装和运行电阻加热器时必须把“加热器”当做一个“系统”来考虑；否则，将可能出现大的麻烦。

2. 增安型电阻加热器防爆结构的设计原则

根据增安型电气设备的防爆原理，这里简单地讨论一下这种加热器的防爆结构。

（1）电阻加热元件

1）功率

设计人员应该根据所需加热功率和加热温度，将“大功率”分割成合适的“小功率”。

2）结构

电阻加热元件的结构，可以采用如图 4.20 和图 4.21 所示结构。

① 加热用电阻丝应该是正温度系数的；电阻的计算值应该折算为 20℃时的值。

② 加热元件用绝缘材料应该是耐热、导热、绝缘性能好的材料，例如，结晶氧化镁粉。

③ 采用金属管作为绝缘覆盖层外的导电层。金属管可以采用碳钢、不锈钢或铜合金制成。在存在水蒸气的场合，人们应该慎用某些铜合金。

④ 接线端子应该采用铜合金制成，穿入上釉的陶瓷绝缘件内，与绝缘件一起装配在金属管端部。绝缘件与接线端子、金属管之间使用耐热粘结剂密封严实。

⑤ 当通过电阻丝的电流较大时，接线端子的螺纹应该采用细牙型，垫圈、压紧螺母均应该采用铜合金材质。

（2）接线盒或控制箱

根据保护控制系统设置的不同，电缆（电线）引入环节可以采用接线盒（“远程”控制），也可以采用控制箱（“本地”控制）。

① 当“远程”控制时，接线盒仅仅是供电源引入，可以采用增安型防爆结构，而且，应该至少达到 IP54 的防护等级。

② 当“本地”控制时，控制箱不仅供电源引入，而且，还要引入控制信号和进行数据处理，

应该采用隔爆型防爆结构。

③ 电阻加热元件进入接线盒或控制箱的连接部位应该符合增安型或隔爆型防爆结构的相应要求。

(3) 保护控制系统

增安型电阻加热器应该设置漏电保护系统和温度保护系统。

1) 漏电保护

漏电保护，根据供电制的不同（TN 系统、TT 系统、IT 系统），可以采用检测漏电电流、绝缘电阻的方法进行实时保护控制。

当保护装置发现不允许的漏电信息（漏电电流或绝缘电阻）时，它应该自动发出报警信号（声光信号），并切断电阻加热器的电源。

2) 温度保护

温度保护，根据使用场合的不同，可以分别采用以下任何一种形式。

① 稳态结构式保护

这种保护方式是一种特定使用环境的专用保护方式。设计人员应该根据加热器的具体使用环境和所需加热温度来选择合适的加热功率。

通常情况下，这种保护方式不需要另加辅助的保护措施。但是，在环境条件可能变化的某些场所，必要的温度保护是必需的。

② 自限特性式保护

这种保护方式是利用电阻的“电阻值随温度增加而增加（PTC）”的特性进行温度微调的方法。设计人员应该根据所需加热温度来选择合适的加热功率。

原则上，这种保护方式不需要另加辅助的保护措施，但是，在实际工业应用中，人们还是附加了温度控制措施。

③ 温度控制式保护

这种保护方式是通过实时检测加热元件的表面温度、加热器周围温度、被加热物料（介质）的液位、流量以及通过加热器的电流或功率等信号来进行控制的。

通常情况下，这种保护方式要求二重化保护措施。这一点很重要。

这里需要特殊强调指出的是：一，在设定温度的整定值时，人们应该考虑到即使加热器断电，它的温度还会有一个冲量；因而，整定值和冲量之和不得大于允许的极限温度值。二，保护控制系统的电源应该接在加热器供电开关的一次侧。三，扇风机不得作为降温保护措施，即使它不与加热器共用一个电源；较大范围的突然停电将会造成极大的麻烦。实际的试验经验告诉我们，使用扇风机作为温度保护控制措施的加热器在加热器和扇风机同时都断电的情况下出现了一个可怕的危险温度。这是绝对不能容忍的。

3. 隔爆型电阻加热器防爆结构的设计原则

隔爆型电阻加热器又可以分为单一的隔爆型防爆结构和复合的隔爆 · 增安型防爆结构。

(1) 隔爆型电阻加热器

这种加热器应该完全按照隔爆型防爆型式的全部要求进行设计与制作。

这里值得注意的是，电阻加热元件作为隔爆外壳的一部分，它的表面温度是确定设备温度组别的唯一依据。

(2) 隔爆 · 增安型电阻加热器

这种加热器应该按照隔爆型防爆型式的要求进行设计和制作。虽然电阻加热元件依然是隔爆外壳的一部分，但是它的表面温度依然是确定温度组别的唯一依据，必须进行必要的控制，以满足相应的要求。

在这种情况下，温度保护控制系统应该符合增安型防爆型式的“温度保护系统”要求。

4.6.4 试验

增安型电阻加热器（加热元件）的有关试验是考核加热器防爆安全性能的重要手段。绝缘性能和极限温度是电阻加热器的两项主要的安全性能指标，必须经过试验证明它是符合相应的设计和制造要求的。

1. 介电强度试验

增安型电阻加热器（加热元件）介电强度试验的试验方法同其他增安型电气设备的试验一样，但是，施加在加热器上的试验电压应该为（$2U \pm 1000$）V，其中 U 为加热器的额定电压（V）。

试验电压至少施加 1min。

在试验过程中，不应该发生闪络或短路。

2. 绝缘性能试验

增安型电阻加热器（加热元件）的绝缘性能试验分为以下两种：绝缘材料热稳定性试验和绝缘性能检测。

（1）绝缘材料热稳定性试验

在试验时，试验人员应该将被试加热器的样品存放在温度高于最高工作温度 20K，至少为 80℃的高温试验箱内 4 个星期，然后，在温度为 -30 ~ -25℃的低温试验箱内再存放 24h。

经过这样处理的试验样品应该能够承受下面的绝缘性能检测。

（2）绝缘性能检测

绝缘性能检测应该在环境温度为 10 ~ 25℃范围内进行。

在试验时，试验人员首先将电阻加热元件浸入自来水中 30min，然后，取出试验样品并揩去上面的水，进行下面的两项测试：

① 在电阻丝和金属外壳（如无外壳，可在绝缘层外导电覆盖层）之间或电阻丝之间施加试验电压（$2U + 500$）V（有效值）（其中，U 为加热器的额定电压）。

试验电压至少施加 1min。

在试验过程中，不应该发生闪络或短路。

② 在电阻丝和金属外壳（如无外壳，可在绝缘层外导电覆盖层）之间或电阻丝之间施加试验电压 500V（直流电压），测量漏电流。根据欧姆定律计算绝缘电阻。

测得（计算）的绝缘电阻不得小于 20MΩ。

3. 冷起动电流测试

冷起动电流是指电阻加热器在初始起动状态下所通过的电流。试验时，试验人员应该将 3 个试验样品放置在恒温箱中的吸热体或散热体上；恒温箱内的温度应该维持在制造商规定的冷起动温度（误差为 ±2℃）上。

在这种情况下对试验样品施加额定电压。试验人员应该连续记录加热器从通电起 10s 后的第 1min 时间内的电流值。

从通电起 10s 后的第 1min 时间内测得的电流最大值即为冷起动电流。

试验测得的冷起动电流不应该超过制造商规定值的 10%。

4. 极限温度测定

极限温度测定，由于电阻加热器的结构和特性不同，同样分为以下几种情况。

（1）稳态结构式电阻加热器

稳态结构式电阻加热器的极限温度，应该在制造商规定的最严酷的环境和安装条件下进行测定，或者在制造商与防爆电气产品检验机构协商一致的条件下进行测定。

在试验时，试验样品的欧姆电阻值不应该超过设计规定值。试验人员应该将1.1倍额定电压的试验电压施加在试验样品上。待温度稳定后测量此时的温度值。

（2）自限特性式电阻加热器

自限特性式电阻加热器的极限温度测定，应该在一个具有很好隔热效果的试验箱内进行。试验样品放置在试验箱内，在初始温度为（-23±3）℃的情况下对加热器施加1.1倍额定电压的试验电压（误差为5%）。待温度稳定后测量此时的温度值。

（3）温度监控式电阻加热器

对于采用温度监控式保护系统进行保护的电阻加热器，试验人员应该根据不同保护形式采用下列试验条件来测量它的温度。

① 对于仅仅监视温度的保护系统，电阻加热器的最高温度应该在其他任何辅助调节（控制）装置不起作用的条件下进行测量。在测量时，人们应该注意热惯性的作用。

② 对于既监视温度又监视其他参数的保护系统，电阻加热器的最高温度应该在其他辅助调节（控制）装置都处于最不利的条件下进行测量。

③ 对于监视除温度外其他参数的保护系统，电阻加热器的最高温度应该在其他辅助调节（控制）装置都处于最不利的条件下进行测量。

不管是上述哪种保护系统，试验时，施加在被试加热器上的试验电压应该为1.1倍额定电压的电压值；电阻加热元件的欧姆电阻值不允许超过设计值。

这里强调“试验时欧姆电阻值不允许超过设计值”主要是因为，在电压一定的情况下，正温度系数的电阻耗散的电功率与通过它的电流二次方成正比，电阻值大的话，通过的电流减小，耗散的电功率减小，所以，所测得的温度就低。显然，试验数据是不可靠的。

【例4.4】 假设有一支由220V电压供电的正温度系数的电阻加热元件。它的设计欧姆电阻值为10Ω，而实际在试验时的欧姆电阻值为10.1Ω。试评价它的耗散功率变化情况。

按照正温度系数电阻发热功率公式（$P=I^2R$）计算可知：

设计功率为4840W；试验时的耗散功率约为4792W。试验时的耗散功率小于设计功率。

由此可见，在其他条件不变的情况下，试验测得的温度将比设计值小。显然，这是不合理的。因此，为可靠地测量电阻加热元件的温度，它在试验时的欧姆电阻值不允许超过设计值。

5. 特殊结构试验

有一些具有特殊结构的电阻加热器，例如，工作时浸入水中或者所用绝缘材料具有吸湿性，需要进行相应的特殊试验。

（1）浸水式加热器

在试验时，试验人员应该把试验样品的浸入液体部分浸入到自来水中50mm深处（误差为0~5mm），历时2星期；然后，取出试验样品并揩去上面的水，按照绝缘性能检测的规定进行绝缘性能试验。

（2）吸湿式加热器

在试验时，试验人员应该把试验样品的密封部分放置在温度为（80±2）℃、相对湿度不低于90%的环境中持续4星期；然后，取出试验样品并揩去上面的湿气，按照绝缘性能检测的规定进行绝缘性能试验。

第5章 正压型电气设备

5.1 概述

正压型电气设备，用符号“p”表示，是一种在工业企业爆炸性危险场所中应用比较广泛的防爆电气设备。尤其是一些大型电气设备（装置），例如大型电动机、电气控制柜等，在采用其他防爆型式有困难时，往往采用“正压型”防爆型式用于爆炸性危险场所中。

所谓正压型电气设备，就是这样一种防爆电气设备，在运行时对设备内部充入具有一定压力的保护性气体，使它内部可能产生火花、电弧和（或）危险温度的电气元器件处于保护性气体之中，这样，这些元器件就不会发生点燃爆炸性气体-空气混合物的危险。

这就是正压型电气设备的防爆原理。

这种防爆型式不分防爆级别，但是，设备保护级别可以分为2级：b级和c级；在实际应用中，也可以表示为“pb”级（Gb级或Mb级）和“pc”级（Gc级）。

“pb”级正压保护，可以将正压型电气设备外壳内的危险区域从1区降低到非危险区，或将Ⅰ类设备外壳内的危险区域降低到非危险区，而且，在设备正常运行状态下和出现预期故障条件下它也不会成为可燃性气体的点燃源。

当符合下列条件时，正压型电气设备应该设计为“pb”级：

- 预期使用在1区，且
- 设备无内置系统；或者，
- 设备有内置系统，并向正压型电气设备内释放出可燃性气体（蒸气）或少量的易燃性液体。

“pc”级正压保护，可以将正压型电气设备外壳内的危险区域从2区降低到非危险区，而且，在设备正常运行状态下和认可的异常条件下它也不会成为可燃性气体的点燃源。

当符合下列条件时，正压型电气设备应该设计为“pc”级：

- 预期使用在2区，且
- 设备无内置系统；或者，
- 设备有内置系统，并向正压型电气设备内释放出少量的易燃性液体。

这里需要说明的是，“外壳内的危险区域从1区（或2区）降低到非危险区”的这类提法的含义是，正压型电气设备外壳内的危险区域就是它所处的使用环境中的危险区域（由于“呼吸”作用，处于这种环境中的设备的内部同样被定义为这种危险区域）；通过“pb”级（或“pc”级）正压保护把它内部的危险区域降低到非危险区。

对于正压型电气设备来说，人们在采用防爆安全技术措施时，除了考虑环境的影响因素外，还应该考虑到它的内部是否存在可燃性气体（物质）释放源。这一点很重要。

假若设备内部不存在可燃性气体（物质）释放源，正压保护仅仅对设备所处环境中的可燃性气体采取保护措施；如果设备内部存在可燃性气体（物质）释放源，正压保护应该同时考虑对这些可燃性物质采取更多的保护措施。在化工工艺流程中，有时候往往有一些工艺管道通过电气设备，这样就可能在设备内部出现可燃性物质的释放源。

正压保护，实质上并不是仅仅指正压型电气设备，还应该包括与设备连接的保护性气体的输送管道、保护性气体的供气源以及相应的自动安全装置。它是一个系统保护体系。

在这一章里，我们将从正压保护系统的基本结构、防爆结构的一般设计原则和防爆型式试验等方面予以简要的讨论。

5.2 正压型电气设备的通用防爆结构和安全要求

正压型电气设备，按照设备的结构、功能和正压保护方式的不同，分为静态正压型电气设备和非静态正压型电气设备；对于非静态正压型电气设备，又可以分为内含释放源的正压型电气设备和不含释放源的正压型电气设备。

这些不同类型的正压型电气设备，除应该符合下面的通用防爆结构和安全要求外，还应该满足各自类型的专门要求。

5.2.1 通用结构和安全要求

1. 结构材料和结构强度

在正压型电气设备中，设备的外壳被称为所谓的“正压外壳”，是这种防爆型式的一个重要结构。

通常情况下，正压外壳采用普通钢板（例如 Q235-A 钢板）或者不锈钢钢板（例如 1Cr18Ni9Ti 钢板）制成，当然，也可以使用高强度的塑料材料制作。但是，假若使用塑料材料制作，设计人员应该考虑所使用的塑料材料必须具有抗静电性能（参见第 2 章）。

正压外壳应该具有足够的机械强度，除设备正常要求的结构强度外，外壳、与其连接的保护性气体输送管道以及连接部件应该在所有进、排气口封闭的情况下承受 1.5 倍的最高正压的压力值，最低也应该承受 200Pa 的压力而不出现变形或损坏。

假若正压型电气设备在运行过程中内部压力可能引起外壳、输送管道以及相关的连接部件发生变形的话，那么，人们就应该在正压保护系统中设置自动安全装置，例如最高正压监测装置，将系统中的过压限制在对防爆型式不产生不利影响的程度。

2. 门和盖子

正压型电气设备的门和盖子应该同电气回路进行联锁。这种联锁，当门或盖子开启时，应该自动切断正压保护系统中未按相应防爆型式进行防爆处理的电气元器件的前级电源；当门或盖子没有可靠关闭且系统没有完成吹扫之前，不能重新对这些元器件供电。

对于静态正压型电气设备，门或盖子必须使用专用工具才能够开启，而且还应该在它的外壳明显部位设置一个警告标志：“警告！严禁在危险场所开启！”。

在正压型电气设备上，尤其是Ⅰ类设备上，使用的紧固件应该是所谓的特殊紧固件。为了防止因内部压力过大在开启门或盖子的时候出现伤害事故，设计人员可以采用双位紧固件，或者其他的特殊缓动措施。

此外，当正压型电气设备内部包含大容量的电容器和（或）发热元器件时，人们不得在电容器的剩余能量不符合要求时和（或）发热元器件温度没有降至温度组别的温度值以下时打开门或盖子。因此，设计人员应该将断开前级电源至允许打开门和盖子的时间间隔标志在设备的外壳上，告诫人们只有在这个时间间隔以后才允许开启设备（参见第 2 章）。

3. 保护性气体的进气口和排气口

正压型电气设备应该设置保护性气体的进气口和（或）排气口。它们的位置应该根据保护性气体的密度来决定。

当保护性气体的密度比空气大时，进气口应该开设在设备外壳的上部，排气口应该开设在设备外壳的下部；当保护性气体的密度比空气小时，进气口应该开设在设备外壳的下部，排气口应该开设在设备外壳的上部。不管进气口或排气口是在设备外壳的上部或下部，进气口和排气口都应该设置在设备外壳的相对侧。这样的布置便于保护性气体的流动和吹扫换气。

进气口（或排气口）的面积，一般情况下，可以按每1000cm^3正压外壳容积不小于1cm^2来计算。这样计算得出的进气口总面积，可以保证正压外壳在合适的时间内得以充分的吹扫（换气）。

4. 正压外壳内导流板

为了保证正压型电气设备得到充分的吹扫，设计人员可以在正压外壳内设置一些导流板，使吹扫气流通过正压外壳内的每一个角落。

有时候，正压型电气设备内的电气元器件的安装板也可以起到导流的作用。

如果正压外壳被分割成几个小的空腔，除采用导流板来改善保护性气体的吹扫效果外，还可以对小空腔单独设置一些进气孔，增加吹扫气流的通道。

5. 火花和炽热颗粒挡板

当正压型电气设备的排气口设置在爆炸性气体环境中时，在它的外壳内应该设置一些挡板，防止外壳内的炽热颗粒和可能的放电火花通过外壳的排气口窜出外壳，飞到周围爆炸性气体环境中。

假若外壳内不产生炽热颗粒，则可以不设置这种挡板。另一种情况，即当外壳内的触头工作电压不大于275V（交流）或60V（直流），工作电流不大于10A，而且触头还安装灭弧罩时，正压外壳的排气口也可以不设置火花和炽热颗粒的挡板。

在设置火花和炽热颗粒挡板时，这种挡板应该使排出气流在它的流通方向上至少发生8次90°的方向改变。因为气流在它的流通方向上多次改变方向可以“沉淀”炽热颗粒和减小火花携带的能量。

6. 防护要求

为了保持正压型电气设备正常工作时内部压力高于外部压力的正压，除必要的进气口和排气口以外，正压外壳应该尽可能地保持密封状态，防止保护性气体发生泄漏，降低外壳内部的压力。

在通常情况下，从防护等级（IP）角度看，正压外壳的防护等级不应该低于IP5X，对于使用在潮湿和充满煤尘的采掘工作面上的电气设备，防护等级不应该低于IP54。

7. 警告标志

在正压型电气设备外部明显部位，人们应该设置警告标志：“警告！正压外壳！”。

这个警告标志告诉人们，正压型电气设备的外壳是一种特殊的外壳。它是保持内部正压压力的重要结构，应该具有适当的密封作用，应该具有可靠的联锁功能。因此，人们在安装、运行、维护、修理正压型电气设备时必须给以足够的注意。

5.2.2 电气间隙、爬电距离和极限温度

1. 电气间隙和爬电距离

在正压型电气设备中使用的绝缘材料，和其他防爆型式的防爆电气设备中使用的绝缘材料相比，没有原则的区别，因而，电气间隙和爬电距离也应该是一样的。

但是，对于Ⅰ类电气设备来说，假若额定电流大于16A的话，例如，在断路器、接触器或

隔离开关中，这种电流在开、关时可能产生电弧，那么，所用的绝缘材料至少应该符合以下任一种要求：

① 相比电痕化指数（CTI）不小于国家标准 GB/T 4207《固体绝缘材料在潮湿条件下相比电痕化指数和耐漏电起痕指数的测定方法》中规定的 CTI400M（相当于材料级别Ⅱ级或Ⅰ级）。

② 绝缘材料表面上不同电位的裸露带电导体之间的爬电距离应该符合国家标准 GB/T 16935.1—2000《低压系统内设备的绝缘配合 第1部分：原理、要求和试验》中规定的适用于3级污染、Ⅲ类过电压（参见表2.11和表6.2）时材料的数值。

2. 极限温度

正压型电气设备的温度组别应该符合各种防爆型式电气设备的统一规定，但是，温度组别的确定方法，却因正压型电气设备的设备保护级别的不同而不同。

（1）"pb"级正压型电气设备

在确定"pb"级正压型电气设备的温度组别时，设计人员应该既要考虑设备外壳外表面的最高表面温度，还要考虑设备内部零部件的最高表面温度，按照这两个温度中最高的那个作为确定温度组别的温度值。

但是，对于正压型电气设备内的一些小元件（表面积不超过 $10cm^2$），当它的最高表面温度低于相应的可燃性气体的点燃温度一定值时，它的最高表面温度可以高于温度组别的温度值；另外，当设备内部发热元器件在开启门或盖子之前能够冷却到温度组别规定温度值以下时，它的最高表面温度也可以超过温度组别的规定值（参见第2章）。

此外，当正压型电气设备的正压保护突然中断时，设备周围的可燃性气体就会进入设备内部，因而，电气设备此时还应该具有一定的保护能力，防止在内部发热元器件没有冷却到允许的最高温度之前接触可燃性气体。

对于这种情况，人们可以将发热元器件用其他的防爆型式保护起来，防止这些元器件接触进入的可燃性气体，或者，对于一些特殊设备，可以采用备用的通风系统（保护性气体供气系统），防止主正压保护系统突然中断时外部可燃性气体进入外壳内（一旦中断，备用系统马上自动起动）。

（2）"pc"级正压型电气设备

"pc"级正压型电气设备的温度组别仅仅以正压外壳外表面的最高表面温度为依据来确定。

这是因为，由于"pc"级正压型电气设备只允许运行在爆炸性危险场所的2区，爆炸性气体-空气混合物出现的几率小，加之正压外壳的阻碍，接触内部元器件的几率更小，所以在确定设备温度组别时仅仅以外壳外表面的最高表面温度为评价依据。

此外，设计人员还应该考虑当正压保护突然中断时内部带电部件的自身保护。

5.2.3 正压保护系统中自动安全装置的防爆型式

对于正压型电气设备来说，除正压外壳外，对正压保护系统的实时监测，是保证这种防爆型式防爆安全性能的一项十分重要的安全措施。这是正压型电气设备的一个重要特征。

在正压保护系统中，检测和控制正压保护系统工况的监测单元（装置）被称为自动安全装置。它本身不应该成为可燃性气体的点燃源，应该符合某一种防爆型式的要求，或者，安装在非爆炸性危险场所中。这一点是设计人员必须重视的。

在选择自动安全装置的防爆型式时，设计人员应该按照下列原则进行：

① 对于"pb"级正压型电气设备，自动安全装置的防爆型式可以采用设备保护级别为 Ga（Ma）级或 Gb（Ma）级的各种防爆型式。

② 对于“pc”级正压型电气设备，自动安全装置的防爆型式可以采用所有设备保护级别的各种防爆型式。

另外需要指出的是，各种自动安全装置是正压保护系统必需的伺服单元；它们应该在正压保护系统投入工作之前、运行之中和停止工作之后提供可靠的“服务”。因而，自动安全装置的电源不应该和主电路共用一个电源，至少应该设置在主电路的隔离开关或电源开关之前，这样就可以在主电路断电时仍然能够提供可靠的“服务”。

5.3 保护性气体和正压保护技术

5.3.1 保护性气体

1. 气体种类

在正压型电气设备中使用的保护性气体，应该是一种非可燃性的气体，它自身不应该被点燃。此外，保护性气体还不应该影响正压外壳、输送管道以及连接部件的可靠性，不应该影响电气设备的正常运行。

因此，清洁的空气，以及氮气等一些惰性气体，可以作为保护性气体。

这里应该指出的是，在使用惰性气体作为保护性气体时，应该警告人们，惰性气体有窒息的危险。

2. 气体温度

在正压外壳的进气口处，保护性气体的温度，通常情况下，不应该超过40℃。

但是，在一些特殊情况下，保护性气体的温度可以较高一些，或较低一些。此时，人们应该把最高温度或最低温度标志在正压型电气设备的外壳上。有时候，人们还应该考虑如何避免因温度过高而影响电气元器件工作，或温度过低而出现凝露或结冰现象，以及温度高低交替变化引起的“呼吸”作用。

5.3.2 正压保护技术

从正压型电气设备的防爆原理可知，正压外壳内部的压力必须高于外壳外部的压力（大气压力或某个压力），这样才能够防止外壳外部环境的可燃性气体进入外壳内部。国家标准 GB 3836.5《爆炸性气体环境用电气设备　第5部分：正压外壳型“p”》告诉我们，正压型电气设备外壳内任何地方的压力不得小于：

- 对于“pb”级：50Pa。
- 对于“pc”级：25Pa。

当正压型电气设备吹扫结束、正式起动之后，如果不采取相应的技术措施，由于正压外壳不可避免地会发生泄漏，因而外壳内部的压力就会降低，以至于降低到所要求的压力值以下。这是不允许的。

为此，人们可以采取所谓的“连续稀释式”正压保护技术或“泄漏补偿式”正压保护技术，来维持正压外壳内部所需的压力值。

1. 连续稀释式正压保护技术

连续稀释式正压保护是指，在正压型电气设备吹扫之后，连续地以一定流量的保护性气体输入正压外壳内，以使外壳内可燃性气体的浓度始终保持在它的爆炸极限下限以下。

这种保护技术的特点是，在正压型电气设备吹扫之后允许保护性气体通过排气管道排放到外壳外部，但是，不允许正压外壳内部的压力降低到正压规定值以下。

因而，对于这种正压保护技术，设计人员应该在正压型电气设备的排气管道的出口处设置一个所谓的“阻气门”，使排气管道的出口在这里突然变小，人为地给通过正压外壳的保护性气体气体流一个阻力。在保护性气体通过正压外壳的流量一定的情况下，阻气门使正压外壳内部建立一个比外壳外部高的压力，即所谓的“正压”。

此外，为了保持正压外壳内部的压力不低于相应的正压规定值，正压保护系统在正压型电气设备起动之后还必须连续地向正压外壳输送一定流量的保护性气体。

这种保护技术使用的保护性气体，可以是空气，也可以是惰性气体。

2. 泄漏补偿式正压保护技术

泄漏补偿式正压保护是指，在正压型电气设备吹扫之后，对正压外壳供给一定数量的保护性气体，以补偿正压外壳及其连接的输送管道发生的任何泄漏，从而保持外壳内部所需的正压值。

对于这种保护形式的正压型电气设备，设计人员应该在正压型电气设备的排气管道的出口处设置一个截止阀；在吹扫之后，阀门就将排气管道封堵。但是，正压外壳及其输送管道在内部正压的作用下不可避免地会发生泄漏，因而外壳内部的压力就会下降，甚至下降到正压规定值以下。

所以，为了保持正压型电气设备内部的正压规定值，正压保护系统在正压型电气设备起动之后必须实时地补偿正压外壳内保护性气体的任何泄漏量。

设计人员在正压型电气设备的进气管道入口处设置一个流量控制装置，在系统的其他自动安全装置的配合下，实时地向正压外壳内补充一定数量的保护性气体，以维持正压外壳内部的规定压力。这就是这种正压保护技术的特点。

这种保护技术使用的保护性气体，可以是空气，也可以是惰性气体。

5.4 静态正压型电气设备的安全措施和安全要求

静态正压型电气设备是一种在爆炸性危险场所中正常运行时不需要补充保护性气体且能够保持正压外壳内正压压力的电气设备。这种电气设备，一般情况下，不需要完全固定安装。

静态正压型电气设备，除应该符合正压型电气设备的一般要求外，还应该符合下列专门的要求和规定。

① 正压外壳内不应该包含可燃性物质的内释放源。

② 正压外壳内充入的保护性气体应该采用惰性气体，而且，在惰性气体充入之后外壳内部的氧气浓度不应该超过1%（体积比）。

充入惰性气体的作业应该在非危险场所进行。

③ 在正压外壳上应该设置自动安全装置，例如压力传感器。对于“pb”级设备，应该设置两台这样的装置；对于“pc”级设备，可以只设置一台。当正压外壳内部的压力下降到规定值时，自动安全装置应该可靠地发出报警信号（声、光信号），并自动地切断主电路的电源。

④ 在规定的不利运行条件下，正压外壳内部的正压值必须高于外部压力50Pa。

5.5 非静态正压型电气设备的安全措施和安全要求

非静态正压型电气设备是相对静态正压型电气设备而言的。这种电气设备在爆炸性危险场所中正常运行时需要实时地补充保护性气体，以维持内部的正压值。

非静态正压型电气设备，按照正压保护技术的不同，又分为连续稀释式正压型电气设备和泄漏补偿式正压型电气设备。

这种电气设备，包括保护性气体输送管道，应该牢固地安装在爆炸性危险场所中。

5.5.1 正压外壳内压力变化状态示意图

在正压型电气设备中，通常情况下，由鼓风机、空气压缩机等机械向正压外壳供给保护性气体。具有一定压力的保护性气体气体流，在进入进气管道、设备外壳和从排气管道排出的过程中，会发生压力的变化。

这主要是由于气体流在通过所经路程时受到器壁或零部件的表面摩擦阻力引起的；尤其是，当正压型电气设备内包含旋转部件或运动部件时，这些部件的运动对气体流产生扰动作用，改变着内部压力的分布状态，有时候还可能出现负压现象。因此，保护性气体在正压外壳内压力的分布是不均匀的。

1. 正压型电气设备内无旋转部件时

在正压型电气设备内无旋转部件时，正压外壳（包括进气管道、设备外壳和排气管道）内保护性气体的压力分布比较均匀，压力数值变化也比较小。

（1）在连续稀释情况下

当正压保护系统采用连续稀释方式来保持正压外壳内部的正压时，若正压保护系统的排气口设在非危险场所，压力分布示意图如图 5.1 所示；若正压保护系统的排气口设在危险场所，压力分布示意图如图 5.2 所示。

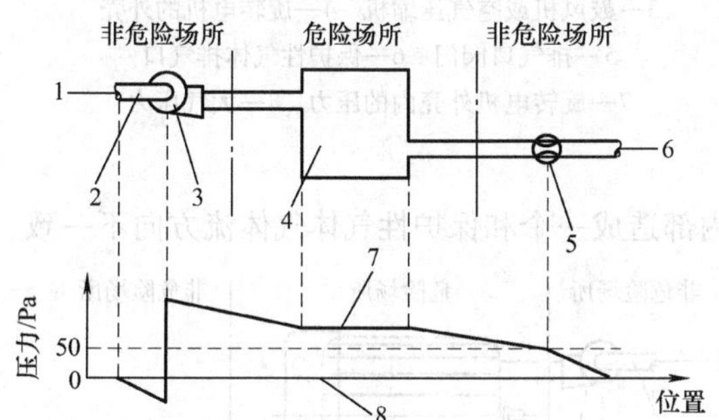

图 5.1 正压保护系统排气口设在非危险场所时压力分布示意图

1—保护性气体进气口 2—输送管道
3—鼓风机或空气压缩机 4—设备外壳
5—阻气门 6—保护性气体排气口
7—设备外壳内的压力 8—大气压力

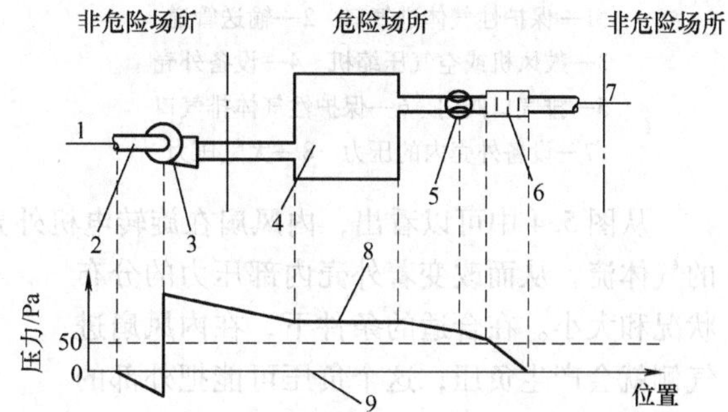

图 5.2 正压保护系统排气口设在危险场所时压力分布示意图

1—保护性气体进气口 2—输送管道
3—鼓风机或空气压缩机 4—设备外壳 5—阻气门
6—火花和颗粒挡板 7—保护性气体排气口
8—设备外壳内的压力 9—大气压力

从图 5.1 和图 5.2 中可以看出，在连续稀释情况下，正压外壳（包括进气管道、设备外壳和排气管道）内部的最低正压出现在排气口处。

（2）在泄漏补偿情况下

当正压保护系统采用泄漏补偿方式来保持正压外壳内部的正压时，压力分布示意图如图 5.3 所示。

从图 5.3 中可以看出，在泄漏补偿情况下，正压外壳（包括进气管道、设备外壳和排气管道）内部的最低正压同样出现在排气口处。

2. 正压型电气设备内有旋转部件时

在某些正压型电气设备中，由于功能的需要，常常带有旋转部件，例如像风扇那样的部件。

这样，风扇造成的局部压力和压力场就会改变保护性气体气体流的压力分布状况。在旋转电机中就出现这种情况。

（1）内风扇式旋转电机

在泄漏补偿式正压保护系统中，内风扇式旋转电机内保护性气体的压力和内风扇引起的局部压力分布示意图如图5.4所示。

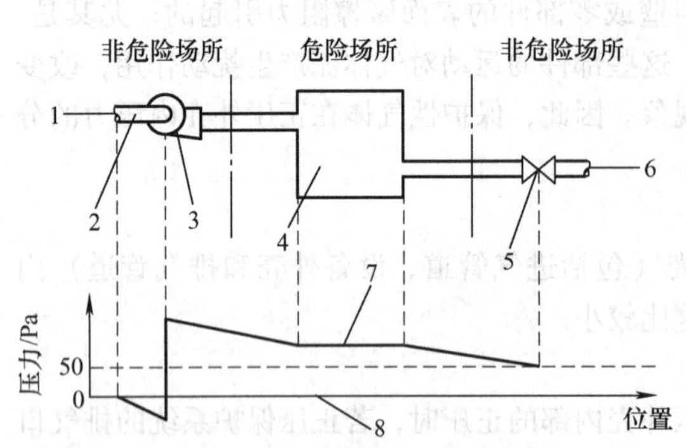

图5.3　在泄漏补偿式正压保护系统中压力分布示意图

1—保护性气体进气口　2—输送管道
3—鼓风机或空气压缩机　4—设备外壳
5—排气口阀门　6—保护性气体排气口
7—设备外壳内的压力　8—大气压力

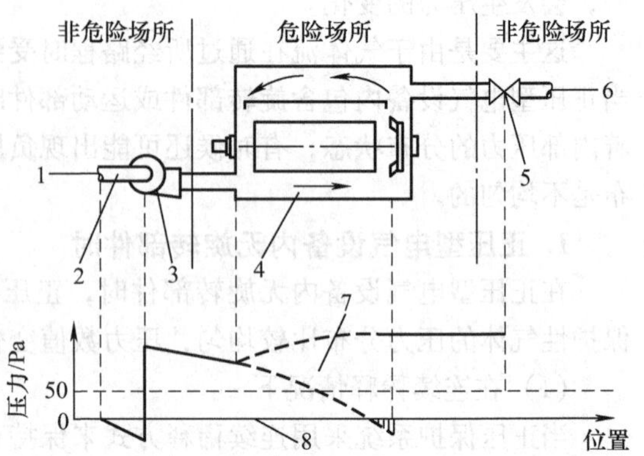

图5.4　内风扇式旋转电机内压力分布示意图

1—保护性气体进气口　2—输送管道
3—鼓风机或空气压缩机　4—旋转电机的外壳
5—排气口阀门　6—保护性气体排气口
7—旋转电机外壳内的压力　8—大气压力

从图5.4中可以看出，内风扇在旋转电机外壳内部造成一个和保护性气体气体流方向不一致的气体流，从而改变着外壳内部压力的分布状况和大小。在合适的条件下，在内风扇进气侧就会产生负压；这个负压可能把外部的可燃性气体吸入正压外壳内。这是一种很糟糕的现象。

分析可知，提升保护性气体的压力，使内风扇造成的压力减小，就可以消除产生这种负压的可能性。

（2）外风扇式旋转电机

当旋转电机带有外风扇时，泄漏补偿式正压保护系统的电机外壳内压力分布示意图如图5.5所示。

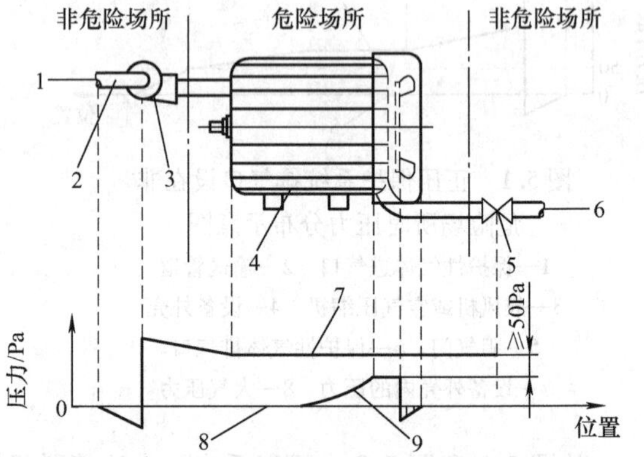

图5.5　外风扇式旋转电机内压力分布示意图

1—保护性气体进气口　2—输送管道　3—鼓风机或空气压缩机
4—旋转电机的外壳　5—排气口阀门　6—保护性气体排气口
7—旋转电机外壳内的压力　8—大气压力　9—外部压力

从图5.5中可以看出，外风扇在旋转电机外壳外部造成一个周围大气的气体流。然而，这个气体流对外壳内的保护性气体的压力分布状态没有构成直接的影响，但是，它却使外壳外部的压力升高。

因而，在评价正压外壳的内部压力与外部压力之差时，人们应该考虑外风扇造成的这种不利影响，而不应该仅考虑大气压力。

5.5.2 保护系统和保护功能的描述

根据正压型电气设备的设备保护级别（“pb”级或“pc”级）的不同，人们对于这种防爆型式的电气设备可以采用最高正压检测、保护性气体流量检测、最低正压检测和吹扫时间检测等安全措施和安全要求，对正压保护系统进行实时监测，进行随机保护。

对于“pb”级设备，保护系统应该设置4个自动安全装置，而且这些自动安全装置能够同时自动地实时检测保护系统，发出主电路起动指令，并在发生故障时及时地发出报警信号（声、光），同时切断主电路的电源。

对于“pc”级设备，保护系统可以只设置2个自动安全装置，它们能够自动地检测保护系统中的有关数据，必要时发出报警信号（声、光）。人们根据这些装置的检测数据来自动地或手动地控制主电路。

在这里仅以“pb”级正压保护系统（泄漏补偿式）为例，简单地描述一下正压保护系统的动作功能。

假定在这种保护系统中设置了最高正压检测装置、流量检测装置、最低正压检测装置和定时器（吹扫时间检测）4种自动安全装置。由这4种自动安全装置的输出状态来决定正压保护系统的3种工作状态：吹扫等待、吹扫开始、吹扫结束并开始供电。

这4种自动安全装置的工作状态构成了一个“与”的组合逻辑控制系统。它的真值表如表5.1所示。

表5.1 组合逻辑控制系统的真值表

S_0	S_1	S_2	S_3	A	B	C	D
1	0	0	0	0	0	0	0
1	0	0	0	0	0	0	1
1	0	0	0	0	0	1	0
1	0	0	0	0	0	1	1
1	0	0	0	0	1	0	0
1	0	0	0	0	1	0	1
1	0	0	0	0	1	1	0
1	0	0	0	0	1	1	1
1	0	0	0	1	0	0	1
1	0	0	0	1	1	0	0
1	0	0	0	1	1	0	1
1	0	0	0	1	1	1	0
1	0	0	0	1	1	1	1
0	1	0	0	1	0	0	0
0	0	1	0	1	0	1	0
0	0	0	1	1	0	1	1

在表5.1中，S_0——系统的初始状态；S_1——开始吹扫的等待工况；S_2——开始吹扫；S_3——吹扫结束，开始供电；A——外壳内的最低正压值大于50Pa（“pb”级）；B——外壳内的压力超过最高正压值；C——保护性气体的吹扫流量大于最小规定值；D——吹扫时间结束。

根据表 5.1 真值表所列逻辑关系，可以得到的逻辑表达式为

$$S_1 = A \cdot \overline{B} \cdot \overline{C} \cdot \overline{D} \tag{5.1}$$

$$S_2 = A \cdot \overline{B} \cdot C \cdot \overline{D} \tag{5.2}$$

$$S_3 = A \cdot \overline{B} \cdot C \cdot D \tag{5.3}$$

按照上述 3 个式子描述的逻辑关系，设计人员便可以设计出正压保护系统的电气控制原理图。

从表 5.1 和上述 3 个表达式的逻辑关系可以看出，在这个逻辑控制系统中，任何一个参数达不到规定值（自动安全装置检测出故障）时，正压保护系统都会使系统自动翻转回到初始状态（S_0）。

综上所述，“pb”级正压型电气设备的正压保护系统的控制过程如下。

在正压型电气设备起动过程中，最高正压检测装置处于低电平，它给主电路起动装置一个电信号（“非”），系统处于等待状态；流量检测装置开始检测保护性气体的流量，一旦气体流量达到规定的最小流量，便发出信号给最低正压检测装置、定时器和主电路起动装置；最低正压检测装置获得流量检测信号后便开始监测外壳内的压力，一旦正压值达到规定的最低压力，它便向定时器和主电路起动装置发出信号；定时器收到流量信号“与”最低正压信号后便开始计时，一旦计时时间达到规定值，它便向主电路起动装置发出合闸供电指令，主电路起动装置在最高正压检测装置信号“与”流量检测装置信号“与”最低正压检测装置信号“与”定时器信号共同作用下合闸供电。至此，正压型电气设备起动完成。

在正压型电气设备运行过程中，一旦自动安全检测装置检测到某个被监测参数偏离了规定值，整个正压保护系统就会马上翻转，回到初始状态。

“pb”级正压型电气设备正压保护系统控制逻辑示意图如图 5.6 所示。

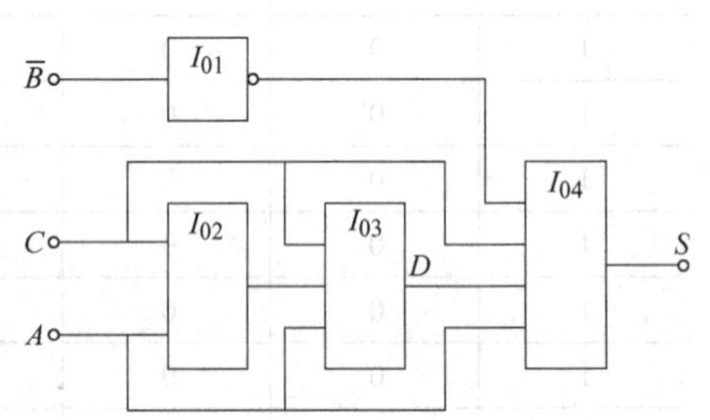

图 5.6 “pb”级正压型电气设备正压保护系统控制逻辑示意图

在图 5.6 中，I_{01}——“非”门，将最高正压信号的低电平转换为高电平；I_{02}——“与”门，保证流量值与正压值符合要求；I_{03}——“与”门，保证在流量信号、最低正压信号触发下起动延时功能；I_{04}——“与”门，保证在最高正压信号、流量信号、最低正压信号、定时信号触发下立即对主电路合闸供电。至此，设备投入正常运行。反之，假若最高正压信号、流量信号、最低正压信号中任何一个偏离整定值，主电路起动装置（I_{04}）都会立即将主电路断开。

5.5.3 检测最低正压和气体流量

在正压外壳内必须保持一个最低正压，即外壳内保护性气体的压力必须高于外壳外部的压力（可以是大气压力，也可以是某个压力）。这样才能够防止外壳外部的可燃性气体进入外壳内部，保证这种防爆型式的电气设备的防爆安全性能。

我们已经知道，正压外壳内必须保持的最低正压，对于“pb”级，为 50Pa；对于“pc”级，为 25Pa。此外，人们还应该规定正压外壳可能承受的最高正压压力；这个正压值应该和正压外壳的机械强度相适应。

1. “pb”级电气设备

对于“pb”级电气设备来说，在正压保护系统中，自动安全装置应该使用压力传感器来实

时监测正在运行中的正压型电气设备及相应的输送管道中可能出现的最低正压值，并在规定的情况下发出指令（输出电信号，报警并切断电源）。

自动安全装置的压力传感器应该直接从正压外壳中获取压力信号，在传感器和外壳之间不要设置任何阀门。

此外，自动安全装置还应该使用气体流量计来监测正压外壳排气口处保护性气体的流量。在设备即将起动时，一旦气体流量大于规定的最小流量，流量计便向定时器发出预起动指令；或者，在设备正常运行时，一旦气体流量小于规定的最小流量，流量计便发出指令，使正压保护系统动作，切断主电路。

2. “pc” 级电气设备

对于“pc”级电气设备来说，假若正压外壳不配置自动安全装置，则应该配置一个显示器。显示器的取样点应该设置在设备处于最恶劣的运行条件下外壳内的最低压力点，随时显示外壳内的压力值。在显示器和外壳之间不应该配置任何阀门。

另外，在“pc”级电气设备内，假定采用流量计来显示外壳内的压力和流量，则流量计应该安装在外壳的排气口处；假若采用流量计仅仅是为了显示压力，那么，它可以安装在外壳内除进气口以外的任何最低压力点处。

除此之外，为了保证“pc”级正压外壳内的最低正压值，设计人员还应该在保护性气体的供气源上配置报警装置，实时监测供气源的工作状态（压力和流量）；当供气源出现故障时报警装置就向人们发出警示信号，例如，发出声、光报警信号。由于“pc”级电气设备不是完全自动控制的系统，因而实时监测供气源的工作状态是十分重要的；假若供气源临时出现故障，在人工监测疏漏时，正压保护系统将会失效，直接影响着工业现场的安全。

5.5.4 检测吹扫时间

对于正压型电气设备来说，吹扫（换气）时间是一个相当重要的安全指标。吹扫是指在正压型电气设备起动前用保护性气体充入正压外壳内置换外壳内部的可燃性气体的过程。吹扫结束后正压外壳内充满了保护性气体，此时才允许对设备通电，起动设备。

吹扫（换气）时间是指对正压外壳充入 5 倍外壳（包括输送管道）容积的保护性气体量所需的时间。显然，吹扫时间与充入正压外壳的保护性气体的压力、流量有关。

当正压外壳内的正压值不低于最低正压规定值、保护性气体的流量不低于设计的最小流量值时，吹扫时间可以按照下式计算求得

$$T = \frac{5V}{q} \tag{5.4}$$

式中 T——吹扫时间（min）；

V——正压外壳（包括输送管道）的容积（L）；

q——保护性气体的流量（L/min）。

通常情况下，吹扫时间由两部分组成：正压型电气设备自身的吹扫时间和相连保护性气体输送管道的吹扫时间。正压型电气设备自身的吹扫时间（T_1）由制造商计算确定，输送管道的吹扫时间（T_2）由使用者计算确定。而且，由使用者将这两个时间加在一起作为正压保护系统的总的吹扫时间，并标志在正压型电气设备的显著部位。

【例 5.1】 这里有一台正压型电气控制柜，内容积为（$1000 \times 750 \times 350$）$mm^3$，保护性气体的最小流量为 50L/min。安装时保护性气体的输送管道内径为 100mm，供气侧管道长约 10m，排气侧管道长约 15m。试计算这种情况下总的吹扫时间。

• 正压型电气控制柜自身吹扫时间（T_1）的计算：

控制柜自身的容积（不计内容物）为

$$V_1 = 1000 \times 750 \times 350\text{mm}^3$$
$$= 262500000\text{mm}^3$$
$$= 262.5\text{L}$$

将此值和保护性气体的最小流量代入式（5.4）中计算得到

$$T_1 = (5 \times 262.5)/50\text{min}$$
$$= 26.25\text{min}$$

• 输送管道吹扫时间（T_2）的计算：

输送管道的容积为

$$V_2 = (10 + 15) \times 0.05^2 \pi\text{m}^3$$
$$= 0.19625\text{m}^3$$
$$= 196.25\text{L}$$

将此值和保护性气体的最小流量代入式（5.4）中计算得到

$$T_2 = (5 \times 196.25)/50\text{min}$$
$$= 19.625\text{min}$$

• 这个正压保护系统总的吹扫时间为

$$T = T_1 + T_2$$
$$= (26.25 + 19.625)\text{min}$$
$$\approx 46\text{min}$$

显然，适当地增加保护性气体的最小流量可以减小系统的吹扫时间。

对于“pb”级电气设备来说，检测吹扫时间由在电路中接入的定时器完成。当定时器收到最低正压检测装置“与”流量检测装置发出的信号后，它便开始自动计时。一旦计时时间达到规定值（吹扫时间），定时器便向主电路起动装置发出主电路合闸供电指令。

对于“pc”级电气设备来说，允许在正压型电气设备上标出保护性气体的最小流量和吹扫时间。人们可以通过实测保护性气体的压力、最小流量和吹扫时间来确定何时对设备通电（自动或手动），起动正压型电气设备。

5.6 内含释放源的正压型电气设备的安全措施和安全要求

在现代化工企业中和其他存在可燃性气体和（或）易燃性液体的生产环境中，由于工艺流程的需要，往往有一些含有可燃性气体和（或）易燃性液体的工艺管道需要通过一些电气装置（设备）。这些工艺管道在正压型电气设备中就可能是一种所谓的可燃性气体和（或）易燃性液体的内释放源。

通常情况下，能够形成内释放源的正压型电气设备内的工艺管道部分被称为内置系统。

5.6.1 内置系统及其释放工况

根据内置系统结构的可靠程度和控制系统的设置状态，可以把内置系统分为无故障内置系统和有故障内置系统。因而，人们也把正压外壳内的内释放情况分为无释放工况和有限释放工况。

1. 无故障内置系统及其无释放工况

当内置系统为无故障内置系统时，这种内置系统不会向正压外壳内释放出可燃性物质。

要想使内置系统不释放出可燃性物质，可采用两种方法：一是必须保证内置系统在任何情况下都不发生故障；二是内置系统设置自动安全装置对系统进行保护。

① 对于前者，由于内置系统的结构十分可靠，它不可能造成内置系统中的可燃性物质发生任何释放和泄漏。

② 对于后者，当设备在规定的极限温度和正常运行条件下正压外壳内的最低正压比内置系统中可燃性气体（易燃性液体或蒸气）的最高压力高出50Pa时便可以认为这种内置系统不会发生任何释放和泄漏。当正压外壳内和内置系统内的压差小于50Pa时，自动安全装置应该立即可靠地进行报警并切断相应的电源。

还应该指出，当通过内置系统的可燃性气体混合物的浓度自始至终都低于它的爆炸极限下限时，这种内置系统也被认为是无故障内置系统，是不会发生任何释放和泄漏的，因为这种混合物无论如何也不可能发生燃烧和爆炸。

2. 有故障内置系统及其有限释放工况

当内置系统为有故障内置系统时，这种内置系统将会向正压外壳内释放出一定数量的可燃性物质。

内置系统的这种有限释放工况又分为可燃性气体的有限释放和易燃性液体的有限释放。

① 对于可燃性气体的有限释放，在所有可能发生的故障状态下从内置系统中释放出可燃性气体的流量是可以预计的。在最坏的情况下，这个流量应该是进入内置系统的流量。

② 对于易燃性液体的有限释放，和可燃性气体的有限释放一样，释放到正压外壳内的液体流量也是可以预计的。但是，人们应该考虑到，这些释放到正压外壳内的液体在正压外壳内积聚后可能造成的严重后果。此外，如果这些液体可能释放出氧气，则人们还应该预计氧气的最大流量。

在分析了内置系统的释放工况以后，人们就可以采取相应的技术措施，保证包含内释放源的正压型电气设备的运行安全性。

5.6.2 内含释放源的正压型电气设备正压保护技术的特殊性

对于这种内含释放源的正压型电气设备，设计人员应该尽可能地采用连续稀释式正压保护技术，在特殊情况下，也可以采用泄漏补偿式正压保护技术。

由于内释放源释放的可燃性物质的特性不同，这些正压保护技术还具有一定的特殊性。

1. 采用连续稀释式正压保护时

在连续稀释式正压保护的情况下，不管内释放源是正常的还是异常的有限释放工况，当释放气体的爆炸极限上限小于80%时，保护性气体既可以是空气，也可以是惰性气体；当释放气体的爆炸极限上限大于80%时，保护性气体只能是空气。

在有限的可燃性气体（或蒸气）释放情况下，假若内置系统发生了严重的故障，连续稀释的保护性气体的流量仍然应该把释放出来的可燃性气体稀释到下列状态：

① 当保护性气体是空气时，释放出来的可燃性气体的浓度被稀释到不超过它的爆炸极限下限的25%（体积比）。

② 当保护性气体是惰性气体时，释放出来的可燃性气体被稀释到它的氧气含量不超过2%（体积比）。

③ 当内释放源释放出来的可燃性气体的爆炸极限上限大于80%（体积比）时，人们应该使用空气把它稀释到不超过它的爆炸极限下限的25%（体积比）。

④ 在有限的易燃性液体释放情况下，保护性气体应该采用惰性气体。用惰性气体把释放出来的易燃性液体的蒸气连续稀释到它的氧气含量不超过2%（体积比）。

2. 采用泄漏补偿式正压保护时

在泄漏补偿式正压保护的情况下，不管内释放源是正常的还是异常的有限释放工况，保护性气体都应该是惰性气体。

泄漏补偿式正压保护只适用于内释放源释放的爆炸极限上限不超过80%（体积比）的可燃性气体，而且正压补偿之后外壳中混合物的氧气含量不应该大于2%（体积比）。

这种正压保护方式不适用于爆炸极限上限超过80%（体积比）的释放物质。因为可燃性气体的爆炸极限上限大于80%（体积比）时，它与不大于4%（体积比）的氧气在具有足够能量的点燃源作用下便可以发生燃烧。这是一种非常危险的可燃性物质。

这里定义的氧气浓度不大于2%（体积比），就是这个道理。

不管是连续稀释式正压保护，还是泄漏补偿式正压保护，之所以可以采用惰性气体作为保护性气体，是因为在一定的条件下，惰性气体可以稀释可燃性气体-空气混合物中的氧气含量。因为在氧气含量不足的情况下，无论如何爆炸是不会发生的。

5.6.3 内置系统的设计原则

正像前面所述的那样，正压外壳内的内置系统通常是一些工艺管道；由于结构或工艺的原因，它在通过正压型电气设备时可能发生泄漏。

因而，为了避免在正压外壳内积聚可燃性气体或易燃性液体造成点燃危险，正压外壳内内置系统和电气元器件布置的一般原则是：

设计人员应该把内置系统放置在接近正压外壳的排气口处，让可能释放出来的可燃性气体以最短的路程离开正压外壳；把有点燃能力的电气元器件放置在正压外壳的进气口附近，不让这些元器件处于释放的可燃性气体的环境中。

1. 无释放内置系统的设计

无释放（故障）的内置系统就是在任何情况下都不会发生释放和泄漏的内置系统。这种内置系统应该用由金属、陶瓷或玻璃制成的管子或容器构成，没有活动的连接部分。所有连接部分都应该采用熔焊、铜焊或玻璃与金属粘结密封的结构。

在这些连接中不得使用低温合金焊料（例如铅-锡合金）进行焊接。

此外，人们还可以设置自动安全装置，保证正压外壳内的压力始终大于内置系统中的压力一定值，避免内置系统中的可燃性物质进入正压外壳内。

2. 有限释放内置系统的设计

（1）结构要求

有限释放的内置系统应该能够预计在各种可能的故障状态下向正压外壳内释放可燃性气体的释放流量。这就要求在内置系统的进入口处设置一个限流装置，例如流量计，把流量限制到一定值。

假若内置系统从进入正压外壳的进入口到限流装置的进入口（包括进入口在内）这一部分是无故障结构的话，那么，限流装置可以设置在正压外壳内。否则，限流装置应该安装在正压外壳的外面。

假若内置系统是由无故障的连接部件构成，而且各部件之间的连接是永久固定的并且这种连接还能预计最大释放流量，或者，内置系统是无故障系统，但是在正常工作条件下它具有释放的气孔或喷嘴（例如火焰）的话，那么，人们可以不限制可燃性物质进入正压外壳的工艺流量。

（2）稀释流量的确定

在采用连续稀释式正压保护时，即使在正压型电气设备吹扫以后，人们还应该连续地以一定流量的保护性气体对正压保护系统进行稀释，确保正压外壳内的正压压力和可燃性气体的浓度保持在它的爆炸极限下限以下。那么，保护性气体的稀释流量至少为何值才能保证正压外壳内的正压压力和可燃性气体的浓度保持在它的爆炸极限下限以下呢？下面仅就内置系统释放气体的稀释流量计算和吹扫后连续稀释式正压保护的稀释流量予以简单的讨论。

1）内置系统释放气体的稀释流量计算

① 当保护性气体为空气时

假定内置系统处于最严重的故障状态下。此时，由内置系统释放到正压外壳中的气体的释放流量，可以采用由工艺管道进入内置系统的气体的流量 q_0（L/min），其中可燃性气体的浓度为 a（%）。要想把释放到正压外壳内的可燃性气体稀释到它的爆炸极限下限的25%以下，系统必须对正压外壳连续提供空气的流量为

$$Q \geqslant \left(\frac{4a}{b}-1\right)q_0 \tag{5.5}$$

式中 Q——连续稀释时空气的稀释流量（L/min）；

a——释放气体中可燃性气体的浓度（%，体积比）；

b——释放气体中可燃性气体的爆炸极限下限（%，体积比）；

q_0——释放气体的释放流量，即由工艺管道进入内置系统的气体的流量（L/min）。

【例5.2】 假若从内置系统中释放出来的气体中全部是氢气时，要想把它稀释到它的爆炸极限下限的25%，即浓度为1%（氢气的爆炸极限为4%～77%）以下的话，连续稀释的空气流量（Q）应该为

$$\begin{aligned} Q &\geqslant (4\times100\%/4\% - 1)q_0 \\ &= 99q_0 \end{aligned}$$

假若由工艺管道进入内置系统的氢气的流量 $q_0 = 1.5$L/min，则此时连续稀释的空气流量应该为

$$\begin{aligned} Q &\geqslant 99\times1.5\text{L/min} \\ &= 148.5\text{L/min} \end{aligned}$$

② 当保护性气体为惰性气体时

在保护性气体是惰性气体时，假定内置系统中可燃性气体包含氧气，而且内置系统处于最严重的故障状态下。同样，此时进入正压外壳内的释放气体的释放流量 q_0（L/min）等于从工艺管道进入内置系统的气体流量。于是，就可以得到保护性气体（惰性气体）的稀释流量与释放气体的释放流量之间的关系为

$$Q \geqslant (50a-1)q_0 \tag{5.6}$$

式中 Q——连续稀释时惰性气体的稀释流量（L/min）；

a——释放气体中氧气的浓度（%，体积比）；

q_0——释放气体的释放流量，即由工艺管道进入内置系统的气体的流量（L/min）。

【例5.3】 假定内置系统中可燃性气体包含的氧气为5%（体积比），而且采用二氧化碳作为保护性气体进行稀释，则此时所需二氧化碳的连续稀释流量应该为

$$\begin{aligned} Q &\geqslant (50\times5\% - 1)q_0 \\ &= 1.5q_0 \end{aligned}$$

假若由工艺管道进入内置系统的可燃性气体的流量 $q_0 = 10$L/min，则此时连续稀释的二氧化碳流量应该为

$$\begin{aligned} Q &\geqslant 1.5\times10\text{L/min} \\ &= 15\text{L/min} \end{aligned}$$

值得提出的是，当内置系统释放出的可燃性气体中不包含氧气时，即式（5.6）中 $a=0$，则式（5.6）即为 $Q \geqslant -q_0$。它表示，人们可以以任何流量的惰性气体对正压型电气设备中内置系统释放出来的可燃性气体进行连续稀释，当然，也可以不考虑这种连续稀释。

2）连续稀释式正压保护稀释流量的确定

这里需要特殊指出的是，在采用连续稀释式正压保护对内含释放源的正压型电气设备进行连续稀释时，既要考虑为保持最低正压压力所需的稀释流量，又要同时顾及对内释放源释放的可燃性物质的稀释流量。因而，在这种情况下，连续稀释式正压保护的连续稀释流量应该是上述的计算流量和保持最低正压压力的稀释流量二者之大值。

3. 正压外壳内元器件的热表面

在正压型电气设备内，如果有一些电气元器件的表面温度超过了从内置系统中释放出的可燃性气体的点燃温度，那么，正压保护系统应该设置自动安全装置，一旦这些电气元器件的表面温度达到某一整定值时便发出报警（对于“pc”级），或者，发出报警并中断通入内置系统的可燃性气体（对于“pb”级）。

此外，设计人员还应该在正压型电气设备上设置警告标志，告诫人们，正压外壳内存在着危险温度的热源，发热元器件断电之后多长时间才允许开启正压型电气设备的门或盖子（参见第2章）。

4. 有点燃能力的电气元器件

在正压型电气设备中，有一些有点燃能力的电气元器件不可避免地处于内置系统的释放区域内，那么，这些电气元器件应该具有相应防爆型式的防爆结构。

① 对于“pb”级正压型电气设备，在正常释放时，设备保护级别为 Ga 级（或 Ma 级）以及允许用于0区的防爆型式；在异常释放时，设备保护级别为 Ga 级和 Gb 级（或 Ma 级和 Mb 级）的各种防爆型式。

② 对于“pc”级正压型电气设备，在正常释放时，设备保护级别为 Ga 级和 Gb 级（或 Ma 级和 Mb 级）的防爆型式；在异常释放时，所有设备保护级别的各种防爆型式。

5.7 正压型电气设备防爆结构的一般设计原则

我们已经知道，正压型电气设备，实际上，是一种正压保护系统；它不仅包含电气设备本身，而且还包含保护性气体供给系统（供气源、输送管道），以及相应的自动安全装置。这种防爆型式的电气设备的防爆安全性能，是指望这样的正压保护系统保证的。

而且，在这样的正压保护系统中，原则上，电气设备由制造商制造，而保护性气体供给系统及相关的自动安全装置则由使用者（和制造商协商）配置。这是这种防爆型式的又一个重要特点。

正压型电气设备防爆结构的设计，除应遵循防爆电气设备的基本设计原则外，还应该符合这种防爆型式的特殊要求。

这里将简要地讨论一下这种防爆型式防爆结构的一般设计原则。

5.7.1 设备保护级别的评价原则和正压保护系统的控制原则

1. 设备保护级别的评价原则

大家已经知道，正压型电气设备的设备保护级别分为两级：“pb”级和“pc”级。人们在考虑它们的安全技术措施时应该遵循下述基本原则。

(1) 采用静态正压保护时

对于“pb”级设备，人们必须设置两个压力自动安全装置，同时连续地监测静态正压外壳内的正压压力，一旦这个压力下降到整定值（即预期故障）时发出报警，告诫人们必须立即向正压外壳补充保护性气体（惰性气体）。

对于“pc”级设备，人们应该保证在静态正压型设备正常运行状态下和认可的异常情况下是可靠的，不会成为可燃性气体的点燃源；也可以设置一个压力自动安全装置。

(2) 采用非静态正压保护时

对于“pb”级设备，人们应该考核在正常运行状态下和出现预期故障条件下它是安全可靠的，不会成为可燃性气体的点燃源。这就是说，自动安全装置在检测到正压保护系统中发生预期故障（即正压外壳内正压压力下降到整定值以下）时能够自动地对系统进行保护。

对于“pc”级设备，人们仅仅考虑正常运行状态下和认可的异常条件下它是安全可靠的，不会成为可燃性气体的点燃源。

2. 正压保护系统的控制原则

正压保护系统应该保证，在设备没有完成吹扫之前不得对主电路供电；当正压外壳内正压压力下降到整定值时发出报警甚至切断电源。

这就是正压保护系统的基本控制原则。

(1)“pb”级正压型电气设备

在一般情况下，对于“pb”级设备，正压保护系统应该能够同时可靠地检测 4 个参数：最高正压压力、保护性气体的流量、正压外壳内的最低正压压力和吹扫时间，并根据检测结果进行实时控制。

1) 设备起动和故障监测

在正压型电气设备起动之前，自动安全装置应该检测保护性气体的流量和正压压力，当这两个参数达到规定值时，向计时器发出指令，计时器开始计时。待计时时间（吹扫时间）终了计时器向主电路发出合闸供电指令。至此，吹扫过程结束，起动主电路，正压型电气设备投入正常运行状态。

在这一控制过程中，最高正压检测装置（电路处于低电平）、流量检测装置、最低正压检测装置和计时器的监测值是一种“与”的组合逻辑关系，只有在这 4 个参数都得到满足时系统才会发出主电路合闸供电的指令。这就保证了在没有完成吹扫之前不得对主电路供电的要求。

在正压型电气设备正常运行过程中，假若这些参数中某一个出现异常（例如，最低正压压力下降到整定值以下）时，系统则应该自动翻转，回到初始状态，即主电路跳闸断电［参见式 (5.1)~式 (5.3)］。

这就是“pb”级正压保护系统的启动控制和过程的监测原则。

2) 连续稀释流量和泄漏补偿流量

在正压型电气设备起动之后，正压保护系统应该适时地调整输入正压外壳内的保护性气体的连续稀释流量或泄漏补偿流量（对于泄漏补偿式正压保护系统，同时应该关闭排气口）。

这个流量应该是：

① 对于连续稀释式正压保护系统，用于保持最低正压压力的连续稀释流量（无内置系统时），或者，用于保持最低正压压力的连续稀释流量和用于稀释内置系统释放物质浓度的连续稀释流量中较大的那个值（有内置系统时）。

② 对于泄漏补偿式正压保护系统，用于保持最低正压压力的泄漏补偿流量（无内置系统时），或者，用于保持最低正压压力的泄漏补偿流量和用于稀释内置系统释放物质浓度的连续稀

释流量中较大的那个值（有内置系统时）。

这样确定的流量，既保证了正压外壳内的最低正压压力，又达到了稀释内置系统释放物质浓度的目的。

这就是“pb”级正压保护系统中连续稀释流量和泄漏补偿流量的确定原则。

（2）“pc”级正压型电气设备

对于“pc”级设备，除符合上述“pb”级正压型电气设备的控制原则外，通常情况下，人们应该监视通往正压外壳的保护性气体的流量和外壳内的正压压力，一旦这两个参数达到整定值，待吹扫时间终了，就可以对主电路合闸供电。这种过程可以是自动的也可以是手动的。

在“pc”级正压型电气设备运行过程中，一旦正压外壳内的最低正压压力下降到整定值以下，设备应该自动地发出报警信号并切断电源（或者，在运行人员实时监控的情况下，也可以手动切断主电路电源）。

5.7.2 正压型电气设备防爆结构的设计原则

1. 保护性气体和吹扫时间

（1）保护性气体种类的选择

人们在选择保护性气体种类时应该遵循以下原则：

① 对于连续稀释式正压保护系统，保护性气体可以是空气也可以是惰性气体。

当正压外壳包含内置系统时，假若内置系统释放的是可燃性气体，且它的爆炸极限上限 *UPL* ≥80%，则保护性气体只能是空气；假若内置系统释放的是易燃性液体，则保护性气体只能是惰性气体。

② 对于泄漏补偿式正压保护系统，保护性气体只能是惰性气体。

当正压外壳包含内置系统且它释放的可燃性物质不管是可燃性气体还是易燃性液体（蒸气）时，只要它的爆炸极限上限 *UPL*≥80%，都不得采用这种正压保护技术。

至于按照这些原则选择何种气体，由设计人员和使用者协商确定，而且，一旦确定之后不得随意变更。

（2）吹扫时间的计算

人们在确定吹扫时间时应该注意以下事项：

设计人员应该根据确定的保护性气体的最小吹扫流量来计算正压外壳的吹扫时间。使用者应该按照同样的流量来计算输送管道的附加吹扫时间，与正压外壳的吹扫时间相加作为正压保护系统的总的吹扫时间，并将总的吹扫时间标志在正压型电气设备上。

对于包含内置系统的正压型电气设备，在确定吹扫时间时，人们还应该考虑内置系统释放的可燃性物质对吹扫时间的影响（这种影响往往通过试验来确定）。

2. 保护性气体供气源和输送管道

（1）供气源

供气源应该：

- 位于非危险场所；
- 保证供气口最低压力；
- 保证供气口最小流量；
- 设置报警装置（对于“pc”级正压型电气设备）；
- 设置独立电源，或者，将电源设置在主电路隔离开关或电源开关之前；
- 如有必要，设置备用的。

(2) 进气管道

进气管道应该密封严密，不得发生任何泄漏。

(3) 排气管道

排气管道应该满足以下条件：

• 密封严密，不得发生任何泄漏；

• 排气口应该尽可能地设置在非危险场所；

• 对于连续稀释式正压保护，应该设置阻气门，而且，当排气口位于危险场所时还应该设置火花颗粒挡板（如果必要时）；

• 对于泄漏补偿式正压保护，应该设置截止阀。

保护性气体供气源的设置和输送管道的设计及其配置，由使用者完成。

3. 正压外壳

人们在设计正压外壳时应该遵循以下原则：

• 正压外壳上进、排气口的位置应该有利于保护性气体在正压外壳内的流动；

• 如有必要，应该设置内部导流板，以便于保护性气体充满正压型电气设备内的所有空间；

• 有点燃能力的电气元器件应该尽可能地布置在进气口附近；

• 流量检测装置应该布置在排气口（对于泄漏补偿式正压保护，应该位于进气口）；

• 最低正压检测装置应该布置在能够监测到最低正压的位置；

• 最高正压检测装置应该布置在能够监测到最高正压的位置；

• 计时器可以布置在控制箱内；

• 对于包含内释放源的正压型电气设备，有点燃能力的电气元器件可以与释放区域隔离开，或者，尽可能地布置在进气口处；

• 压力传感器应该直接采取正压外壳内的压力信号，在传感器与正压外壳之间不得设置隔离阀；

• 对于“pc”级正压型电气设备，在正压外壳与保护性气体气体源的报警器之间允许设置隔离阀；

• 正压外壳应该设置与输送管道连接的接口环节，例如连接法兰；

• 对于“pb”级正压型电气设备，门和盖子应该与主电路有电气联锁；

• 对于内含发热元器件和（或）大容量电容器的正压型电气设备，计算断电后到允许打开门和盖子的时间间隔。

正压型电气设备及其自身的配置由制造商完成。

4. 内置系统

当正压型电气设备包含内置系统时，人们应该注意内置系统的特殊性及其内部可燃性物质的特性、压力和流量。

• 内置系统的设计，参见第5.6.3节；

• 如有必要，内置系统进入正压外壳时设置阻火器（参见第3章）。

内置系统的设计由制造商完成。

5. 伺服设备

伺服设备是指正压保护系统中的所有自动安全装置及其附属环节。它们必须具有相应的防爆型式，而且，可以与正压型电气设备集成在一起，也可以单独设置。

在正压型电气设备包含内置系统的情况下，伺服设备的防爆型式应该顾及内置系统释放的可燃性物质的性质。

伺服设备由制造商和使用者协商配置。

6. 标志与警告

正压型电气设备应该设置一些适当的标志和警告标示，告诫人们如何安全地运行这种防爆型式的电气设备，以及可以做什么，严禁做什么。

(1) 正压型电气设备的标志

在正压型电气设备的明显部位，人们应该标记防爆标志和警告标志："警告！正压外壳！"

(2) 使用说明牌

正压型电气设备，除应该设置铭牌外，还应该设置"使用说明牌"。使用说明牌的主要内容包括：

- 保护性气体名称；
- 最小吹扫流量；
- 最低正压压力；
- 最高正压压力；
- 吹扫时间（包括正压外壳的和输送管道的）；
- 连续稀释流量（对于连续稀释式正压保护）或泄漏补偿流量（对于泄漏补偿式正压保护）；
- 如果适用，内置系统进气口：最高压力、最大流量、释放物质的爆炸极限（*UEL* ≤80%）；
- 保护性气体供气源：最小流量（大于最小吹扫流量）、最低压力（大于最低正压压力）、最高压力（小于最高正压压力）；
- 运行、维护、修理注意事项。

(3) 警告语

人们应该在正压型电气设备的适当部位设置警告语。

- 对于静态正压保护：

"警告！严禁在爆炸性危险场所打开！严禁在爆炸性危险场所充气！"

- 对于使用惰性气体作为保护性气体的正压保护系统：

"警告！正压外壳内使用惰性气体，有窒息危险！"

- 对于内含发热元器件和（或）大容量电容器的正压外壳：

"警告！在断开前级电源后正压保护至少继续 XX 分钟！"

- 对于"pc"级正压型电气设备：

"警告！保护性气体供给阀不得随意关闭，只能在确认正压外壳内不存在可燃性气体和主电路已经断电且发热元器件已经得以冷却后，才允许关闭！"

- 对于设置联锁机构的正压型电气设备：

"警告！打开前必须断电，通电前必须吹扫！"

警告语允许用等效的内容综合表示，但是，用词必须简单明了、准确无误。

标志和警告由制造商和使用者协商配置。

5.8 正压型电气设备的防爆型式试验

5.8.1 正压型电气设备的通用试验

1. 最高正压试验

正压型电气设备应该承受最高正压压力试验。试验时，试验人员应该对正压外壳（包括相关的输送管道和连接件）施加一个试验压力：1.5 倍规定的最高正压或200Pa 压力之中较大的压力值。施加压力的时间为2min（误差为±10s）。

试验之后，正压外壳不应该发生影响它的正压保护性能的永久性变形。

2. 最低正压试验

正压型电气设备应该承受最低正压压力试验。试验时，试验人员应该用制造商规定的最小流量对正压外壳供给保护性气体，在可能出现泄漏的部位，尤其是可能出现最低压力的地方测量外壳内的压力。

对于旋转电机，试验应该分别在停机和以最大额定转速运行这两种情况下进行。

在试验时，测得的正压外壳内的正压压力值不应该小于50Pa（对于“pb”级）或25Pa（对于“pc”级）。

3. 泄漏试验

正压型电气设备的泄漏试验分为两种情况：静态正压型正压外壳的泄漏试验和非静态正压型正压外壳的泄漏试验（对于泄漏补偿式正压保护）。

对于静态正压型正压外壳，试验时，试验人员应该将正压外壳内的正压值调整到正压型电气设备正常运行时的最大压力值，然后封闭各个进、排气口。

这样的静态正压型正压外壳经过至少1h 的时间（或者，内装的发热电气元器件冷却到规定的温度值所需时间的100 倍的值）后，正压外壳内的压力不得小于50Pa（对于“pb”级）或25Pa（对于“pc”级）。

对于非静态正压型正压外壳，试验时，试验人员应该将正压外壳内的正压值调整到正压型电气设备正常运行时的最大压力值，然后封闭排气口，在进气口测定泄漏流量；同时监测正压外壳内的压力不得小于设计的最低压力值。

试验过程中测得的泄漏流量不得超过制造商规定的最大泄漏流量。

4. 自动安全装置动作可靠性试验

正压型电气设备应该进行自动安全装置动作可靠性检查。试验时，试验人员应该将设备调整到正常运行状态，然后人为地调节某个自动安全装置的整定值偏离规定值。例如，对于“pb”级设备，试验人员可以分别调节最高正压值、最低正压值或最小流量值，观察正压保护系统的动作情况。

5.8.2 正压型电气设备的吹扫试验和稀释试验导则

为了验证正压型电气设备设计的吹扫时间的正确性和稀释流量的符合性，试验人员必须对新试制的设备进行吹扫试验和稀释试验。

正压型电气设备的吹扫试验和稀释试验应该按照以下的原则要求和合格判据进行。

1. 试验的原则要求

在试验时，试验人员应该检测正压外壳内试验气体最可能持续存在的不同部位以及在正常稀释区域以外的有潜在点燃危险的电气元器件附近的试验气体浓度。

试验人员可以在试验气体的采样点处连通一些小的管子，进行采样检测。应该引起注意的是，采样数量不应该对试验结果造成较大的影响。

在试验时，如果必要，试验人员可以把正压外壳的一些进、排气口封闭，以便于向正压外壳通入规定数量的保护性气体。只有在对正压外壳进行吹扫或稀释时才允许再次把这些进、排气口打开。

当保护性气体采用空气时，吹扫试验和稀释试验的试验气体如下：

① 对于专门用于单一特定气体的试验，试验应该只用这种气体进行。有时候，试验也可以采用密度与特定气体的密度基本相同（误差为 ±10%）的试验气体进行，而且还应该考虑它们的爆炸极限也应该基本一致。

② 对于专门用于某一些特定气体的试验，试验可以采用不同的专用可燃性气体或蒸气进行。在这种情况下，试验气体应该分别采用这些专用气体中密度最大的气体和密度最小的气体（误差为 ±10%）。

③ 对于用于所有可燃性气体的试验，试验应该进行两次。第 1 次试验应该采用氦气作为试验气体，以便涵盖所有比空气轻的可燃性气体；第 2 次试验可以采用氩气或二氧化碳气作为试验气体，以便涵盖所有比空气重的可燃性气体。

通常情况下，试验气体应该是非可燃性的和无毒性的。

2. 试验的合格判据

（1）当保护性气体为空气时

在正压外壳吹扫或稀释之后，在各个采样点上试验气体的浓度不应该超过：

① 对于专门用于单一特定气体的试验，这种特定可燃性气体的爆炸极限下限的25%（体积比）。

② 对于专门用于某一些特定气体的试验，爆炸极限下限最低的那种可燃性气体的爆炸极限下限的25%（体积比）。

③ 对于用于所有可燃性气体的试验，用氦气试验时，1%（体积比）；用氩气或二氧化碳气试验时，0.25%（体积比）。

（2）当保护性气体为惰性气体时

在正压外壳吹扫或稀释之后，在各个采样点上氧气的浓度不应该超过 2%（体积比，对于静态正压型正压外壳，1%）。

5.8.3 无内部释放源的正压型电气设备的充气试验和吹扫试验

1. 静态正压型正压外壳的充气试验

在进行静态正压型正压外壳的充气试验时，试验人员应该在大气压力条件下对外壳充入清洁的空气，然后关闭空气源，用制造商规定的最小流量的惰性气体充入外壳中，直到外壳内的压力超过大气压力 50Pa 为止。此时，测得的外壳内任何一个采样点的氧气浓度不应该超过 1%（体积比）。

2. 非静态正压型正压外壳的吹扫试验

（1）保护性气体为空气时

试验人员应该首先对正压外壳充入试验气体，并且在外壳内部任何部位试验气体的浓度都不应该低于 70%（体积比），然后关闭试验气体源，并以制造商规定的最小吹扫流量向正压外壳通以清洁的空气，且计时开始。

计时开始后，试验人员应该连续监视试验气体的浓度，一旦浓度达到规定值［爆炸极限下限的 25%（体积比）］时计时结束。

从开始计时到计时结束这一段时间即为吹扫时间。

假若这样的试验需要进行两次，则两次试验所用试验气体的密度应该是不同的，一次密度大，一次密度小。而且，当使用密度大的试验气体时，采样点应该在外壳的下部；当使用密度小的试验气体时，采样点应该在外壳的上部。两次试验中测得的较长时间是评价被试设备吹扫时间的时间。制造商规定的吹扫时间不应该小于这个时间。

(2) 保护性气体为惰性气体时

试验人员应该在大气压力条件下对正压外壳通入空气，然后关闭空气源，用制造商规定的最小吹扫流量的惰性气体对外壳进行吹扫。从开始用惰性气体进行吹扫计时起到外壳中氧气浓度达2%（体积比）时为止，这段时间即为吹扫时间。

制造商规定的吹扫时间不应该小于测得的这个时间。

这里值得注意的是，这些试验没有顾及试验方法与“由5倍外壳容积的吹扫气体和最小流量计算得出的吹扫时间”之间的关系，而仅仅进行结果的比较。

5.8.4 有内部释放源的正压型电气设备的吹扫试验和稀释试验

在进行有内部释放源（内置系统）的正压型电气设备的吹扫试验和稀释试验时，试验人员应该根据不同的情况选择下列的一项或多项试验。

1. 在内置系统释放气体中氧气含量小于2%（体积比）的情况下

在正压型电气设备中内置系统释放的可燃性物质是气体（或蒸气），而且，这些气体（或蒸气）的氧气含量小于2%（体积比），正压保护采用的保护性气体是惰性气体的情况下，试验人员应该对正压型电气设备进行吹扫试验，然而，可以不进行稀释试验。

(1) 吹扫试验

在这种情况下对正压外壳进行吹扫时，试验人员应该在大气压力条件下对正压外壳通入空气，然后关闭空气源，用制造商规定的最小吹扫流量（不得小于内置系统的最大释放流量）的惰性气体对外壳进行吹扫。从开始用惰性气体进行吹扫计时起到外壳中氧气浓度达2%（体积比）时为止，这段时间即为这种情况下的吹扫时间。

考虑到在吹扫过程中可能会从内置系统释放出来一定量的氧气，制造商规定的吹扫时间不应该小于测得的吹扫时间的1.5倍值。

(2) 稀释试验

因为在这种情况下内置系统不可能释放出超过2%（体积比）的氧气，所以正压型设备不必要进行稀释试验。

2. 在内置系统释放气体中氧气含量不大于21%（体积比）的情况下

在正压型电气设备中内置系统释放的可燃性物质是气体（或蒸气）而且氧气含量不大于21%（体积比），正压保护采用的保护性气体是连续气流的惰性气体的情况下，试验人员应该对正压型电气设备既进行吹扫试验又进行稀释试验。

(1) 吹扫试验

在这种情况下对正压外壳进行吹扫时，试验人员应该首先用清洁的空气分别直接充入正压外壳内和通过内置系统充入正压外壳内进行吹扫，通过内置系统充入正压外壳内的空气流量应该与内置系统处于最严酷条件下的最大释放流量基本相等；然后，在不关闭内置系统空气源的情况下，用制造商规定的最小流量的惰性气体对正压外壳进行吹扫。

在吹扫过程中，试验人员应该时刻检测正压外壳内的氧气浓度。

从惰性气体吹扫开始计时起到检测到的氧气浓度为2%（体积比）时为止，这段时间即为这种情况下的吹扫时间。

制造商规定的最小吹扫时间不应该小于这个时间。

(2) 稀释试验

在吹扫试验完成之后，试验人员应该维持吹扫试验时保护性气体的流量和内置系统的释放流量。在计时开始30min以后检测的氧气浓度不应该超过2%（体积比）。

为了模拟内置系统出现严重故障时的最大释放状态，试验人员应该把含有与内置系统氧气量相同的空气量连同内置系统最大释放流量的空气量一起，从内置系统释放到正压外壳内。

在释放和稀释的过程中，在稀释区域以外的有潜在点燃能力的电气元器件附近，氧气的浓度不应该大于3%（体积比），而且在不大于30min 的时间内，氧气浓度应该下降到2%（体积比）以下。

3. 在内置系统释放的可燃性物质不是液体的情况下

在正压型电气设备中内置系统释放的可燃性物质不是液体，而且正压保护采用的保护性气体是连续气流的空气的情况下，试验人员应该对正压型电气设备分别进行吹扫试验和稀释试验。

（1）吹扫试验

在这种情况下对正压外壳进行吹扫时，试验人员应该首先通过内置系统对正压外壳充入试验气体，充入的流量应该与内置系统处于最严酷条件下的最大释放流量基本相等，并且在外壳内部任何部位试验气体的浓度都不应该低于70%（体积比），然后在不关闭试验气体源的情况下以制造商规定的最小吹扫流量向正压外壳通以清洁的空气，且计时开始。

计时开始后，试验人员应该连续监视试验气体的浓度，一旦浓度达到规定值［爆炸极限下限的25%（体积比）］时计时结束。

从开始计时起到计时结束这一段时间即为吹扫时间。

假若这样的试验需要进行两次，则两次试验所用试验气体的密度应该是不同的，一次密度大，一次密度小。试验测得的吹扫时间应该以两次试验中测得的较长时间为评价依据。制造商规定的吹扫时间不应该小于这个时间。

（2）稀释试验

在吹扫试验完成之后，试验人员应该维持吹扫试验时保护性气体（空气）的流量和内置系统中试验气体的释放流量。在连续不小于30min 的时间内检测的试验气体的浓度不应该超过第5.8.2节中规定的试验合格判据。

为了模拟内置系统出现严重故障时的最大释放状态，试验人员应该把等于内置系统中可燃性气体体积的试验气体连同内置系统最大释放流量的试验气体一起，从内置系统释放到正压外壳内。

在释放和稀释的过程中，在稀释区域以外的有潜在点燃能力的电气元器件附近，试验气体的浓度不应该大于第5.8.2节中规定的试验合格判据的两倍值，而且在不大于30min 的时间内，试验气体浓度应该下降到第5.8.2节中规定的试验合格判据以下。

假若需要进行两种试验，试验人员应该用两种试验气体重复进行这一试验，结果应该是一致的。

综上所述，这里讨论的有内部释放源（内置系统）的正压型电气设备的吹扫试验和稀释试验，只是一种参考性的试验方法。试验人员可以根据具体情况选择上述的试验方法或自己设计另行的试验方法，只要能够合理地考核吹扫时间和确定稀释流量就可以。

5.8.5 内置系统的试验

1. 无故障内置系统的试验

无故障内置系统的试验分为正压试验和无故障试验两种。两种试验都应该进行。

（1）正压试验

无故障内置系统的正压试验应该在最严酷的设计温度条件下进行。试验人员应该在不超过

5s 的时间内，对内置系统施加至少 5 倍的制造商规定的最高正压的压力，而且不低于 1kPa。施加试验压力的时间不应该小于 2min（误差为 ±10s）。

试验之后，内置系统不应该发生永久性的变形。

（2）无故障试验

内置系统的无故障试验可以用以下两种方法中的任一种进行。

1）直接法

在试验时，将内置系统放置在压力等于正常运行时最大压力的氦气中，并对内置系统抽真空到 1kPa 或更低一些（绝对压力）。试验系统示意图如图 5.7 所示。

在图 5.7 所示试验系统中，D_2 的管径应该小于 D_1 的管径；V_2 的容积应该大于 V_1 的容积。

在试验时，当阀门 IV_1 和阀门 IV_2 同时都开启时，若容器 V_2 内的压力小于或等于 0.1Pa，则认为被试内置系统试验合格。

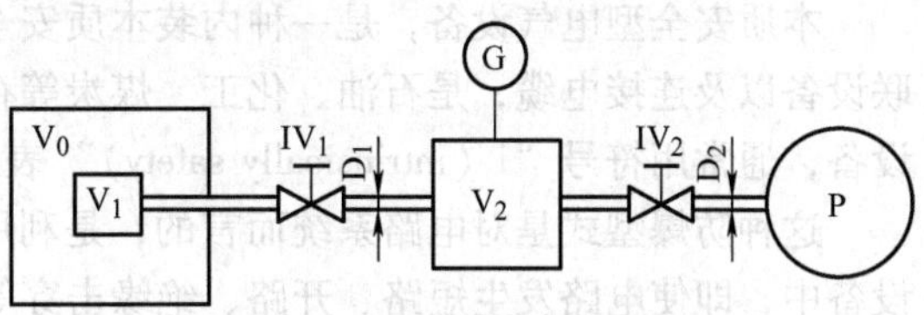

图 5.7　无故障内置系统试验示意图

V_0—氦气存储箱　V_1—被试无故障内置系统

G—压力自动安全装置　P—抽真空系统

2）间接法

在试验时，将内置系统放置在真空试验箱中，而且，与氦气气源相连接。氦气气源应该具有内置系统在正常运行时的最大压力。然后，试验人员对真空试验箱抽真空，使其内部绝对压力为 0.1Pa 或更低一些。

在达到试验压力后停止抽真空的情况下，假若 1min 内试验压力不上升，则认为试验合格。

2. 有限释放内置系统的试验

在进行有限释放内置系统的正压试验时，试验人员应该对这种系统施加一个至少为 1.5 倍的正常运行时外壳内部最高正压的压力值，而且不小于 200Pa，历时 2min（误差为 ±10s）。

试验之后，内置系统不应该发生永久性的变形。

第6章　本质安全型电气设备与电路

6.1　概述

本质安全型电气设备，是一种内装本质安全电路的设备，它包括设备和电路，还可以包括关联设备以及连接电缆，是石油、化工、煤炭等存在可燃性气体的现代工业中应用十分广泛的电气设备，通常用符号“i（intrinsically safety）”表示。

这种防爆型式是对电路系统而言的，是利用限制电路能量的方法来实现防爆的。在这种电气设备中，即使电路发生短路、开路、绝缘击穿等故障引起的电气放电以及热效应都不能够引起爆炸性气体-空气混合物点燃。因而，它从本质上是安全的。

本质安全电路的关联设备，是一种同时包含本质安全电路和非本质安全电路，而且它的结构保证非本质安全电路不能对本质安全电路产生不利影响的电气设备。它是一种特殊的非防爆型设备，只能运行在非爆炸性危险场所中，当使用其他的防爆型式保护后才允许使用在爆炸性危险场所中。

本质安全型电气设备及关联设备的本质安全部分，按照设备类别和防爆级别，可以分为：Ⅰ类，Ⅱ类：ⅡA级、ⅡB级和ⅡC级；按照设备保护级别，可以分为：Ⅰ类：a级（Ma级）、b级（Mb级），Ⅱ类：a级（Ga级）、b级（Gb级）和c级（Gc级）。在实际应用中，设备保护级别常常表示为：“ia”级、“ib”级和“ic”级。

不管是什么设备类别和防爆级别，这种防爆型式都应该确定“设备保护级别”。

在设计和评价本质安全型电气设备的设备保护级别时，我们提出了“故障”的概念。在这里，故障被定义为，在国家标准GB 3836.4《爆炸性环境　第4部分：由本质安全型“i”保护的设备》中未被定义为可靠元器件的元器件上、未被定义为可靠隔离和可靠连接的元器件之间的间隔和连接中发生的影响设备和电路本质安全性能的任何失效事件。

这样定义的故障又被分为计数故障和非计数故障。

所谓计数故障或非计数故障是指，假若本质安全型电气设备的部件及其连接、隔离符合国家标准GB 3836.4《爆炸性环境　第4部分：由本质安全型“i”保护的设备》规定的结构要求，这种部件及其连接、隔离发生的故障，被定义为计数故障，否则，被定义为非计数故障。

“故障”的概念，仅仅适用于设备保护级别为“ia”级和“ib”级的设备和电路，不适用于设备保护级别为“ic”级的设备和电路。

在进行设备保护级别评价时，除分析设备和电路的结构和参数外，常常是通过试验来考核故障的。不管是什么设备类别和防爆级别，试验时都应该符合以下要求。

“ia”级本质安全型电气设备和电路，在施加最高电压（U_m）或最大输入电压（U_i）之后，在以下每一种情况下，都不能够点燃环境中的爆炸性气体-空气混合物：

- 在正常工作条件和施加最不利条件下的非计数故障情况下。

假若不可能出现计数故障，且能够满足“ia”级试验要求时，这种设备也是“ia”级设备。

- 在正常工作条件和施加一个计数故障以及最不利条件下的非计数故障情况下。

假若仅可能出现一个计数故障，且能够满足“ia”级试验要求时，这种设备也是“ia”级设备。

- 在正常工作条件和施加两个计数故障以及最不利条件下的非计数故障情况下。

在进行电路的火花点燃试验和评价时，试验人员应该对试验电路（电压、电流）施加以下安全系数：对于前两种情况，1.5；对于后一种情况，1.0。

“ib”级本质安全型电气设备和电路，在施加最高电压（U_m）或最大输入电压（U_i）之后，在以下每一种情况下，都不能够点燃环境中的爆炸性气体-空气混合物：

- 在正常工作条件和施加最不利条件下的非计数故障情况下。

假若不可能出现计数故障，且能够满足“ib”级试验要求时，这种设备也是“ib”级设备。

- 在正常工作条件和施加一个计数故障以及最不利条件下的非计数故障情况下。

在进行电路的火花点燃试验和评价时，试验人员应该对试验电路（电压、电流）施加1.5的安全系数。

“ic”级本质安全型电气设备和电路，在施加最高电压（U_m）或最大输入电压（U_i）之后，在正常工作情况下，不能够点燃环境中的爆炸性气体-空气混合物。

在进行电路的火花点燃试验和评价时，试验人员应该对试验电路（电压、电流）施加1.0的安全系数。

但是，不管是上述哪种情况，在测定表面温度时，试验人员只能对试验电路（电压、电流）施加1.0的安全系数。

在这种防爆型式的电气设备和电路中，无论是设备的结构还是电路的参数，都必须保证在正常运行条件下和（或）可能出现故障工况下不会产生足够的点燃能量，从而破坏了燃烧与爆炸发生的充分必要条件（参见第1章），避免了爆炸性气体-空气混合物的燃烧与爆炸。

6.2 本质安全型电气设备的防爆结构和安全要求

我们已经知道，本质安全型电气设备主要依靠自身的电路参数来保证它的防爆安全性能。所以，本质安全型电气设备和关联设备的本质安全部分，原则上，不需要外壳进行保护。

但是，当这种设备和电路有可能遭受外部侵害，例如机械伤害、电气损害、潮湿腐蚀、环境污染时，适当的外壳保护还是需要的。通常情况下，这种保护外壳具有IP20的防护等级就可以了。然而，对于Ⅰ类设备，通常情况下，外壳的防护等级不应该低于IP54。

在这里将简要地讨论一下这种防爆型式的必要结构及相关要求。

6.2.1 外部导线连接

外部电缆（或电线）引入本质安全型电气设备的方式有两种：电缆（或电线）直接连接在它的接线端子上，或者，用插头-插座方式插接连接。

1. 接线端子

在采用电缆（或电线）直接连接在接线端子上的连接方式时，各个接线端子都应该满足以下要求。

（1）接线端子

接线端子常常采用螺钉压紧式结构（图6.1）或者螺栓-螺母式结构，应该使用导电性能好、机械性能好的材料制成，例如黄铜。而且，接线端子的结构还要保证导线连接可靠，不应该在接线时发生转动和在使用期间发生松动，例如，可以在接线端子上设置制动凸台作为止动措施防止转动，可以在接线时采用弹簧垫圈作为防松措施防止松动。

（2）电气间隙和爬电距离

本质安全电路接线端子与本质安全电路接线端子之间，本质安全电路接线端子与非本质安全电路接线端子之间的电气间隙和爬电距离应该符合表 6.1 中规定的相应数值。

表 6.1　电气间隙、爬电距离和间距①

电压（峰值）/V	电气间隙/mm	间　距		爬电距离		相比电痕化指数（CTI）	
		通过浇封化合物的/mm	通过固体绝缘材料的/mm	在空气中的/mm	在涂层下的/mm		
设备保护级别	ia，ib/ic	ia，ib/ic	ia，ib/ic	ia，ib/ic	ia，ib/ic	ia	ib，ic
10	1.5/0.4	0.5/0.2	0.5/0.2	1.5/1.0	0.5/0.3	—	—
30	2.0/0.8	0.7/0/2	0.5/0.2	2.0/1.3	0.7/0.3	100	100
60	3.0/0.8	1.0/0.3	0.5/0.3	3.0/1.9	1.0/0.6	100	100
90	4.0/0.8	1.3/0.3	0.7/0.3	4.0/2.1	1.3/0.6	100	100
190	5.0/1.5	1.7/0.6	0.8/0.6	8.0/2.5	2.6/1.1	175	175
375	6.0/2.5	2.0/0.6	1.0/0.6	10.0/4.0	3.3/1.7	175	175
550	7.0/4.0	2.4/0.8	1.2/0.8	15.0/6.3	5.0/2.4	275	175
750	8.0/5.0	2.7/0.9	1.4/0.9	18.0/10.0	6.0/2.9	275	175
1000	10.0/7.0	3.3/1.1	1.7/1.1	25.0/12.5	8.3/4.0	275	175
1300	14.0/8.0	4.6/1.7	2.3/1.7	36.0/13.0	12.0/5.8	275	175
1575	16.0/10.0	5.3/—	2.7/—	49.0/15.0	16.3/—	275	175
3300	—/18.0	9.0/—	4.5/—	—/32.0	—	—	—
4700	—/22.0	12.0/—	6.0/—	—/50.0	—	—	—
9500	—/45.0	20.0/—	10.0/—	—/100.0	—	—	—
15600	—/70.0	33.0/—	16.5/—	—/150.0	—	—	—

注：当电压低于 10V 时，绝缘材料不需要规定相比电痕化指数。

① 引自 GB 3836.4《爆炸性环境　第 4 部分：由本质安全型“i”保护的设备》。

这里需要特殊指出的是，表 6.1 中的数据是在 3 级污染（参见表 2.11）条件下提出的。对于印制电路板来说，假若使用防护等级不低于 IP54 的外壳保护起来，相当于处于 2 级污染条件下，它的电气间隙、爬电距离和间距允许采用表 6.2 或表 6.3 中规定的相应数值。

表 6.2　适用于设备保护级别为“ia”级或“ib”级印制电路的电气间隙、爬电距离和间距①

电压（交流有效值或直流）/V	电气间隙和爬电距离/mm		间距/mm				
			通过浇封化合物的	通过固体绝缘材料的	在 1 型涂层下的		在 2 型涂层下的
过电压类型②	Ⅲ	Ⅱ/Ⅰ	Ⅲ/Ⅱ/Ⅰ	Ⅲ/Ⅱ/Ⅰ	Ⅲ	Ⅱ/Ⅰ	Ⅲ/Ⅱ/Ⅰ
10	0.5	0.2	0.2	0.2	0.5	0.2	0.2
20	0.5	0.2	0.2	0.2	0.5	0.2	0.2
30	0.5	0.2	0.2	0.2	0.5	0.2	0.2
40	0.5	0.2	0.2	0.2	0.5	0.2	0.2
50	0.5	0.2	0.2	0.2	0.5	0.2	0.2
100	1.5	0.32	0.2	0.2	0.75	0.32	0.2

（续）

电压（交流有效值或直流）/V	电气间隙和爬电距离/mm		间距/mm			
			通过浇封化合物的	通过固体绝缘材料的	在1型涂层下的	在2型涂层下的
150	3.0	1.3	0.2	0.2	1.5	0.65	0.2
300	5.5	3.2	0.2	0.2	2.75	1.6	0.2
600	8.0	6.4	0.2	0.2	4.0	3.2	0.2

注：所谓1型涂层是指，这样的涂层能够保护和改善被保护部分的微观环境，把两个导电部件之间的全部间距都保护在这一保护型式之下；2型涂层是指，这样的涂层类似于固体绝缘，把两个导电部件之间的全部间距都保护在这一保护型式之下，而且，导电部件、保护材料和印制电路板之间不存在任何间隙（气隙）。

① 引自GB 3836.4《爆炸性环境　第4部分：由本质安全型“i”保护的设备》。

② GB/T 16935.1—2008《低压系统内设备的绝缘配合　第1部分：原理、要求和试验》对过电压类型适应的设备规定如下：

- Ⅰ类过电压类别（信号水平级）适应的设备是指连接在具有能把瞬时过电压限制到相当低水平措施的电路中的设备。
- Ⅱ类过电压类别（负载水平级）适应的设备是指连接在固定式配电装置上的能耗设备。例如，能耗器具，可移动式工具及其他家用和类似用途的负载。
- Ⅲ类过电压类别（配电水平级）适应的设备是指使用在固定式配电装置二次侧的设备。例如，配电装置上安装的开关电器，永久连接在配电装置上的工业用设备。
- Ⅵ类过电压类别（电源水平级）适应的设备是指使用在固定式配电装置一次侧（电源侧）的设备。例如，检测仪器和过电流保护设备。

表6.3　适用于设备保护级别为“ic”级印制电路的电气间隙、爬电距离和间距①

电压（峰值）/V	电气间隙/mm	爬电距离/mm	间距/mm			相比电痕化指数（CTI）
			通过浇封化合物的	通过固体绝缘材料的	在涂层下的	
10	—	—	—	—	—	—
30	—	—	—	—	—	100
60	—	—	—	—	—	100
90	0.4	1.25	0.15	0.15	0.3	100
190	0.5	1.5	0.3	0.3	0.4	175
375	1.25	2.5	0.3	0.3	0.85	175
>375	*	*	*	*	*	*

注：“—”表示无特殊要求；“*”表示无相应值。

① 引自GB 3836.4《爆炸性环境　第4部分：由本质安全型“i”保护的设备》。

此外，外部导线连接后（图6.1）导线裸露带电部分之间的电气间隙不应该小于6mm，导线裸露带电部分与接地金属导体之间的电气间隙不应该小于3mm。

（3）隔离

本质安全电路接线端子与非本质安全电路接线端子之间，除符合电气间隙和爬电距离的要求外，还应该设置必要的隔离措施以防止接线松脱出现“搭线”现象。

这种隔离措施有两种形式可以采用：

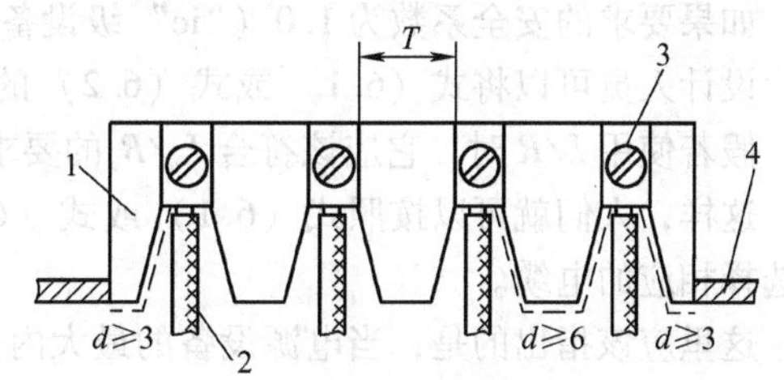

图6.1　外部导线连接时电气间隙和爬电距离示例

1—绝缘接线板　2—外部连接导线　3—接线端子　4—金属外壳

T—符合表6.1中规定的数值

d—外部连接导线裸露带电部分符合的数值

① 本质安全电路接线端子与非本质安全电路接线端子之间至少相隔 50mm 的间距。

② 在本质安全电路接线端子与非本质安全电路接线端子之间设置隔板进行隔离。

在采用隔板隔离时，这种隔板可以是接地金属板，也可以是非金属板。当采用金属板时，金属板应该有足够的厚度，能够通过故障条件下出现的异常电流而不被烧穿和损坏；当采用非金属板时，非金属板应该具有足够的机械强度，防止使用过程中被折断和损坏。不管是什么材料的隔板，它的尺寸应该保证与设备外壳壁之间的距离不大于 1.5mm。

值得注意的是，当本质安全电路放置在隔爆外壳内时，通常情况下，不要采用这种隔板隔离措施，因为那样可能会产生爆炸压力重叠现象。

2. 插头与插座

当外部电缆（或电线）引入本质安全型电气设备时，人们可以采用插头-插座方式插接连接。这是一种比较方便的连接方式。

在使用这种连接方式时，原则上，在未连接的情况下，插头应该连接在非带电侧，插座应该连接在带电侧。由于插头突出在绝缘材料外，所以，这样就可以避免可能发生的附加危险。

此外，所有的插头-插座，包括本质安全电路与非本质安全电路的插头-插座，都不允许互换、错插，而且插接后必须锁紧。

毫无疑问，所采用的插头-插座亦应该符合表 6.1 所示的电气间隙、爬电距离和间距的规定值。

3. 外部电缆 L_o/R_o 的确定

在本质安全电气系统中，当用电阻来限制电源能量（即线性电源）时，电源设备要求的外部电缆的最大电缆电感（L_o）与电阻（R_o）之比（L_o/R_o）不应该超过下式计算值：

$$L_o/R_o=\frac{8eR+(64e^2R^2-72U_o^2eL)^{1/2}}{4.5U_o^2} \tag{6.1}$$

式中 e——火花试验装置的最小点燃能量(J)（对于Ⅰ类设备：$e=525\mu J$，ⅡA 级设备：$e=320\mu J$，ⅡB 级设备：$e=160\mu J$，ⅡC 级设备：$e=40\mu J$）；

R——电路中负载设备内部电感线圈的电阻值（包括可靠限流电阻）与电源设备内部的电阻值之和（Ω）；

U_o——电源的最大输出电压（V）；

L——电路中负载设备内部电感线圈的电感值与电源设备内部的电感值之和（H）。

如果 $L=0$，即负载设备内部和电源设备内部不包含电感，则式（6.1）为

$$L_o/R_o=\frac{32eR}{9U_o^2} \tag{6.2}$$

如果要求的安全系数为 1.0（“ic”级设备和电路），则 L_o/R_o 可以乘以 2.25。

设计人员可以将式（6.1）或式（6.2）的计算结果标志在电源设备的输出参数中，告诉人们，假若使用 L/R 时，它应该符合 L_o/R_o 的要求（$L/R\leqslant L_o/R_o$）。

这样，人们就可以按照式（6.1）或式（6.2）的计算结果，直接与电缆的相关参数比较，来选择相应的电缆。

这里应该指出的是，当电源设备的最大内部电容（C_i）大于最大外部电容（C_o）的 1% 时，上述公式存在较大的误差。

【例 6.1】 假设用一个电池组对一个热电偶供电。供给热电偶的最大输出电压为 22V，电池组的内阻为 0.1Ω；防爆级别为ⅡC 级；设备保护级别为 Ga 级。求此时允许接入的外部电缆的 L_o/R_o。

由式（6.1）可知，当防爆级别为ⅡC级时，试验时火花试验装置的最小点燃能量 $e=40\mu J$。将这些数据代入式（6.2）中计算便得到

$$L_o/R_o=(32\times40\times10^{-6}\times0.1)/(9\times22^2)\text{H}/\Omega$$
$$\approx29.39\times10^{-9}\text{H}/\Omega$$

假若设备保护级别为Gc级，则上述计算值可以乘以2.25。即

$$L_o/R_o=29.39\times10^{-9}\times2.25\text{H}/\Omega$$
$$\approx66.13\times10^{-9}\text{H}/\Omega$$

6.2.2 内部连接导线

在本质安全型电气设备和电路中，导线，除应该满足电路要求的载流量外，还必须符合相应的温度组别的温度要求。也就是说，当导线通过某个电流时，导线的发热温度不应该高于设备温度组别的温度值。

这就是人们选择导线的基本原则。

1. 铜心绝缘导线

在本质安全型电气设备内使用的连接导线，是指铜芯的绝缘导线。在通常情况下，这种铜导线应该符合表6.4中规定的相关要求。

表6.4 在环境温度为40℃时铜导线直径、载流量和温度组别的关系①

直径②/mm	横截面积②/mm²	在下列温度组别时允许通过的最大电流/A		
		T1～T4和Ⅰ类	T5	T6
0.035	0.000962	0.53	0.48	0.43
0.05	0.00196	1.04	0.93	0.84
0.1	0.00785	2.1	1.9	1.7
0.2	0.0314	3.7	3.3	3.0
0.35	0.0962	6.4	5.6	5.0
0.5	0.196	7.7	6.9	6.7

注：当 P_i 不大于1.3W时，导线的发热温度可以定义为T4组，亦适用于Ⅰ类设备。

① 引自GB 3836.4《爆炸性环境 第4部分：由本质安全型“i”保护的设备》。

② 直径和横截面积均为制造商规定的标称值。

当然，设计人员也可以使用下式来计算导线在某个温度下的最大载流量：

$$I=I_f\left[\frac{t(1+\alpha T)}{T(1+\alpha t)}\right]^{1/2} \tag{6.3}$$

式中 I——最大载流量（A）；

I_f——某一直径的导线在40℃环境温度时的熔化电流（A）；

α——导线导体材料的电阻温度系数（K^{-1}）（对铜，$\alpha=0.004284$）；

T——导线导体材料的熔化温度（℃）（对铜，$T=1083$）；

t——由于导线自身发热和周围环境温度影响引起的导线温度（℃）。

人们使用式（6.3）可以计算出任意温度下某一导线的最大载流量。

【例6.2】 计算直径为0.05mm的铜导线最大载流量。假定在环境温度40℃时直径为0.05mm的铜导线的熔化电流为1.6A；对于T4组，小元件允许的发热温度 $t\leqslant275℃$，那么，将这些相关数据代入式（6.3）中计算便可以得到它的最大载流量为

$$I = 1.6 \times \{[275 \times (1+0.004284 \times 1083)]/[1083 \times (1+0.004265 \times 275)]\}^{1/2}\text{A}$$
$$\approx 1.3\text{A}$$

这里需要指出的是，在使用式（6.3）计算时，人们应该注意，导线熔化电流是对于某一直径的导线而言的。在实际应用时，人们在计算直径在0.5~1mm范围内铜导线的最大载流量时可以参考表6.5提供的导线熔化电流。

表6.5　部分铜导线的熔化电流①

直径/mm	截面积/mm^2	熔化电流/A
0.508	0.203	29.5
0.559	0.245	34
0.60	0.283	39
0.70	0.385	50
0.80	0.50	58
0.90	0.60	74
1.00	0.80	88

注：引用文献中未指出表中熔化电流测试时的环境温度。通常认为，标准环境温度为20℃。

① 引自《电工手册（第2版）》. 上海：上海科学技术出版社，1990。

2. 印制导线

在本质安全型电气设备内使用的印制电路板上的印制导线应该符合表6.6中规定的相关要求。

表6.6　在环境温度为40℃时印制导线宽度、载流量和温度组别的关系①

印制导线最小宽度/mm	在下列温度组别时允许通过的最大电流/A		
	T1~T4和Ⅰ类	T5	T6
0.075	0.8	0.6	0.5
0.1	1.0	0.8	0.7
0.125	1.2	1.0	0.8
0.15	1.4	1.1	1.0
0.2	1.8	1.4	1.2
0.3	2.4	1.9	1.9
0.4	3.0	2.4	2.1
0.5	3.5	2.8	2.5
0.7	4.6	3.5	3.2
1.0	5.9	4.8	4.1
1.5	8.0	6.4	5.6
2.0	9.9	7.9	6.9
2.5	11.6	9.3	8.1
3.0	13.3	10.7	9.3
4.0	16.4	13.2	11.4
5.0	19.3	15.5	13.5
6.0	22.0	17.7	15.4

① 引自GB 3836.4《爆炸性环境　第4部分：由本质安全型“i”保护的设备》。

这里需要特殊指出的是，表6.6中的数据仅仅适用于覆铜箔厚度为35μm、印制电路板厚度不小于1.6mm的单面印制电路板。在下列情况下，人们应该对表6.6中的数据进行相应的修正：

- 对于厚度在0.5~1.6mm之间的印制电路板，表6.6中的最大电流应该除以1.2。
- 对于双面印制电路板，表6.6中的最大电流应该除以1.5；对于多层印制电路板，表6.6中的最大电流应该除以2.0。
- 对于覆铜箔厚度为18μm的印制电路板，表6.6中的最大电流应该除以1.5；对于覆铜箔厚度为70μm的印制电路板，表6.6中的最大电流应该乘以1.3。
- 在正常工作条件或故障工况下，印制导线在耗散功率为0.25W及以上的元件下通过时，表6.6中的最大电流应该除以1.5。
- 在正常工作条件或故障工况下，在耗散功率为0.25W及以上的元件终端沿导线长度1.0mm范围内，印制导线的宽度应该乘以3，或者，将表6.6中的最大电流除以2。
- 表6.6中的最大电流，当环境温度达到60℃时，应该除以1.2；当环境温度达到80℃时，应该除以1.3。

6.2.3 间距、电气间隙和爬电距离

在本质安全型电气设备和电路中，所谓间距，广义地讲，主要是指下列导电部件之间的间隔距离（电气的或实体的）：

- 本质安全电路和非本质安全电路之间。
- 不同的本质安全电路之间。
- 电路和接地的或绝缘的金属部件之间。

不管是哪种情况，它们都应该符合表6.1或表6.2、表6.3中的规定。

1. 计算电压

在电气设备中，人们在评价电气强度时常常以不同电位之间的电压为依据。表6.1、表6.2和表6.3中电气间隙、爬电距离（在空气中的和在涂层下的）和间距（通过浇封化合物的和通过固体绝缘材料的）的数值，都是指在某个电压下的数值。

因此，知道了电压才可以确定相应的相关数值。

在本质安全型电气设备和电路中，我们提出了所谓“计算电压”的概念。这个电压就是本质安全电路与下列电路之间的电压之和：

① 同一个电路中非本质安全部分。

② 非本质安全电路。

③ 另外的本质安全电路。

人们可以参照图6.2所示的电路示例来确定相关的计算电压。

在图6.2中，1表示金属底板；2表示负载；3表示满足U_m要求的非本质安全电路；4表示部分不是本质安全但另一部分是本质安全的电路；5表示本质安全电路；6表示适用表6.1、表6.2或表6.3中相应数据的尺寸；7表示普通工业标准规定的尺寸；8表示适用于熔断器的尺寸；9表示适用于本质安全接线端子与非本质安全接线端子之间的尺寸和图6.1所示的尺寸；10表示如果需要时所连接的元件。

对于多个独立电路，计算电压是两个独立电路的电压之和。这些电压可能是设备的额定电压，也可能是电路中某一点的电压。当电压为交流正弦波时，计算电压应该是它的峰值，即标称电压（有效值）的$\sqrt{2}$倍值。

对于同一个电路，计算电压是电路中任一个部件上可能出现的最高峰值电压。它也可能是连

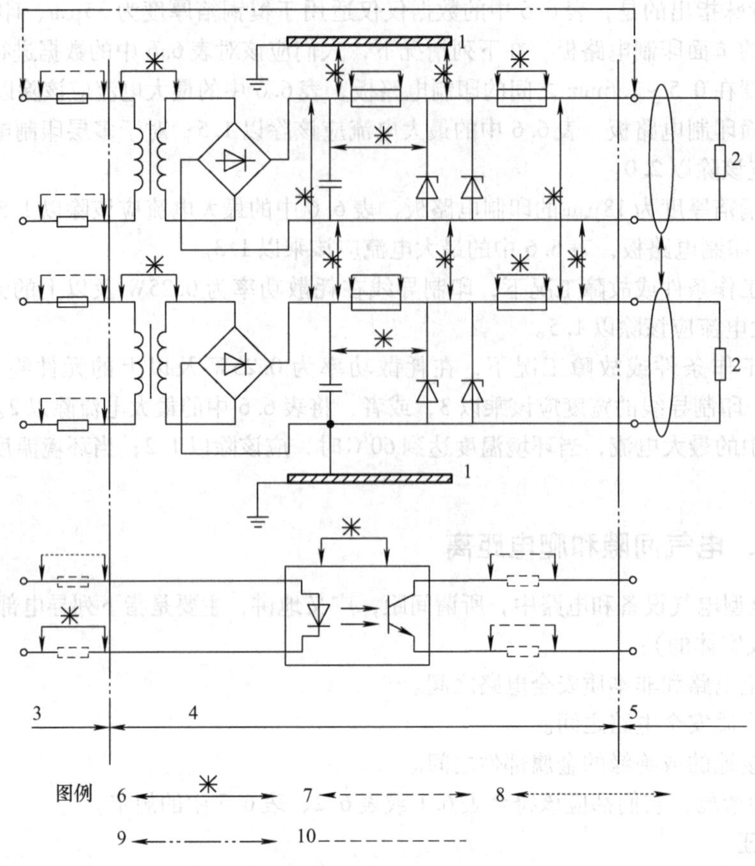

图 6.2　计算电压计算示意图

接到这个电路中不同电源的电压之和。

但是，不管是哪种情况，所考虑的电压都应该是设备处于正常工作状态下或故障工况下可能出现的最高电压。当考虑外部电压时，这些电压应该是设备上标明的最高电压（U_m）或最大输入电压（U_i）。

2. 电气间隙和爬电距离

（1）电气间隙

在本质安全型电气设备中，不同电位的带电导体之间的电气间隙应该不小于表 6.1 或表 6.2、表 6.3 中规定的相应数值。

在考核时，假若导体之间有绝缘隔板进行隔离，则这种隔离可以增加电气间隙值。但是，当这种隔板的厚度小于 0.9mm 或不能通过相应试验时，这种隔离不能被认为是有效的隔离。

电气间隙计算示意图如图 6.3 所示。

（2）爬电距离

在本质安全型电气设备中，不同电位的带电导体之间的爬电距离，分为两种情况：空气中的爬电距离和涂层下的爬电距离，都应该符合表 6.1 或表 6.2、表 6.3 中规定的相应数值。

在空气中的爬电距离，人们可以参照图 6.4 中所示图例进行考核。

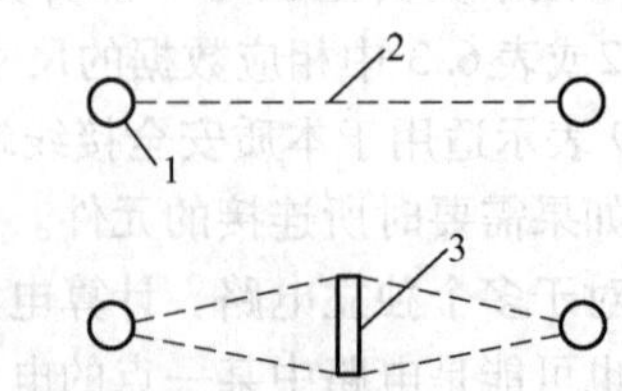

图 6.3　电气间隙计算示意图
1—带电导体　2—电气间隙　3—绝缘隔板

绝缘材料的相比电痕化指数（CTI）应该按照国家标准GB/T 4207《固体绝缘材料在潮湿条件下相比漏电起痕指数和耐漏电起痕指数的测定方法》的规定进行测定，并符合表6.1中第7列或第8列，或者，表6.3中第7列的要求。

这里需要指出的是，在图6.4j中绝缘隔板1与底板用符合要求的胶粘剂粘接在一起，所以爬电距离沿绝缘隔板上部计算；而在图6.4l中绝缘隔板1与底板没有用胶粘剂粘接在一起，而且，$d > D$，所以爬电距离沿绝缘隔板下部计算。另外，在图6.4k中，两个带电导体之间存在一个未带电导体，此时，爬电距离为未带电导体两边爬电距离之和，即 $d_1 + d_2$。

此外，在已经安装的印制电路板上，人们往往涂覆一定厚度的绝缘涂层，以防止潮气和污物侵袭导电部件。在涂层下的爬电距离，就是指在这种敷形涂层下不同电位的带电导体之间沿绝缘材料表面的最短距离。

敷形涂层可以用多种方法形成。假若用喷涂方法时应该喷涂两次；假若用浸渍、刷涂或真空浸渍时可涂覆一次。

而且，当裸露导体从敷形涂层中突出来时，敷形涂层的相比电痕化指数（CTI）应该符合表6.1中第7列或第8列，或者，表6.3中第7列的要求。

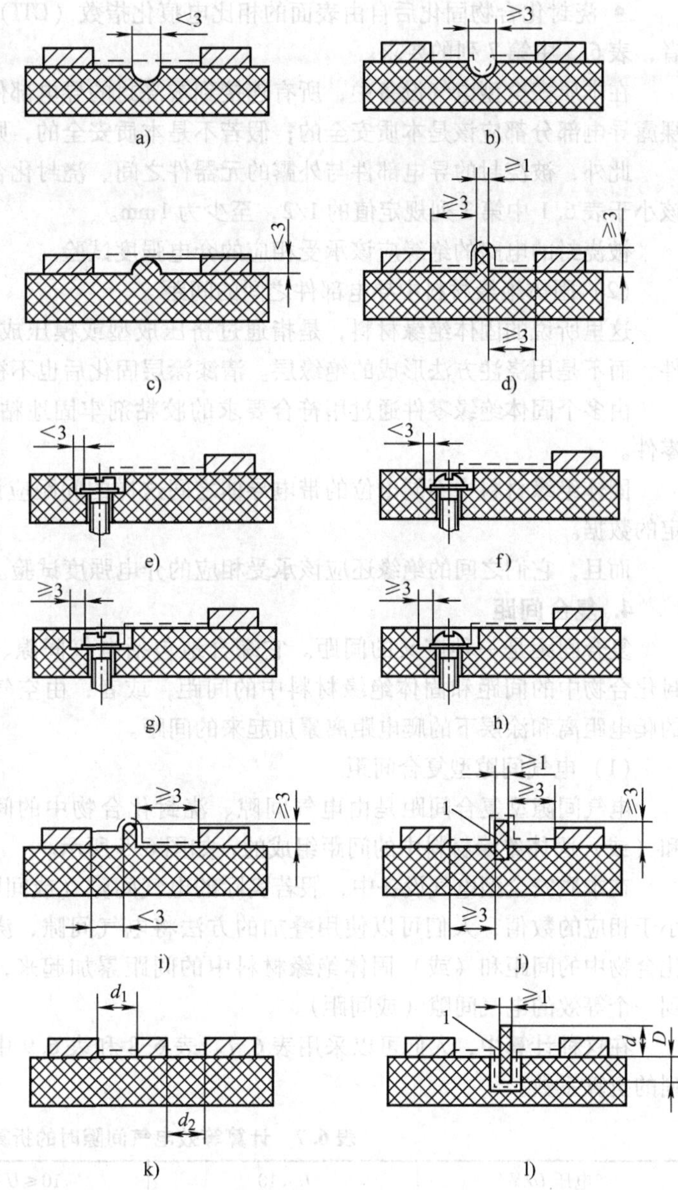

图6.4 在空气中的爬电距离评价示意图

3. 间距

这里所说的间距，是指不同电位的带电导体之间浇封化合物或固体绝缘材料的厚度，也就是间隔距离。

这些间距应该符合表6.1或表6.2、表6.3中所示的数据。

（1）浇封化合物中导电部件之间的间距

假若使用浇封化合物来浇封隔离导电部件时，浇封化合物应该具备下列品质：

- 连续工作温度大于在浇封状态下元件的最高发热温度至少20K；
- 良好的粘结性；

- 浇封化合物固化后自由表面的相比电痕化指数（CTI）符合表6.1中第7列或第8列，或者，表6.3中第7列的要求。

在本质安全型电气设备中，所有连接到被浇封的导电部件、元器件和从浇封化合物中突出的裸露导电部分都应该是本质安全的；假若不是本质安全的，则应该用其他防爆型式保护起来。

此外，被浇封的导电部件与外露的元器件之间、浇封化合物自由表面之间的最小间距，不应该小于表6.1中第3列规定值的1/2，至少为1mm。

被浇封的电路的绝缘应该承受相应的介电强度试验。

(2) 固体绝缘材料中导电部件之间的间距

这里所说的固体绝缘材料，是指通过挤压成型或模压成型将导体固定在其内的固体绝缘部件，而不是用浇注方法形成的绝缘层。清漆涂层固化后也不视为这种固体绝缘。

由多个固体绝缘零件通过用符合要求的胶粘剂牢固地粘结在一起时被认为是一个固体绝缘零件。

固体绝缘材料中不同电位的带电导体之间这样的间距应该符合表6.1或表6.2、表6.3中规定的数据。

而且，它们之间的绝缘还应该承受相应的介电强度试验。

4. 复合间距

复合间距是一种广义的间距。它综合地包括电气间隙、浇封化合物中的间距和固体绝缘材料中的间距，或者，由空气中的爬电距离和涂层下的爬电距离累加起来的间距。

(1) 电气间隙型复合间距

电气间隙型复合间距是由电气间隙、浇封化合物中的间距和（或）固体绝缘材料中的间距组成的，如图6.5所示。

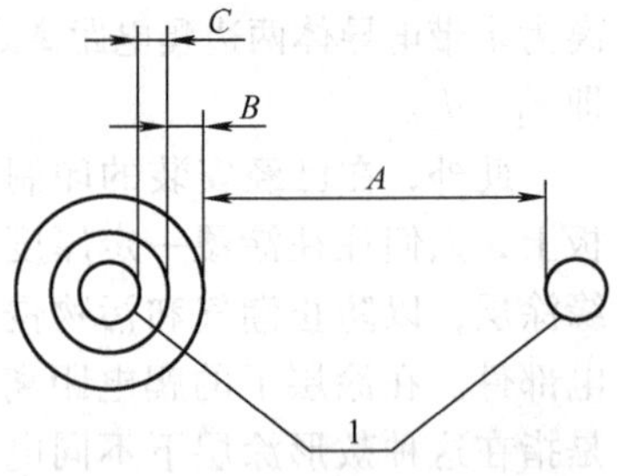

图6.5 电气间隙型复合间距

1—带电导体 A—电气间隙

B—浇封化合物中的间距

C—固体绝缘材料中的间距

在本质安全型电气设备中，假若实际的电气间隙（或间距）小于相应的数值，人们可以使用叠加的方法将电气间隙、浇封化合物中的间距和（或）固体绝缘材料中的间距累加起来，得到一个等效的电气间隙（或间距）。

在这种计算中，人们可以采用表6.7、表6.8和表6.9中所列的折算系数。

表6.7 计算等效电气间隙时的折算系数①

电压 U/V	$U<10$	$10 \leqslant U<30$	$U \geqslant 30$
A	1	1	1
B	3	3	3
C	3	4	6

注：A，B，C的意义如图6.5所示。

① 引自GB 3836.4《爆炸性环境 第4部分：由本质安全型“i”保护的设备》。

表6.8 计算通过浇封化合物的等效间距时的折算系数①

电压 U/V	$U<10$	$10 \leqslant U<30$	$U \geqslant 30$
A	0.33	0.33	0.33
B	1	1	1
C	1	1.33	2

① 同表6.7。

表 6.9　计算通过固体绝缘材料的等效间距时的折算系数①

电压 U/V	$U<10$	$10\leqslant U<30$	$U\geqslant 30$
A	0.33	0.33	0.33
B	1	0.75	0.55
C	1	1	1

① 同表6.7。

在所有的计算中，如果电气间隙和相应间距的实际值小于表 6.1 中相应值的 1/3，这个值应该被忽略，不应该计算在内。

这里举例说明。

【例 6.3】　假设某电路的实际电气间隙（g_n）不能够满足要求，在电压为 60V 的情况下，采用如下计算：

折算电气间隙 $g_3=3\times$通过浇封化合物的间距（表 6.1 第 3 列）；

折算电气间隙 $g_4=6\times$通过固体绝缘材料的间距（表 6.1 第 4 列）；

则等效电气间隙（g_0）为

$$g_0=g_n+g_3+g_4$$

经过计算得到的等效电气间隙（g_0）不应该小于表 6.1 中所示数据（第 2 列）。

当间距不能满足表 6.1 中的相应数值时，人们也可以采用这样的方法进行折算求得。

（2）爬电距离型复合间距

爬电距离型复合间距是由空气中的爬电距离和涂层下的爬电距离组成的，如图 6.6 所示。

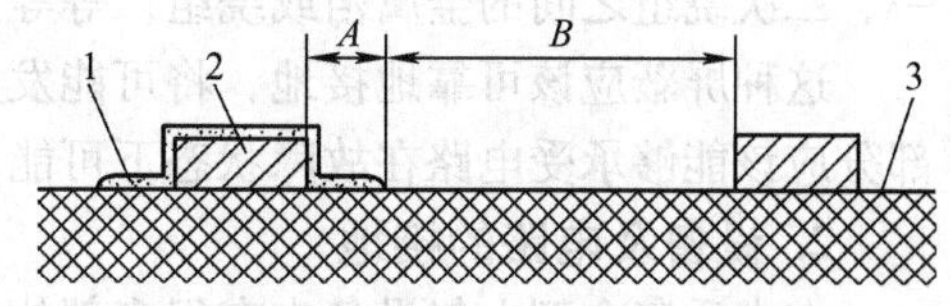

图 6.6　爬电距离型复合间距

1—清漆　2—带电导体　3—绝缘底板

A—涂层下的爬电距离　B—空气中的爬电距离

在本质安全型电气设备中，人们可以使用涂覆清漆的方法来减小爬电距离。假若在两个不同电位的带电导体之间一部分进行了涂覆而另一部分没有被涂覆，而且没有被涂覆的部分的距离（B）又不满足要求，这时的爬电距离可以进行折算计算。

当以空气中的爬电距离为准进行计算时，图 6.6 中的 A 应该乘以 3，B 乘以 1；当以涂层下的爬电距离为准进行计算时，图 6.6 中的 A 应该乘以 1，B 乘以 0.33。然后，将这些数值加起来便得到了等效的爬电距离或间距。等效爬电距离或间距应该符合表 6.1 中规定的相应数值。

5. 印制电路板上的电气间隙和爬电距离

在组装后的印制电路板上，人们往往涂以清漆或其他的浇封化合物，用以防止潮气或污物对电路的侵蚀。

这时，印制电路板上的电气间隙、爬电距离和间距可能会出现各种特殊情况，如图 6.7、图 6.8 和图 6.9 所示。

图 6.7　局部涂覆的示例

1—敷形涂层　2—元件　3—导线

A—空气中的电气间隙和爬电距离

B—涂层下的爬电距离

但是，不管什么情况，电气间隙、爬电距离和间距都应该符合表 6.1 所示规定值。当印制电路板放置在防护等级不低于 IP54 的外壳内时，它上面的电气间隙、爬电距离和间距可以符合表 6.2 或表 6.3 中所示的数值。

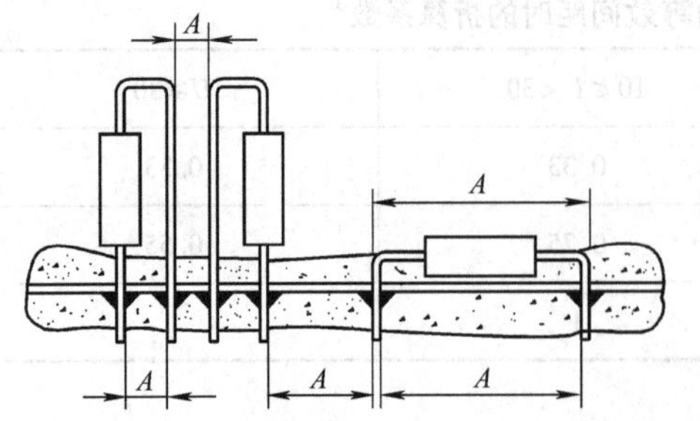

图 6.8 焊接后元件插脚突出涂层的示例

A—空气中的电气间隙和爬电距离

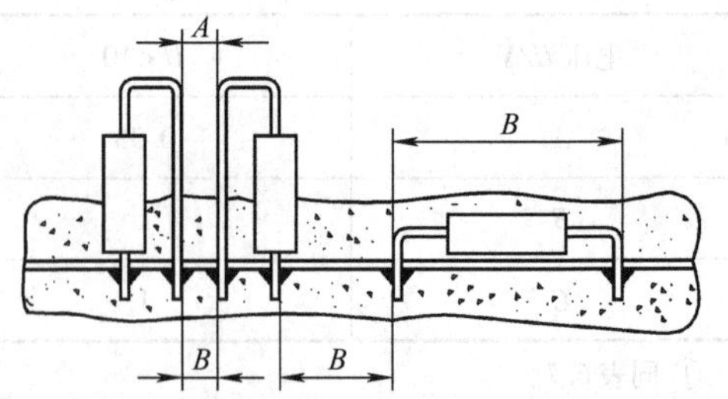

图 6.9 焊接后元件插脚未突出涂层的示例

A—空气中的电气间隙和爬电距离

B—涂层下的爬电距离

6.2.4 结构上的特殊要求

在本质安全型电气设备中，常常存在一些特殊的结构和要求。它们对于保持设备的防爆安全性能十分重要。

1. 屏蔽接地

有时候，在本质安全电路中需要设置金属屏蔽来为电路或电气元器件提供保护性隔离。例如，屏蔽电缆的屏蔽层，本质安全电路与非本质安全电路之间设置的金属结构件，隔离变压器一、二次绕组之间的金属箔或绕组，等等，都是一种屏蔽隔离保护措施。

这种屏蔽应该可靠地接地，将可能发生的电、磁干扰导入“地”。而且，屏蔽和相应的连接部分应该能够承受电路在故障状态下可能出现的最大故障电流。

2. 设备及电路的接地

在本质安全型电气设备中有很多部位，例如，设备的金属外壳，金属屏蔽，印制电路板上有关导线，插接装置的隔离插头和二极管安全栅等，需要可靠地接地。

这些接地，有的是保护性接地，有的是功能性接地。

不管是进行保护性接地，还是进行功能性接地，有时候，人们为了方便起见会使用一些插接装置进行这种接地。在这种情况下，插接装置必须牢固可靠。

通常情况下，对于“ia”级本质安全型电气设备，插接装置应该具有三个完全独立的插接元件并联组成；对于“ib”级本质安全型电气设备，插接装置应该具有两个完全独立的插接元件并联组成。这种插接装置的示意图如图 6.10 所示。

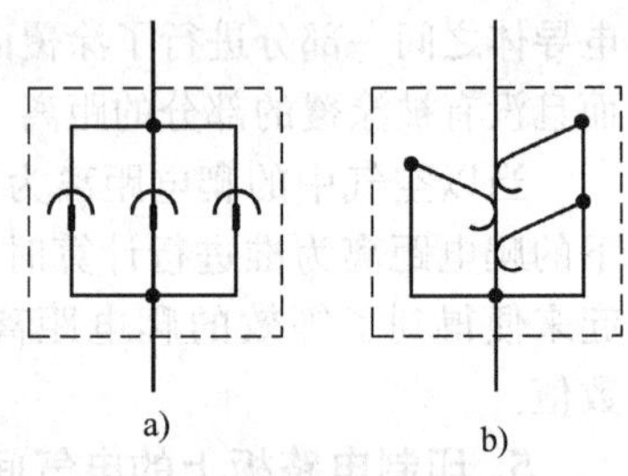

图 6.10 插接装置示意图

a）三个完全独立的插接元件

b）三个非独立的插接元件

显然，图 6.10a 表示的插接装置是可供选择的结构；图 6.10b 则不然。

插接元件应该牢固地固定在设备的壳体上，所有连接必须接触可靠。

3. 继电器

在本质安全型电气设备中，有时候使用一种小型继电器。一般情况下，在继电器线圈接到本质安全电路时，它的额定电流不应该超过 5A，额定电压不应该超过 250V。

当继电器的额定电流不超过 10A，视在功率不超过 500VA 时，它的电气间隙和爬电距离不应该小于表 6.1 中相应数值的两倍值。

当继电器的额定电流超过10A，视在功率超过500VA时，如果在同一个继电器上接有本质安全电路和非本质安全电路，那么，在这两种电路之间必须用接地的金属隔板或绝缘隔板隔离起来。即使在这种情况下，电气间隙和爬电距离也必须大于表6.1中规定的相应值。

4. 防止极性反接

在本质安全电路中，为了防止电源（例如，直流电源，电池或蓄电池组）的极性与电路的极性反接，人们可以在电路“入口”处设置防止极性反接保护环节，例如串接一只二极管或者二极管桥式环节。

6.3 本质安全电路中的元器件

6.3.1 定额（三分之二原则）

在本质安全型电气设备和电路中，任何与本质安全性能有关的电气元器件，原则上，都不应该在它的安装条件下和允许温度范围内规定的额定值下工作。

国家标准GB 3836.4《爆炸性环境　第4部分：由本质安全型“i”保护的设备》规定，对于“ia”级和“ib”级设备和电路，这样的元器件在正常工作条件和规定故障条件下的运行定额（电流、电压和功率）不得超过元器件制造商批量生产时标称额定值的三分之二；对于“ic”级设备和电路，这样的元器件在正常工作条件下的运行功率不得超过元器件制造商批量生产时的标称额定值的三分之二，工作电压和工作电流不得超过元器件制造商批量生产时的标称额定值。

这样的规定，被称为“三分之二原则”，它表明，在本质安全型电气设备中所使用的元器件已经引入了1.5倍的安全系数，不会因为施加在它上面的电压、电流或功率引起元器件发生击穿或过热，确保了元器件自身的安全性能。

这个“三分之二原则”的规定，不适用于诸如变压器、熔断器、断路器和热继电器之类的器件。因为这些器件只能在器件上标志的额定参数下才能正常工作。

6.3.2 电池及电池组

在本质安全型电气设备和电路中，人们常常使用蓄电池作为电源，尤其是在一些移动式设备上。由电池供电不仅使用方便，而且电压的品质也好。

1. 电池（组）的类型和结构

在本质安全型电气设备和电路中使用的电池和电池组，应该是密封性能好的、在使用期间不添加、不泄漏电解液的。例如，下列类型的电池就可以使用在这种电路中：

- 气密式电池。
- 阀控式电池。
- 具有密封阀控性质的电池。

所谓气密式电池，是指在制造商规定的充电极限和温度范围内能够保持密封性能而不释放“电池气”和泄漏电解液的电池；所谓阀控式电池，是指在正常情况下是密封的，但当内部的压力超过某个值时自身的阀开启释放“电池气”，一旦压力减小至那个值时阀便自动关闭的电池。

这些类型的电池应该具有一个密封的金属外壳或塑料外壳：

- 外壳不得有接缝或接口，例如，采用整体拉伸法、离心浇铸法、模压法、钎焊法或熔焊法就可以制成这样的外壳。
- 电池的外露接线端子可以采用热固性塑料或热塑性塑料与外壳浇铸在一起，保持密封。

当采用其他类型蓄电池时，电池和电池组应该用浇封化合物浇封在一起，并经过有关试验验证电池在使用期间不会释放“电池气”和泄漏电解液。

在本质安全型电气设备中，组成电池组的电池应该是同一电化学性质的电池，而且它们的标称容量和标称电压以及放电率是一致的。这样就可以避免电池组在运行过程中出现“落后电池”，就可以避免出现附加危险。

2. 电池和电池组的电压

但凡电池，由于它的电化学特征，端电压都分为标称电压和开路峰值电压。标称电压是指用来鉴别不同电化学系统的电池类型的某一适当的电压近似值；开路峰值电压是指完全带电的电池在开路时正、负极之间的电位差。电池的开路峰值电压大于它的标称电压。

在试验电路的本质安全性能时，试验人员应该按照表 6. 10 和第 2 章表 2. 12、表 2. 13 中所示数据进行相应的考核和评价。

表 6. 10　电池的电压①

电 池 型 式	开路峰值电压②/V	标称电压③/V
镉-镍	1. 5	1. 3
铅-酸（干式）	2. 35	2. 2
铅-酸（湿式）	2. 67	2. 2
碱-锰	1. 65	1. 5
汞-锌	1. 37	1. 35
汞-二氧化锰-锌	1. 6	1. 4
银-锌	1. 63	1. 55
锌-空气	1. 55	1. 4
锂-二氧化锰	3. 7	3. 0
锌-二氧化锰（锌-碳）	1. 725	1. 5
镍-氢化物	1. 6	1. 3

① 引自 GB 3836. 4—2000《爆炸性气体环境用电气环境　第 4 部分：本质安全型“i”》。

② 开路峰值电压用于评价电路的火花点燃性能。

③ 标称电压用于评价元件的表面发热温度。

3. 电池和电池组及其可靠限流器件

大家应该知道，电池的内阻很小，尽管在某些情况下它的电压不高，但是如果发生短路，将会有一个相当大的短路电流出现，这是很危险的。因而，人们必须采取可靠措施，防止电池或电池组发生短路，保证电池或电池组的输出安全。

在电池组中，人们可以使用可靠限流器件，例如可靠限流电阻器、限流电路等环节，就能够保护电池组的输出安全。

可靠限流器件在电路中可以和电池组组合在一起，也可以单独地设置。

（1）电池组和可靠限流器件放置在非爆炸性危险场所中

电池组和它的可靠限流器件一起放置在关联设备内（非爆炸性危险场所中），向本质安全型电气设备提供电源输出。

在这种情况下，电池组和可靠限流器件在关联设备内的安装和更换，不应该影响本质安全型电气设备和电路的本质安全性能。

（2）电池组和可靠限流器件使用在爆炸性危险场所中

对于固定式设备，当电池组和它的可靠限流器件一起放置在爆炸性危险场所中使用时，电池组和可靠限流器件应该被浇封在一起，形成一个浇封单元，只允许本质安全输出端子和本质安全充电端子裸露出来。这样，既可以在爆炸性危险场所中充电，又可以在需要的时候很方便地将整个浇封单元予以更换。

对于移动式设备，应该在非爆炸性危险场所中更换电池组。为此，电池组和可靠限流器件应该有一个符合相应防爆型式的保护外壳，而且在更换时不允许降低本质安全型电气设备的本质安全性能，在进行跌落试验时不得从设备中分离出来，还应该在设备上设置警告标志："不得在爆炸性危险场所中更换电池和（或）电池组!"。

4. 电池和电池组的充电

大家知道，电池，或称蓄电池，有两种形式：不可充电的、仅一次性放电使用的，称为原电池；可以充电的、能够多次充电-放电使用的，称为二次电池。在本质安全型电气设备中使用着各种各样的原电池和（或）二次电池。

当本质安全型电气设备使用二次电池作为电源时，假若电池组有外露的充电触点，则这些触点应该用下列方法保护起来，防止偶然发生短路。

① 在充电电路中设置阻塞二极管或串联可靠限流电阻器，对于"ia"级电路应该用三只二极管，对于"ib"级电路可以用两只二极管，对于"ic"级电路可以用一只二极管。

② 此外，除设置阻塞二极管或串联可靠限流电阻器外，充电电路还应该有一个防护等级不低于 IP30 的外壳，并设置警告标志："严禁在爆炸性危险场所中打开!"。

此外，人们还应该考虑到可能施加到充电触点上的最高电压（U_m）隐藏的潜在危险。通常情况下，充电电源是由交流电源经过降压、整流变为直流电源的，防止交流侧对直流侧造成不利的影响是十分必要的。在交流侧使用可靠电源变压器就可以隔离"交流"与"直流"，从而消除最高电压（U_m）可能造成的危险。

5. 电池和电池组的试验

在进行电池（组）的相关试验之前，二次电池（每个单体电池或每个"组"电池）应该至少进行两次充放电试验，以检查这些电池的容量是否符合出厂规定容量。

当在相关试验中需要短路电池时，连接电池两极的导体的电阻不应该大于 3mΩ，或者，在短路时导体两端的电位差不大于 200mV 或电动势的 15%。这样的限制，就是尽可能地减小连接导线对试验结果造成的不利影响。

（1）电解液泄漏试验

在试验时，试验人员应该将 10 只被试电池按照制造商规定的安装方式彼此隔离地放置在一片吸水纸上，并按下列方式进行充电或放电：

- 按照制造商规定的充电方式，对每个电池进行充电，直至充电结束。
- 在对电池组充电时，其中有一个电池被反接。
- 每个电池均短路放电。

在人为地"制造"一些故障的情况下，在充电或放电结束时，被试电池上或（和）吸水纸上没有明显的电解液痕迹；或者，被浇封的电池组的浇封化合物没有出现裂纹或其他损伤痕迹，便可以认为被试电池符合要求。

（2）表面温度测定

表面温度测定应该在试验室环境条件下进行。

在进行试验时，试验人员应该除去电池（组）上除自身以外的其他覆盖物，但是，当采用可靠限流电阻器进行输出保护并与电池浇封在一起，它们之间又是可靠连接时，用于浇封限流器件的浇封化合物应该保留，而且，可靠限流电阻器应该和电池（组）一起进行试验。试验时，温度传感元件应该埋放在胶封化合物与电池之间。

人们应该在被试电池（组）短路的条件下测定电池的表面温度。试验需要分别在10只电池上进行。在测定的所有温度值中以最大者作为评价依据。

这个最大值经过修正［参见式（2.8）］后不得超过本质安全型电气设备的温度组别的温度值，而且，浇封化合物不应该失效。

(3) 火花点燃试验

电池（组）应该承受火花点燃试验。

在进行这一试验时，试验应该在电池（组）的两个外部端子之间进行，而且，它所串联的可靠限流电阻器应该包括在试验电路之中。

6.3.3 熔断器和半导体器件

在本质安全型电气设备中，常使用不同型号的熔断器进行电路的过载保护和短路保护，以及各种半导体器件组成电路的不同功能环节。不管什么情况，这些元器件都应该符合下面的相应要求。

1. 熔断器

通常情况下，熔断器是由熔断体和它的支持件组成的。

在定义熔断器的额定电流时，一般有两种电流：支持件的额定电流和熔断体的额定电流。

熔断器的额定电流就是指支持件的额定电流。

熔断体的额定电流就是指熔断器内装熔断体（熔丝）的额定电流，可以有几个，但是都不允许大于支持件的额定电流。例如，对于一个额定电流为10A的熔断器来说，它允许的熔断体的额定电流有10A、6A和4A三个档次。通常情况下，对于这种熔断器，在选择熔断体的额定电流时，人们应该根据被保护电路的性质来选择4A或6A，最多也不能超过10A。

熔断器的额定电压则只有一个，对于熔断体和支持件，是一致的。

在本质安全型电气设备中，当熔断器用来保护相应电路时，则熔断器应该能够连续地通过$1.7I_n$的电流（其中，I_n是指熔断体的额定电流，在稳定的负载情况下，可以是电路的额定电流）；熔断器的时间-电流特性（图6.11）应该保证在被保护电路出现瞬态值之前将熔断体熔断；而且，熔断器（熔断体）的极限分断能力应该能够快速地分断电路中可能出现的最大预期短路电流（在电压为250V的电路中，这个电流采用1500A）。

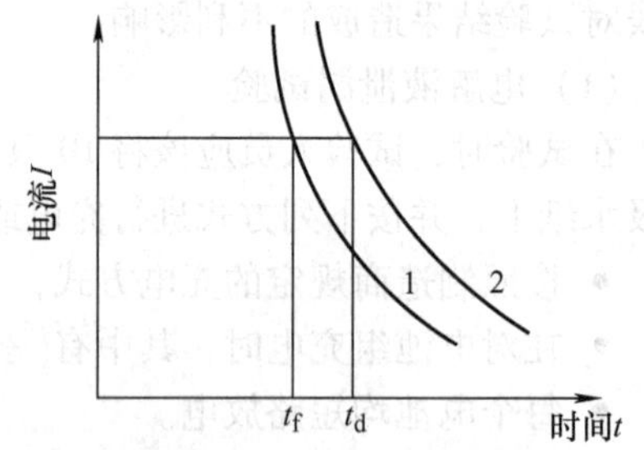

图6.11 熔断器的时间-电流特性曲线示意图
1—时间-电流特性 2—被保护元件的瞬态值

通常认为，熔断器的时间-电流特性主要用于被保护电路的过载保护；熔断器的极限分断能力主要用于被保护电路的短路保护。

在本质安全型电气设备和电路中，熔断器的额定电压，不应该小于可能施加在关联设备的非本质安全接线端子上的最高电压（U_m）或施加在本质安全电路接线端子上的最大输入电压（U_i）。

熔断器的极限分断能力不应该小于所安装电路的最大预期短路电流。不同的熔断体具有不一样的极限分断能力。假若极限分断能力小于最大预期短路电流，当电路出现短路故障时，熔断体就会瞬间熔融汽化，发生爆炸，造成十分严重的后果。所以，有时候，人们为了保证熔断器的极限分断能力大于电路的最大预期短路电流，常常在电路中使用限流元件来限定最大预期短路电流。例如，人们可以使用可靠限流电阻器作为这种限流元件。此时，它的额定值不得小于：

- 电流：$1.5\times1.7I_n$。
- 电压：U_m或U_i。
- 功率：$1.5\times(1.7I_n)^2R$。

式中　R——可靠限流电阻器的电阻值（Ω）。

下面举例说明使用可靠限流电阻器作为限流元件时电阻值的计算。

【例6.4】　假设使用熔断器来保护某一电路，熔断器熔断体的额定电流为0.1A，极限分断能力为750A，最高电压为250V。

根据欧姆定律计算可知，可靠限流电阻器的电阻值为

$$R\geqslant250\text{V}/750\text{A}\approx0.33\Omega$$

于是，可靠限流电阻器的耗散功率值为

$$P\geqslant1.5\times(1.7\times0.1)^2\times0.33\text{W}\approx0.02\text{W}$$

这样，人们就可以根据电阻器的产品样本选用符合这一要求的合适的电阻器。

事实上，在熔断器保护的电路中接入可靠限流电阻器并不会对电路的正常运行产生不利的影响。

这里应该指出的是，当熔断器用于“ia”级、“ib”级设备和电路中作为保护器件，且在爆炸性气体环境中使用时，它应该被浇封起来。

2. 半导体器件

（1）半导体器件

这里所说的半导体器件，主要是指半导体二极管（包括齐纳二极管）、连接成二极管使用的半导体晶体管、晶闸管以及其他等效的半导体器件。

这些半导体器件，在本质安全型电气设备及其关联设备中，可以被连接成并联限压器和（或）串联限流器。在关联设备中使用时，这些器件还应该能够承受电路中交流峰值电压或最大直流电压除以串联的可靠限流电阻器的电阻值所得的电流。

当半导体器件用作并联限压器时，它们应该能够承受故障状态下在其安装处可能出现的最大故障电流乘以相应安全系数的电流值。

① 二极管、晶体管、晶闸管等器件的正向额定电流，对于“ia”级和“ib”级设备，不得小于可能的最大故障电流的1.5倍值；对于“ic”级设备，不得小于可能的最大故障电流值。

② 齐纳二极管的结额定耗散功率不得小于齐纳耗散功率的1.5倍值。它的正向额定电流，对于“ia”级和“ib”级设备，不得小于可能的最大故障电流的1.5倍值；对于“ic”级设备，不得小于可能的最大故障电流值。

当设备的输入电路和输出电路都是本质安全型电路时，对于“ia”级设备，使用两只这样的半导体器件作为并联限压器被认为是可靠组件。

对于“ia”级关联设备，使用三只晶闸管作为并联限压器被认为是可靠组件。

不管是什么情况，作为并联限压器使用时，这样的半导体器件都应该承受电路中可能出现的瞬态效应。

当半导体器件用作串联限流器时，在“ia”级设备中人们应该采用三只半导体二极管组成阻塞保护环节，不应该使用其他的半导体器件，因为“ia”级设备是允许使用在0区的，而且电路又可能随时出现瞬态效应，哪怕是暂时的。

然而，在“ib”级和“ic”级设备中，人们可以使用所有的半导体器件组成串联限流器。

（2）瞬态效应

在本质安全型电气设备和电路的关联设备中，半导体器件应该能够承受电路中可能出现的瞬态效应。这种瞬态效应常常是由于电源电压（交流的或直流的）的突然变化和开关器件（例如，晶闸管半导体器件）的“开”与“关”引起的。

在电路中的这种瞬态效应有可能威胁着电路的本质安全性能。

例如，用一只晶闸管半导体器件与负载并联来保护这个负载。当电源有一个瞬态电压即将施加在负载上时，晶闸管应该拦截这个电压。但是，由于晶闸管和相关检测电路的响应时间相对较大，于是，在检测到触发信号并使晶闸管导通之前，瞬态电压就已经施加在这个负载上了。当然，还有一些其他的例子，例如，在限流开关动作之前就可能有一个大的电流窜入负载，等等。

因而，国家标准 GB 3836.4《爆炸性环境　第 4 部分：由本质安全型“i”保护的设备》规定，这种瞬态效应所携带的能量不应该超过：

对于Ⅰ类设备，260μJ；

对于ⅡA 级设备，160μJ；

对于ⅡB 级设备，80μJ；

对于ⅡC 级设备，20μJ。

当瞬态效应所携带的能量不超过上述值时，瞬态电压和（或）瞬态电流可以超过相应的安全数值（参见国家标准 GB 3836.4《爆炸性环境　第 4 部分：由本质安全型“i”保护的设备》的数据表）。

这种瞬态能量可以通过试验用高速存储示波器来求得，而不适宜用火花点燃试验进行试验验证，因为这个瞬态能量出现的时间太短，且数值很小。

这里以ⅡB 级的设备为例来说明这种瞬态能量的测量方法。

【例 6.5】　试验用一个数值为 18V 的供电电压通过一个限流开关向一个齐纳负载（齐纳电压为 14.5V）供电。试验电路如图 6.12 所示。测量并计算此时电路可能出现的瞬态能量。

从国家标准 GB 3836.4《爆炸性环境　第 4 部分：由本质安全型“i”保护的设备》的数据表中得知，对于ⅡB 级设备，当电压为 18V 时，允许的最大电流是 1.66A。试验时，试验人员调整电路的电流等于 1.66A。此时，电路处于正常的运行状态。

当电路发生故障时，例如，由于某种原因使通过电路的电流突然地增加，在限流开关断开之前就会有一个较大的电流叠加在 1.66A 上。试验用高速存储示波器记录这个电流的变化（幅值和时间）情况，如图 6.13 所示。

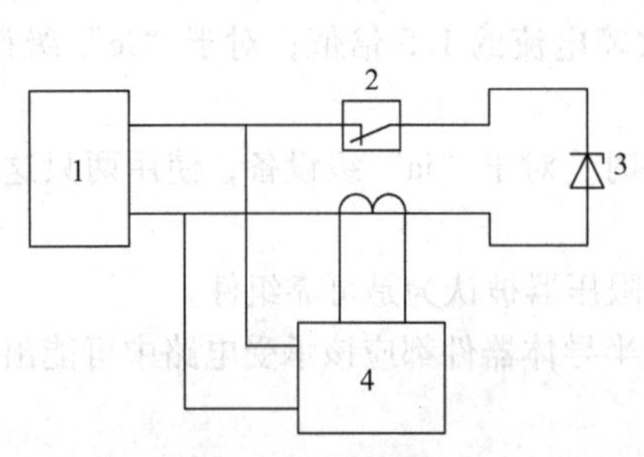

图 6.12　瞬态能量测试电路示意图

1—被试电路　2—限流开关

3—稳压二极管　4—高速存储示波器

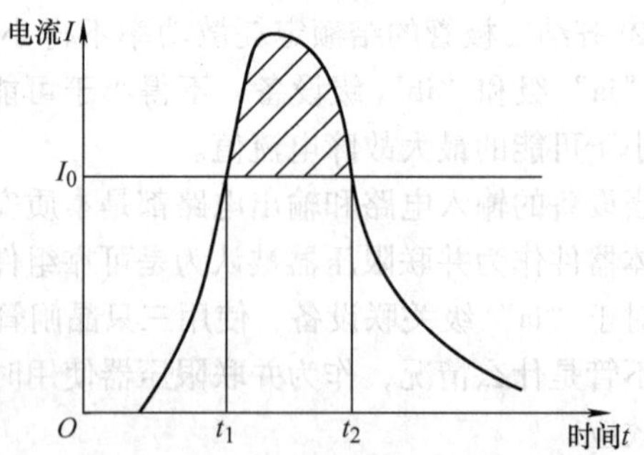

图 6.13　瞬态电流的波形

I_0—电流的安全限值

$t_1 \sim t_2$—瞬态电流作用的时间段

从图6.13中可以看出，图中阴影部分就是瞬态电流幅值随时间变化的波形，它叠加在1.66A之上。在计算出这个面积之后，将它与供电电压相乘即可得到瞬态效应所携带的瞬态能量。

在试验时，高速存储示波器记录的相应数据如下：

高速存储示波器的时间分辨率为1E－06s。示波器采集的电流大于1.66E＋00A的时间数据（时间段）为4.4E－06～7.0E－06s（积分区间）；电流数据为：1.66E＋00A，1.70E＋00A，1.74E＋00A，1.78E＋00A，1.80E＋00A，1.82E＋00A，1.84E＋00A，1.86E＋00A，1.88E＋00A，1.88E＋00A，1.88E＋00A，1.88E＋00A，1.88E＋00A，1.88E＋00A，1.88E＋00A，1.88E＋00A，1.84E＋00A，1.84E＋00A，1.82E＋00A，1.82E＋00A，1.80E＋00A，1.78E＋00A，1.76E＋00A，1.72E＋00A，1.70E＋00A，1.68E＋00A，1.66E＋00A；电压数据为18V。

人们可以使用辛普森（Simpson）积分公式来计算这个瞬态能量，即

$$
\begin{aligned}
q &= U\int_a^b f(x)\,\mathrm{d}x \\
&\approx U\frac{b-a}{3n}\left[(y_0+y_n)+2(y_2+y_4+\cdots+y_{n-2})+4(y_1+y_3+\cdots+y_{n-1})\right]
\end{aligned}
\tag{6.4}
$$

式中 U——供电电压（V）；

n——试验采集的数据个数；

$y_0 \sim y_n$——试验采集的数据数值（A）；

$a \sim b$——试验采集数据的时间区间（s）。

将上述的这些数据代入式（6.4）中计算即可得到

$$q = 81\mathrm{E}-06\mathrm{J}$$

即81μJ。

试验结果告诉我们，被试电路的瞬态能量 $q=81\mu\mathrm{J}$，大于标准要求的最大值（80μJ），因此，被试电路不合格。

这里需要特殊注意的是，在这种试验电路中，要最大限度地减小试验设备对测试结果造成的影响（示波器是这个试验的关键设备，分辨率要高），因为所测试的能量太小。

在本质安全型电气设备内部，这种瞬态效应的影响比较小，因而，可以忽略。

3. 压电器件

在本质安全型电气设备及其关联设备中，有时候，人们根据需要往往使用一种被称作压电器件的元件。

所谓压电器件，是一种用压电材料制成的器件。压电材料，例如，压电陶瓷、压电晶体材料、高分子压电材料等，可以在外力作用下由机械变形产生电场，也可以在电场作用下由电场力产生机械变形。这种固有的机-电耦合效应使得压电材料在工程中获得广泛的应用。

例如，使用压电材料制成的压电滤波器、压电晶体振荡器、压电换能器、压力（加速度）传感器等，就是这里所说的压电器件。

在本质安全电路中，压电器件的安全性能主要是用冲击试验的方法（参见第2章）来测定。在这种试验中，试验人员应该测量压电器件的电容量（C）和端电压（U）。

在分别进行的两次冲击试验中测得的电容量和端电压值中较大者，作为它的电容量和端电压。

在实际测得的端电压条件下，压电器件中晶体电容器存储的最大能量（$1/2CU^2$）不应该大于下列值：

- 对于Ⅰ类设备，1500μJ；
- 对于ⅡA级设备，950μJ；

• 对于ⅡB 级设备，250μJ；
• 对于ⅡC 级设备，50μJ。

在压电器件实际应用时，人们可以使用限能保护元件来限制它的输出能量。例如，在压电器件两端串联可靠限流电阻器或（和）并联限压元件就可以限制它的能量。

6.3.4 可靠元器件及其连接

在本质安全型电气设备的电路中，人们使用着各种不同的可靠元器件和可靠连接，来组成设备的功能环节。

所谓可靠元器件和可靠连接，就是符合相关要求的不容易发生故障（发生故障的概率很小）的元器件和它们之间的连接。下面的这些元器件以及相应的连接被称为可靠元器件和可靠连接。

1. 可靠变压器

在本质安全电路中使用的变压器，可以分为两类：电源变压器和其他用途的变压器。这里以电源变压器为主来讨论一下它的结构和安全保护措施。

（1）电源变压器的结构

在电源变压器中，向本质安全电路供电的所有绕组同其他的所有绕组应该可靠地隔离开来。设计人员可以采用下列两种结构进行这种隔离（图 6.14）。

1）1 型结构

① 向本质安全电路供电的所有绕组和其他的所有绕组并列地布置在铁心的一个心柱上，如图 6.14a 所示。

② 向本质安全电路供电的所有绕组和其他的所有绕组分别地布置在铁心的不同心柱上，如图 6.14b 所示。

而且，不管是哪种布置方式，绕组之间都必须按照表 6.1 中的规定进行可靠的隔离。

2）2 型结构

① 不管是向本质安全电路供电的绕组还是其他的绕组，所有绕组之间都必须按照表 6.1 中规定的固体绝缘要求进行可靠的隔离，如图 6.14c所示。

② 在向本质安全电路供电的所有绕组和其他的所有绕组之间进行接地屏蔽隔离，如图 6.14d 所示。例如，人们可以利用接地铜箔或接地导线绕组进行这种屏蔽隔离。

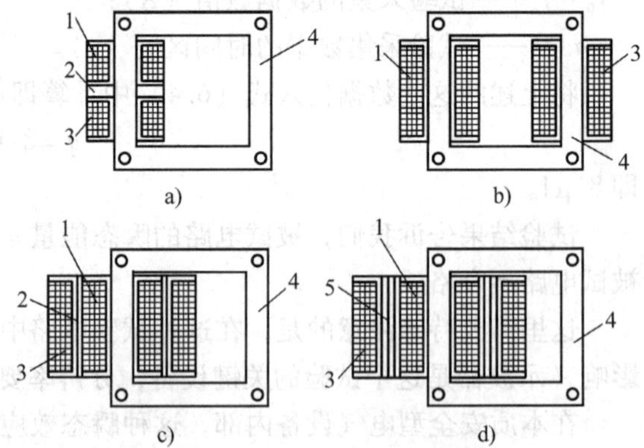

图 6.14　电源变压器的隔离结构
a）布置在同一心柱上　b）布置在不同心柱上
c）固体绝缘隔离　d）接地屏蔽隔离
1——次绕组　2—固体绝缘
3—二次绕组　4—铁心　5—接地屏蔽

在接地铜箔或接地导线绕组隔离的情况下，接地铜箔的厚度或接地绕组导线的直径，应该能够承受电路中保护熔断器或断路器动作时流过的电流而不损坏。因此，接地铜箔的厚度和接地绕组导线的直径必须符合表 6.11 中规定的相应数值。

表 6.11　熔断器的额定电流和铜箔最小厚度、绕组导线最小直径①

熔断器的额定电流/A	0.1	0.5	1	2	3	5
铜箔最小厚度/mm	0.05	0.05	0.075	0.15	0.25	0.3
绕组导线最小直径/mm	0.2	0.45	0.63	0.9	1.12	1.4

① 引自 GB 3836.4《爆炸性环境　第 4 部分：由本质安全型“i”保护的设备》。

在使用铜箔作为屏蔽隔离措施时，铜箔应该配置两根在结构上完全独立的导体进行接地。而且，每一根导体都应该能够承受电路中保护熔断器或断路器动作时流过的电流，例如，对于熔断器，$1.7I_n$。

在使用绕组作为屏蔽隔离措施时，绕组应该具有两个在电气上完全独立的导线层，导线层之间应该有能够承受500V试验电压的可靠的绝缘。每一层导线层都应该可靠地接地，而且，能够承受电路中保护熔断器或断路器动作时流过的电流。

除此之外，电源变压器的铁心必须设置接地端子；电源变压器的绕组必须经过浸渍或浇封处理。

（2）电源变压器的安全保护措施

在本质安全电路中使用的变压器，输入电路应该接入符合相应要求的熔断器或断路器进行过载和短路保护。

当电源变压器的输入绕组和输出绕组之间用接地金属屏蔽隔离起来时，每一个不接地的输入电路应该接入符合相应要求的熔断器或断路器进行过载和短路保护。

另外，在某些情况下，人们还应该在变压器中埋入一支热熔断器或其他热保护器件，对变压器进行过热保护。

此外，为了防止变压器输出绕组短路，人们应该在输出绕组中串联可靠限流电阻器。而且，可靠限流电阻器应该与变压器浇封在一起，或者，可靠限流电阻器与变压器装配在一起时符合相应的电气间隙和爬电距离的要求。

在这种情况下，即使输出绕组通过可靠限流电阻器发生短路，流过输出绕组和可靠限流电阻器的短路电流也不会超过一次侧输入端熔断器所允许的电流，即1.7倍一次侧输入电流值。这样，既可以防止变压器因输出绕组短路出现不允许的大电流，又可以为后续电路提供足够的负载电流，保证电源和本质安全电路实现可靠的隔离。

（3）电源变压器的试验

1）型式试验

电源变压器的型式试验分为耐电压试验和温度测定两项试验。

① 耐电压试验

在进行耐电压试验时，试验人员应该在向本质安全电路供电的任一绕组和所有其他绕组之间施加（$2U_n+1000$）V或1500V的试验电压（二者之中较大者），历时1min。这里，U_n是被试绕组之间的最高额定电压。

试验期间不应该发生闪络，甚至击穿。

② 温度测定

在进行温度测定时，试验人员应该在变压器的一次侧（输入回路）输入$1.7I_n$（I_n为熔断器熔断体的额定电流）的电流或者断路器不动作的最大持续电流。在试验期间，这个电流值应该保持在它的标称值上（误差±10%）。

试验至少进行6h或者直到无自动复位热断路器动作；假若热断路器是自动复位的，则试验至少进行12h。

电源变压器绕组的温升按下式计算求得：

$$t=\frac{R}{r}(k+t_1)-(k+t_2) \tag{6.5}$$

式中　t——绕组温升（K）；

R——在试验条件下绕组的最大电阻值（Ω）；

r——环境温度为 t_1 时绕组的电阻值（Ω）；

t_1——测量 r 时 r 周围的温度（℃）；

t_2——测量 R 时 R 周围的温度（℃）；

k——在0℃时绕组电阻温度系数的倒数，对于铜，$k=234.5$。

由式（6.5）求得的温升值加上试验时的环境温度即为被测绕组的温度值。这个温度不应该大于变压器所用绝缘材料的耐热等级允许的温度值或设备温度组别的温度值。

这里应该指出的是，变压器的温度测定，除在一次侧施加 $1.7I_n$ 电流的试验外，还应该进行额定工作状态下的温度测定。

当然，人们也可以使用其他等效的方法来测定绕组的温度。

【例6.6】 现有一台本质安全型电源的电源变压器，温度组别为T4组，使用的绝缘材料的耐热等级为F级；容量为20VA；一次供电电压为220V，二次输出电压为12V；一、二次绕组布置在不同心柱上（参见图6.14b）。在环境温度为20℃时测得一次绕组的电阻为100Ω，二次绕组的电阻为0.8Ω。在额定工作状态下通电6h后，测得的变压器周围的温度为25℃，一次绕组的电阻为113Ω，二次绕组的电阻为0.9Ω。试计算此时电源变压器的温升。

将相关数据代入式（6.5）中计算得知：

- 一次绕组温升为

$$\begin{aligned} t_1 &= 113/100\times(234.5+20)\text{K}-(234.5+25)\text{K}\\ &=28.085\text{K}\\ &\approx 28\text{K}\end{aligned}$$

- 二次绕组温升为

$$\begin{aligned} t_2 &= 0.9/0.8\times(234.5+20)\text{K}-(234.5+25)\text{K}\\ &=26.8125\text{K}\\ &\approx 27\text{K}\end{aligned}$$

计算结果表明，一、二次绕组的温升基本一致。由于一、二次绕组分别布置在不同心柱上，所以温升略有差别。

计算可知，电源变压器的绕组温度为（28+25）℃，没有超过温度组别的温度值（135℃）和耐热等级的温度值（130℃）。

这里需要指出的是，电源变压器的绕组温度不能简单地用绕组温升加某个环境温度（例如40℃）来确定。因为绕组温升与变压器周围的环境温度、随温度变化的电阻有关，所以只能通过试验求得有关数据后与试验时变压器周围的环境温度相加来确定。此外，这里的计算没有顾及0℃对电阻值的影响。

2）出厂试验

在进行出厂试验时，试验人员应该按照表6.12中规定的电压值施加在变压器的各个绕组之间或各个绕组与铁心或屏蔽之间。

表6.12 可靠变压器出厂试验试验电压①

试验部位	试验电压（有效值）		
	电源变压器	非电源变压器	一次绕组和二次绕组均与本质安全电路相连的变压器
输入绕组与输出绕组之间	$4U_n$② 或2500V，取二者较大值	$2U_n$+1000V或1500V，取二者较大值	500V
全部绕组与铁心或屏蔽之间	$2U_n$或1000V，取二者较大值	$2U_n$或500V，取二者较大值	500V

（续）

试验部位	试验电压（有效值）		
	电源变压器	非电源变压器	一次绕组和二次绕组均与本质安全电路相连的变压器
向本质安全电路供电的绕组与其他绕组之间	$2U_n$ + 1000V 或 1500V，取二者较大值	$2U_n$ 或 500V，取二者较大值	500V
本质安全电路绕组之间	$2U_n$ 或 500V，取二者较大值	$2U_n$ 或 500V，取二者较大值	500V

① 自 GB 3836.4《爆炸性环境　第 4 部分：由本质安全型“i”保护的设备》。
② U_n 为试验绕组的最高额定电压。

在试压期间，被试部位不得发生闪络或击穿现象。

除了电源变压器以外，在本质安全电路中还经常使用一些其他类型的变压器，例如信号电路中的耦合变压器以及变换器馈电装置中的传输变压器。

对于这样的变压器，原则上，它们应该符合以上的要求，只是在进行出厂试验时试验电压比电源变压器的要稍低一些，例如，输入绕组与输出绕组之间施加的试验电压为 $2U_n$ + 1000V 或 1500V，二者之中的较大值（参见表 6.12）。

2. 可靠电隔离器件

在本质安全电路中，通常情况下，电隔离器件主要是指光耦合器件。当然，符合相应规定的继电器以及其他元器件也可以用作电隔离器件。

电隔离器件，假若符合相应要求，便被认为是不可跨接而发生短路的可靠电隔离器件。例如，光耦合器件，只要它的额定值符合第 6.3.1 节的“三分之二原则”规定，而且又经受了相应的介电强度试验，便可以认为这种器件是一种可靠电隔离器件。

这里以光耦合器件为例来讨论可靠电隔离器件。

（1）结构与安全要求

光耦合器件是一种以光为耦合介质在它的输入端和输出端之间传递电信号的器件。这种器件，按照结构形式，通常由三部分组成：光的发射、光的接收及电信号的放大，具有很好的电气隔离特性；按照封装形式，可以分为单只封装器件和集成封装器件。这里作为可靠元器件，主要讨论单只封装的光耦合器件（集成封装器件一般不被看作是可靠元器件）。

在使用光耦合器件对本质安全电路和非本质安全电路进行电隔离时，人们应该在非本质安全电路的输入端配置适当的保护环节，以保证非本质安全电路的电压和电流不会超过光耦合器件的额定值的三分之二。

在非本质安全电路输入端配置合适的熔断器和齐纳二极管，就是这样的保护环节。此时，熔断器应该能够分断预期的峰值电源电流；齐纳二极管的额定功率不应该小于 $1.7I_n$ 电流与最高齐纳电压之积。

（2）试验

在本质安全电路和非本质安全电路之间设置的光耦合器件，假若非本质安全电路侧设置的保护环节不足以提供可靠的过载保护，应该承受以下规定的型式试验。

1）介电强度试验

在介电强度试验时，光耦合器件应该首先进行过载温度试验，之后才能进行介电强度试验。

① 过载温度试验

在进行过载温度试验时，光耦合器件的接收侧（发射侧）应该以额定电压和额定电流运行，发射侧（接收侧）应该以不损坏元件的规定功率运行（这个功率可从光耦合器件的数据表中选取）。

试验在发射侧（接收侧）达到热稳定以后应该再增加功率直至又一次达到热稳定，如此继续下去直到发射侧（接收侧）半导体元件损坏为止。试验人员应该记录环境温度和试验样品刚好损坏之前发射侧（接收侧）的最高表面温度。

不管是发射侧还是接收侧，试验都应该分别用 5 只试验样品进行。

② 介电强度试验

在过载温度测试之后，试验人员应该将试验所用的 10 个试验样品放置在温度为所测得的最高表面温度加 10K（不超过 15K）的烘箱中至少 6h，但也不必超过 7h。

接着，试验人员应该将这些试验样品放置在实验室环境温度下，待温度降至（25±2)℃时在本质安全接线端子和非本质安全接线端子之间施加试验电压 1.5kV[(50±2)Hz 或(60±2)Hz，有效值]，并在 10s 内增至 3kV，然后，保持（60±5）s。

在试验过程中，光耦合器件的发射侧和接收侧的绝缘应该没有发生击穿，泄漏电流不应该超过 5mA。

2）炭化试验

炭化试验所用试验样品应该为10 只（每5 只一组）。每一只试验样品均应该承受过载温度试验。经过过载温度试验后的试验样品才能进行炭化试验。

在试验时，试验人员应该在试验样品的下列部位施加试验电压375V［（50±2） Hz 或（60±2）Hz，有效值］并保持 30min。

- 发射侧，二极管的正、负极上；
- 接收侧，晶体管的集电极和发射极上。

在试验的最后 5min 内，泄漏电流不应该超过 5mA。

3. 可靠限流电阻器

在本质安全电路中使用的可靠限流电阻器，应该是下列型式的：

- 薄膜型；
- 线绕型；
- 经过浇封或涂覆的混合电路以及印制电阻。

可靠限流电阻器的额定电压和额定功率应该满足第 6.3.1 节中规定的“三分之二原则”。

对于薄膜型电阻器，主要有金属膜电阻、金属氧化膜电阻、碳膜电阻等。金属膜电阻具有精度高、稳定性好、温度系数小等优点，而且体积又小，噪声又低。金属氧化膜电阻的特点是耐高温、耐热冲击、负载能力强。碳膜电阻的性能一般，但成本低。

对于线绕型电阻器，它具有性能稳定、耐热性好、误差范围小等特点，适用于大功率的情况。在底板上安装后，制作人员应该用浇封化合物把它浇封起来，以防止绕线断开时绕线松展开与其他元器件或导线“搭线”。浇封化合物固化后表面的相比电痕化指数应该符合表6.1 中的相应规定值。

对于这样的线绕型电阻器，人们不必考虑其绕线之间可能发生匝间短路故障。

此外，在正常运行条件下，熔断器和灯泡灯丝的冷态电阻（在最低环境温度条件下）也可以认为是可靠限流电阻器。

4. 可靠隔直电容器

在电子电路（包括在本质安全电路）中，隔直电容既可以在级间隔离直流传递交流信号，又可以作为旁路元件滤除高频信号。

在本质安全电路中，作为隔直电容使用的电容器应该采用高度可靠的固体介质电容器，不可以使用电解电容器和钽电容器。在电容器的正、负极板之间使用纸、云母、陶瓷或薄膜等固体介质的电容器就是这种电容器，它的可靠性高，稳定性又好。而电解电容器和钽电容器内包含液体介质，例如稀硫酸溶液，在使用过程中有可能泄漏，从而造成附加危险。

电容器的额定电压应该不小于电路中可能出现的最高电压的 1.5 倍值。

两个这样的电容器串联起来组成一个隔直电容器组件。这是一种可靠组件。

在隔直电容器组件中，每一个电容器的绝缘都应该承受相应的介电强度试验。

当隔直电容器布置在本质安全电路和非本质安全电路之间时，人们还应该考虑到电路中可能产生的瞬态效应。

5. 可靠电感器（线圈）

在本质安全电路中使用的电感器应该符合下列要求：

① 绕制电感线圈的导体的线径不得小于 0.05mm。

② 电感线圈的两个导体之间至少有两层绝缘，或者，有一层厚度大于 0.5mm 的固体绝缘，或者，采用符合国家标准 GB/T 6109.2《漆包圆绕组线　第 2 部分：155 级聚酯漆包铜圆线》、GB/T 6109.5《漆包圆绕组线　第 5 部分：温度指数 180 的聚酯亚胺漆包铜圆线》、GB/T 6109.6《漆包圆绕组线　第 6 部分：温度指数 220 的聚酰亚胺漆包铜圆线》规定的 1 级（经相应试验合格）和 2 级漆包线绕制线圈。

这里需要指出的是，电感线圈绕制完成后应该进行浸渍绝缘处理；通常应该采用沉浸、滴注或真空浸渍的工艺方法，涂刷和喷涂被认为不是有效的浸渍方法。当所用的浸渍物质中含有溶剂时，线圈至少应该进行两次这样的浸渍和烘干。

6. 可靠安全分流组件

在本质安全电路中，用来保证电路的本质安全性能的元器件组合被称为安全分流组件。

当安全分流组件仅仅承受最高电压（U_m）作用时，安全分流组件中的每一个元器件都应该符合第 6.3.1 节的“三分之二原则”规定；假若元器件用熔断器进行保护时，元器件应该能够承受熔断器的 $1.7I_n$ 电流值的持续电流（I_n——熔断体电流）。

必要时，安全分流组件应该用符合规定的浇封化合物浇封起来，以避免连接处断开形成火花。

（1）安全分流器

当安全分流组件能够保证把电路中元器件或部件的使用电气参数控制到不使本质安全性能失效时，这样的组件被视为可靠安全分流器。

当安全分流器承受最高电压（U_m）时，它应该能够承受电路中可能出现的瞬态过程。但是以下情况可以不予考虑：

① 用于限制电感器或压电器件等储能器件放电时。

② 用于限制电容器等储能器件电压时。

例如，连接成桥式电路的二极管组件，只要二极管的额定值符合相应要求，则可以被认为是可靠安全分流器。

（2）安全限压器

当安全分流组件能够保证符合要求的电压施加到本质安全电路时，这样的组件被视为安全限压器。

当安全限压器承受最高电压（U_m）时，它应该能够承受电路中可能出现的瞬态过程。但是以下情况可以不予考虑：

① 由可靠电源变压器供电时。

② 由二极管安全栅供电时。

③ 由电池（组）供电时。

④ 由安全分流组件供电时。

例如，当采用半导体二极管（包括齐纳二极管）组成安全分流组件时，分流组件应该用两只二极管并联组成，而且，每一只二极管都能够承受故障状态下流过连接点的最大电流。这样的安全分流组件就是可靠并联限压器。

7. 元器件的可靠连接

在本质安全型电气设备的电路中，除了可靠元器件外，这些元器件之间的连接导线和导线连接也应该是可靠的。可靠连接被认为是不会发生开路故障的。

当可靠元器件之间的连接符合下列要求时，这种连接便被认为是可靠连接。

（1）连接导线

当可靠元器件之间采用导线连接时，这种连接应该满足以下要求：

① 用两根导线并联连接。

② 用直径至少为0.5mm的单根导线连接，而且，无固定的长度不得大于50mm或者在连接点设置可靠的固定措施。

③ 用单根导线截面积至少为0.125mm^2（直径为0.4mm）的带状软线连接，而且，无固定的长度不得大于50mm或者在连接点设置可靠的固定措施。

（2）印制导线

在印制电路板上，印制导线应该满足以下要求：

① 两条并联连接，而且，每一条印制导线的宽度不得小于1mm。

② 单条连接，但是，它的宽度至少为2mm或者宽度大于其长度的1%，取二者较大值。

多层印制电路板中每一层的印制导线与另一层的印制导线之间，应该通过一个周长至少为2mm的导通孔连接，或者，通过并排设置、周长至少为1mm的两个导通孔连接，而且印制导线的宽度应该符合上面的要求。

③ 印制导线的标称厚度不应该小于35μm（覆铜箔厚度），或者，印制导线能够通过相应的有关试验。

（3）连接点

不管是在安装底板上还是在印制电路板上，导线的连接点（或焊接点）都必须连接可靠。例如，

① 对于并联连接的导线，每一端的连接点都应该有两个。

② 对于只用一个焊接点的情况，连接导线在焊接点处穿过印制电路板上小孔弯曲后焊在焊接点上，当然也可以使用其他等效的方法焊接。

③ 对于贴片元件，焊接处的焊接长度至少为2mm。

④ 连接导线可以采用螺钉或螺栓连接，而且，要有放松措施。

这里需要说明的是，在“ic”级本质安全型设备和电路中，人们可以不采用这种所谓的“可靠连接”。

6.3.5 二极管安全栅

在本质安全电路和非本质安全电路之间，人们常常设置一种“接口”电路环节，把这两种电路既联系起来又隔离开来。这种“接口”电路环节被称为“安全栅”。

由二极管为主要器件构成的安全栅叫做二极管安全栅（或称“齐纳安全栅”）。

通常情况下，二极管安全栅的电路由熔断器、限流电阻和（并联）二极管（包括齐纳二极

管）组成（图6.15）。（并联）二极管用来限制供给本质安全电路的电压，限流电阻用来限制流过本质安全电路的电流，熔断器用来保护二极管。

二极管安全栅的输入回路是非本质安全电路，输出回路是本质安全电路。因而，它是一种关联设备。

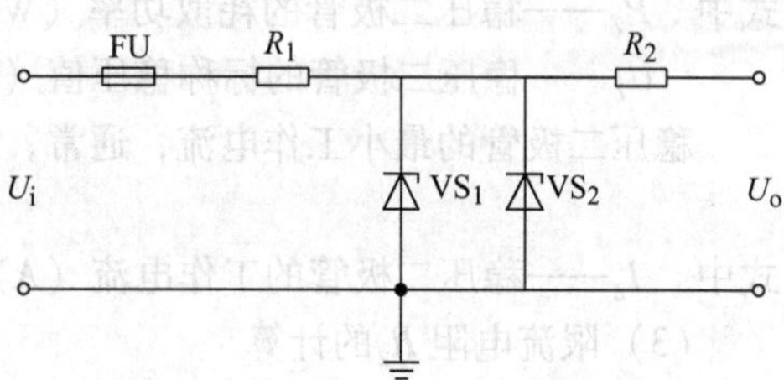

图6.15 “ia”级和“ib”级二级管安全栅原理示意图

FU—熔断器 R_1，R_2—可靠限流电阻器

VS_1，VS_2—稳压二极管

1. 结构

二极管安全栅可以分为三个设备保护级别：“ia”级、“ib”级和“ic”级。

对于“ia”级和“ib”级，二极管安全栅的电路应该采用两只二极管并联。在考虑故障时，仅考虑这种安全栅只有一只二极管发生故障。限流电阻应该采用可靠电阻器。元器件之间的连接应该采用可靠连接。

对于“ic”级，二极管安全栅的电路可以采用一只二极管，而且可以不考虑故障。限流电阻可以采用普通电阻器，只是它的使用功率不应该大于额定值的三分之二。

不管是哪级设备，熔断器都应该采用快速熔断器。

二极管安全栅应该设置两个独立的接地端子，而且，每一个接地端子都能够连接截面积不小于4mm^2的绝缘导线。

二极管安全栅的电路应该被浇封在一个外壳内或者浇封成一个整体。

2. 参数计算

二极管安全栅的电路计算主要是计算它的二极管和限流电阻。实质上，这种计算就是二极管稳压电路的计算，只不过在相应的计算中根据防爆安全性能引入适当的安全系数而已。

在这种计算中，已知参数包括额定输出电压；额定输出电流及其波动范围；稳压二极管的标称稳压值，稳压范围，耗散功率，工作电流；输入电压（除特定情况外，通常，电压波动范围按±10%计）。

（1）输出电压与输出电流的关系

根据本质安全电路理论，二极管安全栅的输出电压与输出电流之间存在如下关系：

根据防爆级别（Ⅰ类、ⅡA级、ⅡB级和ⅡC级）的不同，从图6.21所示曲线查找输出电压对应的最小点燃电流。在取1.5倍安全系数的情况下，修正最小点燃电流为

$$I_S = I_{U.d}/1.5 \tag{6.6}$$

式中 $I_{U.d}$——输出电压对应的最小点燃电流（A）。

二极管安全栅的输出电流不允许大于这个修正最小点燃电流（I_S）。

（2）稳压二极管VS的选择和计算

大家知道，根据稳压二极管的工作原理，当负载电流一定而输入电压增加时，它的工作点将向最大工作电流点移动；当输入电压一定而负载电流增加时，它的工作点将向最小工作电流点移动，于是，它的端电压就可以保持稳定。

因此，为保证安全栅能够正常工作，它的开路电压应该为稳压二极管的标称稳压值，输出电流不应该大于稳压二极管的最大工作电流（在安全系数为1.5倍时），输出功率（1.5倍输出电流与标称稳压值之积）不应该大于稳压二极管的耗散功率。通常情况下，人们应该根据这些指标来预选合适的稳压二极管。

当稳压二极管初步确定以后，这里的计算主要是指计算它的最大工作电流。在取1.5倍安全系数的情况下，最大工作电流为

$$I_{Z.max} = P_Z/1.5U_Z \tag{6.7}$$

式中　P_Z——稳压二极管的耗散功率（W）；

U_Z——稳压二极管的标称稳压值（V）。

稳压二极管的最小工作电流，通常，按它的工作电流计，即

$$I_{Z.min} = I_Z \tag{6.8}$$

式中　I_Z——稳压二极管的工作电流（A）。

（3）限流电阻 R_2 的计算

根据欧姆定律，额定输出电压与稳压二极管的标称稳压值之差除以额定输出电流即可得到限流电阻 R_2。

假若安全栅短路，则限流电阻 R_2 处于最严酷（短路电流为 $I_d = U_{Z.max}/R_2$）的状态下。此时，它的耗散功率最大，即

$$P_{R2} = 1.5I_d^{\,2}R_2 \tag{6.9}$$

式中　I_d——短路电流（A）。

应该指出的是，安全栅短路电流 I_d 远小于输出电压对应的最小点燃电流（$I_{U.d}$）。

（4）二极管稳压电路负载电阻（R_L）的计算

在二极管稳压电路中，输出电压是一定的，即稳压二极管的标称稳压值（U_Z）。负载电流的变化即是负载电阻的变化，于是，根据欧姆定律，标称稳压值除以负载电流就可以得到它的负载电阻（R_L）；根据负载电流的波动范围就可以得到它的最大值（$R_{L.max}$）和最小值（$R_{L.min}$）。

对于二极管安全栅电路（图 6.15）来说，这个负载电阻（R_L）包括限流电阻 R_2。

（5）限流电阻 R_1 的计算

限流电阻 R_1 的计算主要是根据电路理论，首先计算出 R_1 的取值范围，然后选取 R_1 的值。

分析和计算可知，R_1 的取值范围为

$$\begin{aligned} R &> (U_{I.max} - U_Z)R_{L.max}/(R_{L.max}I_{Z.max} + U_Z) = R_{1.min} \\ R &< (U_{I.min} - U_Z)R_{L.min}/(R_{L.min}I_{Z.min} + U_Z) = R_{1.max} \end{aligned} \tag{6.10}$$

式中　$U_{I.max}$，$U_{I.min}$——输入电压的最大值和最小值（V）；

U_Z——稳压二极管的标称稳压值（V）；

$I_{Z.max}$，$I_{Z.min}$——稳压二极管的最大工作电流和最小工作电流（A）；

$R_{L.max}$，$R_{L.min}$——负载电阻的最大值和最小值（Ω）。

对于二极管安全栅电路（图 6.15）来说，这个限流电阻 R_1 包括熔断器熔断体的冷态电阻 R_f。

人们应该在 $R_{1.min} < R < R_{1.max}$ 范围内选取 R_1 的值，而且，还应该考虑 R_f 的影响。

R_1 的耗散功率为

$$P_{R1} = 1.5 \times (U_{I.max} - U_Z)^2/R_1 \tag{6.11}$$

假若选取的 R_1 值包含 R_f 值，则按照式（6.11）计算耗散功率时应该考虑 R_f 的影响。

这里应该指出的是，在计算 R_1 的取值范围时，可能会出现 $R_{1.min} > R_{1.max}$ 的情况。这表明，在给定条件下稳压二极管的工作点不在它的工作范围（$I_{Z.min} \sim I_{Z.max}$）内。此时，人们应该调整相关参数，例如，缩小输出电流的波动范围或（和）增加输入电压的数值，重新计算，直至符合要求。当然，增加稳压二极管的耗散功率也是一种可供选择的方法，只是需要重新选择二极管，有时候，可能会遇到困难。

（6）熔断器 FU 的选择

按照防爆安全性能的要求，熔断器应该能够连续地通过 1.7 倍熔断体的电流（这里是指稳压

二极管的最大工作电流）。人们可以据此来选择合适的熔断体和熔断器。

（7）输出电阻的确定

当稳压二极管不工作时，从输入端到输出端的电阻称为二极管安全栅的输出电阻。这个电阻等于所有限流电阻（包括熔断体的冷态电阻）之和。

（8）外部匹配参数的确定

二极管安全栅的外部匹配参数是指最大输出电压（U_o）、最大输出电流（I_o）、最大输出功率（P_o）；最大外部电容（C_o）、最大外部电感（L_o）和最大外部电感与电阻比（L_o/R_o）。

在确定最大外部电容（C_o）、最大外部电感（L_o）和最大外部电感与电阻比（L_o/R_o）时，人们应该使用图 6.21 ~ 图 6.26 所示的曲线或国家标准 GB 3836.4《爆炸性环境　第 4 部分：由本质安全型“i”保护的设备》的数据表，在施加 1.5 倍安全系数的情况下，查找相应的数值，以及使用式（6.1）来计算 L_o/R_o。

这里应该指出的是，在查找数据时，电压以稳压二极管的最大稳压值为考核值，电流可以以安全栅的最大输出电流为考核值。

原则上，人们可以按照上述讨论的方法来计算二极管安全栅。下面举例说明这种计算。

【例 6.7】 计算二极管安全栅（图 6.15）的限流电阻和相关参数。已知条件：二极管安全栅的输出电压 $U_o=9\text{V}$；输出电流 $I_o=55\sim30\text{mA}$；开路电压：$U_{o.0}=12\text{V}$；防爆标志为［Exia］ⅡCT6 Ga。

分析可知，题设输出电压和输出电流符合本质安全性能要求。其他计算按照下列步骤进行。

第 1 步：选择和计算稳压二极管 VS。

根据题意计算可知，预选 2CWXX 型稳压二极管。它的稳压范围：12.0 ~ 12.6V；工作电流：5mA；耗散功率：1000mW。

按照式（6.7）计算，稳压二极管的最大工作电流 $I_{Z.\max}$ 为

$$I_{Z.\max}=1000/(1.5\times12)\text{mA}$$
$$\approx56\text{mA}$$

按照式（6.8）可知，稳压二极管的最小工作电流即为它的工作电流，$I_{Z.\min}=5\text{mA}$。

第 2 步：计算可靠限流电阻 R_2。

根据题意，可靠限流电阻 R_2 为

$$R_2=(12-9)/0.055\Omega$$
$$\approx54.5\Omega$$

在实际应用时，限流电阻 R_2 取 55Ω，为可靠电阻，故按式（6.9）计算 R_2 的耗散功率为

$$P_{R2}=1.5\times12.6^2/55\text{W}$$
$$\approx4.33\text{W}$$

第 3 步：计算负载电阻（R_L）。

根据题意，安全栅的输出电流波动范围为 55 ~ 30mA，按照欧姆定律计算负载电阻 R_L（包括 R_2）如下：

当输出电流取最大值时，则负载电阻（R_L）有最小值，即

$$R_{L.\min}=12/0.055\Omega$$
$$\approx218.2\Omega$$

当输出电流取最小值时，则负载电阻（R_L）有最大值，即

$$R_{L.\max}=12/0.03\Omega$$
$$=400\Omega$$

第4步：计算可靠限流电阻 R_1。

根据所选稳压二极管，安全栅的输入电压（U_I）取22V（电压波动范围按±10%计）。

在这里，令 $U_Z = 12V$，$I_{Z.max} = 56mA$，$I_{Z.min} = 5mA$，$U_{I.max} = 24.2V$，$U_{I.min} = 19.8V$，$R_{L.max} = 400\Omega$，$R_{L.min} = 218.2\Omega$。将这些数据代入式（6.10）中计算得到限流电阻 R_1 的取值范围为

最小值 $R_{1.min} \approx 141.9\Omega$

最大值 $R_{1.max} \approx 130.0\Omega$

显然，给定条件是不合理的，出现了 $R_{1.min} > R_{1.max}$。

为了实现 $R_{1.max} > R_{1.min}$，可以采用以下任何一种方案进行调整。

• 第1种方案

在题设其他条件不变的情况下，把输出电流的波动范围由55～30mA调整为55～45mA，重新计算。

重新计算的结果表明，可靠限流电阻 R_1 的取值范围为

最小值 $R_{1.min} \approx 120.8\Omega$

最大值 $R_{1.max} \approx 130.0\Omega$

这里，取 $R_1 = 125\Omega$（不包括熔断器熔断体的冷态电阻）。

按照式（6.11），计算得到 R_1 的耗散功率为

$$P_{R1} = 1.5 \times (24.2 - 12)^2 / 125W$$
$$\approx 1.79W$$

在此处和后续的计算中，熔断器熔断体的冷态电阻应该实际测量求得，这里按1Ω计，且电压降包括熔断器熔断体上的电压降。

• 第2种方案

在题设其他条件不变的情况下，把输入电压由 $U_I = 22V$ 调整为 $U_I = 28V$，重新计算。

重新计算的结果表明，可靠限流电阻 R_1 的取值范围为

最小值 $R_{1.min} \approx 218.6\Omega$

最大值 $R_{1.max} \approx 220.0\Omega$

这里，取 $R_1 = 218\Omega$（不包括熔断器熔断体的冷态电阻）。

按照式（6.11），计算得到 R_1 的耗散功率为

$$P_{R1} = 1.5 \times (30.8 - 12)^2 / 218W$$
$$\approx 2.43W$$

• 第3种方案

在题设其他条件不变的情况下，把稳压二极管的耗散功率由 $P_Z = 1000mW$ 调整为 $P_Z = 1500mW$（更换二极管），重新计算。

重新计算的结果表明，可靠限流电阻 R_1 的取值范围为

最小值 $R_{1.min} \approx 108.0\Omega$

最大值 $R_{1.max} \approx 130.0\Omega$

这里，取 $R_1 = 125\Omega$（不包括熔断器熔断体的冷态电阻）。

按照式（6.11），计算得到 R_1 的耗散功率为

$$P_{R1} = 1.5 \times (24.2 - 12)^2 / 125W$$
$$\approx 1.79W$$

总之，这三种调整方案都可以实现 $R_{1.max} > R_{1.min}$，但是各有利弊：第1种方案无需调整输入电压和更换二极管，但是缩小了输出电流的波动范围；第2种方案无需调整输出电流的波动范围

和更换二极管，但是提高了输入电压，增大了 R_1 的耗散功率；第 3 种方案无需调整输出电流的波动范围和输入电压，但是需要重新选择二极管（有时候，可能会遇到困难）。

这里需要指出的是，在 R_1 的取值范围内选取 R_1 的值时，R_1 可能是标准值，也可能是非标准值。假若是标准值，人们可以直接选用标准值；假若是非标准值，人们应该通过电阻的串联或（和）并联来获得这个值，不应该选取取值范围以外的任何标准值。然而，不管是什么情况，人们都应该考虑电阻误差可能带来的不利影响。

第 5 步：计算熔断器 FU。

熔断器应该能够连续地通过如下电流：

$$\begin{aligned} I &= 1.7 I_{Z.\max} \\ &= 1.7 \times 56\text{mA} \\ &= 93.5\text{mA} \end{aligned}$$

熔断器应该至少承受如下电压：

$$\begin{aligned} U &= 1.5 U_{\text{I}} \\ &= 1.5 \times 22\text{V} \\ &= 33\text{V} \end{aligned}$$

应该指出的是，这里可以直接采用 0.1A 的管式快速熔断器。

第 6 步：确定输出电阻 R_o。

按照第 1 种方案，输出电阻 R_o 为

$$\begin{aligned} R_o &= R_f + R_1 + R_2 \\ &= 1\Omega + 125\Omega + 55\Omega \\ &= 181\Omega \end{aligned}$$

第 7 步：确定外部匹配参数。

- 最大外部电容 C_o

由前述可知，安全栅的最高开路电压 $U_{o.m} = 12.6\text{V}$。当取 1.5 倍安全系数时，则修正最高开路电压为

$$\begin{aligned} U_{o.\max} &= 1.5 \times 12.6\text{V} \\ &= 18.9\text{V} \end{aligned}$$

对于ⅡC 级电路，查图 6.23 所示曲线得到，电源电压 18.9V 对应的允许电容约为 1.15μF，取最大外部电容 $C_o = 1\mu\text{F}$。

- 最大外部电感 L_o

根据题意，安全栅的最大输出电流 $I_o = 55\text{mA}$。当取 1.5 倍安全系数时，则修正最大输出电流为

$$\begin{aligned} I_{o.\max} &= 1.5 \times 55\text{mA} \\ &= 82.5\text{mA} \end{aligned}$$

对于ⅡC 级电路，查图 6.26 所示曲线得到，最小点燃电流 82.5mA 对应的允许电感约为 12mH，取最大外部电感 $L_o = 10\text{mH}$。

- 最大输出功率 P_o

根据题意，安全栅的最大输出电流 $I_o = 55\text{mA}$。当取 1.5 倍安全系数时，则最大输出功率为

$$\begin{aligned} P_o &= 1.5 \times 0.055 \times 12.6 \\ &\approx 1.04\text{W} \end{aligned}$$

最大输出功率取 $P_o = 1.1\text{W}$

3. 试验

二极管安全栅的试验，除检查电路组装及相应的输入、输出端子的正确性外，主要是检验电路中所用二极管的性能指标。

在进行试验前，试验人员应该在室温条件下按照制造商规定的试验条件测量二极管的端电压。所有待用的二极管都必须在温度为150℃的恒温箱中放置2h（出厂试验）。

此外，每一种型号的二极管还应该进行抽样承受脉冲电流试验（型式试验）。在试验时，试验人员应该在试验台上对10只二极管分别施加连续5次的矩形脉冲电流，脉冲宽度为50μs，间隔时间为20ms，脉冲幅值为最高电压（U_m）峰值除以电路中串联的熔断器熔断体冷态电阻（20℃时）和限流电阻之和所得的电流值。

经过这样的“老化”试验后，试验人员应该再次测量它们的端电压，并与试验前的测量值进行比对。假若试验前、后所测之值不大于5%，则认为试验样品符合要求。

4. 应用

二极管安全栅在本质安全电路中的作用是隔离危险能量。

从式（6.10）可以看出，在其他条件不变的情况下，当输入电压大于稳压二极管的稳压值时，计算得到的限流电阻有正常值，因此，安全栅处于正常状态，能够隔离电路的危险能量；当输入电压小于稳压二极管的稳压值时，计算得到的限流电阻可能为零或负值，稳压二极管无法正常工作，因此，安全栅在电路中“没有”限压限流作用。

但是，对于后一种情况，由于输入电压小于稳压二极管的稳压值，而且，又有限流电阻的限流作用，所以安全栅依然能够隔离危险能量，只是方式不同而已。

在实际应用中，正是后一种情况，常常在本质安全型电气设备中获得了较好的应用。

5. 安装

二极管安全栅应该安装在非危险场所，当在危险场所使用时，必须由其他的防爆型式进行保护。例如，将安全栅放置在隔爆外壳内就可以使用在危险场所中。

二极管安全栅，通常情况下，使用标准导轨（例如，35mm导轨）固定安装，当然，也可以直接使用接地汇流排固定安装。

二极管安全栅的接地必须牢固可靠（图6.16）。两个接地端子必须同时接地。接地连接导体的横截面积不应该小于4mm²。接地电阻不应该大于4Ω。连接导体的电阻不应该大于1Ω。

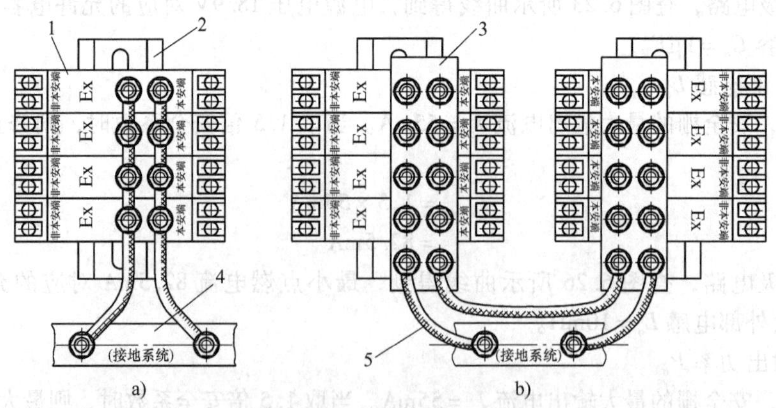

图6.16 安全栅接地示意图

a）绝缘导线连接 b）接地汇流排连接

1—二极管安全栅 2—标准导轨 3—接地汇流排 4—接地母线 5—绝缘导线

在安全栅接地时，不管是绝缘导线连接还是接地汇流排连接，接地导体都必须同其他导电零部件保持良好的绝缘。

6.3.6 本质安全电路中的模拟电感和模拟电容

在本质安全型电气设备和电路中，当采用模拟电子电路时，在某些情况下，可能会产生所谓的“模拟电感”和“模拟电容”。

模拟电感和模拟电容是指在模拟电子电路中某些包含电抗的电路环节中可能形成的“虚拟”电感和“虚拟”电容。理论分析可知，这样的电感和电容是存在的，而且，同样影响着电路的本质安全性能。

1. 模拟电感和模拟电容存在的理论分析

在模拟电子电路中，当电路中包含电感或（和）电容时，在某些情况下，可能会形成模拟电感或（和）模拟电容。这种情况没有规律性。这里举例进行简单的分析。

（1）模拟电感

【例 6.8】 设模拟电路单元如图 6.17 所示。其中 A 为理想运算放大器，C 为电容。现分析可能形成的模拟电抗元件。

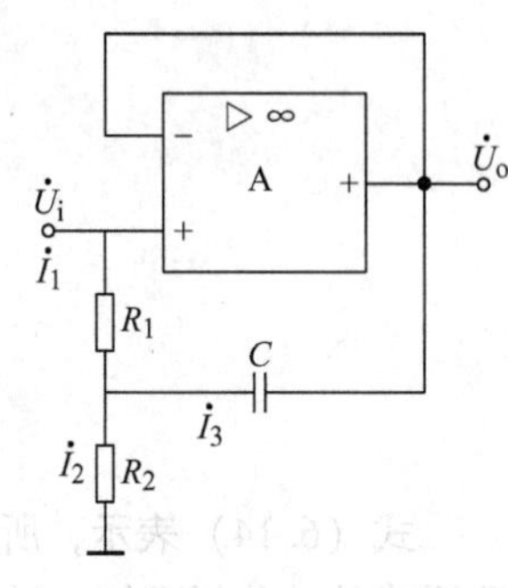

图 6.17 模拟电感分析电路

从图 6.17 可知，电流 $\dot{I}_1=\dot{I}_2+\dot{I}_3$，即

$$\dot{I}_1=\frac{\dot{U}_i-R_1\dot{I}_1}{R_2}+\frac{\dot{U}_i-R_1\dot{I}_1-\dot{U}_o}{\dfrac{1}{sC}}$$

令 $\dot{U}_o=-\dot{U}_i$，整理后得

$$\dot{U}_i=(R_1+R_2+sCR_1R_2)\dot{I}_1$$

于是，所分析电路的输入阻抗为

$$\begin{aligned}Z_i&=\dot{U}_i/\dot{I}_1\\&=R_1+R_2+sCR_1R_2\end{aligned}\tag{6.12}$$

由式（6.12）可知，所分析电路的输入阻抗具有电感特性；实部为 R_1+R_2，虚部为 sCR_1R_2，即 sL'。这里，我们称 L'为“模拟电感”。

由式（6.12）还可以看出，所分析电路尽管包含电容，但是，却具有电感的特性。在分析的情况下，电路的性质发生了变化。

（2）模拟电容

【例 6.9】 设模拟电路单元如图 6.18 所示。其中 A 为理想运算放大器，L 为电感。现分析可能形成的模拟电抗元件。

这里，依然按照例 6.8 的分析方法来分析图 6.18 的电路，可以得到

$$\begin{aligned}Z_i&=\frac{\dot{U}_i}{\dot{I}_1}\\&=R_1+R_2+\frac{1}{s\dfrac{L}{R_1R_2}}\end{aligned}\tag{6.13}$$

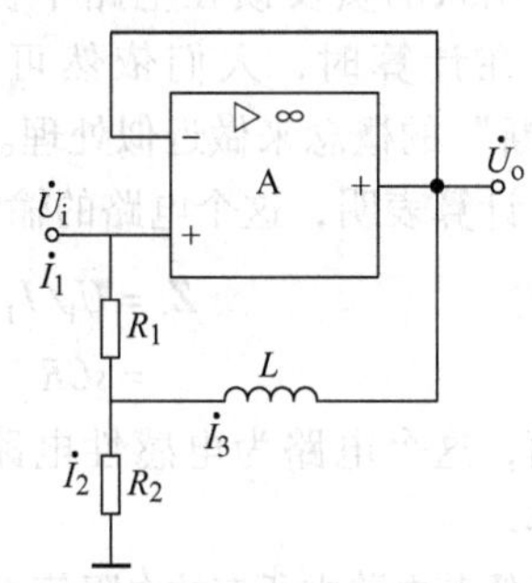

图 6.18 模拟电容分析电路（1）

由式（6.13）可知，所分析电路的输入阻抗具有电容特

性；实部为 R_1+R_2，虚部为 $\frac{1}{s\frac{L}{R_1R_2}}$，即 sC'。这里，我们称 C' 为“模拟电容”。

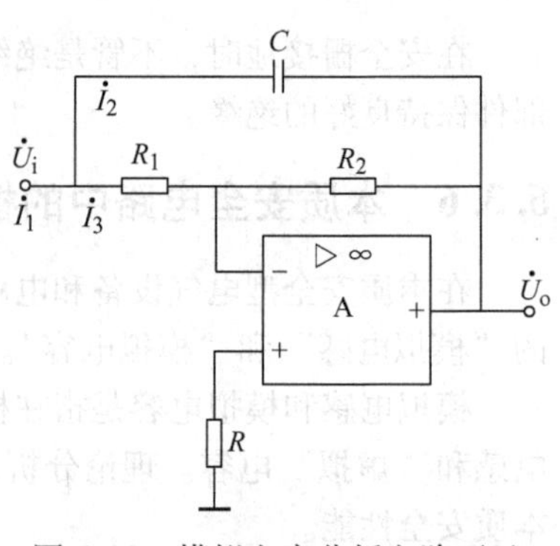

图 6.19　模拟电容分析电路（2）

同样，由式（6.13）还可以看出，所分析电路尽管包含电感，但是，却具有电容的特性。在分析的情况下，电路的性质发生了变化。

【例 6.10】　设模拟电路单元如图 6.19 所示。其中 A 为理想运算放大器，C 为电容。现分析可能形成的模拟电抗元件。

从图 6.19 可知，电流 $\dot{I}_1=\dot{I}_2+\dot{I}_3$，即

$$\dot{I}_1=[1/R_1+sC(1+R_2/R_1)]\dot{U}_i$$

于是，所分析电路的输入阻抗为

$$\begin{aligned} Z_i&=\frac{\dot{U}_i}{\dot{I}_1}\\ &=\frac{1}{\frac{1}{R_1}+sC(1+\frac{R_2}{R_1})}\\ &=R_1//\frac{1}{sC(1+\frac{R_2}{R_1})} \end{aligned} \tag{6.14}$$

式（6.14）表示，所分析电路的输入阻抗仍然具有电容特性，是由一个电阻和一个电容并联形成的。分析可知，尽管所分析电路的性质没有改变，但是，电容的值却增大了。

在某些文献中，图 6.19 所示电路被称为“电容倍增电路”。

2. 模拟电感和模拟电容存在的潜在危险

从上述的分析可知，在模拟电子电路中，由于电路结构的不同，可能会形成模拟电感或（和）模拟电容。

这样的模拟电感和模拟电容的数值与电路中包含的电阻、电感和电容的值以及电路结构有关。有时候，它的数值可能很大。下面通过一个实例计算予以说明。

【例 6.11】　设模拟电路单元如图 6.20 所示。其中 A_1、A_2 为理想运算放大器，R 为电阻，C 为电容。现分析可能形成的模拟电抗元件。

从图 6.20 可知，虽然电路中理想运算放大器 A_1 和 A_2 既引入了负反馈又引入了正反馈，但是，引入的负反馈在电路中仍然起主导作用，所以，在计算时，人们依然可以使用“虚短”和“虚断”的概念来做近似处理。

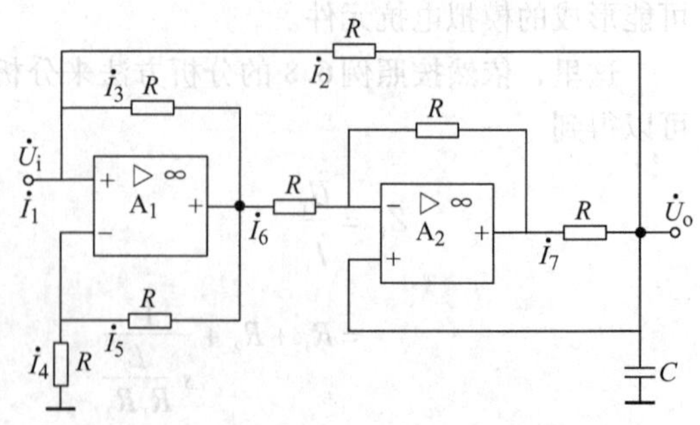

图 6.20　模拟电感分析电路

计算表明，这个电路的输入阻抗为

$$\begin{aligned} Z_i&=\dot{U}_i/\dot{I}_1\\ &=sCR^2 \end{aligned}$$

因而，这个电路为电感性电路，尽管电路中包含电容。

假若电路中所有的电阻值 $R=10\text{k}\Omega$，电容值 $C=$

0.1μF。计算可知，它的模拟电感将为 $L'=10\text{H}$。

由此可见，模拟电感和模拟电容的存在，不仅改变着电路的属性（电感性或电容性），而且还改变着电路中电感和电容的数值。

大家应该知道，在考核电路的本质安全性能时，除参数的数值外，对电感和电容考核的参数是不同的：

- 对于电感，考核电感值和相应的电流值。
- 对于电容，考核电容值和相应的电压值。

显然，模拟电感和模拟电容的存在，对电路的本质安全性能存在不小的潜在危险。本来电路中只包含电容，但是却隐含着一个“电感”；本来电路中只包含电感，但是却隐含着一个“电容”，而且，这样的“电感”和“电容”的数值还可能不小。这种既改变属性又改变数量的异常效应，对电路的本质安全性能的威胁是可想而知的。

因此，在实际工作中，假若本质安全电路中包含模拟电子电路，人们在考核电路的本质安全性能时不仅要考核实体电感和实体电容的作用，而且还要考虑这种模拟电感和模拟电容的影响；应该计算某些电路环节中可能形成的模拟电感和模拟电容，以及对它们带来的潜在危险性进行恰当的评估。

6.4 本质安全电路的故障评价

大家已经知道，在评价本质安全电路的设备保护级别时常常使用“故障”的概念，而且故障又分为计数故障和非计数故障。

在这里，我们将利用这些概念来讨论本质安全电路中的故障评价原则和电气元器件及其连接可能出现的各种故障模式。

1. 故障评价原则

在本质安全型电气设备中的元器件和它们相互之间的连接，都可能会出现一些不同性质的故障。人们应该按照以下的原则对这些故障进行评价：

① 当元器件的结构和额定值符合相应规定而又没有被定义为可靠元器件和可靠连接时，这些元器件和它们之间的连接发生的故障被认为是计数故障；不符合相应规定时，发生的故障被认为是非计数故障。

② 当一个初始故障可能引发后续故障时，除特殊规定外，初始故障和后续故障被认为是一个故障。

③ 电路中的可靠元器件、可靠隔离和可靠连接被认为是不会发生故障的。

2. 故障模式

在本质安全型电气设备和电路中，电路元器件及其连接可能发生的故障如下。

（1）电阻器可能发生的故障

当电阻值在开路和短路之间发生变化时，电阻器可能发生故障。这种故障被认为是非计数故障。

可靠限流电阻器的开路状态被认为是一种计数故障。

符合要求的线绕型可靠电阻器被认为是不会发生匝间短路故障的。

（2）电容器可能发生的故障

电容器的开路、短路或电容值减小，被认为是电容器发生的一种非计数故障。

当两个电容器串联起来组成可靠隔直电容器组件时，组件中的每一个电容器都应该被认为可能发生开路故障或短路故障。这种故障是一种计数故障。

在这种情况下，在考核组件的电容值时人们应该取两个电容器中电容值较大者。因为电容器串联时总的电容值[$C = C_1C_2/(C_1 + C_2)$]小于所有串联电容器中的最大电容值。

(3) 电感器（绕组）可能发生的故障

当电路中的绕组（例如继电器绕组）发生开路时，便认为是一种电感器的开路故障。这是一种计数故障。

电感器开路会在电感器中产生较大的反电动势，直接威胁着电路的本质安全性能。

此外，与电感器串联的电阻器的电阻值从标称值到零值（短路）发生变化时引起的故障也应该予以考虑。这种故障是一种非计数故障。

当阻尼绕组具有可靠的机械结构，例如用无缝金属管制成或用导体焊接制成时，人们不必计较可能发生开路故障。

(4) 半导体分立元器件可能发生的故障

半导体分立元器件主要是指半导体二极管、连接成二极管使用的半导体晶体管、晶闸管以及其他的半导体元器件。半导体分立元器件本身可能发生的开路故障或短路故障被认为是计数故障。

同时，人们还应该考虑到，由其他电路元器件的故障对它造成的故障。

(5) 集成器件可能发生的故障

当集成器件（集成器件不是可靠组件）发生故障时，它可能会引起它的外接电路出现单独的开路故障或短路故障，或者开路和短路的综合故障。这些故障应该视为非计数故障。

(6) 某些组件可能发生的故障

在本质安全电路中，下列组件可能会发生一些故障。

1）电池和电池组

当电池或由多个单体电化学单元组合在一起形成一个完整结构体的“组”电池符合相应结构要求时，电池组中每一个单体电池或“组”电池发生的故障被认为是一种计数故障。

对于不符合相应规定的电池组，人们应该考虑电池组外部裸露端子之间可能发生的短路故障。这是一种计数故障。

2）变压器

对于可靠电源变压器，一般认为向本质安全电路供电的绕组与其他绕组之间是不会发生短路故障的。

当在变压器输出回路串联一只可靠限流电阻器，并与之浇封在一起，而且变压器与电阻器之间没有裸露带电部件时，或者，在变压器装配时不同电位的接线端子之间电气间隙、爬电距离或间距符合表 6.1 中相应的规定值时，人们不必计较变压器输出回路会发生短路故障。

3）安全分流组件

在本质安全电路中使用安全分流组件时，组件的两个分流支路中任何一个发生的开路或短路故障，被认为是一种计数故障。

4）其他器件

在被浇封的元件上或者被气密的元件上发生的故障被认为是一种计数故障。

(7) 电气间隙、爬电距离和间距可能发生的故障

在本质安全型电气设备和电路中，不同电位之间的电气间隙、爬电距离或间距，假若符合表 6.1中规定的相应数值，被认为是不会发生故障的。

对于间距，如果实际间距数值大于表 6.1 中相应数值的 1/3，这个较小的间距发生的故障被认为是一种计数故障；如果实际间距数值小于表 6.1 中相应数值的 1/3，或者小于表 6.2 中的规

定值，这个较小的间距发生的故障被认为是一种非计数故障。

假如电路中元器件采用了双重措施（例如，两个电容器串联），那么间距小于表6.2中规定的数值、但是不小于它的二分之一时发生的故障被认为是一种计数故障。

（8）电路连接可能发生的故障

在本质安全电路中导线连接可能发生开路，断开的导线有可能“搭线”到其他电路部件上。此时，初始的开路故障被认为是一个计数故障，后续发生的“搭线”故障被认为是另一个计数故障。

在印制电路中印制导线的开路被认为是一种计数故障。

（9）安装可能造成的故障

在本质安全型电气设备中，元器件和导线的安装不符合相应间距、隔离要求时可能会造成故障。例如，当元器件安装在印制电路板的印制导线上方或与印制导线相邻时，元器件的导电部分与印制导线之间可能会发生故障。这是一种非计数故障。

6.5 本质安全电路的分析与评价

本质安全型电气设备和电路的本质安全性能，应该经过分析和试验进行评价，以确认其防爆安全性能。

6.5.1 分析与评价的基本原则

1. 基本原则

人们在分析和评价本质安全电路的本质安全性能时应该遵守的基本原则是：

① 在本质安全型电气设备中本质安全电路与其他的非本质安全电路应该有适当的隔离。

这里所说的“隔离”可以认为是符合相应要求的电气间隙、爬电距离，浇封的和固态的间距，接地的金属隔板或绝缘隔板，以及电气组件隔离，例如，变压器，继电器，光耦合器，安全栅，甚至可靠限流电阻器等。

② 在本质安全型电气设备中各部分的温度即使在相应的故障状态下也不应该超过相应温度组别的温度值，以避免热表面引起爆炸性气体-空气混合物的点燃。

在确定本质安全型电气设备中各个元器件的表面发热温度时，人们可以通过已知元器件的热特性和在故障状态下可能承受的最大功率来计算求得，当然也可以通过试验测定求得。

小元件的表面温度，在一定的条件下，允许超过相应的温度组别的温度值。

③ 不同防爆级别（Ⅰ类，ⅡA级，ⅡB级，ⅡC级）的本质安全电路在规定的设备保护级别（“ia”级、“ib”级或“ic”级）下进行火花点燃试验时不应该引起试验气体混合物的点燃。

在使用火花点燃试验进行评价时，电路中相应的电压、电流和其他参数，尤其是在点燃边界的电容值和电感值等数据，是十分重要的，直接影响着火花的点燃性能。

在进行火花点燃试验时不能够引起试验气体混合物点燃的放电火花被称为“安全火花”。除热效应外，火花点燃试验是检验本质安全型电气设备的安全火花性能，也即防爆安全性能的唯一手段。

2. 基本方法

在分析和评价本质安全型电气设备和电路时，人们应该遵守上述的基本原则，认真核查设备和电路的机械结构，仔细分析电路的电气性能，慎重进行相关试验，从而确认电气设备的防爆安全性能。

（1）机械检查

在核查设备和电路的机械结构时，人们主要是检查设备和电路的以下结构是否符合相应要求：

外壳的防护等级，电路的布置和隔离（包括危险能量的实体隔离环节），电气间隙、爬电距离、各种间距，导线的线径、印制导线的宽度（包括覆铜箔的厚度），可靠元器件的结构（和额定值）、可靠连接的连接点，有关元器件的额定值，以及元器件的安装、接地，等等。

（2）电路分析

在分析电路的电气性能时，人们主要是根据电路中元器件的额定值和可能发生故障的性质（计数故障或非计数故障），并按照设备保护级别（“ia”级、“ib”级和“ic”级）来计算电路中相关部分的电流、电压或电容值、电感值，在施加必要的安全系数后，与有关的安全火花参数进行比对，来评价电路所具有的安全火花性能。

对于一些简单电路和能够用简单电路代表的电路，在分析电路的安全火花性能时，人们可以使用图 6.21 ~ 图 6.26 中所示的曲线或有关的数据表（参见国家标准 GB 3836.4《爆炸性环境 第 4 部分：由本质安全型“i”保护的设备》）。

在实际分析电路的安全火花性能时，人们原则上可以按照下列步骤进行：

① 确定电路的最不利条件，即考虑电路中元器件的数值容差、电源电压的波动范围、绝缘可能发生的故障以及元器件可能发生的故障。

② 根据电路的性质（电阻性电路，电感性电路，或电容性电路）和设备的设备保护级别（“ia”级、“ib”级、“ic”级），对有关参数施加适当的安全系数，从而提出一个可供评价的修正电路。

③ 按照图 6.21、图 6.22、图 6.23、图 6.24、图 6.25 和图 6.26 所示曲线或有关的数据表来核查修正电路是否符合要求。

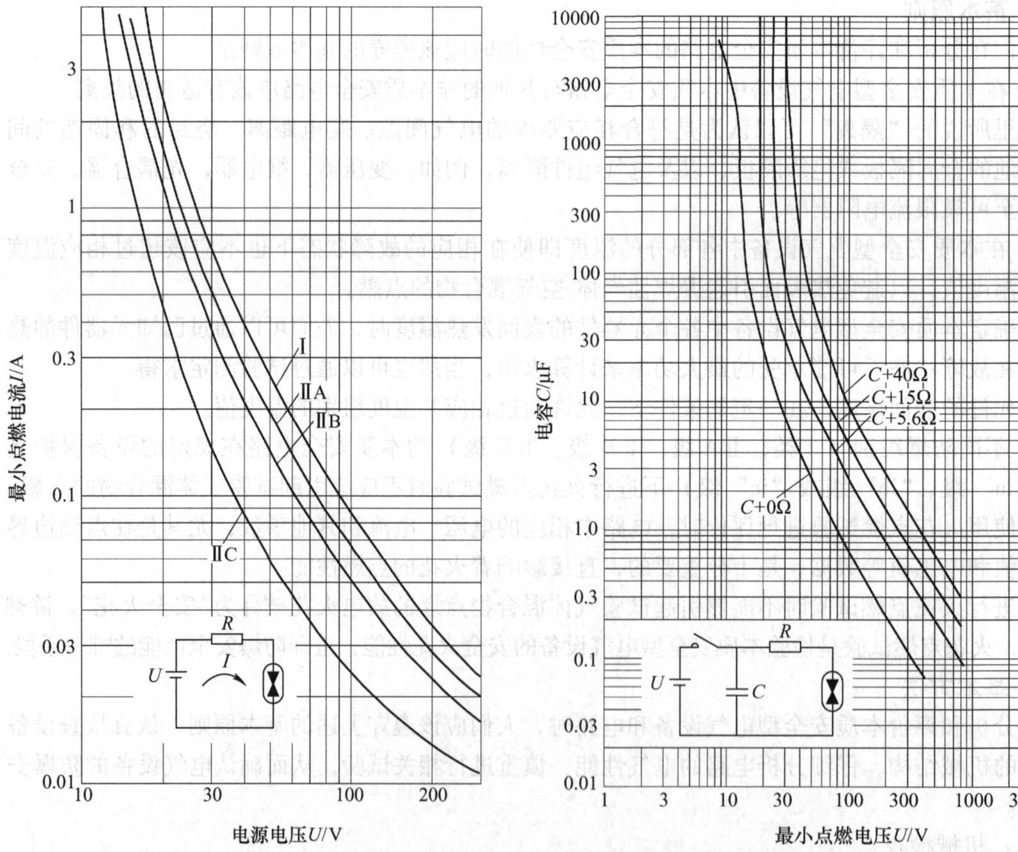

图 6.21　电阻性电路的电源电压-最小点燃电流曲线　　图 6.22　Ⅰ类设备电容性电路的最小点燃电压-电容曲线

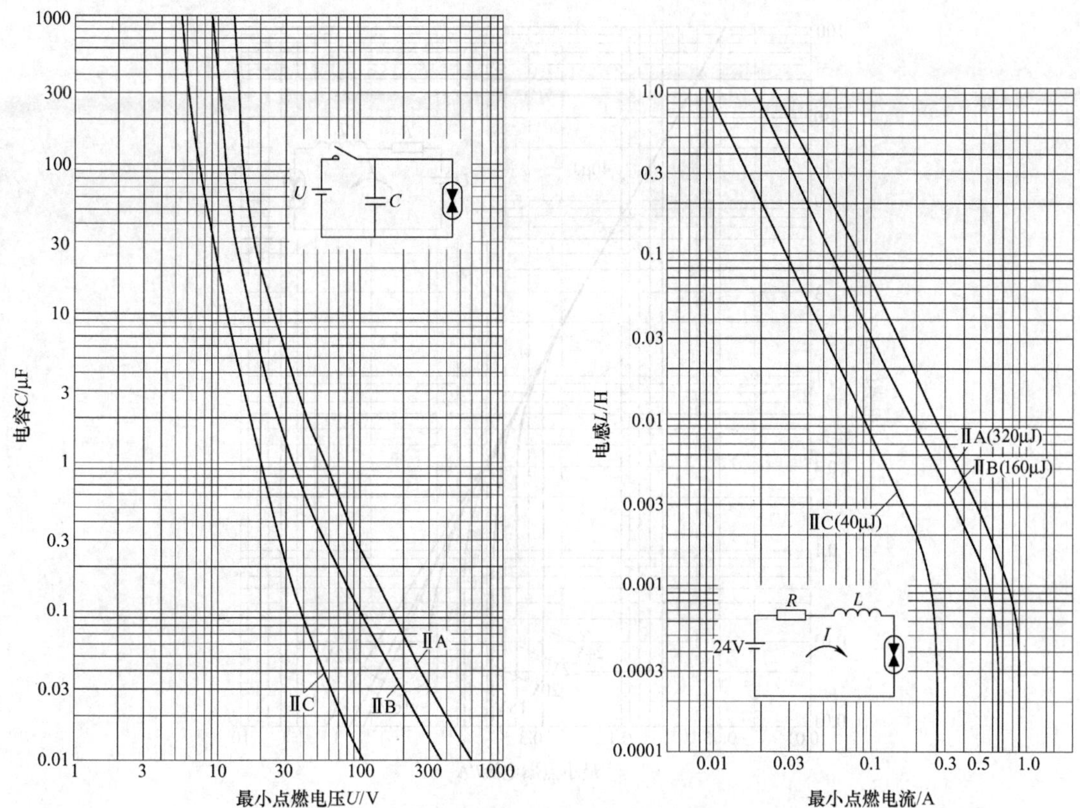

图 6.23 Ⅱ类设备电容性电路的最小点燃电压-电容曲线　图 6.24 Ⅱ类设备电感性电路的最小点燃电流-电感曲线

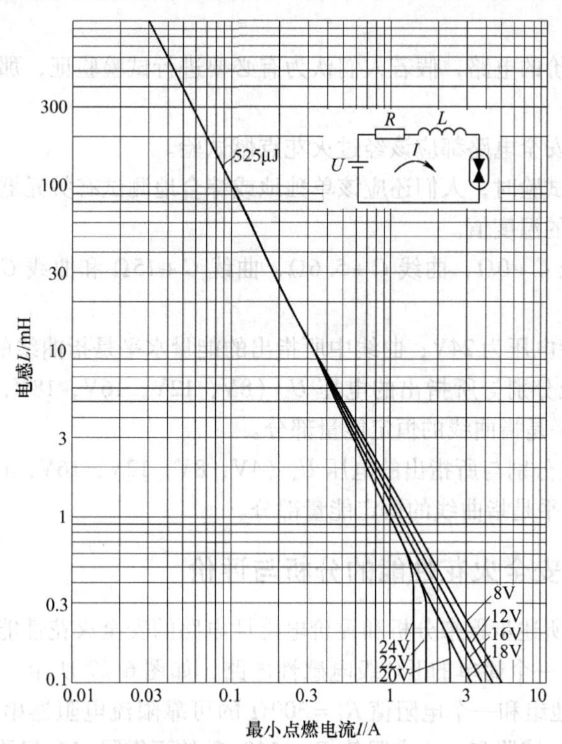

图 6.25 Ⅰ 类设备电感性电路的最小点燃电流-电感曲线

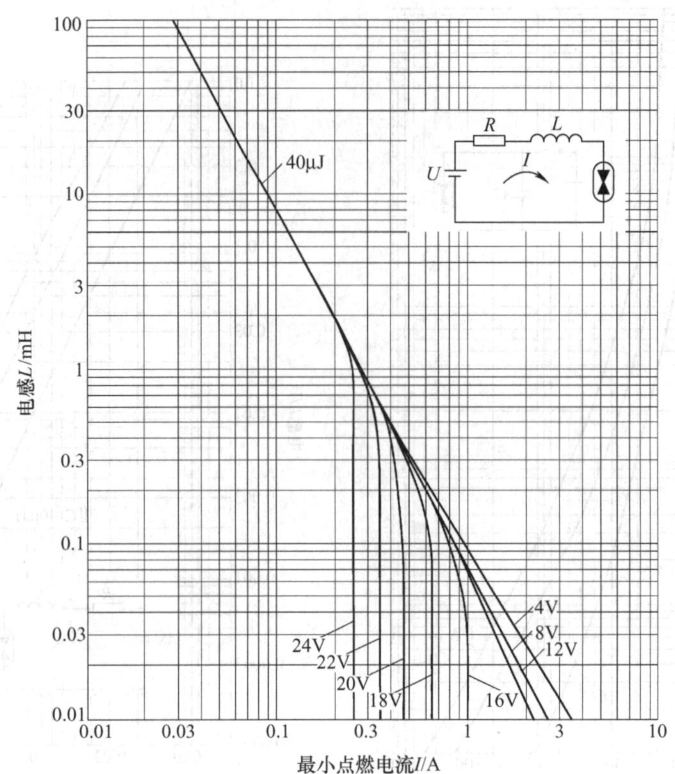

图 6.26　ⅡC 级设备电感性电路的最小点燃电流-电感曲线

（3）试验验证

经过上述分析和评价的电路，假若人们认为有必要进行试验验证，那么，火花点燃试验是十分必要的。

通常情况下，本质安全电路都应该经过火花点燃试验。

此外，在进行有关试验时，人们还应该单独地或综合地测试有关元器件的表面温度，以确定是否符合相应温度组别的温度值。

在图 6.22 中，曲线 $C+0\Omega$，曲线 $C+5.6\Omega$，曲线 $C+15\Omega$ 和曲线 $C+40\Omega$ 均与所串联的可靠限流电阻有关。

在图 6.24 中，试验电压为 24V；曲线中所指出的能量水平是指曲线的恒定能量部分。

在图 6.25 中，曲线分别与所指出的电压 U_o（8V，12V，16V，18V，20V，22V 和 24V）一一对应；525μJ 能量水平是指曲线的恒定能量部分。

在图 6.26 中，曲线分别与所指出的电压 U_o（4V，8V，12V，16V，18V，20V，22V 和 24V）一一对应；40μJ 能量水平是指曲线的恒定能量部分。

6.5.2　电感性电路安全火花性能的分析与评价

在这里按照上一节所述步骤来分析和评价电感性电路的安全火花性能。

【例 6.12】　假定有一个简单的ⅡC 级电感性电路，如图 6.27 所示。在电路中，电源由一个标称电压 $E=20\text{V}$ 的电池组和一个电阻值 $R_1=300\Omega$ 的可靠限流电阻器串联组成；负载由一个电感值 $L=100\text{mH}$ 的空心电感器和一个电阻值 $R_2=1100\Omega$ 的可靠限流电阻器串联组成。

对这个电路的分析和评价可以分为两部分进行：电源部分和负载部分。

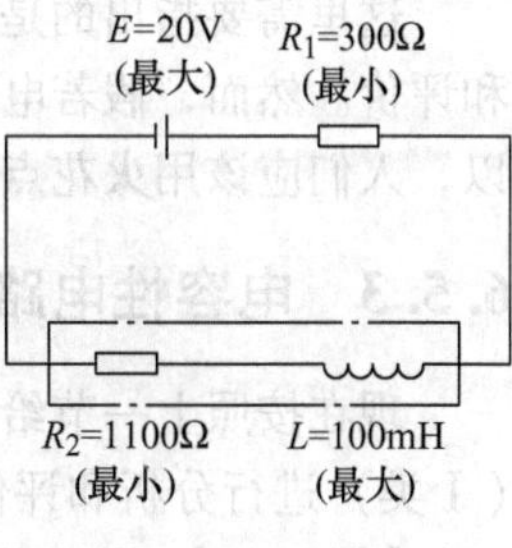

图 6.27 电感性电路

1. 电源部分

(1) 确定电路的最不利条件

在这里，把可靠限流电阻器的电阻值 300Ω 认为是最小值，是电路的最不利条件。

假若 300Ω 电阻器不符合可靠元件的要求，不是可靠元件，那么，它就有可能发生短路，即是一个非计数故障。在这种故障条件下，这个电源就不被认为是本质安全型电源了。

此外，可以根据电池的类型确定它的开路峰值电压（参见表 2.12、表 2.13 和表 6.10）。开路峰值电压是电路的另一个最不利条件。这里假定电池组的开路峰值电压为 22V。

(2) 施加安全系数

根据电路的最不利条件，可以计算出电源的最大短路电流为

$$I = 22\text{V}/300\Omega$$
$$\approx 73.3\text{mA}$$

由于电源部分属于电阻性电路，所以安全系数取为 1.5。因此，电源的修正最大短路电流为

$$I = 73.3\text{mA} \times 1.5$$
$$\approx 110\text{mA}$$

(3) 核查安全火花性能

因为电源部分是电阻性电路，所以可以使用图 6.21 的曲线进行核查。

从图 6.21 中可以查出，对ⅡC 级电路，当电压为 22V 时，最小点燃电流为 337mA。然而，电源部分的修正最大短路电流仅为 110mA，远小于允许的最小点燃电流（337mA）。因而，电源部分可以被评价为本质安全型的。

2. 负载部分

(1) 确定电路的最不利条件

对于负载部分，可靠限流电阻器的电阻值 1100Ω 为最小值，被认为是电路的最不利条件。

因为 300Ω 电阻器是可靠限流电阻，所以不考虑故障因素。至于电感器的短路故障，已经在电源部分的短路计算中考虑到。

(2) 施加安全系数

根据电路的最不利条件，可以计算出流过电感器的最大可能电流为

$$I = 22\text{V}/(300 + 1100)\Omega$$
$$\approx 15.7\text{mA}$$

由于负载部分是电感性电路，所以安全系数取为 1.5。这样，流过电感器的修正最大可能电流为

$$I = 15.7\text{mA} \times 1.5$$
$$\approx 23.6\text{mA}$$

(3) 核查安全火花性能

因为负载部分是电感性电路，所以可以使用图 6.24 的曲线进行核查。

从图 6.24 中可以查出，对于ⅡC 级设备，当电源电压为 24V 时，100mH 的电感值所对应的最小点燃电流为 28mA。修正最大可能电流小于最小点燃电流，因而，负载部分可以被评价为本质安全型电路。

这里需要指出的是，当电源的开路电压小于24V时，人们可以使用图6.26进行这样的分析和评价。然而，假若电感器不是空心的，依靠曲线进行的分析和评价常常带有较大的误差，所以，人们应该用火花点燃试验进行进一步的验证。

6.5.3 电容性电路安全火花性能的分析与评价

现在按照上一节给出的分析与评价方法对一个预计使用在煤矿井下的本质安全型电气设备（Ⅰ类）进行分析和评价。

【例6.13】 假设设备的电路是由最高电压 $E=30\text{V}$ 的电池组和一个电阻值 $R=10\text{k}\Omega$ 的可靠限流电阻器、一个电容值 $C=10\mu\text{F}$ 的电容器串联组成的，如图6.28所示。

我们依然按照上述的步骤，把电路分为两部分：电源部分和负载部分，来进行分析和评价。

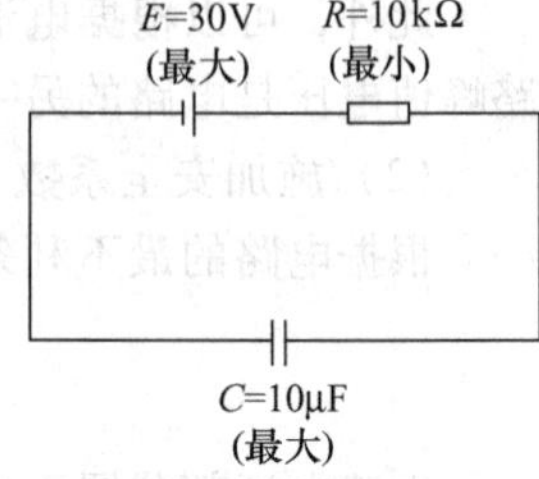

图6.28 电容性电路

1. 电源部分

（1）确定电路的最不利条件

在这个电路中，电源电压30V为最高电压，亦被认为是电池组的开路峰值电压，是电路的最不利条件之一。可靠限流电阻器的10kΩ电阻值被认为是最小值，是另一个最不利条件。

（2）施加安全系数

按照电路的最不利条件进行计算可得出电源部分的最大短路电流为

$$I=30\text{V}/10\text{k}\Omega$$
$$=3\text{mA}$$

由于电源部分是电阻性电路，所以安全系数取为1.5。于是，电源的修正最大短路电流为

$$I=3\text{mA}\times1.5$$
$$=4.5\text{mA}$$

（3）核查安全火花性能

因为电源部分是电阻性电路，所以使用图6.21的曲线进行核查。

从图6.21中可以查出，对于Ⅰ类电路，当电源的开路峰值电压为30V时，相应的最小点燃电流为0.7A。显然，这个电路的电源部分是符合本质安全型要求的。

2. 负载部分

（1）确定电路的最不利条件

这个电路的负载部分是一个电容器。电容器的电容值10μF是最大值，是电路的一个最不利条件；而30V是电源的开路峰值电压，是电路的另一个最不利条件。

由于10kΩ电阻器是可靠限流电阻器，因而不管电容器发生短路故障还是开路故障，电源都是本质安全型的。所以，负载部分不再考虑施加故障。

（2）施加安全系数

由于负载部分是电容性电路，所以对电源电压的安全系数取为1.5。于是，电源的修正开路峰值电压为

$$U=30\text{V}\times1.5$$
$$=45\text{V}$$

（3）核查安全火花性能

因为设备为Ⅰ类设备，电路为电容性电路，所以可使用图6.22的曲线进行核查。

从图6.22中可以得出，在最小点燃电压为45V时，相应的电容值为3μF，即使电压为30V，

相应的电容值也只有 8μF。然而，这个电路中的电容值却是 10μF，远大于 3μF。

因而，可以得出结论，所讨论的电路不能被评价为本质安全型电路。

3. 电路的修改

为了使电路具有本质安全性能，设计人员必须对电路进行适当的修改。

电路的修改方案有多种：降低电源电压，或者减小电容值，或者在原来 10μF 的电容器上串联一个可靠限流电阻器。

（1）降低电源电压

在这种情况下，当电容器的最大电容值仍然保持为 10μF 时，从图 6.22 中可以得知，相应的最小点燃电压为 26V。

于是，在取 1.5 倍安全系数的情况下，电源的开路峰值电压为

$$U = 26\text{V}/1.5 \approx 17.3\text{V}$$

（2）减小电容值

在这种情况下，将电容器的电容值减小至 3μF，其他参数不变即可满足要求。

（3）在原来 10μF 的电容器上串联一个可靠限流电阻器

在这种情况下，电容器的最大电容值仍保持为 10μF，但是，人们应该用一只电阻值为 5.6Ω 的可靠限流电阻器与之串联。此时，在图 6.22 中与之对应的最小点燃电压为 48V。

在取 1.5 倍安全系数的情况下，电源的开路峰值电压为

$$U = 48\text{V}/1.5 = 32\text{V}$$

这个修改后的开路峰值电压大于原电路电源的开路峰值电压（30V）。显然，电容器串联可靠限流电阻器后，原电路电源的开路峰值电压是安全的。

在这种方案中，人们可以采用电容器串联可靠限流电阻器的方法来限制电容器的放电能量。这种方法相当于减小了电容器的电容值。人们可以利用表 6.13 中所示数据来实现这种“减小”。

表 6.13 电容器串联可靠限流电阻器时的有效电容值①

串联电阻值 R/Ω	有效电容值 C/F	串联电阻值 R/Ω	有效电容值 C/F
0	$C_0$② ×1.00	10	$C_0 \times 0.74$
1	$C_0 \times 0.97$	12	$C_0 \times 0.70$
2	$C_0 \times 0.94$	14	$C_0 \times 0.66$
3	$C_0 \times 0.91$	16	$C_0 \times 0.63$
4	$C_0 \times 0.87$	18	$C_0 \times 0.61$
5	$C_0 \times 0.85$	20	$C_0 \times 0.57$
6	$C_0 \times 0.83$	25	$C_0 \times 0.54$
7	$C_0 \times 0.80$	30	$C_0 \times 0.49$
8	$C_0 \times 0.79$	40	$C_0 \times 0.41$
9	$C_0 \times 0.77$		

① 引自 GB 3836.4《爆炸性环境　第 4 部分：由本质安全型“i”保护的设备》。

② C_0 为未串联可靠限流电阻器时的电容值。

在这种情况下，电容器和与之串联的电阻器都应该符合可靠元器件的要求；它们之间的连接

还应该满足可靠连接的要求。

不管是采用哪种方案对电路进行修改，修改后，人们还应该按照上述步骤对修改后的电路进行分析和评价，必要时，还要进行火花点燃试验，进一步确认电路的安全火花性能。

6.5.4 综合性电路安全火花性能的分析与评价

对于综合性电路安全火花性能的分析与评价，依然采用上述方法，现举例予以说明。

【例 6.14】 这里分析和评价的电路（图 6.29）是一个控制系统的一部分，是一个精度要求比较高的电源，而且，这个电源的负载是电阻性的。它由电源变压器、桥式整流环节、集成稳压器 IV_1、安全栅和一个“π”型 *LC* 滤波环节、集成稳压器 IV_2 组成。设备的防爆标志为 ExiaIIC T4Ga。

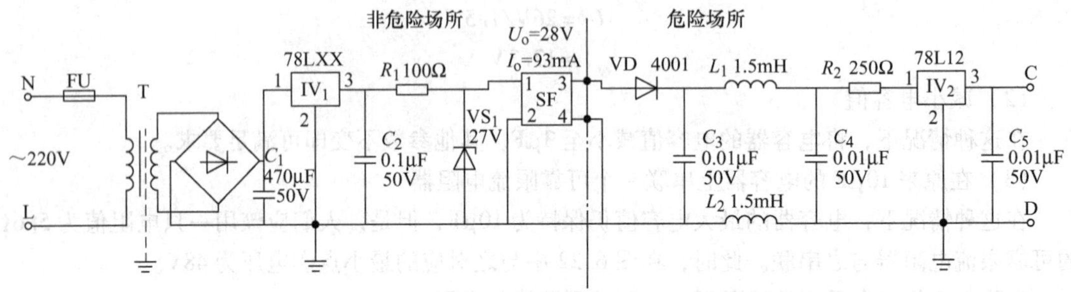

图 6.29 综合性电路

在这个电路中，电源部分和安全栅（关联设备）设置在非危险场所。

对这个电路的分析和评价，原则上，仍然采用上述的方法，分为以下三部分进行。

1. 电源部分

电源部分由电源变压器（T）将市电 220V 降至 24V，经桥式整流环节整流、滤波，并稳压后供给安全栅的非本质安全端。

这里的电源变压器是可靠组件。对于本质安全电路来说，施加在电源变压器一次侧可能的最高电压（U_m）为 250V。

2. 关联设备部分

安全栅作为关联设备，在电路中起到“隔离危险能量”的作用，即在电路从非危险场所进入危险场所时将非危险场所的“危险”能量限制到符合危险场所需要的“安全”能量后传递到危险场所。

它被认为是可靠组件。

在这个电路中，安全栅可能承受的最高电压（U_m），即施加在安全栅非本质安全端子上而不会使本质安全性能失效的最高电压，应该是电源变压器一次侧可能承受的最高电压，通常按 250V 计。

安全栅的额定值为，最高输出电压 $U_o = 28V$；最大输出电流 $I_o = 93mA$。

从图 6.21 中可以查到，对于ⅡC 级电阻性电路，当电压 $U = 28V$ 时，相对应的最小点燃电流为 $I = 180mA$。

当取 1.5 倍安全系数时，则它的修正最小点燃电流为

$$I = 180mA/1.5 = 120mA$$

这个电流依然大于安全栅的最大输出电流 $I_o = 93\text{mA}$。

由此可见，安全栅本质安全端的输出满足电路的本质安全性能。

3. 负载部分

这里所谓的负载是指安全栅输出端，即本质安全端子以后的部分，包括滤波环节和集成稳压器。

（1）确定电路的最不利条件

在这部分电路中，电感器 L_1 和 L_2 的电感值均为 1.5mH（最大）；电容器 C_3、C_4 和 C_5 的电容值均为 0.01μF（最大）；电阻器 R_2 为可靠限流元件，电阻值为 250Ω（最小）。

这些数值均被认为是电路的最不利条件。

（2）确定故障条件下的安全火花性能

1）假定集成稳压器（IV_2）损坏而对地短路

集成稳压器（IV_2）损坏而对地短路，是一个非计数故障。

这时，由于电阻器 R_2 的限流作用，使得流过电感器 L_1 和 L_2 的最大可能电流为

$$\begin{aligned} I &= 28\text{V}/250\Omega \\ &= 112\text{mA} \end{aligned}$$

当对这个电流施加 1.5 倍安全系数时，则流过电感器的修正最大可能电流为

$$\begin{aligned} I &= 112\text{mA} \times 1.5 \\ &= 168\text{mA} \end{aligned}$$

从图 6.26 中可以查出，当电感值为 3mH（$L_1 + L_2$）时，相对应的最小点燃电流为 180mA。而此时流过电感器的修正最大可能电流为 168mA，小于最小点燃电流（180mA）。

因而，在这种故障情况下，电路也是符合本质安全性能要求的。

2）假设导线连接等发生短路

在电路的本质安全部分中，假设导线连接（包括印制导线）、电气间隙、爬电距离等发生了短路故障（这种故障为计数故障），则电路中的各个电容器（C_3、C_4 和 C_5）就可能成为并联状态。这是电容器可能出现的最严重的故障状态。

因而，此时电路的等效电容值为

$$\begin{aligned} C &= C_3 /\!/ C_4 /\!/ C_5 \\ &= 0.03\mu\text{F} \end{aligned}$$

当对安全栅的输出电压施加 1.5 安全系数时，则此时修正后的电压为

$$\begin{aligned} U &= 1.5U_o \\ &= 28\text{V} \times 1.5 \\ &= 42\text{V} \end{aligned}$$

从图 6.23 中可以查出，对于ⅡC 级电容性电路，当电压为 42V 时，相对应的能够引起点燃的最小电容值为 0.08μF。而此时，在故障状态下电路的等效电容值为 0.03μF，远小于 0.08μF。

由此可见，在这种故障状态下，电路仍然符合本质安全性能要求。

这里需要指出的是，在上述分析和评价中，没有严格按照第 6.5.1 节所述的分析步骤，而是采用简化分析方法。通常情况下，在分析和评价综合性电路（包括电阻器、电容器、电感器和其他元器件）时，人们可以采用这种简化分析法。例如，在上述分析中，没有对正常工作状态下的电路进行分析，而仅仅分析了可能发生最严重的故障状态下的电路。显然，电路在故障状态下能够满足本质安全性能，在正常工作状态下也不应该发生点燃。

6.6 本质安全型电气设备防爆结构的一般设计原则

本质安全型电气设备的防爆结构，广义地讲，主要是指本质安全电路的性能、结构及其元器件、连接，以及设备外壳、印制电路板与由实体结构保证的安全环节。由于本质安全型电气设备的品种繁多，电路庞杂，用途广泛，结构各异，因而，我们不可能而且也没有必要去探讨详尽的设计方法。在这里，仅就设计层面上与防爆安全性能有关的一些共性原则问题给以简单的讨论。

6.6.1 设计的一般原则

1. 基本原则

大家已经知道，本质安全型电气设备和电路携带的能量，无论是在正常运行状态下还是在故障条件下，都不得点燃它周围的爆炸性气体混合物，不管它是以火花放电形式还是以热效应释放出来。

因此，限制能量和隔离能量，是处理本质安全技术时所必须思考的首要问题，当然，也是人们在设计本质安全型电气设备时所必须遵守的基本原则。

在本质安全型电气设备和电路中，限制能量和隔离能量，就是通过电路中所有元器件及其组合电路来限制电路携带的能量大于相应的可燃性气体的最小点燃能量，防止在爆炸性危险场所中出现放电火花和（或）热效应造成的点燃危险。只要恰当地限制了能量和可靠地隔离了能量，就可以实现设备和电路的本质安全性能。

在实际设计本质安全型电气设备时，原则上，人们可以从本质安全电路和本质安全结构两方面入手。现分别予以叙述。

2. 本质安全电路设计

本质安全电路设计，主要是电路基本性能和防爆安全性能的综合性设计。这样的设计既要考虑设备基本性能又要顾及防爆安全性能；当二者发生矛盾时，设计人员应该以防爆安全性能为准来调整基本性能。

本质安全电路设计包括根据防爆电气技术的基本要求来确定设备基本性能、选择电路方案、计算电路参数和选择电气元器件，以及系统调试等。

（1）确定基本性能和防爆安全性能

本质安全型电气设备基本上可以分为4种类型：电源类、探测显示类、控制类和其他类。这4种类型，既可以是独立的，也可以是相互关联的，组合在一起的。

不管是哪种类型的设备，在确定基本性能时，人们必须从防爆安全性能方面来考虑基本性能的各个指标。而从防爆安全性能方面应该考虑的主要内容如下：

- 防爆级别、温度组别和设备保护级别；
- 最高电压：U_m；
- 输入参数：U_m、U_i、I_i或（和）P_i；
- 输出参数：U_o、I_o或（和）P_o；
- 外壳防护等级。

通常情况下，设备的基本性能必须服从和满足它的防爆安全性能的要求。

（2）确定电路方案

在设计某一类型的本质安全型电气设备时，设计人员要根据已确定的基本性能和防爆安全性能来选择实现这些要求的电路配置，也就是设计电路方案。

① 根据设备类型选择电路的供电电源：市电供电电源或（和）蓄电池供电电源，并确定电源和后续电路的隔离措施。

② 根据设备性能选择电路单元（包括防爆电气单元），并确定各电路单元之间的匹配关系。

③ 绘制电路系统草图。

（3）计算电路参数

当电路系统草图绘制完成以后，设计人员应该根据所要设计设备的基本性能和防爆安全性能，原则上，可以从电路末级开始向前一级计算各级的相关参数。

① 根据基本性能逐级计算各种基本参数。

② 按照防爆安全性能（本质安全性能）要求，对计算结果施加一定的安全系数（通常，安全系数为1.5），得出“修正参数”（或称“防爆参数”），而且，与相关曲线和数据表比对，核查本质安全性能。

在计算时，上述的参数计算和施加安全系数可以同时一起进行。

（4）元器件选择

当电路参数计算完成以后，设计人员应该根据这些参数认真选择电气元器件，而且，应该尽可能地选用可靠元器件。

① 在选择元器件时，人们应该注意元器件上标志的标称值和允许误差。对于一些元件，例如，电阻和（或）电容，当计算值无法满足标称值时，人们可以采用元件组合方法来得到满足。

② 在选择可靠元器件时，人们应该注意元器件的结构和“三分之二”原则的应用。

③ 小元件的选择。

④ 其他元器件的选择，例如集成器件等。

3. 本质安全结构设计

本质安全结构设计，主要是指本质安全型电气设备的机械结构设计。它主要包括设备外壳的设计，电气、机械隔离的设计，印制电路板的设计以及铜导线的选择，等等。

（1）设备外壳

① 防护要求应该至少符合：工厂用设备，IP20；煤矿用设备，IP54（传感元件除外）。

② 电缆引入应该符合：电缆进入设备部位密封，符合防护等级要求。

③ 外壳如果使用塑料材料制作，则应该能够防止产生和积累静电电荷。

（2）电路隔离

电路隔离分为电气隔离和机械隔离。

① 电气隔离是指电气能量的隔离，例如，采用可靠变压器、安全栅等电气隔离环节。

② 机械隔离是指机械空间的隔离，例如，电气间隙、爬电距离和间隔距离、屏蔽等实体隔离环节。机械隔离实质上是一种另类的电气能量隔离，防止电气短路和（或）电磁干扰可能造成的麻烦。

（3）元器件布置和导线布线

元器件，原则上按照电路前级、后级的顺序布置，发热元器件布置在利于散热的位置，高频元器件应该被屏蔽，等等。

导线，不管是铜导线还是印制导线，不应该因布线引起寄生振荡和信号干扰；脉冲信号导线与模拟信号导线不要平行布置；本质安全电路导线与非本质安全电路导线不得混合在一起布置，等等。

（4）印制导线

在选择印制导线时，人们应该考虑温度组别、载流量和可靠连接的要求。

（5）铜导线

在选择铜导线时，人们应该考虑温度组别、载流量和可靠连接的要求。本质安全电路导线，原则上采用浅蓝色的。

（6）可靠连接

在确定可靠连接时，人们应该注意连接点的配置，防止连接开路出现火花放电。

（7）接地

如果需要，应该进行可靠的接地。

（8）标志牌

设备应该配置标志牌，例如铭牌、使用说明牌、警告牌等。

6.6.2 设计示例

本质安全型电气设备和电路的设计是较为复杂的，既要满足设备应该具有良好的基本性能，又要保证设备具有合适的防爆安全性能。这种防爆型式的电气设备是多种多样的，所以只能按照基本的设计原则举例说明。

这里仅以本质安全型直流稳压电源为例，简单地讨论一下本质安全性能设计的基本概念。

【例 6.15】 设计一种由市电供电的隔爆·本质安全型直流稳压电源。已知设计条件为：

- 供电电压：$U_i = 220V$；
- 额定输出电压：$U_o = 6V$；
- 额定输出电流：$I_o = 55mA$（波动范围：55～45mA）；
- 防爆标志：Exd[ia]ⅡCT6 Gb 。
- 其他指标（暂不考虑）。

根据设计条件给出的参数，按照上一节提出的一般设计原则，可以按照以下步骤进行工作。

1. 电路设计

（1）确定性能指标

根据题意，本质安全型直流稳压电源的性能指标如下：

- 额定输入电压：$U_i = 220V$（交流有效值，最高电压 U_m 按 250V 计）；
- 额定输出电压：$U_o = 6V$；
- 额定输出电流：$I_o = 55mA$（波动范围：55～45mA）；
- 防爆级别：ⅡC；
- 温度组别：T6；
- 设备保护级别：Gb 。
- 其他指标。

（2）确定电路方案

根据题意，本质安全型直流稳压电源由市电供电，额定输入电压按 220V（50Hz，交流有效值）计。

由电子技术基础可知，要想从交流电得到直流电，必须经过交流电的变压（降压）、整流、滤波以及稳压限流等环节。对于本质安全电路，经过这些环节后还必须进一步地进行危险能量隔离处理。

于是，确定本质安全型直流稳压电源电路方案示意图如图 6.30 所示。

在图 6.30 中，FU 为快速熔断器；T 为电源变压器；R 为限流电阻器；VD_1～VD_4为桥式整流单元；IC_1为集成稳压器；IC_2为二极管安全栅；VS 为稳压二极管。在这个电路方案中，电源变压器能够防止交流侧高压对后续电路可能发生的冲击危险，集成稳压器环节起限压限流的作用，安全栅环节起隔离危险能量的作用，确保输出电压和输出电流的本质安全性能。

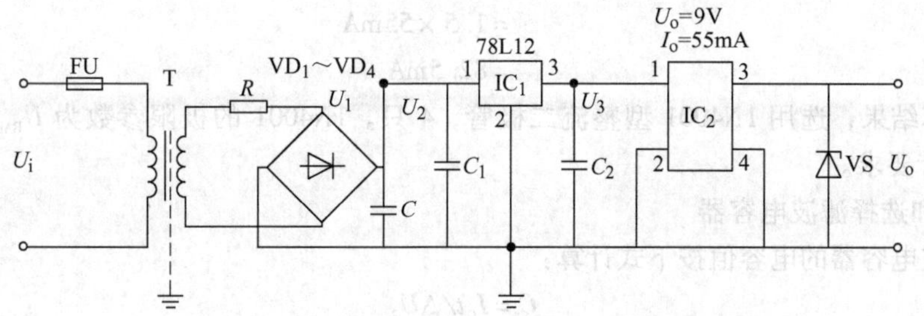

图 6.30　本质安全型直流稳压电源电路方案示意图

（3）计算电路参数和选择元器件

1）选择安全栅 IC_2

本质安全型直流稳压电源输出端安全栅采用二极管安全栅（齐纳安全栅），如例 6.7 所示（也可以采用其他合适的安全栅）：输入电压 12 ~ 12.6V，额定输出电压 9V，额定输出电流：55mA；输出电阻：181Ω。

2）选用稳压器 IC_1

根据题意，选用 CW7812 型集成稳压器。它的输入电压：18V；输出电压：11V；最大允许电流 $I_{CM}=1A$（加装散热片时）。

通常情况下，稳压器的输入端和输出端均应该并联一只电容，如图 6.30 所示。C_1 可以进一步消除纹波，取值 0.33μF；C_2 能够消除自激振荡，取值 0.1μF。在实际应用时，C_1 和 C_2 应该采用固体介质电容器，并且分别由两只串联起来，组成可靠电容器组件。

3）确定整流滤波单元 $VD_1 \sim VD_4$

① 计算变压器二次电压

根据桥式整流滤波电路理论，变压器二次电压（U_1）按下式计算：

$$0.9U_1 \leqslant U_2 \leqslant 1.4U_1 \tag{6.15}$$

式中　U_1——变压器二次电压(交流有效值)(V)；

U_2——桥式整流滤波电路输出电压，此处，即集成稳压器的输入电压（V）。

这里应该指出的是，当滤波电容为 0 时 $U_2=0.9U_1$，当负载为无穷大时 $U_2=1.4U_1$。

根据上述，令 $U_2=18V$，$U_2 \geqslant 1.2U_1$，于是，变压器二次电压为

$$\begin{aligned} U_1 &\geqslant U_2/1.2 \\ &= 18V/1.2 \\ &= 15V \end{aligned}$$

这里取 $U_1=15V$。

② 计算和选择整流二极管

整流二极管，通常情况下，应该能够承受的反向击穿电压为 $U_{RM} \geqslant \sqrt{2}U_1$。考虑到防爆安全性能，在施加 1.5 倍安全系数时，则

$$\begin{aligned} U_{RM} &\geqslant 1.5 \times \sqrt{2}U_1 \\ &\approx 1.5 \times 1.41 \times 15V \\ &\approx 32V \end{aligned}$$

整流二极管的额定工作电流（I_F）应该大于电源的最大额定输出电流（$I_{o.max}$）。考虑到防爆安全性能，在施加 1.5 倍安全系数时，则

$$I_F > 1.5I_{o.max}$$

$$=1.5\times 55\text{mA}$$
$$=82.5\text{mA}$$

根据计算结果，选用 1N4001 型整流二极管，4 只。1N4001 的极限参数为 $U_{RM}\geqslant 50\text{V}$，$I_F=1\text{A}$，满足设计要求。

③ 计算和选择滤波电容器

整流滤波电容器的电容值按下式计算：

$$C=I_C t/\Delta U_2 \tag{6.16}$$

式中 I_C——电容放电电流(A)(取 $I_{o.max}$)；

t——电容放电时间(s)(取 0.01s)；

ΔU_2——集成稳压器输入端纹波电压的峰-峰值（V），$\Delta U_2=(\Delta U_3\cdot U_2)/(U_3\cdot S_V)$；

ΔU_3——集成稳压器输出端纹波电压的峰-峰值(V)(这里，令 $\Delta U_3=5\text{mV}$)；

U_2——集成稳压器输入端电压（V）；

U_3——集成稳压器输出端电压（V）；

S_V——稳压系数（这里，令 $S_V\leqslant 3\times 10^{-3}$）。

计算可知，滤波电容计算值约为 201μF，可取值 $C=200\mu\text{F}$。

整流滤波电容器的电容值，除按照式（6.16）计算外，还可以按下式计算：

$$C>(3\sim5)TI_{C.0}/2U_2 \tag{6.17}$$

式中 T——交流电源的周期(s)(频率按 50Hz 计)；

$I_{C.0}$——整流滤波电路输出电流(A)($I_{C.0}=1.2I_C$)；

U_2——整流滤波电路输出电压，即集成稳压器输入端电压（V）。

这里令 $T=0.02\text{s}$，$I_{C.0}=1.2\times0.055\text{A}=0.066\text{A}$，$U_2=18\text{V}$。将这些数据代入式（6.17）中计算可知，滤波电容计算值约为 183μF，可取值 $C=200\mu\text{F}$。

通常情况下，整流滤波电容器的直流工作电压 $U_C\geqslant\sqrt{2}U_1$。考虑到防爆安全性能，在施加 1.5 倍安全系数时，则

$$U_C\geqslant 1.5\times\sqrt{2}U_1$$
$$\approx 1.5\times1.41\times15\text{V}$$
$$\approx 32\text{V}$$

根据计算结果，选用纸介质电容器 CZ3，100μF，8 只。它的相关参数为：直流工作电压 $U_C\geqslant 50\text{V}$，容许误差 $\Delta=\pm20\%$，满足设计要求。在安装时，先将两只串联，后将四组并联，组成可靠电容器组件。

4）计算和选择电源变压器 T

根据上述计算可知，变压器二次电压 $U_1=15\text{V}$，电流按 0.5A 计（小于整流二极管额定工作电流 $I_F=1\text{A}$），于是，便可得到变压器二次（视在）功率：

$$P_2=U_1I_F$$
$$=15\text{V}\times0.5\text{A}$$
$$=7.5\text{VA}$$

变压器二次功率按照小型变压器效率公式计算：

$$\eta=P_2/P_1 \tag{6.18}$$

式中 P_1——变压器一次（视在）功率（VA）；

P_2——变压器二次（视在）功率（VA）；

η—效率，参见表6.14。

表6.14 小型变压器的效率①

二次（视在）功率 P_2/VA	$P_2 \leqslant 10$	$10 < P_2 \leqslant 30$	$30 < P_2 \leqslant 80$	$80 < P_2 \leqslant 200$
效率 η	0.6	0.7	0.8	0.85

① 引自谢自美.《电子线路 设计·实验·测试》. 武汉：华中理工大学出版社，1994。

这里，令 $\eta=0.7$，则变压器一次（视在）功率为

$$
\begin{aligned}
P_1 &= P_2/\eta \\
&= 7.5\text{VA}/0.7 \\
&\approx 11\text{VA}
\end{aligned}
$$

于是，变压器的（视在）功率为

$$
\begin{aligned}
P &= (P_1+P_2)/2 \\
&= (11+7.5)\text{VA}/2 \\
&= 9.25\text{VA}
\end{aligned}
$$

在施加1.5倍安全系数的情况下，则

$$
\begin{aligned}
P_{1.5} &= 1.5P \\
&= 1.5\times 9.25\text{VA} \\
&= 13.875\text{VA}
\end{aligned}
$$

由于在上述计算中输出电流留有较大的裕度，所以变压器功率按15W计是可靠的。

此外，人们还应该对变压器进行过载和短路保护。

在变压器一次侧接入一只熔断器防止出现过载。熔断器应该能够连续地通过1.7倍的工作电流，即

$$
\begin{aligned}
I_{f1} &= 1.7\times 15\text{W}/220\text{V} \\
&\approx 0.12\text{A}
\end{aligned}
$$

熔断器可以直接选用额定电流为0.1A的管式快速熔断器［极限分断能力应该大于1500 A（按250V计）或采取限流措施降低最大预期短路电流］。

在变压器二次侧接入一只可靠限流电阻器 R 用于防止电源（变压器）发生短路。当把 R 看成变压器内阻（二次侧绕组的电阻值忽略）时，假若电源（变压器）发生短路，15V的二次端电压引起的短路电流不应该造成点燃。于是，对于ⅡC级电路，在取1.5倍安全系数的情况下，电阻器 R 的电阻值和耗散功率如下：

$$
R = 16.7\Omega
$$

$$
P \approx 20\text{W}
$$

R 为可靠限流电阻器，可以选用金属膜电阻器RJX-5-20I，即5W，20Ω，±5%，4只。在安装时，先将2只串联，后将两组并联，或者，先将2只并联，后将两组串联。

5）选择稳压二极管VS

① 预选稳压二极管

根据题意，稳压二极管VS的标称稳压值按 $U_Z=6\text{V}$ 计；最大工作电流按1.5倍输出电流（I_o）计，即 $I_{Z.max}=1.5I_o$(A)，耗散功率按 $P_Z=1.5I_{o.max}U_Z$(W) 计，于是，选用稳压二极管2CWXX。

稳压二极管2CWXX的相关参数为，稳压范围：5.5～6.5V，工作电流：5mA，耗散功率：500mW。

② 确定稳压二极管的输入电压

根据题意，集成稳压器输出电压为11V，按电压波动范围±10%计，则稳压二极管VS的最大输入电压为$U_{I.max}=12.1V$，最小输入电压为$U_{I.min}=9.9V$。

③ 计算负载电阻

根据题意，输出电流的波动范围为55~45mA，即负载电阻的最大值为$R_{L.max}\approx133.3\Omega$，最小值为$R_{L.min}\approx109.1\Omega$。

④ 计算限流电阻

将这些数据代入式（6.10）中计算即可得到稳压二极管VS的限流电阻范围：

最小值$R_{min}=47.8\Omega$，最大值$R_{max}=65.0\Omega$。

计算结果表明，安全栅的输出电阻（181Ω）不在限流电阻的最小值和最大值范围内，因此，稳压二极管VS不能正常工作。

⑤ 调整电路方案

在这种情况下，电路的调整方案有两种：在其他条件不变的情况下，更换安全栅，使它的输出电阻值落在限流电阻的最小值和最大值范围内，或者，调整稳压二极管，以满足限流电阻数值范围（最小值和最大值）的要求。

这里采用更换安全栅方案。新选安全栅的输入电压符合题设要求，输出电阻在50~60Ω范围内。

6）确定电源外部匹配参数

本质安全型直流稳压电源的外部匹配参数如例6.7所示：

最大外部电容$C_o=1\mu F$；

最大外部电感$L_o=10mH$；

最大输出功率可取$P_o=1.1W$。

这里应该指出的是，上述的这些外部匹配参数应该标志在本质安全型直流稳压电源的标牌上。

2. 结构设计

（1）电源外壳

根据题意，本质安全型直流稳压电源的外壳为隔爆型防爆型式（ExdIIC）。隔爆外壳的设计参见第3章。

电缆进入隔爆外壳时采用直接引入方式。设置两个电缆引入装置：一个供连接市电交流电源（非本质安全）；另一个供直流电源输出（本质安全）。

根据需要，外壳材质可以采用金属材料或塑料材料制作。当采用塑料材料制作时，塑料材料必须具有抗静电性能。

（2）电路隔离

从电路原理图中可以看出，电路中设置了安全栅，实现了电气隔离；此外，机械隔离采用本质安全接线端子与非本质安全接线端子之间“50mm”的隔离措施，而且，电源中各零部件和导体之间的电气间隙、爬电距离和间距都符合表6.1和表6.2中规定的数据。

这里需要特殊指出的是，由于外壳为隔爆型防爆型式，所以不得采用“隔板”隔离措施来隔离本质安全电路与非本质安全电路。

（3）印制电路板、印制导线和铜导线

在印制电路板设计时，由于电路比较简单，采用板厚2mm、覆铜箔厚35μm的单面印制电路板。

印制电路板焊接后的处理符合前述章节的有关要求。

根据设备的温度组别（T6组）、允许载流量和可靠连接的要求，采用：

• 单条印制导线，线宽为2mm；
• 单根铜导线，直径为0.5mm，且导线固定牢固；
• 连接点采取单点焊接。

(4) 安全栅

电源输出端安全栅选用合适的市售安全栅产品。

(5) 电源变压器

电源变压器符合第6.3.4节的要求，制成（或采用）可靠电源变压器。

变压器二次侧输出端的可靠限流电阻器（R）与变压器浇封在一起。

(6) 标志牌

标志牌包括铭牌和警告标志牌。标志牌使用黄铜（H62）制作，且符合国家标准GB/T 13306《标牌》的要求。

① 铭牌的主要内容为产品名称、型号规格、最高电压、额定输入电压、额定输入电流、最大输出电压、最大输出电流、最大外部电感、最大外部电容、防爆标志和防爆合格证编号、出厂编号、制造商名称或（和）商标等。

② 警告标志牌的内容为“严禁带电打开!”。

3. 讨论

(1) 本质安全型直流稳压电源输出端稳压二极管（VS）的工作状态

根据上述计算可知，稳压电源输出端稳压二极管的工作状态与前级的输出电阻有关。因此，人们在设计和调试电路时应该特别注意稳压二极管的参数匹配。

(2) 本质安全型直流稳压电源外部匹配参数的确定

分析可知，由于安全栅的隔离危险能量作用，在确定稳压电源外部匹配参数时只能以安全栅的极限参数为依据，不要以电源输出参数为依据。

(3) 本质安全型直流稳压电源的关键安全技术

根据本质安全电路理论和直流稳压电源要求，综合分析可知，对于本质安全型直流稳压电源来说，只要在电源输入端设置可靠电源变压器，防止交流侧高压对后续电路可能造成的威胁；在电源输出端设置安全栅，防止电路的危险能量窜到危险场所，这样的电源就可以保证向爆炸性危险场所供电的本质安全性能，不管这种电源是否有其他防爆型式的保护。除此之外，至于电路中的其他环节对于防爆安全性能的影响则不是主要因素。

这是因为，本质安全型直流稳压电源属于关联设备，只能安装、运行在安全场所，只要输出能量符合本质安全性能要求，就可以保证危险场所的电气安全；当被其他防爆型式（例如隔爆外壳）保护时，则可以使用在危险场所，然而，此时它已经被隔爆外壳保护，只要输出能量符合要求，它依然能够保证危险场所的电气安全。

如上所述，这里的设计示例仅仅是一种如何处理本质安全型电气设备本质安全性能基本概念的简单讨论，没有顾及设备的基本电气性能。然而，在实际的工程设计中，人们应该根据设备基本性能和防爆安全要求的具体情况作出详尽的处理。

6.7 本质安全型电气设备的防爆型式试验

6.7.1 火花点燃试验

通常情况下，本质安全型电气设备的电路应该承受火花点燃试验，以验证电路所携带的能量以“放电火花”的形式释放时能否点燃试验气体混合物。

1. 试验装置

火花点燃试验装置是由安置在内容积至少为250cm³的试验容器内的两组电极组成的（参见第1章）。一组电极是一个上面刻有沟槽的镉盘电极；另一组电极是由固定在圆周直径为50mm的底盘上的4根钨丝组成的极握电极。

在试验时，被试电路的试验点接入试验装置的两组电极上。试验容器内充满试验气体混合物。在驱动机构的带动下，两组电极以不同的速度作相对转动（齿轮传动比为50∶12），钨丝在接触镉盘上的沟槽时产生“短路”和“断路”火花，用以点燃试验气体混合物。

在试验时，试验装置的两极应该接入本质安全电路的下列部位进行试验：

对于“ia”级和“ib”级设备：

- 电路的连接件上。
- 不符合表6.1、表6.2和表6.3中规定的相应数值的电气间隙、爬电距离、浇封化合物中的间距和固体绝缘材料中的间距之间。
- 没有被浇封或涂层覆盖的隔离间距，或者，防护等级低于IP20的外壳内裸露带电部件之间的连接和隔离之间。

对于“ic”级设备：

- 小于表6.1、表6.2和表6.3中规定的数值的隔离之间。
- 代替普通火花触点，例如插头-插座、开关、按钮、电位器等。
- 代替在正常工作时额定参数不符合相应规定值的元器件。

在试验时，试验装置的两极不跨接本质安全电路的下列部位进行试验，因为这些部位是所谓不会发生故障的“可靠部位”：

- 可靠隔离；不与可靠连接串联。
- 符合表6.1、表6.2和表6.3中规定数据的爬电距离、电气间隙、浇封化合物中的间距和固体绝缘材料中的间距。
- 间距大于50mm，或者，中间设置符合规定的接地金属隔板或非金属隔板的本质安全端子与非本质安全端子。
- 关联设备中除本质安全电路末端（输出端）以外的其他部分。

试验装置在试验时产生的短路、断路或接地故障被认为是系统的正常工作。

2. 试验程序

（1）试验气体混合物

在进行火花点燃试验时，试验人员应该根据被试设备的防爆级别（Ⅰ类、ⅡA级、ⅡB级或ⅡC级）向试验装置的试验容器中充入表6.15所示的安全系数为1.0的试验气体混合物。

表6.15 安全系数为1.0时的试验气体混合物及标定电流①

设备类别或（和）级别	试验气体混合物的成分及浓度（%，体积比）		标定电流/mA
Ⅰ	甲烷	8.3±0.3	110~111
ⅡA	丙烷	5.25±0.25	100~101
ⅡB	乙烯	7.8±0.5	65~66
ⅡC	氢气	21±2	30~30.5

① 引自GB 3836.4《爆炸性环境 第4部分：由本质安全型“i”保护的设备》。

对于被试设备是专门用于某种特指可燃性气体的情况，试验人员可以采用这种特指可燃性气体进行点燃试验。

不管怎么样，试验气体或蒸气的纯度不应该低于95%。试验室的温度、湿度和气压（海拔）的正常变化，通常，对试验结果影响不大，可以不予考虑。

（2）试验装置的标定

在进行火花点燃试验过程中，试验人员都应该在每一次试验前对试验装置进行标定，即检验试验装置的灵敏度是否符合要求。

在进行标定时，试验装置的两个电极接入电压为24V的直流电源和电感值为0.09～0.1H的空心线圈（电感器），试验电路的电流应该调整到表6.15中所列之值。

在试验装置的极握电极接被试电路正极，极握电极（即主动电极）旋转400～440转的情况下，被试的试验气体混合物（即表6.15所示试验气体混合物）至少发生1次点燃，便可以认为试验装置的灵敏度符合要求。

（3）安全系数

在进行火花点燃试验时，试验人员应该根据不同要求对被试电路的试验参数施加一定的安全系数。施加安全系数的用意是，用一种更容易点燃的电路替代原来电路进行试验，以提高被试电路的可靠性。

通常情况下，在这种试验中安全系数取为1.5。

试验人员可以使用下列任何一种方法获得这个安全系数。

1）调整电路参数法

在使用这种方法时，要把电源电压提高到电压额定值的110%，或者取电池（组）或限压器件的最高电压。

• 对于电感性电路和电阻性电路，人们可以使用减小可靠限流电阻器电阻值的方法获取1.5倍的故障电流。

假若此时仍得不到1.5倍的安全系数，则可以再进一步提高电源电压。

• 对于电容性电路，人们可以提高电源电压以获得1.5倍的故障电压。

另一种方法是，当电容器串联一支可靠限流电阻器时，则电容器可以被视为“电池（组）”，这样的电路则被视为电阻性电路。因而，人们可以按照电阻性电路来施加安全系数。

2）改变试验气体成分法

通常情况下，人们应该使用“调整电路参数法”来获得安全系数。但是，在使用“调整电路参数法”还得不到1.5倍安全系数时，试验人员也可以使用表6.16中所列爆炸性气体-空气混合物作为试验气体混合物。使用这样的混合物进行试验时相当于施加了1.5倍的安全系数。

在这种情况下，试验装置的标定电流应该符合表6.16中规定的相应数据。

表6.16　安全系数为1.5时的试验气体混合物及标定电流①

设备类别或（和）级别	试验气体混合物的成分和浓度（%，体积比）					标定电流/mA
	氢气-空气-氧气混合物			氢气-氧气混合物		
	氢气	空气	氧气	氢气	氧气	
Ⅰ	52±0.5	48±0.5	—	85±0.5	15±0.5	73～74
ⅡA	48±0.5	52±0.5	—	81±0.5	19±0.5	66～67
ⅡB	38±0.5	62±0.5	—	75±0.5	25±0.5	43～44
ⅡC	30±0.5	53±0.5	17±0.5	60±0.5	40±0.5	20～21

① 引自GB 3836.4《爆炸性环境　第4部分：由本质安全型“i”保护的设备》。

（4）试验

在试验时，试验人员应该根据被试电路的设备保护级别（“ia”级、“ib”级或“ic”级）将电路中可能出现短路、断路的点接入试验装置的两个电极上，在正常工作状态、一个（或两个）计数故障以及一些非计数故障情况下进行试验。

在每一个试验点，火花试验装置的极握电极应该旋转下列转数：

- 对于直流电路，在5min内旋转400转（每一种极性分别为200转）。
- 对于交流电路，在12.5min内旋转1000转。
- 对于电容性电路，在5min内旋转400转（每一种极性分别为200转）。

这里需要特殊指出的是，在电容性电路试验时必须保证电容器的充电时间，通常，这个时间不应该小于3倍的电路时间常数。在一般情况下，正常试验时的充电时间大约为20ms。假若这个时间还不能够满足要求，试验人员可以将极握电极上4根钨丝电极去掉1根或多根，也可以降低极握电极的旋转速度，以这样的方法来保证电容器有足够的充电时间。应该注意，当去掉极握钨丝电极时，必须增加极握电极的转数，以便保证和正常试验时一样的火花数量。

在每一个试验点完成试验后，试验人员都应该对试验装置重新进行标定，以检查它的灵敏度。

（5）试验结果的评价

在火花点燃试验过程中，每一个试验点在规定的转数内都不应该发生点燃。

3. 几种特殊情况

在进行火花点燃试验时，人们应该注意以下事项。

（1）试验的最不利条件

火花点燃试验应该在被试电路处于最不利条件下进行。

例如，对于一些简单的电路，在采用图6.21～图6.26中所示曲线考核电路时，电源的短路是一种最不利条件；对于那些较复杂的电路，电源的短路可能不是最不利条件，像稳压电源那样，最不利条件通常出现在电源串联有可靠限流电阻器的输出电路中，限流电阻器将电流限制到电源电压不降低时流过的最大电流。

（2）简单电路

对于一些简单电路，人们根据图6.21～图6.26中所示曲线进行认真分析和评价后认为，它确实具有足够的安全火花性能，就没有必要一定承受火花点燃试验。

（3）电感器和电容器组成的混合电路

在包含电感器和电容器的电路中，人们就不能简单地使用图6.21～图6.26中所示曲线进行准确的评价了，因为电容器储存的能量可以增强电源对电感器的充电能力。

所以，对于包含电容器和电感器的综合性电路，人们应该对电容和电感进行综合评价。

（4）采用分流短路电路进行保护的电路

对于这种电路，当其他电路发生故障引起分流短路电路急剧短路时，则在急剧短路过程中出现的允许通过能量不应该超过下列规定值：

- 对于Ⅰ类设备，260μJ。
- 对于ⅡA级设备，160μJ。
- 对于ⅡB级设备，80μJ。
- 对于ⅡC级设备，20μJ。

允许通过能量可以用示波器测量出来，但是，不适宜用火花点燃试验进行试验。

（5）火花点燃试验装置的局限性

火花点燃试验装置仅仅适用于下列的电路参数：

- 试验电流不大于3A。

- 对于电阻性电路和电容性电路，开路电压不大于300V。
- 对于电感性电路，电感值不大于1H。

如果被试电路的参数超过上述值，那么，火花点燃试验装置的灵敏度就会发生变化。

这是因为，如果电流大于3A，极握电极的钨丝因为发热温度升高将可能导致“热”点燃；在电感性电路时，过大的电感和时间常数会对试验结果产生不利的影响；在时间常数较大的电容性电路中，用减小极握电极的转速来增加充电时间，可能会改变试验装置的灵敏度，如此等等。

6.7.2 介电强度试验

1. 试验电源

在进行介电强度试验时，试验人员可以采用交流电压，也可以采用直流电压。

若采用交流电压，电源应该为频率在48~52Hz或58~62Hz范围内的正弦波交流电源；若采用直流电源，直流电压应该为交流电压的1.4倍。

不管怎么样，电源应该具有足够的伏安容量，以保证向被试电路提供足够稳定的试验电压。

2. 试验电压

在试验时，试验人员应该施加在被试电路的试验电压如下：

① 本质安全电路与设备金属机架之间的绝缘应该能够承受2倍的本质安全电路电压，或500V（交流有效值）的试验电压，二者取较大值。

② 本质安全电路与非本质安全电路之间的绝缘应该能够承受（$2U+1000$）V或1500V（交流有效值）的试验电压，二者取较大值。

这里，U为本质安全电路和非本质安全电路的电压有效值之和。

③ 不同的本质安全电路之间的绝缘应该能够承受$2U$，但不小于500V的试验电压。

这里，U为本质安全电路和本质安全电路的电压有效值之和。

3. 合格判据

试验人员应该在不小于10s的时间内将所需的试验电压平稳地施加在被试电路上，并至少保持60s。

在施加试验电压的整个时间内，通过试验电路的电流不应该大于5mA（有效值）。

第7章 浇封型电气设备

7.1 概述

浇封型电气设备是一种使用浇封化合物将被保护的电气元器件浇封起来，阻止这些元器件同周围的可燃性气体接触，避免引起点燃爆炸的电气设备，用符号“m”表示。

浇封型防爆型式不分防爆级别，但是，设备保护级别分为3级：“ma”级、“mb”级和“mc”级，在实际应用中，也可以表示为Ga级、Gb级和Gc级。

设备保护级别为“ma”级的浇封型电气设备，在下列任一种工况下，都不应该点燃它周围的爆炸性气体-空气混合物：

- 在规定的安装状态和正常运行条件下。
- 在规定的故障条件下。
- 在规定的异常运行条件下。

在这种设备保护级别的电气设备中，电路中任一点的工作电压不应该超过1kV。假若电路中的电气元器件在规定的故障条件下不会对浇封化合物造成热的或机械的损坏，那么，设计人员就没有必要对这些元器件增加其他的辅助保护环节。

“ma”级浇封型电气设备允许使用在爆炸性气体环境中的0区，当然，也可以使用在1区和2区。

设备保护级别为“mb”级的浇封型电气设备，在下列任一种工况下，都不应该点燃它周围的爆炸性气体-空气混合物：

- 在规定的安装状态和正常运行条件下。
- 在规定的故障条件下。

“mb”级浇封型电气设备，只允许使用在1区和2区。

设备保护级别为“mc”级的浇封型电气设备，在规定的安装状态和正常运行条件下，不应该点燃它周围的爆炸性气体-空气混合物。

“mc”级浇封型电气设备只能使用在爆炸性气体环境中的2区。

“浇封型”这种防爆型式，越来越被人们重视，使用越来越广泛。一般情况下，浇封型防爆型式仅适用于那些电气功率不大的小型电气设备以及某些设备的相关部件。

7.2 浇封型电气设备的通用防爆结构和安全要求

浇封型电气设备，由于功能和结构的需要，可以具有容纳浇封化合物的保护性外壳（金属的或塑料的），也可以不用这种外壳，包围电气元器件的浇封化合物固化后就自然形成了设备的“外壳”。

不管是哪种情况，浇封型电气设备都必须符合下面的相应规定。

7.2.1 浇封化合物

在浇封型电气设备中使用的浇封化合物，应该具有很好的绝缘性能、耐热性能、粘结性能和一定的机械强度，以便保证这种防爆型式具有可靠的防爆安全性能。

浇封化合物应该具有如下的品质：

① 良好的绝缘性能

按照国家标准 GB/T 1408.1《固体绝缘材料电气强度试验方法　第 1 部分：工频下的试验》的规定，在设备的最高工作温度条件下试验时，它应该能够承受相应电压等级的介电强度试验。

② 良好的耐热性能

耐热性能是评价用于胶封型电气设备的浇封化合物的一个重要指标。电气设备的发热可能会导致浇封化合物的电气性能、粘结性能失效，使这种防爆型式丧失防爆安全性能。因而，浇封化合物的稳定工作温度应该至少比电气设备中最高发热点的温度高 20K。

③ 良好的粘结性能

浇封化合物应该具有很好的附着力，固化后牢固地粘附在电气元器件、导体以及外壳上，不得在电气设备运行过程中发生剥落、脆裂等妨害设备防爆安全性能的现象。

④ 适当的机械强度

浇封化合物浇封固化后，应该具有合适的机械强度，在试样承受冲击试验时不应该发生脆裂。冲击试验应该按照第 2.4.1 节的规定进行（机械危险程度：低）。

例如，某些型号的环氧树脂就具有这些性能，通常，在加入一定数量的填充剂后被用来作为这种浇封化合物。当然，除此之外还有一些其他的符合要求的化合物也常常被使用。

此外，还需指出的是，设计人员在选用浇封化合物时还应该考虑因温度变化引起浇封化合物体积膨胀或收缩对安全性能造成的不利影响。

7.2.2 防爆结构和安全要求

在浇封型电气设备中，固化后的浇封化合物中不应该有气泡、孔隙等不致密的缺陷；被浇封在浇封化合物中的空腔的容积：对于“ma”级设备，不应该大于 $10cm^3$；对于“mb”级和“mc”级以及Ⅰ类设备，不应该大于 $100cm^3$。

浇封型防爆型式主要是依靠浇封化合物固化后的厚度或间隔的厚度来保持这种防爆型式的保护性能的。因此，设计人员不管在什么情况下都应该保证这种厚度。

1. 内部空腔与外部之间、内部空腔之间浇封化合物的最小厚度

当浇封化合物中存在空腔时，浇封化合物从空腔内部到外部的厚度、从一个空腔到另一个空腔的厚度应该符合表 7.1 中规定的相应数值。

表 7.1　空腔内部与外部之间、内部空腔之间浇封化合物的最小厚度①

设备保护级别	从空腔内部到下列部位的最小厚度	空腔容积		
		$V \leqslant 1cm^3$	$1cm^3 < V \leqslant 10cm^3$	$10cm^3 < V \leqslant 100cm^3$
ma	另一空腔或自由表面/mm	3	3	—
	塑料外壳或具有附着层的金属外壳②/mm	3［塑料外壳壁厚（或附着层厚度）+化合物厚度］	3③［塑料外壳壁厚（或附着层厚度）+化合物厚度］	—
	塑料外壳或没有附着层的金属外壳/mm	3［塑料外壳壁厚+化合物厚度］	3③［塑料外壳壁厚+化合物厚度］	—
mb	另一空腔或自由表面/mm	1	3	3③

（续）

设备保护级别	从空腔内部到下列部位的最小厚度	空腔容积		
		$V\leqslant 1\text{cm}^3$	$1\text{cm}^3<V\leqslant 10\text{cm}^3$	$10\text{cm}^3<V\leqslant 100\text{cm}^3$
mb	塑料外壳或具有附着层的金属外壳②/mm	1［塑料外壳壁厚（或附着层厚度）+化合物厚度］	3［塑料外壳壁厚（或附着层厚度）+化合物厚度］	3③［塑料外壳壁厚（或附着层厚度）+化合物厚度］
	塑料外壳或没有附着层的金属外壳/mm	1［塑料外壳壁厚+化合物厚度］	3［塑料外壳壁厚+化合物厚度］	3③［塑料外壳壁厚+化合物厚度］
mc	另一空腔或自由表面/mm	1	1	3
	塑料外壳或具有附着层的金属外壳②/mm	1［塑料外壳壁厚（或附着层厚度）+化合物厚度］	1［塑料外壳壁厚（或附着层厚度）+化合物厚度］	3［塑料外壳壁厚（或附着层厚度）+化合物厚度］
	塑料外壳或没有附着层的金属外壳/mm	1［塑料外壳壁厚（或附着层厚度）+化合物厚度］	1［塑料外壳壁厚（或附着层厚度）+化合物厚度］	1［塑料外壳壁厚（或附着层厚度）+化合物厚度］

① 引自 GB 3836.9《爆炸性气体环境用电气设备　第9部分：浇封型“m”》。

② 塑料外壳或金属外壳（附着层的厚度至少为1mm）的壁厚应该等于或大于1mm。

③ 空腔应该进行耐压力试验。

2. 无保护性外壳时

当浇封型电气设备没有塑料材料或金属材料制成的保护性外壳时，浇封化合物的自由表面与浇封化合物中的导电部件之间浇封化合物的最小厚度应该符合表7.2中规定的数值；浇封的结构形式示意图如图7.1所示。

表7.2　浇封化合物自由表面与导电部件之间浇封化合物的最小厚度①（单位：mm）

设备保护级别：ma	设备保护级别：mb/mc
$a\geqslant 3$	当自由表面不大于2cm^2，$a\geqslant$表7.6中规定的数值，但是不小于1
	当自由表面大于2cm^2，$a\geqslant$表7.6中规定的数值，但是不小于3
$b+c\geqslant a$	$b+c\geqslant a$
$c\geqslant 3$	$c\geqslant$表7.6中规定的数值，但是不小于1

注：1. a、b表示导体与浇封化合物自由表面之间浇封化合物的厚度。

2. c表示导体和浇封化合物中非导电部件之间浇封化合物的厚度。

① 引自 GB 3836.9《爆炸性气体环境用电气设备　第9部分：浇封型“m”》。

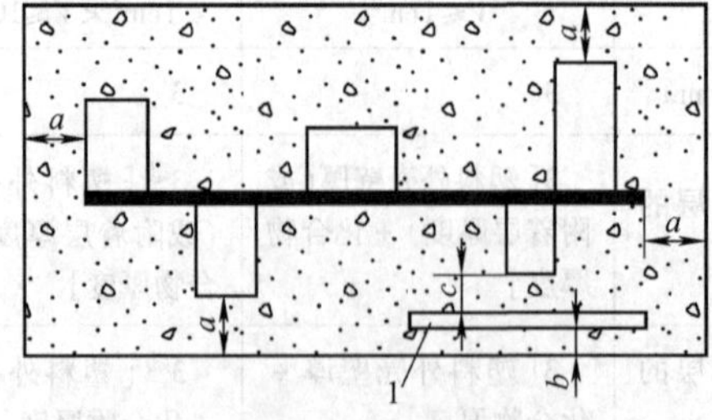

图7.1　没有保护性外壳的浇封型电气设备示意图

1—非导电金属件

3. 塑料保护性外壳时

当浇封型电气设备具有塑料材料制成的保护性外壳时，外壳壁或浇封化合物自由表面和浇封化合物中的导电部件之间浇封化合物的最小厚度应该符合表 7.3 中所示的数值；浇封的结构形式示意图如图 7.2 所示。

表 7.3　外壳壁或浇封化合物自由表面和导电部件之间浇封化合物的最小厚度①

（单位：mm）

具有附着层的外壳				没有附着层的外壳			
外壳壁厚 $t<1$		外壳壁厚 $t\geqslant1$		外壳壁厚 $t<1$		外壳壁厚 $t\geqslant1$	
ma	mb/mc	ma	mb/mc	ma	mb/mc	ma	mb/mc
$a\geqslant3$	$a\geqslant$表 7.6 中规定的数值	$a+t\geqslant3$	$a+t\geqslant$表 7.6 中规定的数值	$a\geqslant3$	$a\geqslant$表 7.6 中规定的数值，但是不小于 1	$a\geqslant3$	$a\geqslant$表 7.6 中规定的数值，但是不小于 1
$b\geqslant$表 7.6 中规定的数值，但是不小于 3							

注：1. a 表示导体与外壳壁内表面之间浇封化合物的厚度。

2. b 表示导体与浇封化合物自由表面之间浇封化合物的厚度。

① 引自 GB 3836.9《爆炸性气体环境用电气设备　第 9 部分：浇封型“m”》。

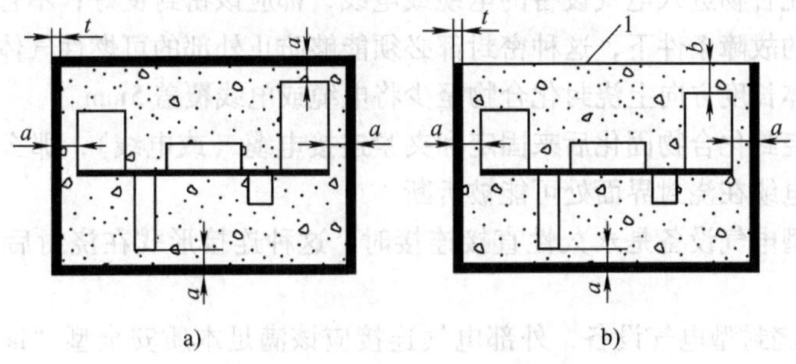

图 7.2　具有塑料保护性外壳的浇封型电气设备示意图

a）全封闭塑料外壳　b）半封闭塑料外壳

1—自由表面

4. 金属保护性外壳时

当浇封型电气设备具有金属材料制成的保护性外壳时，外壳壁或浇封化合物自由表面和浇封化合物中的导电部件之间浇封化合物的最小厚度应该符合表 7.4 中所示的数值；浇封的结构形式示意图如图 7.3 所示。

表 7.4　外壳壁或浇封化合物自由表面和导电部件之间浇封化合物的最小厚度①

（单位：mm）

设备保护级别：ma	设备保护级别：mb/mc
$a\geqslant3$	$a\geqslant$表 7.6 中规定的数值，但是不小于 1
$b\geqslant3$	$b\geqslant$表 7.6 中规定的数值，但是不小于 3

注：1. a 表示导体与外壳壁内表面之间浇封化合物的厚度。

2. b 表示导体与浇封化合物自由表面之间浇封化合物的厚度。

① 引自 GB 3836.9《爆炸性气体环境用电气设备　第 9 部分：浇封型“m”》。

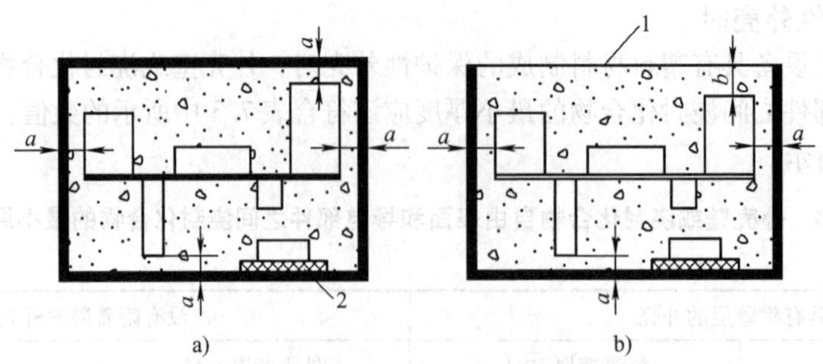

图 7.3　具有金属保护性外壳的浇封型电气设备示意图

a）全封闭金属外壳　b）半封闭金属外壳

1—自由表面　2—固体绝缘材料

7.2.3　特殊结构和安全要求

在浇封型电气设备中，有一些比较特殊的结构，设计人员在设计和浇封施工中应该予以特殊的注意。

1. 外部电气连接

所有通过浇封化合物进入电气设备的电缆或电线，都应该密封良好；不管设备是在正常运行工况下还是在规定的故障条件下，这种密封都必须能够防止外部的可燃性气体进入浇封型电气设备中。为此，在导体长度方向上浇封化合物至少将电缆或电线覆盖 5mm。

假若仅仅依靠浇封化合物固化后来固定和夹紧连接电缆（或电线），那么，电缆应该有一定的保护措施，防止电缆在浇封界面处可能被折断。

当电缆与浇封型电气设备是永久性直接连接时，这种连接形式在浇封后应该承受电缆拔脱试验。

对于“ma”级浇封型电气设备，外部电气连接应该满足本质安全型“ia”级和专门设计用于 0 区设备的要求（Ga 级，参见第 10 章）。

2. 开关触点

在“ma”级浇封型电气设备中，一般情况下，不允许包含开关触点。

在某些情况下，如果需要，“ma”级浇封型电气设备可以包含开关触点，但是，在浇封前，开关触点应该用一个符合国家标准 GB 3836.8《爆炸性气体环境用电气设备　第 8 部分：“n”型电气设备》要求的气密外壳保护起来；假若开关电路的设计工作电压不大于 60V 和设计工作电流不大于 6A，且大于开关器件额定值 2/3 的话，那么，这种开关触点应该在浇封前配置一个用无机材料制成的外壳。

在“mb”级浇封型电气设备中，允许包含开关触点。但是，如果开关触点的设计工作电流大于开关器件额定电流值的 2/3 或者 6A 的话，那么，这种开关触点应该在浇封前配置一个用无机材料制成的外壳。

在“mc”级浇封型电气设备中，如果开关触点的设计工作电流大于 6A 的话，那么，这种开关触点应该在浇封前配置一个用无机材料制成的外壳。

3. 多层印制电路板

在浇封型电气设备中使用的多层印制电路板上，金属镀层的厚度不应该小于 35μm，覆铜板的覆盖层和覆膜的绝缘厚度不应该小于 0.1mm，而且应该承受相应的电气强度试验。

在多层印制电路板上，印制导线和电路板边沿之间、电路板上各个孔边沿之间的间距至少为3mm。

在多层印制电路板上，当工作电压不大于500V时，各部分之间的间距应该符合表7.5中所示的数值；结构示意图如图7.4所示。

表7.5 多层印制电路板上的最小间距① （单位：mm）

代号	ma	mb	mc
a②	3	0.5	0.25
b③	3	3	1
c④	3	1	0.5
d⑤	0.1	0.1	0.1
e⑥	符合表7.6中所示的数值	符合表7.6中所示的数值	符合表7.6中所示的数值

① 引自GB 3836.9《爆炸性气体环境用电气设备 第9部分：浇封型“m”》。

② a表示带电导体和外表面之间通过覆盖层内的厚度。

③ b表示带电导体和外表面之间沿覆盖层表面的距离。

④ c表示从电路板的边沿或孔的边沿在电路板表面延伸的金属件或绝缘件的长度。

⑤ d表示覆膜的厚度。

⑥ e表示在电路板内两印制电路之间的距离。

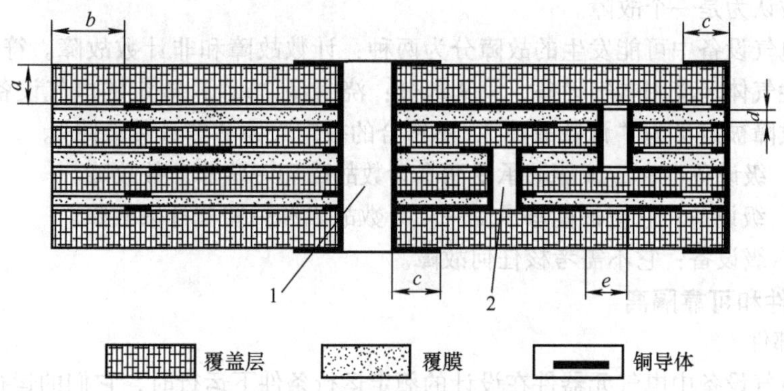

图7.4 多层印制电路板的结构示意图

1—通过接点连接到终端装置上 2—通过接点将印制电路连接到导电层上

4. 电动机绕组

一般情况下，微型电动机才允许制成浇封型设备。例如，防爆型空气调节机中使用的摆风电动机就可以制成浇封型电动机。

假若绕组是嵌在槽中的电动机，那么，槽绝缘使用的固体绝缘材料：

① 对于“ma”级浇封型电动机，应该具有的最小厚度为0.1mm，而且伸出槽外至少5mm。

② 对于“mb”级浇封型电动机，不做具体要求。

然而，不管是“ma”级浇封型电动机还是“mb”级浇封型电动机，它的槽端部和绕组端部都必须用浇封化合物浇封起来，而且，此处还应该承受试验电压为（$2U+1000$）V，至少1500V的介电强度试验。试验电压的频率应该在48～52Hz（或58～62Hz）范围内。

这里，U为电动机的额定电压。

5. 裸露带电部件

在浇封型电气设备中，只要是从浇封化合物表面突出出来的裸露导体，都应该使用适当的防爆型式保护起来：

① 对于“ma”级设备，本质安全型“ia”级以及专门设计用于0区的包容性复合防爆型式(Ga级，参见第10章)。

② 对于“mb”级设备，除“n”型防爆型式外的其他各种防爆型式。

③ 对于“mc”级设备，所有的防爆型式。

7.3 故障评价和保护措施

7.3.1 故障与可靠部件

1. 故障

在浇封型电气设备中，即使在最不利的输入（电压额定值的90% ~110%）和最不利的输出情况下，当电路发生如下故障时浇封型防爆型式也应该保持它的防爆安全性能：

- 电路中元器件发生短路。
- 电路中元器件发生的其他故障。
- 印制电路板中出现的故障，例如，印制电路发生短路，绝缘覆盖层脱落，等等。

如果一个故障会导致发生另一个或多个后续故障的话，那么，初始故障和后续故障被认为是一个故障。例如，由于过载引起温度升高；由于电阻值变小引起电流变大，进而引起功率增加，等等，这些均被认为是一个故障。

在浇封型电气设备中可能发生的故障分为两种：计数故障和非计数故障。符合国家标准 GB 3836.9《爆炸性气体环境用电气设备　第9部分：浇封型“m”》规定的电气设备的零部件、隔离部位发生的故障被定义为“计数故障”，不符合的被定义为“非计数故障”。

对于“ma”级设备：它应该能够承受两个计数故障和一些非计数故障。

对于“mb”级设备：它应该能够承受一个计数故障和一些非计数故障。

对于“mc”级设备：它不需考核任何故障。

2. 可靠部件和可靠隔离

（1）可靠部件

当浇封型电气设备中电气元器件在设计的额定运行条件下运行时，它们的运行参数不应该超过它们所标志的额定参数的2/3。这样的元器件被认为是可靠部件。例如：

- 电阻器，例如薄膜电阻、线绕电阻，且能够承受1.5倍最高电压和1.5倍最大功率。
- 电容器，例如塑料薄膜电容器、纸质电容器、陶瓷电容器。
- 单层螺旋线圈。
- 半导体元件，例如二重化的二极管、齐纳二极管。当半导体元件用于限流时，对于“ma”级需要使用两只，对于“mb”级和“mc”级可以使用一只。
- 半导体分流器件，如果采用，它应该符合国家标准 GB 3836.4《爆炸性环境　第4部分：由本质安全型“i”保护的设备》中规定的安全分流器件的要求。

下列组件也被认为是可靠部件：

- 光耦合器和继电器，它们能够承受试验电压为 $(2U+1000)$V 或1500V之中较大值的介电强度试验。
- 变压器，它能够符合本质安全型防爆型式的要求（参见第6章）。
- 变压器、线圈和绕组，它们能够符合增安型防爆型式的要求，但是，导线不要求符合0.25mm的规定，只要能够防止内部发生不允许的过热。

可靠部件被认为是不会发生故障的。

不符合这些要求的电气元器件是可能发生故障的。这样的故障被定义为“非计数故障”。

(2) 可靠隔离

在浇封型电气设备中，在下列情况下，只要在浇封化合物中的裸露导电部件之间的隔离符合表7.6中的相应规定，就可以不考虑它们之间有被电气击穿的危险。这种隔离被认为是可靠的。

① 在同一电路中。

② 在电路与接地的金属部件之间。

③ 在两个独立的电路之间。但是，在计算电压时，人们应该以两个电路电压（绝对值）之和为选择隔离数值的依据。

表7.6 通过浇封化合物的隔离间距①

交流电压（有效值）或直流电压 U/V	最小间距/mm		
	ma	mb	mc
$U\leqslant32$	0.5	0.5	0.2
$U\leqslant63$	0.5	0.5	0.3
$U\leqslant400$	1	1	0.6
$U\leqslant500$	1.5	1.5	0.8
$U\leqslant630$	2	2	0.9
$U\leqslant1000$	2.5	2.5	1.7
$U\leqslant1600$	—	4	4
$U\leqslant3200$	—	7	7
$U\leqslant6300$	—	12	12
$U\leqslant10000$	—	20	20

① 引自GB 3836.9《爆炸性气体环境用电气设备 第9部分：浇封型“m”》。

如果固体绝缘的厚度不小于0.1mm而且又经过相应的介电强度试验，那么，这种固体绝缘的隔离也被认为是可靠的。

可靠隔离被认为是不会发生故障的。

但是，假若这样的隔离小于表7.6中的某一个间距值而大于另一个间距值，那么，对于“ma”级和“mb”级而言，这样的隔离相对于较大间距值来说，不是可靠隔离，发生的故障被定义为“计数故障”；对于“mc”级而言，这样的隔离相对于较大间距值来说，也不是可靠隔离，出现的异常被定义为“短路”。

7.3.2 温度极限和保护装置

1. 温度限制

在浇封型电气设备中，温度是这种防爆型式保持防爆安全性能的一个十分重要的指标。过高的温度，会导致浇封化合物丧失保护功能，会导致电气设备丧失防爆安全性能，这是显而易见的。

因此，设计人员应该通过选择合适的电气参数来保证：在浇封型电气设备正常运行条件下，它的外部表面温度不应该超过相应温度组别的温度值，它的内部电气元器件的表面温度不应该超过浇封化合物的连续运行温度（在试验条件下）。

除此之外，人们还必须通过不同的保护装置来限制浇封型电气设备在发生故障时可能出现的不允许的过热温度。

对于“ma”级设备，保护装置应该至少设置两个。

对于“mb”级设备和“mc”级设备，保护装置应该（可以）设置一个。

假若保护装置是不可复位的，而且符合国家标准 GB 9364《小型熔断器》和 GB 9816《热熔断体的要求和应用导则》的要求，那么，不管是“ma”级设备还是“mb”级设备抑或是“mc”级设备，允许只设置一个保护装置。

假若浇封型电气设备的相关温度不会超过浇封化合物的连续运行温度或温度组别的温度值，而且“ma”级设备不可能出现两个故障，“mb”级设备不可能出现一个故障，“mc”级设备不可能超过规定温度，那么，这种浇封型电气设备可以只设置一个保护装置。

这样的保护装置可以是过电流保护的，例如熔断器、热敏电阻等限流元件，也可以是过热保护的，例如热熔体，等等。

2. 保护装置

（1）过电流保护

过电流保护就是防止电气设备长时间通过不允许的过载电流，从而产生不允许的热效应，所以过电流保护实质上就是一种过热保护。通常情况下，设计人员可以采用熔断器作为这样的保护装置。此时，熔断器的额定电压不应该小于被保护电路的工作电压，极限分断能力不应该小于电路发生短路时的预期故障短路电流（参见第 6. 3. 3 节；预期故障短路电流，对于额定电压不超过 250V 的网络，按 1500A 计）。

当采用熔断器作为保护装置时，熔断器应该能够承受 1. 7 倍的熔断体的额定电流（在稳定的负载情况下，即是电路的额定电流）。它的时间—电流特性值应该保证在熔断器运行过程中它的表面温度不超过浇封化合物的连续运行温度或设备标志的温度组别的温度值。

当然，人们还可以采用其他的防止电路过电流的保护措施。此时，过电流保护的整定值应该为被保护电路额定电流的 1. 1 倍值。这样既能够保证设备的正常运行也能够在稍有过载时切断电路起到保护作用。

对于“ma”级设备来说，如果保护装置设置在浇封型电气设备外部，而且是用来把适应于设备热特性的电压、电流或功率正确地施加在设备上，那么，这种保护装置或保护电路应该在一个计数故障情况下是安全的。

（2）过热保护

这种过热保护主要是防止因电路发生故障而形成的过热温度对浇封化合物造成的破坏作用。对于过热保护，设计人员可以采用诸如热熔体那样的热传感元件作为这样的保护装置。

当使用热传感元件作为保护装置时，热传感元件与被保护的部位之间应该有很好的热导接触。保护装置的分断能力不应该小于被保护电路的最大可能负载电流。

不管在什么情况下，人们在使用保护装置进行过电流保护或过热保护时，这样的保护装置允许是不可复位的和可复位的。这里所谓的不可复位（保护装置）是指保护装置动作后永久地切断电路；而可复位（保护装置）则是在保护装置动作后能够可靠地切断电路，但在设计保护参数获得满足后又能够自动地或人工地接通电路。

当使用带有开关触点的保护装置时，开关触点的使用电压和使用电流不应该超过它的额定值的三分之二。

总之，不管是过电流保护或是过热保护，对于“ma”级设备，但凡采用两个保护装置时，这两个装置在电路连接时应该采取逻辑“或”的关系。这样，即使在一个装置不起作用时另一个仍将起作用。“或”的逻辑关系大大地提高了保护功能的可靠性。

此外，这样的保护装置可以与浇封型电气设备集成浇封在一起，也可以设置在它的控制电路中。当保护装置与被保护设备集成浇封在一起时，保护装置应该具有密闭结构，在浇封作业过程中浇封化合物不得进入它的外壳（如果有外壳的话）中；当保护装置设置在被保护设备外部的控制电路中时，这样的保护装置被视为“m”型设备的一部分，而且，还应该具有相应的防爆型式和相应的设备保护级别（Ga 级、Gb 级或 Gc 级）。

7.4 浇封型电气设备的防爆型式通用试验

对于浇封型电气设备来说，所有试验都是以考核浇封化合物的各个性能指标为目的而进行的。浇封化合物符合要求，原则上，就可以保证了这种防爆型式的防爆安全性能。

7.4.1 浇封化合物耐候性试验

在浇封型电气设备中使用的浇封化合物应该承受以下试验。

1. 浇封化合物试样试验

（1）吸水试验

当浇封型电气设备使用在潮湿的环境中时，浇封化合物应该进行吸水试验。

浇封化合物的试验样品是一种圆柱体，直径为（50 ±1）mm，高度为（3 ±0.2）mm。

在试验时，试验人员应该首先将 3 个干燥的试验样品称重，然后放入温度为（23 +2）℃的水中 24h；接着，从水中取出试验样品揩干后再次称重。

试验后，试验样品增加的重量不应该超过干燥样品重量的 1%。

（2）介电强度试验

在浇封型电气设备中使用的浇封化合物应该承受介电强度试验。

浇封化合物的试验样品是一种圆柱体，直径为（50 ±1）mm，高度为（3 ±0.2）mm。

在试验时，试验人员应该将试验样品对称地放置在两个直径为（30 ±1）mm 的圆形电极之间。电极由黄铜制成。接触试验样品的面应该平整光滑（$R_a \leqslant 0.8$）。整备后的试验样品应该在温度为浇封化合物连续运行温度（COT）范围的高温点的环境中放置 24h 进行预处理。

然后，试验人员在这样的试验样品的两个电极之间施加频率为 48 ~ 52Hz（或 58 ~ 62Hz）的交流电压 4kV（误差 0 ~ 5%，有效值)，历时至少 5min。

试验期间，被试部位不应该发生闪络或击穿。

2. 耐热耐寒试验

浇封型电气设备的耐热耐寒试验应该按照防爆电气设备的通用试验要求进行（参见第 2 章)。但是，在耐热试验中所使用的温度应该为：

1）对于“ma”级设备和“mb”级设备

- 试验样品在故障条件下运行时出现的外部最高表面温度。

或者，

- 试验样品在额定运行条件下运行时浇封在浇封化合物中元器件表面的最高温度。

2）对于“mc”级设备

试验样品在额定运行条件下运行时出现的最高表面温度加上至少 20K 的那个温度值。

在“ma”级设备和“mb”级设备的试验中，假若耐热试验采用前者的温度作为试验温度，那么，试验样品还应该承受下面的热循环试验。

3. 热循环试验

在浇封型电气设备进行热循环试验时，试验人员应该在试验样品中放置多个温度传感器。传感器可以放置在试验样品的外表面，还应该放置在试验样品的内部可能最热的位置。

在试验时，试验人员应该将试验样品在不通电的情况下放置在温度为（21±2）℃的环境中24h；然后，再放置在（$T_{a.max}$+10±2）℃环境中直至样品内部与外部的温度差小于2K为止；接着，给试验样品通电（电压为额定电压的上限值）以便在热保护装置上产生一个不大于保护温度2K的温度（试验时内部的热保护装置可以被桥接起来）。

这里，$T_{a.max}$表示浇封型电气设备的最高运行环境温度。

这样的试验状态维持到试验样品内部温度稳定（温度变化不大于2K/h）为止。

此时，试验人员切断试验样品的电源，把试验样品从（$T_{a.max}$+10）℃环境中移出并冷却到（21±2）℃；然后，再放置在温度为（$T_{a.min}$−5）℃的环境中，直至试验样品内部和外部的温度差不大于2K为止；接着，再次给试验样品通电（电压为额定电压的上限值）以便在热保护装置上产生一个不大于保护温度2K的温度（试验时内部的热保护装置可以被桥接起来）。

这里，$T_{a.min}$表示浇封型电气设备的最低运行环境温度。

这样的试验状态维持到试验样品内部温度稳定（温度变化不大于2K/h）为止。

以上试验过程为一个循环。热循环试验应该进行3个循环。

在耐热试验、耐寒试验或（和）热循环试验结束后，浇封化合物不得发生裂缝、脱落、收缩、膨胀和软化等影响安全性能的迹象。

7.4.2 浇封型电气设备温度测定

浇封型电气设备试制完成之后应该进行各项温度测定，以确保它的表面温度和内部温度：

- 在正常运行工况下，不超过温度组别的温度值和浇封化合物的连续运行温度。
- 对于“ma”级设备和“mb”级设备，在规定的故障状态下，不超过规定的最高表面温度。

在“ma”级设备试验中，当施加故障时，试验人员应该考虑到，两个故障单独出现和同时出现（罕见故障）这样的情况。两个故障“单独出现”是可能的，但是“同时出现”是稀少的，然而又不是不可能的。

当然，经过分析可知，假若设备不可能发生故障（包括计数故障和非计数故障），而且又按要求配置了相应的保护装置，那么，人们可以按正常运行工况对设备进行试验。

对于没有外接负载的浇封型电气设备（例如浇封型电动机），温度测定应该按照防爆电气设备的通用试验要求进行（参见第2章）。

对于具有外接负载的浇封型电气设备，在温度测定时，试验人员应该将负载电流调整到不会引起保护装置动作的最大值（“ma”级和“mb”级），或者调整到正常运行时规定的负载参数值（“mc”级）。

被试设备在最不利的额定电压和相应的负载电流情况下运行至温度稳定（温度变化不大于2K/h）。试验人员应该记录此时的各个温度值作为考核的依据。

7.4.3 浇封型电气设备保护装置试验

浇封型电气设备的保护装置应该承受以下试验，以检验它的动作可靠性。

1. 过电流保护装置动作可靠性试验

浇封型电气设备使用的过电流保护装置应该进行动作可靠性试验。

试验应该在完整的浇封型电气设备试验样品上进行。如果保护装置是设置在设备外部的，则保护装置应该和设备一起进行试验。

在试验时，试验人员应该对设备施加最不利的试验电压（额定电压的90%～110%）和不小于额定电流1.1倍的试验电流。

在这样的试验条件下，试验进行5次，保护装置均能可靠地切断电路。

2. 过热保护装置动作可靠性试验

浇封型电气设备使用的过热保护装置应该承受动作可靠性试验。

试验应该在耐热试验和耐寒试验后的试验样品上进行。

(1) 当过热保护装置是可恢复式时

对于这样的过热保护装置，由于保护装置结构和原理的不同，人们可以使用机械的、电气的或热的方法使其动作。而且，试验人员应该根据保护装置是否带有开关触点来确定试验次数：

当带有开关触点时，开关触点至少动作5000次。

当不带有开关触点时，保护装置至少动作500次。

在试验期间，保护装置应该正确动作，不得出现误动作。

(2) 当过热保护装置是不可恢复式时

对于这样的过热保护装置，试验人员应该按照可恢复式过热保护装置的试验方法对试验样品试验一次。

在试验时，保护装置应该动作后不能反向恢复。

3. 内置保护装置密封试验

当带有保护性外壳的保护装置被浇封在浇封化合物内时，这种所谓的内置保护装置应该承受密封试验。

在试验时，试验人员应该将试验样品放置在温度为(25±2)℃的环境中24h，待温度平衡后，立即将其放入温度为(65±2)℃的水中25mm深处1min。

在试验期间，没有从试验样品中冒出气泡，便认为试验样品合格。

7.4.4 介电强度试验

浇封型电气设备应该承受介电强度试验。

在试验时，试验人员应该在浇封型电气设备的下列部位施加试验电压：

① 各个绝缘电路之间。

② 每一个电路与所有接地部件之间。

③ 每一个电路与浇封化合物表面或塑料外壳之间（试验时，应该用金属箔将浇封化合物或塑料外壳包覆起来）。

试验电压规定如下：

对于试验电压施加在各个绝缘电路之间的情况，试验电压为被试两电路的电压之和。

对于试验电压施加在每一个电路与所有接地部件之间或者浇封化合物表面或塑料外壳之间的情况，当设备的电源电压不超过90V（峰值）时，试验电压为500V（有效值）；当设备的电源电压超过90V（峰值）时，试验电压为$(2U+1000)$V（有效值），最低为1500V（48～52Hz或58～62Hz）。

假若使用交流电压试验时试验可能会损坏浇封化合物中电子元器件的话，则试验人员可以使用直流电压进行替代试验。此时，试验电压应该为$(2U+1400)$V，但是，最低为2100V（直流）。

试验人员应该在不小于10s的时间内将试验电压平稳地升至规定值，并且至少保持60s。

在试验过程中，被试部位不应该发生闪络，甚至击穿。

7.4.5 其他试验

1. 电缆拔脱试验

在进行电缆拔脱试验时，试验人员应该首先将试验样品放置在温度为（21±2）℃的环境中24h，以便消除应力；然后，在耐热试验（温度为电缆引入点的最高温度）的条件下进行预处理。

接着，在拉力试验机上对试验样品施加电缆直径（以mm为单位）20倍值的拉力（N）或浇封型电气设备质量（以kg为单位）5倍值的拉力（N），二者之中较小值。

对于浇封型电气设备连接永久性电缆的情况，试验拉力可以减小到计算拉力的25%。

不管是什么情况，试验拉力至少为1N，施加拉力的持续时间至少为1h。

在试验结束后，浇封化合物不得发生裂缝、脱落等影响防爆安全性能的迹象；电缆不应该发生任何的位移。

2. 空腔耐压力试验

浇封化合物中空腔容积为1～10cm³（包括10cm³）的“ma”级浇封型电气设备和浇封化合物中空腔容积为10～100cm³的“mb”级浇封型电气设备应该承受这项试验。

在试验时，试验人员应该在表7.7中规定的条件下对试验样品进行试验。当浇封化合物中有两个以上空腔时，所有空腔同时进行耐压力试验。施加压力的时间至少为10s。

表7.7 试验压力①

最低环境温度 T/℃	试验压力 P/kPa
$T \geqslant -20$②	1000
$T \geqslant -30$	1370
$T \geqslant -40$	1450
$T \geqslant -50$	1530
$T \geqslant -60$	1620

① 引自GB 3836.9《爆炸性气体环境用电气设备 第9部分：浇封型“m”》。

② 这个温度是防爆电气设备的标准运行环境温度范围－20～40℃的下限值。

在试验结束后，浇封化合物不得发生裂缝、脱落、收缩、膨胀等影响防爆安全性能的迹象。

7.5 浇封型蓄电池

浇封型防爆型式，对于蓄电池（组）来说，仅适用于那些在正常运行过程中不释放出“电池气”的蓄电池。例如气密型蓄电池，在正常运行过程中或发生故障的状态下都不释放电池气，就可以制成浇封型蓄电池。

有一些形式的蓄电池不能够制成浇封型蓄电池，例如通气型蓄电池、阀控型蓄电池。

在浇封型蓄电池组中不允许同时使用两种以上类型的单体蓄电池，或另外类型的电源。

“ma”级浇封型蓄电池（组）应该符合本质安全型防爆型式的要求。

7.5.1 专用结构和特殊要求

1. 蓄电池类型

一般情况下，允许制成浇封型蓄电池的蓄电池类型如表7.8和表7.9所示。

表7.8 原电池①

类型	电化学系统			标称电压/V	开路峰值电压/V
	正极材料	电解液	负极材料		
—	二氧化锰	氯化铵	锌	1.50	1.73
A	氧	氯化铵	锌	1.40	1.55
B	氟化碳	有机物	锂	3.00	3.70
C	二氧化锰	有机物	锂	3.00	3.70
L	二氧化锰	氢氧化碱金属	锌	1.50	1.65
P	氧	氢氧化碱金属	锌	1.40	1.68
S	氧化银	氢氧化碱金属	锌	1.55	1.63
T	氧化银	氢氧化碱金属	锌	1.55	1.87

① 引自GB 3836.9《爆炸性气体环境用电气设备 第9部分：浇封型"m"》。

表7.9 二次电池①

类 型	电化学系统		标称电压/V	开路峰值电压/V
	电极材料	电 解 液		
K	镍-镉	钾-钠溶液	1.20	1.55
	镍-金属-氢化物	钾溶液	1.20	1.50
	锂	有机盐	3.60	4.20②

① 引自GB 3836.9《爆炸性气体环境用电气设备 第9部分：浇封型"m"》。

② 当阳极材料为石墨时，开路峰值电压为4.20V；当阳极材料为焦炭时，开路峰值电压为4.10V。

此外，在由上述单体蓄电池组成的浇封型蓄电池组中，各个单体蓄电池的正、负极之间应该保持适当的间距，如表7.6中所示的数值。

2. 温度限制

浇封型蓄电池在正常运行条件下或最不利的负载条件下都应该符合以下要求：

① 蓄电池（组）的表面温度不应该超过制造商规定的温度，而且不得高于80℃（在最高环境温度条件下）；最大的充电电流和最大的放电电流都不应该超过制造商规定的安全限值。

② 蓄电池（组）应该配置一个或几个安全保护装置，防止浇封化合物内部出现不允许的过热。

3. 保护措施

在浇封型蓄电池组中，设计人员应该设置一些保护环节，以防止蓄电池组在运行过程中出现过载电流、过放电等非正常运行现象。

浇封型蓄电池（组）的最大放电电流不应该超过制造商规定的最大负载时的放电电流。假若在使用过程中有可能出现过载电流的话，那么，蓄电池组的设计人员或使用人员应该在蓄电池组中或它的电路中设置限流保护环节。这样的限流保护环节有多种多样，当然，最为简单的就是使用熔断器。

在浇封型蓄电池组中，设计人员还应该设置过放电保护环节。所谓过放电是指蓄电池（组）在放电过程中端电压低于制造商规定的终止放电电压的那种状态。当蓄电池组处于过放电状态时，蓄电池组中的个别单体可能会成为“落后电池”，而被反极性充电。这是不允许的。

设计人员可以在浇封型蓄电池组中或控制电路中设置一种限压保护电路。当放电电压低于终止放电电压时，这个电路就自动地切断放电回路。

蓄电池的种类不同而且繁多，终止放电电压也各不相同，例如，锂电池的终止放电电压（U_Z）为2.5～2.75V。限压保护电路的整定值不应该小于nU_Z（n——蓄电池组中的单体个数，通常不应该大于6。）。

限压保护电路可以和浇封型蓄电池组集成浇封在一起，也可以设置在浇封型蓄电池组以外。当限压保护电路设置在浇封型蓄电池组外时，这种保护电路必须由相应的防爆型式予以保护。

4. 蓄电池组充电

只有二次电池才允许充电。

在浇封型蓄电池（组）中，充电电路可以与浇封型蓄电池（组）集成浇封在一起，也可以放置在浇封型蓄电池（组）以外。对于后一种情况，充电电路应该用相应的防爆型式进行保护。

（1）对于“ma”级设备和“mb”级设备

充电电路应该是浇封型电气设备的一部分。而且，在充电电路发生一个故障的情况下充电电压和充电电流都不得超过制造商规定的限值。

因此，设计人员应该在充电电路中设置限压限流保护环节，防止充电电压和充电电流大于制造商规定的额定限值；设置“过充”保护环节，防止充至额定容量后充电过程仍然继续进行，例如，可以采用容量监测保护环节进行保护。

（2）对于“mc”级设备

在充电电路正常工作条件下，充电电压和充电电流不应该超过制造商规定的限值。

当蓄电池组和浇封型电气设备完全集成在一起，充电在危险场所进行时，充电系统（充电器和充电电路）应该是设备的一部分。

此外，设计人员还应该在充电电路中设置充电-放电“转换开关”。当放电过程中端电压达到终止放电电压时，转换开关自动地关闭放电回路打开充电回路；当充电过程中蓄电池达到额定容量时，转换开关自动地关闭充电回路打开放电回路。

7.5.2 试验

浇封型蓄电池（组），除应该进行浇封型电气设备的相关试验外，还应该承受放电-温度试验。

在进行放电-温度试验时，试验人员应该调整负载，使蓄电池（组）的放电电流分别为：

① 熔断器熔断体额定电流的1.7倍值。

② 不会导致浇封在一起的热保护装置动作的最大电流值。

③ 当负载不是可靠部件时蓄电池（组）的短路电流值。

在这个试验过程中，人们应该检测外壳的表面温度、浇封化合物的温度。待温度稳定时，所有检测的温度不得超过设备温度组别的温度值和浇封化合物的连续运行温度值。

在试验结束后，浇封化合物不得发生裂缝、脱落、收缩、膨胀和软化等影响防爆安全性能的迹象。

第 8 章　油浸型、充砂型和特殊型电气设备

8.1　油浸型电气设备

8.1.1　概述

油浸型电气设备是一种特定防爆型式的电气设备，通常用符号“o”（oil-immersion）表示。这种防爆型式的电气设备在工业企业中应用不太广泛，却是一种不可或缺的防爆电气设备。例如，油浸式变压器要制造成防爆型设备，往往就采用这种防爆型式。

这种防爆型式的电气设备是通过将电气设备内带电元器件浸入保护油中，避免这些元器件曝露在可燃性气体中来实现防爆的。为了预防保护油发生分解，设备内的带电元器件不应该产生放电火花、电弧或危险温度，而且，保护油应该是绝缘的、不易燃的液体。

这种防爆型式不分防爆级别；设备保护级别只有一级：b 级，实际应用时，可以表示为 Gb 级或 Mb 级。

由于保护油的液体性质，这种防爆型式通常大多适用于固定式设备或装置。

8.1.2　防爆结构和安全措施

1. 保护油

在这种防爆型式中使用的保护油，通常情况下，应该采用矿物油，但是，对于煤矿中使用的Ⅰ类设备，不允许采用矿物油。

保护油，除应该符合相关标准规定的有关矿物油的性能指标外，还应该符合按照相应标准测定的下列指标：

- 着火点不得低于 300℃；
- 闪点（闭环）不得低于 200℃；
- 运动粘度不得大于 $1\times10^{-4}m^2/s(25℃)$；
- 电气击穿强度不得低于 27kV；
- 体积电阻不得小于 $1\times10^{12}\Omega\cdot m(25℃)$；
- 凝固点不得高于 -30℃；
- 酸度（中和值）最高为（氢氧化钾）0.03mg/g。

除此之外，保护油不应该对浸入其内的电气元器件和设备外壳造成不良的影响。

2. 外壳结构

油浸型电气设备的外壳是容纳保护油的重要容器，除必要的功能开口外，必须具有很好的密封性能。这样的结构，既可以防止保护油的泄漏，又可以预防外部的灰尘和潮气进入外壳内。这样的外壳被称为“油浸外壳”。

油浸外壳，除密封式设备的泄压装置泄压口和非密封式设备的呼吸装置排放口以外，应该至少具有 IP66 的防护等级。对于泄压装置泄压口和呼吸装置排放口，允许采用不低于 IP23 的防护等级。

油浸外壳还应该设置油位指示器。油位指示器应该能够显示在规定的温度条件下制造商允许

的最高允许保护油位、正常填充油位和最低允许保护油位。

所谓最高允许保护油位是指设备在正常运行状态下由于环境温度升高和带电元器件温升而引起保护油发生膨胀所达到的最高油位；所谓最低允许保护油位是指设备在正常运行状态下由于环境温度降低和带电元器件断电而引起保护油发生收缩所达到的最低油位；而正常填充油位是指设备在设计环境温度条件下正常运行时允许填充的油位。这三种油位表示了设备在三种运行工况时的保护油位，缺一不可。

在油位指示器上，油标尺的刻度应该清晰可见，在使用期间不应该磨灭失效。

在油浸型电气设备上，所有用于紧固外壳、油位指示器及相关部件的紧固件，必须使用特殊紧固件，而且还必须有防松措施。

除此之外，油浸外壳还分为密封式油浸外壳和非密封式油浸外壳。它们还应该分别符合下面相应的要求。

（1）密封式油浸外壳

对于这种外壳，人们可以将外壳的盖子连续焊接在外壳的壳体上进行密封，也可以使用密封衬垫压紧密封。

这样的密封式油浸外壳应该设置泄压装置。在外壳内由于温度等原因保护油会挥发出一定数量的油气。这些油气在外壳内积聚后就产生一定的压力，直接危害着外壳的安全，因此，必须予以泄放。

泄压装置应该在保护油的油位处于最高允许保护油位时，一旦油面上部的压力超过 1.1 倍大气压力，就把外壳内部的这种过压泄放掉。

（2）非密封式油浸外壳

非密封式油浸外壳应该能够很快地把油浸型电气设备正常运行时从保护油上面挥发出的油气排掉。因而，在这种外壳上应该设置呼吸装置。

因为温度升高保护油膨胀，体积增加，所以，在这种外壳上还应该设置油膨胀装置。

此外，对于这种非密封式油浸型电气设备，也允许使用测深尺来检测保护油的油位。

3. 温度限制

对于油浸型电气设备，保护油表面的温度和设备任何表面的温度都应该加以限制。

① 保护油表面的温度不应该超过它的闪点值减去 25K 的那个温度值。

② 保护油表面的温度和设备任何表面的温度都不应该大于设备温度组别规定的温度值。这两个温度值中较低的那个即是温度限制的评价值。

4. 油浸深度

油浸深度是指电气设备的带电零部件浸入保护油内的深度，是这种防爆型式的一个重要安全指标。一般情况下，带电零部件应该浸入最低允许保护油位以下 25mm。

除此之外，带电零部件距离外壳底部和侧部的距离应该符合相应电压等级下的电气间隙的数值（参见第 2 章）。

5. 绝缘检测

油浸型电气设备应该设置绝缘检测装置，实时监测保护油的绝缘性能。

保护油的绝缘性能下降有可能造成不同电位的带电导体之间、带电导体和地（金属外壳）之间发生绝缘击穿，于是，发生弧光放电。携带巨大能量的电弧会将保护油分解，从而产生各种可燃性气体。

这些可燃性气体给油浸型电气设备带来了附加的潜在危险。

实时监测保护油的绝缘性能就可以减小这种危险。

8.1.3 试验

1. 密封式油浸外壳的过压试验和降压试验

密封式油浸外壳应该分别承受过压试验和降压试验。

在进行过压试验时，试验人员应该将泄压装置泄压口密封起来，以1.5倍泄压装置整定值的压力施加到已充油到最低允许保护油位的外壳中。压力施加时间至少为60s。

假若试验期间外壳不发生有害的变形，便可以认为外壳通过了试验。

在进行降压试验时，试验人员应该使用不充油的外壳，在完全密封的情况下进行试验。压力的降低值至少相当于保护油从最高允许保护油位下降到最低允许保护油位的压力变化值。

当外壳达到降压值时，试验外壳应该在试验环境中保持24h。假若压力在24h后上升不超过降压值的5%，则认为外壳通过了试验。

2. 非密封式油浸外壳的过压试验

在进行非密封式油浸外壳的过压试验时，试验人员应该将呼吸装置密封起来，并将外壳内的保护油的油位调整到最高允许保护油位，然后向外壳施加1.5倍大气压力的压力值。压力施加时间至少为60s。

假若试验期间外壳不发生有害的变形，便可以认为外壳通过了试验。

8.2 充砂型电气设备

8.2.1 概述

充砂型电气设备是一种专用防爆型式的电气设备，在工业企业中有一定的特殊用途。这种防爆型式通常用符号“q”表示。

所谓充砂型防爆型式是指这样一种防爆型式，将电气设备的电气元器件固定在设备外壳内的适当位置，并且用填充材料将这些元器件完全掩埋起来，以防止它们点燃外部的可燃性气体-空气混合物。

充砂型防爆结构并不能防止可燃性气体进入设备内部而被电路所点燃。但是，由于设备内部填充材料的颗粒很小，颗粒之间的空隙很小，而且电气元器件埋入填充材料内一定的深度，所以，即使外部的可燃性气体进入设备内部被点燃，燃烧火焰也会在通过填充材料的空隙时被熄灭，因而不能点燃外部的爆炸性气体环境。这就是这种防爆型式的防爆原理。

这种防爆型式不分防爆级别；设备保护级别只有一级：b级，实际应用时，可以表示为Gb级或Mb级。

充砂型防爆结构不适用于大功率的电气设备。

通常情况下，充砂型电气设备的额定电压不应该超过1000V，额定功率不应该大于1000W，额定电流不应该大于16A。当电气设备的功率较大时，放电火花有可能会影响外壳内填充材料的性质，甚至发生熔融，失去防爆安全性能。

由于填充材料的颗粒特性，充砂型电气设备仅仅适用于固定安装的场合。

8.2.2 防爆结构和安全措施

1. 填充材料

由前述可知，充砂型防爆型式是由填充材料来保证电气设备的防爆安全性能的，所以，选用合适的材料是至关重要的。

就目前而言，常常选用纯净的石英砂粒或石英玻璃颗粒作为这种填充材料；颗粒的粒度大小应该在 0.5 ~ 1mm 范围内。

为保证填充材料具有很好的电气绝缘性能，填充材料在填充之前应该进行电气强度试验。

在试验时，填充材料应该在温度为（23 ±2）℃、相对湿度为45% ~55%的环境中存放24h。试验采用如图 8.1 所示的电极系统。被试材料将电极掩埋起来，材料覆盖电极的厚度在各个方向上都不小于10mm。然后，试验人员将1000V（误差为 +5%）的直流电压施加在电极上。

假若试验中测得的填充材料的漏电电流不大于 10^{-6}A，就可以认为这种材料符合要求。

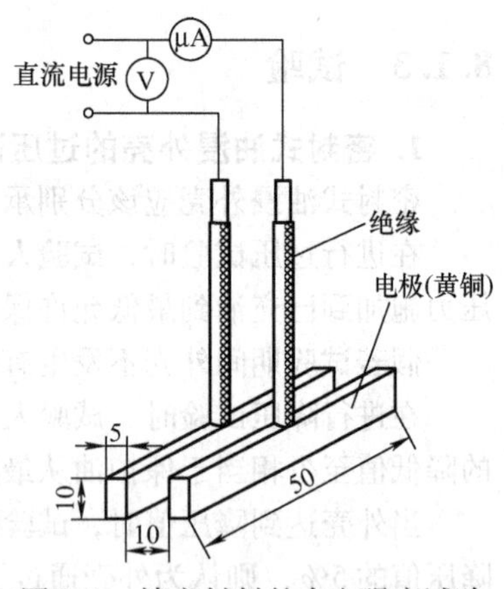

图 8.1　填充材料的介电强度试验
V—直流电压表　μA—微安表

2. 外壳结构

充砂型电气设备的外壳被称为“充砂外壳”，应该具有一定的机械强度。通常情况下，充砂外壳是由薄钢板或塑料材料制成的，因此，必须承受机械冲击试验，而且在进行冲击试验时应该使用高危险级别的冲击能量（参见第 2 章）。此外，充砂外壳还应该承受外壳机械强度的耐压试验。

充砂型电气设备的防护等级至少为国家标准 GB 4208《外壳防护等级（IP 代码）》中规定的 IP54。当设备使用在清洁、干燥的房间内时，防护等级允许不低于 IP43。假若防护等级为 IP55 或者更高一级，那么，这种设备还应该设置呼吸装置。在所配置的呼吸装置中还应该放置一些合适的干燥剂，以防止湿气通过呼吸装置进入填充材料中影响绝缘性能。

充砂型电气设备的所有连接部位的最大间隙，都应该至少比所用的填充材料的最小尺寸小 0.1mm。这样的尺寸可以防止填充材料发生外漏。

充砂型电气设备的内装元器件可以是电子电路、传感器、熔断器、继电器、本质安全型设备、关联设备和电气开关等，但是，在这些元器件中所有电容的储能量不应该超过 20J。原电池和蓄电池在没有采取合适的防护措施时不允许使用在充砂型电气设备内，因为电解液的泄漏会影响填充材料的绝缘性能。

3. 填充间距

前面已经讲过，将带电零部件埋入填充材料内一定深度，是保证不发生外部点燃的一项重要的手段。填充间距指的就是这种“深度”，它是带电零部件与绝缘部件、带电零部件与外壳内表面之间通过填充材料的最短距离。这个最短距离应该符合表 8.1 中的规定值。

表 8.1　填充材料内的最短距离①

电压 U/V	最短距离/mm	电压 U/V	最短距离/mm
$U \leqslant 250$	5	$U \leqslant 3200$	32
$U \leqslant 400$	6.3	$U \leqslant 4000$	40
$U \leqslant 500$	8	$U \leqslant 5000$	50
$U \leqslant 800$	10	$U \leqslant 6300$	63
$U \leqslant 1000$	14	$U \leqslant 8000$	80
$U \leqslant 1600$	16	$U \leqslant 10000$	100
$U \leqslant 2500$	25		

① 引自 GB 3836.7《爆炸性气体环境用电气设备　第 7 部分：充砂型“q”》。

在充砂型电气设备内，有时往往安装一些带有小孔腔的器件，例如小型继电器。这种器件常常有一个密封的外壳，用以防止外物进入器件内削弱它的功能。在这种情况下，这种器件的外壳外表面与充砂型电气设备外壳的内表面之间通过填充材料的距离（厚度）不应该小于：

① 当器件外壳内容积小于或等于 $3cm^3$ 时，表 8.1 中所示的相应数值。

② 当器件外壳内容积大于 $3cm^3$ 而小于或等于 $30cm^3$ 时，表 8.1 中所示的相应数值，但是至少为 15cm。

通常情况下，充砂型电气设备内部可能出现的密封外壳的内容积不要大于 $30cm^3$。

这里应该特别指出的是，尽管充砂型电气设备的适用电压等级不应该超过 1000V，但是，表 8.1 中还是列出了大于 1000V 的可能出现的电压。这主要是考虑到，当设备内部发生故障时可能造成内部局部的电压升高，以及有一些设备在起动时需要激励的高压脉冲电压（例如荧光灯的起动器或触发器）。因此，在选择电压等级确定最短距离时，设计人员应该估计充砂型电气设备内可能发生的故障工况以及一些设备的特殊情况，并计算和评估这种情况下可能产生的过电压。

4. 温度限制

在确定充砂型电气设备的温度组别时，不仅要考虑设备外壳的表面温度，而且还要考虑外壳壁内部填充材料 5mm 深处的温度。在考虑这些温度时，设计人员应该充分估计到可能发生的故障工况对温度造成的影响。

在充砂型电气设备中，设计人员应该设置限温保护装置，防止设备内部的温度超过规定值。限温保护装置可以采用热电偶等感温元件作为传感器，当检测的温度接近规定值时，限温装置发出声光报警，并切断电源；也可以采用热熔断器作为保护元件，此时，热熔体应该密封在玻璃或陶瓷制成的外壳内。

5. 预期故障短路电流

当充砂型电气设备的供电电压不超过 250V 时，它的预期故障短路电流不应该大于 1500A。但是，在高压的情况下，这个预期故障短路电流可能会大于 1500A。

在充砂型电气设备的电路中，设计人员可以设置一个限流环节，用来限制预期故障短路电流不大于熔断器的最大分断能力。例如，使用电阻器就可以作为这样的限流环节。此时，电阻器的额定值应该为：

- 额定电流：$1.5\times1.7I_n$；
- 额定功率：$1.5\times(1.7I_n)^2R$；
- 施加的最大电压：U_m。

式中 I_n——熔断器熔断体的额定电流（A）；

R——限流环节电阻器的电阻值（Ω）；

U_m——设备的最高电压（V）。

当使用电阻器来限制预期故障短路电流时，有关电阻器电阻值的相关计算，请读者参看第 6 章例 6.4。

8.2.3 故障工况

在这里我们对充砂型电气设备提出“故障”的概念，主要是考虑到，假若设备的电路发生了故障，它就有可能产生超出设备额定值的大电流和过电压。这样的大电流和过电压会使设备内出现局部过热和（或）绝缘击穿，严重时将损坏填充材料的基本性能，降低这种防爆型式的防爆安全性能。

在充砂型电气设备内部可能发生的故障，可以分为两类：一类是在设计时设计人员必须考虑的故障，称为计入故障；另一类是设计时可以不考虑的故障，称为不计入故障。

1. 计入故障

计入故障包括：

① 任何电气元器件发生的短路。

② 任何电气元器件发生的断路。

③ 在印制电路中出现的故障。

假若一种故障可能引发另外一些后续故障，例如短路可能造成过热，这只可以认为是一个故障。

在充砂型电气设备内发生了所谓的计入故障，有可能在相关电路中形成异常的过电压和大电流，进而威胁设备的防爆安全性能。因而，设计人员必须评估这种故障可能造成的不利影响。

2. 不计入故障

不计入故障包括：

① 当在不大于元器件标称额定电压和额定功率的2/3条件下使用时，薄膜电阻、线绕电阻和螺旋型单层线圈的电阻值低于额定值。

② 当在不大于元器件标称额定电压的2/3条件下使用时，塑料薄膜电容器、陶瓷电容器和纸质电容器发生的短路。

③ 当两个不同电路的最大电压有效值之和 U 不大于1000V，两个不同电路的元器件额定电压值至少为 $1.5U$ 时，光耦合器和继电器的隔离环节出现的故障。

在充砂型电气设备内，上述的这些元器件已经引入了1.5倍的安全系数，它们可能发生的故障对电路造成的影响可以不必考虑。

3. 无故障元件和结构

以下元件和结构被认为是无故障元件和无故障结构：

① 符合国家标准GB 3836.3《爆炸性环境　第3部分：由增安型“e”保护的设备》要求的变压器、线圈和绕组或符合国家标准GB 3836.4《爆炸性环境　第4部分：由本质安全型“i”保护的设备》要求的变压器，可以认为是不会发生故障的。

② 当裸露带电部件之间或印制电路板中的爬电距离或间距至少等于表8.2中所示数值时，便可以认为它不会发生短路故障。

表8.2　爬电距离和相关间距①

电压（交流有效值或直流）/V	爬电距离/mm	相比电痕化指数（CTI）	涂层下的爬电距离/mm	通过填充材料的间距/mm
10	1.6	—	0.6	1.5
12.5	1.6	175	0.6	1.5
16	1.6	175	0.6	1.5
20	1.6	175	0.6	1.5
25	1.7	175	0.6	1.5
32	1.82	175	0.7	1.5
40	3	175	0.7	1.5
50	3.4	175	0.7	1.5
63	3.4	175	1	1.5

（续）

电压（交流有效值或直流）/V	爬电距离/mm	相比电痕化指数（CTI）	涂层下的爬电距离/mm	通过填充材料的间距/mm
80	3.6	175	1	1.5
100	3.8	175	1.3	2
125	4	175	1.3	2
160	5	175	1.3	2
200	6.3	175	2.6	3
250	8	175	2.6	3
320	10	175	2.6	3
400	12.5	175	3.3	3
500	16	175	5	3
630	20	175	6	5
800	25	175	6	5
1000	32	175	8.3	5
1250	32	175	12	10
1600	32	175	13.3	10
2000	32	175	13.3	10
2500	40	175	13.3	10
3200	50	175	16	14
4000	63	175	21	14
5000	80	175	27	14
6300	100	175	33	25
8000	125	175	41	25
10000	160	175	55	40

① 引自 GB 3836.7《爆炸性气体环境用电气设备　第7部分：充砂型“q”》。

这里应该说明的是，表8.2中所述的电压是指带电零部件之间的最大峰值电压；假若带电零部件之间电气上是隔离的，电压是两电路的最大峰值电压之和。在评估电压时，应该考虑到正常工作工况和发生故障的异常工况。

表8.2中所述的涂层下的爬电距离是指这样的涂层下的爬电距离：

① 能够密封导体防止湿气浸入的敷形涂层。

② 能够粘附在导电零部件和绝缘材料上的涂层。

③ 用喷涂方法涂覆两次的涂层。

④ 用浸涂、刷涂或真空浸渍方法涂覆一次的涂层。

假若焊接时不会伤害涂层，则焊锡膏被认为是两次涂层中的一种。

8.2.4 试验

1. 外壳机械强度试验

充砂外壳的机械强度试验应该在充砂型电气设备的正常装配状态下进行，也可以在外壳内没有填充填充材料的空外壳上进行。

在试验时，试验人员应该对外壳充以0.05MPa的过压，历时10s。外壳上任何尺寸都不发生超过0.5mm的永久性变形为合格。

另外，对于密封式充砂外壳，假若内装电容器（除塑料薄膜电容器、陶瓷电容器和纸质电容器以外）的体积是填充材料体积的8倍以上，那么，试验压力应该是1.5MPa，历时10s。

不管试验压力是0.05MPa还是1.5MPa，压力值的公差均采用0～5%。

2. 最高温度测试

充砂型电气设备的最高温度试验适用于将热熔断器作为限温保护装置的情况。

在试验时，试验人员应该以至少1.7倍额定电流（熔断体）的连续电流通过熔断器电路。当限温保护装置动作时测量此时外壳外表面的温度和距外壳内表面5mm范围内填充材料的温度。

所测的温度不大于相应温度组别的温度值为合格。

3. 介电强度试验

充砂型电气设备的介电强度试验应该在设备组装完成后进行。试验分为两种：正常运行状态试验和可能故障状态试验（经分析电路不可能出现故障时此项试验不做）。试验部位为：

- 不同电位的带电零部件之间。
- 不同电位的带电零部件与金属外壳之间。

在试验时，试验人员应该在上述的试验部位施加以下试验电压：

（1）正常运行状态试验

① 对于供电电压不超过90V（峰值），或者，内部电压不超过90V（峰值）的设备，试验电压为500V（有效值），公差为0～5%。

② 对于供电电压超过90V（峰值），或者，内部电压超过90V（峰值）的设备，试验电压为$(2U+1000)$V（有效值）或1500V（有效值），取二者之中较大值，公差为0～5%。

这里，U为设备的工作电压。

（2）可能故障状态试验

试验电压为发生故障时设备内部可能出现的最高电压（峰值）。

不管是正常运行状态试验还是可能故障状态试验，试验电压至少施加1min。在试验过程中不应该发生闪络或短路。

8.3 特殊型电气设备

8.3.1 概述

特殊型电气设备，通常用符号“s”表示，是一种不能够用标准的防爆型式表征的特殊防爆型式的电气设备。

在工业和日常生活中使用着各种各样的电气设备或电气装置。由于功能的不同，这些设备或装置在结构上是千差万别的。有时候，对于某些结构往往不能够找到一个合适的防爆型式（例如隔爆型、增安型或本质安全型等）来对它进行防爆处理。然而，使用环境却又要求必须对这种结构采取防爆技术措施。在这种情况下，设计人员就会根据燃烧与爆炸的充分必要条件，提出一些必要的安全措施和安全要求，对这样的“特殊”结构进行设计、制造，使它不能够成为可燃性气体的点燃源。

特殊型防爆型式没有一个采取安全措施和安全要求的固定模式。只要采取的安全措施和安全要求破坏了燃烧与爆炸发生的充分必要条件，就可以实现它的防爆安全性能。

这种特殊型防爆型式，通常情况下，不分防爆级别；但是，设备保护级别可以分为 b 级和 c 级，实际应用时，常常表示为 Gb 级和 Gc 级，或者，Mb 级。

特殊型电气设备所具有的安全措施和安全要求，同其他防爆型式的电气设备一样，必须经过防爆电气产品检验机构的试验认可。

特殊型电气设备在工业中的实际应用并不十分广泛，但是，它又是一种不可缺少的特殊防爆型式的电气设备。下面仅以铅酸蓄电池为例，讨论一下它的“特殊”防爆技术。

8.3.2 特殊型防爆铅酸蓄电池组

1. 铅酸蓄电池的固有特性与防爆安全技术的评价原则

铅酸蓄电池是一种电化学电源；它是由正极板、负极板和电解液组成的。

在铅酸蓄电池中，极板是用活性物质铅（Pb）和铅的二氧化物（PbO_2）制作的；电解液是硫酸的水溶液，是很好的导电质。铅酸蓄电池在充、放电时将发生电化学反应。理论上，铅酸蓄电池在充电的电化学反应中会释放出氢气，在放电的电化学反应中不会释放出氢气。但是，在实际使用过程中，由于各种实际因素的影响，放电反应也会释放出少量的氢气。

铅酸蓄电池的这些特性，使我们按照传统的防爆型式来制造防爆型蓄电池时将会遇到麻烦和困难。

然而，根据燃烧与爆炸的充分必要条件，只要限制了任何一个条件就可以避免发生燃烧与爆炸。对于铅酸蓄电池来说，只要保证它不产生放电火花，不出现危险温度，就可以保证它不能成为可燃性气体的点燃源。

事实上，在正常运行状态下，铅酸蓄电池不可能发生漏电，也不可能出现放电火花或者危险温度。但是，在非正常运行状态和其他的异常情况下，例如，因蓄电池槽破裂导致电解液渗漏，从而发生漏电；连接导线断裂引起放电火花；极柱连接接触电阻增加引起温度升高，等等。

因而，人们在设计铅酸蓄电池结构时采取一些特殊的加强措施，就可以消除它发生严重漏电、出现断裂放电火花或产生危险温度的可能性。

这就是提出把铅酸蓄电池制成“特殊型”防爆型式的原则依据。

在安全水平上，所有采取的安全措施和安全要求都是二重化的。概率论告诉我们，“二重化”可以把故障概率由“单一化”的 10^{-n} 降低到 10^{-2n}。因而，按照这种安全水平界定的特殊型防爆型式，设备保护级别确定为 b 级，即 Gb 级或 Mb 级，允许运行在爆炸性危险场所中的 1 区和 2 区。

2. 安全措施和安全要求

为了防止铅酸蓄电池点燃可燃性气体-空气混合物，根据铅酸蓄电池的固有特性并按照上述铅酸蓄电池可能的点燃途径和安全技术原则，我们将铅酸蓄电池组装成组，称为电源装置，并对组成电源装置的各部分：单体蓄电池、蓄电池箱、连接导体、接线盒和整体组装结构，提出一些安全措施和安全要求。

（1）单体蓄电池

1）防止电解液泄漏

在电源装置中，蓄电池电解液的泄漏会导致极柱之间发生漏电；严重时，可能会造成蓄电池组内部正、负极间短路。这是十分严重的潜在危险。

为此，人们应该：

① 增强蓄电池槽的结构强度，提高它的抗冲击能力，不能因可能的外力作用而出现破裂，泄漏电解液。

② 很好地密封蓄电池的封口，不能因封口不严而使电解液外遗。

③ 将蓄电池盖上极柱的绝缘凸台增高一些，例如，高度大于10mm，以防止不同极性的极柱之间爬电。试验证明，极柱绝缘凸台的高度大于10mm，对阻断漏电通路十分有效。

2）防止极柱连接断裂

在电源装置中，蓄电池之间的电气连接是非常重要的，如果这种连接出现断裂，就会产生电气放电火花。

人们在设计这种蓄电池时，应该施行二重化的连接措施，即每个蓄电池都应该设置两个正极柱和两个负极柱，在组成蓄电池组时进行“双线”连接，而且，每一个“单线”连接都能够单独地承受电路中的电流。

3）防止内部短路

在蓄电池内部，正极板应该采用耐酸绝缘材料封底，如果采用铅封底，则封底必须加套用耐酸绝缘材料制成的护套。

大家应该知道，当铅酸蓄电池运行一段时间后，就会有一些活性物质从极板上脱落，堆积在蓄电池槽底部。这有可能造成正、负极板发生短路。采用耐酸绝缘材料封底就可以防止这种短路。

4）限制氢气析出量

在铅酸蓄电池运行过程中，由于制作材料和使用状态的原因，蓄电池常常会析出少量的氢气。

氢气的危险性是不言而喻的，因此，在蓄电池设计时，人们必须限制这种状态下氢气的析出量。

原则上，氢气析出量不得大于0.5mL/(Ah·h)。

（2）蓄电池箱

这里所说的蓄电池箱，就是组装蓄电池组用的箱式外壳，由箱体和箱盖组成。

蓄电池箱应该具有足够的机械强度，能够承受蓄电池组的重量而不发生变形，还应该具有良好的绝缘性能，能够防止在蓄电池组出现漏电时自身带电。

通常情况下，蓄电池箱可以采用钢板焊接制成。钢质的箱体和箱盖制成后，人们应该采用静电喷塑的方法或粘贴橡胶板（进行硫化）的方法对它进行绝缘处理。实践经验告诉我们，这样进行绝缘处理是十分可靠的。

除此之外，人们在设计蓄电池箱时还应该考虑到，蓄电池箱的结构要有利于蓄电池组产生的“电池气”（主要是氢气和酸雾）的散发，例如，可以在蓄电池箱上开设必要的通气孔（通气孔的总面积可以参照$40cm^2/(kW\cdot h)$进行计算，并且还应考虑必需的防护要求），而且，箱盖与水平方向有一定的倾斜度（夹角可以为5°左右），组装蓄电池组时蓄电池之间留有垂直方向上的通气气道，等等。

（3）连接导线

在电源装置中，铅酸蓄电池之间的连接，可以使用铅锑合金连接条，也可以使用连接导线。

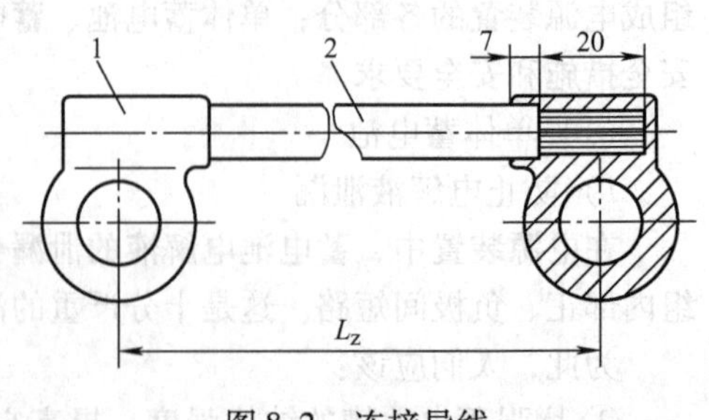

图8.2 连接导线

1—铅锑合金接头 2—电缆

在实际应用上，铅酸蓄电池之间的连接通常采用连接导线（铜芯橡套电缆）。它是一种特制的连接导线，即在一段橡套电缆的两端铸上铅锑合金接头，如图8.2所示。

这种特制导线的电缆芯线与铅锑合金接头的铸接

必须牢固可靠。铸接后铸接处还应该进行压合和密封处理。

试验已经表明，在煤矿井下的电力机车上，电缆芯线（铜）在10个月的时间内被蓄电池组散发出的“电池气”腐蚀而断开。压合和密封处理就是防止这种“电池气”对电缆铜芯侵蚀的一种工艺措施。这一点是很重要的。

这里还应特别指出的是，检验人员应该使用“铸接电阻”对“电缆芯线与铅锑合金接头的铸接必须牢固可靠”进行评价。

通常认为，这个铸接电阻不应该大于12μΩ(20℃)。

(4) 电源装置

将铅酸蓄电池组作为一个整体（电源装置）来进行特殊的防爆技术处理，这是我们的一个重要思路。因此，除电源装置的各个组成部分外，设计人员同样应该对组装起来的电源装置采用必要的防爆技术措施。这一点也是十分重要的。

1）插接装置（或接线盒）

在电源装置上，设计人员应该设置一个插接装置（或接线盒）。蓄电池组对外供电或由外部电源进行充电，都应该通过这个插接装置（或接线盒）进行。

插接装置（或接线盒）应该按照隔爆型防爆型式（参见第3章）或增安型防爆型式（参见第4章）的要求进行设计和制造。

2）绝缘性能

对于电源装置来讲，蓄电池组漏电的严重后果可能会引发火灾，甚至出现后续的爆炸灾害。

试验室试验已经发现，当铅酸蓄电池组的串联电压为6V时，覆盖在蓄电池组上的湿煤粉（由电解液调湿）在10min时开始发烟，15min时开始发红出现焖燃。显然，这是由于严重的漏电造成的。

电源装置的绝缘性能是由铅酸蓄电池本身的绝缘和蓄电池箱的绝缘来确定的。这里采用了二重化保护措施。

通常认为，蓄电池组对蓄电池箱（金属箱体）的绝缘电阻不应该小于：

- 当额定电压为60V及以下时，10kΩ。
- 当额定电压为60~110V时，15kΩ。
- 当额定电压为110~175V时，20kΩ。
- 当额定电压为175~275V时，25kΩ。

实践已经证明，电源装置采用上述的单体蓄电池和蓄电池箱的结构，就能达到上面的绝缘电阻值。

3）双线制连接

在电源装置中，蓄电池之间的电气连接应该牢固可靠。实际上，通常使用特制的连接导线进行双线制连接，即蓄电池的双极柱都用这种连接导线连接起来。

在进行这种连接时，制作人员应该采用焊接的方法，将连接导线与极柱焊接在一起，而不是采用传统的螺纹式连接方法。

经验告诉我们，螺纹式连接具有较大的接触电阻，很容易在连接处出现高温甚至烧坏连接结构；使用焊接方法连接时，连接导线的铅锑合金接头和蓄电池的极柱是同一种材质，熔焊后连接处的“接触电阻”很小，因而，即使流经大电流也不会造成过热。

通常认为，连接导线和极柱焊接后的接触电阻不应该大于20μΩ（20℃）。

从以上分析可以看出，我们对铅酸蓄电池组采取的这些安全技术措施，既能防止因蓄电池之间的电气连接断裂产生放电火花，防止极柱连接的接触电阻过大产生危险温度，又能防止极柱之间、极柱与“地”之间产生严重漏电，因而，是可以保证铅酸蓄电池组具有足够的防爆安全性能的。

3. 安全要求和安全措施的检查与检验

为了检验上述的这些特殊的防爆技术措施的有效性，试验人员应该对电源装置进行以下试验。

（1）蓄电池槽的强度试验

通常，蓄电池槽是用橡胶或工程塑料制造的。假若蓄电池槽出现了裂纹，显然内装的电解液就会泄漏出来，这样就提供了漏电的通道。

在这里，检验它的结构强度的方法很简单，就是用重锤自由落体冲击试验样品的方法进行。试验时，通常使用质量为1kg的重锤，冲击能量为7～8J。

试验应该在-20～-30℃的低温状态下进行。这样就可以考核蓄电池槽所用材料在较低的温度下可能出现的脆裂。

（2）电气连接的可靠性试验

在电源装置中蓄电池之间电气连接的可靠性试验应该通过下列试验进行检验。

1）连接导线铸接电阻的测定

试验人员应该使用测定连接导线铸接电阻的方法来评价连接导线的制造质量。

在测定时，试验人员使用TZ型接触电阻测试仪来检查连接导线的铸接电阻。

TZ型接触电阻测试仪是一种四端子测试装置。这种测试仪，首先在被测部位施加一个电流，然后测量其间的电压，经过自身的运算后，显示（输出）一个电阻值。

在测量时，测试表笔触及在图8.2所示连接导线两端的铅锑合金接头上能够测出最小值的地方。测得的数据按下式计算，求得连接导线一端芯线与铅锑合金接头之间的铸接电阻值

$$R_C = \frac{1}{2}\left(R_Z - \frac{L_0 \rho}{S} \times 10^6\right) \tag{8.1}$$

式中 R_C——铸接电阻（μΩ）；

R_Z——测得的连接导线总电阻（μΩ）；

L_0——连接导线的电缆计算长度（m），$L_0 = L_Z - 0.02$；

L_Z——连接导线中心距（m）；

S——连接导线的电缆芯线截面积（mm^2）；

ρ——铜的电阻系数（$\Omega \cdot mm^2/m$），取0.0169。

按照式（8.1）计算的结果还应该按下式换算到20℃时的值，即

$$R_{C20} = \frac{R_C}{1 + \alpha(t - 20)} \tag{8.2}$$

式中 R_{C20}——换算到20℃时的铸接电阻（μΩ）；

R_C——铸接电阻（μΩ）；

α——电阻温度系数（1/℃），取0.00393。

【例8.1】 现测得一根中心距为100mm的连接导线（导体截面积为$35mm^2$）的总电阻值为58μΩ；测量时的环境温度为25℃。试计算这一连接导线每一端的铸接电阻，并换算到20℃时的值。

按照式（8.1）可知，$L_0 = 0.1m - 0.02m = 0.08m$。

将相关数据代入式（8.1）中计算得

$$R_C = \frac{1}{2}[58 - (0.08 \times 0.0169/35) \times 10^6]\mu\Omega$$

$$\approx 9.9\mu\Omega$$

按照（8.2）计算到20℃时的铸接电阻值为

$$R_{C20}=9.9/[1+0.00393(25-20)]\mu\Omega$$
$$\approx 9.7\mu\Omega$$

上述的计算结果表明，所测试的连接导线的铸接电阻换算值小于12μΩ，符合要求。

这里需要指出的是，试验人员应该对每一根连接导线进行这种测量，以确保电源装置装配时所用的每一根导线都完全符合要求。

2）极柱焊接电阻的测定

除连接导线外，连接导线和蓄电池极柱的焊接也是很重要的一个环节。这里使用测定极柱焊接电阻的方法来评价连接导线和蓄电池极柱的焊接质量。

在测定时，试验人员仍然使用TZ型接触电阻测试仪来测量焊接电阻。测定点如图8.3所示。

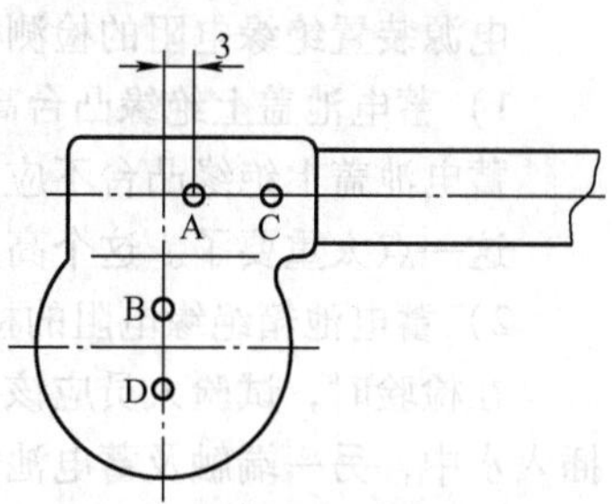

图8.3　连接导线与极柱焊接电阻测定示意图

A，B—表笔的电压端触及点

C，D—表笔的电流端触及点

试验人员将实际的测定结果换算到20℃时的值为

$$R_{H20}=\frac{1.03R_H}{1+\alpha(t-20)} \tag{8.3}$$

式中　R_{H20}——换算到20℃时的焊接电阻（μΩ）；

R_H——焊接电阻的实际测定值（μΩ）；

α——电阻温度系数（1/℃），取0.00393。

【例8.2】　环境温度为15℃时测得的某一连接导线与极柱焊接处的焊接电阻值为19μΩ。试将测试值换算到20℃时的焊接电阻值。

按照式（8.3）计算可得

$$R_{H20}=1.03\times19/[1+0.00393\times(15-20)]\mu\Omega$$
$$\approx 19.96\mu\Omega$$

上述的计算结果表明，所测试的连接导线与极柱焊接处的焊接电阻换算值小于20μΩ，符合要求。

这里需要指出的是，试验人员应该对出厂的电源装置中每一个极柱进行这种测量，以确保每一个极柱的焊接牢固可靠。如果测得的焊接电阻值超出规定值，则必须重新进行焊接处理。

（3）防止电解液泄漏试验

防止电解液泄漏试验，包括检验蓄电池槽的渗漏性和蓄电池封口的严密性两项试验。

1）蓄电池槽的渗漏性试验

在试验时，试验人员应该将准备好的蓄电池槽放置在水池中，在蓄电池槽内、外注入清水，水面距蓄电池槽边沿的距离不应该太大；然后，将10kV（误差为±5%）的交流工频电压施加在蓄电池槽内、外的水中，试验装置如图8.4所示。

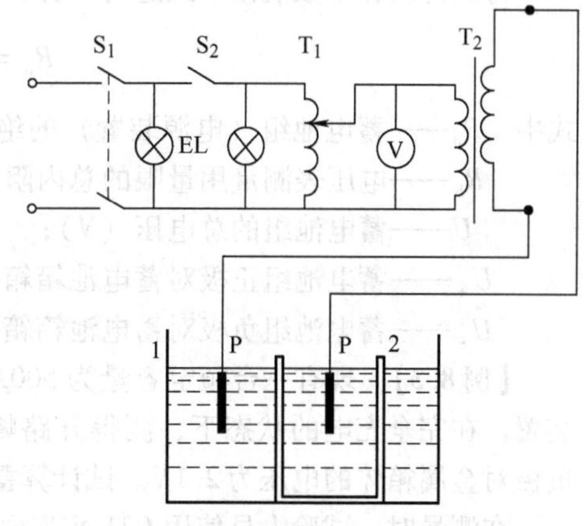

图8.4　渗漏性试验试验装置示意图

S_1，S_2—开关　EL—电源指示灯

T_1—自耦变压器（0～220V）

T_2—升压变压器（0～15000V）

V—交流电压表（0～250V）　P—高压电极

1—水池与水　2—蓄电池槽

如果蓄电池槽有针孔或裂纹，10kV的电压将会跌落。这是一个简单而实用的方法。

这里特别指出的是，试验时必须注意安全。

2）蓄电池封口的严密性试验

在试验时，试验人员通常采用“气密性”试验方法，即向装配完整的蓄电池内充入或抽出空气，使蓄电池内部的气压与外部大气压的压差大约为20kPa。

如果压力计的读数在3～5s内不下降，就可以认为蓄电池具有很好的气密性，封口严密可靠。

（4）电源装置绝缘电阻的检测

电源装置绝缘电阻的检测包括以下三项试验。

1）蓄电池盖上绝缘凸台高度的检测

蓄电池盖上绝缘凸台不应该太低，一般情况下，这个高度不要小于10mm。

这一点太重要了。这个高度是必须检验的项目。

2）蓄电池箱绝缘电阻的检测

在检验时，试验人员应该在蓄电池箱内充入清水，用500V级兆欧表进行测量，表笔的一端插入水中，另一端触及蓄电池箱的金属，试验装置如图8.5所示。

通常认为，检验测得的绝缘电阻值不应该小于5MΩ。

3）蓄电池组（电源装置）绝缘电阻的检测

蓄电池组（电源装置）绝缘电阻，是考核以上所述绝缘措施的一个综合指标；如果上述绝缘措施不可靠，这里的绝缘电阻就达不到要求。

在检验时，试验人员应该将蓄电池组充足电，并揩干蓄电池表面；然后用电压表检测蓄电池组正极对蓄电池箱（金属）的电压、负极对蓄电池箱（金属）的电压和蓄电池组的总电压。测量时电压表的使用量限的总内阻为25～30kΩ，例如，使用C31-V型电压表就可以满足要求。

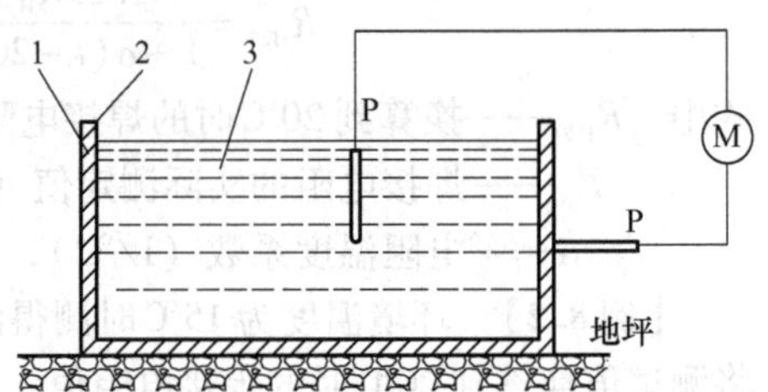

图8.5　蓄电池箱绝缘电阻检测装置示意图

1—蓄电池箱金属箱体　2—绝缘覆盖层（喷塑涂层或贴胶覆盖层）　3—水

P—兆欧表表笔　M—兆欧表（250V级）

将测得的各个数值按下式进行计算，即可求得蓄电池组（电源装置）的绝缘电阻值

$$R_d = R_b\left(\frac{U}{U_+ + U_-} - 1\right) \tag{8.4}$$

式中　R_d——蓄电池组（电源装置）的绝缘电阻（kΩ）；

R_b——电压表测量用量限的总内阻（kΩ）；

U——蓄电池组的总电压（V）；

U_+——蓄电池组正极对蓄电池箱箱体（金属）的电压（V）；

U_-——蓄电池组负极对蓄电池箱箱体（金属）的电压（V）。

【例8.3】　现有一台额定容量为500Ah（5小时率）、额定电压为48V的铅酸蓄电池组电源装置。在完全充电的状态下，测得开路峰值总电压为62.4V，正极对金属箱体的电压为1.8V，负极对金属箱体的电压为2.1V。试计算蓄电池组的绝缘电阻。

在测量时，试验人员使用C31-V型电压表，使用量限为75V，故取电压表的内阻为25 kΩ。将相关数据代入式（8.4）中计算得到所测电源装置的绝缘电阻为

$$R_d = 25 \times [62.4/(1.8 + 2.1) - 1]\text{k}\Omega$$
$$= 375\text{k}\Omega$$

上述计算结果表明，所测电源装置的绝缘电阻大于10 kΩ（当额定电压为60V及以下时），符合要求。

当然，人们也可以使用等效的其他测量方法来检验蓄电池组的绝缘性能，例如，用测量蓄电池组正、负极漏电流的方法来评价这一绝缘性能。

4. 特殊型防爆蓄电池组的报废与更换

铅酸蓄电池是一种使用寿命不太长的产品，通常情况下，使用寿命在750个充电-放电循环。因而，在运行过程中，人们应该随时关注这种蓄电池的运行工况，如发现异常，就应该及时进行检查并予以处理。

（1）蓄电池组（电源装置）的报废

当检验人员按照上述的“蓄电池组（电源装置）绝缘电阻的检测”的检验方法求得的蓄电池组绝缘电阻小于下式计算值时，蓄电池组（电源装置）便被认为已经报废

$$R=0.025U \tag{8.5}$$

式中 R——测得的蓄电池组（电源装置）的绝缘电阻值（kΩ）；

U——以伏为单位表示的蓄电池组（电源装置）额定电压的数值。

当检验人员参照上述的“极柱焊接电阻的测定”的检验方法（但是，表笔应该触及在被测极柱的上平面中心）求得的两极柱上平面中心之间的电阻大于下式计算值时，蓄电池组（电源装置）便被认为已经报废

$$R=65+\frac{L_0\rho}{S}\times 10^6 \tag{8.6}$$

式中 R——两极柱上平面中心之间的电阻（μΩ）；

L_0——连接导线的电缆计算长度（m），$L_0=L_Z-0.02$；

S——连接导线的电缆心线截面积（mm^2）；

ρ——铜的电阻率（$\Omega\cdot mm^2/m$），取0.0169。

当检验人员参照国家标准GB/T 7403.1《牵引用铅酸蓄电池》的“循环耐久试验”的试验方法求得的蓄电池组中单体蓄电池容量小于下式计算值时，蓄电池组（电源装置）便被认为已经报废

$$C=0.8C_5 \tag{8.7}$$

式中 C——试验测得的容量（Ah）；

C_5——额定容量（5小时率）(Ah)。

在上述检测中，只要有一项不符合要求就可以判定蓄电池组（电源装置）报废。

（2）蓄电池箱的报废

在已经报废的蓄电池组（电源装置）中，蓄电池箱但凡出现下列情况之一者即行报废：

① 按照上述的“蓄电池箱绝缘电阻的检测”的试验方法测得的蓄电池箱绝缘电阻小于5MΩ者。

② 蓄电池箱发生严重变形，影响重新组装蓄电池者。

（3）蓄电池的更换和安全责任

在已经报废的蓄电池组（电源装置）中，假若蓄电池箱不符合“蓄电池箱的报废”的规定，人们便可以使用这种蓄电池箱来重新组装蓄电池组成新的蓄电池组（电源装置）。

在重新组装蓄电池时，制作人员应该选用原制造商的产品（蓄电池和连接导线），在主管工程师的指导下工作。

重新组装后的蓄电池组（电源装置）应该承受上述的“极柱焊接电阻的测定”和“蓄电池组（电源装置）绝缘电阻的检测”两项检验。

重新组装后的蓄电池组（电源装置）的防爆安全性能，由重新组装单位负责。

第 9 章　“n”型电气设备

9.1　概述

“n”型电气设备是一种使用在爆炸性气体环境中 2 区的电气设备，品种繁多，应用比较广泛。

这种防爆型式的电气设备，根据结构的不同，又可以分为不同的保护类型：

① 无火花型设备或组件：这种类型的保护方法是，在正常运行时不产生火花、电弧和（或）危险温度的普通工业设备上采取一些适当的技术措施，使其更难以成为可燃性气体-空气混合物的点燃源，这种防爆型式用符号“nA”表示。

② 有火花型设备或组件：这种类型的保护方法是，在设备结构上采取一些特殊措施，能够将设备正常运行时产生的火花、电弧和（或）危险温度引起可燃性气体-空气混合物发生点燃的危险性降低到最小，这种防爆型式用符号“nC”表示。

③ 限制能量型设备：这种类型的保护方法是，通过限制能量，使设备电路和元器件在规定的试验条件下所产生的火花、电弧和（或）危险温度都不能点燃可燃性气体-空气混合物，这种防爆型式用符号“nL”表示。

④ 自保护限制能量型设备：这种类型的保护方法是，在设备内同时包含限能火花触点及相应的电路（包括限能元器件），以及对电路供电的无火花型非限能电源，这种防爆型式用符号“nA nL”表示。

⑤ 限制呼吸外壳型设备：这种类型的保护方法是，使用一种密封外壳限制它外部的可燃性气体、蒸气或薄雾随着电气装置内部热胀冷缩引起的“呼吸”作用进入外壳内的保护方法，这种防爆型式用符号“nR”表示。

由上所述可以看出，“n”型防爆型式的保护方法是十分庞杂的，而且分类很细。因而，人们不可能概括出这种防爆型式的所谓“防爆原理”。但是，可以这样讲，所有采取的这些保护方法都是在破坏“燃烧与爆炸的充分必要条件”（参见第 1 章）。这是显而易见的，所以，这些保护形式就可以“防爆”了。

这里值得提出的是，“n”型防爆型式是对普通工业电气设备安全性能的补充和提高，它所具有的安全技术措施和安全技术要求，相对其他的防爆型式来说，要简单一些。也就是说，“n”型防爆电气设备所达到的防爆安全水平（设备保护级别，通常为 Gc 级）比其他防爆型式所达到的要低一些。因而，这种防爆形式的防爆电气设备只允许运行在爆炸性危险场所的 2 区。

9.2　“n”型电气设备的通用防爆结构和安全要求

“n”型电气设备在正常运行工况和规定的异常情况下运行时不应该产生操作火花、电弧和（或）危险温度，即使产生了火花、电弧和（或）危险温度，在自身的保护措施作用下也不能够点燃它周围的爆炸性气体环境。

这种防爆型式仅适用于Ⅱ类防爆电气设备。对于某些保护类型，按照试验，还可以分为ⅡA 级、ⅡB 级和ⅡC 级三个防爆级别。

9.2.1 通用结构

1. 外壳防护等级

"n"型电气设备的外壳应该具有相应的防护等级，以防止固体异物、粉尘以及液体进入内部，影响电气设备的正常运行，甚至酿成事故。

① 内装裸露带电零部件的外壳的防护等级不应该低于 IP54；内装绝缘带电零部件的外壳的防护等级不应该低于 IP44。

② 假若设备安装和使用在干净清洁、无液体侵害的场所内，防护等级可以为：对于内装裸露带电零部件的外壳，IP4X；对于内装绝缘带电零部件的外壳，IP2X。

对于那些只有通过安装才能保证外壳防护等级的设备或组件，检验人员应该在设备安装后再检查一次防护等级，尤其是安装界面处的防护级别。

对于那些依靠衬垫来保持防护等级的设备，衬垫应该被粘结在耦合面的一个不拆下的零件的接合面上。而且，衬垫材料自身不应该因为接合面的压紧或老化而粘连在另一接合面上。

2. 外壳材料

"n"型电气设备外壳的制作材料没有什么特殊之处，都是采用普通工业电气设备的制作材料。只是不管采用什么材料，"n"型电气设备的外壳都要承受相应的冲击试验，以检验外壳材料的性能和外壳的机械强度。

然而，当采用塑料材料来制作这种外壳时，塑料材料的热稳定曲线 20000h 点的温度指数（TI）应该比设备外壳上最热点的温度至少高出 10K。而且，这种塑料材料还应该进行耐热耐寒试验，以及耐光老化试验（假若设备使用于户外阳光下时）。

如果塑料外壳的电气设备是非固定式设备或者有可能被摩擦、揩拭的固定式设备，塑料外壳还应该具有防静电性能。在塑料中添加适当的导电剂即可以降低它的表面电阻和体电阻。当试验人员按照规定的方法（参见第 2 章）在温度为（23 ± 2）℃和相对湿度为（50 ± 5）% 的条件下检测这些改性塑料制品时，测得的绝缘电阻不应该超过 1GΩ。

当然，在外壳设计时，设计人员若无法避免一些特殊结构，也可以在这种设备周围设置护栏，避免其他物体的碰撞和摩擦；或者设置警告语，例如，"清洁时必须用湿布擦拭！"等等。

假若"n"型电气设备塑料外壳的面积不大于 $100cm^2$，人们则不必考虑它的静电问题。

3. 电气连接

在"n"型电气设备与电源或其他外部电路连接时，外部电缆可以在接线盒内与设备的接线端子连接，也可以直接在设备外壳内与相应的接线端子连接。

但是，为了保持电缆进入外壳处的防护等级，无论如何外部电缆通过外壳壁时必须要经过电缆引入环节进入外壳内，例如普通工业用电缆引入装置、防爆电气设备用电缆引入装置等。

当"n"型电气设备的额定电压超过 750V 时，电缆引入装置应该采用浇封式电缆密封盒。这种密封盒的结构应该保证在裸露导体进入浇封化合物时的爬电距离和间距符合表 9.1 中所示数据。

表 9.1 在浇封式电缆密封盒中的爬电距离和间距①,②

额定电压 U/V	爬电距离/mm		间距/mm	
	相与相之间	相与地之间	相与相之间	相与地之间
$750 < U \leq 1100$	19	19	12.5	12.5
$1100 < U \leq 3300$	37.5	25	19	12.5
$3300 < U \leq 6600$	63	31.5	25	19

（续）

额定电压 U/V	爬电距离/mm		间距/mm	
	相与相之间	相与地之间	相与相之间	相与地之间
$6600 < U \leqslant 11000$	90	45	37.5	25
$11000 < U \leqslant 13800$	110	55	45	31.5
$13800 < U \leqslant 15000$	120	60	50	35

① 引自 GB 3836.8《爆炸性气体环境用电气设备　第 8 部分："n" 型电气设备》。

② 本表中所列数据都比表 9.4 所示同等电压等级下的数据大一些，主要是考虑到，在这种情况下，浇封化合物必须有效地保证最低可靠程度的隔离。

此外，电缆在进入引入装置时还应该用相应的固定方法固定起来，尤其是那些移动式设备，必须把电缆固定牢固。

外部电缆与设备接线端子的连接，设备内部导线的连接，都必须牢固可靠。而且，内部导线不允许有中间接头。

在接线时，人们应该使用 "O" 形接线头与接线螺栓进行连接，或使用其他等效的方法连接，不要使用 "U" 形接线头或插入-压紧式连接，同时，还应该调整电气间隙和爬电距离，保证符合相应的要求，即使在设计时已经符合相应要求的情况下。

4. 接地和等电位联结

"n" 型电气设备，和其他防爆型式的防爆电气设备一样，同样应该设置内接地或等电位系统。这种保护系统，一能够防止设备发生故障时外壳带电，二能够防止杂散磁场在外壳和支撑结构中引起环流；这些都是可能产生放电火花的潜在因素。

接地保护线的最小截面积如表 9.2 所示。

表 9.2　接地线的最小截面积①

每相导线的截面积 S/mm^2	接地线的截面积 S_p/mm^2
$S \leqslant 16$	$S_p = S$
$16 < S \leqslant 35$	$S_p = 16$
$35 < S$	$S_p = 0.5S$

① 引自 GB 3836.8《爆炸性气体环境用电气设备　第 8 部分："n" 型电气设备》。

此外，"n" 型电气设备还应该设置外接地系统，并且与内接地系统保持同电位。而且，这种系统的接线端子应该保证能够与截面积至少为 $4\mathrm{cm}^2$ 的导线可靠连接。

9.2.2　温度限制

"n" 型电气设备的运行环境温度为 −20 ~ 40℃。

"n" 型电气设备和其他防爆电气设备一样，也要按照它的最高表面温度（包括可能接触爆炸性气体混合物的任何内部表面）来划分温度组别（参见第 2 章）。

但是，对于 "nC" 有火花型设备或组件以及 "nR" 限制呼吸外壳型设备，它的外壳外表面的最高表面温度应该符合相应温度组别的温度值；它的外壳内的元器件的表面温度允许不符合温度组别的要求。

另外，还有一些符合相关要求的小元件的表面温度也可以不符合温度组别的要求（参见第 2 章）。

最高表面温度应该按照第 2 章所述的试验方法进行测量。

9.2.3 电气强度

1. 电气间隙和爬电距离

在“n”型电气设备中，使用的固体绝缘材料按照相比电痕化指数（CTI）可以分为四级：Ⅰ、Ⅱ、Ⅲa 和Ⅲb，如表 9.3 所示。

表 9.3 绝缘材料的耐起痕性①

材料级别	相比电痕化指数（CTI）
Ⅰ	600≤CTI
Ⅱ	400≤CTI<600
Ⅲa	175≤CTI<400
Ⅲb	100≤CTI<175

① 引自 GB 3836.8《爆炸性气体环境用电气设备 第 8 部分：“n”型电气设备》。

在“n”型电气设备中，电气间隙和爬电距离，与第 2 章中规定的防爆电气设备适用的相应数值相比，稍有不同。但时，人们依然可以按照工作电压等级和固体绝缘材料的材料级别来决定它们的数值。

“n”型电气设备的电气间隙和爬电距离应该符合表 9.4 中规定的数据。

表 9.4 电气间隙、爬电距离和间距①、②

工作电压③ U/V	最小爬电距离④/mm				最小电气间隙或间距/mm		
	材料级别				在空气中	被敷形涂层密封时⑤	被浇封或在固体绝缘材料中⑥
	Ⅰ	Ⅱ	Ⅲa	Ⅲb			
U≤10⑦	1	1	1	1	0.4	0.3	0.2
U≤12.5	1.05	1.05	1.05	1.05	0.4	0.3	0.2
U≤16	1.1	1.1	1.1	1.1	0.8	0.3	0.2
U≤20	1.2	1.2	1.2	1.2	0.8	0.3	0.2
U≤25	1.25	1.25	1.25	1.25	0.8	0.3	0.2
U≤32	1.3	1.3	1.3	1.3	0.8	0.3	0.2
U≤40	1.4	1.6	1.8	1.8	0.8	0.6	0.3
U≤50	1.5	1.7	1.9	1.9	0.8	0.6	0.3
U≤63	1.6	1.8	2	2	0.8	0.6	0.3
U≤80	1.7	1.9	2.1	2.1	0.8	0.8	0.6
U≤100	1.8	2	2.2	2.2	0.8	0.8	0.6
U≤125	1.9	2.1	2.4	2.4	1	0.8	0.6
U≤160	2	2.2	2.5	2.5	1.5	1.1	0.6
U≤200	2.5	2.8	3.2	3.2	2	1.7	0.6
U≤250	3.2	3.6	4	4	2.5	1.7	0.6
U≤320	4	4.5	5	5	3	2.4	0.8
U≤400	5	5.6	6.3	6.3	4	2.4	0.8
U≤500	6.3	7.1	8	8	5	2.4	0.8

（续）

工作电压③ U/V	最小爬电距离④/mm				最小电气间隙或间距/mm		
	材料级别				在空气中	被敷形涂层密封时⑤	被浇封或在固体绝缘材料中⑥
	Ⅰ	Ⅱ	Ⅲa	Ⅲb			
U≤630	8	9	10	10	5.5	2.9	0.9
U≤800	10	11	12.5	—	7	4	1.1
U≤1000	11	11	13	—	8	5.8	1.7
U≤1250	12	12	15	—	10	—	—
U≤1600	13	13	17	—	12	—	—
U≤2000	14	14	20	—	14	—	—
U≤2500	18	18	25	—	18	—	—
U≤3200	22	22	32	—	22	—	—
U≤4000	28	28	40	—	28	—	—
U≤5000	36	36	50	—	36	—	—
U≤6300	45	45	63	—	45	—	—
U≤8000	56	56	80	—	56	—	—
U≤10000	71	71	100	—	70	—	—
U≤11000	78	78	110	—	75	—	—
U≤13800	98	98	138	—	97	—	—
U≤15000	107	107	150	—	105	—	—

① 引自 GB 3836.8《爆炸性气体环境用电气设备　第8部分："n"型电气设备》。

② 对外电路连接时，表中爬电距离、电气间隙或间距的最小值为1.5。

③ 当工作电压不大于1000V时，实际的工作电压可以超过表中规定值的10%。

④ 当工作电压不大于800V时，爬电距离是以3级污染为依据提出的；当电压在2000～10000V之间时，爬电距离是以2级污染为依据提出的；其他数值则按内插法或外插法求得。

⑤ 假若使用敷形涂层密封带电零件时，这种密封应该能够防止湿气浸入到导体上。敷形涂层应该牢固地附着在导体和绝缘材料上。当敷形涂层是采用喷涂的方法形成时，则喷涂应该分别进行两次；至于采用其他方法，例如，浸渍、刷涂、真空浸渍等方法形成涂层时，则涂敷只要求进行一次；假若在零部件焊接时不会损坏焊锡膏保护层，则焊锡膏保护层可以认为是两层涂层中的一层。

⑥ 完全浇封在浇封化合物中的最小深度为0.4mm；间距是通过固体绝缘材料的隔离间隔，例如一层印制电路板的隔离间隔。

⑦ 在工作电压为10V及以下时，爬电距离与相比电痕化指数（CTI）无关，可以采用Ⅲb级以外的任何级别的材料。

在测量爬电距离和电气间隙时，试验人员可以参照第4章图4.2～图4.12所示的图例进行。但是，在固体绝缘材料表面上的凸筋和凹槽应该符合下列规定：

- 凸筋的高度至少为1.5mm，厚度应该与它的机械强度相适应，但至少为0.4mm；
- 凹槽的宽度至少为1.5mm，深度至少为1.5mm。

2. 绝缘强度

"n"型电气设备，同其他工业电气设备一样，应该具有一定的绝缘电气强度。

在"n"型电气设备中，电气回路不应该直接同设备的金属壳体或金属支架相连接。

因而，在导电部件与设备支架（地）之间，导电部件之间，应该具有良好的绝缘性能。在试验时，这种绝缘应该能够承受下面规定的试验电压历时60s（误差为0～5s）而不被击穿或发生闪络：

① 对于电源电压（峰值）或内部可能出现的最高电压（峰值）不大于90V的设备，试验电压（有效值）为500V（误差为0～5V）。

② 对于电源电压（峰值）或内部可能出现的最高电压（峰值）大于90V的设备，试验电压（有效值）为（$2U+1000$）V（误差为0～5V）或1500V（误差为0～5V）二者之中的较大值。

这里，U是设备的额定电源电压或内部可能出现的最高电压二者之中的较大值。

假若用直流电压来进行替代试验的话，对于绝缘绕组，则试验电压应该是规定的交流试验电压（有效值）的170%；对于某些情况，例如，爬电距离或电气间隙是在绝缘介质中的，则试验电压应该是规定的交流试验电压（有效值）的140%。

9.3 “n”型电气设备防爆型式通用试验

9.3.1 外壳综合试验

“n”型电气设备的外壳应该分别进行下列试验。试验人员应该按照耐热耐寒试验——机械强度试验——防护等级试验（对于塑料外壳），或者，机械强度试验——防护等级试验［对于金属外壳（包括玻璃）］的顺序进行相应的试验。这些试验完成之后，如果有必要，再进行其他的试验。

1. 耐热耐寒试验

（1）耐热试验

在试验时，试验人员应该将被试样品放置在相对湿度为（90±5）%、温度比最高工作温度高出（20±2）K的环境中保持2个星期。

假若设备的最高工作温度高于85℃，试验人员应该将被试样品放置在相对湿度为（90±5）%、温度为（95±2）℃的环境中保持1个星期；接着，在相对湿度为（90±5）%、温度比最高工作温度高出（10±2）K的环境中再保持1个星期。

（2）耐寒试验

在试验时，试验人员应该将经过耐热试验的被试样品放置在温度比最低工作温度低5K，最多低10K的环境中保持24h。

经过耐热耐寒试验的被试样品应该承受冲击试验和（或）跌落试验。

2. 机械强度试验

（1）冲击试验

“n”型电气设备外壳的冲击试验应该按照第2章所述的相应要求和方法进行。

（2）跌落试验

便携式“n”型电气设备应该承受跌落试验。试验应该按照第2章所述的相应要求和方法进行。

在这些试验之后，被试样品的外壳不应该发生明显的损坏；即使发生一些轻微的变形，只要不影响设备的安全运行，不降低外壳的防护等级，也是允许的。至于设备表面油漆的脱落，散热筋的些微破损以及局部的小伤痕，都可以不予考虑。

3. 防护等级试验

“n”型电气设备外壳的防护等级试验应该按照国家标准GB 4208《外壳防护等级（IP代码）》的规定进行。

在试验时，设备应该处于不通电不运行的状态；设备外壳应该是GB 4208规定的第1种类型外壳，即设备处于正常工作周期内由于热循环效应造成设备外壳内的气压低于周围大气压力的状态。

在防护等级试验之后，被试样品的外壳内，不应该有滑石粉或其他试验粉尘积聚到影响设备正常运行的程度；不应该有水进入的迹象，即使有少量进入，也不应该影响设备的正常运行，或被设备旋转部件搅起而影响设备的正常运行。

在防护等级试验之后，被试样品应该承受介电强度试验。对于电压高于1000V（交流有效值）或1200V（直流）的设备，试验人员应该在试指处于最不利的位置时对被试样品施加电压进行介电强度试验：试验电压为（$2U+1000$）V（误差为±10%），历时10~12s。这里，U是设备的额定电源电压或内部可能出现的最高电压二者之中的较大值。

在介电强度试验过程中，不应该发生闪络，甚至击穿。

9.3.2 引入电缆夹紧试验

“n”型电气设备的引入电缆应该进行夹紧试验（参见第2章），以考核电缆引入环节（装置）的密封效果。

在试验时，试验人员应该将电缆按设计要求在电缆引入装置中固定完好，然后对电缆施加如下拉力：

① 对于圆形电缆，试验芯棒或电缆直径（mm）10倍值的拉力，最小为100N。

② 对于非圆形电缆，电缆周长（mm）3倍值的拉力，最小为100N。

当试验连续进行6h时，试验芯棒或电缆被拉出的位移量不应该大于6mm。

9.4 “nA”无火花型旋转电机

“nA”无火花型旋转电机，简称“nA”型旋转电机，除了应该符合国家标准GB 755《旋转电机 定额和性能》的相关要求和“n”型电气设备的通用防爆结构要求外，还应该符合下面的专门规定。

对于高压或大容量“nA”型交流电动机，如果有必要，按照试验结果，也可以分为3个防爆级别：ⅡA级、ⅡB级和ⅡC级。

9.4.1 专用结构和特殊要求

1. 接线盒

“nA”型旋转电机应该设置接线盒。馈电电缆在接线盒内连接后向电机供电。当电缆在接线盒内连接后，电气间隙和爬电距离应该符合表9.4中的规定值。

接线盒的防护等级不应该低于IP54［参见国家标准GB/T 4942.1《旋转电机外壳的防护等级（IP代码）》］。

此外，对于额定电压低于1000V的电机，当它的防护等级在IP44及以上时，允许接线盒空腔和电机内部直接连通，否则应该采取隔离措施。

2. 通风系统

在“nA”型旋转电机中，由轴驱动的自冷式风扇应该有风扇罩保护；风扇罩上通风孔的防护等级不应该低于：进风端——IP20，排风端——IP10。立式旋转电机还应该能够防止外物垂直落入通风孔内。

在正常工作状态下，风扇、风扇罩和挡风板以及它们的紧固零件之间的最小距离，至少为风扇最大直径的1/100，假若没有特殊要求，也不必大于5mm。若相关零件的机械加工能够保证加工尺寸具有足够的精度和稳定性，这个最小距离允许减小到1mm。

当采用塑料材料制造风扇和风扇罩时，假若风扇的线速度大于50m/s的话，则试验人员应该按照有关规定（参见第2章）测量它们的绝缘电阻，电阻值不应该超过1GΩ；当采用轻合金材料制造风扇和风扇罩时，轻合金的成分应该符合第2章的相关要求。

3. 中性点

当中性点不是用作连接交流电源，而且设置在旋转电机内部时，中性点应该完全处于绝缘状态。此时，人们在按表9.4考虑电气间隙和爬电距离时应该以表9.5中的假想电压为依据。

表9.5　假想中性点工作电压①

工作电压（交流有效值）U/V	假想中性点工作电压/V
$U \leqslant 1100$	U
$1100 < U \leqslant 3300$	1100
$3300 < U \leqslant 6600$	3300
$6600 < U \leqslant 11000$	6600
$11000 < U \leqslant 15000$	11000

① 引自GB 3836.8《爆炸性气体环境用电气设备　第8部分："n"型电气设备》。

如果旋转电机不是由接地的电网供电，而且防护等级又为IP44或更高级别，则可以不符合上述规定。

4. 轴承和轴的密封

轴承和轴的密封可以分为两种情况：非摩擦密封和摩擦密封。

当采用非摩擦密封和曲路密封时，对于滚动轴承，固定部分和旋转部分之间的最小径向间隙或最小轴向间隙不应该小于0.05mm；对于滑动轴承，这个间隙不应该小于0.1mm。

当采用摩擦密封时，这种密封应该配置很好的润滑，或者，密封零件用低摩擦系数的材料（例如，聚四氟乙烯）制作。

此外，当采用摩擦密封时，试验人员应该考核此处的温度。这里的温度不应该超过相应的温度组别的温度值。

5. 转子鼠笼

对于笼型转子的电动机来说，转子鼠笼的结构有两种形式：铜条型鼠笼和铸铝型鼠笼。

当采用铜条型鼠笼时，组成鼠笼的导条和端环之间的连接是十分重要的，一定要保证在电动机正常运行过程中不得断裂产生电弧和火花。在制作中，导条和端环可以采用铜焊或熔焊的方法进行连接，而且，还应该采用机械冲压法使导条在槽中胀紧。导条在槽中固定牢固了，就可以防止在电动机运行过程中导条在槽中发生颤动而产生电气火花。

当采用铸铝型鼠笼时，人们应该采用压铸或离心浇铸的方法使转子槽中完全密实地充满铝。

6. 最小径向单边气隙

在"nA"型旋转电机中，定子和转子之间的最小径向单边气隙，在电机处于静止状态时，不应该小于下式的计算值，即

$$k = \left[0.15 + \frac{D-50}{780}\left(0.25 + \frac{0.75n}{1000}\right)\right]rb \tag{9.1}$$

式中　k——最小径向单边气隙（mm）；

D——转子直径（当转子直径小于75mm时，D为75mm，当转子直径为75～750mm时，D为直径的实际值，当转子直径大于750mm时，D为750mm）；

n——最高额定转速（当最高额定转速低于1000r/min时，n为1000r/min，当最高额定转速高于1000r/min时，n为最高额定转速的实际值）；

r——铁心长度与转子直径之比［当铁心长度与转子直径之比小于1.75时，r为1，当铁心长度与转子直径之比大于1.75时，r为铁心长度/(1.75×转子直径)］；

b——系数（当电机采用滚动轴承时，b为1，当电机采用滑动轴承时，b为1.5）。

当需要计算“nA”型旋转电机的最小径向单边气隙时，请读者参看第4章例4.1。

7. 表面温度

在“nA”型旋转电机正常运行状态下，它与可燃性气体接触的任何表面（包括外部表面和内部表面）的温度都不应该超过相应的温度组别的温度值。

假若电机的工作制符合国家标准GB 755《旋转电机 定额和性能》中规定的S1和S2工作制，那么，在评价它的表面温度时试验人员可以不考虑电机起动时出现的温升；对于S3～S10工作制，则应该考虑负载变化和起动引起的温升变化。这是因为，在S1和S2工作制时，起动的频率（不频繁起动）和可燃性气体（2区）出现的频率的覆盖几率太小了，至于在S3～S10工作制时情况就不一样了。

如果“nA”型旋转电机有多种工作制，则电机可以设置多个温度组别。

对于由变频电源或非正弦波电源供电的“nA”型旋转电机，在评价电机的表面温度时，试验人员可以将电机和所用电源一起进行试验，以确定它的温度组别或表面极限温度；也可以用计算的方法来确定它的温度组别，但是比较麻烦，而且也不准确。

对于这种电机，电源中的谐波使电机发热，因此，加强通风冷却是降低这种电机温度过高的一项有效的措施。

8. 绕组除湿

当额定电压大于1000V时，“nA”型旋转电机必须配置空间加热器（参见第4章），实时对绝缘绕组进行加热烘干，防止因湿气或水的侵入导致绝缘性能下降。

9.4.2 气隙火花点燃危险性的评价

在“nA”型旋转电机中，定子和转子之间的气隙，在电机的各种运行工况下，有可能产生电气放电火花。尤其是大型电机，例如功率大于100kW的电机，除S1、S2工作制外，试验人员应该考虑到这种情况。

气隙火花能够点燃爆炸性气体-空气混合物。

现在提出一种气隙火花点燃危险性的评价方法，一种用查看电机整机结构和相关参数的方法来确定出现气隙火花可能性的方法。气隙火花点燃危险性评价指数如表9.6所示。

表9.6 气隙火花点燃危险性评价指数①

特征项目	相关参数	危险指数
笼型转子结构	铜条型笼型转子	2
	铸铝型笼型转子，每极功率大于或等于200kW	1
	铸铝型笼型转子，每极功率小于200kW	0
极数	2极	2
	4～8极	1
	多于8极	0
额定输出	每极功率大于500kW	2
	每极功率在200～500kW之间	1
	每极功率小于200kW	0

（续）

特征项目	相关参数	危险指数
转子中径向冷却风道	有风道②，铁心端部装压长度小于200mm	2
	有风道②，铁心端部装压长度等于或大于200mm	1
	无风道	0
定子或转子斜槽	有斜槽，每极功率大于200kW	2
	有斜槽，每极功率不大于200kW	1
	无斜槽	0
转子突出部分	不符合注③规定③	2
	符合注③规定③	0
温度组别	（T1），T2	2
	T3	1
	T4，T5，T6	0

① 引自 GB 3836.8《爆炸性气体环境用电气设备　第8部分：“n”型电气设备》。

② 试验验证表明，在邻近铁心端部的风道内出现了火花。

③ 转子突出部分应该设计成能消除断续接触的结构，而且运行温度在温度组别范围内。如果符合这个规定，评价指数为0，否则为2。

试验人员应该对已经制造完成的电机进行检查，如果按照表9.6计算，危险指数大于6，根据守候定理，应该对这种电机（试制样机）进行“笼型转子结构的点燃试验”。除此之外，此时，人们也可以采用一些特殊的措施，例如，在电机起动之前，对电机通入新鲜空气，保证在起动时间内电机处于非爆炸性气体环境中，以及在电机外壳内安装一些可燃性气体探测器，当它检测到有可燃性气体存在时不能起动电机；或者，人们还可以采用减压起动的方法，使起动电流不大于3倍的额定电流。对于后两种情况，人们应该在电机使用技术文件中向使用者说明所应该采用的特殊措施或减压起动要求。

对于S1和S2工作制的电机，因为它一旦起动就连续运行下去，平均每星期起动次数不超过1次，所以，检验人员不必对它进行这种评价。

9.4.3 定子绕组绝缘系统点燃危险性的评价

对于额定电压大于1000V的“nA”型旋转电机，在某些运行工况下，特别在起动的时候，有可能在高压绕组的表面上产生刷形放电或电晕放电。当然，这种放电未必每次都能点燃爆炸性气体混合物；然而，点燃的危险实在是存在着。

因此，试验人员应该评价这种危险。

“nA”型旋转电机定子绕组点燃危险性评价指数如表9.7所示。

表9.7　定子绕组点燃危险性评价指数①

特征项目	相关参数	危险指数
额定电压	大于11kV	6
	大于6.6～11kV	4
	大于3.3～6.6kV	2
	大于1～3.3kV	0

（续）

特征项目	相关参数	危险指数
运行时平均起动频率	每小时大于 1 次	3
	每天大于 1 次	2
	每周大于 1 次	1
	每周小于 1 次	0
两次检查维护之间的时间间隔	大于 10 年	3
	大于 5 ~10 年	2
	大于 2 ~5 年	1
	小于 2 年	0
外壳防护等级	低于 IP44②	3
	IP44，IP54	2
	IP55	1
	高于 IP55	0
运行环境条件	污染严重且非常潮湿③	4
	沿海地区室外④	3
	干净的室外	1
	干净和干燥的室内	0

① 引自 GB 3836.8《爆炸性气体环境用电气设备　第 8 部分：“n”型电气设备》。

② 只有在清洁的环境中由经过专门培训的检修人员进行维护。

③“污染严重且非常潮湿”的场所，主要包括存在积水的环境或近海区域的露天甲板等场所。

④ 电机处于含有盐的环境中。

在评价定子绕组绝缘系统的点燃危险时，一般情况下，这种电机都应该承受第 9.4.4 节规定的“定子绕组绝缘系统的点燃试验”。假若按照表 9.7 计算得到的危险指数大于 6，根据守候定理，试验人员必须对它进行“定子绕组绝缘系统的点燃试验”。当然，人们也可以采取像第 9.4.2 节所述的特殊措施，防止发生点燃。

对于 S1 和 S2 工作制的电机，人们依然没有必要进行这种评价。

9.4.4 试验

“nA”型旋转电机的型式试验，除“n”型电气设备应该进行的防爆型式通用试验外，还应该包括下列两项试验。通过这些试验，人们可以评估“nA”型旋转电机的点燃危险性，还可以确定被试电机的防爆级别：ⅡA 级、ⅡB 级或ⅡC 级（评定方法参见第 4.4.4 节）。

1. 笼型转子结构的点燃试验

在进行笼型转子结构点燃试验之前，试验人员应该首先进行预备试验，即转子“老化过程”试验。试验时，试验人员应该对被试电机在堵转的情况下施加不小于 50% 额定电压的试验电压，使电机的最高温度在设计的最高温度和 70℃之间变化。试验不少于 5 次。

在预备试验之后，将电机放置在浓度为：(21 ±0.5)%（体积比）的氢气-空气混合物（ⅡC 级），或(7.8 ±1)%（体积比）的乙烯-空气混合物（ⅡB 级），或(5.25 ±0.5)%（体积比）的丙烷-

空气混合物（ⅡA级）中，在堵转的情况下对电机施加额定电压，或者，在空载的情况下起动。每次试验至少历时1s，共进行10次。

试验不应该发生点燃。

2. 定子绕组绝缘系统的点燃试验

额定电压大于1000V的“nA”型旋转电机的绝缘系统应该进行这项试验。试验可以在完整的定子上，或装有部分绕组的定子上，或一组线圈上进行，也可以在一台整机上进行。

不管是采用哪种形式的试验，试验时所有的导体都必须可靠地接地，包括防电晕屏蔽都应该接地，还应该注意连接电源的电缆之间、电缆与其他导体之间保持足够的距离。

试验分两种情况：稳态点燃试验和脉冲点燃试验。

（1）稳态点燃试验

在进行稳态点燃试验时，试验人员应该将被试样品放置在上述浓度的爆炸性气体混合物中，在相与地之间施加1.5倍额定线电压的试验电压（正弦波），历时3min，施加电压的最大上升速度为0.5kV/s。待试的其他相必须可靠接地。

试验不应该发生点燃。

（2）脉冲点燃试验

在进行脉冲点燃试验时，试验的环境和稳态点燃试验时的一样，只是施加的试验电压不同。试验人员应该将3倍的峰值相电压（误差为±3%）施加在相与相之间。脉冲电压的上升时间在0.2～0.5μs之间，而且半值时间至少为20μs，通常不超过30μs。每种接线都应该进行10次试验。

试验不应该发生点燃。

9.5 “nA”无火花型照明灯具

“nA”无火花型照明灯具，简称“nA”型照明灯具，除了应该符合国家标准GB 7000.1《灯具　第1部分一般安全要求和试验》的相关要求和“n”型电气设备的通用防爆结构规定外，还应该符合下面的专门要求。

此外，“nA”型照明灯具中不允许使用含有游离金属钠的灯泡（例如低压钠灯泡）作为光源；另外，自触发灯泡，在没有特殊的保护措施时，也不允许使用在“nA”型照明灯具中，因为这种灯泡可能会产生一些损坏镇流器或电子触发器的不可控高电压。

通常认为，“nA”型照明灯具的正常运行状态是指灯具在设计的工作环境下在额定电压作用下发光照明。在灯具带电的情况下更换光源（拆卸和安装灯泡），不是灯具的正常工作状态。

9.5.1 专用结构和特殊要求

“nA”型照明灯具，不管光源是白炽灯还是荧光灯，抑或高压钠灯、金属卤化物灯，都应该有一个完整的外壳，而且防护等级不应该低于IP54。

1. 灯泡（管）与透明罩之间的间距

“nA”型照明灯具必须配置透明罩来保护光源。透明罩，通常情况下，用石英玻璃（经钢化处理）制成，当然，用于荧光灯管的，也可以使用塑料材料（例如聚碳酸酯）制成。

在设计时，灯泡（管）与透明罩之间的距离不应该小于表9.8中所示数值。

表 9.8 灯泡与透明罩之间的最小距离[①]

灯泡功率 P/W	最小距离 d/mm
$P \leqslant 60$	3
$60 < P \leqslant 100$	5
$100 < P \leqslant 500$	10
$500 < P$	20

注：对于荧光灯具，灯管与透明罩之间的最小距离为5mm；假若透明罩是与灯管为同心圆的圆形透明罩，则这个最小距离可为2mm。

① 引自 GB 3836.8《爆炸性气体环境用电气设备　第 8 部分："n"型电气设备》。

2. 灯座

灯座是各种灯具中的一个重要部件。它支撑着光源（灯泡或灯管），并把电源连接到光源上使光源发光。由于光源在灯座中安装形式不同，所以灯座也有不同的形式。

（1）卡口式灯座

这种灯座应该符合国家标准 GB 17936《卡口灯座》的要求。

在这种灯座中，光源通过它的弹簧触点获得电流；假若触点是靠一个弹簧支撑的，那么这个弹簧不应该是载流的主要零件。

灯座应该能够保持光源在正确安装状态下按照国家标准 GB/T 2423.10《电工电子产品环境试验　第 2 部分：试验方法　试验 Fc 和导则：振动（正弦）》规定的试验方法试验时不发生松动，不产生火花。

（2）螺口式灯座

这种灯座应该符合国家标准 GB 17935《螺口灯座》的要求。

灯座应该能够在温度发生变化或出现一定振动时防止光源（灯泡）从灯座中松脱。

（3）双插脚灯座

这种灯座应该符合国家标准 GB 1312《管形荧光灯灯座和起动器座》的要求。

灯座应该能够保持光源在正确安装状态下按照国家标准 GB/T 2423.10《电工电子产品环境试验　第 2 部分：试验方法 试验 Fc 和导则：振动（正弦）》规定的试验方法试验时不发生松动，不产生火花。

3. 起动器或触发器

在光源是荧光灯管、高压钠灯泡等需要高压触发的灯具中，起动器和（或）触发器是不可或缺的重要部件。起动器是一种使用于荧光灯上对电极预热，并与镇流器的电抗线圈串联起来产生一个脉冲电压激发光源使灯起动的装置；而触发器则是一种不对电极预热，直接发出脉冲电压使灯起动的装置。起动器分为辉光起动器和电子起动器（触发器）。

（1）辉光起动器

这种起动器实质上是一个封闭在真空的玻璃外壳内的双金属片式开关。它应该符合行业标准 QB 2276《荧光灯用起动器》（idtIEC60155）的要求。

起动器座应该符合国家标准 GB 1312《管形荧光灯灯座和起动器座》的要求，应该保证起动器安装后触点有足够的接触压力。

（2）电子起动器（触发器）

这种起动器（触发器），当它的起动脉冲电压不超过 5kV 时，应该符合 IEC 60926《灯附件　起动装置（辉光起动器除外）一般要求和安全要求》和 IEC 60927《灯附件　起动装置（辉光起动器除外）性能要求》的要求。假若它的外壳是金属制作的，则这种外壳应该与灯具的接地端子可靠连接。

4. 镇流器

在需要脉冲电压触发才能起动的灯具中，镇流器起着抑制灯电流的作用。通常，它是由电感线圈、电容器或电阻器组成的，连接在电源和灯之间。有时候，镇流器还包含一些辅助电路，例如，电源电压变换装置（提供起动电压和预热电流），防止冷起动、减少闪频效应、校正功率因数和抑制无线电干扰。

在“nA”型照明灯具中使用的镇流器，在规定的异常条件下，例如，灯泡（管）不能够点燃或灯炮（管）老化出现整流效应时，不应该出现超过相应温度组别的过热温度。设计人员可以采用温控开关来限制这种过热温度。

5. 爬电距离和电气间隙

在“nA”型照明灯具中，爬电距离和电气间隙应该符合表9.9和表9.10中规定的要求。

表9.9 普通灯具中的爬电距离和电气间隙①

项目特征		工作电压（正弦有效值）/V					
		50	150	250	500	750	1000
爬电距离/mm							
基本绝缘②	CTI③ ≥600	0.6	1.4	1.7	3	4	5.5
	CTI < 600	1.2	1.6	2.5	5	8	10
附加绝缘④	CTI≥600	—	3.2	3.6	4.8	6	8
	CTI < 600	—	3.2	3.6	5	8	10
加强绝缘⑤		—	5.5	6.5	9	12	14
电气间隙/mm							
基本绝缘		0.2	1.4	1.7	3	4	5.5
附加绝缘		—	3.2	3.6	4.8	6	8
加强绝缘		—	5.5	6.5	9	12	14

① 引自GB 7000.1《灯具 第1部分：一般安全要求与试验》。

② 基本绝缘是指在灯具中对导电部件采取基本的防触电保护的绝缘。

③ CTI——相比电痕化指数的英文缩写。

④ 附加绝缘是指在灯具中附加在基本绝缘上、在基本绝缘失效时提供防触电保护的一种独立的绝缘。

⑤ 加强绝缘是指在灯具中对导电部件采取的相当于双层绝缘防触电保护等级的一种单独的绝缘。

对于普通灯具，在表9.9中所示的相应数据是以2级污染、过电压类型为Ⅰ级（对于基本绝缘）或Ⅱ级（对于附加绝缘和加强绝缘）为条件提出的。

表9.10 防护等级为IPX1及以上的灯具中的爬电距离和电气间隙①

项目特征		工作电压（正弦有效值）/V					
		50	150	250	500	750	1000
爬电距离/mm							
基本绝缘②	CTI③ ≥600	1.5	2	3.2	6.3	10	12.5
	175≤CTI < 600	1.9	2.5	4	8	12.5	16
附加绝缘④		—	3.2	4	8	12.5	16
加强绝缘⑤		—	5.5	6.5	9	12.5	16

（续）

项 目 特 征	工作电压（正弦有效值）/V					
	50	150	250	500	750	1000
电气间隙/mm						
基本绝缘	0.8	1.5	13	4	5.5	8
附加绝缘	—	3.2	3.6	4.8	6	8
加强绝缘	—	5.5	6.5	9	12	14

①、②、③、④、⑤同表9.9。

对于防护等级为IPX1及以上的灯具，在表9.10中所示的相应数据是以3级污染、过电压类型为Ⅱ级（对于所有绝缘）为条件提出的。

假若在触发器的电路中可能会产生作用于灯泡（管）、灯座或其他部件上超过1500V的高压脉冲电压的话，那么，爬电距离和电气间隙就应该按照表9.11中所示数据来考虑。

表9.11　在脉冲电压作用下灯具中的爬电距离和电气间隙①

部　　件	脉冲电压（峰值）U_{PK}/kV			
	$1.5 < U_{PK} \leqslant 2.8$	$2.8 < U_{PK} \leqslant 5.0$	$1.5 < U_{PK} \leqslant 2.8$	$2.8 < U_{PK} \leqslant 5.0$
	爬电距离/mm		电气间隙/mm	
灯头	4	6	4	6
灯座内部件	6	9	4	6
灯座外部件	8	12	6	9
承受脉冲电压的其他部件②	8	12	6	9

① 引自GB 3836.8《爆炸性气体环境用电气设备　第8部分："n"型电气设备》。
② 除非这些部件自身是浇封的或密封的装置。

6. 电气连接

在"nA"型照明灯具中，电气连接必须牢固可靠，原则上应该采用国家标准GB 7000.1《灯具　第1部分：一般安全要求与试验》规定的接线方法。

在电源连接和接地连接时，设计人员应该采用固定式螺栓接线端子，而且螺栓的直径不应该小于4mm。导电螺栓和垫圈应该采用黄铜制作。连接时所有的连接零件（例如弹簧垫圈和压紧螺母）应该配置齐全，保证必要的接触压力。

此外，在电气连接时，也允许采用如图9.1所示的压紧连接方式。

在"nA"型照明灯具内部进行电气连接时，设计人员应该考虑可能的脉冲电压对电线的作用而采用高压电线。

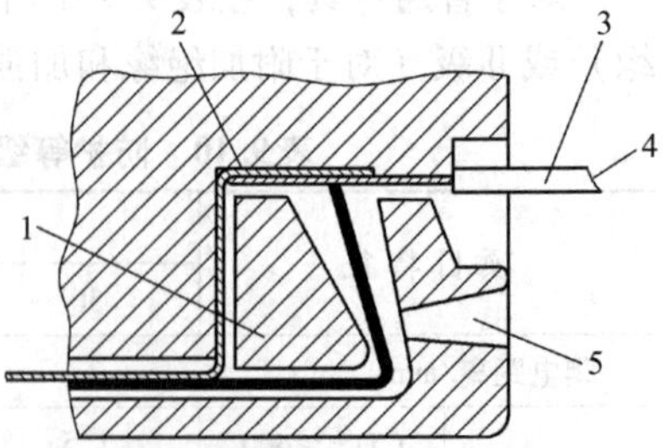

图9.1　弹簧片无螺纹接线端子
1—超程阻塞件　2—载流导体
3—拔脱试验电线（拉力为15N）
4—最大电流（2A）　5—连接释放件

7. 电气绝缘

在"nA"型照明灯具中，各带电零部件之间以及与地之间的绝缘电阻和电气强度应该符合国家标准GB 7000.1《灯具　第1部分：一般安全要求与试验》的相应要求。

"nA"型照明灯具的绝缘电阻在规定的试验条件下不应该小于表9.12中所示数据。

表 9.12 最小绝缘电阻①

项 目 特 征	最小绝缘电阻/MΩ		
	0 类和 I 类灯具②、③	Ⅱ类灯具④	Ⅲ类灯具⑤
施加于灯具的电压为安全特低电压⑥			
不同极性的载流部件之间	1	1	1
载流部件与安装表面⑦之间	1	1	1
载流部件与灯具金属部件之间	1	1	1
施加于灯具的电压为非安全特低电压			
不同极性的载流部件之间	2	2	—
载流部件与安装表面⑦之间	2	2、3 或 4	
载流部件与灯具金属部件之间	2		—
通过开关作用可成为不同极性的载流部件之间	2		—

① 引自 GB 7000.1《灯具 第1部分：一般安全要求与试验》。
② 0 类灯具是指普通的灯具，仅依靠基本绝缘作为防触电保护的灯具。
③ I 类灯具是指防触电保护不仅仅依靠基本绝缘，而且还包括附加的其他安全措施，即把容易触及到的带电部件连接到设备线路的保护导体上，即使在基本绝缘失效时也不至于带电的灯具。
④ Ⅱ类灯具是指防触电保护不仅仅依靠基本绝缘，而且还具有附加的其他安全措施，例如，采用双重绝缘或加强绝缘措施，但是没有保护性接地或等效的安装性接地的灯具。
⑤ Ⅲ类灯具是指防触电保护仅仅依靠电源电压为安全特低电压，而且不可能有高于安全特低电压的电压施加于其上的灯具。
⑥ 所谓安全特低电压是指电压有效值不超过50V的电压。
⑦ 试验时，安装表面应该用金属箔包覆起来。

“nA”型照明灯具应该能够在规定的试验条件下承受不小于表 9.13 中所示数据的试验电压而不发生闪络或击穿。

表 9.13 电气强度试验时的试验电压①

项 目 特 征	试验电压/V		
	0 类和 I 类灯具②、③	Ⅱ类灯具④	Ⅲ类灯具⑤
施加于灯具的电压为安全特低电压⑥			
不同极性的载流部件之间	500	500	500
载流部件与安装表面⑦之间	500	500	500
载流部件与灯具金属部件之间	500	500	500
施加于灯具的电压为非安全特低电压			
不同极性的载流部件之间	$2U$⑧ $+1000$	$2U+1000$	—
载流部件与安装表面⑦之间	$2U+1000$	$2U+1000$、$2U+1750$ 或 $4U+2750$	—
载流部件与灯具金属部件之间	$2U+1000$		—
通过开关作用可成为不同极性的载流部件之间	$2U+1000$		—

①、②、③、④、⑤、⑥、⑦同表 9.12。
⑧ U——被试样品的工作电压。

9.5.2 试验

“nA”型照明灯具的型式试验，除“n”型电气设备应该进行的试验外，还应该包括下列 5

项试验。

1. 螺口灯座的旋入/旋出试验

在试验时，试验人员应该将标准灯头（E14、E27 和 E40）用表 9.14 中所示力矩旋入灯座试样中，然后再部分地旋出（反向旋出 15°）。

表 9.14 旋入力矩①

灯头型号	旋入力矩/N·m
E14/E13	1.0 ±0.1
E27/E26	1.5 ±0.1
E40/E39	2.25 ±0.1

① 引自 GB 3836.8《爆炸性气体环境用电气设备 第 8 部分："n"型电气设备》。

在完全旋出标准灯头时，旋出的力矩不应该小于表 9.15 中所示数值。

表 9.15 旋出力矩①

灯头型号	旋出力矩/N·m
E14/E13	0.3
E27/E26	0.5
E40/E39	1.0

① 引自 GB 3836.8《爆炸性气体环境用电气设备 第 8 部分："n"型电气设备》。

对于型号为 E13、E26 和 E39 的灯头，试验人员应该按照相关的标准进行试验，并予以修正。

2. 起动器座试验

在试验时，试验人员应该将 3 只被试起动器座放置在温度为（85±2）℃的恒温箱中 72h，然后从恒温箱中取出放置在室温下 24h。

在按照国家标准 GB 1312《管形荧光灯灯座和起动器座》的规定进行测试时，接触压力不应该小于 5N。

3. 触发器-镇流器试验

在"nA"型照明灯具中，当电路中接有触发器时，镇流器和触发器应该一起进行高压脉冲试验。试验应该在 6 个样品上进行。

（1）预备试验

试验人员应该将 3 个试验样品放置在高温试验箱中；箱中的温度调整到镇流器所标志的温度值，如无这样的标志，则为 105℃，放置 24h。

另外 3 个试验样品应该承受以下试验：

首先，试验样品放置在相对湿度为（91～95）%、温度为 20～30℃之间的某个适当温度值的试验箱内，历时 48h。

接着，试验人员从试验箱中取出这些试验样品，揩去上面的湿气，在不同电位的导电部件之间以及导电部件与金属外壳或试验金属箔（塑料外壳在试验时应该覆盖金属箔，还包括固定的金属螺钉）之间施加（500±5）V 直流电压，历时 60～63s。被测部件之间的绝缘电阻不应该小于 2MΩ。

在绝缘电阻测定之后，镇流器应该承受试验电压为表 9.16 中规定值的介电强度试验。试验时镇流器上不应该发生闪络或击穿。

表 9.16　介电强度试验电压[①]

工作电压 U/V	试验电压 U_t/V
$U \leq 42$	500
$42 < U \leq 1000$	$2U$[②] +1000

① 引自 GB 3836.8《爆炸性气体环境用电气设备　第 8 部分："n" 型电气设备》。

② U——被试样品的工作电压。

（2）高压脉冲试验

在预备试验之后，6 个试验样品应该立即承受下面的高压脉冲试验。

高压脉冲试验的试验线路如图 9.2 所示。

在试验时，脉冲电压发生器应该产生如图 9.3 所示波形的脉冲电压。试验脉冲电压的峰值为灯具中产生的脉冲电压峰值的 1.33 倍值，但至少也为 2kV。脉冲波形的上升沿时间（T_1）为 1.2ms，半值时间（T_2）为 50ms。

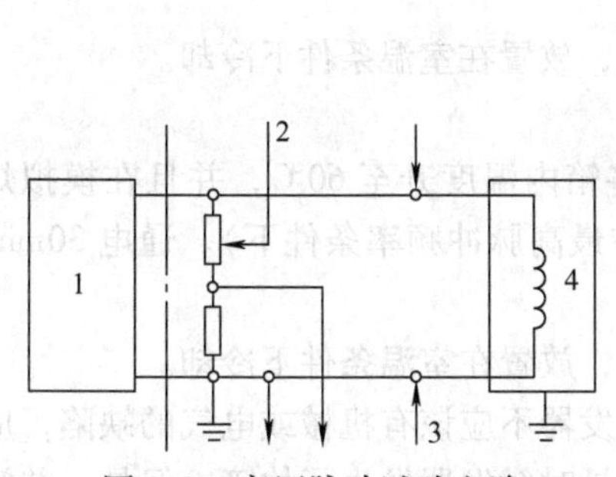

图 9.2　高压脉冲试验电路

1—脉冲电压发生器　2—电压分压器

3—接线端子　4—被试镇流器试样

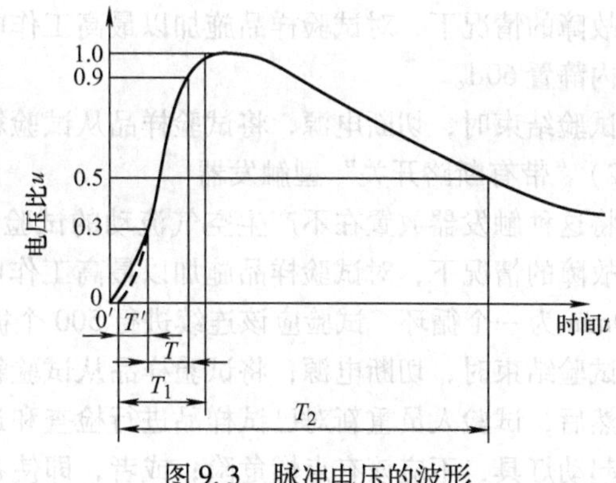

图 9.3　脉冲电压的波形

试验脉冲电压应该以每分钟 12 次的速率对被试样品放电。这样的试验应该进行 50 次。在试验期间，不应该发生闪络或击穿。

4. 起动器/触发器试验

在 "nA" 型照明灯具中，管形荧光灯使用的电子起动器和高压钠灯、金属卤化物灯使用的触发器应该承受以下试验。

（1）耐电压试验

在试验时，试验人员应该将起动器或触发器的试验样品放置在相对湿度为 91% ~95%、温度为 20 ~30℃之间的一个合适的温度值的湿热试验箱中，历时 168h。

接着，试验样品接受耐电压试验。在试验样品的接线端子和金属外壳之间以及接线端子与金属箔（塑料外壳在试验时应该覆盖金属箔，还包括固定的金属螺钉）之间施加脉冲峰值电压 U_p 或（$2U+1000$）V 二者之中较大的那个电压，历时 1min。

这里，U_p是起动器或触发器产生的最大脉冲电压（峰值）；U 是起动器或触发器的工作电压（有效值）。

在试验期间，不应该发生闪络或击穿。

（2）断路开关试验

有一些起动器或触发器配置有断路开关，以防止在起动时引发其他相关灯具无法正常起动出现工作故障。这种断路开关应该进行以下的连续通断试验。

在试验时，试验人员应该将3个试验样品连接在灯具的电路中，分别在温度为（-25 ± 2）℃、（25 ± 2）℃和比规定温度高10K的温度值时进行起动试验。

① 对于管形荧光灯的起动器，在两次启动之间，试验人员应该对起动器连续通电10次，每次15s。断路开关应该在10s内断开故障灯具，防止其他相关灯具可能起动。

② 对于高压钠灯和金属卤化物灯的起动器，试验人员应该对起动器连续操作10次，每一操作都能引起断路开关动作。断路开关应该在1.25倍触发器标志的额定时间内断开故障灯具。

试验结束后，假若三个试验样品全部符合要求，则起动器被认为是“带有断路开关”型的；假若三个被试样品中任一个发生了故障，则起动器被认为是“不带有断路开关”型的。

（3）触发器耐热试验

在试验时，试验人员应该用3个没有经受过任何试验的触发器进行如下试验。

1）“不带有断路开关”型触发器

将这种触发器放置在不产生空气流动的试验箱内，将箱内温度升至60℃，并且在模拟灯泡发生故障的情况下，对试验样品施加以最高工作电压（在最高脉冲频率条件下）。试验样品在试验箱内静置60d。

试验结束时，切断电源，将试验样品从试验箱中取出，放置在室温条件下冷却。

2）“带有断路开关”型触发器

将这种触发器放置在不产生空气流动的试验箱内，将箱内温度升至60℃，并且在模拟灯泡发生故障的情况下，对试验样品施加以最高工作电压（在最高脉冲频率条件下）。通电30min断电30min为一个循环。试验应该连续进行500个循环。

试验结束时，切断电源，将试验样品从试验箱中取出，放置在室温条件下冷却。

然后，试验人员重新对已试样品进行检查和运行，触发器不应该有机械或电气的缺陷，应该能够起动灯具，不应该有点燃危险；或者，即使在起动灯具时触发器发生了故障，但是，并没有出现机械或电气的缺陷，没有出现点燃危险。

5. 灯线试验

在“nA”型照明灯具中有可能遭受触发器产生的高压脉冲电压作用的灯线，应该进行高压耐电压试验。

在试验时，试验人员应该将被试电线用金属箔包裹起来。金属箔的宽度为25mm，环绕在至少有500mm长的试验电线上，金属箔距电线裸露部分的长度不应该小于25mm。然后，将频率为50Hz或60Hz、数值为3kV（触发器的标称电压为2.8 kV时）或5kV（触发器的标称电压为5.0kV时）的试验电压施加在被试电线的芯线和金属箔之间，历时1min。

在试验期间，不应该发生闪络或击穿。

9.6 “nA”无火花型蓄电池和蓄电池组

“nA”无火花型蓄电池和蓄电池组，简称“nA”型蓄电池和蓄电池组。

在“nA”型蓄电池和蓄电池组中，蓄电池在正常的运行状态下是不产生火花和危险温度的，但是，可能释放出一些“电池气”，例如氢气、氧气及酸雾等。

因而，按照释放电池气的情况可以把蓄电池划分为3种类型：1类电池、2类电池和3类电池。

1类电池是指在正常的使用状态下不可能释放电池气的额定容量不大于25Ah的原电池和密封的二次蓄电池。

2类电池是指在正常的使用状态下不可能，但是在控制状态下可能释放电池气的额定容量不大于 25Ah 的原电池和密封的二次电池，例如阀控式电池、气密式电池。

3 类电池是指在正常的使用状态下可能释放电池气的任何容量的二次电池，例如铅酸蓄电池。

由于电池的类型不同，所以对它采用的安全技术措施和提出的安全技术要求也不同。

9.6.1 专用结构和特殊要求

1. 1 类和 2 类电池

在 1 类和 2 类电池中有原电池，也有二次电池。

当 1 类和 2 类电池需要组成电池组工作时，蓄电池组应该配置一个具有相应防护等级的外壳，或者在其他外壳的保护下。

在蓄电池组中，单体电池应该串联运行，不允许并联运行。电池正、负极与极间导体的连接通常应该用焊接的方法连接。在同一组电池组中，不应该有原电池和二次电池混合使用的情况。

在可燃性气体环境中使用时，单体电池或电池组都应该以制造商规定的放电模式进行放电。在有可能出现过负荷放电时，设计人员应该在电路中增加限流环节。此外，检验人员应该以正常工作时的最大放电电流来检测电池本身和连接部分的温度。这个温度不应该超过它的温度组别的温度值。

为了防止蓄电池组中某个（些）电池成为“落后电池”后出现反极性充电现象，设计人员应该在蓄电池组的电路中增加反充电保护环节，例如，设置阻塞二极管。

当二次电池（组）和设备组装在一起时，应该允许在可燃性气体环境中对蓄电池（组）充电；充电的电压和电流应该符合制造商的规定，而且，充电装置应该具有相应的防爆型式。充电时，蓄电池组及其连接部位不得出现超过相应温度组别的温度。

对于 2 类二次电池（组），充电系统（包括被充电的电池和充电器）不应该释放出电池气。但是，假若充电系统释放出了电池气，则在 48h 后在蓄电池组的外壳内这种气体中氢气的含量不应该大于 2%（体积比）。

2. 3 类电池

在这类电池中主要是二次电池，例如铅酸蓄电池。由这样的电池组成的蓄电池组应该配置一个蓄电池箱以及相应的电源输入和输出环节。这就是所谓的“nA”型蓄电池电源装置。

（1）单体蓄电池

在单体蓄电池中，蓄电池盖和蓄电池槽、极柱之间应该密封，要防止电解液泄漏。电解液的液位应该保持在允许的最高液位与最低液位之间。蓄电池盖和蓄电池槽应该使用不易燃的绝缘材料制成。蓄电池内的底部应该留有足够的容积，以便堆积从极板上脱落的活性物质。

单体蓄电池应该设置注液孔；注液孔应该能够防止外物落入电池内。

（2）蓄电池箱

蓄电池箱是组装单体蓄电池的容器，由箱体和箱盖组成。蓄电池箱允许用金属材料制成，也允许用塑料材料制成。但是，不管采用什么材料制成，它都应该能够承受自身重量（蓄电池组）和搬运时所承受的机械应力，而且，金属制成的蓄电池箱还应该进行绝缘处理，例如，喷塑或粘贴硫化橡胶板，绝缘电阻至少为 1MΩ。

蓄电池箱应该设置能够自然通风的通风孔。

蓄电池箱的防护等级不应该低于国家标准 GB 4208《外壳防护等级（IP 代码）》规定的 IP23。

蓄电池箱应该在底部设置排液孔。

在蓄电池箱中，单体蓄电池应该固定牢固。各个蓄电池极柱之间、极柱与箱体之间的爬电距离至少为 35mm；当相邻蓄电池之间的电压大于 24V 时，每大于 2V 爬电距离增加 1mm。

单体蓄电池之间的连接导体（连接条或连接电缆）应该牢固地同极柱连接，例如采用焊接方法连接。连接条应该有绝缘覆盖层。连接后，单体蓄电池不应该承受机械应力。

连接导体（连接条或连接电缆）同极柱连接处的温度，在正常工作条件下，不应该超过相应温度组别的温度值。

蓄电池组的充、放电连接环节应该是无火花型结构的或其他防爆型式的。

由3类电池组成的蓄电池组不允许在可燃性气体环境中充电。

9.6.2 试验

“nA”型蓄电池和蓄电池组的型式试验，除“n”型电气设备应该进行的试验外，还应该包括下列2项试验。

1. 绝缘电阻测定

蓄电池箱的绝缘电阻应该进行测定。

在测定时，试验人员应该将蓄电池箱上所有的通风孔和排液孔封堵起来，然后对箱内充满水，用500V级的兆欧表测量水与箱体金属之间的绝缘电阻。

测得的绝缘电阻不应该小于1MΩ。

2. 冲击试验

在进行冲击试验时，蓄电池组至少由4个单体蓄电池组成，而且按制造商的规定充足电。4个蓄电池应该排列成2×2的形式。

试验人员应该将这样的蓄电池组按正常工作状态固定在冲击试验台上。试验按照国家标准GB/T 2423.5《电工电子产品环境试验　第2部分：试验方法　试验Ea和导则：冲击》的规定进行，加速度（峰值）为5*g*。

冲击试验前，试验人员应该首先检查蓄电池的容量。

冲击试验应该在蓄电池组的垂直方向（向上）、正交的水平方向（相对4个方向）上各冲击（振动）3次。

冲击试验后，试验人员应该再次检查蓄电池的容量（恒流放电5h）。

经过冲击试验的蓄电池不应该发生破损和变形；电压无明显的变化；容量的减少不应该大于冲击试验前容量的5%。

9.7　“nA”无火花型电气单元（或组件）

“nA”无火花型电气单元（或组件），简称“nA”型电气单元，主要是指一些小型的无火花元器件和组件；它们有一些可以单独使用，有一些则需要和其他装置或设备组装在一起使用。

这样的“nA”型电气单元，除应该符合“n”型电气设备的通用要求外，还应该分别符合以下的专门规定。

9.7.1　“nA”型熔断器

大家知道，熔断器是由熔断体和支持件组成的。例如，通常情况下，熔断器是一种用内装石英砂和熔断体的高强度瓷管构成的器件，也有用内装熔断体的真空玻璃管构成这种器件的。熔断体就是通常所说的“熔丝”，而支持件则是一种底座和载熔体的组合体，也可以单独是底座或载熔体。

支持件的额定电流表征了配用的熔断体所允许的最大额定电流。熔断器的额定电流指的就是这个电流。在最大电流的限定下，熔断体的电流可以有多个。

由于用途和安装方式的不同，熔断器有着各种各样的结构形式，例如密封型熔断器、螺旋型熔断器等。

① 熔断器应该将熔断体牢固地安装在封闭式管座里或螺旋式管座里。

对于那些插拔式固定的熔断器，拔脱的拉力至少为15N；对于那些小型的插入式固定的熔断器，拔脱的拉力（以N为单位）至少为熔断器质量（以kg为单位）的100倍的力。

② 熔断器的温度组别应该以熔断器通过额定工作电流时它的外壳表面的温度来划分。

③ 当熔断器安装在设备外壳内时，熔断器和设备盖子应该设置互锁机构，保证在打开盖子时熔断器不带电，才允许更换熔断体，盖子不闭合不能够对熔断器通电。当然，人们也可以在设备外壳上设置一个警告牌："严禁在带电时更换熔断体！"。

④ 不管在任何情况下都不允许用裸露的熔丝作为"熔断器"来保护任何电路。

9.7.2 "nA"型仪器和小功率元器件

"nA"型仪器和小功率元器件主要是指一些使用在污染等级不大于2级环境中的电子设备和功率不大于20W的小功率设备（装置），例如测量装置、控制设备、通信设备等。

1. 防护等级

这类设备的外壳应该具有不低于国家标准GB 4208《外壳防护等级（IP代码）》中定义的IP54防护等级，或者安装在不低于这个防护等级的其他外壳中。

2. 爬电距离和电气间隙、间距

在这类设备中，假若额定电压不大于60V（交流有效值）或75V（直流），那么检验人员可以不考虑它的爬电距离和电气间隙（或间距）；假若额定电压超过60V（交流有效值）或75V（直流）直到275V（交流有效值或直流），那么设计人员应该按照表9.17中的要求决定它的爬电距离和电气间隙（或间距）。

表9.17 小功率设备的爬电距离和电气间隙、间距①、②

电压（交流有效值或直流）③/V	最小爬电距离④/mm			最小电气间隙或间距/mm		
	材料级别			在空气中	被敷形涂层密封时⑤	被浇封或在固体绝缘材料中⑥
	Ⅰ	Ⅱ	Ⅲ			
63	0.63	0.9	1.25	0.4	0.3	0.15
80	0.67	0.95	1.3	0.4	0.4	0.3
100	0.71	1	1.4	0.4	0.4	0.3
125	0.75	1.05	1.5	0.5	0.4	0.3
160	0.8	1.1	1.6	0.75	0.55	0.3
200	1	1.4	2	1	0.85	0.3
250	1.25	1.8	2.5	1.25	0.85	0.3

① 引自GB 3836.8《爆炸性气体环境用电气设备 第8部分："n"型电气设备》。

② 对于安装在干燥清洁的环境中的印制电路板，最小爬电距离可以减小到相应的间距数值。

③ 实际的工作电压可以超过表中规定值的10%。

④ 爬电距离是以2级污染为依据提出的。

⑤ 假若使用敷形涂层密封带电零件时，这种密封应该能够防止湿气浸入到导体上。敷形涂层应该牢固地附着在导体和绝缘材料上。当敷形涂层是采用喷涂的方法形成时，则喷涂应该分别进行两次；至于采用其他方法，例如，浸渍、刷涂、真空浸渍等方法形成涂层时，则涂敷只要求进行一次；假若在零部件焊接时不会损坏焊锡膏保护层，则焊锡膏保护层可以认为是两层涂层中的一层。

⑥ 完全浇封在浇封化合物中的最小深度为0.4mm；间距是通过固体绝缘材料，例如一层印制电路板的隔离间隔。

3. 保护装置

在这种设备中，设计人员应该设置一些保护装置，防止因外部或内部的某种原因对电源的额定电压发生瞬间的干扰。

如果发生干扰，则保护装置应该把它限制在额定电压的40%以下。例如，采用阻容吸收环节就可以阻止这种干扰。

假若保护装置设置在设备以外，设计人员应该在有关资料中向使用者予以说明。

9.7.3 “nA”型插接装置

“nA”型插接装置是由无火花插头和无火花插座组成的。它既可以用于设备外部电路的连接，也可以用于设备内部电路的连接。

1. 作为外部电路连接时

在插接装置中，插头和插座应该相互联锁。不管是采用机械方法或是采用电气方法，联锁应该保证在触点带电时插头和插座不能分断，在插头和插座分断时不能使触点带电。

当插接装置固定在设备上时，设计人员应该在插接装置或设备上设置一个固定机构，以防偶然的原因使插接装置分断，而且还应该设置一个警告牌：“严禁带电分断!”。

插接装置安装在设备上的固定部分（插头或插座），应该保持与设备安装处的防护等级相同。

假若插接装置的额定电流不大于10A，额定电压不大于250V（交流有效值）或60V（直流），而且又符合以下任一项要求，那么，这种装置可以不设置互相联锁。

① 插座为电源侧，分断后，插座用盖板予以保护。

② 插头与插座分断时有一个延时过程，以保证分断之前可以熄灭电弧。

③ 插头与插座在隔爆外壳内熄灭电弧。

④ 插头与插座分断后依然带电的触点由相应的防爆型式保护。

2. 作为内部电路连接时

在设备内部使用插接装置连接内部电路时，插接装置的插头和插座应该用机械锁紧结构固定起来，或者，分断力至少为15N。对于那些小的轻型元器件使用插头-插座连接时，分断力（以N为单位）至少为小元器件质量（以kg为单位）的100倍的力。

在设备内部，在正常运行时没有插头插入仅在维修时才插入的插座，可以被认为是无火花型的。但是，这样的插座必须设置一个保护盖板，在插头未插入时保护插座。

9.7.4 “nA”型电流互感器

大家知道，电流互感器是一种用来测量交流（高压或低压，50Hz或60Hz）电路主电路的电流、能量或控制其他电路的器件。通常情况下，被测主电路的电流很大，而互感器的二次输出电流规定为5A，在某些情况下，也有一些规定为1A。

在“nA”无火花型电气设备中使用的电流互感器应该符合普通工业标准的要求。

但是，互感器二次侧的连接必须牢固可靠。根据电磁理论可知，互感器是一个电感元件，一旦它的二次侧突然断开，断开点之间就会产生一个很高的电压。这是一个潜在的危险现象。设计人员应该在“nA”型电流互感器上设计一种保护装置，例如阻容吸收装置，以防止出现这种危险。

9.8 “nC”有火花型电气单元（或组件）

“nC”有火花型电气单元（或组件），简称“nC”型电气单元（或组件），主要是指一些小型的带有开关触点的或者在某些条件下有可能产生火花的元器件、装置；一般地讲，它们需要和其他装置或设备组装在一起使用。

这样的“nC”型电气单元（或组件），除应该符合“n”型电气设备的通用要求外，还应该分别符合以下专门规定。

9.8.1 “nC”型封闭断路器和非点燃元件

“nC”型封闭断路器是一种内装接通-断开电路的触头，当进入内部的可燃性气体发生爆炸时不会遭受损坏，也不会将爆炸传播到它的外部的断路装置；“nC”型非点燃元件是一种内部包含能够接通-断开特定电路的触点，触点机构的设计能够保证这种元件不会点燃特定的可燃性气体混合物的非点燃器件。

这样的防爆结构，实质上，对于封闭断路器来说，是一种用准隔爆外壳进行保护的单元（或组件），它的外壳没有严格的隔爆间隙的要求，用试验来验证它的防爆安全性能；对于非点燃元件来说，是一种用准本质安全型进行保护的器件，它的结构和参数有严格的限定，必须和相应的电路一起，用试验来验证它的防爆安全性能。

这种类型的单元（或组件），按照设计和试验要求，可以分为 3 个防爆级别：ⅡA 级、ⅡB 级和ⅡC 级。

1. 专用结构和特殊要求

“nC”型封闭断路器和非点燃元件的限定条件是：

① 封闭断路器，最大电压不得大于 690V（交流有效值或直流），最大电流不得大于 16A（交流有效值或直流）。

② 非点燃元件，最大电压不得大于 254V（交流有效值或直流），最大电流不得大于 16A（交流有效值或直流）。

这就是说，超过上述限定条件的电气单元或元器件都不允许制作成这种防爆型式。

对于“nC”型封闭断路器来说，它内部的净容积不应该大于 $20cm^3$；组成外壳的各零部件应该紧密地配合起来（设计人员可以参照隔爆外壳的相关信息），阻止外壳内的火焰通过各零部件之间的缝隙传到外壳外部。

当使用化合物浇封材料来制作这种外壳时，材料的连续运行温度至少应该比“nC”型封闭断路器在最严酷的额定运行条件下工作时所产生的温度高出 10K。

外壳应该具有一定的机械强度，至少在正常的组装和拆卸作业中不能够被损坏。

对于“nC”型非点燃元件来说，火花触点的形状和触点的排列能够抑制触点产生起始火花，从而可以防止点燃周围的可燃性气体混合物（设计人员可以参照本质安全型设备和电路的相关信息）。

非点燃元件仅仅适用于与试验这种元件的电路具有类似电气性能（例如，电压、电流、电感或电容）的电路中，或者，危险性更低的电路中。

此外，安装非点燃元件的设备还应该标志非点燃元件的相关参数：在试验条件下确定的电压、电流或功率，以及试验时连接的电阻值、电容值、电感值。

2. 试验

（1）“nC”型封闭断路器的点燃试验

在试验时，试验人员应该把用于密封外壳的或没有机械保护的弹性材料或热缩性材料全部或部分地拆除，并将被试样品的结构尺寸调整到图样上标注的最不利的尺寸；然后，将这样的试验样品放置在如下环境中：

① 对于ⅡA 级设备，常压下，(6.5±0.5)%的乙烯-空气混合物。

② 对于ⅡB 级设备，常压下，(27.5±1.5)%的氢气-空气混合物。

③ 对于ⅡC 级设备，常压下，(34±2)%氢气、(17±1)%氧气和剩余比例的氮气；或者，过压 50kPa 下，(27.5±1.5)%的氢气-空气混合物。

在整个试验过程中，试验人员应该将试验样品连接在额定电源上并使试验样品输出额定负载（包括电压、电流、频率和功率因数）。在反复操作被封闭的触点开关 10 次的情况下，不应该发生外部点燃。

应该注意的是，在每一次开关操作之后，试验人员都必须用新鲜空气冲洗试验样品，然后充入新的试验气体混合物，再进行下一次试验。

（2）"nC" 型非点燃元件的点燃试验

"nC" 型非点燃元件的点燃试验分两部分：预备试验和点燃试验。

1）预备试验

在进行预备试验时，试验人员应该首先拆除非点燃元件的外壳，或者在它的外壳上至少钻两个小孔，也可以对它的外壳抽真空，保证试验气体混合物充分接触非点燃元件的触点。

然后，在非点燃元件触点接通额定负荷的情况下，试验人员以每分钟 6 次的速率操作触点动作 6000 次。

在预备试验过程中，试验人员应该用压力检测装置随时监测外壳内的点燃情况。

2）点燃试验

预备试验后的试验样品放置在下列环境中：

① 对于ⅡA 级设备，常压下，(6.5±0.5)%的乙烯-空气混合物。

② 对于ⅡB 级设备，常压下，(27.5±1.5)%的氢气-空气混合物。

③ 对于ⅡC 级设备，常压下，(34±2)%氢气、(17±1)%氧气和剩余比例的氮气；或者，过压 50kPa 下，(27.5±1.5)%的氢气-空气混合物。

在试验时，触点在 100%的正常负荷下每一次充入新鲜试验气体混合物时反复通断 3 次，这算是一次试验。这样的试验应该进行 50 次，均不应该发生点燃。

9.8.2 "nC" 型密封或浇封组件（包括气密组件）

"nC" 型密封组件是一种在正常运行时不能开启，处于完全密封状态，防止外部大气进入其内的密封型器件；"nC" 型浇封组件是一种内部可以包含空腔，也可以不包含空腔，电气元器件全部被浇封在浇封化合物中，完全防止外部气体进入其内的浇封型器件；"nC" 型气密组件是一种用焊接，例如钎焊、铜焊、熔焊等方法制成的外壳，能够完全密封，防止外部大气进入其内的气密型器件。

这三种结构型式的组件，尽管采取的防爆结构措施不同，但是，同属于一种保护类型的组件，都是通过一个密闭（包括浇封化合物固化后形成的"外壳"）的外壳将外壳内部与外部隔离起来，使可能产生火花的触点或危险温度处于外壳内。

1. 专用结构和特殊要求

（1）密封组件

对于 "nC" 型密封组件，外壳应该用可靠的密封措施密封起来，例如，密封衬垫就可以实现这种密封。外壳的净容积不应该超过 $100cm^3$。在正常运行时，外壳的盖子不允许开启。假若需要连接外部电路，组件允许设置接线端子或预留导线（接线端子或导线与外壳壁之间应该保持相应的密封）。

当使用密封衬垫进行密封时，密封衬垫应该安装在不承受机械损害的位置，应该在组件使用寿命期间内保持所需的密封性能。

密封衬垫材料的连续工作温度应该至少比组件在最严酷的额定工作条件下所产生的温度高出10K；假若这种衬垫是用于照明灯具的，则至少高出20K。

(2) 浇封组件

对于“nC”型浇封组件，假若被浇封的是继电器或开关，则在浇封体内空腔的净容积不允许超过100cm^3；如果在浇封体内有两个或多个空腔时，则每个空腔之间的间隔壁厚至少为3mm。另外，浇封体空腔中的开关触点应该用金属外壳保护起来；如果浇封体空腔中的开关触点没有设置这种附加外壳，那么通过开关的每个触点的电流不应该超过6A。

浇封化合物材料的连续工作温度应该比组件在最严酷的额定工作条件下所产生的温度高出10K；假若这种浇封化合物是用于照明灯具的，则至少高出20K。

在“nC”型浇封组件中，内部部件与浇封化合物外部表面之间的厚度不应该小于3mm；当外部表面积小于2cm^{2}时，这个厚度可以不小于1mm。假若使用金属容器作为容纳浇封化合物外壳时，被浇封的元器件和导体与容器壁之间的浇封化合物厚度至少为1mm；假若使用最小壁厚为1mm的非金属容器作为容纳浇封化合物外壳时，被浇封的元器件和导体与容器壁之间的浇封化合物厚度不做特殊要求；假若非金属容器的壁厚小于1mm，则外壳壁厚和浇封化合物厚度总和不应该小于3mm。

(3) 气密组件

对于“nC”型气密组件，外壳应该使用金属材料制作，通过钎焊、熔焊、铜焊或玻璃-金属焊接来达到气密性能，防止外部气体进入外壳内。

(4) 机械强度

不管是“nC”型密封组件，还是“nC”型浇封组件、“nC”型气密组件，都应该具有一定机械强度，即在正常的操作和组装时不应该被损坏。

2. 试验

(1) 预备试验

“nC”型密封组件或浇封组件在进行正式试验之前应该进行预备试验。

在试验时，试验人员应该将试验样品放置在内部温度为下列任一温度值的恒温箱里7d。

① 当试验样品接于额定电压的情况下，比最高环境温度高出10K的温度。

② 当试验样品接于额定电压的情况下，比连续工作温度高出10K的温度，或者，当试验样品不接电的情况下，(80±2)℃，二者中较高的那个温度。

(2) 耐电压试验

“nC”型浇封组件（或气密组件）应该进行耐电压试验。

在试验时，试验人员应该将试验样品的各个接线端子连接在一起，在接线端子和组件外表面之间施加至少为下列数值的正弦电压1min：

试验电压为组件的最大峰值输出电压U_p或者（$2U+1000$）V二者之中较大的那个电压值。这里，U为组件的工作电压。

当组件的工作电压等于或小于42V时，试验电压应该为500V。

假若组件外壳是用塑料材料制成的，试验时，试验人员应该用金属箔将试验样品的外面包覆起来。试验电压施加在接线端子和金属箔之间。

在试验期间，不应该发生闪络或击穿；试验后，组件的浇封化合物或密封部件不应该发生损坏。

(3) 泄漏试验

“nC”型浇封组件和密封组件（或气密组件）应该进行下述的泄漏试验。

试验人员可以选用下列任一种方法进行这项试验。

1) 气泡法

试验装置为一个可以将内装的试验液体加热的容器。试验液体为自来水或无离子水。

在试验时，试验人员应该将试验样品预热到 (25 ± 2)℃，将试验液体加热到 (65 ± 2)℃。液体温度应该连续保持稳定。

当所要求的温度都达到规定值后，试验人员再将试验样品急速地潜入试验液体中 25mm 深的位置 1min，并观察试验样品上是否有气泡逸出。

试验时间内没有气泡从试验样品上逸出，便认为这个试验样品是“密封”的，符合要求。

2) 抽真空法

试验装置为一个内装试验液体并连接有真空泵的密闭容器。试验液体为自来水或无离子水。密闭容器不全充满试验液体，液体上面留有一定的空间。

在试验时，试验人员应该将试验样品潜入试验液体中 75mm 深的位置，并起动真空泵，使密闭容器外壳内试验液体上面空间的压力下降 16kPa。这个压力应该保持 2min。

在试验期间，试验样品不应该发生泄漏。

3) 流量法

在试验时，试验人员应该对试验样品充入试验气体，以保持它的内部与外部的压差为 1atm (101kPa)，并随时检测试验气体的泄漏流量。

在试验期间，试验气体的泄漏流量不应该大于 10^{-5}mL/s。

(4) 灯具用浇封组件的试验

对于无火花型照明灯具来说，外部电源进入灯具时的接线盒可以采用浇封组件。此时，这种浇封组件应该进行热循环试验。

在试验时，试验人员应该在室温条件下把试验样品接到额定电源上，并使其输出额定负荷，直至试验样品表面温度稳定（温度变化值不超过 2K/h 为温度稳定）；然后，慢慢地升高试验样品的环境温度直至比灯具标志的表面温度高出 10K，并保持这个温度达到稳定。

接着，试验人员解除试验样品的电源，让试验样品冷却到室温，然后，再继续把它的环境温度降低到 (-10 ± 2)℃，待温度再次出现稳定。

以上试验过程为 1 个循环。试验应该进行 3 个循环。

在热循环试验以后，试验人员应该马上对这些试验样品进行耐电压试验。

在耐电压试验期间，不应该出现闪烁和击穿。

(5) 灯具用密封组件的试验

对于无火花型照明灯具来说，外部电源进入灯具时的接线盒也可以采用密封组件。此时，这种密封组件应该根据所采用的密封方法进行下述的任一项预备试验和上述的泄漏试验。

1) 预备试验（一）

如果这种密封组件中包含有热固性材料制成的密封圈或浇封化合物，那么，试验人员应该将密封组件放置在 -10℃ 的低温环境中 1h，然后再把它放置在温度至少比它标志的最高表面温度高出 10K 的环境中 1h。

2) 预备试验（二）

如果这种密封组件中包含有热塑性材料或合成橡胶制成的衬垫或密封圈，那么，试验人员应该将被试密封组件放置在温度比它在最严重的额定运行条件下可能出现的温度高出 10K 的恒温箱中7d。

在预备试验结束后，试验人员应该马上对它进行泄漏试验。

9.9 “nL”限制能量型电气设备和“nA nL”自保护限制能量型电气设备

在“nL”限制能量型电气设备（简称“nL”型限能设备）和“nA nL”自保护限制能量型电气设备（简称“nA nL”型自保护限能设备）中，人们使用限制电路能量的保护原理，把电路所携带的能量限制到可以接受的程度，从而使得即使出现火花放电和过高温度也不能够点燃爆炸性气体-空气混合物。

这种“nL”型防爆型式的电气设备，实质上就是一种设备保护级别为“ic”级的本质安全型防爆电气设备（参见第6章）。

此外，在“nL”型限能设备中还有一种关联限能设备。所谓关联限能设备，就是在同一个设备中同时具有限能电路和非限能电路，而且在结构上保证非限能电路不对限能电路产生不利影响的设备。事实上，这种设备就是一种所谓的“安全栅”（Gc级）。关联限能设备又分为以下两种：

- “Ex［nL］”型关联限能设备：这种关联设备使用其他防爆型式或保护方法对关联限能电路进行进一步的保护，可以使用在相应的爆炸性危险场所中。例如，将关联限能设备放置在隔爆外壳中，就允许使用在爆炸性气体环境中。
- “［ExnL］”型关联限能设备：这种关联设备没有对关联限能电路采取任何其他进一步的保护措施，不能使用在爆炸性气体环境中。例如，这种关联限能设备，像本质安全型防爆型式中的安全栅一样，只能放置在非爆炸性危险场所中，但是它的输出端是安全的，可以连接在爆炸性危险场所中相应的设备上。

一般情况下，这种防爆型式的限能设备，按照设计和试验确定，可以分为三个防爆级别：ⅡA级、ⅡB级和ⅡC级。

1. 专用结构和特殊要求

（1）间距

在“nL”型限能设备和“nA nL”型自保护限能设备中，限能电路和非限能电路之间、各种不同的限能电路之间都应该有一定的间距，另外，限能电路的带电部件与接地的金属部件、绝缘的金属部件之间也要有适当的间距。这种间距不应该小于表9.4中所示数值。

（2）电气元器件

在限能电路中使用的电气元器件应该符合下列相应规定：

① 除变压器、熔断器、热脱扣器、继电器和开关外，限能电路中所使用的任何元器件，在正常运行工况下，都不应该在超过它的额定功率的2/3和大于它的额定电压、额定电流的条件下工作。在确定元器件的额定值时，设计人员应该充分考虑到限能设备的额定值、安装状态以及运行的环境温度等外部条件所造成的影响。

② 熔断器可以在限能电路中作为限能元件，用以保护其他的元器件。因此，熔断器应该能够连续地通过$1.7I_n$（I_n——熔断体的额定电流）的电流；它的电流-时间特性不应该超过被保护元器件的瞬态额定值。

熔断器的电气间隙、爬电距离和间距不必符合表9.4的规定值，但是它的额定电压必须是关联限能设备的最高输出电压（U_o），或者限能设备的最大输入电压（U_i）。

在关联设备内安装的熔断器应该能够分断 1500A 的电流，除非它设置辅助限流装置（参见第 6.3.3 节）。

③ 在限能设备内安装的并联安全元件，例如，二极管或限压装置，除非在设备正常运行时它们自身发生故障外，都应该牢固地安装在相应位置上，不允许在工作期间发生松动甚至断开。

④ 在设计和选择限能设备的电路元器件时，设计人员可以使用第 6 章图 6.21 和图 6.22 中所示的曲线，只是在选取数值时不用施加安全系数。这两组曲线仅仅适用于线性电路，至于非线性电路则应该通过试验来确定它的防爆安全性能。

(3) 防止极性反接

在限能设备的电路中，设计人员应该设置一个防止电源极性反接的结构环节。电源极性接反就会造成可以预计的故障。在限能设备电路的电源入口处接入一个二极管桥式电路就可以防止电源极性反接。

(4) 蓄电池

对于限能设备中使用的蓄电池，试验人员应该按照它的最大开路电压试验电路的火花点燃性能；按照它的标称电压测试设备的表面温度。

(5) 关联限能设备

对于关联限能设备，它应该具有可靠的措施，限制限能设备内的储能元件、关联限能设备限能电路的输出端和限能设备内正常的火花触点的电压和电流。例如，采用齐纳二极管（允许使用 1 只）和串联电阻器就可以限制电压和电流。

在评价和试验这种设备时，试验人员应该充分考虑到所用元器件的容差；当电源取自变压器时，应该考虑电源电压为 10% 的容差。

(6) 自保护限能设备

对于自保护限能设备，它是一种包含限能环节（电路）和关联限能环节（电路）的组合型设备；关联限能环节必须用其他的保护形式，例如，nA 型或 nC 型保护起来。

在评价和试验这种设备时，试验人员应该同时考虑这两部分。

(7) 插接装置

当限能设备或关联限能设备与外部电路的连接采用多个插接装置进行时，那么，这些插接装置的插头和插座应该在结构上采取措施保证不能够互换错插，并且还要明显地标志出极性。

2. 试验

“nL”型限能设备和“nA nL”型自保护限能设备的火花点燃评价与试验，应该参照国家标准 GB 3836.4《爆炸性环境 第 4 部分：由本质安全型“i”保护的设备》规定的方法进行。但是，在试验时，试验人员可以不考虑设备的故障条件和安全系数，只是对设备和电路的正常运行工况进行评价和试验。

另外需要指出的是，当限能设备和关联限能设备相互连接在一起，并满足以下任何一个条件时，它们可以不作为一个系统进行评价和试验：

① 当最大电压或最大电流不受限能设备制约时，即

$$U_i \geqslant U_o;\ I_i \geqslant I_o;\ C_o \geqslant C_i + C_c;\ L_o \geqslant L_i + L_c$$

式中 U_i——最高输入电压（V）；

U_o——最高输出电压（V）；

I_i——最大输入电流（A）；

I_o——最大输出电流（A）；

C_o——最大外部电容（F）；

C_i——最大内部电容（F）；

C_c——外接电缆的电缆电容；

L_o——最大外部电感（H）；

L_i——最大内部电感（H）；

L_c——外接电缆的电缆电感。

② 当最大电流受限能设备制约（限能设备的 I_i 不必大于关联限能设备的 I_o）时，即

$$U_i \geqslant U_o;\ C_o \geqslant C_i + C_c;\ L_o \geqslant L_i + L_c$$

③ 当最大电压受限能设备制约（限能设备的 U_i 不必大于关联限能设备的 U_o）时，即

$$I_i \geqslant I_o;\ C_o \geqslant C_i + C_c;\ L_o \geqslant L_i + L_c$$

④ 当最大电流和最大电压受限能设备制约（限能设备的 I_i 和 U_i 都不必大于关联限能设备的 I_o 和 U_o）时，即

$$C_o \geqslant C_i + C_c;\ L_o \geqslant L_i + L_c$$

9.10 “nR”限制呼吸型电气设备

“nR”限制呼吸型电气设备，简称“nR”型电气设备，是一种用特殊制作的密封式外壳来防止它内部可能产生的电气火花和危险温度接触可燃性气体的设备。

这种密封式外壳称为“nR”型限制呼吸外壳，它能够阻止周围的可燃性气体进入它的内部，外壳内的电气元器件也就不会接触到可燃性气体。所以，具有这种外壳的电气设备就不可能成为周围的可燃性气体混合物的点燃源。

这种保护类型只适用于长时工作制的设备，因为长时工作制的设备起动-停止的次数少一些，所以，外壳内、外部温差引起的“呼吸”作用也会小一些，可燃性气体渗入外壳内的量就会少一些。

1. 专用结构和特殊要求

“nR”型限制呼吸外壳可以使用具有一定机械强度的任何材料制成，例如金属材料、塑料材料；它们应该具有很好的密封性能。

当“nR”型限制呼吸外壳各零件之间是用安装弹性密封垫进行密封或涂覆浇封化合物进行密封的时候，密封垫不应该遭受机械损伤，在设备的预期使用寿命期间仍能保持良好的密封性能；浇封化合物的连续运行温度应该至少比设备在严酷的额定运行条件下产生的温度高出10K。

假若在具有这种外壳的电气设备内安装火花触点，那么，人们不应该仅仅单一地靠这种外壳来防止发生点燃，也就是说，还应该采取一些其他的保护措施，例如，火花触点采用非点燃元件。

另外，在设计“nR”型电气设备时，设计人员还应该限制火花触点的功率，因为火花触点在接通-断开时释放出的能量会引起设备内部空气温度升高。通常认为，内部的平均温度不应该高于外部环境温度10K；若断电后内部温度下降速率不大于10K/h，则平均温度可以高出外部环境温度20K。因为外壳内、外部的温差太大或变化速率太快，就会加速外壳的“呼吸”作用，导致外部可燃性气体进入外壳内。

当“nR”型电气设备内不含有火花触点时，设计人员可以不考虑它内部的温度，仅仅限制外壳外部的温度不超过相应温度组别的温度值就可以了。

这样的电气设备在安装或维修后都必须进行密封性能试验。因而，它应该设置一些所谓的“测试接口”。测试接口供人们在安装和维修后进行密封性能检查。当然，这样的测试接口在不

用时也必须具有密封作用。

这里还应该指出的是，当“nR”型电气设备内包含大容量的电容器和大功率的发热元件时，设备在爆炸性危险场所的开启时间应该受到限制（参见第2章相关内容）。

2. 试验

“nR”型电气设备，除“n”型电气设备应该承受的试验外，还应该进行以下试验。

（1）预备试验

当“nR”型限制呼吸外壳是用安装弹性密封垫或涂覆浇封化合物进行密封时，这样的设备应该放置在比设备严酷的额定运行工况下所产生的温度高出10K的温度或（80±2）℃（取二者之中较大值）的恒温箱中7d。

预备试验后的设备应该根据不同情况进行以下试验。

（2）出厂检验

“nR”型电气设备应该逐台进行出厂检验。

1）压力试验

在试验时，试验人员应该在恒温状态下对试验样品抽真空，使其内部压力低于大气压力0.3kPa；然后，关闭真空泵，使内部压力逐渐升至低于大气压力0.15 kPa。这期间的时间不应该小于80s。

这里需要指出的是，设备在安装和维修后必须进行密封试验。

2）体积变化检验

假若“nR”型电气设备由于压力的作用而引起外壳体积发生变化时，这种外壳应该进行这项试验。

在试验时，试验人员应该对被试外壳通入压缩空气，保持外壳内部压力为400Pa。此时，维持这个压力的通气流量不应该大于0.125V/h。式中，V为被试外壳的净容积，单位为L。

（3）型式试验

“nR”型电气设备的型式试验应该在预备试验之后进行。

1）温度测试

在试验时，试验人员应该在比设备在严酷的额定运行工况下所产生的温度高出10K的温度或（80±2）℃的温度（取二者之中较大值）的恒温条件下，使设备处于额定运行工况下运行。设备中包含的开关触点的“开”、“关”次数应该为预期开关次数的2倍值。待温度稳定（变化率不大于2K/h）后，记录的温度值即为考核依据。

接着，在断电的情况下，检测设备内温度的下降速率。

2）可燃性气体检测

在试验时，试验人员应该在试验室环境条件下将被试设备放置在可燃性气体-空气混合物（浓度在爆炸极限范围内的低浓度侧）中，按照“温度测试”的方法进行试验。

试验结束时，在“nR”型电气设备中不应该检测到试验气体的存在。

3）压力试验

在试验时，试验人员应该在上述的恒温条件下对试验样品抽真空，使其内部压力低于大气压力3kPa；然后，关闭真空泵，使内部压力逐渐升至低于大气压力1.5kPa。这期间的时间不应该小于3min。

第10章 复合防爆型和组合防爆型电气设备

10.1 复合防爆型电气设备

10.1.1 概述

在前面的相关章节中，我们主要讨论了由一种防爆型式构成的防爆电气设备。然而，在实际应用中，人们有时却需要使用几种防爆型式来组成一种防爆电气设备。

由几种相适应的防爆型式构成的一种防爆电气设备，被称为复合防爆型电气设备。

有一些特殊的电气设备，由于它的结构比较复杂，常常使用一种防爆型式不能够满足防爆安全性能的要求，而且，在制作工艺上也较难实现，所以，人们就采用几种相适应的防爆型式来制作这种防爆电气设备。

复合防爆型电气设备是指在这种电气设备上采用几种防爆型式复合在一起而构成复合型防爆型式的电气设备。这样的“复合”形式是多种多样的。所以，按照复合的形式，这种复合可以分为包容性复合和非包容性复合。

所谓包容性复合，就是一种防爆型式将另一种防爆型式完全涵盖起来，每一种防爆型式各自独立地保证各自的防爆安全性能。在这种复合中，几种不同的防爆型式在逻辑关系上是一种“或”的关系，当一种防爆型式失效后另一种防爆型式仍然起作用。因而，这种复合的故障概率就降低到 10^{-mn}（10^{-n}——故障概率，而且，假定所采用的防爆型式的故障概率是一样的；m——采用的防爆型式的数量）。

所谓非包容性复合，就是一种防爆型式与另一种防爆型式相互之间没有影响，各自独立地保证各自的防爆安全性能。在这种复合中，几种不同的防爆型式在逻辑关系上是一种“与”的关系，当任一种防爆型式失效后设备便失去防爆安全性能。因而，这种复合的故障概率没有降低。

在复合防爆型电气设备中所采用的防爆型式应该是相互适应的，就是说这些防爆型式的设备保护级别是等当的。尤其是在非包容性复合中，若采用不同设备保护级别的防爆型式进行复合时，复合后的设备保护级别就由低一级的设备保护级别来确定。这一点应该引起人们的注意。

由非包容性复合构成的复合防爆型电气设备，在实际应用中已有多种，而且结构相对比较简单，例如，设备主体为隔爆型而接线盒为增安型的复合型设备，这里不再做更多的讨论。

还需指出的是，不管是包容性复合还是非包容性复合，在这种复合中，所有防爆型式都必须符合各自防爆型式的专门规定和要求。

下面主要讨论一下由包容性复合构成的使用于0区的复合防爆型电气设备，即设备保护级别为Ga级的复合防爆型电气设备。

10.1.2 0区用复合防爆型电气设备

1. 包容性复合的原则

当采用包容性复合来构成0区用复合防爆型电气设备（Ga级）时，设计人员应该遵守下面的包容性复合原则：

① 由两种适用于1区的防爆型式（Gb级）进行包容性复合。此时，当一种防爆型式失效后

第二种防爆型式仍然保持防爆安全性能。

② 由两种外壳进行包容性复合时一种外壳应该将另一种外壳完全包围起来。

③ 两种防爆型式都具有同样的参数，在包容性复合中应该采用最严格的那个数值。

④ 由两种防爆型式进行包容性复合时应该用具有最严格故障条件的那种防爆型式进行故障评定。

⑤ 在包容性复合中应该单独地对每一个防爆型式进行试验。

当复合防爆型电气设备符合上述的所有包容性复合原则时，它便可以和“ia”级本质安全型设备、“ma”级浇封型设备一样，适用于0区安装和运行。

2. 由包容性复合构成0区用电气设备（Ga级）的示例

当用包容性复合原则来构成0区用防爆电气设备时，并不是说所有的防爆型式都可以任意地复合在一起，而仅仅是那些适于复合的防爆型式才可以按顺序复合在一起。下面介绍几种较好的复合形式。

（1）隔爆外壳式复合

隔爆外壳式复合是这样一种复合形式，就是在这种复合中另外的一种或两种防爆型式完全放置在隔爆外壳中，当这些防爆型式失效时，隔爆外壳仍然能够保持设备的防爆安全性能。

这样的复合形式有：

①“d”隔爆外壳（Gb级）+“ib”级本质安全型（Gb级）。此时，“ib”级本质安全型设备、电路应该完全放置在隔爆外壳内。

②“d”隔爆外壳（Gb级）+“e”增安型（Gb级）+“ib”级本质安全型（Gb级）。这种复合仅限于具有“e”型玻璃灯泡、“ib”级本质安全型开关的灯具放置在隔爆外壳内的情况。在这种复合中，“e”增安型和“ib”级本质安全型二者是非包容性复合；它们与“d”隔爆外壳是包容性复合。

③“d”隔爆外壳（Gb级）+“mb”级浇封型（Gb级）。在这种复合中，“mb”级浇封型设备或电路完全被浇封在或放置在“d”隔爆外壳中。

（2）正压外壳式复合

正压外壳式复合，即“pb”级正压外壳（Gb级）+“e”增安型（Gb级），是一种将“e”增安型设备完全放置在“pb”级正压外壳内的复合形式。在这种复合中，当“e”增安型失效时，“pb”级正压外壳仍然能够可靠地进行保护。

（3）浇封式复合

浇封式复合，即“mb”级浇封型（Gb级）+“ib”级本质安全型（Gb级），是一种将“ib”级本质安全型设备、电路按照“mb”级浇封型的要求浇封起来的复合形式。在这种复合中，当“ib”本质安全型失效时，“mb”级浇封型仍然能够可靠地进行保护。

（4）充砂式复合

充砂式复合，即“q”充砂型（Gb级）+“ib”级本质安全型（Gb级），是一种将“ib”级本质安全型设备、电路按照“q”充砂型的要求进行保护的复合形式。在这种复合中，当“ib”本质安全型失效时，“q”充砂型仍然能够可靠地进行保护。

除上述的包容性复合形式外，有一些防爆型式不适宜进行这种复合，例如，“d”隔爆外壳+“q”充砂型，两种防爆型式都与熄灭火焰传播的通道有关；有一些防爆型式不允许进行这种复合，例如，“o”油浸型+“q”充砂型，两种防爆型式是相互渗透的。

10.1.3 检查与试验的一般原则

复合防爆型电气设备，不管是包容性复合还是非包容性复合，不管是适用于0区的设备还是适用于其他危险区域的设备，在检查和试验时，都应该分别单独地承受相应的防爆型式必须进行的检查和试验。

这就是复合防爆型电气设备检查与试验的原则要求。

10.2 组合防爆型电气设备

10.2.1 概述

在爆炸性气体环境中使用着大量的各种各样的防爆电气设备，有简单的单一型设备，也有复杂的组合型设备；所谓“单一”，是指这种设备为完成某一功能所需的执行机构单一，所谓“组合”，是指这种设备为完成某一功能所需的执行机构多，几种机构配合在一起才能完成。于是，为了实现这些电气设备的防爆安全性能，人们在采用防爆技术时对单一型设备要简单一些（一种防爆型式），而对于组合型设备要复杂一些（几种防爆型式），也就有所谓的“单一防爆型”和“组合防爆型”。

随着现代工业技术的日益复杂和现代化水平的迅速提高，在爆炸性气体环境中使用复杂的组合防爆型电气设备（装置）的品种和数量也日益增多。例如，防爆型工业运输设备、防爆型除湿装置、防爆型起重设备、防爆型空气调节机等组合防爆型电气设备已经大量地运行在爆炸性危险场所中。

为了确保这样的组合防爆型电气设备的防爆安全性能，正确和合理地设计组合防爆型电气设备是至关重要的。

根据多年来设计和制造组合防爆型电气设备的经验，我们把“组合防爆型电气设备（装置）”定义为：

这是一种具有某一防爆安全水平、由同一种防爆型式或不同种防爆型式的防爆电气单元组装在一起，完成某种功能的防爆电气设备（装置）。

从这个定义可以看出，组合防爆型电气设备的防爆安全性能主要是由各个防爆电气单元以及组装后各部件的电气和机械的连接、外壳防护等安全措施来保证的。因而，这种类型电气设备防爆结构的设计和制作，与简单的单一型防爆电气设备（例如，隔爆型电动机、增安型荧光灯等）防爆结构的设计和制作相比，一定存在着诸多的不同之处。

这里就这种类型电气设备的一般设计和制造原则予以讨论。

10.2.2 组合防爆型电气设备设计与制作的一般原则

1. 设计的一般原则

为了保证组合防爆型电气设备在爆炸性危险场所中运行时不能成为可燃性气体-空气混合物的点燃源，组合防爆型电气设备的安全性能必须适应于爆炸性危险场所中可燃性气体-空气混合物的“危险性能”。因而，设计的第一要务就是确定它的防爆安全水平，然后，设计人员就可以根据这种防爆安全水平在技术上提出相应的安全措施和安全要求，来实现组合防爆型电气设备的综合防爆安全性能。

（1）防爆安全水平和防爆标志

1）防爆安全水平

在组合防爆型电气设备中，我们提出了“防爆安全水平”这一概念，是为了把组装在这种设备上的各个防爆电气单元以及采用的相关安全技术措施和安全要求统一到一个水平上。

所谓防爆安全水平，这里主要是指防爆电气设备（装置）所具有的适应爆炸性危险场所的区域和这种区域中存在的可燃性气体的防爆级别、温度组别的综合保护水平。例如，某种组合防爆型电气设备预期使用在1区，而且，1区中存在ⅡB级、T4组可燃性气体，因而，这种设备上组装的防爆电气单元应该具有Gb级（或Ga级）设备保护级别、ⅡB级（或ⅡC级）防爆级别、T4组（或T5组、T6组）温度组别。

在组合防爆型电气设备设计时，设计人员可以根据所要设计的设备即将运行的工业现场的具体情况进行分析，以确定可以采用的最低防爆安全水平。

在确定防爆安全水平时，设计人员首先应该考虑的是设备的安全性能，其次还应该考虑到设备的技术最优化方案。因为防爆安全水平一旦确定之后，一些安全技术措施和技术手段也就被确定了。

2）防爆标志

当防爆安全水平确定以后，人们就可以确定这种组合防爆型电气设备的防爆标志了。组合防爆型电气设备的防爆标志应该包括设备上安装的所有防爆电气单元的防爆型式符号。具体组成方法参见第2章。

除此之外，每一个防爆电气单元都应该单独地标志自己的防爆标志。

（2）防爆电气单元的选择

根据防爆安全水平选择防爆电气单元，是这种组合防爆型电气设备防爆安全性能设计的一个基本原则。

1）根据危险区域选择防爆电气单元的设备保护级别和防爆型式

国家标准GB 3836.15《爆炸性气体环境用电气设备　第15部分：危险场所电气安装（煤矿除外）》指出，适用于0区的设备为具有Ga级设备保护级别的某些防爆型式的设备，例如，ia级本质安全型，“ma”级浇封型；适用于1区的设备为具有Gb级设备保护级别的某些防爆型式的设备，例如，除“n”型防爆型式以外的其他所有防爆型式的设备；适用于2区的设备为具有Gc级设备保护级别的某些防爆型式的设备，例如，“n”型和用于0区、1区的防爆型式。

另外，符合国家标准GB 3836.20《爆炸性环境　第20部分：设备保护级别（EPL）为Ga级的设备》要求的包容性复合型电气设备（参见第10.1节），也适用于0区，当然也可以使用在1区和2区。

这些就是选择组合防爆型电气设备中使用的防爆电气单元防爆型式的基本原则。

2）根据温度组别和（或）防爆级别选择防爆电气单元

在防爆型式确定以后，设计人员就应该根据防爆安全水平来确定所选用的防爆电气单元的温度组别和防爆级别。

在第2章中，已经比较详细地介绍了防爆电气设备的温度组别（T1组、T2组、T3组、T4组、T5组和T6组）和防爆级别（ⅡA级、ⅡB级和ⅡC级）。设计人员在选择温度组别和（或）防爆级别时应该遵循的基本原则是：

① 温度组别，按照T1组、T2组、T3组、T4组、T5组、T6组顺序，后者可以替代前者。

② 防爆级别，按照ⅡA级、ⅡB级、ⅡC级顺序，后者可以替代前者。

根据上述的选择原则，举例说明如下：

假若组合防爆型电气设备是设计用于存在乙烯的爆炸性危险场所1区中的装置，那么，设计人员查找资料后得知，乙烯的温度组别为T2组，防爆级别为ⅡB级，于是就可以确定，在这个装置上允许使用的电气单元可以是防爆标志为“Exd ⅡBT4 Gb ”的隔爆型电气单元，或者，防爆标志为“ExdⅡCT5 Gb ”的隔爆型电气单元，或者，防爆标志为“Exib ⅡBT6 Gb（Ga)”的本质安全型电气单元，等等。因为隔爆型（Gb级）和本质安全型（Gb级或Ga级）允许适用于1

区，而且，这种选择也符合“后者替代前者”的原则。

3）防爆合格证

除按照防爆安全水平选择防爆电气单元外，还有一点也是十分重要的。那就是，所选用的防爆电气单元必须是经过国家指定的防爆电气产品检验机构检测合格，并取得“防爆合格证”的产品。防爆合格证代表着那个被检验的产品已经具有防爆安全性能。

未取得防爆合格证的产品，尽管它的性能指标符合要求，设计人员也是万万不可以选用的。

(3) 设备外壳（外罩）的设计

组合防爆型电气设备，通常情况下，应该配置一个适当防护等级（IP 防护）的外壳。外壳的防护作用对于防爆电气设备来说往往是非常重要的。它能够防止固体异物和粉尘、水和潮气进入设备内导致电气绝缘破坏，甚至发生短路故障。

组合防爆型电气设备的外壳，可以用金属材料制作，也可以用塑料材料制作。当使用塑料材料制作时，设计人员应该考虑材料的抗静电性能（参见第 2 章）。

除此之外，设计人员在设计组合防爆型电气设备时还应该考虑到，隔爆型电气单元在组合防爆型电气设备上安装时应该与它周围的结构物保持足够的距离：这个距离，对于ⅡA级设备，至少为 10mm；对于ⅡB 级设备，至少为 30mm；对于ⅡC 级设备，至少为 40mm。

(4) 接地和电位平衡的要求

对于电气设备来说，接地，主要是为了防止当电气绝缘被破坏时设备外壳带电而伤害人体或继发其他后续事故，所以称为“保护性接地”。对于防爆电气设备来说，保护性接地还可以防止由于外壳带电可能引起的点燃危险。

不管在何种供电系统中，裸露的金属部件都必须可靠地接地（连接到接地系统中）。例如，在 TN-S 系统中，这种“保护性接地”是通过导线（PE）把电源的接地点和用电设备的外露金属部件直接连接起来；在 IT、TT 系统中，设备的外露金属部件直接同大地连接起来。

在组合防爆型电气设备中，防爆电气单元假若同安装的结构件保持“金属”接触，则可以不必单独设置外接地连接。但是，所有的防爆电气单元的内接地系统必须连接完整。

电位平衡也是十分重要的，在组合防爆型电气设备中，所有的金属部件都必须处于同一电位上。要求电位平衡的道理很简单，那就是消除因电位不平衡造成的电位差可能引起的点燃危险。

2. 制作的一般原则

组合防爆型电气设备的制作和安装，是保证实现防爆安全性能的重要一环。制作人员应该按照经过防爆电气产品检验机构审查合格的施工图样进行施工。

(1) 一般要求

在制作和安装时，人们应该按照图样标志的防爆安全水平检查：

① 所选用的防爆电气单元是否经防爆电气产品检验机构检验合格，是否具有防爆合格证及其编号，是否与整体的防爆安全水平相适应。

② 所选用的防爆电气单元是否完整，不得有缺陷。例如，在选用隔爆型电气单元时，隔爆外壳不得有裂纹及损坏，紧固件成套、齐全。

(2) 防爆电气单元的安装

在组合防爆型电气设备组装时，制作人员应该注意：

① 认真清理防爆电气单元的外部表面，如有油漆损坏，应予以涂敷完好；认真清理防爆电气单元的内部空腔，内部不得有杂物；对于隔爆型电气单元，还应该清理隔爆接合面，隔爆接合面上不得有油漆和固体异物，清理后涂敷防锈油脂，例如 204-1 型防锈油。

② 按照设计要求，防爆电气单元在相应的安装位置上应该固定牢固，紧固件必须有防松

措施。

③ 当防爆电气单元通过自身与设备主体金属结构件保持“金属”接触来实现接地时，应认真清理安装的相应部位，使其具有“金属”表面；当设备主体各个金属结构件之间或金属结构件与电气单元之间不可避免地被绝缘材料隔离时，应该用导体将它们桥接起来，以保持电位平衡。

(3) 电线电缆的选择和安装

在组合防爆型电气设备安装时，电线电缆的选择与安装十分重要，因为在设计时电线电缆的敷设很难定位，往往需要制作人员根据施工现场来确定。这里提出以下注意事项。

1) 电线电缆的选择

电线电缆的选择应该符合国家标准 GB 3836.15《爆炸性气体环境用电气设备　第 15 部分：危险场所电气安装（煤矿除外）》的规定。在组合防爆型电气设备中，除使用电缆外，制作人员还可以使用无护套的绝缘电线来进行各个防爆电气单元之间的电气连接。

2) 电线电缆的引入

电线电缆应该通过电缆引入装置进入防爆电气单元内部。当电缆经过密封圈式电缆引入装置时，电缆的外径应该与电缆引入装置中密封圈的内径很好地匹配。这种匹配在设计合理的情况下很容易实现，然而，有时则需要制作人员认真选择密封圈的同心圆才能达到这种匹配。

在安装时，制作人员还应该注意不要将垫圈卡在连通节的退刀槽中。“垫圈卡在退刀槽中”往往不被人注意，然而却潜在着很大的危险性。

对于隔爆型电气单元来说，这一点十分重要。这种匹配直接影响着此处的隔爆安全性能。

当采用浇封式电缆引入装置时，制作人员应该在引入装置中直接浇封电线或电缆的芯线。

3) 接线

在接线时，电缆（电线）芯线应该通过下列方式连接：

① 芯线压接“O”形接线头后套在接线柱上用螺母压紧，不得使用“U”形接线头。

② 芯线盘圈搪锡后套在接线柱上用螺母压紧，不得直接用螺钉压紧芯线。

③ 芯线盘圈后通过弓形垫圈套在接线柱上用螺母压紧。

不管采用哪种接线方式，都必须有防松措施。

还应该指出的是，在接线时，制作人员应该注意调整好爬电距离和电气间隙符合施工图样的要求。

4) 电线电缆的敷设

电线电缆的敷设应该避开热表面和运动部件，而且捆扎固定牢固。在相连的防爆电气单元之间，电线电缆不得有中间接头，当不可避免时，接头应该在符合相应防爆型式的接线盒内进行连接。

5) 本质安全电路的配线

本质安全电路的配线应该符合国家标准 GB 3836.15《爆炸性气体环境用电气设备　第 15 部分：危险场所电气安装（煤矿除外）》的相应要求。

10.2.3　检查与试验的一般原则

对于组合防爆型电气设备来说，制作和安装是保证它具有防爆安全性能的重要环节。因此，检验人员应该认真地进行检查和试验。

1. 机械/电气检查

机械/电气检查，既是型式检验也是出厂检验，检验人员应该根据组合防爆型电气设备的具体情况检验下列内容中的全部或几项：

① 防爆安全水平；防爆合格证；警示标志；机械连接，电气连接；接地状态，电位平衡；电缆电线防护，等等。

② 绝缘电阻；介电强度。

2. 综合试验

综合试验是指组合防爆型电气设备组装完成以后应该进行的试验。这种试验包括：

① 温度检测；检测应该按照防爆电气设备的通用试验方法（参见第 2 章）或专业试验方法进行，但是，检测的结果不得超过组合防爆型电气设备温度组别的温度和（或）极限温度。

② 其他与防爆安全性能有关的试验。

10.3 组合防爆型电气设备：防爆型工业车辆

10.3.1 概述

防爆型工业车辆是一种典型的组合防爆型电气设备。防爆型工业车辆，按驱动动力分类，分为蓄电池式防爆型车辆和内燃机式防爆型车辆；按使用功能分类，分为平衡重式防爆型叉车和平板式防爆型搬运车等。

对于蓄电池式车辆，动力驱动装置是直流电动机，由蓄电池组供电，它是一个小型的有限电气网络，不仅有独立的电源，而且使用着多种用电器，例如电动机、控制开关、信号指示灯和照明灯具等；对于内燃机式车辆，动力驱动装置是往复式内燃机，另外还设置一个小型蓄电池组和有关控制单元。不管是蓄电池式车辆还是内燃机式车辆，但凡制作成防爆型工业车辆，人们都必须对它的组成部件采取适当的防爆技术措施。

根据爆炸性危险场所的分区和工业现场的情况，防爆型工业车辆应该具有适应于爆炸性危险场所中的 1 区、2 区和这些区域中存在的ⅡA 级、ⅡB 级和ⅡC 级、T1 ~ T6 组可燃性气体的综合保护水平（防爆安全水平），应该具有 Gb 级的设备保护级别。

因而，这种防爆型式的工业车辆可以运行于爆炸性危险场所中的 1 区和 2 区，作为短途运输工具。

10.3.2 防爆结构和安全要求

按照防爆型工业车辆的防爆安全水平，我们将采取和提出相应的安全措施和安全要求，确保这种工业车辆在爆炸性危险场所中运行时不会成为可燃性气体的点燃源。

1. 动力驱动装置

对于蓄电池式防爆车辆，动力驱动装置是隔爆型直流电动机。隔爆型直流电动机应该符合国家标准 GB 3836.2《爆炸性环境 第 2 部分：由隔爆外壳“d”保护的设备》的相应要求。

对于内燃机式防爆车辆，动力驱动装置是防爆型往复式内燃机。防爆型往复式内燃机应该符合国家标准 GB 20800.1《爆炸性环境用往复式内燃机防爆技术通则 第 1 部分：可燃性气体和蒸汽环境用Ⅱ类内燃机》的相应要求。

2. 电气单元

在防爆型工业车辆上采用的防爆电气单元，可以是除“n”型防爆型式（Gc 级）以外的其他所有防爆型式的电气设备（Ga 级和 Gb 级），例如本质安全型“i”、隔爆型“d”、增安型“e”和浇封型“m”。

在这种车辆上使用的电源是一种允许运行于爆炸性危险场所中 1 区的特殊型防爆蓄电池组

（参见第 8 章）。

3. 电缆及安装

在防爆型工业车辆上，设计人员应该采用绝缘铜芯软电缆。电缆的载流量应该保证，在通过车辆上相关电气设备的额定电流时产生的温度不能高于温度组别的温度值或绝缘材料的允许温度值。电缆应该能够承受至少 500V（工频）试验电压的耐电压试验。

电缆在车辆上的安装应该避开高温部件和运动部件，应该牢固可靠，不得在车辆运行过程中发生松动和摆动。

4. 保护装置

对于蓄电池式防爆型车辆，设计人员应该在电气回路中设置过电流保护环节，防止过大的电流对蓄电池组造成损坏，并引起不允许的危险温度。

通常情况下，过电流保护装置的整定值应该能有效地切断车辆在标准设计载荷状态下在设计坡道上起动时起动电流的 1.1 倍值。使用熔断器作为过载保护不被认为是这里所说的过电流保护。

对于内燃机式防爆型车辆，设计人员在往复式内燃机保护系统中设置自动报警装置和自动停机装置，防止在车辆运行过程中内燃机出现异常状态和不允许的危险温度。

至于电气保护，通常采用熔断器（防爆型）保护即可。

5. 电气绝缘

在防爆型工业车辆上，所有的防爆电气单元及电气连接都必须同车体的金属构件保持良好的绝缘，即使是本质安全型电路也不允许与车体连接。

操作人员应该定期地检查车辆的绝缘电阻。在正常的运行环境条件下，这个电阻值不应该小于 0.5MΩ。

6. 传动/制动系统

在防爆型工业车辆上，传动/制动系统中所有的部件都应该运转灵活，润滑良好。

① 在传动系统中，离合器应该符合下列任一种要求：

• 液压离合器、变矩器、静压传动和油冷却离合器应该符合温度组别的规定。

• 机械离合器应该符合温度组别的规定，还应该防止在正常运行时摩擦和碰撞产生机械火花。

• 摩擦离合器应该放置在润滑液中，或者，用隔爆外壳保护起来。

② 在制动系统中，制动器应该符合下列任一种要求：

• 制动器应该放置在润滑液中，或者，用隔爆外壳保护起来。

• 制动器应该使用非金属材料和铸铁，或者，非金属材料和与铸铁具有同等摩擦性能的材料来制作摩擦副。

这里需要指出的是，非金属化合物中包含的金属含量不应该超过 40%。金属颗粒或细丝的尺寸特征值不应该超过 500μm。

当制动器的表面温度可能会超过温度组别的温度值时，设计人员应该配置温度监控装置。温度监控装置在检测到温度低于温度组别温度值 10K 时就应该动作，停止车辆继续运行。

液压系统的温度不应该超过相应温度组别的温度值。

7. 静电

在防爆型工业车辆上，通常情况下可能产生并积累静电电荷的部件有轮胎、塑料材料制作的座椅和方向机的转盘，以及用塑料或橡胶材料制作的其他辅助部件。

试验研究指出，普通型工业车辆在砂石路面上以额定速度运行时，会在它的轮胎上产生

2.7kV 的静电电压，而且这种静电电荷是负极性的。实验表明，轮胎上静电电荷的分布是不均匀的，如图 10.1 所示。

为了防止静电电荷的产生和积累，设计人员必须在防爆型工业车辆上采用一些防静电措施。

(1) 轮胎

轮胎应该是抗静电型轮胎。在制造轮胎的橡胶材料中添加适当的导电剂，就可以达到抗静电的效果。

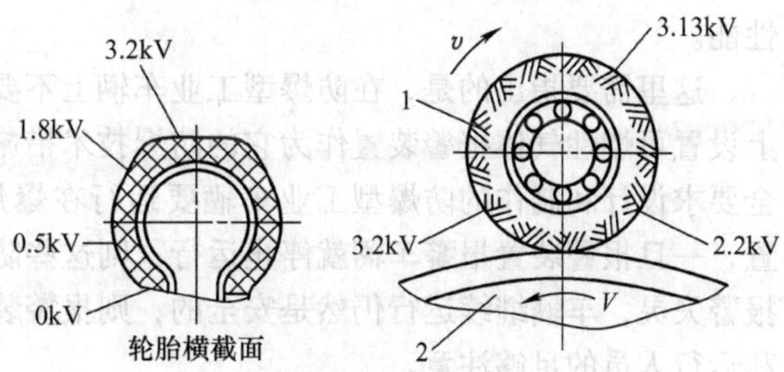

图 10.1 轮胎上静电电荷的分布

1—被试轮胎 2—试验机

V，v—试验机和轮胎的转动方向

制造抗静电轮胎的材料在规定的测试条件下（参见第 2 章）测得的表面电阻不应该超过 10^9 Ω（相对湿度为 50%）或者 10^{11} Ω（相对湿度为 30%）。

对于额定运行速度不超过 6km/h 的车辆，检验人员可以不要求轮胎的表面电阻值。

(2) 塑料材料或（和）橡胶材料

在防爆型工业车辆上使用的塑料材料或（和）橡胶材料，当它们在车辆的正常运行过程中可能被摩擦时，应该符合下列的任一规定和要求：

① 在规定的测试条件下（参见第 2 章）测得的表面电阻不应该超过 10^9 Ω（相对湿度为 50%）或者 10^{11} Ω（相对湿度为 30%）。

② 表面面积不应该超过 100cm²（ⅡA 和ⅡB 级）或 20cm²（ⅡC 级）。

③ 对于内嵌金属件的塑料材料或橡胶材料，按照国家标准 GB/T 1408.1《固体绝缘材料电气强度试验方法 工频下试验》中规定的方法试验时测得的介电强度击穿电压不应该大于 4kV。

(3) 电位平衡

在防爆型工业车辆上所有面积大于 100cm² 的金属部件都必须连接到车架上，以保持车辆上所有部件的电位平衡。

假若这些部件之间保持着“金属”接触，那就没有必要再专门用导体桥接起来。

8. 机械火花

在正常的运行条件下，防爆型工业车辆上可能同外部发生摩擦和碰撞的部分，都应该用在摩擦和碰撞时不产生机械火花的材料包覆起来。

例如，铜、铜锌合金、铜铍合金、不锈钢等材料都可以用来防止产生机械火花。在叉车上人们就可以用黄铜或不锈钢将货叉包覆起来。

假若使用非金属材料（例如塑料或者橡胶）来防止机械火花，设计人员应该考虑它们的抗静电性能。有时候，人们常常用橡胶板铺垫在搬运车的载货平台上，防止货物与平台发生碰撞和摩擦；当然人们也可以使用摩擦和碰撞时不产生火花的金属板进行这样的保护。

在防爆型工业车辆上的旋转部件同相邻部件之间应该保持足够的间距（参见第 2 章）。

9. 温度限制

不管是什么样的防爆电气设备，温度限制都是一个重要的安全指标。对于防爆型工业车辆来说，用于确定它的温度组别的温度很多，例如，制动器中摩擦片的制动温度，直流电动机或往复式内燃机的表面温度，等等。

车辆上所有发热部分的温度都不应该超过它的温度组别的温度值和所用材料的稳定运行温度值。

综上所述，只要恰当地采取上述防爆结构和安全要求，就可以实现工业车辆的防爆安全性能。

这里需要指出的是，在防爆型工业车辆上不要设置可燃性气体报警装置。在防爆型工业车辆上设置可燃性气体报警装置作为它的防爆技术措施是一个伪命题，因为，按照上述防爆结构和安全要求设计和制作的防爆型工业车辆要运行在爆炸性气体环境中，假若设置可燃性气体报警装置，一旦报警装置报警车辆就停止运行，则这些防爆结构和安全要求就失去意义；一旦报警装置报警失灵，车辆继续运行仍然是安全的，则报警装置就没设置的必要。这一点应该引起设计人员和运行人员的足够注意。

10.3.3 示例（一）：蓄电池式防爆叉车

蓄电池式防爆叉车，是爆炸性危险场所中应用十分广泛的短途运输工具，是十分经典的组合防爆型电气设备。

蓄电池式防爆叉车的整体结构和主要电气单元布置图如图 10.2 所示。

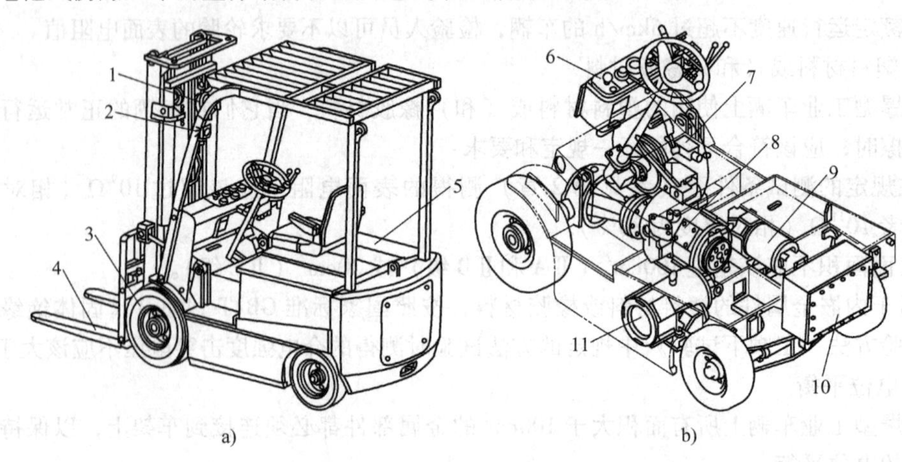

图 10.2 蓄电池式防爆叉车

a）整体结构 b）主要电气单元布置图

1—隔爆型投光灯 2—隔爆型信号灯 3—抗静电型轮胎 4—由黄铜包覆的货叉
5—特殊型防爆蓄电池组 6—隔爆型电气控制箱 7—本质安全型加速器
8—隔爆型直流电动机（走行用） 9—隔爆型直流电动机（转向用）
10—隔爆型配电箱 11—隔爆型直流电动机（提升用）

这里讨论的蓄电池式防爆叉车的防爆标志为 ExsdibⅡBT4 Gb；它反映了这种防爆叉车的整体防爆安全水平。叉车上所有电气单元的防爆安全水平都不应该低于这个整体防爆安全水平。因而，隔爆型电气单元的防爆标志应该为 ExdⅡBT4 Gb 或者 ExdⅡBT5 Gb、ExdⅡCT4 Gb 等；本质安全型电气单元的防爆标志应该为 ExibⅡBT4 Gb 或者 ExibⅡBT5 Gb、ExiaⅡBT4 Ga 等；蓄电池组是一种特殊型防爆结构（参见第 8 章），防爆标志应该为 ExsdⅡBT4 Gb，等等。

蓄电池式防爆叉车的货叉在工作时会与被叉物体或地面发生碰撞摩擦，有可能产生机械火花。因而，货叉应该用碰撞摩擦时不产生机械火花的材料包覆起来。例如，在叉车运行工况下，黄铜就可以防止产生机械火花。

在防爆叉车上使用抗静电型轮胎，可以避免轮胎自身产生和积累静电电荷，并且还可以导走车辆上其他部位产生的静电电荷。

在正常运行条件下和严酷的额定运行工况下，防爆叉车上各部位的温度都不应该超过它的温度组别的温度值和所用材料的稳定运行温度值。

事实上，这里讨论的蓄电池式防爆叉车在承受第 10. 3. 5 节所述的检查与试验时通过了有关试验，它的防爆安全性能符合要求。

根据国家标准 GB 3836. 15《爆炸性气体环境用电气设备　第 15 部分：危险场所电气安装（煤矿除外）》的规定，经过试验合格的这种防爆叉车（Gb 级）可以运行在爆炸性危险场所中的 1 区和 2 区。

10. 3. 4　示例（二）：内燃机式防爆叉车

内燃机式防爆叉车依然是一种组合防爆型电气设备，作为工厂企业、海港码头等存在可燃性气体环境中广泛使用的短途运输工具。

内燃机式防爆叉车的防爆安全措施和防爆安全要求应该符合第 10. 3. 2 节所述的全部内容。

由于这种叉车的动力驱动装置是往复式内燃机，而且，内燃机是非电气设备，所以它的防爆技术采用一种所谓的“非电气防爆技术”。

在这里将专门讨论一下往复式内燃机的这种“非电气防爆技术”。

1. 往复式内燃机上可能的点燃源

在往复式内燃机上，可能引起周围环境中可燃性气体点燃爆炸的主要点燃源包括：

（1）非电气放电点燃

在这里，非电气放电点燃主要是指危险温度点燃。

① 内燃机上各部位的热表面。当它的温度超过极限温度（温度组别）时，便会引起点燃。

② 排气管道排出的炽热气体流及其携带的火星。当它的温度超过极限温度（温度组别）时，便会引起点燃。

③ 内燃机的活动部件和旋转部件可能产生的机械火花。在适当的条件下，它会引起点燃。

（2）电气放电点燃

电气放电点燃主要是指内燃机附属的电气设备的放电点燃和绝缘部件可能产生静电的放电点燃。

① 电气设备，包括蓄电池组、发电机、电动机、照明灯具、开关装置和控制装置等及其相关的连接电缆。

② 静电电荷。

2. 防爆型往复式内燃机的防爆结构和安全要求

根据往复式内燃机的具体结构和可能产生点燃的点燃源特征，我们将对它采用如下防爆技术措施（图 10. 3）。

（1）主体结构的防爆结构和安全要求

在往复式内燃机上，主体结构是指进气管道-气缸-排气管道等组成部分。这些部分的防爆结构和安全要求包括：

① 进气口应该设置阻火器，以防止可能出现的回火蹿出进气管道；排气口除应该设置阻火器外还应该设置火星熄灭器，以防止排出的炽热气体携带着火星喷出排气口。

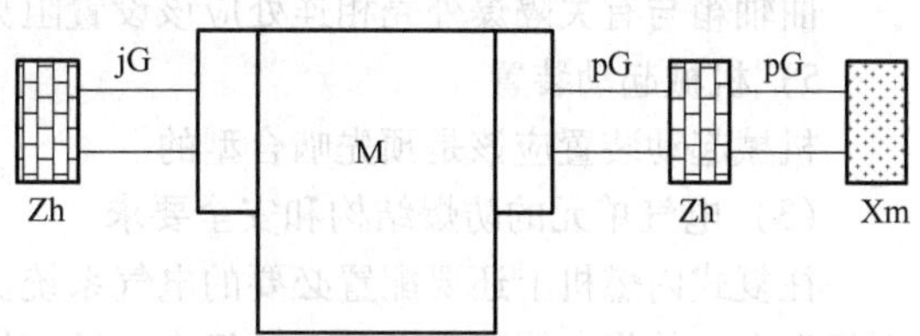

图 10. 3　往复式内燃机防爆结构示意图

Zh—阻火器　jG—进气管道　pG—排气管道

Xm—火星熄灭器　M—内燃机气缸

阻火器（参见第 3. 4. 8 节）应该使用耐腐蚀性材料［例如不锈钢（1Cr18Ni9Ti）］制成。排气口阻火器也可以使用所谓的“水基阻火器”，这是一种排气管道排出的炽热气体流和它所携带的火星通过“水”过滤后再排放到大气中的阻火器。这样，一可以降低排出气体的温度，二可以滤除排出气体所携带的火星。

火星熄灭器应该使用耐腐蚀性材料［例如不锈钢（1Cr18Ni9Ti）］制成。火星熄灭器捕获炽热颗粒和火星的最小捕获效率如表 10.1 所示。

表 10.1　火星熄灭器最小捕获效率①

粒度/mm	捕获效率（%）
0.1	95
0.2	99
0.5	100

① 引自 GB 20800.1《爆炸性气体环境用电气设备用往复式内燃机防爆技术通则　第 1 部分：可燃性气体和蒸汽环境用Ⅱ类内燃机》。

② 内燃机气缸亦应该制成隔爆外壳型防爆结构。

③ 进气管道和排气管道都应该制成隔爆外壳型防爆结构。

所谓“隔爆外壳型”防爆结构是一种非电气防爆技术的隔爆型非电气设备的防爆结构，和电气防爆技术的隔爆型电气设备一样，同样用符号“d”表示。但是，这种非电气防爆的隔爆型设备同电气防爆的隔爆型设备相比，稍微有一些不同，那就是这种设备内可能的点燃源是热表面或（和）机械火花，而不是电气放电火花和（或）电弧，至于防爆结构，它们则是一样的。

（2）辅助装置的防爆结构和安全要求

在往复式内燃机上，除上述的主体结构外，还有一些辅助装置。这些辅助装置同样应该具有合适的防爆结构，符合相应的安全要求。

1）低温起动装置

内燃机应该配置低温起动装置，保证内燃机（车辆）在较低温度下能够正常起动。低温起动装置应该安装在进气口阻火器的出口处紧靠气缸盖的位置。

2）空气预热装置

内燃机应该配置空气预热装置，保证内燃机（车辆）在较低温度下能够正常起动。空气预热装置应该安装在进气口阻火器的出口处。

3）进气增压装置

进气增压装置可以作为进气（排气）管道隔爆外壳的一部分，并须安装空气滤清器，防止外部固体颗粒进入增压装置中。

4）曲轴箱

曲轴箱与有关隔爆外壳相连处应该设置阻火器。

5）机械起动装置

机械起动装置应该是预先啮合型的。

（3）电气单元的防爆结构和安全要求

往复式内燃机上还要配置必要的电气系统。这是一个小的有限直流电气网络。内燃机带动发电机发电，并将电能存储在蓄电池组中。发电机可以是直流的也可以是交流的；当是直流时，发出的电直接充入蓄电池组，当是交流时，发出的电经过整流后充入蓄电池组。

通常情况下，往复式内燃机电气系统的电压为 24V（直流）。

1）蓄电池组

蓄电池组可以制成特殊型防爆电源装置（参见第 8.3 节），也可以制成隔爆型蓄电池组（铅酸蓄电池除外）。

2）发电机及电动机等用电器

发电机及电动机等用电器应该制成隔爆型防爆型式。

3）电气连接和布线

电气单元之间的连接采用双极式布线，即连接导线与内燃机机体（车体）金属结构保持绝缘。所有连接导线都应该避开高温部件和旋转部件，并用导管或护板进行保护。

3. 自动安全控制装置

防爆型往复式内燃机应该设置一些自动安全控制装置，保证内燃机（车辆）在它超速时或（和）在它出现异常情况时发出报警和（或）停止运行。

自动安全控制装置包括自动停机装置和自动报警装置。

自动停机装置应该使内燃机（车辆）停止运行后只能靠手动复位方可重新起动（运行）内燃机（车辆）。

自动报警装置应该在内燃机出现下列任一种情况时发出报警：

① 液冷系统中冷却液超温。

② 润滑油压力低。

③ 水基火星熄灭器的水位低。

④ 水基阻火器的水位低。

⑤ 排出气体超温。

⑥ 风冷型内燃机表面温度过高。

4. 试验

防爆型往复式内燃机应该在下列工况下进行温度测定试验：

- 输出额定功率。
- 空载且高怠速。
- 在30s时间内，从低怠速加速到高怠速，继续运行。

内燃机应该在试验室环境条件下分别以上述3种工况连续运行直至温度稳定（即温度变化不大于2K/h）为止。每一种工况应该进行3次试验，且后一次试验必须在前一次试验后内燃机完全冷却至环境温度时再进行。

在试验时，需要连续监测内燃机上所有可能的发热温度，包括：

- 内燃机的表面温度。
- 冷却系统的温度。
- 排出气体的温度。
- 增压装置的温度。

此外，试验人员还应该实时监视自动安全控制装置的动作情况。

在试验结束时，以测得最高温度作为评价依据，不得超过它的温度组别的温度值。

内燃机式防爆叉车就是采用了这样的防爆型往复式内燃机作为动力驱动装置，当通过第10.3.5节所述的检查与试验后，即可允许运行在相应的爆炸性气体环境（1区、2区）中，作为短途运输工具。

10.3.5 检查与试验

防爆型工业车辆，不管是蓄电池式工业车辆还是内燃机式工业车辆，除应该进行组合防爆型电气设备应该进行的通用检验外，还应该承受以下的专门试验。

1. 型式试验：温度测定

温度测定主要是测试防爆型工业车辆上的制动器、离合器（如果采用的话）、液压系统、直流电动机或往复式内燃机的温度。测定时，试验人员应该将热敏元件埋置在上述部件可能出现最高温度的位置。被试车辆应该负载额定荷载，在下面规定的试验运行路线上运行至温度稳定。

（1）非牵引车辆的试验程序

非牵引车辆的试验运行路线如图 10.4 所示。

被试车辆分类为三种情况：

1）对于动力驱动和动力提升的车辆

在试验时，车辆在不负载荷载的情况下从 A 点倒退行驶到 B 点；从 B 点以尽可能快的速度前进行驶，再减速行驶，有控制地停止在 C 点；从 C 点行驶到 D 点；从 D 点以尽可能快的速度前进行驶，再减速行驶，停止在 A 点。在这个运行图中，B-C（D-A）之间的距离至少为 6m，A-B（C-D）之间的距离以车辆的最小转弯半径为准。

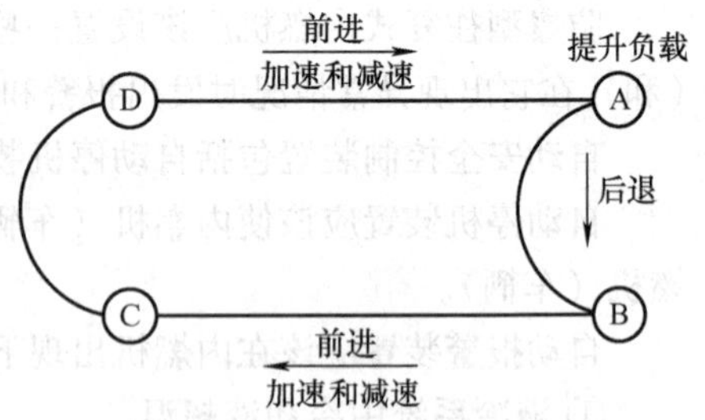

图 10.4　非牵引车辆的试验运行路线

接着，被试车辆在 A 点负载额定荷载后重复上述运行路线；但是，从 A 点到 B 点，车辆为前进行驶。

在重复运行的试验过程中，被试车辆运行到 A 点时应该以尽可能快的提升速度将荷载提升到最高位置，然后降低高度，离开 A 点。

假若被试车辆的下述其他功能是由几个电动机控制的话，那么，这些功能的操作都应该在试验中完成：

- 操作台升降（例如，捡选车辆）。
- 门架和（或）货叉旋转 90°（例如，正面或侧面堆垛车辆）。
- 门架和（或）货叉伸缩。
- 专用属具。

上述试验过程为一个试验循环。试验人员应该在被试车辆每运行 5 个循环到达 A 点后立即测量一次温度。

2）对于动力驱动和手动提升的车辆

这类车辆的试验过程和上述一样，但是，在 A 点车辆不提升荷载，只是停留 10s。

试验人员应该在被试车辆每次到达 A 点后立即测量一次温度。

3）对于手动驱动和动力提升的车辆

这类车辆不需要进行驱动运行试验，但是，应该进行荷载提升试验。试验时，被试车辆应该以额定提升速度将荷载提升至最大高度，然后下降。试验人员应该每隔 10s 进行一次提升试验。试验应该反复进行直至温度稳定。

试验人员应该在每次荷载下降后立即测量一次温度。

（2）牵引车辆的试验程序

牵引车辆的试验运行路线如图 10.5 所示。

在试验时，车辆从 B 点开始，不牵挂拖车，从静止全速加速到额定速度，然后使用运行制动器使车辆有控制地停止在 C 点；从 C 点前进行驶到 D 点；从 D

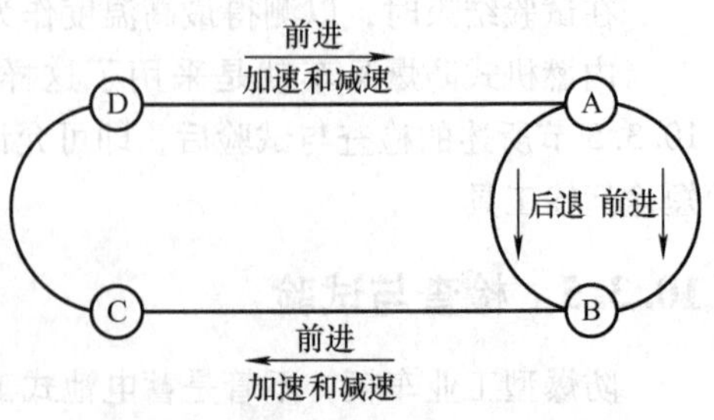

图 10.5　牵引车辆的试验运行路线

点全速-减速运行并有控制地停止在 A 点；从 A 点倒退行驶到 B 点。在这个运行图中，B-C（D-A）之间的距离至少为 6m，A-B（C-D）之间的距离以车辆（包括拖车）的最小转弯半径为准。

接着，被试车辆在 B 点牵挂拖车反复运行上述路线。但是，此时在 A-B 段被试车辆应该前进运行。被试车辆的荷载牵引力应该是它的全部牵引力。

上述试验过程为一个试验循环。试验人员应该在被试车辆每运行 5 个循环到达 B 点后立即测量一次温度。

(3) 温度测定

温度测定试验一旦开始不得停止。试验一直进行到所测各部分的温度稳定在 2K/h 及以下（记录此数据），或者，温度保护装置动作为止。否则，试验还应该继续进行下去，直到 20 个温度记录数值的差不大于 2K 为止。

试验人员应该将得到的数据修正到 40℃环境温度时的值（参见第 2 章）。这个修正后的温度值不应该大于被试车辆的温度组别的温度值和所用材料的稳定运行温度值。

2. 出厂试验：温度检查

防爆型工业车辆的制动器必须进行出厂温度检测。这种检测的目的是检验左、右制动器（如果采用蹄式制动器的话）制动鼓和摩擦片之间间隙的对称性。

试验数据和理论分析都指出，两个制动间隙对称，将会均匀地吸收运行车辆的制动动能，因而，两个制动鼓表面的温度是基本相同的，否则，两个制动鼓表面温度会出现很大的差别。在分析大量的试验数据时发现，两个制动鼓表面温度之和的一半即是应该得到的理想温度数值。

两个制动鼓制动间隙的不对称，将会造成它们表面温度不一致，一个很高，一个很低。这直接影响着防爆型工业车辆的防爆安全性能。

在试验时，试验人员可以使用半导体点温计（或其他测温装置）直接检测运行车辆制动时制动鼓表面的温度，不必计较温度是否稳定。检测点应该设在两个制动鼓表面上同样的位置上。

当制动间隙调整合适时，在两个制动鼓表面上测到的温度相差不应该大于 5K。

3. 其他试验

(1) 车辆绝缘电阻检测

在试验时，试验人员应该将被试车辆放置在一块钢板上，钢板下面还应该铺垫一块绝缘电阻不小于 $10^{12}\Omega$ 的绝缘板；绝缘板周边超出钢板至少 50mm。试验环境的相对湿度不应该大于 60%。

在被试车辆的金属构架（例如轮毂）和钢板之间施加一个 500V 的直流试验电压。试验人员检测此时的电流，并计算电阻值。

计算的绝缘电阻值不应该大于 $10^{6}\Omega$。

在车辆绝缘电阻检测时，试验人员也可以使用 500V 级兆欧表进行测量。

(2) 电气回路绝缘电阻检查

在试验时，试验人员应该将电源（蓄电池组）断开，用 500V 级兆欧表测量绝缘电缆（电线）芯线和车体金属构架之间的绝缘电阻值。测量在车辆工作环境条件下进行。

测得的电阻不应该小于 0.5MΩ。

(3) 过电流保护动作可靠性试验

蓄电池式工业车辆应该承受过电流保护动作可靠性试验。

在试验时，被试车辆在试验台上呈运行状态，然后施加制动力，迫使过电流保护系统动作。试验人员应该检测此时的电流值。

试验应该进行 5 次。每次试验时过电流保护系统都应该动作可靠。

10.4 组合防爆型电气设备：本质安全型现场总线

10.4.1 概述

在现代工业和其他有关产业中，人们越来越多地使用一种被称作"现场总线（Field bus）"控制技术。这种所谓的"现场总线"，事实上是一种在设备、计算机、人之间进行数据采集、数据传输、数据处理、过程控制和人机对话的局域通迅网络。这种通迅网络对于控制过程具有实时性、快速性和智能化的特征。

在爆炸性气体环境中使用的现场总线，显然，应该具有防爆安全性能，不应该成为它周围的可燃性气体的点燃源。这样的现场总线，从广义上讲，是一种组合防爆型电气设备（系统）。它既包含电源、设备以及相应连接的电缆或电线，又包含人机对话界面；从而完成对一个系统的实时控制功能。

通常情况下，这样的现场总线应该具有本质安全性能。

10.4.2 本质安全型现场总线的结构和安全要求

1. 现场总线的结构和防爆安全水平

(1) 结构和组成

在爆炸性气体环境中使用的现场总线，一般由以下几部分组成（图 10.6）：

- 现场总线电源；
- 现场设备；
- 现场总线终端器；
- 适当长度的电缆。

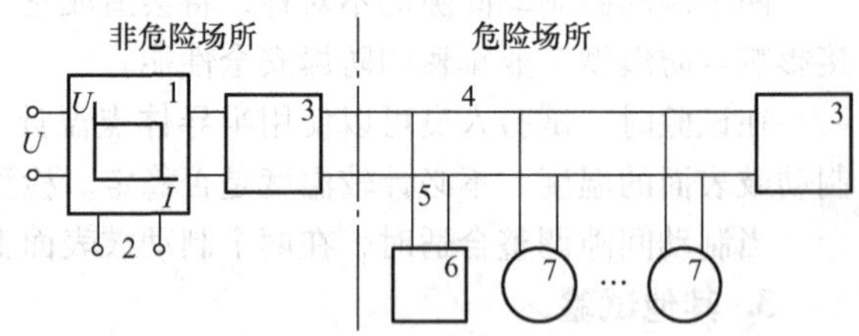

图 10.6 现场总线示意图

1—现场总线电源（矩形特性） 2—数据线 3—终端器 4—主干线 5—分支线 6—手持终端器 7—现场设备

在本质安全型现场总线中，总线电源只应该设置一个，而且要设置在距总线一端不超过60m的非危险场所（当然，在用其他防爆型式保护起来时也可以设置在危险场所中）；连接在分支线上的现场设备数量最多不得超过 32 台；终端器最多两个，设置在总线的两端。

本质安全型现场总线的这些组成单元应该具有本质安全型防爆型式或其他适当的防爆型式。它们由电缆连接起来，分布在一定的空间中，数据信号通过传输线与计算机连接在一起，构成一个局域控制系统。

本质安全型现场总线中所有组成单元的参数（包括电缆）都必须符合相应的规定，一经确定就不得任意更改。然而，人们可以替换某些符合相应参数要求的设备。这是本质安全型现场总线的特征。

(2) 防爆安全水平

本质安全型现场总线应该具有适合于它周围环境的防爆安全水平，即应该满足它周围环境的危险区域（0 区、1 区或 2 区）及其中存在的可燃性气体的防爆级别（ⅡA 级、ⅡB 级或ⅡC 级）、温度组别（T1 组、T2 组、T3 组、T4 组、T5 组或 T6 组）和相应的设备保护级别（"ia"级、"ib"级或"ic"级）的要求。

在设计本质安全型现场总线时，人们应该根据总线预期使用的可燃性气体环境情况来确定总线应该具有的防爆安全水平。

通常情况下，现场总线运行的环境可能会包括爆炸性危险场所的0区、1区和2区，有时候可能还会包含非危险区域。

因而，人们在选择总线上所连接的设备时就应该选择与环境相适应的防爆型式、防爆级别、温度组别以及合适的设备保护级别。

例如，假若本质安全型现场总线预期使用环境中包含0区，那么总线上所连接的设备都必须是“ia”级的本质安全型设备；假若不包含0区，那么可以是“ia”级和（或）“ib”级甚至“ib”级、“ic”级的本质安全型设备。

这里有一个原则，那就是，对于某一特定场所，本质安全型现场总线的防爆安全水平是由总线中所连接设备中最低等级的设备决定的，不管总线中设备有几种等级。例如，对于ⅡB级可燃性气体的1区场所，当一个总线中包含防爆标志为ExiaⅡBT5 Ga和ExibⅡCT4 Gb的两种设备时，则总线的防爆安全水平应该按ExibⅡBT4 Gb来考虑。这一点是很容易理解的。

当然，现场总线上所连接的现场设备有可能一部分运行在某种可燃性气体的0区，而另一部分则运行在1区。此时，人们应该根据现场总线本质安全理论和现场情况作出具体的判断和处理。

2. 现场总线中的设备

在本质安全型现场总线中所连接的设备应该满足本质安全型电气设备和电路的基本性能和基本要求，而且还应该符合以下要求。

（1）现场总线用电源

在本质安全型现场总线中使用的电源应该具有线性输出特性，或者，不规则四边形输出特性、矩形输出特性。这种电源在本质安全电路中是一种关联设备，它的最高电压（U_m）不应该大于250V。

这种电源除应该符合关联设备的规定外还必须满足以下要求：

- 最大输出电压：$14 \leqslant U_o \leqslant 17.5$V；
- 最大输出电流和最大输出功率符合表10.2中所列数值（对于矩形特性电源）；
- 最大内部电容：$C_i \leqslant 5$nF；
- 最大内部电感：$L_i \leqslant 10\mu$H。

表10.2 矩形输出特性电源在相应电压条件下的最大输出电流和最大输出功率①

输出电压 U_o/V	ⅡC级				ⅡB级			
	ia，ib		ic		ia，ib		ic	
	电流/mA	功率/W	电流/mA	功率/W	电流/mA	功率/W	电流/mA	功率/W
14	183	2.562	274	3.836	380	5.32	570	7.98
15	133	1.995	199	2.985	354	5.31	531	7.965
16	103	1.648	154	2.464	288	4.608	432	6.912
17	81	1.377	121	2.057	240	4.08	360	6.12
17.5	75	1.3125	112	1.960	213	3.7275	319	5.5825

注：1. 矩形输出特性电源，实际上，是一种恒压恒流电源。它的输出电压和输出电流是恒定的，只要符合本质安全性能要求，不管负载是否出现短路或断路非正常工作状态，电路都是安全的。例如，稳压二极管（两只并联）稳压电路输出端加上电子限流控制环节就构成这种矩形输出特性电源。

2. 对于“ia”级和“ib”级总线电源，表中所列的电流值已施加了1.5倍安全系数。另外，现场总线的最大输出电流，除按照本表外，也可以按照GB 3836.4《爆炸性环境　第4部分：由本质安全型“i”保护的设备》中的规定确定，但是不得大于本表所列相应电压下的最大值，例如380mA（在输出电压为14V的条件下）。

① 引自GB 3836.19《爆炸性环境　第19部分：现场总线本质安全概念（FISCO)》。

（2）现场总线用设备

本质安全型现场总线用设备就是连接到现场总线上的设备或装置（包括终端器）。这样的设备或装置，除应该符合本质安全型设备和电路的各项要求外，还应该满足以下规定：

- 额定电压：$U_i \geqslant 17.5V$；
- 额定电流：$I_i \geqslant$表 10.2 中的规定值，例如，在电压为 14V 时，对于ⅡB 级的“ia”级和“ib”级设备，$I_i \geqslant 380mA$；
- 额定功率：$P_i \geqslant$表 10.2 中的规定值，例如，在电压为 14V 时，对于ⅡB 级的“ia”级和“ib”级设备，$P_i \geqslant 5.32W$；
- 最大内部电容：$C_i \leqslant 5nF$；
- 最大内部电感：对于“ia”级和“ib”级设备，$L_i \leqslant 10\mu H$；对于“ic”级设备，$L_i \leqslant 20\mu H$；
- 所有接线端子都应该与地保持绝缘。

这里需要指出的是，假若某些现场设备还由其他电源供电时，连接现场总线的接线端子和其他电源的接线端子之间必须有可靠的隔离；而且，这样的设备还应该符合其他防爆型式的相应规定。

（3）现场总线用终端器

本质安全型现场总线应该设置两个终端器。

终端器，顾名思义，应该设置在现场总线的两端，是一段现场总线的终结。

这样的终端器，从原理上讲，就是一个简单的“阻容吸收装置”。它的主要作用是能够避免总线信号在长距离传输时可能会在总线两端产生信号波反射，造成信号失真。对于本质安全型现场总线来说，它还能够吸收总线中可能出现的危险能量，防止这样的能量侵害现场设备，防止这样的能量可能造成点燃危险。

3. 现场总线的电缆

本质安全型现场总线所用的电缆，通常为屏蔽双绞线，除应该符合爆炸性气体环境中所用电缆的相关要求外，还应该符合下列要求。

（1）电缆参数

- 电缆电阻不应该大于 150Ω/km；
- 电缆电感不应该大于 1mH/km；
- 电缆电容不应该大于 200nF/km。

（2）电缆长度

① 每条主干线（包括支线），对于ⅡB 级总线，不应该大于 5km；对于ⅡC 级总线，不应该大于 1km。

② 每条分支线，对于ⅡB 级和ⅡC 级总线，均不应该大于 60m。

需要指出的是，这里提出的电缆长度是一个最大限值。然而，在实际确定电缆长度时，人们应该通过计算求得。

我们已经知道，在本质安全系统中，一定长度的电缆所具有的电缆电容（C_c）和电缆电感（L_c）不得大于关联设备上标志的最大外部电容（C_o）和最大外部电感（L_o）与所连接的本质安全型设备所具有的最大内部电容（C_i）和最大内部电感（L_i）之差。于是，人们在计算时可以先确定这个差值，然后根据这个差值和电缆单位长度所具有的电容值和电感值就可以求得所需的电缆长度。

当然，在计算时，人们也可以使用参数：电缆电感（L_c）与电缆电阻（R_c）之比（L_c/R_c）。

4. 现场总线接线端子的隔离

现场总线的所有接线端子都应该与地隔离开来。此外，总线上有一些设备可能由其他电源供电时，总线的接线端子必须与这些电源的接线端子隔离开来。

这样的隔离，主要是保持本质安全型现场总线的所有接线端子处于“无源”状态，消除总线以外其他能量源对总线的侵害，保证总线传输数据的安全性和总线系统的本质安全性能。

现场总线的接线端子，与地之间可以采用加强绝缘的措施进行这种隔离，与其他电源之间可以用绝缘隔板进行隔离，也可以用接地的金属板进行隔离。当然，现场总线的接线端子与非现场总线的接线端子之间还可以采用间隔至少 50mm 的方法进行隔离。

5. 现场总线的接地

在本质安全型现场总线中，通常情况下，供电电源可以接地，其他的必须与地隔离，不得接地。

通常情况下，现场总线用电缆应该是屏蔽电缆。此时，电缆的屏蔽层必须接地，而且，不管是主干线还是分支线，所有的屏蔽层必须连接在一起，在一点接地。

10.4.3 检查与试验

本质安全型现场总线，作为一种组合防爆型电气设备（系统），应该承受的试验与检查分为两部分：安装前，总线电源、现场设备和总线用终端器的防爆型式试验；安装后，现场总线的系统验证检查。

1. 现场总线用设备的防爆型式试验

本质安全型现场总线上所连接的所有设备，显然应该符合本质安全型电气设备和电路的要求，因而，应该承受本质安全型电气设备的型式试验［参看第 6 章和国家标准 GB 3836.4《爆炸性环境　第 4 部分：由本质安全型“i”保护的设备》］。

除此之外，假若现场总线上所连接的设备还具有其他防爆型式，那么，它们还应该满足相应防爆型式的要求，并承受相应的型式试验。

这些所有设备都必须经过国家防爆电气产品检验机构试验合格，并取得“防爆合格证”。

2. 现场总线的系统验证检查

本质安全型现场总线安装后，安装人员和检验人员应该对现场总线进行以下的系统验证检查。

① 所有安装在现场总线的设备的参数，例如额定电压、额定电流、最大内部电容和最大内部电感是否符合相应的要求。

② 所有安装在现场总线的设备的防爆型式（例如“i”型）、防爆级别（ⅡA 级、ⅡB 级、ⅡC 级）、温度组别（T1 组、T2 组、T3 组、T4 组、T5 组或 T6 组）和设备保护级别（例如，“ia”级、“ib”级或“ic”级）是否符合相应要求。

③ 现场总线总的防爆安全水平；所有设备是否符合防爆安全水平要求。

④ 现场总线用电缆的相关参数，例如型号、长度、电缆电阻、电缆电容、电缆电感并核算电缆长度。

⑤ 现场总线上的所有接线端子和所有设备上的接线端子是否与地隔离，是否与其他电源隔离。

⑥ 接地。

检验人员应该将上述检验项目的所有数据记录完整，并存入有关的技术档案中。

本质安全型现场总线作为一种特殊的组合防爆型电气设备（系统），一旦经过防爆电气产品检验机构检验认可并取得“防爆合格证”以后，就应该在认可的各种参数下运行。人们不得变更总线系统中任何参数，然而，可以更换符合相应参数的现场设备。

第 11 章　爆炸性气体环境中电气设备的选择与安装

11.1　概述

爆炸性气体环境中，电气安全是一个安全系统工程。这种安全系统，不仅依靠电气设备的防爆结构来保证，而且还要依靠电气设备的正确安装来实现。

由燃烧与爆炸发生的充分必要条件可知，在爆炸性气体环境中仅仅指望安装几台防爆电气设备来保证不发生点燃危险，显然是不够的。单台防爆电气设备的安装，以及电气设备之间的电气连接，如果稍有不慎，也有可能潜在着极大的点燃危险性。

因而，正确地选择防爆电气设备和恰当地安装防爆电气系统，是保证爆炸性气体环境中电气安全的一项重要任务。

为了确保爆炸性气体环境中的电气安全，人们应该根据爆炸性气体环境的危险程度和防爆电气设备的安全等级，进行合理而有效的设备选择和电气安装。

此外，有关煤矿的电气安装不属本章的讨论内容，请读者参见最新版本的《煤矿安全规程》和有关的标准文献。

在爆炸性气体环境中，除了本书所讨论的电气设备可能成为可燃性气体、易燃性液体的点燃源之外，其他的，例如雷电侵袭、太阳磁暴、激光辐射、异常高温和环境异常变化等因素，都可能引发爆炸性气体环境和可燃性粉尘环境出现燃烧与爆炸。这些也是设计人员和安装人员所必须考虑的问题，然而，它不属于本书的讨论范围。

11.2　爆炸性气体环境中危险区域的划分

11.2.1　危险区域的划分原则和定义

在石油、化工等企业中，存在着各种不同危险程度的爆炸性气体危险场所。人们为了安全而合理地选择和安装电气设备，把这些危险场所按照爆炸性气体混合物出现的频度和持续时间分为 3 个安全级别，通常称为 3 个区域，即 0 区、1 区和 2 区。

国家标准 GB 3836.14《爆炸性气体环境用电气设备　第 14 部分：危险场所分类》对这 3 个区域分别进行了明确的定义：

0 区是一种爆炸性气体混合物连续出现或长时间存在的场所。

1 区是一种在正常运行时可能出现爆炸性气体混合物的场所。

2 区是一种在正常运行时不可能出现爆炸性气体混合物，如果出现也是偶尔发生而且仅是短时间存在的场所。

根据“爆炸性气体混合物出现的频度和持续时间”来划分危险区域是爆炸性危险场所划分危险区域的基本原则。

还应该指出的是，这里的“区域”或“场所”是指存在可燃性气体或易燃性液体的某一区域或场所的三维空间范围。

从这些定义中，大家可以清楚地看出，在可燃性气体存在的场所中，划分为0区的场所是最为危险的区域。在这种区域中，可燃性气体总是连续地出现并积累到浓度在它的爆炸极限范围内的程度，此时，一旦遇到合适的点燃源，就会立即发生燃烧，甚至爆炸。这是十分危险的。因而，设计人员在选择和安装电气设备时必须予以高度的注意。

至于2区，爆炸性气体混合物出现的概率相对比较小一些；当然，相对于0区和1区来说，危险性也要小一些。然而，危险依然存在。

11.2.2 危险区域划分的原则方法

在爆炸性气体环境中，危险区域的划分主要是根据环境中存在的可燃性气体或易燃性液体的基本特性、处理这些可燃性物质的工艺过程和现场的环境条件进行的。

1. 可燃性气体（蒸气）的密度，易燃性液体的闪点

这里所说的可燃性气体或易燃性液体的基本特性，主要是指可燃性气体或易燃性液体的蒸气的密度，易燃性液体的闪点。大家知道，当可燃性气体或蒸气的密度大于空气的密度（密度为1）时，这些气体或蒸气就会“自然下落”；当可燃性气体或蒸气的密度小于空气的密度时，这些气体或蒸气就会“自然上升”。这些直接影响着可燃性气体或蒸气在环境中的存在状态。

易燃性液体的闪点是指在标准试验条件下使易燃性液体挥发出蒸气的数量同空气形成可被点燃的可燃性蒸气-空气混合物的最低液体温度。显然，这个温度越低，易燃性液体越容易挥发，在环境中“弥漫”的蒸气数量越多，危险性就越大。闪点，在划分处理易燃性液体场所的危险区域时，是一个值得人们关注的特殊温度值。

2. 可燃性气体或易燃性液体的释放源

在加工和处理可燃性气体或易燃性液体的工艺过程中，让人们密切关注的是，在什么情况下，可燃性气体或易燃性液体会发生泄漏？泄漏的数量如何？这里，我们提出释放源的概念。

释放源是指在化工工艺过程中可燃性气体或易燃性液体可能释放出来并能形成爆炸性气体环境的部位或地点。根据释放源释放出可燃性物质的释放频度和存在时间，人们把释放源分为3个级别：0级、1级和2级。

0级，也称为“连续级”，表示释放源能够连续地释放或预计能够长期地释放可燃性气体或易燃性液体。

1级表示释放源在正常运行条件下预计可能周期性地或偶尔地释放可燃性气体或易燃性液体。

2级表示释放源在正常运行条件下预计不可能释放，如果释放也仅仅是偶尔地和短时地释放可燃性气体或易燃性液体。

释放源的位置和释放等级是设计人员在划分危险区域时所必须考虑的又一重要因素。

3. 危险区域的通风

在划分危险区域时还有一点是应该引起人们注意的，那就是，在加工和处理可燃性气体或易燃性液体的工艺过程中可靠地通风能够降低爆炸性危险场所的危险等级。

通风分为自然通风和人工通风。

通常情况下，空气流动的最小速度为0.5m/s，便被认为是自然通风。在露天场所，自然通风足以驱散弥漫在危险场所中的可燃性气体或蒸气；在某些室内场所，只要条件适当，自然通风也是十分奏效的。

人工通风也就是机械通风，例如使用鼓风机械或排风机械，迫使空气流动，达到通风排气的目的。对于人工通风，一个主要的问题是，通风设备必须可靠，对于一些重要区域可能需要设置备用通风系统，保证人工通风的有效性。

为了评价通风的作用，人们把通风按照强度分为3级：强级、中级和弱级；按照时效性分为3级：良好、一般和差。

下面给出这些级别的定义和含义，以便于人们在危险区域划分时使用。

（1）通风强度等级

①“强级”通风表示，这种等级的风能够在释放源处瞬间将它释放出的可燃性气体或蒸气（泄漏的易燃性液体挥发的蒸气）的浓度降低到它的爆炸极限下限以下，使危险区域变得很小，甚至可以忽略不计。

②“中级”通风表示，这种等级的风能够在释放源释放可燃性气体或蒸气时使释放区域外的浓度低于它的爆炸极限下限，而且在停止释放后爆炸性气体混合物也不会存在很久。

③“弱级”通风表示，这种等级的风不能够在释放源释放可燃性气体或蒸气时控制它的浓度，而且在停止释放后也不能够阻止可燃性气体或蒸气的长时间存在。

（2）通风时效性等级

①“良好”表示，这种等级的风是连续存在的。

②“一般”表示，这种等级的风在正常运行时是预计连续存在的，有时也可能短时地出现时而连续时而停止的现象。

③“差”表示，这种等级的风不符合“良好”和“一般”的要求，但是，也不会出现长时间中断的现象。

在危险区域通风时，应该避免出现“死角”，尤其是在封闭空间或半封闭空间内，保证风通过所有的空间。为此，人们可以在必要时设置一些导流板，改善空气的流向，将危险区域吹扫成非危险区域。

当采用机械通风时，人们可以根据被吹扫空间的大小和释放可燃性气体的数量以及可燃性气体的爆炸下限来计算最小需要的通风流量。当然，通过监测可燃性气体浓度及时调整通风流量也是一种实用的控制方法；只是监测浓度传感器的整定值不应该大于可燃性气体爆炸下限的25%（体积比）。

在思考和划分爆炸性气体环境的危险区域时，人们应该按照爆炸性气体混合物出现的频度和持续时间综合分析工业现场存在的可燃性气体（蒸气）的密度和易燃性液体的闪点、释放源的位置和强度以及环境的通风状态，并根据自身的实际经验，做出较为合理的设计方案。

这就是设计人员在划分危险区域时应该遵守的主要准则。

11.2.3 危险区域划分示例

根据危险区域划分的一般原则，在这里介绍一些典型示例，以供相关人员参考。

1. 工业泵示例（一）

一般工业用途的泵，安装在室外地平面上，抽吸易燃性液体。

泵装置是防爆型的，流量为50m^3/h，低压情况下运行。易燃性液体的闪点低于工艺过程中可能出现的最低温度和环境温度；它的蒸气的密度比空气的大。

泵是释放源，在它的结构密封处可能释放出易燃性液体，属于1级和2级释放源。

由于泵安装在室外，所以，它处于自然通风的状态（通风等级为中级，时效性较差）。假若这种泵（电动机）自身带有风扇，它同时也处于人工通风状态（通风等级为强级，时效性一般）。

根据上述条件，泵周围的危险区域划分如图11.1所示。

2. 工业泵示例（二）

一般工业用途的泵，安装在室内地平面上，抽吸易燃性液体。

泵装置是防爆型的，流量为50m³/h，低压情况下运行。易燃性液体的闪点低于工艺过程中可能出现的最低温度和环境温度；它的蒸气密度比空气的大。

泵和地面上的储槽是释放源，属于1级和2级释放源。

由于泵安装在室内，所以，采用人工通风（通风等级为中级，时效性一般）。

根据上述条件，泵周围的危险区域划分如图11.2所示。

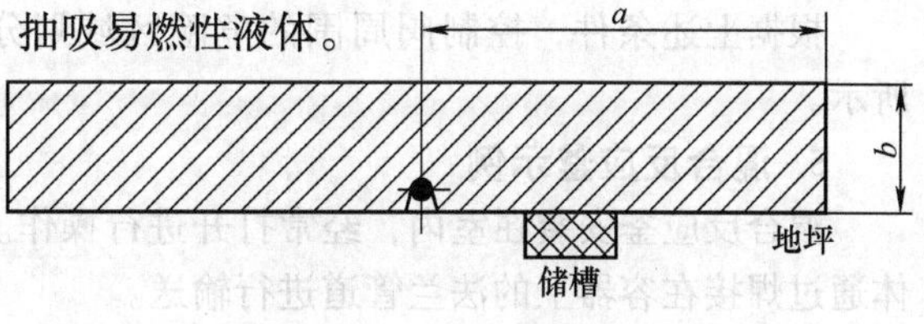

图11.1　工业泵周围的危险区域划分（1）

a—在水平方向上释放源周围的距离，约为3m

b—从地平面到释放源上方的距离，约为1m

3. 压力呼吸阀示例

在露天场所，安装在储罐上的压力呼吸阀。

储罐中存放的是天然气；密度大于空气的密度。

释放源是压力呼吸阀的阀门出口处，属于1级释放源。

由于储罐安装在露天场所，所以，它处于自然通风的状态（通风等级为中级，时效性一般）。

根据上述条件，当压力呼吸阀的开启压力为0.15MPa时，它周围的危险区域划分如图11.3所示。

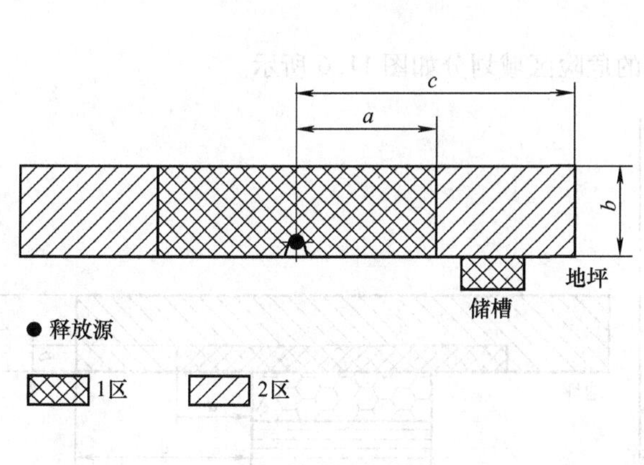

图11.2　工业泵周围的危险区域划分（2）

a—在水平方向上释放源周围的距离，约为1.5m

b—从地平面到释放源上方的距离，约为1m

c—在水平方向上释放源周围的另一距离，约为3m

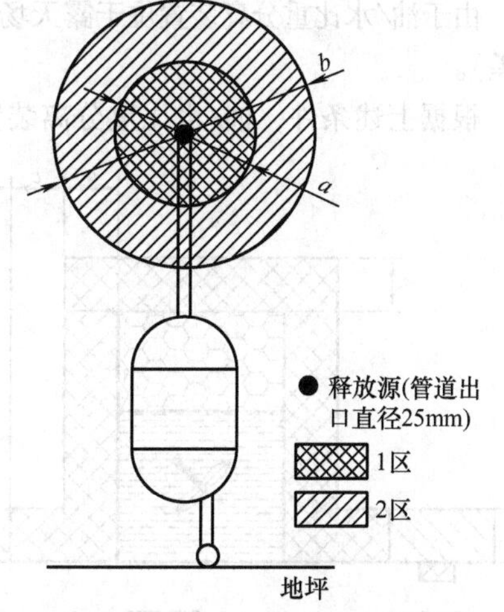

图11.3　压力呼吸阀周围的危险区域划分

a—从释放源到各个方向的距离，约为3m

b—从释放源到各个方向的另一距离，约为5m

4. 控制阀示例

在可燃性气体输送管道上安装的控制阀。

管道中输送的是丙烷；它的密度大于空气的密度。

释放源是控制阀的阀门转轴密封处，属于2级释放源。

由于输送管道大部分安装在露天场所，所以，它处于自然通风的状态（通风等级为中级，时效性一般）。

根据上述条件，控制阀周围的危险区域划分如图 11.4 所示。

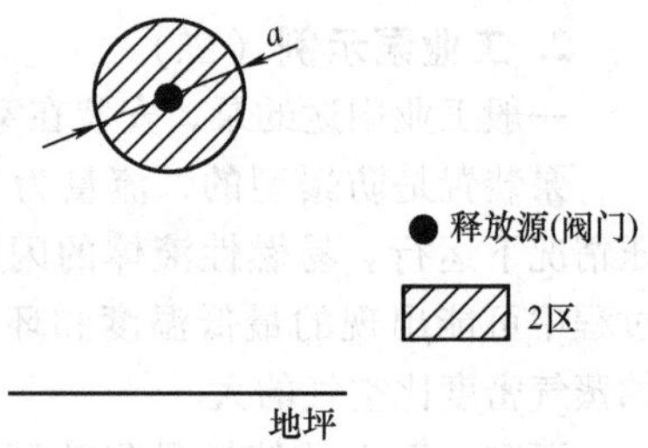

图 11.4　控制阀周围的危险区域划分

a—从释放源到各个方向的距离，约为 1m

5. 混合反应釜示例

混合反应釜安装在室内，经常打开进行操作。易燃性液体通过焊接在容器上的法兰管道进行输送。

经过反应釜的易燃性液体的闪点低于工艺过程中可能出现的最低温度和环境温度；它的蒸气密度比空气的大。

释放源是液体的表面、反应釜开口处以及从反应釜飞溅或泄漏出的液体；液体的表面属于 0 级释放源，其余分别属于 1 级和 2 级释放源。

由于反应釜安装在室内，所以采用人工通风（通风等级：容器内为弱级，容器外为中级，时效性一般）。

根据上述条件，反应釜内部及周围的危险区域划分如图 11.5 所示。

6. 油/水比重分离装置示例

在石油冶炼工艺中，油/水比重分离装置通常位于室外，敞开。

油/水比重分离装置中存储的液体（油水混合物）的闪点低于工艺过程中可能出现的最低温度和环境温度；它的蒸气密度比空气的大。

释放源是液体的表面以及操作失误泄漏的液体；液体的表面属于 0 级释放源，其余属于 2 级释放源。

由于油/水比重分离装置位于露天场所，所以，它处于自然通风的状态（通风等级为中级，时效性差）。

根据上述条件，油/水比重分离装置周围的危险区域划分如图 11.6 所示。

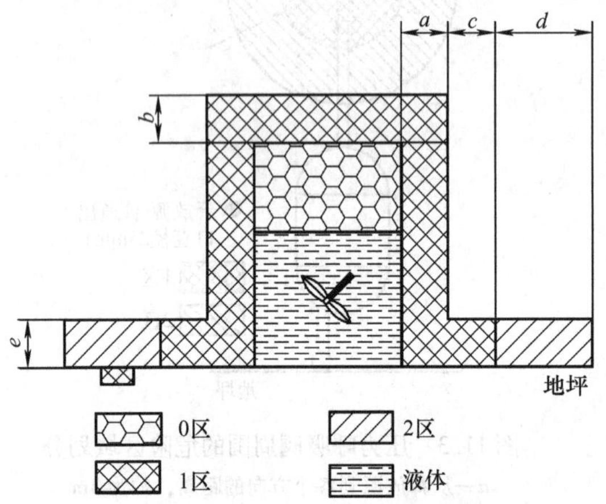

图 11.5　反应釜内部及周围的危险区域划分

a—在水平方向上释放源周围的距离，约为 1m

b—释放源上方的距离，约为 1m

c—水平距离，约为 1m　d—水平距离，约为 2m

e—高于地面的距离，约为 1m

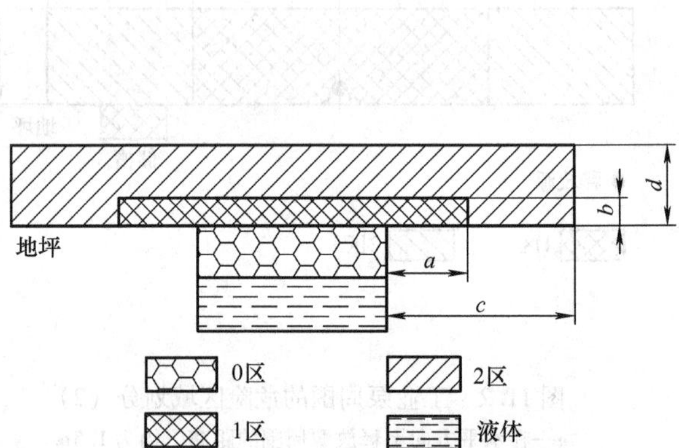

图11.6　油/水比重分离装置内部及周围的危险区域划分

a—在水平方向上释放源周围的距离，约为 3m

b—高于地面的距离，约为 1m

c—在水平方向上释放源周围的另一距离，约为 7.5m

d—高于地面的另一距离，约为 3m

7. 易燃性液体储罐示例

易燃性液体储罐位于室外，带有固定的罐顶，但是没有内部的浮顶。

储罐中存储的易燃性液体的闪点低于工艺过程中可能出现的最低温度和环境温度；它的蒸气密度比空气的大。

释放源是液体的表面、顶部排气口和其他的开口处以及法兰连接处；液体的表面属于0级释放源，其余分别属于1级和2级释放源。

由于储罐位于室外，所以，它处于自然通风的状态（通风等级为中级，时效性良好）。

根据上述条件，储罐内部及周围的危险区域划分如图11.7所示。

8. 氢气压缩机示例

氢气压缩机安装在敞开式厂房的地平面上。

可燃性气体是氢气，它的密度比空气的小。

释放源是压缩机的密封部位、阀门及法兰连接处，属于2级释放源。

由于压缩机位于敞开式厂房的地平面上，所以，它处于自然通风的状态（通风等级为中级，时效性良好）。

根据上述条件，压缩机周围的危险区域划分如图11.8所示。

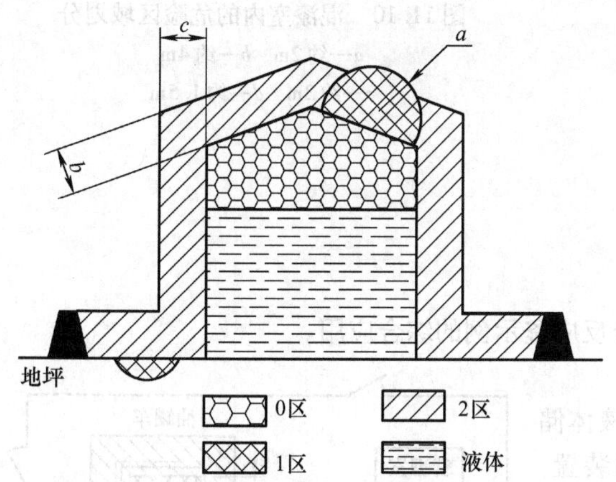

图11.7 储罐内部及周围的危险区域划分

a—距出口处的距离，约为3m

b—罐顶上方的距离，约为3m

c—罐体周围的距离，约为3m

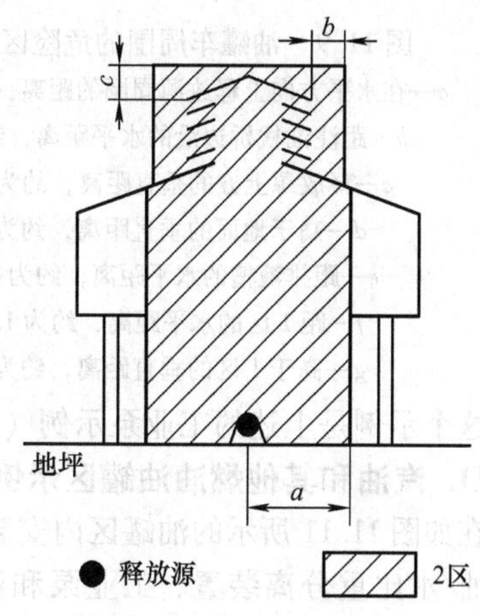

图11.8 氢气压缩机周围的危险区域划分

a—在水平方向上释放源周围的距离，约为3m

b—距通风开口处的水平距离，约为1m

c—距通风开口处的垂直距离，约为1m

9. 油罐车示例

油罐车在室外，从顶部注入汽油。

汽油的闪点低于工艺过程中可能出现的最低温度和环境温度；它的蒸气密度比空气的大。

释放源是油罐车的注油口和溅落到地面的汽油，注油口属于1级释放源，地面的情况属于2级释放源。

由于油罐车位于室外，所以，它处于自然通风的状态（通风等级为中级，时效性一般）。

根据上述条件，油罐车周围的危险区域划分如图11.9所示。

这里需要说明的是，假若注油系统设置有油气回收装置，那么，图11.9中标志的距离可以缩小一些。例如，1区的范围可以缩小到忽略不计；2区也可以明显地缩小。

10. 油漆厂混漆室示例

在如图11.10所示的油漆厂混漆室内安装有4台油漆混合容器和3台液体泵。

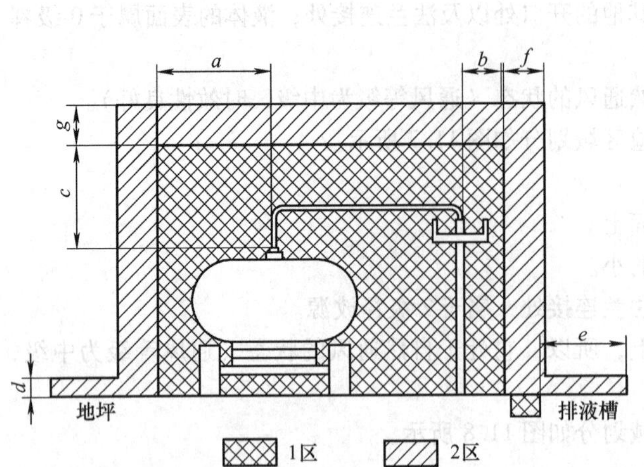

图 11.9 油罐车周围的危险区域划分

a—在水平方向上释放源周围的距离，约为 1.5m

b—距注油栈桥边沿的水平距离，约为 1m

c—释放源上方的垂直距离，约为 1.5m

d—高于地面的垂直距离，约为 1m

e—距排液槽的水平距离，约为 4.5m

f—距 1 区的水平距离，约为 1.5m

g—高于 1 区的垂直距离，约为 1m

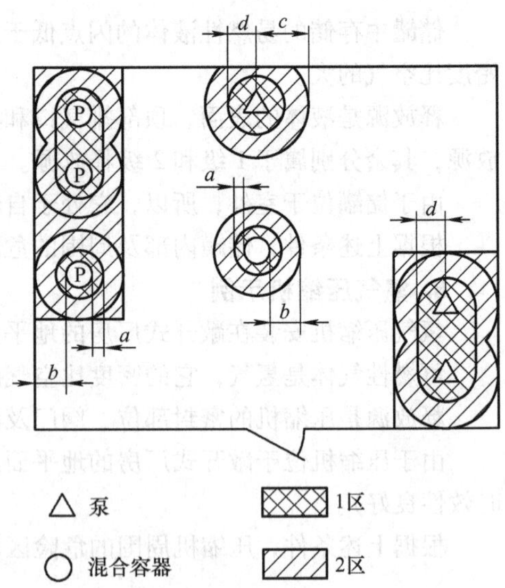

图 11.10 混漆室内的危险区域划分

a—约 2m *b*—约 4m

c—约 3m *d*—约 1.5m

这个示例是上述的工业泵示例（二）和混合反应釜示例的综合应用。

11. 汽油和其他燃油油罐区示例

在如图 11.11 所示的油罐区内安装有易燃性液体储罐、油/水比重分离装置、工业泵和油罐车注油装置。这个示例是上述的工业泵示例、油/水比重分离装置示例、易燃性液体储罐示例和油罐车示例的综合应用。

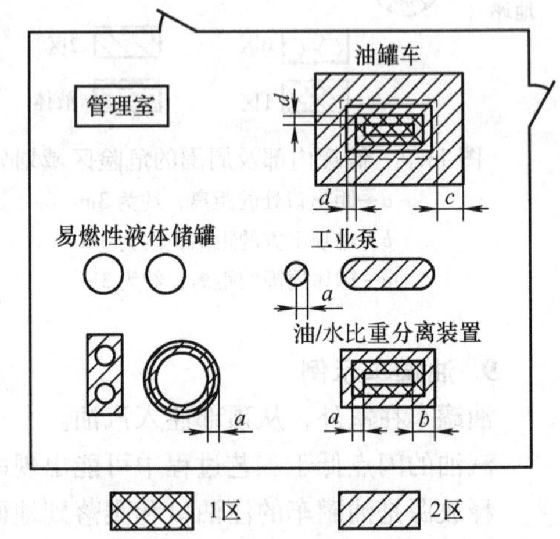

图 11.11 油罐区的危险区域划分

a—约 3m *b*—约 7.5m *c*—约 4.5m *d*—约 1.5m

在这个示例中，除图中标注的尺寸外，其余的尺寸都应该符合上述示例的规定。

综上所述，不管是危险区域的划分原则，还是危险区域的划分示例，都只是给人们一种启示。要想做好爆炸性气体危险场所中危险区域的划分，设计人员必须根据自己的实际经验，认真地分析工业现场的具体情况，按照国家标准 GB 3836.14《爆炸性气体环境用电气设备 第 14 部分：危险场所分类》的规定进行工作。

11.3 爆炸性气体环境中电气设备的选型

爆炸性气体环境中电气设备的选型，主要是指选择防爆电气设备的防爆型式。因此，设计人员应该按照爆炸性气体危险场所的危险区域、电气设备的防爆型式（和设备保护级别）和可燃性气体的特征参数这三个条件的匹配性来确定可以用于爆炸性气体环境中的电气设备。

这就是爆炸性气体环境中防爆电气设备选型的基本原则。

1. 根据危险区域选择设备保护级别和防爆型式

（1）0 区用防爆电气设备

在 0 区中安装和运行的电气设备应该是设备保护级别为 Ga 级的，就防爆型式而言，应该是符合 Ga 级要求的防爆型式，例如“ia”级本质安全型、“ma”级浇封型，以及专门设计用于 0 区的设备。

（2）1 区用防爆电气设备

在 1 区中安装和运行的电气设备应该是设备保护级别为 Gb 级的，就防爆型式而言，应该是符合 Gb 级要求的防爆型式，例如“ib”级本质安全型、“mb”级浇封型、“d”隔爆型、“e”增安型⊖、“pb”级正压型、“o”油浸型、“q”充砂型和专门设计用于 1 区的“s”特殊型，以及 0 区用防爆电气设备。

（3）2 区用防爆电气设备

在 2 区中安装和运行的电气设备应该是设备保护级别为 Gc 级的，就防爆型式而言，应该是符合 Gc 级要求的防爆型式，例如“pc”级正压型、“n”型和专门设计用于 2 区的“s”特殊型，以及 0 区用防爆电气设备、1 区用防爆电气设备。

此外，还需特别指出的是，在进行 2 区用电气设备的防爆型式选择时，人们还应该考虑预期使用的电气设备形成点燃源的频度和周期。假若电气设备频繁而且长期地产生放电火花和（或）危险温度，根据守候定理，即使可燃性气体偶尔出现，发生点燃的可能性也是相当大的。因而，在这种情况下，2 区用电气设备也应该采用 1 区用电气设备的防爆型式（设备保护级别），甚至 0 区用电气设备的防爆型式（设备保护级别）。

2. 根据危险区域中可燃性气体的温度组别选择电气设备的温度组别

当电气设备的防爆型式确定之后，设计人员还应该根据危险区域中存在的可燃性气体的温度组别（点燃温度）来确定电气设备的温度组别。电气设备温度组别的选择原则如表 11. 1 所示。

表 11.1　可燃性气体温度组别与电气设备温度组别的选配关系

可燃性气体		电气设备适应的温度组别
温度组别	点燃温度范围 t/℃	
T1	$t>450$	T1，T2，T3，T4，T5，T6
T2	$450\geqslant t>300$	T2，T3，T4，T5，T6
T3	$300\geqslant t>200$	T3，T4，T5，T6
T4	$200\geqslant t>135$	T4，T5，T6
T5	$135\geqslant t>100$	T5，T6
T6	$100\geqslant t>85$	T6

⊖ IEC 60079-7：2006. Exprosive atmospheres-Part3：Equipment protection by increased safety“e”规定：Gb 级“e”增安型设备允许运行在 1 区。然而，根据我国的实际情况，国家标准 GB 3836. 15《爆炸性气体环境用电气设备　第 15 部分：危险场所电气安装（煤矿除外）》规定，目前我国仅允许下列类型的“e”增安型电气设备安装和使用在 1 区：

- 在正常运行条件下不产生电气火花、电弧或危险温度的接线盒或接线箱，包括主体为“d”隔爆型或“m”浇封型而接线盒为“e”增安型的电气设备。
- 配置适当热保护装置的“e”增安型低压交流三相异步电动机［不得运行于频繁起动的工况和（或）恶劣的工作场所］。
- “e”增安型荧光灯。

由表 11.1 可知，假若在危险区域中存在着乙烯（分子式为 C_2H_4，温度组别为 T2，点燃温度为 425℃），那么，设计人员在确定电气设备的温度组别时可以选择 T2 组，也可以选择 T3 组、T4 组、T5 组和 T6 组。就电气设备而言，温度组别的序号越大，电气设备的最高表面温度越小，越不容易点燃相应的爆炸性气体混合物（例如乙烯-空气混合物）。

3. 根据危险区域中可燃性气体的分级选择电气设备的防爆级别

在各种防爆型式中，只有“i”本质安全型、“d”隔爆型和“n”型中的“nL”限制能量型电气设备、“nA nL”自保护限制能量型电气设备、“nC”型封闭断路器、“nC”型非点燃元件才细分为ⅡA 级、ⅡB 级和ⅡC 级三个防爆级别。其他的防爆型式，如果需要，根据试验也可以划分防爆级别。

设计人员应该根据危险区域中存在的可燃性气体的分级，按照表 11.2 中所示的相应关系选择电气设备的防爆级别。

表 11.2　可燃性气体分级与电气设备防爆级别的选配关系

可燃性气体的分级	电气设备适应的防爆级别
ⅡA	ⅡA、ⅡB、ⅡC
ⅡB	ⅡB、ⅡC
ⅡC	ⅡC

由表 11.2 可知，假如在危险区域中存在着苯（分子式为 C_6H_6，分级为ⅡA），那么，设计人员在确定电气设备的防爆级别时可以选择的防爆级别，除ⅡA 级外，还可以选择ⅡB 级和ⅡC 级。因为在这三个防爆级别中ⅡC 级的隔爆间隙（最小点燃电流比）小于ⅡB 级的隔爆间隙（最小点燃电流比），ⅡB 级的隔爆间隙（最小点燃电流比）又小于ⅡA 级的隔爆间隙（最小点燃电流比），所以用小的隔爆间隙（最小点燃电流比）代替大的隔爆间隙（最小点燃电流比），显然是安全的。

这里还需要指出的是：

① 人们在进行移动式设备、便携式设备和个人携带式用品的设备保护级别（防爆型式）选择时，不管危险场所区域如何，应该遵守“就高不就低”的原则，即对于移动式设备、便携式设备，选择设备保护级别为 Gb 级、Ga 级的；对于个人携带式用品，选择设备保护级别为 Ga 级的。因为这种设备是会“运动”的，它可能会从“2 区”进入“1 区”甚至“0 区”。当然在选型时人们还应该考虑到相应的防爆级别和温度组别。

② 仅仅通过氢气试验（参见 3.4.9 节）的ⅡC 级设备，能否使用于存在ⅡB 级（ⅡA 级）可燃性气体的场所？答案是肯定的，可以使用于这些场所。因为，ⅡC 级设备必须通过ⅡC 级设备的耐爆性能试验，而且又通过氢气的隔爆性能试验，因而无论是结构强度还是隔爆结构，都能够满足ⅡB 级（ⅡA 级）可燃性气体的要求。但是，“$ⅡB+H_2$”级设备不得使用于存在ⅡC 级可燃性气体的场所，因为无论结构强度还是隔爆结构都不能满足ⅡC 级可燃性气体的要求（参见第 3 章）。

③ 对于存在多种可燃性气体形成的所谓混合型可燃性气体的场所，人们在防爆电气设备选型时应该慎重考虑。设计人员应该首先根据式（1.1）和式（1.2）计算场所中存在的这种混合型可燃性气体的爆炸极限，然后根据式（1.21）计算它的最大试验安全间隙，确定它的防爆级别并分析它的温度组别。以此来选择合适的防爆级别和温度组别的电气设备。

4. 对特殊环境条件下防爆电气设备选型的思考

这里所说的特殊环境条件是指在爆炸性气体环境中某些局部区域内可能存在的高温、高压或

（和）富氧的环境。在第1章和第2章中，我们已经讨论了可燃性气体的最小点燃电流和最大试验安全间隙随着温度增加、压力升高或者混合物中氧气含量增加而减小，致使有一些可燃性气体会出现“跳级”现象，即从较低的危险级别跳到更高的危险级别。

因此，在这种情况下，人们在防爆电气设备选型时就必须进行慎重考虑，即使是同一种可燃性气体，在正常情况下适用的设备防爆级别，在这里就不再适用，必须选用更高、更安全的防爆级别，尽管使用“间隙”和“电流”分级时已经采用比较大的安全系数。

有文献指出，某些可燃性气体随着温度的增加可以“跳级”到更危险的级别，如表11.3所示。

表11.3　可燃性气体“跳级”的示例

防爆级别	温度/℃			
	20℃	50℃	100℃	150℃
ⅡA	甲烷，丙烷，丙烯，苯乙烯，苯，甲苯，甲醇，丙酮	—	—	—
ⅡB	乙烯，环氧乙烷	丙烯，甲醇	苯，苯乙烯，甲苯	甲烷，苯，苯乙烯，甲苯，丙酮
ⅡC	—	环氧乙烷	乙烯	丙烷，乙烯

表11.3仅仅列出了某些可燃性气体随着温度的增加引起的“跳级”。至于压力升高或（和）富氧引起的问题，以及其他可燃性气体随着温度、压力和富氧的变化而出现的“跳级”现象，同样值得人们思考。

在讨论了爆炸性气体环境中防爆电气设备选型的这些原则后，设计人员应该能够很容易地进行这项工作。这里不再列举综合性的选型示例，请读者自行分析。

11.4　爆炸性气体环境中电气设备的安装

11.4.1　供电系统和电气保护

1. 供电系统

在电力供电系统中，通常采用三种供电制：三相五线制、三线四线制和三相三线制。在这些供电制中，电源与用电设备之间的电气连接及保护性接地系统是各不相同的。这里主要且简单地介绍一下供电系统的接地模式。

对于交流电压1000V（有效值）以下的电气系统，系统的接地模式有三种：TN系统、TT系统和IT系统。

（1）TN系统

在这种接地系统中，电源侧有一点直接接地，用电设备的外露导电部件通过中性导体或保护性导体也直接接地。TN系统又可分为以下三种形式：TN-S系统、TN-C系统和TN-C-S系统。

1）TN-S系统

在TN-S系统中，整个系统的中性导体（N）和保护性导体（PE）是分开设置的，也就是说，从电源侧开始中性导体和保护性导体分别单独地与电气设备连接。TN-S系统如图11.12所示。

2）TN-C系统

在TN-C系统中，整个系统的中性导体（N）和保护性导体（PE）是合二而一设置的，被称

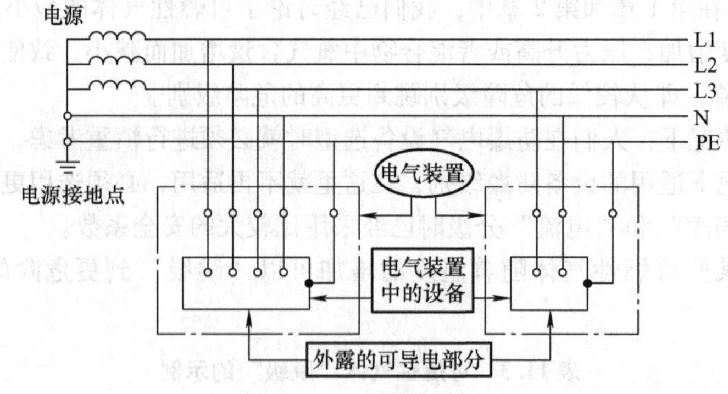

图 11.12　TN-S 系统

L1、L2、L3—相线　N—中性线　PE—保护性接地线

为保护中性导体，也就是说，从电源侧开始中性导体和保护性接地导体共用一根导线与电气设备连接。TN-C 系统如图 11.13 所示。

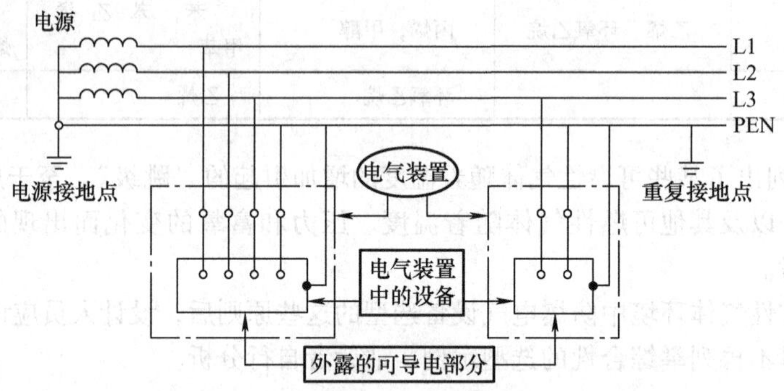

图 11.13　TN-C 系统

L1、L2、L3—相线　PEN—中性线-保护性接地线

3）TN-C-S 系统

在 TN-C-S 系统中，系统的中性导体和保护性导体，一部分是合二而一设置的，另一部分是分而治之设置的。TN-C-S 系统如图 11.14 所示。

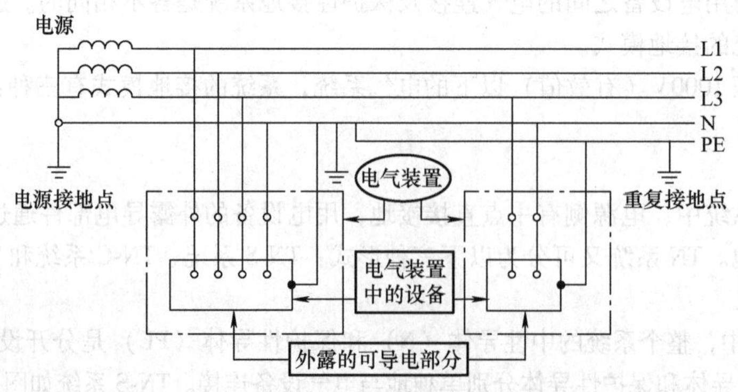

图 11.14　TN-C-S 系统

L1、L2、L3—相线　N—中性线　PE—保护性接地线

在爆炸性气体环境中，设计人员应该采用 TN-S 系统，假若采用 TN-C 系统和 TN-S 系统的转换系统（即 TN-C-S 系统），这种转换应该在非危险场所进行，在那里将保护性接地线连接到等电位系统中。

这里需要指出的是，不管是在爆炸性危险环境中还是在非爆炸性危险环境中，只要将 TN-C 系统转换为 TN-C-S 系统，就不允许再将 TN-C-S 系统反向转换为 TN-C 系统。

在危险场所中，设计人员还应该考虑到中性点的电位可能引起的麻烦。因为用电负荷的不平衡将会导致中性点电位升高，不处在地电位（0 电位），于是，中性线和保护性接地线之间就产生一个电位差。显然，这是一个十分令人讨厌的问题。

（2）TT 系统

在 TT 系统中，电源侧有一点直接接地，用电设备的外露导电部分也直接接地，但是，两个接地点在电气上是相互独立的。TT 系统如图 11.15 所示。

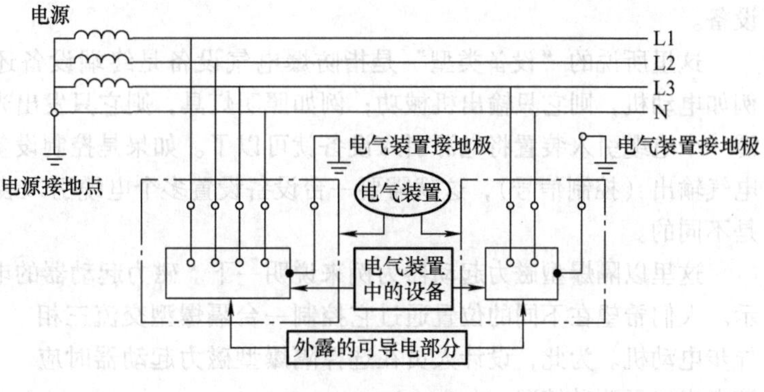

图 11.15　TT 系统

L1、L2、L3—相线　N—中性线

在爆炸性危险场所的 1 区中，如果采用 TT 系统，应该在电源侧设置漏电保护装置进行电气保护。

接地电阻高的地方不允许使用这种系统。

（3）IT 系统

在这种系统中，电源侧不直接接地或通过高阻阻抗接地，用电设备的外露导电部分直接接地。IT 系统如图 11.16 所示。

假若在爆炸性危险场所中使用这种接地系统，设计人员应该在系统中设置绝缘监测装置，实时监测接地故障。

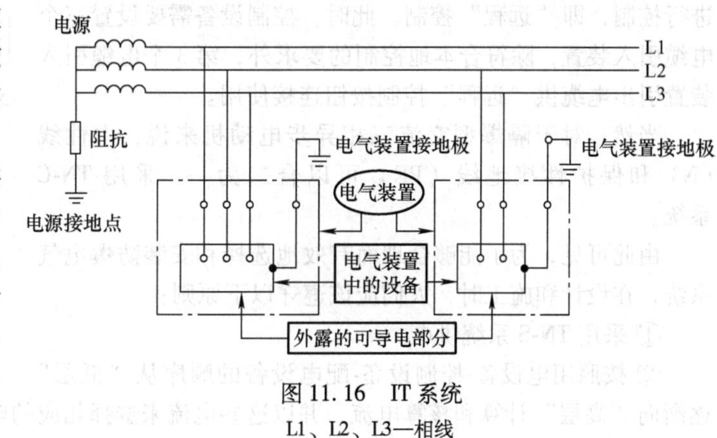

图 11.16　IT 系统

L1、L2、L3—相线

除了上述的千伏级以下的供电系统外，在爆炸性气体环境中还有可能使用特低电压供电系统。这种系统用符号 SELV（Safety Extra Low Voltage）和 PELV（Protective Extra Low Voltage）表示；系统的标称电压不超过交流 50V（有效值）和直流 120V；系统的电源为符合国家标准 GB 19212.7《电力变压器、电源装置和类似产品的安全　第 7 部分：一般用途安全隔离变压器的特殊要求》规定的安全隔离变压器电源或其他等效的安全电源。这些系统应该符合国家标准 GB 16895.21—2011《低压电气装置　第 4—41 部分：安全防护 电击防护》和 GB 3836.15《爆炸性气体环境用电气设备　第 15 部分：危险场所电气安装（煤矿除外）》的相关规定，这里不再赘述。

2. 电气结线

在爆炸性气体环境中，一般情况下，要求采用 TN-S 系统；当采用其他供电系统（TT 系统，IT 系统）时还应该附加相应的漏电保护或绝缘检测装置。

(1) 设备连接

在爆炸性气体环境中，防爆电气设备的电气输入和电气输出都必须通过电缆引入装置进行。电缆引入装置是保证防爆电气设备防爆安全性能的关键环节。在爆炸性危险环境中进行电气设计和安装时，设计人员和安装人员不仅要仔细地考虑电气系统的电气性能，而且还应该根据防爆型式来考虑电缆进入设备的方式。

因而，在系统设计时，设计人员必须考虑设备类型和操作方式，从而选择符合安装要求的设备。

这里所说的“设备类型”是指防爆电气设备是终端设备还是控制设备。如果是终端设备，例如电动机，则它只输出机械功；例如照明灯具，则它只发出光和热，如此等等。这样，设备只需一个电缆引入装置将电源引入设备就可以了。如果是控制设备，则它不仅有电源输入而且还有电气输出（控制信号），这就需要一台设备设置多个电缆引入装置，而且这些引入装置的尺寸也是不同的。

这里以隔爆型磁力起动器为例来说明一下。磁力起动器的电气控制原理示意图如图 11.17 所示。人们希望在不同的位置通过它控制一台隔爆型交流三相异步电动机。为此，设计人员在选择隔爆型磁力起动器时应该考虑以下两种情况：

第 1 种情况：仅要求在“本地”进行控制。此时，控制设备只需设置两个电缆引入装置，一个供电源进入控制设备，另一个从控制设备引出电源，然后进入被控制设备。

第 2 种情况：除“本地”控制外，还需要在“异地”进行控制，即“远程”控制。此时，控制设备需要设置三个电缆引入装置，除符合本地控制的要求外，第 3 个电缆引入装置引出电缆供“远程”控制按钮连接使用。

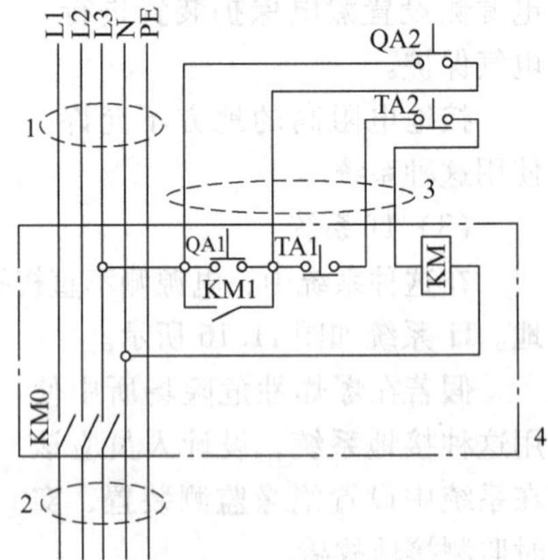

图 11.17　控制设备电气连接示意图

1—电源输入电缆引入装置

2—电源输出电缆引入装置

3—电气输出电缆引入装置

4—控制设备（隔爆型磁力起动器）

当然，对于隔爆型交流三相异步电动机来说，中性线（N）和保护性接地线（PE）可以合二为一，采用 TN-C 系统。

由此可见，为了能够合理而有效地选择和安装防爆电气系统，在设计和施工时，人们应该遵守以下原则：

① 采用 TN-S 系统供电。

② 按照用电设备-控制设备-配电设备的顺序从“低层”逐渐向“高层”计算和核算电流，并以这些电流来选择相应的电缆。

③ 根据功能和电流（电缆外径）来选择相应的防爆电气设备（电缆引入装置）。

④ 选择防爆电气设备后还要再核算一下电缆外径与电缆引入装置的匹配性。

当人们按照上述原则完成相应的作业后，现场施工将不会遇到太大的麻烦。

(2) 接地

大家知道，普通工业或民用供电系统接地的主要目的是保障人和设备的安全。然而，在爆炸性气体环境中，系统接地，除上述目的外，还能够防止可能出现的点燃爆炸危险。

在爆炸性危险场所中，防爆电气设备需要接地时通常采用双重接地模式（移动式设备除外），既进行所谓的“内接地”（主接地），又进行所谓的“外接地”（辅助接地）。这一点很重要。

在这里我们建议，为了适应防爆电气设备的这种双重接地模式，在爆炸性危险场所中安装电气系统时应该采用TN-S系统，即所谓的“三相五线制”。这是因为，通常情况下，防爆电气设备是通过专门的电缆引入装置将电缆引入设备的，假若引入电缆的芯线中不包含保护性接地线，那就无法实现内接地。TN-S系统就要求引入电缆必须具有保护性接地芯线，直接同电源的接地网络相连接，实现设备的内接地功能。

至于保护性接地芯线导体的截面积，不管是TN系统，还是TT系统，抑或IT系统，都必须有一个最小截面积（表11.4）。而且，它的材质必须与主电路（相导体）的材质相同，否则最小截面积必须按照材料的电导率进行相应的修正。

表11.4　保护性接地芯线导体截面积与主电路导体截面积的关系

主电路（相）导体的截面积 S_0/mm^2	保护性接地芯线导体截面积 S/mm^2
$S_0 \leqslant 16$	S_0
$16 < S_0 \leqslant 35$	16
$35 < S_0$	$0.5S_0$

这里应该指出的是，假若按照表11.4得出的计算值不是标称值，应该进行圆整并选取比它大的标称值，而且这个值无论如何也不得小于4mm^2。

除了设备的内接地外，设备还应该进行可靠的外接地。外接地的接地导体直接就近连接在当地的接地网络中；有时候，设备的金属外壳安装在接地的金属结构件上并同它保持“金属”接触，也可以被认为是一种外接地。

（3）等电位连接

爆炸性危险场所中的电气安装，要求各个可能成为导电部件的金属结构件进行等电位连接，以保证这些结构件不管在任何情况下都处于同电位（地电位）。

在TN系统、TT系统和IT系统中，所有外露的导电部件，例如保护性导线、金属导管、电缆的金属护套、铠装电缆的铠装金属丝（铠装金属带）和所有装置的金属结构件，都必须可靠地连接在等电位系统中。但是，中性导体（中性线）不得进行等电位连接。

在这种连接中，假若外露的导电部件安装在接地的金属结构件上，并同金属结构件保持“金属”接触的话，那么，人们就没有必要再单独进行这种等电位连接。

“i”本质安全型设备的外露金属部件，采用阴极保护措施的相关金属结构件，也没有必要进行等电位连接。

3. 电气保护

在爆炸性气体环境中电气网络的保护，除符合普通电气网络应该具有的保护措施外，还应该考虑这种环境的特殊情况提出一些专门的保护要求。

设计人员应该对用电设备设置过载、短路和接地故障保护。

通常认为，当用电设备发生过载时，如果过载电流超过额定电流10倍以上，则这样的“过载”被认为是“短路”。这是一个模糊的概念。

对于旋转电动机来说，过载保护装置可以选用：

① 延时时间继电器，监控三相过载电流的延续时间。当整定值为1.2倍额定电流时，过载保护装置应该在2h以内动作；当整定值为1.05倍额定电流时，过载保护装置应该在2h以内不

动作。

② 温度传感元件，嵌入电动机绕组内以监控绕组的温度。

③ 其他的等效元器件或装置，例如熔断器等。

此外，还应该防止三相电动机在断相情况下运行。

对于变压器来说，设计人员也必须配置过载保护装置，除非一次侧在额定电压和额定频率条件下二次侧发生的持续过载（短路）电流不会造成不允许的危险温度，或者，二次侧不可能发生短路。

对于除电动机以外的其他用电设备来说，短路和接地故障是威胁电气安全的主要因素。

短路和接地故障的保护装置不应该在故障没有排除之前使被保护系统自动重新合闸。

对爆炸性危险场所供电，设计人员还应该配置紧急断电措施和电气隔离措施。

紧急断电措施应该设置在危险场所以外，在紧急情况下拉闸断电。但是，在危险场所中必须连续运行的设备不得包括在紧急断电电路中，应该另设单独的线路，以防止危险场所中事故状态进一步恶化。

电气隔离措施是为了便于某一电路断电或供电而设置的。例如，在用电设备的前一级安装隔离开关，等等。

这里必须特殊指出，电气系统的中性线不得安装如熔断器之类的自动切断装置。在实际应用中，中性线突然断开后不平衡的电压和电流导致设备损坏的例子比比皆是。

11.4.2 电缆敷设

1. 电缆选择

在爆炸性气体环境中，由于危险场所分为三种危险区域，所以，对某一区域中所用的电缆提出的要求也是不同的。

（1）0 区用电缆

0 区用电缆，在这里主要是指在 0 区安装“ia”级本质安全型电路、电气设备和关联设备时使用的电缆。

1）电缆结构和相关参数

这种电缆常常是多芯电缆，而且有一些电缆的芯线之间还有屏蔽层保护。

这种电缆的芯线的直径（包括绞线的每个金属丝）不应该小于 0.1mm，绝缘层的厚度至少应该等于芯线直径的数值；当采用聚乙烯绝缘材料时，绝缘层的厚度不应该小于 0.2mm。

在本质安全电气系统中，一根多芯电缆，有时候，可能连接着多个本质安全电路。

在选择电缆时，设计人员和安装人员应该考虑到电缆的电气参数：电缆电容 C_c 和电缆电感 L_c，或者，电缆电容 C_c 和比值 L_c/R_c，并按照以下方法来确定这些参数：

- 由制造商提供的最严酷的电气参数。
- 由测试试验样品确定的电气参数。
- 当电缆为普通结构（屏蔽型或非屏蔽型）由 2 芯或 3 芯构成时，$C_c=200\text{pF/m}$ 和 $L_c=1\mu\text{H/m}$；或者，$C_c=200\text{pF/m}$ 和 $L_c/R_c=30\mu\text{H}/\Omega$。

设计人员和安装人员可以根据这些参数和设备的相关参数（C_o、L_o、L_o/R_o；C_i、L_i、L_c/R_c）来确定电缆的实际允许使用长度。

2）电缆电气参数测试

当制造商没有提供电缆的相关电气参数时，人们可以自行测试这些参数。

测试电缆参数的实验室环境条件：环境温度为 20～30℃，相对湿度为 30%～60%。

测量电缆电阻的仪表的精度为±1%；测量电缆电容、电缆电感的仪表的测试频率为（1±0.1）kHz，精度为±1%。

试验样品长度为10m。

在测量时，人们应该分别测量同一根电缆各芯线之间、各芯线与屏蔽之间的电容和电感。测得的最大值除以10则是试验样品单位长度的电缆电容和电缆电感。

对于结构松散的电缆，试验时人们应该至少弯曲和扭转电缆10次，测得的数据变化不应该超过2%。

3）介电强度试验

这样的电缆，应该具有很好的绝缘性能，应该能够承受如下试验电压的介电强度试验：

• 对于单芯电缆，在芯线导体与绝缘层外试验导体之间施加本质安全电路工作电压2倍值的试验电压，且至少为500V。

• 对于铠装和（或）屏蔽电缆，在所有芯线与铠装带和（或）屏蔽层、铠装带和（或）屏蔽层与地之间施加至少500V交流试验电压（有效值），或750V直流试验电压。

• 对于电缆芯线没有屏蔽层的电缆，在一半芯线连接在一起后与另一半芯线连接在一起后的芯线束之间施加1000V交流试验电压（有效值），或1500V直流试验电压。

试验电压电源（例如，变压器）的容量至少为500VA，频率为48~52Hz或58~62Hz。试验电压应该在不小于10s时间内上升至规定值，且至少保持60s。

4）电缆故障考核

"ia"级和"ib"级本质安全型设备和电路所用连接电缆应该承受故障考核，以便与设备的设备保护级别（"ia"级或"ib"级）相适应。

这样的故障考核，根据电缆的结构和连接电路情况，分为两类：一类是不考虑故障；另一类是考虑故障。

① 如果多芯电缆通过上述的介电强度试验，且电缆符合以下任一种情况，则人们不必考虑它可能会发生故障：

• 电缆芯线有屏蔽层保护，且这种屏蔽层遍布绝缘层表面至少60%。

• 电缆固定安装并有机械保护措施防止外部损伤，且工作电压不大于60V。

• 多芯电缆中每个电路的安全系数是相应设备的安全系数的4倍值。

②如果多芯电缆通过上述的介电强度试验，但是电缆芯线之间没有屏蔽层保护，或者，电缆的工作电压不小于60V，则人们必须考虑2根芯线之间可能发生短路故障以及4根芯线可能发生开路故障。

在0区安装除"ia"级本质安全型设备外的其他设备（例如"ma"级浇封型电气设备）时所用的电缆应该经过高级专业技术人员审查批准。

(2) 1区和2区用电缆

1区和2区用电缆，根据电气设备和电气线路的安装状态，可以分为固定式设备用电缆和移动式设备用电缆。

对于固定安装的设备及相应的电路，设计人员可以采用相应电压等级的热塑性护套电缆、热固性护套电缆、合成橡胶护套电缆以及矿物绝缘金属护套电缆。

对于移动式设备，例如手持行灯、手持电钻等在使用时拖动供电电缆的设备，设计人员可以采用相应电压等级的重型橡胶护套软电缆和重型氯丁橡胶护套软电缆；对于电压不超过250V，电流不大于6A的手持式设备，也可以采用普通的橡胶护套软电缆和普通的氯丁橡胶护套软电缆。

此外，不管电缆是什么型式的，它们的绝缘都应该具有阻燃性能。当然，电缆埋设在地下或穿过充砂的金属管时可以不必具有阻燃性能。

还应该指出的是，在 1 区和 2 区安装“ib”级本质安全型设备、电路和关联设备时使用的电缆也应该符合在 0 区安装“ia”级本质安全电气系统时使用的电缆的要求。

2. 电缆敷设

（1）电缆敷设的一般原则

为了把电气线路可能造成的点燃危险降低到最小的程度，设计人员在设计爆炸性危险场所的电缆敷设时应该遵守以下原则。

① 电气线路应该尽可能地远离释放源，敷设在爆炸危险性较小的地方。一般情况下，电气线路应该尽可能地敷设在建筑物的外部。在爆炸性气体环境中，当可燃性气体的密度比空气的大时，电气线路应该设置在较高的地方或直接埋设在地下；当可燃性气体的密度比空气的小时，电气线路应该设置在较低的地方或电缆沟中。架空电缆应该沿电缆桥架敷设。电缆沟内应该在电缆敷设后填充石英砂，必要时还应该设置排水系统。

② 敷设电缆的沟道或钢管和电缆在穿过不同危险区域的间壁（例如建筑物的墙壁、楼层板）时应该采用不燃性材料严密地密封起来。

③ 当电缆沿着输送可燃性物质的管道敷设时，电缆应该敷设在危险性小的管道的上方（当可燃性物质的密度比空气的大时）或下方（当可燃性物质的密度比空气的小时）。

④ 电气线路应该尽可能地避开可能遭受到机械损伤、化学腐蚀或高温作用的地方，若不能避开则应该采取合适的防护措施。

⑤ 低压电力线路和照明线路中使用的电线电缆的额定电压不应该低于它的工作电压，至少为 500V（交流有效值）。系统中性线耐压等级应该与相线一致，而且中性线应该与相线在同一护套内或敷设在同一管道内。

⑥ 不管在哪种危险区域中，电线电缆应该采用铜芯的。

电线或电缆芯线的线径，在 0 区，不得小于 $1mm^2$；在 1 区，不得小于 $2.5mm^2$；在 2 区，不得小于 $1.5mm^2$。

对于 2 区，设计人员可以选用铝芯电缆（线径不得小于 $4mm^2$，控制线不得使用铝芯的），但是，在与电气设备接线端子连接时必须采用铜-铝过渡接头连接。

⑦ 本质安全电路系统与非本质安全电路系统应该尽可能地分开敷设；如不可能分开则应该采取隔离措施（当采用屏蔽电缆和金属护套电缆时可以不采取隔离措施）。

⑧ 当电缆被固定在电缆桥架或设备上时，电缆弯曲半径至少是直径最大的电缆直径的 8 倍值。

⑨ 当采用铠装电缆和（或）屏蔽电缆时，安装应该保证电缆的金属铠装带和（或）金属屏蔽层不得与输送可燃性物质的金属管道发生接触。

⑩ 当采用多芯电缆时，未使用的芯线应该在它的两端可靠地接地，不得使用绝缘胶带进行绝缘处理。

除了上述的设计原则外，设计人员还应该按照普通电气线路设计的方法进行工作。这些设计方法在保证电气系统安全运行方面也是至关重要的。

（2）0 区中电缆的敷设

0 区中电缆的敷设，主要是指“ia”级本质安全型设备、电路和关联设备的电缆敷设，除符合 1 区和 2 区中“ib”级本质安全电气系统电缆敷设的要求外，还应该注意系统接地时的特殊情况。

在爆炸性危险场所中，0 区是在含有释放源的封闭区域形成的，例如，储罐中液位上部的空间。安装在这样的区域（0 区）中的“ia”级本质安全型电气设备应该在0 区外接地（假若需要接地的话），而且，接地应该尽量靠近0 区，但是，不允许接在与储罐有关的金属构架上。

对于除“ia”级本质安全型设备、电路和关联设备外的其他可适用于0 区的设备，电缆的安装也可以参考这些要求。

(3) 1 区和 2 区中电缆的敷设

1）电缆布线

在1 区和2 区的危险区域中，电气线路只允许采用电缆布线。当使用不带护套的电线时，电线必须穿入钢管中敷设。

一般情况下，在危险区域中电缆不允许有“中间接头”，也就是说，不允许将两段电缆随便地连接在一起。当施工过程中实在不可避免“中间接头”时，安装人员可以在符合现场要求的防爆型接线盒（接线箱）内进行连接；也可以将要连接的电缆芯线通过机械的方法，例如绞接、螺栓连接、熔焊或钎焊等方法，连接在一起，然后用环氧树脂、绝缘粘合剂或热缩管材进行密封。后者，通常情况下不允许使用在1 区。

另外，对于铠装电缆、屏蔽电缆和具有金属护套的电缆，安装人员应该采用适当隔离措施，防止这些电缆的外露金属部分（铠装带、屏蔽层和金属护套）接触输送可燃性气体和易燃性液体的管道系统，以免给可能出现的杂散电流提供通道，造成点燃危险。

安装时，电缆可以通过桥架敷设。桥架通过间壁墙时必须进行可靠的密封。密封结构的示意图如图 11. 18 所示。

电缆在电缆沟中敷设时，电缆沟里应该填充石英砂。电缆沟从非危险场所进入危险场所通过间壁墙时必须进行可靠的密封。密封结构的示意图如图 11. 19 所示。

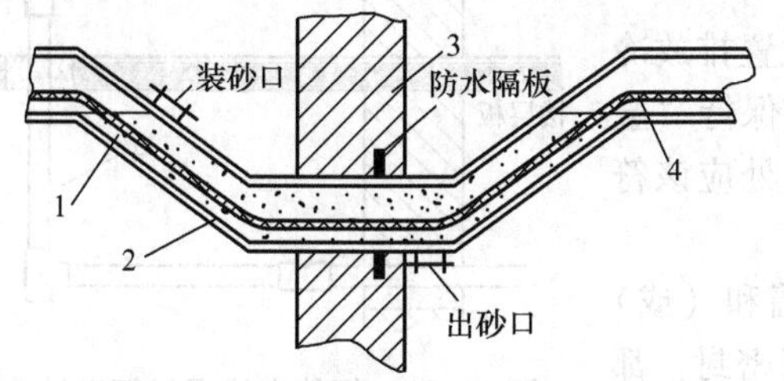

图 11. 18　电缆桥架穿墙密封结构示意图

1—石英砂　2—桥架　3—墙体　4—电缆

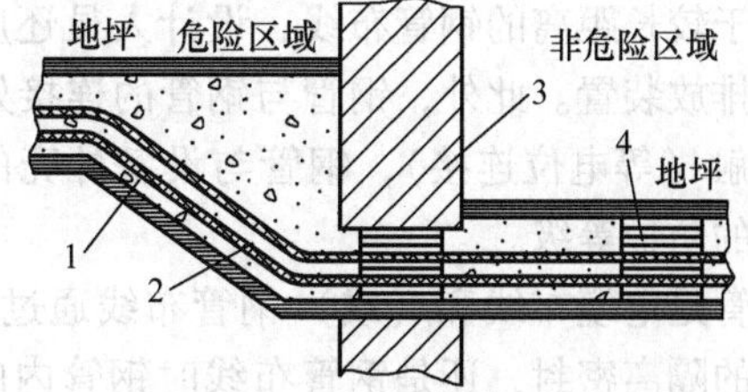

图 11. 19　电缆沟进入危险场所穿墙密封结构示意图

1—石英砂　2—电缆　3—墙体

4—轻质耐火砖（缝隙用防火堵料或密封胶泥密封）

电缆在通过间壁墙和楼层板时，通过处必须进行可靠的密封。密封结构的示意图如图 11. 20 所示。

2）钢管布线

在1 区和2 区的危险区域中，电线和电缆可以穿入镀锌钢管中敷设。在钢管中穿入的电线电缆数量，以它们的总截面积计，不应该超过布线钢管内截面积的 40%。

在下列情况下，设计人员应该在布线钢管内设置隔离密封盒（图 11. 21）：

- 布线钢管进入或离开危险场所时。
- 布线钢管由 1 区进入 2 区时。
- 距离内部存在点燃源的外壳 450mm 范围内。
- 内径为 50mm 及以上的布线钢管的分支接头处。

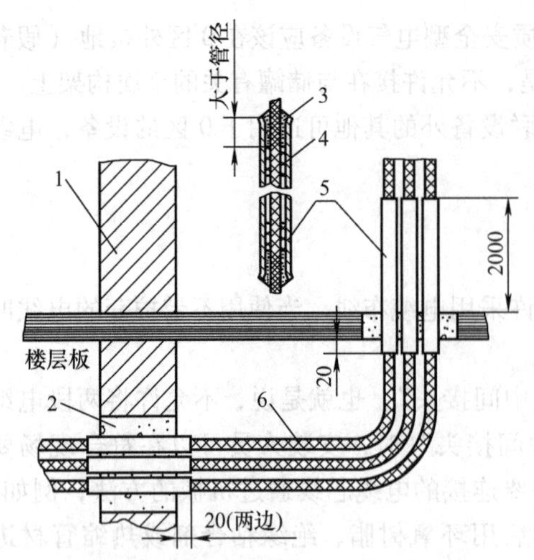

图 11.20　电缆通过间壁墙和楼层板密封结构示意图

1—墙体　2—速固型防火堵料　3—密封胶泥　4—石棉绳堵料　5—钢管　6—电缆

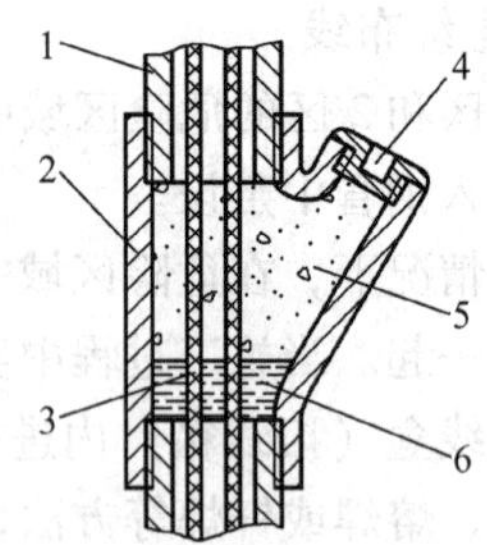

图 11.21　隔离密封盒

1—钢管　2—隔离密封件　3—电线电缆　4—封堵　5—粉剂密封填料　6—堵料

在这种隔离密封盒中，密封填料的厚度至少等于布线钢管的内径。密封填料在填入钢管固化后不得收缩，不得透水，不受危险场所中化学物质的不利影响。

钢管布线在通过间壁墙和楼层板时同样必须进行钢管与间壁墙、楼层板之间的密封。密封结构的示意图如图 11.22 所示。

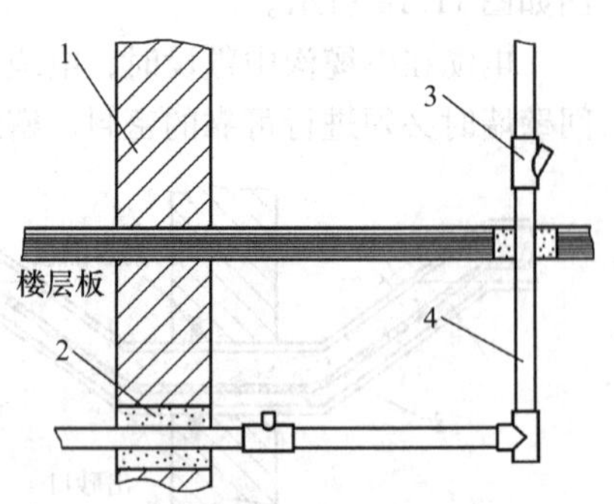

图 11.22　钢管布线通过间壁墙和楼层板密封结构示意图

1—墙体　2—速固型防火填料　3—隔离密封盒　4—钢管

对于较长距离的钢管布线，设计人员还应该设置排放冷凝水的排放装置。此外，钢管与钢管的连接处应该保持“金属”接触（等电位连接），钢管与设备外壳的连接处应该符合相应的防护等级。

不管是电缆布线和（或）钢管布线通过间壁墙和（或）楼层板的隔离密封，还是钢管布线时钢管内的隔离密封，都是为了避免可燃性气体或易燃性液体从一个地方“流动”到另一个地方，防止可能出现不必要的附加点燃事故。因而，人们应该注意到这一点。

3）“ib”级本质安全型布线

① 电缆敷设

在 1 区和 2 区的危险区域中，“ib”级本质安全电路布线的基本原则是“隔离”（机械的和电气的），具体要求如下：

- 本质安全电路的电缆和非本质安全电路的电缆应该分开敷设。
- 在一根多芯电缆中，不允许一部分芯线用于连接本质安全电路，另一部分芯线用于连接非本质安全电路。
- 绑扎在同一束电缆束中的本质安全导线和非本质安全导线之间应该用接地的金属箔隔离开。
- 本质安全电路电缆应该使用铠装电缆、屏蔽电缆或金属护套电缆。
- 本质安全电路电缆的布线应该防止可能遇到的机械损伤和化学腐蚀。

除此之外，本质安全电路的电线电缆还应该进行颜色标识。通常情况下，用于本质安全电路的电线电缆应该标志浅蓝色，假若有中性线为蓝色，则可以使用标志牌进行标识。铠装电缆、屏蔽电缆和金属护套电缆应该使用标志牌进行标识。

② 本质安全电路的接地

本质安全电路，就其对地的状态，可以分为两种模式：

- 本质安全电路同地隔离，处于"悬浮"状态。
- 本质安全电路有一点同危险场所中等电位体相连接。

当本质安全电路处于"悬浮"状态时，人们应该特别注意静电对电路可能造成的不利影响。此时，允许将电路通过一个电阻值为0.2～1MΩ的电阻接地，以泄放可能出现的静电电荷。这个范围的电阻值，对于静电来说，可以被认为是"导电"的。

当本质安全电路处于接地状态时，主电路与各分支电路应该进行"电流"隔离，而且，各分支电路应该同接地网络至少有一点连接。

在本质安全电路中，假若没有隔离措施进行电流隔离时，各电路的接地点尽可能接近等电位系统；在TN-S系统中，电路接地与主电源接地之间的连接电阻不应该大于1Ω。

不管在什么情况下，接地必须牢固可靠。接地导线应该是绝缘的，至少有两根截面积不小于1.5mm^2的铜导线连接，而且，每根导线都能够承受最大的负载电流；当使用一根铜导线时，导线的截面积至少为4mm^2。

③ 电缆屏蔽层和铠装带的接地

屏蔽电缆的屏蔽层和铠装电缆的铠装带都必须可靠地接地，接地点应该在由非危险场所进入危险场所时非危险场所一侧的端口处。

对于屏蔽电缆，电缆的屏蔽层必须至少有一点接地。假若需要防止周围其他电磁场的干扰，屏蔽层应该进行多点接地，如图11.23所示。

对于铠装电缆，电缆的铠装带必须用适当的方式连接到等电位系统中，以防止铠装带与等电位系统之间出现电位差，可能产生放电火花。

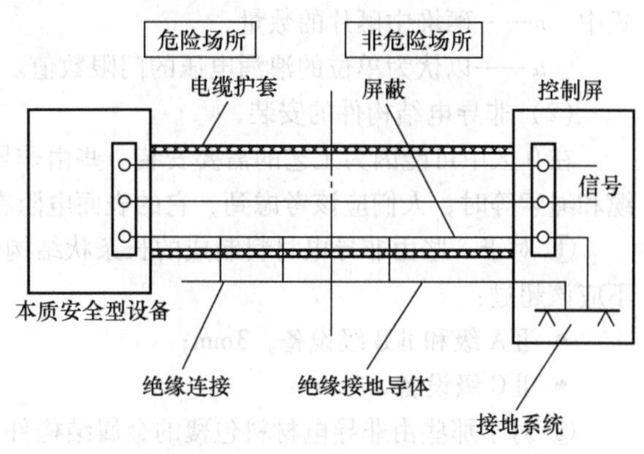

图11.23　屏蔽电缆屏蔽层的多点接地示意图

11.4.3　电气设备安装

1. 安装的通用要求

不管是哪种防爆型式的电气设备，但凡安装，都应该遵守普通电气设备的安装规范。除此之外，由于防爆电气设备的特殊性，安装人员还应该注意以下方面：

- 安装前，应该全面检查设备的完整性，清理设备内部及相关连接部件；
- 安装前，应该检查电气设备的绝缘性能，旋转运动部件的活动状态；
- 机械安装应该牢固可靠，不应该在运行过程中发生松动现象；
- 电气连接应该保证接触电阻最小，不得在运行中出现电接触不良现象；
- 接线端子接线后爬电距离和电气间隙应该符合图样中标注的规定值；
- 电气设备的内、外接地和等电位联结应该可靠有效。

2. 在 0 区里设备的安装

（1）本质安全型电气设备的安装

本质安全型设备、电路和关联设备的安装是一种系统性安装，只有这种安装全面符合要求后才能够保证这种防爆型式的防爆安全性能。前面已经简单地介绍了本质安全电路的电线电缆的敷设与接地等内容，这里，再简要地讨论一下设备的安装。

在 0 区，设计人员应该选用“ia”级设备，并且优先使用本质安全电路与非本质安全电路之间有电流隔离措施的关联设备。当没有电流隔离措施时，它的电源应该设在非危险区域，而且还要通过可靠电源变压器进行隔离，变压器的一次侧必须接入合适的熔断器进行保护（参见第 6 章）。

此外，适用于 0 区要求的关联设备也同样应该采用“ia”级的。

在 0 区的安装中，主要是防止浪涌电压可能引起的麻烦。

对于某些装置，例如燃油存储罐、废气处理装置和蒸馏塔等，为了防止由于周围大气环境的变化可能引起 0 区设备与关联设备之间出现电位差，从而造成点燃危险，设计人员应该在电路进入 0 区前设置浪涌电压吸收环节，例如气体放电管、压敏电阻器、硒堆。这种吸收环节应该连接在电路的非接地芯线与装置的金属结构件之间。

当采用硒堆作为浪涌电压吸收环节时，硒片数量可以按下式计算后并进行圆整，即

$$n = (0.065 \sim 0.075)u \tag{11.1}$$

式中 n——硒堆中硒片的数量；

u——以伏为单位的浪涌电压的门限数值。

（2）非导电结构件的安装

在 0 区中可能因为工艺的需要安装一些由非导电材料制成的结构件，例如管道、棒状物、电缆和绳索等时，人们应该考虑到，它的表面电阻在试验条件下不应该大于 1GΩ。

① 对于一些由非导电材料制成的长条状结构件，长度可以不予计较，但是它的直径或宽度不应该超过：

- ⅡA 级和ⅡB 级设备，3mm；
- ⅡC 级设备，1mm。

② 对于那些由非导电材料包覆的金属结构件，非导电材料包覆层的厚度不应该超过：

- ⅡA 级和ⅡB 级设备，2mm；
- ⅡC 级设备，0.2mm。

3. 在毗邻 0 区的 1 区里设备的安装

（1）安装的原则要求

在一般情况下，在 0 区和 1 区之间存在一个结构间隔，例如，存储罐的内部和外部之间以罐壁为结构间隔，我们把它称为“界壁”。当电气设备跨越界壁安装或在紧靠界壁外侧时，应该符合以下原则：

- 界壁应该用耐腐蚀的金属材料、玻璃或陶瓷材料制作；
- 安装在界壁外侧的电气设备的防爆型式应该是适合 1 区使用的防爆型式；
- 跨越界壁安装时，界壁上应该设置一个隔离单元。

这里要指出的是，隔离单元应该是机械式的，应该具有很好的密封性，在设备正常运行时，能够防止 0 区中可燃性气体扩散到界壁外侧；当界壁外侧设备防爆性能失效时，能够防止可能发生的点燃传入 0 区中。

此外，在有些情况下，电气设备外壳的一部分也可以被认为是界壁。

（2）跨越界壁之间的安装

当电气设备跨越界壁之间安装时，设备在0区和1区之间的连接分为电气式连接和机械式连接两种。因而，这种连接通过界壁的方式也不一样。

1）电气式连接

当安装在0区的“ia”级设备（或“ma”级等其他0区用设备）与安装在界壁外侧的设备采用电气式连接时，连接的电线（电路）应该通过隔离单元跨越界壁。例如图11.24所示结构。

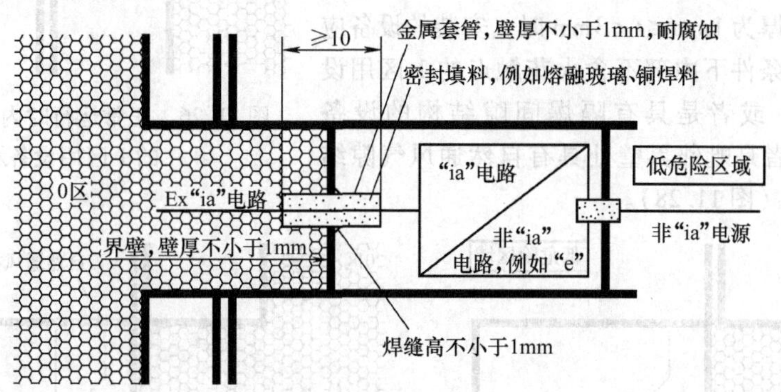

图11.24　电气式连接通过隔离单元跨越界壁示意图

在图11.24中，隔离单元是一个管状的结构。管子由耐腐蚀的金属制成，长度不小于10mm。管子中密封材料应该耐热、绝缘和抗老化，在整个使用期间不得因温度变化而发生严重的收缩变形。

2）机械式连接

当安装在0区的“ia”级设备（或“ma”级等其他0区用设备）与安装在界壁外侧的设备采用机械式连接时，连接的机械部件（例如转轴）应该通过隔离单元跨越界壁。例如图11.25所示结构。

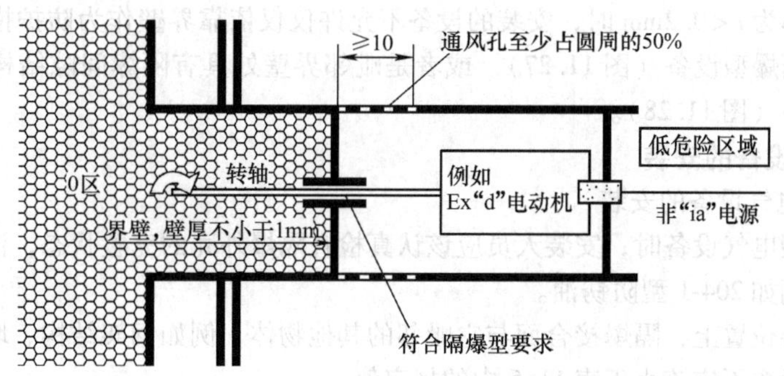

图11.25　机械式连接通过隔离单元跨越界壁示意图

在图11.25中，隔离单元是一个符合隔爆外壳要求的隔爆间隙结构和符合自然通风要求的通风气隙结构的复合结构。隔爆间隙结构显然应该满足相应可燃性气体的防爆级别的要求；通风气隙结构应该具有至少10mm的长度，而且，周边开设的有效通风孔至少占周边长度的50%。

这里需要指出的是，当上述结构中只有隔爆间隙结构而没有通风气隙结构时，设计人员应该在界壁的0区侧设置一种防护等级为IP67的密封装置，防止0区中的可燃性气体通过隔爆间隙渗透到界壁外侧。

（3）毗邻界壁之外的安装

在毗邻界壁外侧安装电气设备时，尽管电气设备与0区没有直接的连接关系，但是人们还是应该注意不恰当的安装可能造成的麻烦。

这样的安装与界壁的壁厚（t）有一定的关系。

当界壁的壁厚为$t \geqslant 3$mm时，安装可以没有特殊的要求。

当界壁的壁厚为1mm$\leqslant t < 3$mm时，安装的设备应该是在正常运行条件下内部不含火花触点的1区用设备（图11.26），或者是具有隔爆间隙结构的设备（图11.27），或者是毗邻界壁处具有自然通风气隙结构的1区用设备（图11.28）。

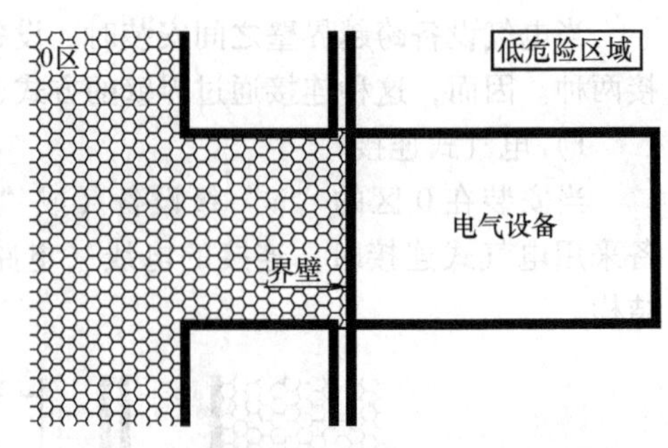

图11.26 正常运行时内部不含火花触点的1区用设备示意图

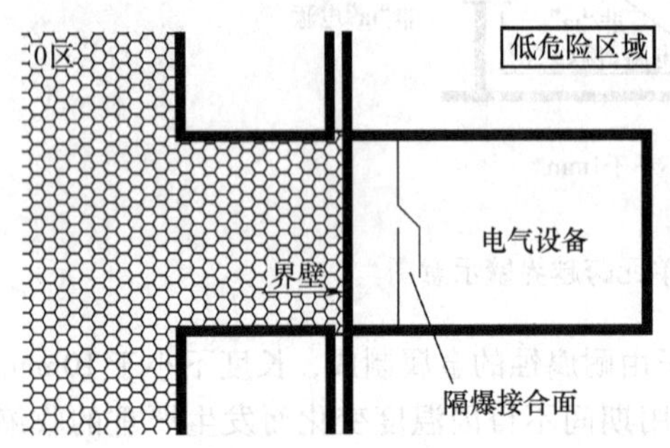

图11.27 具有隔爆接合面的设备示意图

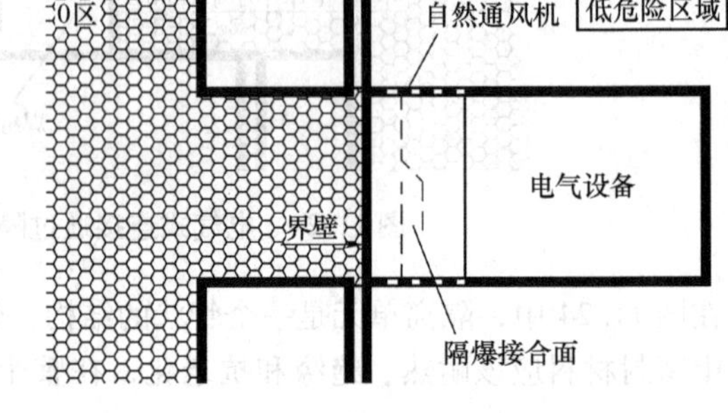

图11.28 具有自然通风气隙结构的1区用设备示意图

当界壁的壁厚为0.2mm$\leqslant t <$1mm时，安装的设备应该是“ib”级本质安全型设备（图11.26），或者是具有隔爆接合面的设备（图11.27），或者是毗邻界壁处具有隔爆间隙结构和自然通风气隙结构的1区用设备（图11.28）。

当界壁的壁厚为$t <$0.2mm时，安装的设备不允许仅仅依靠界壁作为防护措施，只能安装内部不含点燃源的隔爆型设备（图11.27），或者是毗邻界壁处具有隔爆间隙结构和自然通风气隙结构的1区用设备（图11.28）。

4. 在1区里设备的安装

（1）隔爆型电气设备的安装

在安装隔爆型电气设备时，安装人员应该认真检查隔爆外壳的完整状态，清理隔爆接合面并涂覆防锈油脂，例如204-1型防锈油。

在设备的安装位置上，隔爆接合面与它毗邻的其他物体，例如钢架结构、墙体、管道或其他电气设备之间的距离不应该小于表11.5中的规定值。

表11.5 隔爆接合面与毗邻的其他物体之间的最小间距①

防爆级别	最小距离/mm
ⅡA	10
ⅡB	30
ⅡC②	40

① 引自GB 3836.15《爆炸性气体环境用电气设备 第15部分：危险场所电气安装（煤矿除外）》。

② 当标志为“ⅡB+H_2”级的隔爆型电气设备使用于氢气环境时，安装应该符合ⅡC级设备的安装要求。

在1区里安装隔爆型电气设备时，安装人员应该确认隔爆外壳内是否存在点燃源，如果存在点燃源，而且，隔爆外壳的容积大于$2dm^3$，或者，存在点燃源，而且，隔爆外壳是ⅡC级，那么，电缆应该通过浇封式电缆引入装置直接进入隔爆外壳内（即采用直接引入方式），或者，通过密封圈式电缆引入装置进入接线盒内，然后再经过“隔爆接合面”结构进入设备内（即采用间接引入方式）；如果不存在点燃源，或者，设备不是安装在1区，那么，电缆允许通过密封圈式电缆引入装置直接进入设备内。

当隔爆型电气设备采用间接引入方式引入电缆时，接线盒可以是隔爆型（“d”）的，也可以是增安型（“e”）的。当接线盒是隔爆型时，电缆引入装置应该符合“隔爆（L）”的要求；当接线盒是增安型时，电缆引入装置应该符合“密封（IP54）”的要求。

不管是哪种防爆型式的电缆引入装置，只要是采用密封圈式电缆引入装置，电缆都应该是“致密”型的。安装时，电缆与密封圈、密封圈与连通节的直径配合应该合适，这样才能保证此处的隔爆或密封作用。

此外，还有一点值得安装人员十分注意：当采用压紧螺母的方法压紧密封圈时要防止平垫圈卡在退刀槽内。这种情况很容易发生，而且是影响安全的一个严重隐患。

当隔爆型电气设备采用直接引入方式引入电缆时，若采用密封圈式电缆引入装置，则电缆引入应该符合上述要求；若采用浇封式电缆引入装置，则安装人员应该将电缆的芯线（而不是电缆）在引入装置中进行浇封密封。

在钢管布线的情况下，钢管与电缆引入装置的相关部件之间至少应该有5全扣的螺纹啮合。钢管的密封应该符合上述要求。

（2）增安型电气设备的安装

在安装增安型电气设备时，安装人员应该特别注意电缆引入时的密封作用、接线时的爬电距离和电气间隙，以及保持增安外壳的防护等级，防止绝缘发生故障引起漏电造成危害。这些对于增安型电气设备的安装都是十分重要的。

对于一些大型的增安型电气设备，由于设备外壳内外温差引起“呼吸”作用，可能在适当的气温条件下外壳内会出现凝露。外壳内的凝露、积水显然对电路的绝缘会产生不利的影响。因而，有必要时，设计人员和安装人员应该采取适当的加热措施来对绝缘进行实时“烘干”。

当采用电阻加热器来防止凝露积水时，这种电阻加热器应该是稳态结构式的电阻加热器。除稳态结构式的电阻加热器外，电阻加热器还可以设置温度保护环节。温度保护环节应该能够直接地或间接地断开电阻加热器的电源，而且不能自动复位（参见第4章）。

在增安型电气设备的电路中，设计人员和安装人员应该根据具体情况设置漏电保护装置或绝缘电阻检测装置，防止因漏电引起的热效应和电气放电。

在TN系统和TT系统中，人们可以使用符合国家标准GB 6829《剩余电流动作保护器的一般要求》中规定的、额定剩余动作电流不大于300mA的剩余电流保护器进行电路的漏电保护；在选择动作电流值时，应该优先选用30mA的。这种保护装置在额定剩余动作电流时断开电路的时间不超过5s，在5倍额定剩余动作电流时，不超过0.15s。

在IT系统中，设计人员和安装人员应该设置绝缘电阻检测装置。当设备的绝缘电阻在额定电压下低于50Ω/V时，检测装置应该可靠地断开电源。

在增安型电气设备中应用最广的当属增安型交流电动机，所以，在安装时人们应该予以特殊的注意。

对于增安型交流电动机，主要是运行中的热保护。增安型交流电动机在运行过程中可能会遇到过载情况；过载将引起温度升高。这是增安型交流电动机可能成为“点燃源”的一个“危险点”。

通常情况下，人们对增安型交流电动机的热保护可以采用以下任一种措施：

① 在电动机的电路中接入专用的电动机保护器，当电动机在严重过载，例如堵转时，在5s时间（t_E时间）内断开电动机的电源。

② 在电动机的绕组里埋设温度传感器，当电动机在严重过载，例如堵转时，在设定的时间内断开电源。

③ 使用“软起动”方式，按照事先设定的程序，用电气控制的方法来限制电动机的热效应。

(3) 正压型电气设备的安装

正压型电气设备的安装，主要是保护性气体输送管道和故障报警系统的安装，以及正压保护系统总吹扫（换气）时间的确定。

大家已经知道，正压型电气设备的基本防爆原理是，在正压外壳内充入保护性气体，人为地制造一个不含爆炸性气体混合物的环境，从而破坏了燃烧与爆炸产生的充分必要条件，于是防止了设备可能出现的点燃。

显然，确保保护性气体的有效供给，保持正压外壳内的最小压力，是这种防爆型式的关键所在。

在安装时，保护性气体的输送管道和连接部件的材料应该能够承受保护性气体和环境中存在的可燃性气体的不利影响。输送管道应该能够承受1.5倍设备正常运行时内部的最大正压的压力，至少也为200Pa。

输送管道的入口应该设置在非危险场所。供给保护性气体的鼓风机或压缩机应该尽可能安放在非危险场所；若放置在危险场所中，则它们应该具有相应的防爆型式。

输送管道的出口，通常情况下，应该设置在非危险场所。假若出口设置在危险场所，管道出口应该设置火花挡板。火花挡板主要是用来防止设备（正压外壳）内部可能产生的火花或炽热颗粒随着排出气流的喷出而进入危险场所中。当正压外壳内不包含有点燃能力的元器件时，管道出口处可以不设置火花挡板。

此外，在输送管道上的任何部位，除必要的工艺开口外，都必须密封可靠，防止保护性气体泄漏，同时也防止外部可燃性气体渗入。

在整个正压保护系统（包括保护性气体供应源）中，设计人员和安装人员应该设置自动安全装置。当正压保护系统发生故障时，自动安全装置应该发出声光信号，警告人们系统即将出现故障或已经出现故障；在某些情况下，自动安全装置应该立即断开主系统的电源。自动安全装置的电源应该是独立的，至少应该设置在主电路开关的前一级。

自动安全装置应该具有与所处环境相适应的防爆型式。

当正压型电气设备及其相关保护性气体输送管道、安全保护装置安装完成以后，设计人员和安装人员应该计算系统的总吹扫时间。设备出厂时制造商只给出设备自身的吹扫时间，设备安装后输送管道的附加吹扫时间应该由使用者确定。总吹扫时间即是这二者之和。

正压保护系统的总吹扫时间，应该由设计人员和安装人员重新整定在设备的运行保护程序中和（或）标志在设备上。

(4) 本质安全型电气设备的安装

在1区中本质安全型电气设备的安装，原则上可以采用0区的安装方式。

在1区，设计人员应该选用“ib”级设备，当然也可以选用“ia”级设备。关联设备应该安装在非危险区域，非本质安全型接线端子上连接的电源电压不应该超过它标志的最高电压（U_m）。在电源电压 $U_m=250V$ 时，预期故障短路电流不应该超过1500A。

在本质安全型设备中接线时，所有接线端子都必须连接可靠，要有防松措施，并保持相应的爬电距离和电气间隙。当一个接线箱中同时有本质安全型接线端子和非本质安全型接线端子时，二者之间应该用绝缘隔板隔离或接地金属板隔离（隔爆型接线箱除外），或者至少有50mm的间隔距离。所有本质安全型接线端子和连线都必须设置明显的标识。

(5) 其他防爆型式电气设备的安装

其他可以适用于1区的防爆电气设备，例如充砂型电气设备、油浸型电气设备，在安装时没有特殊的要求。

但是，应该注意的是，充砂型电气设备和油浸型电气设备不应该安装和运行在有强烈振动的环境中和（或）活动的装置上。

5. 在2区里设备的安装

在2区里安装防爆电气设备时，设计人员和安装人员应该严格遵照普通工业用电气设备的安装规范进行工作，此外，还应该注意以下几点：

① 当安装场所有较好的防水防外物条件时，设备的防护等级可以降低一些，例如，对于内装裸露导电部件的外壳，为IP4X，对于内装绝缘导电部件的外壳，为IP2X。

② 当安装“pc”级正压型电气设备时，如果环境中可燃性气体的浓度远小于它的爆炸极限下限（例如，浓度低于爆炸极限下限的25%）时，系统就没必要对设备进行吹扫。但是，人们应该使用可燃性气体探测器对正压保护系统进行实时监测。

③ 当安装“nL”限制能量型电气设备时，电线电缆所具有的电感电容不应该超过相应的规定值。

④ 当安装“nR”限制呼吸型电气设备时，所有结合部位的密封十分重要，必须符合相应的要求。

11.5 爆炸性气体环境中本质安全电气系统的设计和相关参数的核查

在这一节，我们将简单地讨论一下本质安全电气系统的设计要点和相关参数的核查方法。这只是一个基本原则，在实际工作中情况可能要复杂一些，仅供参考而已。

11.5.1 本质安全电气系统设计和核查的基本原则

当本质安全电气系统由本质安全型电气设备、关联设备和互联电缆（电线）组成时，设计人员和安装人员应该按照以下原则来设计和安装这种系统，并且，在系统设计和安装以后，还应该检查和核算一下系统的相关电路参数、温度组别和防爆级别。

1. 电路参数的确定原则

在本质安全电气系统中，各部分设备和互联电缆的各种参数的确定原则如下：

① 本质安全型电气设备的最大输入电压（U_i）、最大输入电流（I_i）和最大输入功率（P_i）应该分别大于或等于相应关联设备（或本质安全型电气设备）的最大输出电压（U_o）、最大输出电流（I_o）和最大输出功率（P_o）。

② 本质安全型电气设备的最大内部电容（C_i）和电缆电容（C_c）之和不应该大于关联设备（或本质安全型电气设备）上标志的最大外部电容（C_o）。

③ 本质安全型电气设备的最大内部电感（L_i）和电缆电感（L_c）之和不应该大于关联设备（或本质安全型电气设备）上标志的最大外部电感（L_o）。

④ 在本质安全型设备内部没有可能对本质安全性能造成不利影响的电感，而且关联设备又标志出L/R值的情况下，假若实际测得的电缆的L/R值小于标志的值，人们可以不必考虑关联

设备要求的最大外部电感（L_o）。

2. 温度组别的确定原则

在本质安全电气系统中，各部分设备可以有不同的温度组别，但是，这些温度组别必须与环境中可燃性气体的温度组别相适应。通常情况下，可以按照可燃性气体的温度组别来确定系统的温度组别。

小元件和简单设备的温度组别还可以按照下面的任一种方法确定：

• 按照第2章表2.4中所示的要求。

• 对于简单设备，例如，由半导体器件组成的简单设备，最高表面温度可以用关联设备上标志的最大输出功率（P_o）按照下式计算求出，然后，查第2章表2.3决定相应的温度组别：

$$T = P_o R_{th} + T_{amb} \tag{11.2}$$

式中 T——最高表面温度（℃）；

P_o——关联设备标志的最大输出功率（W）；

R_{th}——热阻（K/W）；

T_{amb}——环境温度，通常按40℃计。

式（11.2）中的热阻R_{th}是一个根据元器件使用环境条件来进行实际测量才能得到的数据。所以，人们在使用式（11.2）时应该根据不同情况首先测量R_{th}，然后才能计算T。

• 对于表面积不大于10cm^2（不包括引线）的小元件，若表面温度不大于150℃，则可视为T5组。

3. 防爆级别和设备保护级别的确定原则

在存在某一种可燃性气体的某一危险区域中一个本质安全电气系统含有多个本质安全型设备和关联设备时，不管这些本质安全型电气设备和关联设备是什么样的防爆级别和设备保护级别，这个本质安全电气系统的防爆级别和设备保护级别应该以它们之中最低的防爆级别和设备保护级别来确定。例如，在存在ⅡB级可燃性气体的1区中一个本质安全电气系统含有ExiaⅡB级设备和ExibⅡC级设备时，则本质安全电气系统的防爆级别和设备保护级别应该确定为ExibⅡB级。

也就是说，无论如何，所确定的系统的防爆级别和设备保护级别应该与可燃性气体的防爆级别、危险区域相适应。

11.5.2 本质安全电气系统电气设计的基本方法

本质安全电气系统的电气设计，主要是指人们根据爆炸性危险场所的具体情况（危险区域、可燃性气体的防爆级别和温度组别）来选择相应的本质安全型电气设备（包括关联设备）和具有合适参数的电缆（电线），以及确定它们之间的合理匹配关系。为此，设计人员可以参照以下步骤进行工作。

1. 编制系统描述文件

在进行本质安全电气系统的电气设计时，设计人员应该编制所设计系统的系统描述文件，说明在某种危险场所中系统所需的电气设备（型号和参数）、互联电缆（电线）的结构型式和相关参数以及它们之间的匹配关系。

（1）系统描述文件的主要内容

在编制系统描述文件时，首先，人们应该掌握、确定并在文件中列出以下主要内容：

• 环境（介质）温度；

• 爆炸性危险场所的区域等级（0区、1区和2区）以及这些区域中可燃性气体的防爆级别（ⅡA级、ⅡB级和ⅡC级）、温度组别（T1组~T6组）；

• 本质安全型电气设备（包括关联设备）的防爆级别（ⅡA级、ⅡB级和ⅡC级）、设备保护级别（“ia”级、“ib”级和“ic”级）和温度组别（T1组～T6组），以及与本质安全性能有关的相关参数（U_m；U_o，I_o，P_o，C_o，L_o，L_o/R_o；U_i，I_i，P_i，C_i，L_i）；

• 适用于危险区域的电缆的型式（结构、芯线）和相关参数（L_c、C_c或L_c/R_c）；

• 电缆屏蔽层的接地以及电路的功能性接地（必要时）；

• 如有必要，防止雷电和其他的浪涌电压（电流）冲击的保护措施。

接着，人们应该根据这些相关信息来确认和描述所选用的设备、电缆（电线）与危险区域的符合性以及它们之间的匹配关系。

（2）系统的参数匹配关系

设计人员在确认设备与设备之间的匹配关系时，既应该考虑“下层”设备与“上层”设备的输入、输出参数的匹配，还应该考虑它们之间互联电缆（电线）的相关参数的影响。

1）参数匹配关系

根据本质安全电气系统电路参数的确定原则，关联设备（或本质安全型电气设备）与现场本质安全型电气设备、电缆分布参数的参数匹配关系应该符合下列各式：

$$
\begin{gathered}
U_o \leqslant U_i \\
I_o \leqslant I_i \\
P_o \leqslant P_i \\
C_o \geqslant \sum C_i + \sum C_c \\
L_o \geqslant \sum L_i + \sum L_c
\end{gathered}
\tag{11.3}
$$

式中 U_o，I_o，P_o，C_o，L_o——关联设备（或本质安全型电气设备）的最大输出电压，最大输出电流，最大输出功率，最大外部电容，最大外部电感；

U_i，I_i，P_i，C_i，L_i——现场本质安全型电气设备的最大输入电压，最大输入电流，最大输入功率，最大内部电容，最大内部电感；

C_c，L_c——电缆电容，电缆电感。

2）电抗参数匹配关系判定原则

对于仅由一个关联设备组成的本质安全电气系统，在确定电抗参数匹配关系时，人们应该首先计算现场本质安全型电气设备和系统所连的其他简单设备（如果连接有）的最大内部电容之和（$\sum C_i$）和（或）最大内部电感之和（$\sum L_i$）；接着按照下列情况来确定所连电缆的允许分布参数：

① 假若$\sum C_i \leqslant 1\% C_o$和$\sum L_i \leqslant 1\% L_o$，则$C_c \leqslant C_o - \sum C_i$，$L_c \leqslant L_o - \sum L_i$。

② 假若$\sum C_i > 1\% C_o$，则使用L_o/R_o，且需要计算电缆的L_c/R_c［参见式（6.1）和式（6.2）］，并应满足$L_c/R_c \leqslant L_o/R_o$。此时，$C_c$还应该满足式（11.3）。

③ 假若$\sum L_i > 1\% L_o$，则使用L_o/R_o，且需要计算电缆的L_c/R_c［参见式（6.1）和式（6.2）］，并应满足$L_c/R_c \leqslant L_o/R_o$。此时，$C_c$还应该满足式（11.3），但是，不必计较$\sum L_i$是否满足$L_o$。

④ 假若$\sum C_i > 1\% C_o$和$\sum L_i > 1\% L_o$，则$C_c \leqslant 1/2C_o - \sum C_i$，$L_c \leqslant 1/2L_o - \sum L_i$。此时，不允许使用$L_o/R_o$。

人们知道了所连电缆的总的允许分布参数后就可以根据电缆单位长度的分布参数来计算所需电缆的合适长度。

这里举例来简要说明这种匹配关系。

【例11.1】 假定由一个关联设备和一个负载设备（电阻-电容负载）组成一个简单的本质安全电气系统。关联设备的最大输出电压（U_o）为28V，最大输出电流（I_o）为93mA，最大外部电感（L_o）为3mH，最大外部电容（C_o）为83nF，最大外部电感与电阻比（L_o/R_o）为54μH/Ω。已知负载设备（ia ⅡC级）的最大输入电压 $U_i=30V$，最大输入电流 $I_i=120mA$，最大内部电容 $C_i=1nF$。

负载设备的最大输入电压（U_i）和最大输入电流（I_i）大于关联设备的输出值，符合参数匹配关系。

由于关联设备标志的最大外部电容（C_o）为83nF，且已知负载设备的最大内部电容（C_i）为1nF，则 $C_i>1\%C_o$。于是，根据电抗参数匹配关系判定原则，人们应该使用参数 L_o/R_o 来选取电缆的分布参数。

按照式（6.2）计算可知，$L_c/R_c\approx100\mu H/\Omega$。

计算结果表明，这个本质安全电气系统不符合本质安全性能要求。

为保证本质安全电气系统具有可靠的本质安全性能，设计人员应该修正电路方案。这里，在负载设备的电容上串联一只电阻，就可以减小电容值。例如，串联一只10Ω的电阻，电容值就减小至0.74nF（参见表6.13）。显然，串联电阻后的电容值小于 $1\%C_o$。

在这种情况下，人们就可以按照式（11.3）计算电缆电容和电缆电感，并进行电缆选择。

电缆电容为

$$
\begin{aligned}
C_c &\leqslant 83nF-1nF\\
&=82nF
\end{aligned}
$$

电缆电感为

$$
L_c\leqslant 3mH
$$

根据允许的电缆电容（C_c）、电缆电感（L_c）和电缆自身的有关参数，人们就可以确定所用电缆的允许使用长度。

当然，人们可以根据允许的电缆电容（C_c）、电缆电感（L_c）和所需的电缆长度来选择合适的电缆参数和结构型式，只要满足 $C_c+C_i\leqslant C_o$ 和（或）$L_c+L_i\leqslant L_o$ 的要求，这个选择就是正确的。

这里必须指出的是，当系统中本质安全型电气设备内的最大内部电感（L_i）不可忽视时，人们在计算互联电缆的 L_c 或 L_c/R_c 时应该将这个电感考虑在内［参见式（6.1）］。

2. 绘制系统连接框图

本质安全电气系统电气设计的另一个重要工作是绘制系统的连接框图。这种连接框图，实质上就是系统描述文件的图示表达方式，应该包括危险区域、电源设备、关联设备、中间设备和负载设备的布置与参数，互联电缆的型式和参数。

这里以一种温度监测系统为例来进行简要的说明。

【例11.2】 图11.29是一种温度监测系统的连接框图。

在这个监测系统中，环境场所分为非危险场所和危险场所。危险场所为0区，其中存在ⅡC级可燃性气体。电源设备、关联设备安装在非危险场所；温度变送器、温度传感器安装在危险场所。

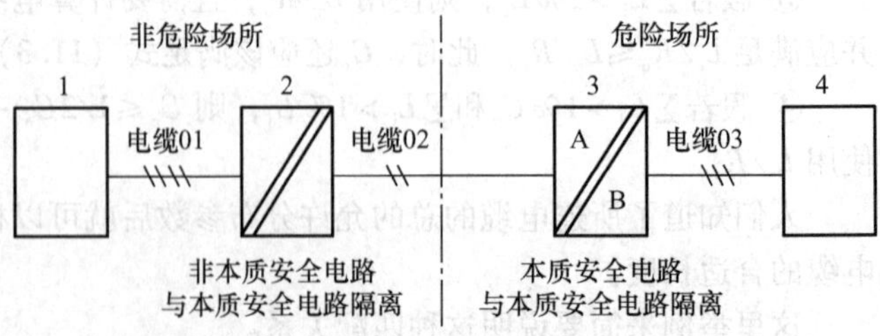

图11.29　一种温度监测系统的连接框图

1—电源设备　2—关联设备　3—温度变送器　4—温度传感器

在这种连接框图中，设计人员应该在相应位置上标志以下主要内容：

① 温度传感器

温度传感器是无源元件，并经过防

爆电气产品检验机构检验认可，防爆合格证编号为 CQST1236-2010U。

型号：WCQ201。

监测温度：$T \leqslant 450℃$。

工作电压：$U_i = 1.2V$。

工作电流：$I_i = 15mA$。

② 电缆 03

电缆 03 是温度传感器与温度变送器之间的互联电缆，3 芯屏蔽电缆。

电缆参数：适用于 iaⅡC 级，$C_c = 200pF/m$，$L_c = 1\mu H/m$。

按照 3 芯屏蔽电缆的分布参数（$C_c = 200pF/m$，$L_c = 1\mu H/m$）不得大于温度变送器的输出参数值，即可选择温度传感器与温度变送器之间的合适电缆长度。

③ 温度变送器

温度变送器是经过防爆电气产品检验机构检验合格的设备，防爆合格证编号为 CQST1235-2010。

型号：WBQ2233。

防爆标志：ExiaⅡCT4。

环境温度：$-20 \sim 80℃$。

输入参数：$U_i = 30V$，$I_i = 120mA$，$P_i = 1W$。

内部参数：$C_i = 3nF$，$L_i = 10\mu H$。

输出参数：$U_o = 1.0V$，$I_o = 10mA$，$C_o = 1000\mu F$，$L_o = 350mH$。

显然，温度变送器的输出参数小于温度传感器的输入参数：$U_o < U_i$，$I_o < I_i$，符合参数匹配关系。

④ 电缆 02

电缆 02 是温度变送器与关联设备之间的互连电缆，2 芯屏蔽电缆。

电缆参数：适用于 iaⅡC 级，$C_c = 200pF/m$，$L_c = 1\mu H/m$，$L_c/R_c = 54\mu H/\Omega$。

根据“电抗参数匹配关系判定原则”，温度变送器的最大内部电容 C_i、最大内部电感 L_i 均小于关联设备的最大外部电容 C_o、最大外部电感 L_o 的 1%，因而，人们可以直接使用式（11.3）计算允许的电缆电容 C_c 和电缆电感 L_c。

于是，人们就可以根据这个计算结果并按照 2 芯屏蔽电缆的分布参数（$C_c = 200pF/m$，$L_c = 1\mu H/m$）计算和选择温度变送器与关联设备之间的合适电缆长度。

⑤ 关联设备

关联设备是经过防爆电气产品检验机构检验合格的设备，防爆合格证编号为 CQST1234-2010。

型号：GSB0011。

防爆标志：[Exia]ⅡC。

环境温度：$-20 \sim 60℃$。

输入参数：$U_m = 250V$。

输出参数：$U_o = 28V$，$I_o = 93mA$，$P_o = 650mW$；ⅡC 级参数为：$C_o = 83nF$，$L_o = 4.2mH$，$L_o/R_o = 54mH/\Omega$。

显然，关联设备的输出参数小于温度变送器的输入参数：$U_o < U_i$，$I_o < I_i$，$P_o < P_i$，符合参数匹配关系。

⑥ 电缆 01

电缆 01 是电源设备与关联设备之间的互连电缆，在非危险场所，不作特殊规定，例如，可以使用一般用途的橡套电缆。

⑦ 电源设备

电源设备是普通工业用电气设备，输出电压为250V（交流有效值），即最高电压（U_m）。

从上述列出的数据，不难看出，“下层”设备与“上层”设备的匹配是合理的，符合本质安全电气系统设计的基本原则。

在这里讨论的例子较为复杂，在实际应用中，本质安全电气系统常常是比较简单的。例如，煤矿用隔爆兼本质安全型控制装置，就本质安全型防爆型式而言，只有电源、关联设备和传感器，而且，电源和关联设备放置在隔爆外壳内，于是这种系统就可以运行在煤矿井下。

11.5.3 本质安全电气系统相关参数检查与核算的基本方法

本质安全电气系统相关参数检查与核算的基本方法是通过计算进行的，不要求进行试验。而且，对于关联设备，即使是“ia”级也可以按“ib”级处理。

1. 系统的最大输出电压（U_o）、最大输出电流（I_o）和最大输出功率（P_o）的确定

当本质安全电气系统设计和安装以后，系统的关联设备的最大输出电压（U_o）、最大输出电流（I_o）和最大输出功率（P_o）是确定电路其他参数的主要依据。

（1）一个关联设备时

当本质安全电气系统由本质安全型电气设备和一个关联设备组成（图11.30）时，系统的最大输出电压（U_o）、最大输出电流（I_o）和最大输出功率（P_o）就是这个关联设备上标志的最大输出电压（U_{on}）、最大输出电流（I_{on}）和最大输出功率（P_{on}），即

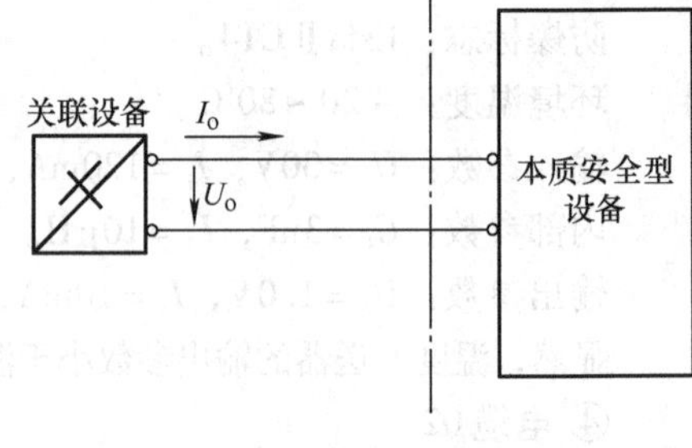

图11.30 一个关联设备时的连接示意图

$$U_o = U_{on} \tag{11.4}$$

$$I_o = I_{on} \tag{11.5}$$

式中 n——关联设备的数量[式(11.6)~式(11.10)同]。

（2）多个关联设备时

当本质安全电气系统由本质安全型电气设备和多个关联设备组成时，系统设计和安装后，设计人员和安装人员应该按照下述方法来确定系统的最大输出电压（U_o）、最大输出电流（I_o）和最大输出功率（P_o）。

① 当几个关联设备串联后与本质安全型电气设备相连接时（图11.31），系统的最大输出电压（U_o）应该为各个串联关联设备的输出电压（U_{on}）之和，即

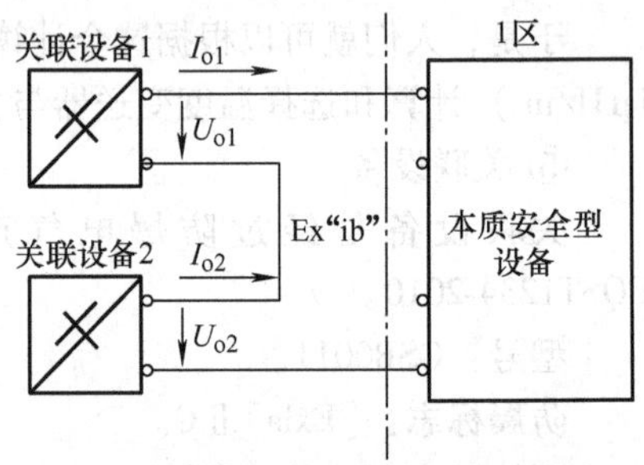

图11.31 关联设备串联时的连接示意图

$$U_o = \sum U_{on} = U_{o1} + U_{o2} \tag{11.6}$$

系统的最大输出电流（I_o）应该为各个串联关联设备中输出电流最大的那个电流（$I_{on.\max}$），即

$$I_o = I_{on.\max} \tag{11.7}$$

② 当几个关联设备并联后与本质安全型电气设备相连接时（图11.32），系统的最大输出电压（U_o）应该为各个并联关联设备中输出电压（$U_{on.\max}$）最大的那个电压，即

$$U_o = U_{on.\max} \tag{11.8}$$

系统的最大输出电流（I_o）应该为各个并联关联设备的输出电流（I_{on}）之和，即

$$
\begin{aligned}
I_o &= \sum I_{on} \\
&= I_{o1} + I_{o2}
\end{aligned}
\tag{11.9}
$$

③ 当本质安全型电气设备与多个关联设备相连接时（图 11.33），由于故障形式不同，可能会出现串联或并联的情况。

此时，系统的最大输出电压（U_o）应该为各个串联设备的输出电压（U_{on}）之和［式（11.6）］，系统的最大输出电流（I_o）应该为各个串联设备中输出电流最大的那个电流［式（11.7）］，或者，系统的最大输出电压（U_o）应该为各个并联设备中输出电压最大的那个电压［式（11.8）］，系统的最大输出电流（I_o）应该为各个并联设备的输出电流（I_{on}）之和［式（11.9）］。

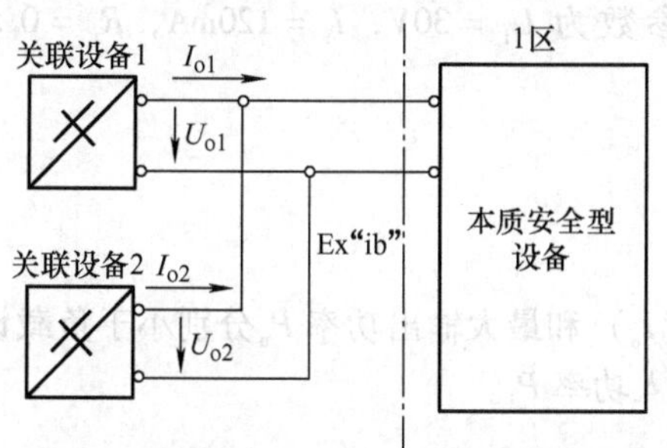

图 11.32　关联设备并联时的连接示意图

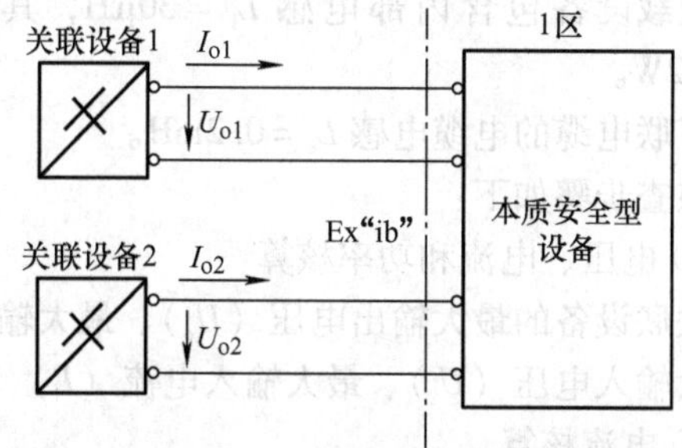

图 11.33　关联设备串联或并联时的连接示意图

④ 不管本质安全型电气设备与多个关联设备是怎样连接的，系统的最大输出功率（P_o）都应该为各个关联设备的最大输出功率（P_{on}）之和，即

$$
\begin{aligned}
P_o &= \sum P_{on} \\
&= P_{o1} + P_{o2}
\end{aligned}
\tag{11.10}
$$

2. 在 1.5 倍安全系数情况下电路各个参数（包括防爆级别）的核查

检验人员应该根据上述所确定的系统的最大输出电压（U_o）、最大输出电流（I_o）和最大输出功率（P_o）来核查电路的各个参数（包括防爆级别）是否符合相应的要求。

① 系统的最大输出电压（U_o）、最大输出电流（I_o）和最大输出功率（P_o）不应该大于负载设备的最大输入电压（U_i）、最大输入电流（I_i）和最大输入功率（P_i）。

② 系统的最大输出电流（I_o）的 1.5 倍值不应该大于按照系统的最大输出电压（U_o）和相应的防爆级别（Ⅰ类、ⅡA 级、ⅡB 级或ⅡC 级）在第 6 章图 6.21 中查找出的那个电流值（$I_{o,sys}$）。

③ 用系统的最大输出电压（U_o）的 1.5 倍值，在第 6 章图 6.22 和图 6.23 中查找出系统的最大外部电容（$C_{o.sys}$）和相应的防爆级别（Ⅰ类、ⅡA 级、ⅡB 级或ⅡC 级）。

检验人员应该比较系统的最大外部电容（$C_{o.sys}$）与关联设备标志的最大外部电容（C_o）的大小，与本质安全型设备的最大内部电容（C_i）和电缆电容（C_c）之和的大小。

系统的最大外部电容（$C_{o.sys}$）不得大于关联设备标志的最大外部电容（C_o），即 $C_{o.sys} \leqslant C_o$；最大内部电容（C_i）和电缆电容（C_c）之和不得大于关联设备标志的最大外部电容（C_o），即 $C_i + C_c \leqslant C_o$。

④ 用系统的最大输出电流（I_o）的 1.5 倍值，在第 6 章图 6.24、图 6.25 和图 6.26 中查找出系统的最大外部电感（$L_{o.sys}$）和相应的防爆级别（Ⅰ类、ⅡA 级、ⅡB 级或ⅡC 级）。

检验人员应该比较系统的最大外部电感（$L_{o.sys}$）与关联设备标志的最大外部电感（L_o）的大小，与本质安全型设备的最大内部电感（L_i）和电缆电感（L_c）之和的大小。

系统的最大外部电感（$L_{o.sys}$）不得大于关联设备标志的最大外部电感（L_o），即 $L_{o.sys} \leqslant L_o$；最大内部电感（L_i）和电缆电感（L_c）之和不得大于关联设备标志的最大外部电感（L_o），即 $L_i + L_c \leqslant L_o$。

这里应该指出的是，人们在这种核查中应该注意系统中各参数的电抗参数匹配关系判定原则的应用。

这里举例说明本质安全电气系统中电感参数的核查方法。

【例 11.3】 假若有这样一个简单的本质安全电气系统（iaⅡC 级）：电源（由一个关联设备组成）的输出参数为 $U_o = 28V$，$I_o = 93mA$，$P_o = 0.65W$，$L_o = 3mH$，$C_o = 83nF$。

负载设备包含内部电感 $L_i = 30\mu H$，其他输入参数为 $U_i = 30V$，$I_i = 120mA$，$R_i = 0.5\Omega$，$P_i = 1.2W$。

互联电缆的电缆电感 $L_c = 0.2mH$。

核查步骤如下：

① 电压、电流和功率核算

关联设备的最大输出电压（U_o）、最大输出电流（I_o）和最大输出功率 P_o 分别小于负载设备的最大输入电压（U_i）、最大输入电流（I_i）和最大输入功率 P_i。

② 电流核算

- 从图 6.21 中查找出，关联设备最大输出电压（U_o）28V 对应的系统的最大输出电流（$I_{o,sys}$）约为 0.18A。
- 关联设备的最大输出电流为 93mA，在 1.5 倍安全系数的情况下，为 0.1395A，小于 0.18A。

③ 电感核算

- 计算流过系统的最大电流：

$$I = U_o / (R_o + R_i)$$

式中 $U_o = 28V$，$R_o = U_o / I_o = 28\ V / 93\ mA = 301\Omega$，$R_i = 0.5\Omega$。

将这些数据代入上式中计算便得到 $I \approx 0.09A$。

- 对最大电流施加 1.5 倍安全系数，于是，$I_{1.5} = 1.5I = 0.09A \times 1.5 \approx 0.14A$。
- 在图 6.24 中查找出，当 $I_{1.5} = 0.14A$ 时，$L_{o.sys} \approx 2.8mH$。
- 核算：$L_{o.sys} = 2.8mH < 3mH$；$L_i + L_c = 0.03mH + 0.2mH \leqslant 3mH$（$L_i \leqslant 1\% L_o$）。

④ 核算结论

被核查系统的最大输出电流、电感参数和最大输出功率符合要求。

因负载不包含内部电容，电缆电容应该小于或等于 83nF。

3. 系统温度组别的核查

在核查系统温度组别时，试验人员应该按照第 11.5.1 节“2. 温度组别的确定原则”的方法来确定，只是在使用最大输出功率（P_o）时，$P_o = 0.25U_oI_o$。

计算得出的温度值应该与危险场所中存在的可燃性气体的温度组别相适应。

设计和安装后的本质安全电气系统，经过上述的检查与核算，如果发现相关的参数不符合本质安全性能要求，设计人员应该重新考虑和评价原来的设计方案，使之确实具有可靠的防爆安全性能。

第12章　爆炸性气体环境中电气设备的运行和维护

12.1　概述

爆炸性气体环境的防爆安全性能，不仅依赖安全性能良好的防爆电气设备和做工精良的电气安装，而且还指望安全可靠的运行和仔细谨慎的维护来保证。这是一个系统安全工程。

在前面的一些章节中，我们讨论了防爆电气设备的防爆安全技术和爆炸性气体环境中电气设备的选型与安装。这里将简单地叙述一下爆炸性气体环境中电气设备的安全运行和日常维护的基本要求。

为了保证爆炸性气体环境的防爆安全性能，无论是设备运行人员还是设备维护保养人员抑或设备管理人员都必须具备一定的电气、机械和工业防爆方面的基本的理论知识和熟练的操作技能。

为此，运行人员、维护保养人员以及相关的管理人员都应该具备以下条件：

① 理解和掌握所管辖的设备和系统的电气、机械基本工作原理。

② 掌握所管辖的设备和系统的组成和分布情况。

③ 了解所管辖的设备和系统的环境条件：大气压力，温度（平均温度、最高温度和最低温度），湿度（平均湿度、最大湿度和最小湿度），风向、风力，空气中可燃性气体（或易燃性液体及其蒸气）的种类和性质，环境中腐蚀性介质的种类和性质，空气中悬浮物的状态。

④ 掌握所管辖的设备和系统中可能存在的释放源的位置和它的释放强度。

⑤ 理解和掌握防爆电气的基本理论知识和基本技术要求。

⑥ 理解和掌握各种防爆型式的电气设备的基本结构、防爆原理、防爆结构和防爆安全技术措施。

⑦ 理解和掌握各种防爆型式的防爆标志的含义。

⑧ 很好地掌握防爆电气设备选型的基本原则，正确地判断防爆电气设备的设备保护级别（EPL）与环境场所的符合性。

⑨ 具有电气设备和机械设备安装、调试、运行的基本知识和基本技能。

⑩ 具有电气设备和机械设备检测、维护保养的基本知识和基本技能。

以上这些条件，对于不同类型的人员，例如运行人员、检测人员、管理人员，都是应该具备的，只是人员类型不同时要求的侧重点不同而已。

这里还需指出的是，这一章所讨论的内容，不涉及管理方面的具体要求，只是论述技术层面的原则要求，然而，在实际工作中，人们应该结合具体的设备和系统制定相应的实施细则（包括管理和技术），以便于相关人员进行具体而有效的实施。

12.2　防爆电气设备的安全运行

12.2.1　新安装设备的调试

在爆炸性气体环境中，在电气设备选型、安装以后投入正式运行以前，人们必须对新系统进行仔细的检查和认真的调试，确保系统能够安全可靠地投入正式运行。

1. 新安装设备调试前的检查（初始检查）

在新安装的设备和系统进行调试和运行之前，人们应该仔细地进行检查与核对。这种检查常常称为初始检查。

初始检查的目的就是进一步地检查和核对设备和系统的选型和安装符合设计要求，确认设备和系统的选型和安装没有瑕疵，确保设备和系统安全地投入运行。

（1）对设备的检查

① 设备铭牌上标注防爆合格证编号。有编号，便认为设备是防爆型设备，否则，为非防爆型的。

② 设备的额定电压、额定电流、额定频率与供电电源的额定电压、额定电流、额定频率相符合。

③ 设备标志的防爆标志与现场环境（危险区域、可燃性气体的防爆级别、温度组别、设备保护级别）相一致。

④ 设备的铭牌、标志牌和警告牌齐全。

⑤ 设备外观完整。包括：无磕碰，表面涂覆完好，紧固螺栓（螺钉）、止动措施完整，螺纹连接紧固可靠，等等。

⑥ 密封圈式电缆引入装置密封良好。压紧螺母式压紧装置中金属平垫不得卡在退刀槽内。以适度的力用手拉拔电缆时不得有位移现象。

⑦ 电气连接可靠，电气间隙、爬电距离符合要求。

⑧ 活动部件应该动作灵活。对于旋转部件，用手“盘车”，无擦刮、无卡住现象。

（2）对设备和系统安装的检查

① 设备安装牢固可靠。

② 电缆种类符合要求。

③ 电线必须采用钢管布线，具有外壳或护罩保护的除外。

④ 钢管布线时，钢管内每隔一定长度应该进行密封隔离。钢管与钢管连接处必须进行等电位联结。

⑤ 设备与设备之间的电缆不得有不符合要求的中间接头。

⑥ 电气设备必须进行内接地和外接地，接地必须可靠。

铠装电缆铠装带、屏蔽电缆屏蔽层接地可靠。

接地网络符合要求。

⑦ 凡与电气系统有关的金属结构件都必须进行等电位联结。

⑧ 电缆通过不同危险区域的间壁墙或楼层板时密封严密、可靠。

（3）对电气系统的检查

① 电气系统绝缘电阻符合要求。对于低压系统，使用1000V级兆欧表测得的绝缘电阻不得小于0.5MΩ；对于高压系统，使用2500V级兆欧表测得的绝缘电阻不得小于0.5MΩ/kV。

② 电气保护装置整定值正确。保护动作可靠。

（4）对各种防爆型式电气设备的专门检查

1）隔爆型“d”电气设备

① 隔爆间隙距离周围障碍物的距离（L）符合要求（ⅡA级：$L \geqslant 10$mm，ⅡB级：$L \geqslant 30$mm，ⅡC级：$L \geqslant 40$mm）。

② 如果适用，从切断前级电源到允许打开设备时的间隔时间标志数值。

③ 隔爆接合面无锈蚀。

④ 如果打开隔爆外壳，在闭合前，隔爆接合面必须清洁并涂覆204-1型防锈油或进行磷化处理。

2）增安型“e”电气设备

① 电气连接不得有松动、脱落的潜在危险。

② 增安外壳的防护等级不得有异常。

③ 对于电动机，检查最小径向单边气隙；t_E时间的整定值为5s；温度保护装置动作可靠。

④ 对于照明灯具，灯泡（管）的功率不得大于灯具标志功率，电压不得小于灯具标志电压。

⑤ 对于电阻加热装置，漏电保护和温控装置完整有效。

3）正压型“p”电气设备

① 供气管道、排气管道安装牢固，与正压外壳的连接、密封完好。

② 保护性气体种类符合设计要求。

③ 保护性气体供气源的流量、压力及相应的保护装置符合要求。

④ 排气口在危险场所时，火花和炽热颗粒挡板设置符合要求。

⑤ 正压保护系统中伺服单元的防爆型式和防爆合格证正确、有效。

⑥ 自动安全装置整定值正确。

⑦ 吹扫时间计算总值（正压外壳吹扫时间+供气管道附加吹扫时间）和定时器整定正确。

⑧ 对于一些重要环境和设备，备用的正压保护系统处于待机状态（不与被保护系统供用一个电源）。

4）本质安全型“i”设备和电路

① 本质安全电路与非本质安全电路必须隔离：

本质安全电路布线与非本质安全电路布线隔离；同一根电缆中不得有本质安全电路芯线和非本质安全电路芯线；本质安全接线端子与非本质安全接线端子至少间隔50mm或者用隔板隔开（注意：隔爆型接线盒内部不得使用隔板隔离！）。

② 本质安全电路用电缆为浅蓝色，或者标志明显的标识标号。

③ 设备和电路参数匹配。

这些参数为：U_m；U_o、I_o、P_o、L_o、C_o；U_i、I_i、P_i、L_i、C_i；L_c、C_c或L_c/R_c。而且，$U_o<U_i$、$I_o<I_i$、$P_o<P_i$；$L_o>L_i+L_c$、$C_o>C_i+C_c$。

④ 在危险场所的关联设备必须放置在相应防爆型式的保护外壳（例如，隔爆外壳）内。

5）浇封型“m”电气设备

① 浇封化合物固化后无明显收缩、膨胀、剥落、龟裂。

② 热保护器件动作可靠。

③ 电缆从浇封化合物中引出时在界面处无损伤。

6）油浸型“o”电气设备

①保护油清澈、无沉淀物。

② 密封式油浸外壳设置泄压装置，非密封式油浸外壳设置呼吸装置。

③ 油浸外壳外部无溢油痕迹。

④ 油浸外壳内油位处于最低允许油位和最高允许油位之间。

⑤ 油位指示器的油标尺刻度清晰。

7）充砂型“q”电气设备

① 充砂型电气设备的填充材料为石英砂或石英玻璃颗粒，颗粒的特征尺寸为0.5~1mm。

② 填充材料干燥、无污物、充满设备外壳，且无结块现象。

8）“n”型电气设备

①“nA”型设备：防护等级 IP54 或 IP44，密封措施完好；照明灯具灯泡（管）的功率不得大于灯具标志功率，电压不得小于灯具标志电压。

②“nC”型设备：外壳无损坏。

③“nR”型设备：外壳密封完好。

人们在进行初始检查时如果发现问题必须向设计人员、安装人员提出异议，讨论和提出解决方案，并进行处理。在问题没有得到妥善处理之前，运行人员不得调试和运行设备和系统。

2. 新安装设备的单机调试

在新安装设备和系统的初始检查以后，运行人员和检测人员就可以对防爆电气设备进行单机调试。

所谓单机调试是指对防爆电气设备进行初始起动，不必考虑有关保护环节是否动作的一种调试方式。它是整个电气系统调试的一个十分重要的步骤。

单机调试应该按照设备的电气系统，例如照明系统、动力系统以及其他系统，分别进行。

（1）照明系统

照明系统是一种比较简单的电气系统，通常由防爆型照明配电箱、防爆型开关和防爆型灯具组成。

这种系统，通常情况下，只要供电系统正确，合闸供电都可以发光照明，无需进行过多的调整。

（2）动力系统

动力系统通常由防爆型动力配电箱、防爆型磁力起动器（控制装置）和防爆型旋转机械（电动机）组成，是一种较为复杂的电气系统。

在初始起动时，电动机一般不带负载。人们可以采用“点动”的方法起动电动机。所谓“点动”，就是“起动”和“停止”之间的时间间隔很短的一种起动方式。通常情况下，在“点动”时，“起动”与“停止”的时间间隔，根据电动机功率的大小，一般不要超过 2～5s。

在初始起动时，采用“点动”的方法起动电动机是为了观察电动机的“动作”是否有“卡住”和（或）“反向”现象。

如果“点动”起动时电动机无异常现象，而且旋转方向正确，人们可以起动电动机运行 10min，然后停机。在这种状态下，人们应该仔细地监视电压和电流。

对于一些重要设备，在 10min 运行后，人们可以起动电动机运行 2h。此时，人们应该记录电动机的空载运行电压、起动电流、稳定运行电流和相关部位的稳定温度（当温升的变化不大于 2K/h 时，则认为电动机达到最终稳定温度）。

一般情况下，两次起动之间的时间间隔不应该小于 30min。

在有些情况下，电动机和负载是连接在一起的，不容易分断，例如，对旋式通风机械。人们可以在确保旋转部分能够灵活转动的情况下直接“点动”起动这种装置，然后投入正常运行。

（3）其他系统

其他系统包括监测与控制、通信、测量和电阻加热等。这种系统的负载都是恒定的，只要系统连接正确，参数无误，通电后就可以正常运行，或者做一些相关调试即可投入运行。

3. 新安装设备的电气系统调试

电气系统的系统调试，是一种调整设备及各种保护装置在负载工况下能够可靠地工作，完成预期功能的综合测试调整行为。

对于防爆电气设备而言，系统调试，除应该符合普通电气设备的要求外，还有一些特殊要求。

（1）防爆型电动机

假若通过单机初始起动表明电动机运行正常，那么人们就可以连接负载对它进行系统调试。

在电动机负载运行的情况下，人们应该监视电压、电流（起动电流和稳定运行电流）和相关部位的温升。如果此时发现异常，运行人员应该立即停止运行，认真地检查系统和调整负载，例如，负载和电动机的连接是否“匹配”，是否“对中”。在工业实践中，已多次发现由于不“对中”而烧毁电动机的情况。

对于增安型电动机，在系统调试时，调试人员还应该特别注意“t_E时间”保护。通常情况下，在电动机负载增加甚至堵转的工况下，保护装置（电机保护器）应该在5s（t_E时间整定值）内切断电源，使电动机得到保护。因此，人们应该确认或调整t_E时间等于5s。

此外，至于过载保护，控制系统中的延时时间继电器应该整定为：当整定值为1.2倍额定电流时过载保护装置在2h内动作；当整定值为1.05倍额定电流时过载保护装置在2h内不动作。

（2）增安型电阻加热装置

增安型电阻加热装置应该配置过热温度保护装置。假若温度超过保护装置的整定值，保护装置应该切断电阻加热元件的电源。

在调整保护装置的整定值时，人们应该考虑到即使切断了电阻加热元件的电源，由于热惯性的原因，温度还会继续升高。

在调试中得到的温度数据不得超过规定的设备极限温度。也就是说，温度的整定值与热惯性造成的温升之和不得超过设备的极限温度。

这里特别指出的是，在这种系统调试时，企图用扇风机来保持所需温度的手段不能被认为是一种保护措施，不管扇风机的电源接于何处。因为，在较大范围停电时，加热元件的温度“过冲”将会引起麻烦。

（3）正压型电气设备

正压型电气设备，尤其是“pb”级设备，配置多种自动安全装置，例如流量监测装置、最低正压监测装置、最高过压监测装置和定时器。这几种监测装置的监测参数组成一个组合逻辑控制系统。

在正压型电气设备进行调试时，首先，人们应该调整保护性气体的流量、压力和吹扫时间，使设备起动，正常运行，然后，分别调整它的流量、压力小于整定值，设备应该停止运行。

对于一些重要的正压型电气设备，在主正压保护系统突然停止工作时，备用通风（供气）系统应该立即起动。

这里需要指出的是，“新安装的设备和系统”是指新设备和系统的安装，以及在用设备和系统的重新安装。

12.2.2 在线设备的运行

在线设备是指已经投入并正在运行的防爆电气设备。这样的防爆电气设备有连续运行的，即连续工作制（S1或S2）的，也有断续运行的，即短时工作制（除S1或S2以外）的。为了确保爆炸性危险场所的运行安全，在设备（尤其是较长时间停止运行的设备）重新起动前，以及在设备运行过程中，根据具体情况，运行人员和技术人员应该进行必要的各种检查和适当的维护。

这里需要特别指出的是，在线设备通常都处于爆炸性气体环境中，因而，在检查设备的运行情况时，人们必须使用防爆型的仪器仪表和检测器具。这一点很重要。

1. 设备重新起动前的检查

对在线设备重新起动前的检查一般采用目视检查。目视检查的主要内容包括：

① 防爆电气设备所处环境没有变化。

② 设备安装状态没有出现异常。

③ 设备外壳表面没有污物。

④ 外壳的所有螺纹连接和紧固螺栓（螺钉）没有松动。

⑤ 电缆没有损伤。

⑥ 电缆引入装置的橡胶密封圈密封严密。

⑦ 接地端子无腐蚀，接地可靠。

对较长时间（一般不超过3个月）停止运行的在线设备，还应该检查以下内容：

① 在确认前级电源断开的情况下，检查绝缘电阻（对于低压设备，使用1000V级兆欧表测量，不得小于0.5MΩ；对于高压设备，使用2500V级兆欧表测量，不得小于1MΩ/kV）。

② 外部接线的端子部位的电气间隙、爬电距离符合要求。

③ 保护装置动作可靠。

④ 隔爆型设备：隔爆外壳不得有磕碰痕迹。隔爆接合面没有锈蚀。如果有轻微锈蚀，可以在现场进行除锈，并涂覆防锈油脂（204-1型防锈油）；如果有严重锈蚀，应该将设备拆卸后送修理单位进行修理。

⑤ 增安型设备：外壳防护（IP54或IP44）的密封可靠。如果密封圈发生老化，可以在现场进行更换。检查增安型电动机的最小单边径向气隙。

⑥ 正压型设备：保护性气体输送管道完好，密封严密。保护性气体种类没有变化。自动安全装置动作可靠。

⑦ 本质安全型设备和电路：最高电压（U_m）或最大输入电压（U_i）无变化。印制电路板清洁无损坏。

2. 设备运行中的定期检查

在线设备，除了重新投入运行前的必要而适当的检查外，在运行中还应该进行定期检查。

定期检查是一种人们对防爆电气设备、防爆电气系统和其安装进行的例行检查。定期检查可以发现设备和系统可能出现的不正常现象，甚至故障，并及时进行调整和修理，使设备和系统保持和恢复正常的功能。

定期检查的时间间隔，一般情况下，不应该超过3年；对于增安型电动机，最好不超过2年；对于移动式、便携式防爆型设备，不应该超过1年。

定期检查，根据具体情况，可以在设备和系统停止运行的情况下进行，也可以在设备和系统正常运行的情况下进行。但是，不管在什么情况下，检查不应该引起附加的危险。

在线设备的定期检查和日常维护保养（参见第12.3节）是设备和系统安全运行的必要条件。

定期检查通常采用目视检查和详细检查的方法进行。检查的主要内容如下：

① 设备的安装环境无变化。

② 设备的安装无松动，各种机械连接可靠。

③ 设备外壳完整无异常；塑料外壳无龟裂。

④ 设备的铭牌、标志牌、警告牌、使用说明牌无损坏，字迹清晰可见。

⑤ 设备紧固［螺栓（螺钉）紧固、隔爆结构的螺纹连接、封堵件螺纹连接等］无松动。

⑥ 设备接地和等电位联结正常。

⑦ 设备有关部位的温度与温度组别相适应。

⑧ 电缆无损坏，温度不得超过70℃。

⑨ 设备及电气系统的绝缘电阻符合规定。

⑩ 电气保护可靠。

⑪ 设备相关部件的机械磨损情况。

⑫ 电缆引入装置橡胶密封圈、外壳橡胶密封衬垫的老化情况。

在目视检查发现运行不正常的设备时，检查人员需要打开设备盖子或门对它进行仔细检查或调整。此时，人们应该首先切断设备的前级电源，并确认设备不带电时方可以打开。在故障没有排除之前，设备不得重新接电。

12.2.3 特殊类型防爆电气设备的运行

防爆电气设备，除了大量固定式安装的设备以外，还有一部分非固定式安装的设备。这种非固定式安装的设备，有的自身携带电源，有的则需要网络供电。对于这种特殊类型的防爆电气设备，在实际运行时，人们必须特别予以关注。

1. 特殊类型防爆电气设备的种类

特殊类型的防爆电气设备大概分为移动式防爆电气设备、便携式防爆电气设备和个人使用的防爆型用品。

（1）移动式防爆型电气设备

移动式防爆型电气设备是一些非固定安装的、可以根据需要放置在爆炸性气体环境中任何地方都能够实现功能的防爆型电气设备。

移动式防爆型电气设备包括：防爆型工业车辆，防爆型应急发电机，防爆型电焊机，防爆型移动空气压缩机，防爆型（移动）鼓风机，防爆型（移动）电风扇，等等。

（2）便携式防爆型电气设备

便携式防爆型电气设备是一种手持式防爆型电气设备，人用手拿着它在爆炸性气体环境中需要的任何地方实现它的相应功能。

便携式防爆型电气设备包括：防爆型行灯，防爆型手电筒，防爆型电动工具，防爆型激光测量装置，防爆型无线发射接收装置，防爆型试验测试设备，防爆型气体探测装置，防爆型万用表、兆欧表，防爆型检修箱，等等。

（3）个人用防爆型用品

个人用防爆型用品是一种个人在爆炸性气体环境中佩戴或使用的器物。它可能是电气的，也可能是非电气的。

这一类个人防爆型用品包括：防爆型电子手表，防爆型电子计算器，防爆型便携式计算机，防爆型电热保暖衣物，抗静电衣物（例如衣服、手套、鞋子），等等。

2. 设备进入危险场所前的检查

这种类型的防爆电气设备的特点是，它不是“固定”的，而是“活动”的。这就给人们提出一个问题：它的防爆安全性能与它的“活动”范围的爆炸性气体环境是否匹配。于是，在这种防爆电气设备进入爆炸性危险环境之前，人们必须对它进行适当的检查，以确保“设备”和“环境”是匹配的。

人们应该对这种特殊类型的防爆型设备进行检查的主要内容如下：

① 确认是经过防爆电气产品检验机构检验合格的防爆电气设备：防爆合格证编号，防爆标志。

② 预期进入危险场所的设备与危险场所的匹配性：危险场所区域（0 区、1 区或 2 区），防爆型式，防爆级别，温度组别，设备保护级别（EPL：Ga、Gb 或 Gc）。

③ 金属外壳的机械火花点燃安全性。

④ 塑料外壳的静电放电点燃安全性。

3. 设备在危险场所中的安全运行

对于这种特殊类型的防爆电气设备，尽管经过检查获准允许使用在爆炸性危险场所中，但是，人们还必须遵守以下规定：

① 设备只能使用在核准的危险区域范围内，不得越界运行。

② 严禁在危险场所中发生碰撞、冲击。

③ 严禁在危险场所中打开设备进行调整、维修。

④ 严禁在危险场所中充电或更换电池。

⑤ 严禁在危险场所中粗暴地拖曳移动电缆。

在实际应用中，例如，防爆型工业车辆是爆炸性危险场所中短途运输的重要工具，很容易在各种不同危险区域中穿梭运行，所以，人们必须注意，标志“Gc”级的车辆不得进入 1 区运行。

12.3 防爆电气设备的日常维护

在爆炸性气体环境中，防爆电气设备应该处于良好的运行状态。但是，爆炸性气体环境中常常存在一些腐蚀性气体和液体，还可能沉积一些尘埃和污物以及环境温度和湿度经常发生变化，除此之外，设备长时间的运行还会造成机械零件磨损、电气性能降低，这些因素都会对防爆电气设备的安全运行产生不利的影响。因此，人们应该对这样的设备和系统进行必要的日常维护和保养，以便维持和恢复它的基本功能和安全性能。

12.3.1 防爆电气设备日常维护和保养的通用要求

防爆电气设备的日常维护和保养，除应该遵守普通电气设备的规定外，还应该结合防爆电气设备自身的特点满足以下特殊要求。

1. 环境要求

① 设备和电缆表面应该保持清洁。人们应该及时清除设备和电缆表面及周围可能存在的各种尘埃、污物。

② 设备和电缆应该不受雨雪、沙尘的侵蚀。人们应该对设备设置防止雨雪、沙尘侵蚀的防护装置。

2. 安装检查

① 设备及电缆桥架安装牢固。人们应该检查所有的紧固件，不得发生松动。

② 设备接地（包括内接地和外接地）和等电位联结必须可靠。接地和等电位联结如发生松动或锈蚀，应该及时紧固或（和）除锈、防锈。

3. 运行状态

① 及时检查并调整设备的运行电压、电流、频率。

② 及时监听设备运行的声音，观察设备的振动状态及保护装置的动作情况。如出现异常情况，必须及时进行处理。

③ 及时掌握运动部件的润滑状态，及时补充润滑油脂；定期清洗或更换轴承。

④ 定期检测设备、电缆和运动机械的表面温度和环境温度。如发现表面温度异常，必须检

查电气连接是否松动，运动部分是否剐蹭，并及时予以处理。

⑤ 及时观测负载的变化状态，并作适当的调整。

4. 电气绝缘状态

定期检查设备和电气系统的绝缘电阻值。

5. 电缆检查

及时查看电缆，尤其是软电缆，是否有损伤。如有损伤者应及时更换。

6. 检查与修理

① 设备外壳完整。塑料外壳无龟裂。否则，人们应该更换设备。

② 在设备运行过程中如出现异常情况，人们应该进行认真的检查，并做适当的现场调整，使其恢复到正常运行状态；如果现场调试无法恢复正常功能，应该将其拆卸，送修理单位进行修理。

③ 在重新安装设备或电缆时，电缆的密封应该采用合适的符合要求的橡胶密封圈进行密封，不得使用其他的替代品，例如，绝缘黑胶布、粘胶带、密封胶泥等。

④ 在需要打开设备检查以及更换熔断器（熔断体）、灯泡（管）时，人们必须断开前级电源后方可进行作业；而且，在断开电源的开关处悬挂警示牌："未经允许不得合闸！"。

12.3.2 防爆电气设备日常维护和保养的专用要求

人们在日常维护和保养防爆电气设备时，除遵守防爆电气设备日常维护和保养的通用要求外，还应该遵守以下各种防爆型式的电气设备的专门要求。

1. 隔爆型"d"电气设备

① 隔爆外壳完好无损。如果隔爆外壳被磕碰，人们应该仔细地检查磕碰损坏程度，直至更换设备。外壳所有紧固件配置齐全，紧固到位，不得使用和原螺钉（级别、直径、长度）不同的替代件。

② 平面式隔爆接合面：人们可以使用塞尺检查平面式隔爆间隙（在设备带电的情况下，塞尺插入深度不得超接合面宽度）。

③ 螺纹式隔爆接合面：不得松动，防松措施可靠有效。

④ 呼吸装置和排液装置：无尘埃、污物堵塞。如果堵塞，人们可以拆卸下来清除；清除时不得破坏隔爆结构。在拆卸时设备应该脱离前级电源。

⑤ 操纵杆：动作灵活。

⑥ 当打开设备外壳检查时，检查人员应该检查电气连接、电气间隙或者调整有关参数。当重新装配设备时，人们应该清理隔爆接合面，除去锈蚀、污物，涂覆防锈油脂（例如204-1型防锈油）或进行磷化处理。

⑦ 如果需要，人们应该注意"开盖时间"，即从断开电源起到允许开盖的时间间隔，只能在规定的"开盖时间"以后方可打开设备。

2. 增安型"e"电气设备

① 增安外壳密封可靠。如果密封衬垫老化失去密封性能，检查人员应该及时进行更换。

② 所有电气连接可靠。电气间隙不得减小。

③ 电动机：风扇罩不得松动。检查最小径向单边气隙。检测起动电流比、转速。调整 t_E 时间等于5s。轴承润滑良好。

④ 照明灯具：灯泡（管）的功率不得大于铭牌上标志的额定功率，电压不得小于铭牌上标志的额定电压。更换灯泡时必须切断前级电源。

⑤ 电阻加热器：控制系统完整，动作可靠。人们应该检测加热器最热点的温度，必要时予以调整。

⑥ 蓄电池（组）：表面不得存在尘埃、污物，蓄电池之间连接可靠。人们必须在每一个工作班结束时清理蓄电池表面，检查极柱连接状态，并及时处理异常情况；在充电时检查每一个单体蓄电池的端电压，并及时更换“落后”电池。

3. 正压型“p”电气设备

① 设备及供气、排气输送管道密封良好。如果发现保护性气体有泄漏现象，人们应该及时予以密封处理。

② 吹扫时间整定正确。

③ 保护性气体符合要求。供气源的压力和流量符合设计要求。

④ 正压外壳内正压值不得低于50Pa（pb 级）或25Pa（pc 级）。运行人员应该实时观察正压外壳内的正压值。

⑤ 对于内含释放源的正压型电气设备，释放源的释放流量不得大于设计流量。运行人员应该实时观察释放流量；如有异常应及时调整。

⑥ 自动安全装置动作可靠。

4. 本质安全型“i”电气设备和电路

① 设备外壳至少具有 IP20 的防护等级（矿用设备一般为 IP54）。

② 本质安全电路与非本质安全电路应该隔离。本质安全接线端子与非本质安全接线端子之间的间距至少为 50mm，或者用绝缘隔板隔离，或者用接地的金属隔板隔离。

③ 印制电路板必须保持清洁，表面涂覆完整无损。

④ 设备中如果有元器件失效，不得在现场更换。检测人员应该将失效的设备送修理单位进行修理，并进行相关的测试，符合本质安全性能要求时方可再次投入使用。

⑤ 系统中如果有电缆损坏，允许在现场更换。操作人员应该使用和原电缆同样型号（绝缘结构、芯线根数、芯线直径）、同样长度的电缆，或者，使用电缆参数、电缆长度和原电缆一致的电缆进行更换。

5. 浇封型“m”电气设备

① 浇封化合物不应该收缩、膨胀、龟裂。如果浇封化合物出现异常现象，维修人员应该更换新的设备。

② 热保护装置、过电流保护装置动作可靠。如果热熔体或（和）熔断器失效，需要更换时，维护人员应该切断前级电源，使用与失效的热熔体或（和）熔断器同样规格的器件进行更换。

6. 油浸型“o”电气设备

① 设备外部不得存在溢油迹象。

② 油位指示器的油标尺刻度清晰可见。

③ 油位在最低允许油位和最高允许油位之间。保护油不得出现混浊或沉淀物。

④ 当需要补充或更换保护油时，维护人员应该使用与原来保护油同样品质（参见国家标准 GB 3836.6《爆炸性气体环境用电气设备　第 6 部分：油浸型“o”》）的油进行作业。

如果需要更换保护油，人们应该将设备拆卸下来送维修单位进行更换，不得在现场进行更换作业。

⑤泄压装置、呼吸装置不得堵塞。

7. 充砂型“q”电气设备

① 设备外壳不得泄漏填充材料（石英砂或石英玻璃颗粒）。

② 填充材料（石英砂或石英玻璃颗粒）不得熔化结块。如果填充材料出现异常，维护人员应该及时更换设备。

8. “n”型电气设备

①“nA”型电动机：对于大型电动机，人们应该检查定子-转子之间的最小径向单边气隙；对于短时工作制的电动机，人们应该检查负载变化和起动时的温升变化。

②“nA”型照明灯具：灯泡（管）的功率、电压应该符合铭牌标志的数值。

③“nA”型蓄电池（组）：蓄电池（组）表面应该清洁，无污物。

④“nC”型封闭断路器：外壳无磕碰痕迹。

⑤“nR”型限制呼吸设备：限制呼吸外壳应该密封完好。人们应该每隔6个月时间对设备进行一次密封压力试验。

9. 组合防爆型电气设备（装置）

① 组合防爆型设备上防爆电气单元之间的电缆（线）连接可靠，无损伤。

② 组合防爆型设备上防爆电气单元失效时，人们应该使用和失效单元同样防爆型式、防爆级别、温度组别和设备保护级别的防爆电气设备进行更换，不得使用其他的替代品。

12.4 爆炸性气体环境中特殊情况的处理

在某些情况下，有时候往往找不到一些合适的防爆型设备或工具来对付爆炸性气体环境中出现的一些紧急事态，然而，这又需要及时处理，于是，人们便提出在某些限定条件下使用非防爆型设备或工具进行相应作业的设想。

对于这种特殊情况，人们可以根据防爆电气理论和防爆电气技术的基本概念预先提出处理这种情况允许使用非防爆型设备或工具的预案，例如，制定所谓的《爆炸性气体环境：紧急事件安全工作指南》，以便紧急时实施作业。

通常情况下，《爆炸性气体环境：紧急事件安全工作指南》应该包括以下主要内容：

① 作业区域的三维范围。

② 作业区域内可能存在的可燃性气体的浓度、爆炸极限、密度；易燃性液体的闪点、蒸气浓度、爆炸极限、密度。

③ 作业区域内可能存在释放源时，释放源级别（0 级、1 级和 2 级），以及释放源的控制措施及有效性。

④ 可以提供的机械通风设备的数量，通风的强度（风速、数量）及有效性。

⑤ 可燃性气体的检测装置（防爆型的）。

⑥ 使用非防爆型设备或工具的时间。

⑦ 环境控制人员的数量与能力。

⑧ 紧急作业人员的数量与能力。

这里需要特殊指出的是，在这种环境中使用非防爆型设备和工具进行作业时，人们必须在主管安全工程师的主导下工作，确保作业区域不存在可燃性气体或蒸气，确保作业区域不存在安全隐患。

后　记

在本书修订时，作者参考和引用了下列现行国家标准和行业标准的部分内容和图表：

GB 3836.1—2010《爆炸性环境　第1部分：设备 通用要求》；

GB 3836.2—2010《爆炸性环境　第2部分：由隔爆外壳“d”保护的设备》；

GB 3836.3—2010《爆炸性环境　第3部分：由增安型“e”保护的设备》；

GB 3836.4—2010《爆炸性环境　第4部分：由本质安全型“i”保护的设备》；

GB 3836.5—2004《爆炸性气体环境用电气设备　第5部分：正压外壳型“p”》；

GB 3836.6—2004《爆炸性气体环境用电气设备　第6部分：油浸型“o”》；

GB 3836.7—2004《爆炸性气体环境用电气设备　第7部分：充砂型“q”》；

GB 3836.8—2003《爆炸性气体环境用电气设备　第8部分：“n”型电气设备》；

GB 3836.9—2006《爆炸性气体环境用电气设备　第9部分：浇封型“m”》；

GB 3836.11—2008《爆炸性环境　第11部分：由隔爆外壳“d”保护的设备 最大试验安全间隙测定方法》；

GB 3836.12—2008《爆炸性环境　第12部分：气体或蒸气混合物按照其最大试验安全间隙和最小点燃电流的分级》；

GB 3836.13—1997《爆炸性气体环境用电气设备　第13部分：爆炸性气体环境用电气设备的检修》；

GB 3836.14—2000《爆炸性气体环境用电气设备　第14部分：危险场所分类》；

GB 3836.15—2000《爆炸性气体环境用电气设备　第15部分：危险场所电气安装（煤矿除外）》；

GB 3836.16—2006《爆炸性气体环境用电气设备　第16部分：电气装置的检查和维护（煤矿除外）》；

GB 3836.17—2007《爆炸性气体环境用电气设备　第17部分：正压房间或建筑物的结构和使用》；

GB 3836.18—2010《爆炸性环境　第18部分：本质安全系统》；

GB 3836.19—2010《爆炸性环境　第19部分：现场总线本质安全概念（FISCO）》；

GB 3836.20—2010《爆炸性环境　第20部分：设备保护级别（EPL）为Ga级的设备》；

GB 20800.1—2006《爆炸性环境用往复式内燃机防爆技术通则　第1部分：可燃性气体和蒸汽环境用Ⅱ类内燃机》；

GB 25286.3—2010《爆炸性环境用非电气设备　第3部分：隔爆外壳型“d”》；

GB 755—2008《旋转电机　定额和性能》；

GB/T 4207—2012《固体绝缘材料耐电痕化指数和相比电痕化指数的测定方法》；

GB 4208—2008《外壳防护等级（IP代码）》；

GB 7000.1—2007《灯具　第1部分：一般要求与试验》；

GB/T 5847—2004《尺寸链　计算方法》；

GB/T 11021—2007《电气绝缘　耐热性分级》；

GB 14050—2008《系统接地的型式及安全技术要求》；

GB 19854—2005《爆炸性环境用工业车辆防爆技术通则》；

GB 20936.1—2007《可燃性气体探测用电气设备　第1部分：通用要求和试验方法》；

GB 50058—2014《爆炸危险环境电力装置设计规范》。

上述标准随着时间的推移和技术的进步都会被修订，因而，读者在使用本书时应该随时注意上述标准的最新版本。

参考文献

[1] 海因茨·哈斯. 静电危害性 [M]. 张力，译. 北京：机械工业出版社，1984.

[2] A. A. 卡伊玛柯夫. 矿用电气设备防爆原理 [M]. 张力，译. 北京：机械工业出版社，1987.

[3] 童诗白. 模拟电子技术基础 [M]. 北京：高等教育出版社，1990.

[4] 闫石. 数字电子技术基础 [M]. 北京：高等教育出版社，1996.

[5] 康华光. 电子技术基础　模拟部分 [M]. 北京：高等教育出版社，1991.

[6] 童诗白，何金茂. 电子技术基础试题汇编（模拟部分）[M]. 北京：高等教育出版社，1992.

[7] 谢自美. 电子线路　设计·实验·测试 [M]. 武汉：华中理工大学出版社，1995.

[8] 中山大学数学力学系《概率论及数理统计》编写小组. 概率论及数理统计：上 [M]. 北京：高等教育出版社，1986.

[9] 张力. 蓄电池防爆措施的探讨 [J]. 防爆电机，1977.

[10] 张力. 矿用蓄电池电机车的防火防爆电池箱 [J]. 防爆电气设备，1977（1）.

[11] 张力. 爆炸压力重叠现象及其危险性——介绍一次试验中出现的压力重叠现象 [J]. 防爆电机，1978.

[12] 张力. 根据电气放电点燃特性进行的气体/蒸气-空气爆炸危险混合物的分级 [J]. 防爆电气设备，1979（1）.

[13] 王金普. 堵转温升时间的计算方法分析 [J]. 防爆电机，1980（2）.

[14] 张力. 高压条件下可燃性气体混合物的最小点燃能量 [J]. 防爆电气设备，1981.

[15] 张春明. 最小点燃电流随压力、温度和氧气浓度的变化 [J]. 防爆电气设备，1981.

[16] 程亚光. 安全火花型防爆电气设备研制过程中常遇到的几个问题的讨论 [J]. 防爆电气设备，1981.

[17] 张力. 关于隔爆型电气设备观察窗公差配合的计算和讨论 [J]. 防爆电器，1981（3）.

[18] 张力. 关于隔爆型电气设备用阻火元件结构和结构参数的简要评述 [J]. 防爆电气设备，1982（1）.

[19] 张力. 防爆电动机用管式空间电加热器结构及试验方法研究 [J]. 防爆电机，1982（3）.

[20] 顾企雄. 增安型鼠笼转子电动机转子堵转时间的计算 [J]. 防爆电机，1982（3）.

[21] 张力. 关于蓄电池车辆用防爆特殊型电源装置的漏电现象及其安全性的评价方法 [J]. 电气牵引，1985（1）.

[22] 张力. 摩擦火花引起的气体点燃 [J]. 防爆电气技术，1989（2）.

[23] 张力. 防爆特殊型电源装置 [J]. 电气防爆技术，1990.

[24] 陆元昌. 隔爆型电机轴贯通部分参数计算方法探讨 [J]. 电气防爆技术，1994（3）.

[25] 张力. 模拟电感、模拟电容在本质安全电路中的存在及其潜在危险性的理论探讨 [J]. 电气防爆技术，1996（2）.

[26] 张丽晓，等. 隔爆型电气设备外壳强度及刚度的设计及计算 [J]. 防爆电气技术，1998（4）.

[27] 张丽晓，等. 隔爆型电气设备外壳强度及刚度的设计及计算 [J]. 电气防爆，2000（2）.

[28] 张力. 复合型防爆电气设备（装置）防爆结构的设计和制作 [J]. 电气防爆，2002（1）.

[29] 张力. 可燃性粉尘环境用铅酸蓄电池防爆技术探讨 [J]. 电气防爆技术，2005（2）.

[30] 张显力. 浅谈爆炸性气体环境用往复式内燃机的防爆技术 [J]. 电气防爆，2006（4）.

[31] 张力. 关于小剂量液态二乙醚的剂量计算 [J]. 电气防爆，2010（4）.

[32] 试验研究报告 OAP. 126. 006-78 隔爆型户外照明箱隔爆外壳结构强度试验.

[33] 试验研究报告 OAP. 126. 009-79 隔爆型在线质量仪表用阻火元件强度试验.

[34] 试验研究报告 OAP. 126. 014-79 工厂用防爆电瓶车关键防爆技术研究·中间试验：蓄电池双极柱断裂火花模拟实验.

[35] 试验研究报告 OAP. 126. 012-80 防爆电加热器研究.

[36] 试验研究报告 OAP. 126. 013-80 防爆电加热器研究.

[37] 试验研究报告 OAP. 126. 015-80 防爆电加热器研究.

[38] 试验研究报告 OAP. 126. 016-80 蓄电池组漏电试验.

[39] 试验研究报告 OAP. 126. 017-81 工厂用防爆电瓶车关键防爆技术研究 · 中间试验：普通车辆轮胎的静电位测试.

[40] 试验研究报告 OAP. 126. 018-82 工厂用防爆电瓶车关键防爆技术研究 · 中间试验：制动器温升试验和车辆静电电容测试.

[41] 试验研究报告 OAP. 126. 024-82 工厂用防爆电瓶车关键防爆技术研究 · 中间试验：防爆电瓶叉车（BDC-1 型）样机试验.

[42] 试验研究报告 OAP. 126. 039-82 工厂用防爆电瓶车关键防爆技术研究 · 中间试验：防爆电瓶搬运车（BDB-2 型）样机试验.

[43] 试验研究报告 OAP. 126. 043-85 工厂用防爆电瓶车关键防爆技术研究 · 中间试验：防爆电瓶叉车（TDC-FB1 型）样机试验.

[44] 试验研究报告 OEB. 122. 209 QPD1-2KT 型防爆特殊型电源装置（2.5 吨防爆特殊型电机车用）.

[45] 试验研究报告 OEB. 122. 1858 QPD2-1KT 型防爆特殊型电源装置（5.0 吨防爆特殊型电机车用）.

[46] 国家防爆电气标准汇编（第 1 分册 2010 版）[S]. 南阳：南阳防爆电气研究所，2010.

[47] 国家防爆电气标准汇编（第 2 分册 2010 版）[S]. 南阳：南阳防爆电气研究所，2010.

[48] 国家防爆电气标准汇编（第 3 分册）[S]. 南阳：南阳防爆电气研究所，2005.

[49] 国家防爆电气标准汇编（第 4 分册）[S]. 南阳：南阳防爆电气研究所，2008.

[50] 国际电工委员会（IEC）爆炸性气体环境用电气设备 标准汇编：上册 [S]. 南阳：南阳防爆电气研究所，1998.

[51] 国际电工委员会（IEC）爆炸性气体环境用电气设备 标准汇编：下册 [S]. 南阳：南阳防爆电气研究所，1998.

[52] 中国寰球化学工程公司. 94D801 爆炸和火灾危险环境 电气线路和电气设备安装 [S]. 北京：中国建筑标准设计研究所，1998.

[53] Н. ШЕВЧЕНКОиДР. ВЗРЫВОЗАЩИЩЕННОЕЭЛЕКРООБОРУДОВАНИЕ. Москва：ИздательствоНЕДРА，1972.

[54] NFPA497-2008 Recommended Practice for the Classification of Flammable Liquids，Gases，or Vapors and of Hazardous（Classified）Locations for Electrical Installation in Chemical Process Areas.

[55] IEC 60079-2：2007 Explosive atmospheres-part2：Eguipment protection by pressurized enclosure “p”；

[56] IEC 60079-5：2007 Explosive atmospheres-part5：Eguipment protection by powder filling “q”；

[57] IEC 60079-6：2007 Explosive atmospheres-part6：Eguipment protection by oil immersion “o”；

[58] IEC 60079-15：2010 Explosive atmospheres-part15：Eguipment protection by protection “n”；

[59] IEC 60079-10-1：2008 Explosive atmospheres-part10-1：Classifi cation of areas-Explosive gas atmosphere；

[60] IEC 60079-14：2007 Explosive atmospheres-part14：Electrical installation clesign，selection and erection；

[61] 疋田强，秋野一雄. 燃烧概论. Tokyo：コロナ社，昭和 57 年 [51].